U0191281

光机系统设计（原书第4版）

卷Ⅱ　大型反射镜和结构的设计与分析

［美］　小保罗·R. 约德（Paul R. Yoder，Jr.）
　　　　丹尼尔·乌克布拉托维奇（Daniel Vukobratovich）　主编

周海宪　程云芳　等译
周华君　程　林　校

机械工业出版社

《光机系统设计（原书第4版）》分两卷、共19章。本书为卷Ⅱ，由8章和附录组成：第1章影响反射镜性能的因素；第2章大型反射镜设计；第3章光轴水平放置的大孔径反射镜安装技术；第4章光轴垂直放置的大孔径反射镜安装技术；第5章大孔径变方位反射镜的安装技术；第6章金属反射镜的设计和安装技术；第7章光学仪器的结构设计；第8章新兴反射镜技术。

　　本书提供的技术内容与实例能够对军事、航空航天和民用光学仪器应用中的设计概念、具体设计、开发、评价和使用提供有益指导。

　　本书可供在光电子领域中从事光学仪器设计、光学设计和光机结构设计的设计工程师、光机制造工艺研究的工程师、光机材料工程师阅读，也可作为大专院校相关专业本科生、研究生和教师的参考用书。

原书第4版译者序

由美国著名光学仪器专家 Paul R. Yoder, Jr. 先生编撰的《光机系统设计》(*Opto- Mechanical Systems Design*) 一书, 自 1986 年第 1 版面世以来, 颇受全世界光学界读者青睐。随着科学技术的快速发展, 新的光学概念、设计和分析方法、制造技术、装配工艺、测试和评价技术不断涌现, 应用范围越来越广泛。该书与时俱进, 吐故纳新, 不断丰富内容, 连续再版。2015 年, 修订后的原书第 4 版出版了!

与原书第 3 版相比, 第 4 版有如下变化。

第一, 作者由 Paul R. Yoder, Jr. 一人变为由 7 名专家组成的撰写小组, 增补了大量新的材料, 内容由第 3 版的共 15 章增至第 4 版的两卷共 19 章, 内容更加丰富和翔实, 许多内容都不同于第 3 版, 也更具权威性。《光机系统设计 (原书第 4 版)》(*Opto- Mechanical Systems Design*, Fourth Edition), 增编为双卷本, 分卷名如下:

卷 I 光机组件的设计和分析 (*Design and Analysis of Opto- Mechanical Assemblies*);

卷 II 大型反射镜和结构的设计与分析 (*Design and Analysis of Large Mirrors and Structures*)。

第二, 增加了以下全新的章节:

1. 挠性装置的运动学设计和应用技术 (卷 I 第 10 章);

2. 光机设计界面分析 (卷 I 第 11 章);

3. 影响反射镜性能的因素 (卷 II 第 1 章);

4. 大型反射镜设计 (卷 II 第 2 章);

5. 新兴反射镜技术 (卷 II 第 8 章)。

第三, 对很多章节进行了调整, 做了相应删减和补充, 主要如下:

1. 将第 3 版第 7 章 "棱镜设计和安装" 改为两章——第 4 版卷 I 第 7 章 "棱镜设计和应用" 和第 4 版卷 I 第 8 章 "棱镜安装技术", 大大丰富了棱镜的安装技术内容;

2. 对光学玻璃、反射镜材料及其他材料列表进行更新 (截至 2015 年), 补充了最新研发的 P 类和 N 类玻璃, 删除了掺杂有害成分 (如铅或砷) 的玻璃品种;

3. 增加了新的章节, 包括高冲击负载用准直系统、低成本验证/测试系统、多点支撑安装技术、配重补偿技术、变形量的光学补偿技术、光学仪器的密封/清洁/干燥技术、重力对小反射镜的影响、小反射镜的中心安装法和局部安装法等。

4. 整理和修订了 925 幅图、107 张表格和 110 个设计实例, 演示验证所述计算公式的应用和结果分析。

5. 补充了大量参考文献。

原书作者 Paul R. Yoder, Jr. 先生是国际光学工程领域著名的光机系统设计专家, 从事光学仪器光机系统工程的研发和管理工作将近 70 年, 设计和分析过许多光学仪器; 是美国光学协会 (OSA)、国际光学工程协会 (SPIE)、SigmaXi 协会的资深会员, 以及其他多个国际组织的成员；发表了许多篇科技论文，参加过《光学手册》和《光机工程手册》的编写，出版了多部光机工程方面的著作。《光机系统设计》一书是其优秀著作的典型代表，是继 Donald H. Jacobs 先生《光学工程基础》（*Fundamentals of Optical Engineering*）（McGraw Hill，1943）一书后对光机系统发展最具贡献的著作。自第 1 版（1986 年）以来，多次修订再版（1993 年第 2 版，2006 年第 3 版和 2015 年第 4 版），极大地推动和规范了光机工程事业的发展。

在原书第 4 版的修订过程中，Paul R. Yoder, Jr. 先生邀请其他 6 位光机专家 Daniel Vukobratovich、David Aikens、Jan Nijenhuis、Kevin A. Sawyer、David M. Stubbs 和 William A. Goodman 共同完成了修订工作。不幸的是，在完成修订出版工作后不久，2016 年 5 月，光机系统领域的著名科学家 Paul R. Yoder, Jr. 先生因病去世，享年 91 岁。

Paul R. Yoder, Jr. 先生将永远活在读者心中！

原书第 4 版卷 I 由 11 章组成：第 1 章光机设计过程；第 2 章环境影响；第 3 章材料的光机性质；第 4 章单透镜安装技术；第 5 章多透镜组件安装技术；第 6 章光窗、整流罩和滤光片的设计和安装技术；第 7 章棱镜设计和应用；第 8 章棱镜安装技术；第 9 章小型反射镜的设计和安装技术；第 10 章挠性装置的运动学设计和应用技术；第 11 章光机设计界面分析。

原书第 4 版卷 II 由 8 章组成：第 1 章影响反射镜性能的因素；第 2 章大型反射镜设计；第 3 章光轴水平放置的大孔径反射镜安装技术；第 4 章光轴垂直放置的大孔径反射镜安装技术；第 5 章大孔径、变方位反射镜的安装技术；第 6 章金属反射镜的设计和安装技术；第 7 章光学仪器的结构设计；第 8 章新兴反射镜技术。

在中文版的翻译过程中，得到了 Paul R. Yoder, Jr. 先生的女儿的大力支持。为了使读者能准确地理解和利用本书，保留了英文参考文献，并对书中有重要变动的内容增加了"译者注"。

由于工程习惯和资料来源的差异，在讨论反射镜重力形变时，原书很多相关公式在引入质量（重量）讨论时未写明如何变换为重力，而在设计实例的计算中是变换的，所以译者对相应公式进行修改（按米千克秒的国际标准单位制加入所需要的重力加速度 g），并加译者注。另外，对于比刚度倒数（也叫反比刚度），采用了惯用的 ρ/E 的形式，读者在实际计算中要注意质量到重力的换算（书中给出的比刚度倒数的值，实际上是以国际标准单位制按公式 $\rho g/E$ 这样力除以弹性模量的形式计算得到的）。

周海宪主要翻译了卷 I 的第 1~10 章和卷 II 第 1~7 章，程云芳主要翻译了卷 I 第 11 章和卷 II 第 8 章，参与全书各部分翻译工作的还有曾威、邢妙娟、负亚军、张良、马俊岭、杨耀山、赖宏晖、朱彬、李延蕊、安世甫、庄纪纲、刘凤玉、刘永祥、郭世勇、周华伟、张庆华、翟文军、孙维国、李志强、李沛、汪江华、鲁保启、金朝翰、仇志刚、吴健伟、常本康、黄存新、祖成奎、孙隆和。在美国工作的周华君和程林先生认真地对全书进行了补译和中英文审核翻译工作，最后程云芳、邢妙娟、负亚军、许军峰、赵晓峰对全书做了专业技术审核工作。

清华大学教授、中国工程院院士金国藩先生、北京理工大学王涌天教授，以及 Paul R. Yoder, Jr. 先生的女儿对本书的出版给予了极大的关注；祖成奎博士和黄存新博士在光学材料方面与译者进行了非常有益的讨论。

机械工业出版社电工电子分社的领导和王欢编辑对本书的出版给予了非常大的鼓励和支持，在此特别致以谢意！

本书可供从事光学仪器设计、光学设计和光机结构设计的研发设计师、光机制造工艺研究的工程师和光机材料工程师阅读，也可用作大专院校相关专业本科生、研究生和教师的参考书。希望本书能够对军事、航空航天和民用光学仪器应用中的设计概念、具体设计、开发、评价和使用提供有用指导。

译　者
2019 年 10 月

原书第3版译者序

光学是一门古典和传统的学科，又是一门非常活跃的学科。最近几十年来，随着近代光学和光电子技术的迅速发展，光电子仪器及其元件都发生了深刻和巨大的变化，在继承传统光学的基础上创新了许多新的成像技术、新的加工方法和新的光学元件，形成了一些新的光学分支。

光学成像技术的变化主要表现在以下几个方面：

• 光学成像元件和系统的光谱范围已经由可见光光谱几乎扩展到全光谱范围，包括远红外、中红外、近红外、可见光和紫外光谱区；

• 光学成像元件不只是简单的透镜、棱镜和反射镜，已经设计和制造出诸如全息透镜、衍射透镜和微透镜阵列等新型光学元件；

• 光学系统的成像不只是遵守折射定律和反射定律，衍射理论已经成为衍射光学元件的基本成像理论；

• 光学元件的加工方法不只是传统的粗磨、精磨和抛光工艺，已经创立了全息干涉法、蚀刻法以及微透镜加工法；

• 光学元件的外形尺寸在向两个极端方向发展，一些光电子仪器中要求每毫米基板上能制造出千百个透镜（微透镜阵列），而另一些光学仪器则要求主反射镜的通光孔径大到8.1m（Gemini 望远镜），全息光栅和薄膜透镜的应用使透镜的厚（薄）度到了极限；

• 光学元件和系统的应用环境已经由实验室和地球表面延伸到了宇宙的其他空间，环境条件对元件和系统的要求越来越高，也越来越苛刻。

光学技术的创新进一步促进了光机系统的发展，为光机零件、组件和系统的设计、制造、装配、检验和测量提出了许多新的研究课题。

Donald H. Jacobs 首次提出将光学设计、机械结构设计和光机系统的设计作为整体设计考虑，多种杂志和出版物发表了许多有关光机系统设计课题的文章，一些专业协会［例如美国光学协会（OSA）和国际光学工程协会（SPIE）］已经认识到了这个课题的重要性，将光机设计和光机系统工程问题列为专题讨论，因此，光学设计和结构设计已经成为一个紧密结合的专业，互相沟通和互相配合是必不可少的。在不同的研制阶段，光学设计和结构设计的主要角色和重要性在不断转换，正如 Donald H. Jacobs 所论述的："在设计任何光学仪器时，不能完全把光学设计和机械设计作为不同的个体分割开来考虑，它们不过是一个问题的两个阶段"。

《光机系统设计》一书的作者 Paul R. Yoder, Jr. 先生是国际光学工程领域中著名的光机系统设计专家，1947 年在 Juniata 学院获得理学学士学位，1950 年在宾夕法尼亚州立大学获得硕士学位。将近 60 年来，一直从事光学仪器光机系统工程的研发和管理工作，设计和分析过许多光学仪器，在美国法兰克福（Frankford）军工厂、Perkin　Elmer 公司及 Taunton 技术有限公司担任过各种技术和工程管理职务。Yoder 先生是美国光学协会（OSA）、国际光学工程协会（SPIE）及 SigmaXi 协会会员，是 SPIE 光机/仪器工作委员会的创始成员。Yoder 先生担任过光学工程（*Optical Engineering*）杂志的评论编辑、应用光学（*Applied Optics*）杂志的专题编辑，是国际标准化组织（ISO）、红外空间观测站委员会技术委员会（T172 类）、光学和光学仪器美国咨询委员会的成员，是国际光学委员会（ICO）美国委员会的成员。为 SPIE、工业界和美国政府部门承办过许多有关光学工程和光机设计的短期培训班，为康涅狄格（Connecticut）大学讲授研究生课程，为全美技术（网络）大学讲授两门课程。

Paul R. Yoder, Jr. 先生参加过《光学手册》（*Handbook of Optics*）第 2 版第一卷（McGraw Hill，1995）和《光机工程手册》（*Handbook of Opto-mechanical Engineering*）（CRC Press，1997）一些章节的撰写；出版了《光学仪器中透镜的安装技术》（SPIE Press，1995）、《光学仪器中棱镜和小反射镜的设计和安装》（SPIE Press，1998）和《光学仪器中光学件的安装技术》（SPIE Press，2002）等著作。在许多国际会议和杂志上发表过 65 篇光学工程方面的技术论文。

1986 年，《光机系统设计》一书首次出版，概括和总结了光机系统总的设计过程，从讨论概念设计开始，到评价成品的各项性能，最后形成设计文件，使读者首先懂得一个成功的设计所必须采取的主要步骤。接着介绍环境的影响、光机零件材料、各种典型光学元件的安装技术，包括单透镜、反射镜和棱镜；折射组件和折反射组件；轻质反射镜；光轴水平放置、垂直放置以及可变向运动反射镜的安装；金属反射镜的设计、制造和安装。此后，光机系统设计的多学科研究受到越来越高的重视，陆续发表了大量相关课题新的研究资料，评价机械结构和光学件——镜座安装界面的解析技术也越来越成熟，新材料和性能得到改进后的材料越来越多地进入实用阶段，所以，在 1992 年，出版了本书的修订版（第 2 版），扩充了尽可能多的新技术，增添了大约 300 篇新的参考文献，给出了许多使用新方法设计出的例子，总结了光学件在不利环境条件下的评价技术，拓宽了安装应力对光学零件影响的讨论，在所有的例子中都同时给出了国际单位制（SI）和美国惯用单位（USC）。此后的 14 年内，光机专业以未曾有过的速度继续发展，国际光学工程师协会又举办过多次（至少 33 次）与光机技术有关的学术会议，这些会议文章极详细地阐述和讨论了当今所产生的光学新技术、新的设计工具、新的产品和测试设备，以及诸如宇航望远镜和空间科学仪器等主要系统的性能，提供了更多和更重要的光机系统方面的技术信息。因此，在前两版成功出版的基础上，再次修订后的《光机系统设计》（原书第 3 版）在 2006 年正式出版。

本书（原书第 3 版）共分 4 个部分 15 章：第一部分阐述光机系统总的设计概念，包括第 1 章光机设计过程，第 2 章环境影响和第 3 章材料的光机特性；第二部分是透射式光机系统的设计，包括第 4 章单透镜的安装，第 5 章多透镜的安装，第 6 章光窗和滤光片的安装及第 7 章棱镜的设计和安装；第三部分是反射式光机系统的设计，包括第 8 章小型非金属反射镜、光栅和胶片的设计和安装，第 9 章轻质非金属反射镜的设计，第 10 章光轴水平放置的大孔径反射镜的安装，第 11 章光轴垂直放置的大孔径反射镜的安装，第 12 章大孔径、变方位反射镜的安装技术和第 13 章金属反射镜的设计和安装；第四部分是光机系统的整体分析，包括第 14 章光学仪器的结构设计和第 15 章光机系统设计分析。

在《光机系统设计》中文版的出版过程中，得到了 Paul R. Yoder, Jr. 先生的大力支持，对原版英文书中的有关问题进行了及时和充分的沟通讨论，对书中一些有重要变动的内容增加了"译者注"。为了使读者更准确地理解和利用本书，保留了英文参考文献。

周海宪翻译了第 1～第 14 章，程云芳翻译了第 15 章。在美国工作的周华君和程林先生对全书进行了认真的校对，程云芳和范斌高级工程师对该书做了专业校对和最终审核。

清华大学教授、中国工程院院士金国藩先生、美国的 Paul R. Yoder, Jr. 先生和北京理工大学王涌天教授对本书的出版给予了极大的关注，对有关问题给出了诚恳的建议；与祖成奎博士和黄存新博士在光学材料方面进行了非常有益的讨论；特别是刘永祥、仇志刚、郭世勇、潘新宇等高级工程师都对本书的出版给予了很大支持，在此表示衷心的感谢。同时，也感谢我的同事吴健伟、邢妙娟、朱彬、李延蕊、杨耀山和翟文军高级工程师的真诚帮助。

机械工业出版社电工电子分社的牛新国社长对本书的出版给予了非常大的鼓励和支持，在此特别致以谢意！

本书可供在光电子领域中从事光学仪器设计、光学设计和光机结构设计的研发设计师、光机制造工艺研究的工程师、光机材料工程师阅读，也可以作为大专院校相关专业本科生、研究生和教师的参考书。希望本书提供的材料和例子能够对军事、航空航天和民用光学仪器应用中的设计概念、具体设计、开发、评价和使用提供有用的指导。

译　者
2007 年 10 月

原书第4版前言

第 4 版的许多内容都不同于前面三版：另一位作者 Daniel Vukobratovich 先生在材料、光机系统设计、光学仪器分析、大型反射镜和结构方面具有渊博的专业知识，承担了本书该部分内容的撰写工作；Jan Nijenhuis 撰写了新的一章，综述了挠性机构的运动学特性和应用；另外几位光机专家撰写了其他非常重要的几个章节。为了向读者展示如何利用本书介绍的理论、公式和分析方法，还对一些章节内容进行了扩充，介绍了总计 110 个设计实例。第 4 版以两卷形式出版，将扩充后的内容、新插图、数据表格和参考文献紧密联系在一起，两卷的书名分别是《光机组件的设计和分析》和《大型反射镜和结构的设计与分析》，分别侧重不同的研究范围和技术重心。

卷 I 主要介绍的是小型光学装置，阐述了光机的设计过程、相关环境影响，列表给出了材料的最新关键数据，以插图形式描述了单透镜和多透镜的多种安装方法、光窗及类似组件的典型设计和安装方式、多种类型棱镜的设计和安装技术、小型反射镜的设计和安装技术、挠性运动机构的设计和优点、各种光机界面的分析技术，以及如何确定玻璃材料强度及光学装置应力的方法，并介绍了温度变化对光机组件的影响。

卷 II 重点介绍的是大型光学系统及其结构件的设计和安装，包括一些新的和重要的光学系统。该卷详细讨论了以下内容：影响大型反射镜性能的因素；超大单片、多片拼接以及轻型反射镜的设计和制造技术；光轴处于垂直、水平和可变方向的大型反射镜的安装技术；金属和复合材料反射镜与玻璃反射镜的异同之处；光学仪器结构设计的关键技术；新兴技术——硅和碳化硅材料，在反射镜系统中的应用和发展史，以及其他类型组件的光学应用。

第 4 版对保留的前三版的相关内容和材料进行了修订，保留了合适的部分，并补充了许多新的材料，使本书更有益于读者。此外，增加了许多新的插图。作者非常赞同 Jacobs（1943）的思想："有时候需要对某些细节的描述采用夸大的手法，否则不可能绘制出清晰的光学仪器功能的图样，虽然有时这些夸张会导致技术的不合理性"。将许多此类图样装配在一起的目的是为了指导而非精确表示一个原始物体，因此，本书对认为是合适的一些细节做了夸张。

本书以国际单位制（SI）和美国惯用单位（USC）两种单位制来表示如材料性质和尺寸之类的参数。利用本书后面给出的变换系数，很容易从一种单位制转换到另一种单位制。

Yoder 先生真诚感谢另外 5 位作者对解释本书相关重要内容做出的努力，他们大大扩展了本书各个主题的内容，增加了本书的潜在应用性。文前部分给出了对本书编撰做出贡献的几位作者的照片和简介。

参 考 文 献

[1] Jacobs, D. H., *Fundamentals of Optical Engineering*, McGraw-Hill book Company, Inc., New York, 1943, p. vi.
注：MATLAB 是美国 MathWorks 公司的注册商标，相关产品的资料，请与该公司联系。

作者简介

Paul R. Yoder, Jr. 先生，先后毕业于美国宾夕法尼亚州亨丁顿市朱尼亚塔学院（Juniata College），获物理学学士学位（1947 年）；宾夕法尼亚州州立大学（Penn State University），获物理学硕士学位（1950 年）。在美国陆军法兰克福军工厂从事光学设计和光机工程设计工作（1951~1961）。他曾在 Perkin-Elmer 公司工作（1961~1986），受聘为光学和光机工程方面的专家顾问（1986~2006）；是美国光学协会（OSA）和国际光学工程学会（SPIE）会员。他参加了美国光学学会光学手册（*OSA Handbook of Optics*）（McGraw Hill，1995，2010）、光机工程手册（*Handbook of Optomechanical Engineering*）（CRC Press，1997）部分章节的编写，并与 Fischer 和 B. Tadic-Galeb 共同撰写了《光学系统设计》（*Optical System Design*）（McGraw-Hill，2008）一书，还出版了《光学仪器中光学零件的安装技术》（*Mounting Optics in Optical Instruments*）（SPIE Press，2002，2008），也是本书前三版的作者；发表了 60 多篇论文，获得 14 项美国和外国专利，在国际光学工程学会（SPIE）、美国政府部门以及美国、欧洲和亚洲的工业部门举办过 75 场光学和光机工程方面的短训班。

Daniel Vukobratovich 先生，是美国亚利桑那州图森市雷神（Raytheon）公司的一名（多学科）高级工程师和亚利桑那大学光学工程学院的兼职教授，主要研究领域是光机设计。他发表了 50 多篇学术论文，参加了《红外/电光系统手册》（*IR/EO Systems Handbook*）第 4 卷光机系统（SPIE Optical Engineering Press，1993）以及《光机工程手册》（*Handbook of Optomechanical Engineering*）（CRC Press，1997）相关章节的编写工作；在 12 个国家举办过光机方面的短训班，被聘为 40 多家公司的顾问。2011 年，他与 Paul Yoder 先生共同撰写了《*SPIE's Field Guide to Binoculars and Scopes*》。他是国际光学工程学会（SPIE）会员和光机工作小组的创办成员；获得多项国际专利；并且，由于在金属基光学复合材料方面的贡献而获得 R&D 100 奖⊖。他利用新型材料（金属及复合材料，泡沫芯）主导研发了一系列超轻型望远镜以及航天飞机 STS-95 任务、火星观察者、火星全球勘测者和远紫外光谱探测仪（FUSE）的空间望远镜系统。

⊖ 美国科学杂志《研究与发展》（R&D）主办的创新奖，评选出过去一年全球 100 位最具创新和技术意义上的上市产品，也被誉为"科技创新奥斯卡奖"。——译者注

David Aikens 先生，是美国康涅狄格州切斯特市 Savvy Optics 公司的董事长。该公司主要生产光学零件表面质量检测设备。他在光学工程和制造，尤其是光学设计领域工作了 30 多年；长期以来，参与光学制图和规范的标准化工作，担任美国光学标准化委员会（ASC/OP）秘书，还担任光学和电子光学标准化委员会的执行理事，审查美国和国际中所有与美国相关的标准化活动。如卷 I 第 1 章所述，David Aikens 先生已经为国际标准化组织（ISO）和美国标准化组织提供了许多光学标准化活动的最新消息。

Jan Nijenhuis 先生，是卷 I 第 10 章的主要作者。1980 年，他以优异成绩毕业于荷兰代尔夫特理工大学航天工程系，获得科学硕士；之后，作为机械工程师加入荷兰福克飞机的飞行控制系统设计团队，并工作了 8 年；然后，到荷兰国家应用科学研究院（TNO）从事应用物理方面的研究，在空间、天文学和光刻仪器的设计和研发项目方面工作了 25 年；目前，是荷兰 Nijenhuis 精密工程公司的董事长。

William A. Goodman 先生，是美国加利福尼亚州圣地亚哥市 Trex 公司负责业务发展的副总裁，主管几个部门新的业务发展，包括侦察装置、大尺寸兆像素级可见光/短波红外（VIS/SWIR）阵列、导航/瞄准、高速通信、头盔显示、磁阀、光纤旋转接头、零件和碳化硅光学零件。研发出的轻质硅和碳化硅光学元件已经应用于空间、低温、核工业和高能领域。William A. Goodman 博士，主要撰写了卷 II 第 8 章新兴技术部分。他获得美国新墨西哥大学化学工程系学士学位，获得美国加州大学洛杉矶分校材料科学系硕士和博士学位，是 SPIE 会士。

Kevin A. Sawyer 先生，在光机领域有 30 多年的工作经验，主要从事适配器（HSA）工程方面的工作。他在航空工业界工作了 28 年，其中包括在美国国家航空航天局（NASA）阿姆斯研究中心工作的 11 年，作为专业顾问工作的 9 年，以及在美国洛克希德·马丁公司工作的 8 年。并且，他被圣何塞州立大学机械工程系聘为兼职教授 28 年，讲授过光机结构和真空工程相关的多门课程。Sawyer 先生，在圣何塞州立大学获得了机械工程、机械设计和控制技术的学士和硕士学位，1995 年在亚利桑那大学获得光机工程的博士学位。他是美国机械工程师协会（ASME）的准会员，是美国加利福尼亚州注册专业工程师。他主要负责第 4 版卷 I 第 1 章有关技术项目的内容，并反复核对以确保其准确性和完整性。

David M. Stubbs 先生，1976 年获得美国佛罗里达州墨尔本市佛罗里达理工大学机械工程系学士学位，此后在一些大学学习了大量的研究生课程。其整个职业生涯都是在航空领域度过的，他先就职于美国斯佩里飞行系统公司和麦道飞机公司，然后进入洛克希德公司飞机飞弹研究实验室一直工作了 34 年。David 先生在合并成洛克希德·马丁公司之前，领导着一个有 30 名工程师组成的光机工程团队。其经历包括机械设计的所有阶段：从概念研究到设计分析、硬件和测试。他发表了 23 篇论文，获得 8 项专利，目前正在设计技术上颇具挑战性的光学系统。David M. Stubbs 先生在卷Ⅰ第 1 章中的贡献主要是更新了最新的有关光机系统和仪器研发投资项目的设计研发实际信息。

目　　录

第 1 章　影响反射镜性能的因素

Daniel Vukobratovich

1.1　概述

一个反射镜最重要的性能要求与其形状有关。换句话说，其性能要求与反射面的外形轮廓以及反射表面在所有工作方向上相对于重心的位置有关。第二重要的要求包括成本、重量、材料可用性、维修性和技术风险。反射镜及支承装置的设计就是在其性能与其他方面（如相关的环境影响）之间进行平衡。在概念设计阶段，简单的闭合求解近似法是一种快速评估反射镜性能的有效方法，而概念设计之后，可以利用更详细的分析方法，例如有限元分析法较精确地预测性能。

本章将讨论各种可能的误差条件下公差的确定和应用，如重力效应、安装工艺、动态效应和热效应对反射镜性能的影响，用误差预算量表示这些因素对反射镜性能的综合效应。通过计算实例说明性能评估技术的应用。

1.2　公差、误差预算量和误差叠加

反射镜的光学性能取决于两种公差：光学形状和位置。光学形状公差决定着允许

偏离反射镜理想形状的偏差量，位置公差决定着反射镜表面相对于光学系统光轴以及系统中其他元件的位置和方向。反射镜的光学形状公差取决于反射镜材料、形状、安装方法以及包括温度等环境因素。反射镜安装方式控制着反射镜的位置，并受动态效应的影响，例如机械冲击、振动及特定的工作环境。

许多因素都影响反射镜的光学形状，包括自重、振动、温度变化、温度梯度及外形尺寸的不稳定性。通常，所有上述因素造成的反射镜变形较小，变形量是反射镜直径的 10^{-6} 数量级。其完全处于应力-应变曲线的线性区域，所以，反射镜材料也处于其线性区。为此，有可能单独处理每种变形源，并根据叠加原理将所有变形量相加。此外，还假设这些变形量互不相关，因而总变形量可以定义为所有变形量的和的二次方根（rss）。

正如绝大部分标准计量方法所述，如果是通过一系列点来测量反射镜光学表面变形，则光学表面总的方均根（rms）误差 δ_{rms}（Fischer 等，2008）、和的二次方根（rss）误差 δ_{rss} 由下式给出：

$$\delta_{rms} = \sqrt{\frac{1}{n}\sum_{i=1}^{n}\delta_i} \qquad (1.1a)$$

1

$$\delta_{\text{rss}} = \sqrt{\sum_{i=1}^{n} \delta_i} \tag{1.1b}$$

式中，n 是表面变形量测量点的数目；δ_i 是第 i 个点处表面变形量测量值或第 i 个误差。

设计实例 1.1 应用了这些公式。表 1.1 列出了该实例中第一台凯克（Keck）望远镜拼接板块每种误差的公差（Chanan 等，1988）。

设计实例 1.1　以表 1.1 列出的各种公差为基础计算第一台凯克望远镜主反射镜一块拼接板的误差 δ_{rms} 和 δ_{rss}

假设，反射镜的每种误差如表 1.1 主反射镜部分所示，计算反射镜 rms 和 rss 误差：
(a) 由式（1.1a），有

$$\delta_{\text{rms}} = \left[\frac{(0.24)^2 + (0.15)^2 + (0.10)^2 + (0.12)^2 + (0.10)^2}{5} \right]^{\frac{1}{2}} = 0.151''$$

(b) 由式（1.1b），有

$$\delta_{\text{rss}} = \left[(0.24)^2 + (0.15)^2 + (0.10)^2 + (0.12)^2 + (0.10)^2 \right]^{\frac{1}{2}} = 0.338''$$

由（b）计算的结果与表 1.1 所示凯克望远镜每块拼接板的和的二次方根误差（作为主反射镜总误差）一致。

表 1.1　对第一台凯克（Keck）望远镜中一块拼接板角误差贡献量的最严苛估算

项目	角弥散直径（″）
望远镜总角误差	0.42
主反射镜	
拼接板的面形误差	0.24
拼接板的热畸变	0.15
拼接板的支撑误差	0.10
拼接板的被动对准误差	0.12
拼接板的主动对准误差	0.10
和的二次方根总误差	0.34
次镜	
拼接板的主动对准误差	0.05
次镜对准误差	0.05
和的二次方根总误差	0.15
未校准误差	
跟踪误差	0.01
离焦	0.15
其他失配误差	0.10
和的二次方根总误差	0.19

（资料源自 Chanan, G. et al., Keck telescope primary mirror segments: Initial alignment and active control, Keck Observatory Report No. 171, April 1988, in *Proceedings of the ESO Conference on Very Large Telescopes and Their Instrumentation*, Garching, Germany, March 21-24, 1988）

反射镜的反射波前误差是表面变形量的两倍。经常将这些误差表示为实际波前与理想波前之间的光程差（OPD）。光学系统的性能公差通常也以光程差的形式表示。为了便于应用，必须将这些误差转换为反射镜光学表面的变形量。

从高于设计表面的最高峰值高度值到低于设计表面的最低凹处的深度值之间的误差跨距称为表面的最大允许变形量，用峰-谷误差（缩写为 p-v 值）表述这种表面变形量。常见的做法是将表面变形量方均根值与表面最大变形量相联系：

$$\delta_{p-v} \approx C_{rms}\delta_{rms}$$
（1.2）

式中，δ_{p-v} 是 p-v 变形量；C_{rms} 是常数；δ_{rms} 是变形量方均根值。

常数 C_{rms} 近似取为 4（Miller 和 Friedman，2003），尽管该公式很不精确，但是，这是一个很有用的经验法则。如果反射镜表面变形量与某种具体的光学像差有关，则该关系式不成立。当存在不同类型的光学像差时，表 1.2（shannon，2003）给出了 p-v 与方均根变形量之间更为合适的数学关系。

表 1.2　存在普通光学像差时，p-v 值与表面变形量 rms 值

像差	p-v/rms 值
离焦	3.5
最佳焦点位置处的三级球差	13.4
平衡后的五级球差	57.1
三级慧差	8.6
最佳焦点位置处的三级像散	5.0
平稳随机误差	−5.0

应当注意，如果发现某些分配难以实现，通常有可能对这些分配进行折中或者将一些公差量从预估值的一部分转移到另一部分。预计的典型误差源如下：

- 反射镜自重变形；
- 振动造成动态变形；
- 安装过程中残余的弯曲力矩和力造成的变形；
- 热梯度造成的变形；
- 反射镜材料各向异性造成热变形；
- 反射镜基板与表面镀膜（或电镀层）之间热膨胀系数（CTE）不匹配造成双金属弯曲而形成的热变形；
- 反射镜基板与镜座之间热膨胀系数不同造成热变形；
- 材料外形尺寸不稳定性造成的变形；
- 制造工艺造成的光学轮廓误差；
- 与光学表面轮廓制造有关的计量误差。

一块光学反射镜对无穷远点物体成像产生的总角度弥散量取决于衍射、表面轮廓的理想程度及校准程度。衍射弥散斑取决于光学物理性，正比于反射镜孔径和工作波长。失配弥散斑源自光学元件相对于系统光轴的位置误差。这两种效应超出了本章范围，在此，重点阐述非理想表面造成的弥散误差，正比于各类表面变形的和的二次方根，Miles（1954）表示为

$$\theta = \sqrt{\theta_D^2 + \theta_F^2 + \theta_A^2} \tag{1.3}$$

式中，θ 是系统总的角弥散；θ_D 是衍射弥散；θ_F 是光学轮廓弥散；θ_A 是失配弥散。

该关系式给出一种能满足光学系统性能的光学公差预算值。根据自己本身较低等级的预估值将公差分配到各个元件。同时，可以将系统预估值分配到许多可能的误差源，例如光学轮廓和热畸变。

1.3 重力变形

最重要的光学表面误差源之一是反射镜的自重变形，是重力对反射镜材料的作用而产生的变形。即使是卫星设备中的光学元件，由于其表面是在地球上制造和检测，因此，其变形也很重要。在失重环境中，反射镜光学表面不同于地面上的测量值。如果反射镜性能与重力的作用量是线性关系，则能够预计重力释放后的反射镜光学表面轮廓。对于地面系统，如果重力矢量方向变化，那么自重变形尤为重要。一个典型例子是天文望远镜。动态环境中很重要的一点是自重变形与反射镜基频有关。振动频率颇显重要的一个系统实例是扫描反射镜，为了使瞄准线运动而绕着一根直径倾斜。

反射镜自重变形有两个分量：轴向和径向。轴向变形与重力垂直作用在反射镜光学表面或者平行于光轴作用有关，经常称为垂轴变形且是最糟糕的反射镜方向。径向变形与重力平行作用于反射镜光学表面或垂直作用于光轴有关。由于反射镜光轴平行于地球表面，因此经常称为水平变形。

如果反射镜处于一种负载状态，如图 1.1 所示，则重力矢量方向与光轴形成一夹角，由此产生的反射镜表面变形是

$$\delta_{\theta-rms} = \left[(\delta_{A-rms}\cos\theta)^2 + (\delta_{R-rms}\sin\theta)^2 \right]^{\frac{1}{2}} \tag{1.4}$$

式中，$\delta_{\theta-rms}$ 是反射镜在角度 θ 时的自重变形量的 rms 值；δ_{A-rms} 是垂轴方向自重变形量的 rms 值；δ_{R-rms} 是水平轴方向自重变形的 rms 值；θ 是重力矢量与反射镜光轴的夹角。

对于小反射镜，与轴向变形相比，径向变形通常都很小，可以忽略不计，自重变形近似是

$$\delta_{\theta} = \delta_A \cos\theta \tag{1.5}$$

式中所有项如前所述。

利用以经典的平板理论为基础的闭型方程可以计算轴向负载条件（即光轴处于垂直位置）下的自重变形。尽管仅适用于概念设计，但以平板方程确定自重变形时必须小心谨慎。确定轴向平板变形时通常假设的负载条件是整个平板表面承受均匀或者恒定的负载，等效于反射镜单位面积上的重量相等。该负载条件并不等于自重负载，质量通过反射镜厚度进行分布（Schwesinger 和 Knohl，1972）。由于平板负载条件与实际负载条件不一致，变形量计算结果会有误差，但一般都

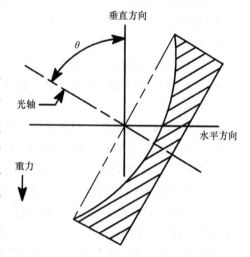

图 1.1　反射镜相对于重力矢量的方向

较小，百分之几的数量级。

此外，平板弯曲的经典弹性理论假设平板是直径-厚度比大于 10 的平行平面，而实际反射镜的直径-厚度比通常都小于 6，厚度经常变化，一般是曲面。尽管存在这些区别，但对于初始的概念设计计算反射镜性能还是很有用的。一块实体反射镜轴向变形的计算公式（译者注：以国际标准单位制原书漏印重力加速度 g）是

$$\delta_{A} = C_{A} \frac{qgr^4}{D_{FRS}} \tag{1.6}$$

式中，δ_A 是轴向变形；C_A 是与支撑结构形状有关的参数；q 是反射镜单位面积重量；r 是反射镜半径；D_{FRS} 是反射镜的抗挠刚度（抗弯刚度）。

改变支撑架的几何形状或反射镜镜座的结构布局、减轻单位面积重量或者提高抗挠刚度可以减小垂轴反射镜的自重变形。反射镜的单位面积重量取决于材料、反射镜厚度以及反射镜的内部结构，反射镜的抗挠刚度取决于反射镜材料的弹性模量、反射镜厚度及反射镜的内部结构。

下面给出式（1.6）的另一种形式，适用于固定截面轴对称反射镜（译者注：原书漏印重力加速度 g）：

$$\delta_{A} = C_{A} \frac{\rho g(1 - \nu^2)}{E} \frac{V_0}{I_0} r^4 \tag{1.7}$$

式中，δ_A 是轴向变形；C_A 是与支撑结构几何形状有关的参数；ρ 是反射镜材料密度；ν 是反射镜材料的泊松比；E 是反射镜材料的弹性（杨氏）模量；V_0 是反射镜单位体积；I_0 是反射镜单位横截面的惯性矩；r 是反射镜半径。

式（1.7）中，与自重变形相关的材料参数是材料密度与弹性模量之比，称为反比刚度（ρ/E）⊖。对于反射镜使用的大部分普通材料，例如玻璃和铝，反比刚度几乎是常数，其变化范围约为 $(324 \sim 390) \times 10^{-9}/m$，也包括泊松比的变化，对大部分普通材料，能够改变反比刚度约为 7%。具有较低反比刚度的材料包括铍和碳化硅。表 1.3 列出了常用反射镜材料反比刚度的参数值 $\rho g(1 - \nu^2)/E$（译者注：原书漏印重力加速度 g）。

表 1.3　常用反射镜材料的反比刚度值

材料	$[\rho g(1 - \nu^2)/E]/(10^{-9}/m)$①
铍 I-220H	63.1
碳化硅	89.2
熔凝石英	290
康宁超低热膨胀（ULE）材料	314
耐热玻璃 Pyrex 7740	333
硅	144
肖特微晶玻璃	257
铝 6061	347
钛 6A1-4V	351

⊖　ρ/E 是习惯表示方式，实现计算中要注意换算重力加速度 g。

（续）

材料	$[\rho g(1-\nu^2)/E]/(10^{-9}/\text{m})$ [①]
不锈钢 304	377
因瓦合金（Invar）36	523
无氧铜（OFC）	661
钼	282

① 原书漏印了重力加速度 g。——译者注

单位体积与单位截面惯性矩之比是反射镜的结构效率，其比值 V_0/I_0 是表征反射镜结构的刚度与重量关系的指标。当反射镜的材料分布尽可能远离其中性轴或弯曲轴时，能够达到最佳结构效率。一种夹层反射镜（见图 2.45）满足该条件，大部分材料距离中性轴有一段距离，即位于反射镜的前面和后面。夹层反射镜剪切力芯或者连接前后面板的连接筋中的材料对结构效率贡献很小。

对于一块实体反射镜，下面条件（数值上）成立：

$$V_0 = h \tag{1.8}$$

$$I_0 = \frac{h^3}{12} \tag{1.9}$$

$$\frac{V_0}{I_0} = \frac{12}{h^2} \tag{1.10}$$

式中，V_0 是反射镜单位体积；I_0 是反射镜单位横截面惯性矩；h 是反射镜厚度。

光学系统中使用的大部分反射镜是直立的圆柱体或者轴对称元件。如果反射镜横截面变化不大于 10%，则以不同方式支撑而产生的轴向自重变形量由下式（译者注：原书漏印重力加速度 g）给出：

$$\delta_A = C_A \frac{\rho g(1-\nu^2)}{E} \frac{V_0}{I_0} r^4 \cos\theta \tag{1.11}$$

式中，δ_A 是轴向变形；C_A 是与支撑结构几何形状有关的参数；ρ 是反射镜的材料密度；ν 是反射镜材料的泊松比；E 是反射镜材料的弹性模量；V_0 是反射镜的单位体积；I_0 是反射镜单位截面积惯性矩；r 是反射镜半径；θ 是反射镜光轴与重力矢量之间的夹角。

如果反射镜足够小以至于可以忽略水平方向变形，则该公式可以应用于变方向重力矢量。

表 1.4 列出了各种几何形状安装结构的支撑参数 C_A。

表 1.4　反射镜各种几何形状安装结构的支撑参数 C_A

安装结构的几何形状	C_A
直径 68% 处连续环	2.32×10^{-3}
直径 68% 处六点等间隔分布	2.59×10^{-3}
边缘夹持	15.6×10^{-3}
直径 64.5% 处三点等间隔分布	26.3×10^{-3}
直径 66.7% 处三点等间隔分布	26.9×10^{-3}
直径 70.7% 处三点等间隔分布	29.9×10^{-3}
边缘简单支撑	65.8×10^{-3}

（续）

安装结构的几何形状	C_A
沿直径连续支撑（扫描反射镜）	78.6×10^{-3}
中心支撑（柱状或蘑菇形镜座）	97.2×10^{-3}
边缘三点等间隔分布	113×10^{-3}

1.4　剪切效应造成反射镜变形

反射镜的剪切变形是一个有争议的课题。利用经典的平板理论预测反射镜的轴向变形时，就表明剪切变形会变得如同反射镜弯曲变形那样大。如图 1.2 所示，给出了一个利用连续环方式在反射镜边缘简单支撑、固定厚度、垂轴圆形反射镜的剪切变形与弯曲变形的比。如图 1.2 所示，对于纵横比大于 6:1 的普通轴对称反射镜，剪切变形较小（约小于 10%）。若利用较稠密的多点方式（是大型反射镜的常用安装方式）支撑反射镜，反射镜厚度与多点间隔的纵横比就变得小于 6:1。使用这类支撑方式，剪切变形会变得与弯曲变形不差上下，甚至更大（Stepp，1993）。在轻型反射镜中，加强筋交点之间的间隔与剪切芯筋骨深之比可能会小于 1，这一类超轻质反射镜结构的剪切变形可能会与弯曲变形一样大，甚至更大（Wan 等，1989）。图 1.3 给出了一块实心 Pyrex 7740 反射镜在采用多点支撑方式下（3~36 点各种纵横比）剪切变形与弯曲变形之比。设计实例 1.2 计算了一种典型反射镜的轴向变形。

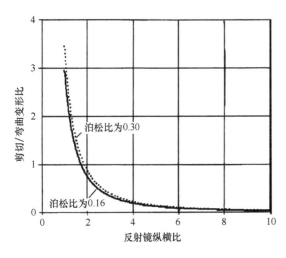

图 1.2　剪切变形与弯曲变形之比，是反射镜纵横比和材料泊松比的函数

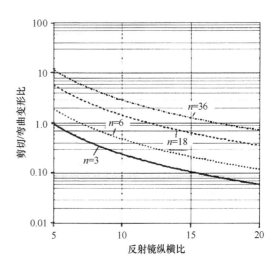

图 1.3　实心 Pyrex 7740 反射镜的剪切/弯曲变形比，纵横比为 5~20，采用多点支撑安装方式

设计实例 1.2　垂轴反射镜表面的轴向变形

一个直径 200mm（7.874in）的反射镜采用 Pyrex 7740 耐热玻璃材料，直径 - 厚度纵横比是 6:1，并在反射镜直径 64.5% 位置采用三点等间隔分布的方式轴向支撑。反射镜

光轴与（本地）重力矢量成 45° 夹角。材料参数：$\rho = 2230 \text{kg/m}^3$（$0.081 \text{lb/in}^3$），$E = 6.3 \times 10^{10} \text{Pa}$（$9.137 \times 10^6 \text{lbf/in}^2$），$\nu = 0.200$。请问，倾斜平面中的表面变形量是多少？对于氦氖激光器波长，等于多少个波长？

解：

反射镜半径 $r = 200 \text{mm}/2 = 100 \text{mm}$（$3.937 \text{in}$），反射镜厚度 $h = 200 \text{mm}/6 = 33.333 \text{mm}$（$1.312 \text{in}$），$\theta = 45°$。

由表 1.4，有 $C_A = 26.3 \times 10^{-3}$。

请注意 $g = 9.807 \text{m/s}^2$（译者注：原书错印为 m^2/s，其他章节也有用 9.81 代入计算的）

由式（1.11）和式（1.10），倾斜平面内的方均根自重变形量 δ_A 是

$$\delta_A = C_A \frac{\rho(1-\nu^2)}{E} \frac{12g}{h^2} r^4 \cos\theta$$

$$= \left\{ 26.3 \times 10^{-3} \times \frac{2230 \times \left[1 - (0.200)^2\right]}{6.3 \times 10^{10}} \times \frac{12 \times 9.807}{(33.333 \times 10^{-3})^2} \times (100 \times 10^{-3})^4 \times 0.7071 \right\} \text{m}$$

$$= 6.7 \times 10^{-9} \text{m} (2.6 \times 10^{-7} \text{in})$$

$$= 0.011\lambda$$

其中，$\lambda = 633.3 \text{nm}$

若反射镜光轴处于水平方向，则重力使其表面轮廓变形为非轴对称性结构。对于凹面反射镜，由于垂直方向光学曲率半径变化而水平方向半径（相对而言）不变，变形量主要是像散。简单解释为：重力在垂直方向压迫反射镜，改变半径，而水平方向未受影响。

Schwesinger（1954）指出，当光轴处于水平方向时，轴对称凹面反射镜自重变形量（译者注：原书漏印重力加速度 g）近似是

$$\delta_R = 2C_R \frac{\rho g}{E} r^2 \tag{1.12}$$

式中，δ_R 是反射镜的自重变形量；C_R 是支撑架参数；ρ 是反射镜材料密度；E 是反射镜材料的弹性模量；r 是反射镜半径。C_R 随反射镜直径、厚度即光学曲率半径变化。表面曲率半径正比于反射镜直径和焦比（f 数），因此，支撑架参数也正比于焦比。利用多项式近似表达式确定参数 C_R，在讨论水平轴反射镜安装技术的本卷第 3 章，将给出该近似表达式。

在概念性设计分析反射镜性能，尤其是小型反射镜时，常常忽略水平方向变形。轴向与径向变形量之比约估为反射镜纵横比的二次方，也正比于 f 数，如下式（译者注：原书漏印重力加速度 g）所示：

$$\frac{\delta_A}{\delta_R} = \frac{C_A \dfrac{\rho g(1-\nu^2)}{E} \left(\dfrac{r}{h}\right)^2 r^2}{2C_R \dfrac{\rho g}{E} r^2} = \frac{C_A}{C_R} \frac{1-\nu^2}{2} \left(\frac{r}{h}\right)^2 \tag{1.13}$$

图 1.4 给出了轴对称凹面反射镜（材料 Pyrex 7740）径向与轴向的变形量之比，纵横比变化范围为 4～20，焦比变化范围为 2～8。绘制该图时，假设两点径向支撑时是相隔 90°，

三点轴向支撑时，是在直径 64.5% 位置处等间隔分布。

如图 1.4 所示，对于纵横比大于 6:1 的小尺寸轴对称反射镜，径向变形量通常都比轴向变形量小 10%。而许多概念设计，可以忽略径向变形量。但如果反射镜较大，则水平方向变形量变得足够大，因而也颇显重要。例如，采用简单的二点支撑技术（支撑点相隔 90°）支持直径 1m、纵横比 6:1 和焦比为 $f/2$ 的反射镜，其径向变形量的方均根值约为 0.14 个波长，该波前误差已经相当大，超出瑞利四分之一波长的判据。

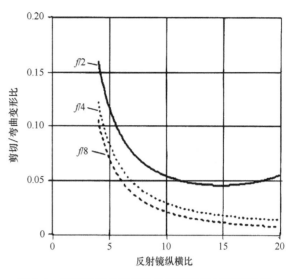

图 1.4　不同纵横比和焦比条件下径向与轴向的变形量之比。反射镜材料是 Pyrex 7740

1.5　安装工艺造成反射镜变形

安装工艺产生的力和力矩能够造成光学表面变形。一种变形源呈滞后现象，使镜座（或支架）施加在反射镜上的力发生变化；另一种变形源是镜座（或支架）性能缺陷产生的残留力矩。

反射镜自重变形量的闭式解假设反射镜镜座（或安装）没有滞后现象。滞后是由于反射镜镜座内摩擦所致。例如，在图 1.5 所示的光轴水平放置的条带支撑方式中，反射镜边缘与条带之间存在摩擦力，造成光学轮廓形成像散，同样，减小摩擦力会减小像散。

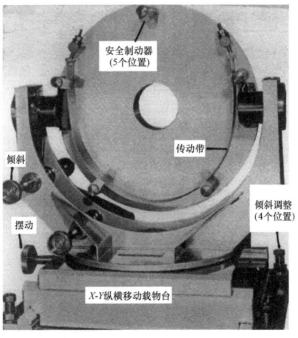

图 1.5　利用条带安装技术安装光轴水平放置的反射镜

（资料源自 Jhon Unertl Optical Company, Pittsburgh, PA）

对于变向反射镜，例如天文望远镜中所用，当跟踪一个天体时，反射镜镜座中的摩擦力或滞后作用会造成支撑力随时间及重力矢量方向发生变化，从而引起反射镜表面轮廓的额外变形。对采用复杂技术安装的大反射镜，滞后可能成为约束镜座性能的一个因素。

滞后效应的一个例子是美国帕洛马山（Mt. Palomar）海尔天文台上5m海尔（Hale）望远镜制衡杠杆支撑架的性能。图1.6示意性地表示其中一根支架。根据初始设计，支撑系统中的摩擦力约为1%数量级，造成反射镜轮廓产生不可接受的像散。重新设计反射镜支撑系统，再次制造轴承和更长的杠杆臂，将摩擦力减小到0.1%～0.2%，大大改善了反射镜的光学表面形状（Bowen，1960）。

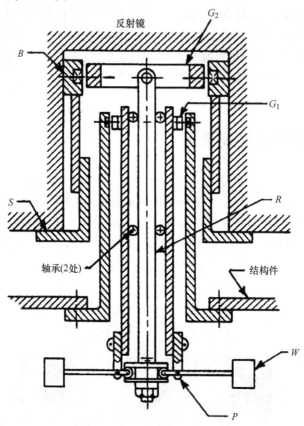

图1.6 用于支撑200in（5.08m）海尔（Hale）望远镜带肋主镜的36根轴向/径向组合支撑装置之一

（资料源自 Baustian，W. W.，The Lick Observatory 120-inch telescope，in *Telescopes*，Kuiper，G. P.，and Middlehurst，B. M.，eds.，University of Chicago Press，Chicago，IL，p. 16）

大型光学元件支撑系统的经验表明，根据 Grundmann（1983）给出的下列公式可以计算轴向支撑的最大允许摩擦力：

$$\mu = 4.82 \left(\frac{h_0}{D}\right)^2 \frac{1}{D^2} \tag{1.14}$$

式中，μ 是摩擦系数；h_0 是反射镜厚度（单位为m）；D 是反射镜直径（单位为m）。

例如，5m（196.85in）后开式海尔（Hale）望远镜主镜的刚性等效于一个厚为400～500mm的实心反射镜。利用上述关系式，获得支架的最大允许摩擦力是1.2×10^{-3}～1.9×10^{-3}，而通过实验确定的海尔（Hale）望远镜主反射镜的最大摩擦力是 $1 \times 10^{-3} \sim 2 \times 10^{-3}$。与近似计算值相当一致。

与滞后相关的另一个问题是地球上用来制造星载光学元件的计量保障。由于超轻量结构的设计，大部分此类反射镜的刚性较低，因此，这类反射镜很容易由于滞后引发计量保障力的变化而产生变形。例如，Pepi（1992）指出，对于纵横比 $D/h \approx 200$、直径为 4m 的反射镜，已经发现，支撑变化 ±1g，产生的光学表面误差高达 1μm p-v。利用下列公式可以近似地计算反射镜光学表面的轮廓变化：

$$\delta_{H} \cong C_{H} \frac{\Delta F}{E} \frac{D^{2}}{h^{3}} \tag{1.15}$$

式中，δ_{H} 是计量安装滞后造成反射镜的变形量；C_{H} 是支撑系统参数；ΔF 是滞后造成支撑力的变化；E 是反射镜材料的弹性模量；D 是反射镜直径；h 是反射镜厚度。

目前，对于有限行程的装置，摩擦力和滞后的最小值适合采用液压或挠性设计系统。采用滚动膜密封以使摩擦力和滞后作用减至最小值的液压缸是大型光学装置常用的计量支撑结构，图1.7 是其中一种形式的示意图。还经常使用挠性机构以减小滞后。卷 I 第 10 章讨论这种典型结构的设计。

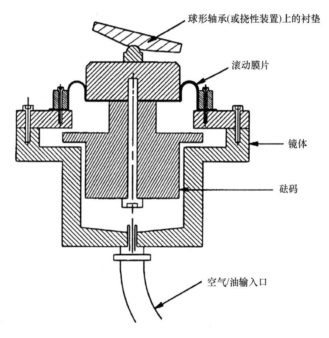

图 1.7　一种适用于支撑大型仰视反射镜的后表面、滚动膜密封类型的气动/液压致动器布局图
（资料源自 Yoder, P. R., Jr., *Mounting Optics in Optical Instruments*, 2nd edn., SPIE Press, Bellingham, WA, 2008）

经常将半运动学安装原理应用于反射镜安装，采用小尺寸有限接触面积，一般使用平垫片以便将每个界面上的接触应力减小到可接受水平。如果安装垫片并非完全平整或者与反射镜配装表面并不完全平行，那么，当放入镜座（或支撑系统）时反射镜会变形。若用力将安装垫片压入使其与反射镜紧密接触，就会造成反射镜和镜座都变形，从而在反射镜中形成弯曲力矩，对反射镜的整体光学轮廓造成不利影响。

上述问题称为安装垫片共面问题。将反射镜变形量减小到一个可以接受的水平需要另一个自由度，即反射镜与安装界面之间的旋转自由度。由于力矩不可能减小到零，因此，必须估算对反射镜施加多大的力矩才不会造成光学表面轮廓出现不可接受的变化。

利用叠加原理能够计算安装力矩的允许公差。反射镜表面的典型变形量较小，就是说，位于应力-应变曲线的线性部分，因此，采用一种简化方法，即单元力矩分析法，可以确定其允许力矩。

单元力矩分析法是在分析期间固定除一个安装点以外的所有的安装点。允许每个安装点旋转，但不能平移。将两个单元力矩施加到剩余的安装上。一个单元力矩是径向方向，另一个是切向方向，计算每个单元力矩造成光学轮廓的变化。一般来说，以施加力矩的每牛顿米方均根波数为单位表示轮廓变化。若安装点对称分布，则利用叠加原理确定所有安装点力矩作用之和，最后，为了确定可允许的安装力矩，将其分解为安装过程中所允许的轮廓公差。

利用三个轴向支撑点安装一个小型反射镜的实例证明这种分析方法的正确性。完成单元力矩分析之后，会有一些表面变形。假设误差是不相关的，那么，总的表面变形量方均根值等效于 $\delta = (C_M)(N^{1/2})(M)$。其中，$C_M$ 是表面变形系数（长度/力矩），N 是支撑点数目，M 是施加的单位力矩。若反射镜是三点支撑，则表面轮廓的方均根误差约为 $1.7 C_M M$。

例如，一个直径 300mm 的轴对称反射镜安装在三个等间隔分布的支撑点上，由于安装造成的最大允许表面轮廓畸变方均根值是 $\lambda/10 = 63nm$，该公差必须分为径向和轴向两个分量。假设径向和切向力矩造成的轮廓误差不相关并利用和的二次方根法计算，则径向轮廓误差公差是 $63nm/2^{1/2} = 44nm$，对施加径向力矩造成的反射镜表面变形量的分析给出每个安装点 $340nm/(N \cdot m)$ 的量值。因此，当施加到所有安装点的力矩是 $1N \cdot m$ 时，总的表面变形量是 $(3^{1/2})[340nm/(N \cdot m)] = 589nm/(N \cdot m)$。以该结果作为总的公差而确定每个接触点的允许力矩：$44nm/[589nm/(N \cdot m)] = 76 \times 10^{-3} N \cdot m$，此为径向方向；对切向方向，必须做类似分析。

单元力矩分析法用作反射镜安装设计的一种指南。对于利用金刚石切削技术制造的金属反射镜，采用半运动学硬性安装技术，并以单元分析法确定安装界面和反射镜界面的平面度和平行性，则需要进行额外分析，将安装表面的局部倾斜与反射镜中产生的力矩相联系。为了减少安装过程在反射镜中产生的力矩，通常需要在反射镜与安装支架（或镜座）之间额外设置旋转自由度。利用一种球窝连接结构（平移方向是刚性的）或者一种挠性两轴万向节装置可以满足增加自由度的要求，球窝连接结构中的接触应力和摩擦力是问题的焦点。正如卷 I 第 10 章所述，无论设计还是制造，挠性两轴万向节装置都颇具挑战性。

1.6 动态效应造成反射镜变形

一块反射镜对动态激励的响应取决于其基频和阻尼。动态激励的类型包括振动、角加速度（对于扫描系统）和机械冲击。动态激励造成反射镜光学表面变形以及反射镜相对于其镜座（或安装架）的刚体位移。在很严酷的动态载荷条件下（机械冲击特性），表面变形可能会短暂地超过设计公差。而机械冲击停止后，关键参数是响应时间（调节时间）或者从冲击产生且正在平息的振动到恢复所需要的时间。

一块反射镜有两种运动，每种运动都有自己的频率：反射镜片弯曲频率；镜座和反射镜的刚体频率。反射镜片弯曲频率与反射镜自重变形有关，镜片弯曲改变了反射镜的光学表面轮廓。刚体频率与反射镜相对于其镜座（或安装支架）的实际位移量有关。反射镜的刚体运动改变了反射镜光学表面相对于光轴以及系统中其他组件的对准状态。

　　一般来说，对于不同的应用，光机系统可以承受的振动等级也不同。Gordon（1999）研究了一种敏感仪器广为使用的标准或者振动判据（VC），此标准已经在卷 I 2.2.4 节讨论过；根据速度以及光学系统在不同条件下可分辨的最小细节，还给出了一系列振动等级，规定振动等级适应频率范围为 8 ~ 100Hz，并按照三分之一倍频带测量[⊖]。表 1.5 简要总结了Gordon 判据[⊖]。这些数据是以速度（单位为 μm/s）为依据的，适用频率范围为 8 ~ 100Hz，表明性能与具体应用的可分辨细节有关。众多实例都希望采用与振动相关的最大振幅而非速度，参考卷 I 图 2.10。

表 1.5　Gordon 振动判据总结列表

判据	最大振动等级/(μm/s)	细节尺寸/μm	应用
车间（ISO）	800	N/A	车间
办公室（ISO）	400	N/A	办公室
住宅区的白天	200	75	睡觉，满足计算机设备和显微镜的使用
手术室（ISO）	100	25	100 × 显微镜
VC-A	50	8	400 × 显微镜
VC-B	25	3	1000 × 显微镜，微光刻设备
VC-C	12.5	1	光刻设备，检测设备
VC-D	6	0.3	电子显微设备，电子束系统
VC-E	3	0.1	现有技术的极限水平

1.7　基频

1.7.1　垂轴反射镜的鼓膜频率

　　Blevins（1979）给出的下列近似公式将垂直于垂轴反射镜光学表面的鼓膜基频 f_n 和反射镜自重变形 δ 联系在一起：

$$f_n = \frac{1}{2\pi}\sqrt{\frac{g}{\delta}} \tag{1.16}$$

式中，f_n 称为基频或鼓膜频率；g 是地球重力加速度（$g = 9.807\text{m/s}^2$）；δ 是自重变形量。式中采用的变形量是最大 p-v 值。根据经验，基频 f_n 时对动态激励的响应最强烈。

　　图 1.18 给出了式（1.16）的曲线图。通常经验是，1μm 的自重变形量出现在约 500Hz 位置。

⊖　振动测量中，一个倍频程是频率的两倍。
⊖　更完整的列表，请参考卷 I 表 2.3。

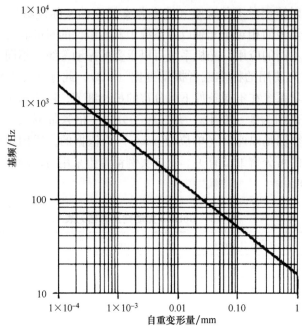

图 1.8 基频与反射镜自重变形量（单位为 mm）的函数关系

设计实例 1.3 给出了该基频的典型计算过程。

设计实例 1.3 垂轴反射镜的基频（鼓膜频率）

直径 200mm（7.874in）的轴对称实心 Pyrex 7740 反射镜的厚度是 33.000mm（1.299in）。安装在其边缘三个等间隔点上，光轴处于垂直方向。表面的轴向自重变形量 p-v 测量值为 0.27 个波长，波长是 633nm。请问反射镜鼓膜弯曲频率是多少？

解：

由式（1.16），有

$$f_n = (1/2\pi)\{9.807/[0.27 \times (6.33 \times 10^{-9})]\}^{1/2}\text{Hz} = 1206\text{Hz}$$

1.7.2 轴对称反射镜的刚体基频

平移过程中反射镜的刚体频率取决于反射镜质量和镜座的弹性刚度。反射镜安装中通常都会设计一些支撑点，因此，确定镜座的总弹性刚度需要对每个安装点的弹性刚度求和，旋转过程中的刚体频率取决于反射镜质量的转动惯量、每个安装点的弹性刚度。若采用等间隔安装点方式安装轴对称反射镜，则平移过程中反射镜平面内两轴向的刚体频率相等。同样，绕反射镜平面中两个轴旋转过程中的刚体频率也相等。

由 N 个等间隔点以挠性方式支撑的轴对称反射镜，平移过程中的弹性刚度由下式给出：

$$k_X = k_Y = \frac{N}{2}(k_R + k_T) \tag{1.17}$$

$$k_Z = Nk_A \tag{1.18}$$

式中

$$k_R = \frac{Ebh^3}{4L^3} \quad 径向 \tag{1.19}$$

$$k_T = \frac{Eb^3h}{4L^3} \quad 切向 \tag{1.20}$$

$$k_A = \frac{Ebh}{L} \quad 轴向 \tag{1.21}$$

采用反射镜边缘三点等间隔安装方式见卷 I 图 4.52。

利用前面的弹性刚度关系可以获得一个轴对称反射镜的刚体平移基频：

$$f_{nX} = f_{nY} = \frac{1}{2\pi D}\sqrt{\frac{6}{\pi}\frac{k_R + k_T}{\rho h}} \tag{1.22}$$

$$f_{nZ} = \frac{1}{\pi D}\sqrt{\frac{3}{\pi}\frac{k_A}{\rho h}} \tag{1.23}$$

绕通过轴对称反射镜重心的 X 和 Y 轴旋转，则基频相等并利用下式计算：

$$f_{nXX} = f_{nYY} = \frac{4}{\pi D}\sqrt{\frac{6}{\pi}\frac{k_A}{\rho h}} \tag{1.24}$$

式（1.17）~式（1.24）中，f_{nX}、f_{nY} 和 f_{nZ} 分别是 X、Y 和 Z 方向平移时的刚体频率；f_{nXX}、f_{nYY} 和 f_{nZZ} 分别是绕 X 和 Y 轴（过反射镜中心 CG）旋转时的刚体频率；k_R、k_T 和 k_A 分别是每个单安装点在径向、切向和轴向（Z）的弹性刚度；N 是安装点数目；D 是反射镜直径；h 是反射镜厚度；ρ 是反射镜材料密度。设计实例 1.4 解释这些公式在一个有代表性设计中的应用。

设计实例 1.4　一个反射镜的刚体基频（见《光机组件的设计与分析》的图 9.35）

一个直径为 100mm（3.937in）的圆柱体铝反射镜重为 424g（14.956oz），利用单片钛钢挠性装置安装在其圆周三个等间隔点上。挠性装置厚度 h = 0.500mm（0.020in），宽度 b = 10.000mm（0.394in）和长度 L = 20.000mm（0.787in）。挠性装置安装方向与反射镜径向方向一致，并且，其长轴平行于光轴。钛合金材料的 $E = 110\text{GPa}(16 \times 10^6 \text{ lb/in}^2)$。

解：由式（1.19）~式（1.21），挠性装置的弹性刚度是

$$k_R = \frac{Ebh^3}{4L^3} = \frac{110\text{GPa} \times 10\text{mm} \times (0.5\text{mm})^3}{4 \times (20\text{mm})^3} = 4.3 \times 10^3 \text{N/m}$$

$$k_T = \frac{Eb^3h}{4L^3} = \frac{110\text{GPa} \times (10\text{mm})^3 \times 0.5\text{mm}}{4 \times (20\text{mm})^3} = 1.7 \times 10^6 \text{N/m}$$

$$k_A = \frac{Ebh}{L} = \frac{110\text{GPa} \times 10\text{mm} \times 0.5\text{mm}}{20\text{mm}} = 2.8 \times 10^7 \text{N/m}$$

由式（1.22）和式（1.23），平移基频（固有频率）是

$$f_{nX} = f_{nY} = \frac{1}{2\pi}\sqrt{\frac{N}{2}\frac{k_R + k_T}{m}} = \frac{1}{2\pi}\sqrt{\frac{3}{2} \times \frac{4.3 + 1.7}{424}}\text{Hz} = 393\text{Hz}$$

$$f_{nZ} = \frac{1}{2\pi}\sqrt{N\frac{k_A}{m}} = \frac{1}{2\pi}\sqrt{3 \times \frac{28}{424}}\text{Hz} = 2220\text{Hz}$$

1.7.3　阻尼

阻尼是决定系统对动态激励响应的另一性质。表述方法多种多样，最常用的方法是临界阻尼系数、损耗系数和质量因数 Q。光机系统中存在着三种阻尼：黏滞阻尼，结构阻尼和库仑摩擦阻尼。黏滞阻尼正比于黏性，结构阻尼正比于位移，库仑摩擦阻尼正比于摩擦力。光机系统中，阻尼一般都较小，所有三种阻尼基本上是相等的。

阻尼是振动期间系统能量的损耗。如果一个系统在平衡状态下受到扰动，停止扰动后不发生振荡，则该系统处于临界阻尼状态。临界阻尼需要的阻尼量 C_C 是 $2(km)^{1/2}$，其中，k 是系统的弹性刚度，m 是系统质量（Blake 1976）。另外，$C_C = 2m\omega_N = 4\pi m f_n$。其中，$\omega_N$ 是固有角频率（单位为 rad/s）；f_n 是固有频率（单位为 Hz）。光机系统的阻尼一般都很小，用临界阻尼比 ξ 表示其阻尼，是实际系统的阻尼 C 与临界阻尼需要值 C_C 之比，即 $\xi = C/C_C$。

在航天工程中，采用质量因数表述系统的阻尼。对于弱阻尼系统，质量因数是系统在谐振态下的放大率。另外，质量因数是谐振态下半功率宽度 $\Delta\omega$ 与系统基频 ω_n 之比。下式给出了质量因数与临界阻尼比的函数关系：

$$\frac{\Delta\omega}{\omega_n} = \frac{1}{Q} = 2\xi \tag{1.25}$$

式中，$\Delta\omega$ 是谐振状态下的响应宽度；ω_n 是基频；Q 是质量因数；ξ 是临界阻尼比。

利用解析方法很难评估光机系统的阻尼。在大多数结构中，需要通过测试以及根据前期设计进行推断以确定阻尼。通常，根据经验法则评估阻尼，例如，一块印制电路板的 Q 近似等于其基频的二次方根。

根据 Lazan（1968）的研究，材料阻尼正比于应力。坚实的光机结构应力弱，材料阻尼也小。一些金属材料的阻尼效应高，镁材料是一种 $Q \approx 13$ 的例子。然而，对于大部分金属，阻尼都小，而各种合金钢，Q 值范围从低碳钢约 125 到奥氏体不锈钢约 630。根据 James（1969）的研究，航天领域使用的高强度材料（例如 2024 铝和钛）的 $Q \approx 3000$。

较低的 Q 值与复杂的组合结构有关。这类结构含有多个铰链，每个铰链都出现损耗。在航天领域，常用的经验法则是，一种复杂结构的 $Q = 20 \sim 40$。Simonian（1987）建议，对于频率高达 195Hz 的航天飞机结构，$Q \approx 42$；对于坚实的卫星结构，可以有更高的 Q 值。根据 Wada 和 DesForges（1979）分析，哈勃空间望远镜支撑架第一弯曲模式的频率约为 17Hz，其质量因数 $Q \approx 125$。

1.8　刚体对动态激励的响应

反射镜安装后对动态激励的响应取决于反射镜基频、阻尼以及激励类型。三种常用的动态激励类型是周期振动、随机振动和冲击。利用单自由度（SDOF）的概念，在概念设计阶段经常使用一种简化计算系统响应的方法，这种单自由度近似法有助于较深入地了解系统响应，并且是一种主要的设计工具。

1.8.1　位移

光机装置对周期性激励的系统响应很复杂。一个关键参数是刚体的最大位移。周期激励下某一具体方向上的最大位移量与刚体位置的公差相比，如果一个能够对系统造成最大作用力 F_0 的周期频率 f，则最大响应对应着三种特定情况。具体情况取决于系统基频 f_n 与激励频率 f 之间的关系：若 $f \ll f_n$，系统处于弹簧控制域，并且，最大系统位移与最大振动振幅之比约为 1；若 $f = f_n$，系统处于阻尼器控制域，最大系统位移与最大振动振幅之比取决于由质量因数 Q 代表的阻尼量；当 $f \gg f_n$，则系统处于质量控制域[⊖]，并且，最大系统响应与最大振动振幅之比取决于频率比的二次方 $(f_n/f)^2$。应用下列公式：

$$若 f \ll f_n，\quad 则 \quad x \cong \frac{F_0}{k} \tag{1.26}$$

$$若 f = f_n，\quad 则 \quad x = \frac{F_0}{k} \tag{1.27}$$

$$若 f > f_n，\quad 则 \quad x = \frac{F_0}{k}\left(\frac{f_n}{f}\right)^2 \tag{1.28}$$

式中，x 是最大位移响应；F_0 是最大振动力；k 是系统的弹性刚度；Q 是质量因数；f 是激励频率；f_n 是系统基频。

传递率 T 定义为输入与相应位移之比。当传递率小于或大于 1 时，系统位移小于输入值。卷 I 图 2.9 给出了临界阻尼比为 1%（$Q = 50$）、10%（$Q = 5$）和 50%（$Q = 1$）条件下一个黏滞阻尼单自由度系统的传递率。

1.8.2　对随机振动的响应

随机振动包含所有频率，是一种常见的动态环境，用术语"功率谱密度（PSD）"表示。Curtis（1976）将其定义为，一个理想带通滤波器方均根响应除以滤波器带宽，当滤波器带宽接近零时的极限值。与功率谱密度相关的总功率是所有单个振动功率的总和。功率谱密度表示为每单位频率间隔的功率。在航天领域，功率谱密度单位为 g^2/Hz。功率谱密度曲线给出频率与功率谱密度的函数关系，曲线的斜率单位是 dB/octave。利用统计法量化随机振动，并且，功率谱密度中的功率是一个平均值，一般是方均根值。卷 I 表 2.2 列出了不同环境下的一些功率谱密度值。

尽管随机振动是一种复杂现象，但是，在对随机振动问题进行工程分析时，经常采用一种简化的近似表达式，即 Miles 近似式。已知功率谱密度时，该近似式可以给出一个单自由度系统的方均根响应。随机振动是一种统计现象，在航天领域，假设最严酷情况下是 3σ 或者方均根的 3 倍。由于随机振动包含很宽的频谱，因此，一个光机系统可能被激励成谐振态，其响应受限于系统阻尼以及功率谱密度中的功率。根据 Foster（1982）研究，方均根径向加速度是

$$A_{Rrms} = \sqrt{\frac{\pi}{2} f_n Q\,\mathrm{PSD}} \tag{1.29}$$

式中所有项都已定义过。

由该加速度造成的径向位移是

⊖　应用在失重环境中，所以，使用术语"质量"是合适的。

$$X_{\text{Rrms}} = \frac{A_{\text{Rrms}}}{4\pi^2 f_n^2} \tag{1.30}$$

式中，A_{Rrms} 是径向加速度响应方均根值；f_n 是基频；Q 是质量因数；PSD 是功率谱密度；X_{Rrms} 是方均根系统径向位移响应。

设计实例 1.5 进一步介绍这些公式的应用。

设计实例 1.5　一块反射镜对随机振动的加速度和位移响应

在设计实例 1.4 中已经知道，一块直径为 100mm（0.937in）铝反射镜的径向和轴向频率分别是 393Hz 和 2220Hz。假设，该组件的阻尼是 $Q = 35$，属于 PSD $= 0.020g^2/\text{Hz}$ 的随机振动。请问该反射镜在径向和轴向的方均根加速度和位移响应 A_{Rrms} 和 X_{Rrms} 分别是多少？

解：

由式（1.29）和式（1.30），有

$$A_{\text{Rrms}} = \sqrt{\frac{\pi}{2} f_{nX} Q \text{PSD}} = \sqrt{\frac{\pi}{2} \times 393 \times 35 \times 0.020} = 21，即 21 倍重力加速度$$

$$X_{\text{Rrms}} = \frac{A_{\text{Rrms}}}{4 \times \pi^2 \times f_n^2} = \frac{21}{4 \times \pi^2 \times 393^2}\text{m} = 33 \times 10^{-6}\text{m}$$

（译者注：原书错印为 a_{rrms}）

类似，轴向或 Z 向的方均根加速度 A_{Zrms} 和位移 X_{Zrms} 分别是

$$A_{\text{Zrms}} = \sqrt{\frac{\pi}{2} f_{nZ} Q \text{PSD}} = \sqrt{\frac{\pi}{2} \times 2220 \times 35 \times 0.02} = 49，即 49 倍重力加速度$$

$$X_{\text{Zrms}} = \frac{A_{\text{Zrms}}}{4 \times \pi^2 \times f_n^2} = \frac{49}{4 \times \pi^2 \times 2220^2}\text{m} = 2.5 \times 10^{-6}\text{m}$$

（译者注：原书错印为 a_{Arms}）

3σ 值应当比方均根值大 3 倍。该实例中，最严重的变形应在径向，约为 100μm。最大加速度是轴向，约为 148 倍重力加速度。

在许多应用中，随机振动是最严重的动态负载（Loftus 等，1991）。例如，美国航天飞机（US Space Shuttle）的最大恒稳态轴向加速度是 $3.5g$。然而，有效载重舱中的随机振动比之前的阿波罗土星（Appolo）运载火箭的大 2.5 倍。即使阿波罗土星运载火箭具有更高的恒稳态加速度等级，但振动等级的大幅度提高也使得该航天飞机的载重设计变得很难。

1.8.3　对机械冲击的响应

机械冲击是指系统状态突然发生变化。变化量及过渡曲线的形状严重影响着系统响应。一种近似的方法是确定一个单自由度系统对于一个瞬时跃迁输入的响应。但是，实际上，有限的实际转换时间会减小系统响应的范围，因此，这种近似方法是一种最坏的方法。

若输入是一种跃迁脉冲，则该系统将会以其基频振动或减幅振荡。系统响应的最大量值是响应的第一周期。如果阻尼是零，则响应振幅是跃迁脉冲振幅的两倍。根据经验法则，若是突然施加负载，安全系数需要取 2，阻尼造成的系统响应以对数形式随时间衰减。根据 Smith 和 Chetwynd（1992）研究，施加瞬时跃迁脉冲后系统响应是

$$x(t) = x_1 \mathrm{e}^{-\frac{f_n}{Q}t} \cos\left(2\pi f_n t \sqrt{1 - \frac{1}{4Q^2}}\right) \tag{1.31}$$

式中，$x(t)$ 是系统在施加跃迁脉冲后某时刻 t 的振幅；x_1 是跃迁脉冲的振幅；f_n 是系统基频；Q 是质量因数。

通常，不可能在冲击期间运行一台仪器，必须等到响应衰减到一个可接受水平。冲击后系统响应衰减的评价系数称为机械时间常数，是衰减 e 倍（即约 2.72 倍）后的时间。机械时间常数与稳定时间（即响应振幅衰减到初始值 1% 的时间）$t(1\%)$ 有关，表示为：

$$t(1\%) \cong 1.466 \frac{Q}{f_n} \tag{1.32}$$

设计实例 1.6 进一步说明该计算过程。

设计实例 1.6　一块安装在挠性结构上的反射镜稳定时间

假设，一块直径为 100mm 的反射镜安装在三个钛材料挠性装置上，径向基频是 393Hz，质量因数是 35。请问，受到冲击后径向稳定时间是多少？

解：

由式（1.32），该反射镜径向稳定时间是

$$t(1\%) = \left[(1.466 \times 35)/393 \right] \mathrm{s} = 0.131 \mathrm{s}$$

注意，此即假设输入一个跃迁脉冲后最糟糕情况的分析结果。过渡曲线和冲击持续时间都会影响响应。

很难对结构施加阻尼以减小质量因数，因此，如果需要减少稳定时间，则有效的设计方法是提高结构刚性以增大基频。在随机振动环境中，并非总是希望如此。如果功率谱密度相对于频率恒定不变（在许多航天环境中，是很普通的现象），方均根加速度随频率的二次方根增大，频率变化两倍使方均根加速度增大 $2^{1/2} = 1.414$ 倍。在随机振动环境下，方均根位移随 $f_n^{1.5}$ 变化，若功率谱密度恒定不变，系统基频翻倍就会使方均根位移量减小 $2^{-1.5} = 0.353$ 倍。原因在于该设计的动态性能一定要使冲击和振动两种情况都得到平衡。

1.9　热效应

温度变化会严重影响反射镜装配后的性能。装配反射镜时必须考虑四种热效应：温度均匀变化、温度梯度、反射镜材料热膨胀系数的各向异性和反射镜基板电镀造成的双金属板弯曲效应；其次，需要考虑反射镜温度变化速率或者热时间常数。在一些环境条件下，还必须考虑热冲击。在此，依次讨论每种热效应。在本书介绍反射镜安装技术的相关章

节中，有更详细的内容。

1.9.1 温度均匀变化

由于反射镜和镜座在多数情况下都具有不同的热膨胀系数，因此温度（或者均热条件）的均匀变化会造成反射镜尺寸相对于镜座变化，而外形尺寸的变化会在反射镜上产生力和力矩。在本书介绍反射镜安装技术的相关章节中，将讨论使这些影响降至最小的方法，即如何使反射镜/镜座系统更好地消热化。单元力矩分析法是设计一个消热差安装系统的强有力分析工具。

1.9.2 温度梯度

若存在温度梯度，则由于反射镜不同部分热膨胀量不同，会造成不同区域的外形尺寸变化量不同，通常会使反射镜表面变形。温度梯度的影响一般与安装无关，而源自反射镜的具体形状、反射镜的材料性质、梯度分布以及严重性。

最简单的热梯度，是通过反射镜厚度或者垂直于光轴起作用的温度梯度。具有这种轴向温度梯度，系统前后部分的膨胀就会不同。反射镜一侧表面面积增大，而另一侧面积减小。如果反射镜未受到其镜座约束，则受热一侧形状会凸出而变得更凸（因此增大了表面面积），而较冷一侧变得更凹（减小了表面面积）。因此，反射镜的光学曲率半径发生很大变化。

轴向梯度是高能激光器系统中反射镜的特性，例如切割和焊接材料用激光器。激光束加热反射镜反射面一侧（前表面），而反射镜后表面仍然较凉，即使有对激光波长具有高反射率的膜层，反射镜仍要吸收一部分能量。同样，由于夜空辐射以及望远镜内对流原因会造成光学表面热损耗，因而天文望远镜主镜会产生轴向热梯度，同时反射镜背面和侧面会由于镜组的作用而更多地隔离温度变化。

Martin 和 Nelson（1985）指出，若是恒稳态情况，反射镜具有恒定轴向温度梯度，则反射镜半径的变化是

$$\frac{1}{R_0} - \frac{1}{R} = \frac{\alpha}{k}q \qquad (1.33)$$

式中，R_0 是没有温度梯度时的反射镜半径；R 是存在温度梯度时的反射镜半径；α 是反射镜材料的热膨胀系数；k 是反射镜材料的热导率；q 是稳态情况下反射镜单位面积吸收的热通量。

比值 α/k 是反射镜热畸变的评价系数，称为反射镜材料的热变形指数。为了使温度梯度造成的变形量小，热变形指数也应当小。热变形指数的单位是单位功率长度，国际单位制是 m/W。

反射镜使用的玻璃材料的热导率从耐热玻璃 Pyrex 7740 的约为 1.13W/(m·K) 到微晶玻璃（Zerodur）的约为 1.46W/(m·K)。不同玻璃的热导率不会变化太大，因此，减小温度梯度造成的变形量需要选择具有一种低热膨胀系数的玻璃。而金属材料则不同，与玻璃材料相比，其高热导率足以抵消较高的热膨胀系数。例如，6061 铝材料的热变形指数是 141×10^{-9} m/W，相比之下耐热玻璃 Pyrex 7740 的是 2.92×10^{-6} m/W。一些耐高温特殊材料，例如硅（$\alpha/k = 16 \times 10^{-9}$ m/W）和反应烧结碳化硅（$\alpha/k = 12.3 \times 10^{-9}$ m/W），其热变形指数例外。硅和碳化硅材料具有很低的热变形指数，使这些材料成为高能激光器反射镜的优秀备选者，如本卷第 8 章所述。采用金刚石切削技术加工无氧高热导率（OFHC）铜材料可以降低制造成本，并且，这种材料的热变形指数约为 43×10^{-9} m/W。因此，这种铜材料反射镜也

常用于高能量激光切割和机械加工领域。表 1.6 列出了一些反射镜材料的热变形指数。

表 1.6 不同反射镜材料的热变形指数

材料	热变形指数 $(\alpha/k)/(\times10^{-9}\,\mathrm{m/W})$
铸造反应烧结碳化硅	12.3
硅	16.0
康宁熔凝石英 ULE 7972	22.9
铜, 无氧高热导率 (OFHC)	43.4
S-200FH 铍	52.8
肖特微晶玻璃 (Zerodur)	68.5
铝合金 6061-T6	141
康宁熔凝石英 7980	400
康宁 Pyrex 7740	2920

符合轴对称温度梯度变化规律的平面反射镜表面变形为一个具有一定曲率半径的球面。如果入射光束的光轴不垂直于该表面,则反射平面中的曲率半径不同于与该平面相垂直方向上的半径,则光束产生像散,并且在与该表面相垂直的反射平面内测量时,反射波前中形成光程差,其量值是

$$\mathrm{OPD}=\frac{P}{\pi}\frac{\alpha}{k}(\sin^2\theta)\varepsilon \tag{1.34}$$

式中, α 是反射镜材料的热膨胀系数; k 是材料的热导率; P 是材料在恒稳态条件下吸收的总功率; θ 是光束在表面上的入射角; ε 是反射镜表面吸收率。

设计实例 1.7 表述了这种情况。

设计实例1.7 轴向温度梯度造成一块平面反射镜变形,使一束倾斜反射光束产生光程差

一块由 Pyrex 7740 玻璃材料制成的圆形平面折光反射镜安装在太阳望远镜内,曝露在总功率 $P=33\mathrm{W}$ 的辐射中。它等于太阳常数 (近似为 $1050\mathrm{W/m^2}$) 乘以直径 200mm 的反射镜面积。反射镜膜层反射率为 95%。光束以 45°角从反射镜反射。对于 Pyrex 7740 材料, $\alpha=3.3\times10^{-6}/\mathrm{K}$ 和 $k=1.13\mathrm{W/(m\cdot K)}$。请问,假设波长 $\lambda=0.54\mu\mathrm{m}$,光束波前中产生的光程差 (OPD) 是多少?

解:

由式 (1.34),有

$$\mathrm{OPD}=\left[\frac{33}{\pi}\times\frac{3.3\times10^{-6}}{1.13}\times0.707^2\times(1-0.95)\right]\mathrm{m}=767\times10^{-9}\mathrm{m}=0.767\mu\mathrm{m}=1.4\lambda_{\mathrm{GREEN}}$$

利用 Pearson 和 Stepp (1987) 给出的方法,可以估算轴对称凹面或凸面反射镜的温度梯度,适用于反射镜中线性梯度情况。Kremer (2003) 对该方法进行了改进,应用于抛物面反射镜。此法使笛卡尔坐标系与光学表面顶点重合,根据光学像差获得反射镜变形。 Z 轴与反射镜光轴一致。利用下式确定反射镜的温度梯度:

$$T_{(X,Y,Z)}=C_0+C_{1(X)}+C_{2(Y)}+C_{3(Z)} \tag{1.35}$$

式中

$$C_1 = \frac{\Delta T_X}{D} \tag{1.36}$$

$$C_2 = \frac{\Delta T_Y}{D} \tag{1.37}$$

$$C_3 = \frac{\Delta T_Z}{h_0} \tag{1.38}$$

式中，C_0 是匀热或均匀温差；ΔT_X 是 X 方向梯度；ΔT_Y 是 Y 方向梯度；ΔT_Z 是 Z 方向梯度；D 是反射镜直径；h_0 是轴向厚度。这些温度梯度造成反射镜的热变形 $\delta(r, \theta)$ 可以顺序地表示为像差和其他误差——球差、慧差、离焦量、倾斜以及活塞效应（piston），如下所示：

$$\begin{aligned}
\sum \delta(r, \theta)_i &= \delta_{\text{spherical}} + \delta_{\text{coma}} + \delta_{\text{focus}} + \delta_{\text{tilt}} + \delta_{\text{piston}} \\
&= \left(\frac{\alpha C_3}{8R^2} r^4 \right) + \left(\frac{\alpha C_1}{2R} r^3 \cos\theta + \frac{\alpha C_2}{2R} r^3 \sin\theta \right) + \left(\frac{\alpha C_3 h_0}{2R} - \frac{\alpha C_3}{2} + \frac{\alpha C_0}{2R} \right) r^2 \\
&\quad + \left[(\alpha C_1 h_0 r \cos\theta) + (\alpha C_2 h_0 r \sin\theta) \right] + \left[\left(\frac{\alpha C_3 h_0^2}{2} \right) + (\alpha C_0 h_0) \right]
\end{aligned} \tag{1.39}$$

式中，$\delta(r, \theta)$ 反射镜表面上的位置；$r = (x^2 + y^2)^{1/2}$ 是反射镜表面上的径向位置；$\theta = \arctan(y/x)$ 是反射镜表面上的角位置；α 是反射镜材料的热膨胀系数；R 是反射镜光学表面的曲率半径。

Z 轴与光轴重合。

设计实例 1.8 给出这类计算。

设计实例 1.8 反射镜中的热梯度造成的球差和焦点漂移

一块 $\alpha = 23 \times 10^{-6}/\text{K}$ 的凹面铝反射镜应用于温度为 233K 的低温环境中。反射镜直径 $D = 150\text{mm}$，厚度 $h_0 = 15\text{mm}$，表面曲率半径为 1200mm。反射镜初始温度为 300K。在低温下，反射镜中存在着 3K 的轴向温度梯度，所以，$C_3 = 3\text{K}/15\text{mm} = 200\text{K/m}$。反射镜端面上没有温差，因此，$C_1 = C_2 = 0$。温度变化 $C_0 = (300 - 233)\text{K} = 67\text{K}$。

（a）轴向梯度产生的球差是多少？

（b）温度变化造成的焦点漂移量是多少？

解：

（a）$\delta_{\text{spherical}} = \frac{\alpha C_3}{8R^2} r^4 = \left[\frac{(23 \times 10^{-6}) \times 200}{8 \times (1.200)^2} \times 0.075^4 \right] \text{m} = 12.6\text{nm}$

（b）匀热温度变化 $\Delta T = (300 - 233)\text{K} = 67\text{K}$（译者注：原书错印为 67°）。忽略活塞效应造成的位移，则焦点漂移量是

$$\delta_{\text{focus}} = \frac{\alpha r^2}{2} \left(\frac{C_3 h_0}{R} - C_3 + \frac{C_0}{R} \right) = \left[\frac{(23 \times 10^{-6}) \times 0.075^2}{2} \times \left(\frac{200 \times 0.075}{1.2} - 200 + \frac{67}{1.2} \right) \right] \text{m}$$

$$= -8.5 \times 10^6 \text{m} = -8.5 \mu\text{m}$$

1.9.3　热膨胀系数的各向异性

Paquin（1990）指出，大多数材料的热膨胀系数都有空间差异，表现为各向异性或者材料内点与点之间的热膨胀系数不同。当温度变化时，反射镜表面轮廓就会变形。各向异性与温度梯度无关，即使温度均匀变化也会存在，其源自材料化学或物理成分变化。例如，对于铝合金材料，处理工艺造成颗粒结构变化可能会使光学表面轮廓随温度变化。

详细了解热膨胀系数的各向异性需要对块状材料不同部分进行取样测试。Jedamzik 等人（2006）以及 Arnold（2003）已经分别对具有较低热膨胀系数的材料，例如微晶玻璃和康宁超低热膨胀玻璃 ULE 的空间变化特性做了很好的研究。不可能经常对某一具体光学组件中使用的材料进行测试，因此可采用从实践中获得的经验法则评估材料的各向异性。根据 Pellerin 等人（1985）建议的经验，大多数材料的热膨胀系数的空间变化约为总热膨胀系数的 5%。由于空间变化取决于元件的尺寸，因此，这仅是一个近似值。与小尺寸反射镜相比，较大反射镜可能具有更大的各向异性值。表 1.7 列出了各种反射镜材料不均匀性的近似值。

表 1.7　普通金属、玻璃及其他材料的 CTE、CTE 的各向异性和热扩散率

材料	CTE/$(\times 10^{-6}/K)$	CTE 各向异性/$(\times 10^{-9}/K)$	热扩散率/$[(m^2/s)\times 10^{-6}]$
铝合金 6061-T6	23.0	60	69
铍 S-200 FH	11.5		60.5
铍 VHP I-70A*	11.5	130	57.2
铍 HIP I-70A	11.5	30	57.2
肖特硼硅酸盐	3.2	30	0.63
Ohara 硼硅酸盐	2.8	3.0	0.626
无氧高热导率（OFHC）铜	16.9	83	114
康宁 Pyrex 7740	3.3	16	0.483
熔凝石英 Heraeus Ambersil T01E*	0.5	1	0.81
熔凝石英 康宁 7940*	0.56	2.0	0.78
熔凝石英 康宁 7980	0.52		0.788
熔凝石英 康宁 7972 ULE	0.03	40	0.776
玻璃陶瓷 肖特 Zerodur	0.05	10	0.721
玻璃陶瓷 Cervit C-101*	0.03	15	0.652
硅	2.6	15	92.9
浇注反应烧结碳化硅	2.1	4	411
金属基复合材料 AlSiCp ACMC SXA 24 30 v/o SiC Cp*	15	150	57

* 目前，这些材料已经停产。将其列在表内是基于历史原因或者其剩余产品仍应用于某些设计中。

与 Pearson 和 Stepp（1987）方法相类似的一种方法被用于评估热膨胀系数空间变化所产生的反射镜变形量。假设笛卡尔坐标系 Z 轴与光轴重合，原点位于反射镜表面顶点，并且，热膨胀系数在三个轴向的变化都是线性。反射镜范围内热膨胀系数的空间变化是

$$k(x, y, z) = k_0 + k_X x + k_Y y + k_Z z \tag{1.40}$$

$$k_0 = \alpha \Delta T \tag{1.41}$$

$$k_X = \frac{\Delta \alpha_X}{D} \Delta T \tag{1.42}$$

$$k_Y = \frac{\Delta \alpha_Y}{D} \Delta T \tag{1.43}$$

$$k_Z = \frac{\Delta \alpha_Z}{h_0} \Delta T \tag{1.44}$$

式中，α 是材料的整体 CTE；$\Delta \alpha_X$ 是 X 方向 CTE 变化量；$\Delta \alpha_Y$ 是 Y 方向 CTE 变化量；$\Delta \alpha_Z$ 是 Z 方向 CTE 变化量；ΔT 是温度变化；D 是反射镜直径；h_0 是反射镜轴向厚度。

由于材料 CTE 各向异性造成光学表面随温度变化或者变形量是

$$\delta(x, y, z) = \frac{1}{2} k_Z \left(\frac{h_0 r^2}{R} + \frac{r^4}{4R^2} - r^2 \right) + (k_X x + k_Y y + k_0) \left(h_0 + \frac{r^2}{2R} \right)$$

$$- \frac{1}{2} k_X h_0 x - \frac{1}{2} k_Y h_0 y - k_0 h_0 \tag{1.45}$$

式中，$\delta(x, y, z)$ 是反射镜表面上的位置；r 是反射镜半径；R 是反射镜的光学曲率半径；

如果热膨胀系数的空间变化位于反射镜表面的平面内，则温度变化会产生像散。两个轴向的热膨胀系数之差会随温度变化造成两轴向半径的变化之差。在这种情况下，对一个轴对称反射镜表面变形量的粗略估计公式是

$$\delta \cong \frac{r^2}{4h_0} (\alpha_X - \alpha_Y) \Delta T \tag{1.46}$$

式中，δ 是反射镜表面变形量；r 是反射镜半径；h_0 是反射镜轴向厚度；α_X 是 X 轴向的 CTE；α_Y 是 Y 轴向的 CTE；ΔT 是温度变化。

如果 CTE 是沿厚度方向变化，则对一个轴对称反射镜表面随温度变化的粗略估计公式是

$$\delta \cong \frac{r^2}{2h_0} \Delta \alpha_Z \Delta T \tag{1.47}$$

式中，δ 反射镜表面变形量；r 是反射镜半径；h_0 是反射镜轴向厚度；$\Delta \alpha_Z$ 是厚度（Z 轴）方向 CTE 的变化；ΔT 是温度变化。

下面给出这些计算的一个实例，即设计实例 1.9。

设计实例 1.9 材料各向异性造成反射镜表面变形

一个直径是 150mm、厚度是 25mm 的铝反射镜，制造时的温度是 300K，工作温度是 233K。反射镜厚度方向 CTE 变化量是 $\Delta \alpha_Z = 30 \times 10^{-9}/\text{K}$。请问，温度是 233K 时表面变形量的预测值是多少？

解:

$$\delta \cong \frac{r^2}{2h_0}\Delta\alpha_z\Delta T = \left[\frac{75^2}{2\times25}\times(30\times10^{-9})\times(300-233)\right]\text{mm} = 226\text{nm}$$

若考虑红光，则对于反射镜表面，是 226nm/633nm = 0.36 个波长；对于波前，约是 0.72 个波长。这种数量级的变形将会严重恶化大部分光学系统的性能。该例子表明，对于工作温度与制造温度相差很大的低温系统，热膨胀系数的各向异性是一个很重要的问题。

当外部环境温度变化之后，一块反射镜的热惯性⊖造成表面和内部温差。一块反射镜的内外温差会是梯度形式，引起光学表面轮廓变化。在许多例子中，这类温度梯度的严重性足以使反射镜性能恶化。

Noyes（1922）公布了一个历史上最著名的温度梯度造成光学性能恶化的例子。1917年，美国威尔逊山（Wilson）天文台 2.5m 口径胡克（Hooker）望远镜试运转期间出现过这种情况。白天，一些工人让整流罩打开，让阳光直射到反射镜上，无意间使望远镜的玻璃主反射镜中产生了温度梯度。海尔（Hale）天文台台长望远镜最担忧的是刚日落后的糟糕的成像质量。到凌晨之前，由于反射镜已经达到热平衡，因此，性能会有明显改善。之后，要采取预防措施以保证望远镜尽可能在白天能与夜间平均温度相同，从而使梯度效应降至最小。该影响已经使全世界天文台整流罩的设计和操作程序得以改进。

梯度效应在许多光机应用中都很重要，包括光学制造。光学制造过程中产生的摩擦会改变一块反射镜光学表面相对于其内部和背面的温度。如果在抛光或金刚石车削之后，立刻对反射镜进行测试，则温度梯度将会使光学表面变形，导致错误的测试结果。必须知道机加或抛光工序后达到热平衡或者均匀温度所需要的时间。

精确预测一块反射镜达到热平衡的时间，就需要计算外表面通过辐射和对流两种形式完成的热交换以及内部的热传导。由于反射镜表面的热交换率一般不太容易得到，所以，通常是利用近似方法估算达到热平衡的时间。Strong（1989）阐述的方法假设，反射镜表面的温度突然变化，并且热交换的主要机理是从内部到表面的热传导。

达到热平衡所需时间的评价系数称为反射镜的热时间常数。这是一块反射镜相对于表面温度而改变其内部温度约 e(≈2.72) 倍所需要的时间。热时间常数 τ 正比于热传导距离的二次方。通常，该距离取作反射镜厚度。该参数取决于材料的热扩散率。采用下面关系式：

$$\tau = \frac{h_0^2}{\pi^2 D} \tag{1.48}$$

$$D = \frac{k}{\rho c_p} \tag{1.49}$$

式中，h_0 是反射镜厚度；D 是材料扩散率；k 是热导率；ρ 是密度；c_p 是比热容。

金属的热扩散率比玻璃的大，因此，金属的热时间常数小。例如，6061 铝的热扩散率是 $69\times10^{-6}\text{m}^2/\text{s}$，耐热玻璃 Pyrex 7740 的是 $483\times10^{-9}\text{m}^2/\text{s}$。与 Pyrex 材料反射镜相比，一

⊖ 热惯性是当一块反射镜的表面温度发生变化时，表面和内部温度之差与时间相关的性质。

个铝反射镜的热时间常数应是（483 × 10^{-9}）/（69 × 10^{-6}）= 0.007。因此，假设厚度相同，则金属反射镜达到热平衡所需要的时间应当约为玻璃反射镜的 0.7%。表 1.7 给出了部分反射镜材料的热扩散率。

反射镜内部温度以指数形式逐步接近表面温度。通常假设，温差减小至 1% 之后，认为达到热平衡，约为 4.605 倍时间常数。相关的经验法则表明，5 倍热时间常数之后，反射镜达到热平衡。表面温度 T_s 变化后，时间 t 时的内部温度 T_i 是

$$T_i = T_s \left[1 - \exp\left(\frac{-t}{\tau} \right) \right] \quad (1.50)$$

式中，T_i 是时间 t 后反射镜的内部温度。图 1.9 给出该公式的曲线。

设计实例 1.10 进一步说明达到热平衡时间的计算。

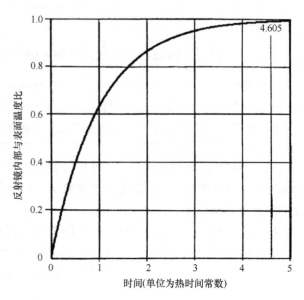

图 1.9　反射镜内部温度与表面温度（均为温度变化后时间的函数）之比与时间的函数关系。（单位为热时间常数）

设计实例 1.10　胡克（Hooker）望远镜达到热平衡所需时间

现在，讨论 Noyes（1922）1917 年对孔径为 2.5m 的胡克（Hoker）望远镜的调试。据说，经过夜间暂短制冷后 3h，望远镜的成像质量会得到很大改善。假设，冕玻璃主镜是 BK7 材料的，具有下面参数：$h_0 = 300$mm，$\rho = 2510$kg/m^3，$k = 1.11$W/（m·K），$c_p = 858$J/（kg·K），$\alpha = 7.1 \times 10^{-6}$/K。主镜焦距比是 $f/5$，所以，半径 R 是 $2 \times 5 \times 2.5$m = 25m。反射镜镜面的半径 r 是 $[(2.5 \times 1000)/2]$mm = 1250mm。

在威尔逊山顶上，太阳落山后第一个小时，空气温度降至约 10K。反射镜上表面可以通过辐射和对流损耗热量，而反射镜背面和侧面被镜座隔离，所以，从表面到镜内近似形成一个轴向温度梯度：

（a）该反射镜经过这次暴露后再有多长时间达到完全热平衡？

（b）暴露后 3h 产生多大波前误差？

解：

（a）由式（1.49），玻璃热扩散率是

$$D = [1.11/(2510 \times 858)] \text{m}^2/\text{s} = 5.154 \times 10^{-7} \text{m}^2/\text{s}$$

由式（1.48），有 $\tau = [(300\text{mm})^2/(\pi^2 \times 5.154 \times 10^{-7} \text{m}^2/\text{s})] = 4.915$h

根据经验，在约 $5\tau = 24.6$h 内完全恢复平衡。

注意，记录表明望远镜约需要 24h 达到完全恢复。

（b）$C_3 = \Delta T_z/h_0 = 10\text{K}/300\text{mm} = 0.033\text{K/mm}$

根据式（1.39）中第一项，轴向梯度产生的球差是

$$\alpha C_3 r^4/(8R^2) = [(7.1\times10^{-6})\times0.033\times1250^4/(8\times25000^2)]\text{mm} = 0.114\mu\text{m}$$

这是一种表面像差，因此，波前像差是其两倍或者 0.43 个绿光波长（$\lambda = 0.546\mu\text{m}$）（译者注：原书错印为 0.546in），远高于瑞利判据，将严重恶化图像质量。3h 后，温差减小至原来的 exp($-3h/4.9h$) = 0.542 倍（即 5.4K）。将使波像差减小到约 0.23λ，满足瑞利"四分之一波长"要求。因此，该分析验证了 Noyes 的想法。

1.9.4　双金属弯曲效应

将反射镜表面镀上一层非晶态镍（称为化学镀镍或无电解镀镍），以改善铝和铍材料金属反射镜的表面光洁度。裸露铝合金的大颗粒尺寸散射光，使可见光和近红外光谱区的性能恶化。镀镍改善金刚石切削工艺后反射镜表面的光洁度。铍材料表面不能进行金刚石车削。如果采用化学镀镍法，则可以采用金刚石切削工艺加工到最终形状，并具有良好的光洁度。还可以对化学镀镍表面多次进行抛光，进一步提高表面的光洁度。

化学镀镍层的热膨胀系数与热处理工艺、磷含量和厚度有关。Folkman 和 Steven（2002）指出，磷含量约 11% 时具有最佳结果。镀镍层的热膨胀系数约为 7×10^{-6}/K。根据 Taylor 等人（1985）的研究，较高的含磷量可以改善表面的光洁度，但增大了反射镜基板与镀镍层之间的热膨胀系数的差。Baenes（1966）公布的资料表明，当温度变化时，热膨胀系数的不匹配会在反射镜中造成双金属弯曲。

在许多应用中，这种双金属弯曲现象相当大，甚至不可接受。建议采用一种常用的解决措施，即在反射镜两侧镀镍。这样，在温度变化时，基板中产生等量方向应力而减小双金属弯曲效应。遗憾的是，由于双金属弯曲效应也受到反射镜形状变化及安装约束的严重影响（Vukobratovich，1997），致使此解决方法通常并不非常有效。该问题将在本书第6章介绍金属反射镜时详细讨论。

参考文献

Arnold, W.R., Study of small variations of coefficient of thermal expansion in Corning ULE™ glass, *Proc. SPIE*, 5179, 28, 2003.

Barnes, W.P., Jr., Some effects of aerospace thermal environments on high-acuity optical systems, *Appl. Opt.*, 5, 701, 1966.

Baustian, W.W., General philosophy of mirror support systems, *Optical Telescope Technology*, NASA SP-233, 381, 1969.

Blake, R.E., Basic vibration theory, in *Shock and Vibration Handbook*, 2nd edn., Harris, C.M. and Crede, C.E. eds., McGraw-Hill, New York, 1976.

Blevins, R.D., *Formulas for Natural Frequency and Mode Shape*, Van Nostrand Reinhold Co., New York, 1979.

Bowen, I.S., The 200-inch Hale Telescope, in *Telescopes*, Kuiper, G.P. and Middlehurst, B.M., eds., University of Chicago Press, Chicago, IL, 1960.

Chanan, G., Mast, T., and Nelson, J., Keck telescope primary mirror segments: Initial alignment and active control, Keck Observatory Report No. 171, April 1988, in *Proceedings of the ESO Conference on Very Large Telescopes and Their Instrumentation*, Garching, Germany, March 21–24, 1988.

Curtis, A.J., Concepts in vibration data analysis, in *Shock and Vibration Handbook*, 2nd edn., Harris, C.M. and Crede, C.E., eds., McGraw-Hill, New York, 1976.

Fischer, R.E., Tadic-Galeb, B., and Yoder, P.R., Jr., *Optical System Design*, 2nd edn., McGraw-Hill, New York, 2008.

Folkman, S.L. and Steven, M.S., Characterization of electroless nickel plating on aluminum mirrors, *Proc. SPIE, 4771*, 254, 2002.

Foster, K., Response spectrum analysis for random vibration, in *Designing Electronic Equipment for Random Vibration Environments: Proceedings*. Institute of Environmental Sciences, Los Angeles, CA, 1982.

Gordon, C.G., Generic vibration criteria for vibration-sensitive equipment, *Proc. SPIE, 3786*, 22, 1999.

Grundmann, W.A., Passive support systems for thin mirrors, *Proc. SPIE, 444*, 218, 1983.

James, D.W., High damping metals for engineering application, *Mater. Sci. Eng., 4*, 1–8, 1969.

Jedamzik, R., Muller, R., and Hartmann, P., Homogeneity of the linear thermal expansion coefficient of Zerodur® measured with improved accuracy, *Proc. SPIE, 6273*, 06, 2006.

Kremer, R.M., Response of paraboloidal surfaces to linear thermal gradients, *Proc. SPIE, 5176*, 9, 2003.

Lazan, B.J., *Damping of Materials and Members in Structural Mechanics*, Pergamon Press, Oxford, NY, 1968.

Loftus, J.P., Jr. et al., Launch systems, in *Space Mission Analysis and Design*, Wertz, J.R. and Larson, W.J., eds., Kluwer Academic Publishers, Dordrecht, the Netherlands, 1991.

Martin, D.J. and Nelson, R.E., Mirror substrate scalability: Fabrication limitations, *Proc. SPIE, 542*, 19, 1985.

Miles, J.W., On structural fatigue under random loading, *J. Aeronaut. Sci., 21*, 753, 1954.

Miller, J.L. and Friedman, E., *Photonics Rules of Thumb*, 2nd edn., McGraw-Hill, New York, 2003.

Noyes, A., *Watchers of the Sky*, F.A. Stokes, New York, 1922.

Paquin, R.A., Dimensional instability: An overview, *Proc. SPIE, 1335*, 2, 1990.

Pearson, E. and Stepp, L., Response of large optical mirrors to thermal distributions, *Proc. SPIE, 748*, 215, 1987.

Pellerin, C.J. et al., New opportunities from materials selection trade-offs for high precision space mirrors, *Proc. SPIE, 542*, 5, 1985.

Pepi, J.W., Design considerations for mirrors with large diameter to thickness ratios, *Proc. SPIE, CR43*, 207, 1992.

Schwesinger, G., Optical effect of flexure in vertically mounted precision mirrors, *J. Opt. Soc. Am., 44*, 417, 1954.

Schwesinger, G. and Knohl, E.D., Comments on a series of articles by L.A. Selke, *Appl. Opt., 11*, 200, 1972.

Shannon, R.R., Image quality, in *Optical Engineer's Desk Reference*, Wolfe, W.L., ed., Optical Society of America, Washington, DC, 2003.

Simonian, S.S., Survey of spacecraft damping measurements: Applications to electro-optic jitter problems, in *The Role of Damping in Vibration and Noise Control, Proceeding of the ASME, Symposium of the Role of Damping in Vibration and Shock Control*, New York, pp. 287–292, 1987.

Smith, S.T. and Chetwynd, D.G., *Foundations of Ultraprecision Mechanism Design*, Gordon and Breach Science Publishers, Montreux, Switzerland, 1992.

Stepp, L., Conceptual design of the primary mirror cell assembly, RPT-O-G0025, Gemini 8-M Telescopes Project, Gemini Project Office, Tucson, AZ, 1993.

Strong, J., *Procedures in Applied Optics*, Marcel Dekker, Inc., New York, 1989.

Taylor, J.S. et al., Surface finish measurements of diamond-turned electroless-nickel-plated mirrors, *Proc. SPIE, 571*, 10, 1985.

Vukobratovich, D. et al., Therm-optic analysis of bi-metallic mirrors, *Proc. SPIE, 3132*, 12, 1997.

Wada, B.K. and DesForges, D.T., Spacecraft damping considerations in structural design, in *Proceedings of the 48th Meeting of the AGARD Structures and Materials Panel (AGARD Proc. 277)*, Williamsburg, VA. April 2–3, NATO Advisory Group for Aerospace Research And Development, Neuilly-Sur-Seine, France, 6, 1979.

Wan, D.-S., Angel, J.R.P., and Parks, R.E., Mirror deflection on multiple point supports, *Appl. Opt., 28*, 354, 1989.

Yoder, P.R., Jr., *Mounting Optics in Optical Instruments*, 2nd edn., SPIE Press, Bellingham, WA, 2008.

第 **2** 章　大型反射镜设计

Daniel Vukobratovich

2.1　概述

大型反射镜重要机械性能的判定参数是重量、刚性和对温度变化的响应。本章以这些性能为基础阐述大型反射镜的基本设计技术。正如卷Ⅰ第1章所述，最好采用三步法设计最先进的大型反射镜，本章2.4节将简要介绍该方法。

可以利用两种不同的定义来区分大型和小型反射镜：一种是以光学表面变形为基础（影响像质）的；另一种是以控制方法为基础的。如果必须采用一种复杂的支撑系统将自重变形减小到可接受的程度，则认为是一个大型反射镜。另外，当一个人不能将其托起并从一处移至另一处，也可以将其看作大型反射镜。

尽管在讨论反射镜设计时经常交替使用术语反射镜质量和重量，但这两个词的含义不同。质量是加速度的阻力，与重力无关，经常用在重力减小或零重力领域，例如外空间或者动态领域；而重力是力，适用于所有在地球上制造和应用的反射镜。反射镜自重等于反射镜质量（又称重量）乘以地球重力加速度（名义值是 $g = 9.807 \mathrm{m/s^2}$）。计算反射镜结构变形量需要计算施加在反射镜上的力，通常称为自重力。在国际单位制中，质量单位是 kg，而力的单位是牛顿（等于 1kg 乘以 $1 \mathrm{m/s^2}$ 加速度）习惯上也表示为 kgf。这很容易与计算自重变形时的单位混淆。本章主要关心适用于术语重力的情况。

几乎所有应用领域都希望大型反射镜的重量轻。卫星发射能力受限和代价昂贵，因此，必须使空间应用的反射镜重量最小化。根据 Meinel（1981）的研究，地面大型望远镜的成本与系统的总重量密切相关。由于主反射镜是望远镜中最大的单项重量，是决定总重量的重要因素之一，减少主反射镜的重量容易降低成本。反射镜重量的重要评价系数包括面密度和轻质效率。正如本卷第1章所述，某些情况下，不允许大型实心反射镜的热时间常数大，本章将介绍如何利用不同类型的轻质结构以及通风设备减小这些常数。本章还要讨论反射镜材料的热膨胀系数（CTE）及其均匀性如何影响大型反射镜对常规匀热或低温的响应。

大型反射镜具有各种各样的结构布局。薄反射镜可以做成平面形式的后表面或者弯月形，从而减轻反射镜重量，降低成本并使热时间常数最小。简单地减小厚度会增大纵横比（直径/厚度，或者 D/t）、降低刚度，并且由于不可能将重心（CG）设置在普通的反射镜镜座内，而使支撑结构变得复杂。因此，反射镜设计总是要进行折中。

Seibert（1990）提供了一个"菜单"，可以从各种候选的结构构型、表面轮廓、材料和安装布局中选择出一种反射镜/镜座的设计方案来，这种菜单如图 2.1 所示。由箭头表示的路线是一种可能的设计组合，即一种非对称的弯月形截面夹层结构，材料是超低膨胀玻璃，支撑在一个树状横杆支撑结构上。很明显，根据此处列出的项目能够完成的组合是相当多的。图 2.2 给出了一些具有代表性的结构布局。为了选择出"最佳"组合，必须考虑与性能有关的许多要求，例如在自重、失重或者加速度条件下所允许的表面形状误差在各种可能方位上的大小及分布；热输入和损耗，包括梯度；镀膜的光谱反射比和耐久性；微粗糙度对散射的贡献量；抗辐射要求；总尺寸、重量和局部尺寸、重量的约束；材料的实用性；生产的可行性和订货至交货的时间；成本等。尽管在此只能详细讨论这些要求中的几种，但本章的目的在于帮助读者理解各种大型反射镜设计的优缺点。

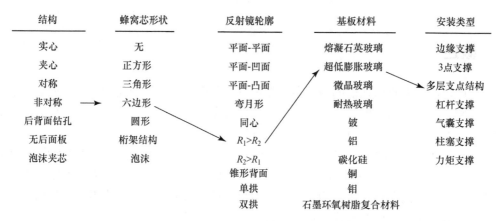

图 2.1 大型轻质反射镜可能的结构、形状、材料和安装布局的"菜单"。用箭头标出的是一种可能的组合
（资料源自 Seibert，G. E.，*Design of Lightweight Mirrors*，SPIE Short Course SC18，1990）

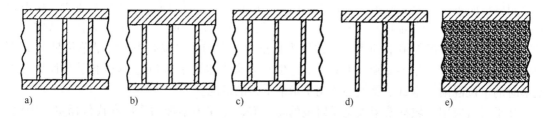

图 2.2 机加或者组合而成的多孔结构反射镜基板的典型截面
a）对称夹层 b）不对称夹层 c）半开放式结构 d）开放式结构 e）泡沫夹芯
（资料源自 Seibert，G. E.，*Design of Lightweight Mirrors*，SPIE Short Course SC18，1990）

通过设计反射镜后表面轮廓能够使反射镜重量得到一定量减轻。这里主要介绍单拱、双拱和对称截面结构。对于 Meinel 望远镜系统⊖，单拱结构可以使整个望远系统的重量降至最低，因此，应用于一些空间领域。由于反射镜的厚度变化，因而很难利用闭式方程对其进行性能分析，一般是根据之前的设计粗略估算后表面轮廓新设计的反射镜性能。

后表面开放式轻质反射镜会使反射镜重量最大限度地减轻，而采用夹层式结构布局能够获得最佳结构效率。对这些反射镜的刚度分析需要考虑面板厚度、芯肋剪切厚度与蜂窝芯材

⊖ 本卷第 7 章将阐述 Meinel 望远镜结构。

剪切尺寸之间的相互作用。由于连接每个蜂窝芯材的芯肋高度与芯材的尺寸相差无几，所以，剪切作用对确定夹层结构和后表面开放式反射镜的刚度很重要。在抛光过程中，抛光模压力会造成面板变形，因此，必须考虑被称作"绗缝"（quilting）的现象。所有这些设计变量及其相互作用都将在本章讨论。

本章最后将简要讨论主动反射镜和轻质反射镜的比例关系。

2.2　大型反射镜特性

2.2.1　定义

在讨论大型光学装置时，为了便于比较，采用一种传统（初始设计形式）的实心反射镜。这些反射镜都是圆柱形结构，就是说，圆柱形的轴垂直于圆形端面。这类圆柱形反射镜的重量 W_S 与其直径 D 和厚度 t 有关：

$$W_S = \frac{\pi \rho t D^2}{4} \tag{2.1}$$

式中，ρ 是反射镜的材料密度。

大型反射镜的一个重要设计参数是纵横比，定义为反射镜直径与厚度之比，或者 D/t。根据 Osterbrock（1993）公布的资料，Ritchey 建议，柱形反射镜的最佳直径-厚度比是 6∶1。该比值是各种尺寸普通反射镜的常用数据。直至 1985 年，天文望远镜最大尺寸反射镜［直径约 4m（13.1ft）］的纵横比都遵守该规律。欧洲南方天文台（ESO）新技术望远镜（NTT）的主反射镜直径 3.58m（11.75ft）开创了更大的径向纵横比 15∶1。最近，8m 级望远镜，例

如欧洲南方天文台（ESO）超大型望远镜（VLT）、双子星（Gemini）望远镜和日本斯巴鲁（Subaru）望远镜，主反射镜都采用 40 以上的纵横比。对于空间系统，甚至建议采用更大的纵横比。大型主动反射镜计划（LAMP）测试反射镜的纵横比是 235。该反射镜在图 5.65 相关内容中讨论，如图 2.3 所示。

由于纵横比与厚度相关，可以用来确定实心反射镜的重量 W_S。令 ζ 是反射镜的纵横比，则有

$$W_S = \frac{\pi \rho D^3}{4\zeta} \tag{2.2}$$

该式表明，若纵横比不变，则反射镜重量正比于直径的 3 次方。实心反射镜使用的普通玻璃的密度范围从硼硅酸盐玻璃约 2000kg/m³ 到肖特微晶玻璃约 2520kg/m³。取密度 2200kg/m³ 和纵横比 6∶1，则一块普

图 2.3　一个直径是 4m（13.1ft）、由 7 片薄面板组成、采用主动支撑方式的 LAMP 反射镜照片

（资料源自 Goodrich Corporation, Danbury, CT）

通实心玻璃的质量是

$$W_{M} \approx 288 D^{3} \qquad (2.3)$$

式中，W_{M} 的单位为 kg；D 的单位为 m。

卷 I 第 9 章初始就表明，根据美军标 MIL-HDBK-759C 人类工程的观点，一个人能够安全地托起并放置在高 5ft（1.52m）货架上的重量上限是 25.4kg（56.0 lb）。式（2.3）表明，如果反射镜直径大于 0.45m，则实心玻璃反射镜视为大型反射镜。若使用装卸设备，从安全角度出发，一些人将该反射镜上限设置为约 30kg（66lb）。将该值代入式（2.3），则当其直径约大于 0.47m（18.5in）时，视为大型反射镜。

大型反射镜的另一种定义是以为将自重变形减至最小而使支撑系统复杂化的程度为基础。当重力垂直于反射镜的光学表面，即平行于光轴时，自重变形量最严重。后表面三点支撑方式是反射镜的最简单安装方式，适用于中小尺寸光学元件。若后表面三点支撑是等间隔位于反射镜直径约 64.5% 的圆周上，则变形量最小。假设采用最佳三点安装方式，那么，Willams 和 Brinson（1974）给出圆形反射镜的峰-谷最大自重变形量 δ_{pv} 值（译者注：原书漏印重力加速度 g），其中重力垂直于光学表面：

$$\delta_{pv} \approx 0.02 \frac{\rho g}{E}(1-\nu^{2})\frac{D^{4}}{h^{2}} = 0.02 \frac{\rho g}{E}(1-\nu^{2})\zeta^{2}D^{2} \qquad (2.4)$$

式中，E 是弹性模量；ν 是反射镜材料的泊松比；ζ 是纵横比。

对普通反射镜选用的玻璃，反比刚度 ρ/E 从肖特微晶玻璃的约为 $275 \times 10^{-9}\,\mathrm{m}^{-1}$ 到 Pyrex 玻璃的约为 $347 \times 10^{-9}\,\mathrm{m}^{-1}$，两种材料的泊松比均约为 0.2。假设，硼硅酸盐玻璃的 $\rho/E \approx 304 \times 10^{-9}\,\mathrm{m}^{-1}$，纵横比是 6:1，则根据式（2.4）有

$$\delta_{pv} \approx (209 \times 10^{-9}\,\mathrm{m}^{-1})D^{2} \qquad (2.5)$$

若是目视系统，"衍射极限"条件下波前的峰-谷公差是 $\lambda/4$，其中 $\lambda \approx 560\mathrm{nm}$。对于该表面，公差减为 $1/2$，最大峰-谷变形量公差则为 $(560/8)\mathrm{nm} = 70\mathrm{nm}$。利用该判据和式（2.5），是属于大型反射镜，或者当其直径超过 0.58m（22.8in）时，其自重变形量已经过大。

Danjon 和 Couder（1935）给出了另一种判据：将一个刚性反射镜定义为当其受到若干个坚硬支撑点支撑时，能够保持形状不发生变化的小反射镜。[⊖] 根据此判据，如果 $D^{4}/h^{2} < 5\mathrm{m}^{2}$（其中 D 和 h 单位是 m），反射镜就可视为刚性反射镜。该判据适用于普通玻璃反射镜。假设纵横比是 6:1，满足该判据的反射镜直径必须小于 0.37m（14.6in）才能保持刚性。

利用装卸和自重判断准则，区别一个小反射镜与大型反射镜的合理直径约为 0.50m。这是假设普通的 6:1 纵横比的实心玻璃反射镜应用于可见光光谱范围内。不同材料或者结构布局以及其他的变形判据都会改变这个划分标准。设计实例 2.1 解释了式（2.4）的应用。

设计实例 2.1　工作波长 1μm、性能指标达到衍射极限条件下的金属反射镜直径

一个纵横比 8:1 的铝反射镜应用于波长 1μm 的红外系统中。性能满足传统的 $\lambda/4$ p-v 波前衍射极限或者 $\lambda/8$ 表面变形量。请问反射镜的极限直径是多少？

⊖ 坚硬支撑点是指位于（或定义的）反射镜后表面（相对于镜座）上的三个坚硬的小基准面，但在所有方向上仅支撑反射镜总重量的极少一部分。

解：

假设，$\rho g/E = 390 \times 10^{-9} \mathrm{m}^{-1}$ 和 $\nu = 0.33$，由式（2.4）求 D，有

$$D = \frac{1}{\zeta}\left[\frac{50\delta_{\mathrm{pv}}E}{\rho g(1-\nu^2)}\right]^{1/2} = \left\{\frac{1}{8}\left[\frac{50 \times (125 \times 10^{-9})}{(390 \times 10^{-9}) \times (1-0.33^2)}\right]^{1/2}\right\}\mathrm{m} = 0.530\mathrm{m}(20.87\mathrm{in})$$

（译者注：原书漏印重力加速度 g）

2.2.2　轻质反射镜结构

图 2.2 给出了轻质多孔状反射镜使用的五种基本组合结构。在一些设计中，抗剪芯材或筋体与前后面板集成在一起，将不需要的材料裁剪掉。换句话说，抗剪筋被加工成离散零件，整体或者局部地固定到面板上。对后面这类结构的固定方法包括融合黏结、玻璃熔化焊接、胶接、（对于金属反射镜）铜焊接和普通的定位焊接。设计一块轻质反射镜的几何参数是，材料的性质、面板的厚度、抗剪筋的高度、肋[⊖]的厚度以及蜂窝的尺寸和形状。图 2.4b～d 给出了最常用的三种蜂窝反射镜形状。图 a 给出了该模型中一个蜂窝的重要横截面尺寸。这些尺寸定义如下：t_{F} 是前面板厚度；t_{B} 是后面板厚度；t_{W} 是抗剪筋壁厚；h_{C} 是抗剪筋高度；N_{A} 是反射镜前端面至中性面的距离。

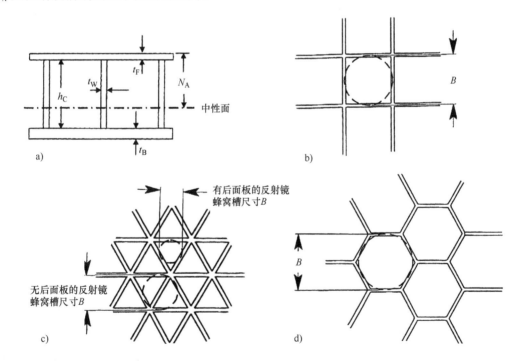

图 2.4　图 a 所示二维多孔网状反射镜的基板变量。图 b～d 所示是方形、
三角形和六边形蜂窝的正多边形图，比例如图所示

（资料源自 Doyle，K. B. et al.，*Integrated Optomechanical Analysis*，2nd edn.，SPIE Press，Bellingham，2002）

⊖　有些作者把芯材中的支柱称为"肋"。

2.2.3 重量评价系数

用来表述反射镜重量的评价系数是轻量化的量，通常给出百分比。该评价系数将外形尺寸大小相差无几的实心与轻质反射镜的重量联系在一起。下式给出轻量化的百分比值：

$$\varepsilon_{LW} = 1 - \frac{W_{LW}}{W_S} \tag{2.6}$$

式中，ε_{LW} 是轻量化参数；W_{LW} 是轻质反射镜重量；W_S 是外形尺寸相差无几的实心反射镜重量。

根据式（2.6），若一个反射镜的重量是外形尺寸相差无几的实心反射镜重量的 12.5%，则轻量化参数（或者轻量化率）是 $1 - (0.125/1) = 0.875$，就可以说该反射镜减轻了约 88%。

对于由同样材料制造的圆柱形反射镜，轻质反射镜的重量是

$$W_{LW} = (1 - \varepsilon_{LW}) \rho \frac{\pi}{4} \frac{D^3}{\zeta} \tag{2.7}$$

式中所有参数如前文所定义。

反射镜重量的另一种评价系数是面密度，定义为反射镜表面单位面积上的重量，用符号 ρ_A 表示，典型单位是 kg/m^2。面密度有时也称为表面密度。当反射镜是实心且厚度不变时，ρ_A 是厚度 t 与材料密度的乘积，即 ρt。表 2.1 列出了在地面和空间望远镜中使用的一些有代表性反射镜的面密度。

表 2.1 地面和空间望远镜中具有代表性反射镜的面密度

反射镜	日期	直径 D/m	类型	材料	面密度 $\rho_A/(kg/m^2)$
苏联大型地平式望远镜（BTA）	1975	6	实心	硼硅酸盐玻璃	1510
帕洛慕（Hale）	1950	5	后表面开放式	硼硅酸盐玻璃	670
欧洲南方天文台（ESO）超大型望远镜（VLT）	1999	8.2	实心弯月形	微晶玻璃	443
多镜片望远镜（MMT）（6.5m）	2000	6	夹层	硼硅酸盐玻璃	287
多镜片望远镜（MMT）（初始为 1.8m）	1979	1.8	夹层	熔凝石英	223
凯克（Keck）望远镜（拼接）	1996	2	实心, 弯月形	微晶玻璃	192
哈勃空间望远镜（HST）	1990	2.4	夹层	超低膨胀玻璃	160
红外线天文卫星（IRAS）	1983	0.6	后表面开放式	铍	45
斯皮策空间望远镜（拼接式）	2003	0.85	单拱式	铍	28
詹姆斯·韦伯空间望远镜（IWST）（拼接式）	未升空	1.52	后表面开放式	铍	14

一个被称为单位体积 V_0 的参数（用长度单位表示）用来表示轻质反射镜，定义了反射镜总厚度范围内所包含的材料重量。例如，对于后表面开放式轻质反射镜，利用下式计算：

$$V_0 = t_F + \eta h_C \tag{2.8}$$

式中，t_F 是面板厚度；h_C 是蜂窝结构抗剪筋深度（或高度）；η 是抗剪筋的密实度比，一个无量纲量，表示单位面积筋中的材料量。

对于恒定厚度的轻质反射镜，面密度 ρ_A 等于 ρV_0。这类反射镜的总重量是

$$W_{LW} = \rho_A A_{LW} \tag{2.9}$$

式中，A_{LW} 是轻质反射镜的表面面积。

假设，相同表面面积的实心和轻质反射镜使用相同的材料，那么，以单位体积表示的轻量化率是

$$\varepsilon_{LW} = 1 - \zeta \frac{V_0}{D} \tag{2.10}$$

式中所有项已经定义。设计实例 2.2 说明如何使用上述公式完成计算。

设计实例 2.2　一个轻质反射镜的设计特性

一个直径为 0.50m（19.68in）、后表面开放式的平面铝反射镜具有以下参数：面密度为 2700kg/m²，纵横比 $\zeta = 8$，因此，总厚度 $t = 62.50$mm（2.46in）。面板厚度 $t_F = 15.00$mm（0.59in）。蜂窝芯厚度 $h_C = t - t_F = (62.50 - 15.00)$mm $= 47.50$mm（1.87in）。

（a）假设，抗剪筋的密实度比是 0.27，请问，反射镜的面密度 ρ_{ALW} 和总重量是多少？

（b）相同尺寸实心反射镜的面密度 ρ_{AS} 和总重量是多少？

解：

（a）由式（2.8），单位体积是

$$V_0 = t_F + \eta h_C = \left[15.00 + (0.27 \times 47.50) \right] \text{mm} = 27.83 \text{mm} \approx 0.028 \text{m}$$

由式（2.10），轻量化率是

$$\varepsilon_{LW} = 1 - \zeta V_0 / D = 1 - \left[(8 \times 0.028) / 0.500 \right] = 0.552$$

反射镜的面密度是

$$\rho_{ALW} = \rho V_0 = (2700 \times 0.028) \text{kg/m}^2 = 75.600 \text{kg/m}^2$$

反射镜的反射面积是

$$\pi D^2 / 4 = \left[(3.142 \times 0.500^2) / 4 \right] \text{m}^2 = 0.196 \text{m}^2$$

轻质反射镜的重量是 (75.600×0.196)kg $= 14.82$kg

利用式（2.9）进行检验：

$$W_{LW} = (1 - \varepsilon_{LW})(\pi/4)(\rho D^3 / \zeta) = \left[(1 - 0.552) \times 0.785 \times 42.19 \right] \text{kg} = 14.84 \text{kg}$$

（b）相同尺寸实心反射镜的面密度 ρ_{AS} 是 $(2700 \times 0.500/8)$kg/m² $= 168.750$kg/m²

实心反射镜的重量是 (168.750×0.196)kg $= 33.08$kg。

检验：轻质反射镜的重量 =（轻量化率）（实心反射镜重量）

（译者注：原书漏印"实心反射镜重量"）

$$W_S = \left[(1 - 0.552) \times 33.08 \right] \text{kg} = 14.82 \text{kg}$$

该值与之前的计算值一致。

检验：实心铝反射镜的重量也是（面板面积）×（厚度）×（密度），

$$= (0.196 \times 0.0625 \times 2700) \text{kg} = 33.08 \text{kg}$$

（译者注：原书漏印"密度"）

设计实例2.3给出了另一个更为复杂的设计轻质反射镜的实例。由于抛光压力影响抗剪蜂窝筋之间的面板形状而非面板本身自重变形，因此，是以对绗缝的技术规范为基础的。请注意，式（2.11）~式（2.26）以及图2.5~图2.7所示都是为该计算实例提供的参考。

设计实例2.3 一个后表面开放式轻质反射镜的设计，光学制造过程中需要满足对绗缝的技术要求

一个直径为1m、后表面开放式轻质熔凝石英反射镜，三点支撑，需要具有400Hz的最小基频。反射镜的最大重量 $W = 50\text{kg}$（110.2 lb），最大绗缝变形 $\delta_C = 0.05\lambda$（波长633nm）或者 $3.165 \times 10^{-8}\text{m}$。制造工艺使蜂窝网格筋和面板最小厚度 t_W 和 t_F 限制在6mm（0.236in）。抛光压力 $P = 2000\text{Pa}(0.290\ \text{lbf/in}^2)$。抗剪蜂窝元是内切圆直径为 B 的三角形。材料的相关性质：$E = 72 \times 10^9\text{Pa}$，$\rho = 2190\text{kg/m}^3$。

解：

通常，反射镜设计是给出可允许的最大自重变形量 δ_{pv} 而非提供一种具体的基频。因此，必须利用下面公式对后者技术要求进行转换：

$$f_n = \frac{1}{2\pi}\sqrt{\frac{g}{\delta_{pv}}} \tag{2.11}$$

式中，g 是重力加速度（9.807m/s²）；δ_{pv} 是反射镜中心允许的最大面板自重变形量。

求解该变形量为

$$\delta_{pv} = \frac{g}{(2\pi f_n)^2} = \frac{9.807}{(2\pi \times 400)^2}\text{m} = 1.553 \times 10^{-6}\text{m}(6.1 \times 10^{-8}\text{in})$$

一个蜂窝元内最大的面板绗缝变形量 δ_C 与内切圆直径 B 的蜂窝元尺寸（假设，所有的蜂窝元大小和结构布局都相同，即三角形、正方形或者六角形）、材料性质和抛光压力有关。应用以下公式：

$$t_F = \left[\frac{12\Psi(1-\nu^2)PB^4}{\delta_C E}\right]^{1/3} \tag{2.12}$$

对于目前的设计实例，假设是三角形蜂窝元，$\Psi = 0.00151$（见图2.4c），其他值如前面所列。由式（2.12），对于 $t_F = 6\text{mm}$ 有 $B = 61.16\text{mm}$。

图2.5绘制出变量 t_F 随 B 的变化曲线，$1\text{mm} \leqslant B \leqslant 150\text{mm}$。图中两条虚线表明给定的面板厚度和计算出的 B 值。

无量纲的抗剪筋密实度比 η、B 和抗剪筋厚度 t_W 之间的关系：

$$\eta = \frac{(2B + t_W)t_W}{(B + t_W)^2} \tag{2.13}$$

将 $t_W = 6.00\text{mm}$ 和对应的 $B = 61.16\text{mm}$ 代入该公式，得到 $\eta = 0.179$。

下面，确定抗剪切蜂窝结构的合理高度 h_C。反射镜最大重量技术要求50kg控制着该尺寸。应用下式，有

$$W_M = \rho A_M(t_F + \eta h_C) \tag{2.14}$$

式中，A_M 是反射镜表面面积，有

$$A_{\mathrm{M}} = \frac{\pi D^2}{4} \tag{2.15}$$

若 $D = 1.000\mathrm{m}$，则 $A_{\mathrm{M}} = \left[(\pi \times 1.000)^2 / 4\right]\mathrm{m}^2 = 0.785\mathrm{m}^2$。

由式（2.14）求解 h_{C}，并将前面求得的参数设置代入，得到最大的蜂窝结构高度：

$$h_{\mathrm{C}} = \frac{W_{\mathrm{M}} - \rho A_{\mathrm{M}} t_{\mathrm{F}}}{\rho A_{\mathrm{M}} \eta} = \frac{50 - 2190 \times 0.785 \times 0.006}{2190 \times 0.785 \times 0.179}\mathrm{m} = 0.129\mathrm{m}(5.079\mathrm{in})$$

图 2.6 给出 h_{C} 与 B 在 $25\mathrm{mm} < B < 150\mathrm{mm}$ 范围内的关系。在 $B \approx 100\mathrm{mm}$ 时，抗剪切蜂窝结构高度 h_{C} 达到最大，对应 $h_{\mathrm{C}} \approx 160\mathrm{mm}$。对于前面得到的 $B = 61.16\mathrm{mm}$ 值，h_{C} 近似为 $130\mathrm{mm}$。计算值 $129\mathrm{mm}$ 作为最大尺寸更为精确。

接着，计算反射镜的自重变形。首先，需要根据下面公式给出反射镜的挠性刚度 D_{F}：

$$D_{\mathrm{F}} = \frac{E}{12\ (1 - \nu^2)}\left[\frac{\left(1 - \frac{\eta}{2}\right)\left(t_{\mathrm{F}}^4 - \frac{\eta h^4}{2}\right) + (t_{\mathrm{F}} + h)^4 \frac{\eta}{2}}{t_{\mathrm{F}} + \frac{\eta h}{2}}\right] \tag{2.16}$$

反射镜的单位面积是

$$A_0 = \frac{(B + t_{\mathrm{W}}) t_{\mathrm{F}} + h t_{\mathrm{W}}}{B + t_{\mathrm{W}}} \tag{2.17}$$

抗剪切系数是

$$S_{\mathrm{C}} = \frac{u}{D_1 + D_2 + D_3 + D_4} \tag{2.18}$$

式中

$$M = \frac{B t_{\mathrm{F}}}{(t_{\mathrm{F}} + h) t_{\mathrm{W}}} \tag{2.19}$$

$$N_{\mathrm{M}} = \frac{B}{t_{\mathrm{F}} + h} \tag{2.20}$$

$$u = 10(1 + \nu)(1 + 4M)^2 \tag{2.21}$$

$$D_1 = 12 + 96M + 276M^2 + 192M^3 \tag{2.22}$$

$$D_2 = \nu(11 + 88M) + 248M^2 + 216M^3 \tag{2.23}$$

$$D_3 = 30N_{\mathrm{M}}^2(M + M^2) \tag{2.24}$$

$$D_4 = 10\nu N_{\mathrm{M}}^2(4M + 5M^2 + M^3) \tag{2.25}$$

$$\delta_{\mathrm{M}} = 0.025\frac{W_{\mathrm{MAX}}g}{A_{\mathrm{M}}}\frac{r^4}{D_{\mathrm{F}}}\frac{3}{n} + 0.65\frac{W_{\mathrm{MAX}}g}{A_{\mathrm{M}}}\frac{r^2}{S_{\mathrm{C}}GA_0}\frac{3}{n} \tag{2.26}$$

图 2.7，实线表示自重变形量计算公式的函数关系，虚线代表面板厚度的变化。两条曲线的横坐标代表抗剪蜂窝内切圆直径 B。若是三点支撑，$n = 3$。

由图 2.7 可以看到，若反射镜蜂窝结构内切圆直径大于（约）$26\mathrm{mm}$，则自重变形小于技术要求值 1.553×10^{-6}。对于具体的面板制造，厚度至少是 $6\mathrm{mm}$，因此，B 需要约大于 $66\mathrm{mm}$。本设计实例明智地选择较大的值，例如 $B \approx 85\mathrm{mm}$（垂直虚线位置），从而获得最小变形量，并满足性能裕度要求。

根据虚点画线，新的 B 值将会得到一个 $t_F \approx 8.5\mathrm{mm}$ 的面板厚度。选择该值超出了规定的 6mm 最小值要求，因此，会使反射镜重量稍有增大，但是提高了刚度，降低了抛光过程中的绗缝效应。

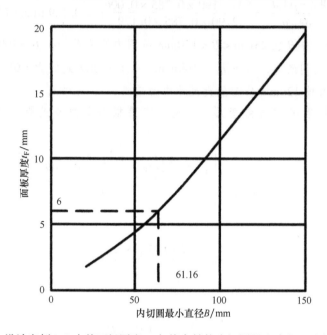

图2.5　设计实例2.3中前面板厚度 t_F 与蜂窝结构内切圆最小直径 B 之间的关系

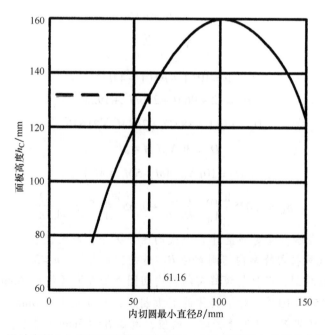

图2.6　设计实例2.3中抗剪蜂窝结构高度 h_C 与内切圆最小直径 B 之间的关系

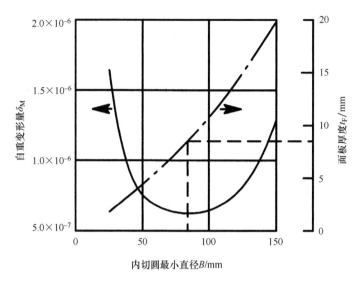

图 2.7 设计实例 2.3 中自重变形量 δ_M 与前面板厚度 t_F 和蜂窝结构内切圆最小直径 B 之间的关系

2.2.4 结构评价系数

尽管轻量化率是大型轻质反射镜最常用的（评价）参数，但对于结构响应，还使用另外一种评价系数。一个轻质反射镜的刚度和自重变形量通常不如（同等尺寸）实心反射镜。刚度较低以及由此造成变形量增大则需要更精致的支撑（或镜座），因而成本更高和更复杂。Stahl（2010）强调了反射镜结构响应的重要性，认为在评价轻质反射镜时，刚度比面密度更重要。

轻质反射镜的刚度定义为反射镜的弹簧比，即力（重力）除以自重变形量 δ_{pv}：

$$S_{LW} = \frac{W_{LW} g}{\delta_{pv}} \qquad \text{（译者注：原书漏印重力加速度 } g\text{）}\quad(2.27a)$$

若轻质反射镜的截面恒定不变，则刚度 S'_{LW} 是

$$S'_{LW} = \frac{\rho_A A_{LW} g}{\delta_{pv}} \qquad \text{（译者注：原书漏印重力加速度 } g\text{）}\quad(2.27b)$$

自重变形量正比于反射镜重量以及反射镜刚度。本书第 1 章指出，通常，圆柱形实心反射镜的轴向自重变形量最大，重写如下：

$$\delta_A = C_A \frac{q g r^4}{D_{FRS}} \qquad \text{（译者注：原书漏印重力加速度 } g\text{）}\quad(1.6)$$

式中，δ_A 是反射镜自重变形量；q 是反射镜单位面积重量（本章是 ρ_A）；r 是反射镜半径；C_A 是与反射镜安装支架（或镜座）几何形状有关的常数；D_{FRS} 是实心反射镜的抗挠刚度。

因此，有

$$D_{FRS} = \frac{E t^3}{12(1 - \nu^2)} \qquad\qquad (2.28a)$$

式中所有项如前所定义。

轻质反射镜的抗挠刚度 D_{FRLW} 也是相对于等效弯曲厚度 t_B 来定义，该厚度是一个与相同

尺寸轻质反射镜具有相同刚度的实心反射镜的厚度，因此有

$$D_{FRLW} = \frac{Et_B^3}{12(1-\nu^2)} \tag{2.28b}$$

根据抗挠刚度推导出单位横截面惯性矩 I_0。由于该参数与反射镜材料无关，仅取决于反射镜几何形状，因此，在讨论不同反射镜设计的结构效率时很有用。反射镜结构的单位横截面惯性矩是单位面积的刚度，由下式与抗挠刚度相联系：

$$I_{0S} = D_{FRS}\left(\frac{1-\nu^2}{E}\right) \tag{2.29a}$$

或者

$$I_{0LW} = D_{FRLW}\left(\frac{1-\nu^2}{E}\right) \tag{2.29b}$$

利用 I_0 而非抗挠刚度，本卷第 1 章以下式（译者注：原书漏印重力加速度 g）给出一个圆柱反射镜的自重变形量：

$$\delta_A = C_A \frac{\rho g(1-\nu^2)}{E} \frac{V_0}{I_0} r^4 \tag{1.7}$$

式中，C_A 是一个与反射镜安装支架（或镜座）形状相关的无量纲常数。参考机械工程方面的内容，例如 Timoshenko 和 Woinowsky-Krieger（1959）的著作。

V_0/I_0 比值是反射镜的结构效率。结构效率值较小意味着自重变形量小。若是一个实心反射镜，结构效率是 $12/h^2$。轻质反射镜不可能与相同厚度或重量的实心反射镜具有相同的结构效率。

利用刚度公式中自重变形量 S_{LW} 的表达式（译者注：原书漏印重力加速度 g）

$$S_{LW} = \frac{\rho g V_0 A_{LW}}{\delta} = \frac{\rho g V_0 \pi r^2}{C_A \frac{\rho g(1-\nu^2)}{E} \frac{V_0}{I_0} r^4} = \frac{\pi}{C_A} \frac{EI_0}{r^2} \tag{2.30}$$

则刚度评价系数是 $(EI_0)/r^2$。忽略尺寸的影响，刚度正比于反射镜材料弹性模量和单位横截面惯性矩的乘积。提高结构响应需要采用具有较高弹性模量的材料或者提高单位横截面惯性矩。

讨论反射镜尺寸和结构的影响时，刚度正比于 I_0/r^2。Bely（2003）建议采用类似的比值 h^3/D^2（单位为 m）定义反射镜的结构刚度。由于一个实心反射镜的 I_0 是 $h^3/12$，因此，Bely 准则变为 $12I_0/D^2$。因为该准则可以应用于轻质以及实心反射镜，这种形式更有用。该准则确定了支撑系统的复杂性，尤其是对于每平方米反射镜面积所需要的致动器或者支架数。表 2.2 列出了 Bely 四种类型的刚度。

表 2.2 反射镜的 Bely 四种类型刚度

刚度参数	类别	每平方米支架数
$D^4/h^2 < 5\text{m}^2$（肘形）	刚性	定义一些点
$12I_0/D^2 > 10^{-2}\text{m}$	半刚性	$0.1 \sim 0.5$
$12I_0/D^2 = 10^{-6} \sim 10^{-2}\text{m}$	低刚性	$1 \sim 10$
$12I_0/D^2 = 10^{-10} \sim 10^{-6}\text{m}$	超低刚性	$10 \sim 100$

Nelson 等人（1982）研究了一种更精确估算已知刚性条件下所需支撑架数目的方法，

可以用来评估反射镜的安装复杂性以及成本。反射镜安装成本粗略地正比于单点支架的数目和复杂性。下面公式（译者注：原书漏印重力加速度 g）将支撑点数目与面积、单位面积的重量，抗挠刚度和变形量相联系：

$$\delta = \gamma \frac{qg}{D_{LW}}\left(\frac{A_{LW}}{N}\right)^2 \qquad (2.31)$$

式中，δ 是规定的变形量；γ 是支撑架的几何形状参数；q 是反射镜单位面积重量；D_{LW} 是反射镜抗挠刚度；A_{LW} 是反射镜面积；N 是支撑点数目。

根据结构效率 V_0/I_0，将上述公式重写如下（译者注：原书漏印重力加速度 g）：

$$\delta = \gamma \frac{\rho g(1-\nu^2)}{E}\frac{V_0}{I_0}\left(\frac{\pi}{4}\frac{D^2}{N}\right)^2 \qquad (2.32)$$

重新整理，求解出 N（译者注：原书漏印重力加速度 g）：

$$N = \frac{\pi}{4}D^2\left[\gamma\frac{\rho(1-\nu^2)}{E}g\frac{V_0}{I_0}\frac{1}{\delta}\right]^{1/2} \qquad (2.33)$$

表 2.3 给出支撑参数 γ 的值。设计实例 2.4 说明在设计一块大型实心反射镜时如何利用上述公式。

设计实例 2.4　支撑一个大型实心反射镜需要的支撑架数目

BTA-6 望远镜的主反射镜直径为 6m（19.7ft），厚为 0.6m，类 Pyrex 玻璃材料。假设已知 Pyrex 材料的参数，请确定为了将自重表面变形量的峰-谷值限制到 $\lambda/20$（λ = 550nm）而必需的支撑点数目。蜂窝结构形状是六边形，因此，根据表 2.3，$\gamma = 9.7 \times 10^{-3}$。材料性质：$\rho = 2230\text{kg/m}^3$，$E = 63\text{GPa}$，$\nu = 0.2$。忽略制造误差以及热效应。

解：

应用式（2.33），有

$$N = \frac{\pi}{4}D^2\left[\gamma\frac{\rho(1-\nu^2)}{E}g\frac{V_0}{I_0}\frac{1}{\delta}\right]^{1/2}$$

$$= \frac{\pi}{4}\times 6^2 \times\left[\frac{(9.7\times10^{-3})\times2230\times9.81\times(1-0.2)^2\times12}{(63\times10^9)\times0.6^2\times(2.75\times10^{-8})}\right]^{1/2} = 55.6$$

将 N 取整为 56。实际上，BTA-6 反射镜设计有 64 个支撑点。该公式假设是一种半面无限大平板，没有边缘效应。但真实反射镜存在边缘效应。因此，需要在边缘附近增加支撑架。

表 2.3　轻质反射镜采用的蜂窝结构参数

支撑架结构分布	γ 峰-谷值	γ 方均根值	蜂窝形状参数 ψ
三角形	4.95×10^{-3}	1.19×10^{-3}	0.00151
正方形	5.80×10^{-3}	1.33×10^{-3}	0.00126
六边形	9.70×10^{-3}	2.36×10^{-3}	0.00111

结构效率与反射镜动态性能有关。对动态激励的响应受控于支撑架上反射镜的基膜弯曲频率。该频率取决于反射镜支架、反射镜材料性质以及结构效率。假设是一个实心圆柱形反

射镜，通过自重变形频率求解反射镜厚度即可证明这一点：

$$h = C_A r^2 \left[\frac{\rho g (1 - \nu^2)}{E} \frac{1}{\delta} \right]^{1/2}$$

(2.34)

式中，h 是与自重变形量 δ 对应的反射镜厚度；C_A 是反射镜支撑常数。

基频 f_n 近似为 $(1/2\pi)(g/\delta)^{1/2}$。反射镜重量 $W_M = \pi \rho h r^2$。将 h 代入反射镜重量计算公式中，用 f_n 的关系式代替 δ，则反射镜重量正比于：

$$W_M \propto f_n r^4 \left[\frac{\rho^3 (1 - \nu^2)}{E} \right]^{1/2}$$

(2.35)

该式表明，反射镜重量线性正比于基频以及反射镜直径 4 次方。在固有频率下，反射镜尺寸的微小变化都会造成大的重量变化。例如，增大反射镜尺寸 10% 会使重量增加约 50%。式 (2.35) 中方括号里的参数不同于静态变形量分析中使用的比刚度，称为材料的动态参数。

结构效率的另一种应用是分析扫描反射镜。一般一块扫描反射镜是一块平面反射镜，周期性绕着一条垂直于光轴的轴旋转小的角度。旋转角是扫描角。一束光入射在扫描反射镜上的偏转角是扫描角的两倍。由于反射镜不是连续旋转，这种情况属于连续改变角加速度而使反射面变形。扫描反射镜的表面变形会在扫描光束中引入像散，并且希望不大于某一规定的公差。扫描反射镜在角加速度作用下的变形量具有下面形式：

$$\delta = C_S \frac{\rho g (1 - \nu^2)}{E} \frac{V_0}{I_0} \frac{\omega}{g} r^5$$

(2.36)

式中，C_S 是反射镜支撑架参数；ω 是角加速度。

应当注意到，式中，I_0 是绕反射镜平面内横轴的单位截面惯性矩，不是反射镜绕过其中心的表面垂直轴的截面惯性矩。使扫描反射镜的变形量最小就需要减小结构效率 V_0/I_0，即减小单位体积和增大单位截面惯性矩。由于变形量与半径或直径的五次方成比例，所以，扫描反射镜对尺寸的微小变化很敏感。变形量与反射镜的逆比刚度也是成线形比例。经常将扫描反射镜设计成轻质结构以提高 V_0/I_0，并采用具有高比刚度的材料以减小变形量。

无论是静态或者动态反射镜应用，结构效率 V_0/I_0 都是一个重要参数。本章稍后将阐述计算结构效率的解析技术。除结构效率外，反射镜性能还取决于材料性质以及支撑类型。

2.2.5　热评价系数

温度变化能够造成大型反射镜变形，其量值可以达到重力变形数量级。大部分大型反射镜具有较长的热时间常数，会加重温度变化的影响，从而产生严重的温度梯度效应。担忧的是，由于反射镜表面与其周围空气之间存在温差，局部空气扰动会对反射镜附近光束传播产生影响。对于超大型反射镜以及低温下使用的反射镜，热膨胀均匀性是一个值得关注的问题。

本书第 1 章在介绍反射镜性能技术要求时详细讨论了热时间常数。在此，对热时间常数的讨论局限于对大型反射镜的影响。威尔逊山天文台发生的事情表明，一台大型反射镜的热时间常数一般都比工作环境下的温度变化率大。如果反射镜温度变化没有环境温度变化快，反射镜中就会产生温度梯度，从而造成光学表面变形。热时间常数大对于反射镜制造也是一个问题，为了保证测量之前，热梯度的存在不会影响光学表面轮廓，需要使反射镜放置较长时间才能达到热平衡，所以，非常希望减小大型反射镜的热时间常数。

假设凹光学表面的圆柱形实心反射镜的温度梯度是沿其光轴线性分布的，则可以对其梯度效应做出一个粗略评估。沿光轴方向的线性温度梯度分布会使反射镜光学表面产生球差，其量值 δ_{SP} 是

$$\delta_{SP} = \frac{1}{128}\alpha\Delta T\frac{D^4}{hR^2} \tag{2.37}$$

式中，α 是反射镜材料的热膨胀系数；ΔT 是轴向温差；R 是反射镜光学曲率半径。

设计实例 2.5 给出了式（2.37）的应用。

设计实例 2.5　轴向温差造成大型实心反射镜的球差

苏联大型地平式望远镜（BTA-6）实心反射镜的外形尺寸是 $h = 0.6m$，$D = 6m$ 和 $R = 48m$。假设，反射镜材料是 Pyrex，$\alpha = 3.3 \times 10^{-6}K^{-1}$，轴向温度梯度是 2K。请问，反射镜中会产生多大的球差？

解：

由式（2.37）有

$$\delta_{SP} = \frac{1}{128} \times (3.3 \times 10^{-6}K^{-1}) \times 2K \times \frac{(6m)^4}{0.6m \times (48m)^2} \cong 49 \times 10^{-9}m$$

若是绿光，表面变形像差约为（49/550 = 0.09）个波长或者波前像差是 0.18 个波长。这是一个可以接受的光学成像质量预估值。

该设计实例显示了大型反射镜对温度梯度的灵敏度。

实心反射镜的热时间常数正比于其厚度二次方，反比于反射镜材料的热扩散率。大型反射镜所用玻璃材料的热扩散率范围一般是从 Pyrex 的 $483 \times 10^{-9}m^2/s$ 到熔凝石英的 $788 \times 10^{-9}m^2/s$。由于玻璃材料的热扩散率有限，因此，减小大型反射镜的热时间常数就需要使反射镜厚度降至最小。该方法应用于美国帕洛马（Palomar）山海尔天文台 5.08m（200in）主镜（见图 2.8）。根据 Meinel（1981）的分析，采用后表面开放式铸筋结构，反射镜最大厚度约为 125mm（4.92in），而大部分反射镜的厚度约为 75mm（2.95in）。由于（面板）厚度变薄，5.08m 海尔（Hale）主镜达到热平衡的时间约为直径小得多的威尔逊（Wilson）山 2.5m（98.4in）胡克（Hooker）主镜的 17%。关于利用各种方法减小反射镜基板重量，使其具有最小热时间常数的更多内容，请参考本章 2.7 节和 2.8 节。

利用低热膨胀系数材料是减小温度梯度对反射镜光学轮廓变化影响的另一种方法。如果回顾设计实例 2.5，利用低热膨胀系数材料，例如超低膨胀玻璃 ULE 代替 BTA-6 主镜中的硼硅酸盐玻璃，轮廓变化量应降至 1nm 以下，可以忽略不计。即使具有大的温度梯度，低热膨胀系数反射镜在大多数工作环境中几乎不会产生热畸变。

对薄主镜轮廓的有效控制以及采用近乎零膨胀的反射镜材料，解决了温度梯度造成的表面轮廓变形问题。Bely（2003）认为"对于采用主动光学（active optics）系统的大型弯月形反射镜，热效应造成反射镜表面轮廓变形不会成为一个问题"。欧洲南方天文台新技术望远镜（ESO NTT）率先对薄弯月形主镜表面轮廓采用主动光学控制技术。

与大型反射镜长热时间常数相关的另一个关心问题是局部或反射镜视宁度（mirror seeing）

轻量化的蜂窝槽(典型尺寸)

连接镜座的固定孔(典型形状)

图 2.8 直径 200in（5.08m）、设计有铸筋结构的海尔（Hale）望远镜主镜照片

（资料源自 Bowen, L. S., The 200-in. Hale Telescope in *Telescopes*, Kuiper, G. and Middlehurst,

B., Eds., University of Chicago Press, Chicago, IL, 1960）

（译者注：视宁度是指望远镜显示图像的清晰度，是描述天文观测的目标受大气湍流影响而观察起来变得模糊和闪烁程度的物理量）。如果反射镜表面温度明显不同于周围环境温度，则对流热传递会在靠近光学表面位置产生热梯度。空气的温度梯度造成空气折射率变化，在反射镜的反射光束中产生光学像差。反射镜视宁度产生的像差增大了反射镜焦点位置衍射光斑的尺寸。Witze（2013）给出一个表述衍射斑对应角度 θ_M（单位为″）增大的近似表达式：

$$\theta_M \cong 0.4\,(\Delta T_M)^{6/5} \tag{2.38}$$

式中，ΔT_M 是周围空气与反射镜间的温差，单位为 K。

随着更高分辨率地面天文望远镜对技术要求的提高，反射镜视宁度变得更为重要。例如，凯克（Keck）望远镜的波前误差预计值要求焦点位置弥散对应角度值是 0.42″，恰好是周围空气与反射镜之间 1K 的温差，基本上用尽了整个误差预估量。认识到反射镜视宁度的重要性，因此应要求反射镜表面温度与周围空气温度之差在 0.2K 之内。如果能够满足该技术规范，反射镜视宁度的影响应当较小，约为 0.06″。

太阳刚落，望远镜反射镜周围的温度变化较快，某些地方高达 10K/h。这样一种温度变化速率对反射镜的热控制系统是一个颇具挑战性的问题。对于大部分天文台所处地区，其他夜间时间，空气温度变化率要低得多，通常是 0.25K/h 数量级。对于被动式实心反射镜，即使如此较低的温度变化率也是一个很难的热控制问题。根据 Bohhanan 等人（2000）的资料，威尔逊（Wilson）山望远镜的经验是努力保持反射镜与空气温度相匹配。许多同时代的天文望远镜的反射镜都会在白天近似地致冷到夜间平均温度的预估值。

20 世纪 80 年代中期，Angel 建议，通过轻质蜂窝结构或夹层反射镜内部采取强制通风措施主动控制反射镜温度。为了使反射镜的热时间常数减小到小于 1h，所有零件都要薄，约 25mm 厚。为了保持较薄部分具有足够的刚度，采用夹层结构。之前夹层结构的制造很昂贵，为了降低成本，Angel 还研发了一种奇特的旋铸工艺，在旋转炉中，利用硼硅酸盐玻璃旋铸到几乎是设计形状，2.3.9 节将讨论该工艺。

通过与诸如超低膨胀玻璃（ULE）或微晶玻璃（Zerodur）的零膨胀材料的对比，可以看到硼硅酸盐玻璃的热膨胀率较高，约为 $3.3 \times 10^{-6} K^{-1}$。然而，温度梯度和反射镜轮廓的主动控制系统应能补偿反射镜中的热变化。

对硼硅酸盐玻璃反射镜样品强制吹风冷却的最初试验表明，空气与反射镜表面之间的热耦合很差，需要很高的通风流量才能保持反射镜的温度接近周围空气温度，因此，采用改进后的通风方案，仔细控制为反射镜内部通风的空气温度。一个典型的反射镜结构，需要为之调温的空气流量约为 8.3L/s（Cheng 和 Angel，1988）。

实际上已经证明，研发大型轻质硼硅酸盐玻璃反射镜的良好热控制系统既困难又耗时。2000 年，利用 Angel 建议的轻质旋铸夹层反射镜类型建成投产了 6.5m 多反射镜面式望远镜（MMT M1）。然而，直到 2009 年，还无法将反射镜温差保持在 ±0.2K 内，并只能在夜间部分时间。必须大力发展反射镜传感器、冷却装置、热交换器和控制算法。诸如大型双目望远镜之类较大的铸造硼硅酸盐反射镜继续存在着热控制问题，因而导致对该设计方法有效性的争论。

对于直径 8m 量级双子星（Gemini）望远镜和欧洲南方天文台超大望远镜（ESO VLT）中的大型弯月形主镜，使用另外一种主动温度控制系统，对反射镜背面进行辐射致冷以保持反射镜温度接近环境空气温度。将设计有积分冷却线圈的一块线路板紧靠置在反射镜背面，并利用醇-水混合物的循环致冷（Baumer 和 Sacre，1997）。反射镜光学面与环境空气之间的温度差会造成反射镜视宁度效应，使其降至最低的一种方法是在白天将反射镜冷却到低于环境空气温度，再使用一种反射镜表面光学膜层加热器使光学表面与环境空气温度达到热平衡。使电流通过铝表面膜层加热。

随着反射镜越来越大，工作温度范围也更为极端，反射镜材料热膨胀系数的各向同性就越来越重要。低热膨胀系数材料、主动表面轮廓控制和热控制都能够使温度梯度和局部热扰动效应造成的反射镜表面畸变减至最小。热膨胀系数的空间变化（或各向异性）会造成反射镜表面轮廓随温度发生变化，并且可能不受这些控制方法的影响。

在反射镜热膨胀系数空间变化的量值和分布方面，已经公布文献中所含内容很少（Pellerin 等，1985）。根据粗略的经验，建议将 3%~5% 作为热膨胀系数各向异性值。对直径 1.9m 微晶玻璃 CerVit C-101 毛坯件的测量表明，反射镜平面内没有变化，但是，通过 300mm 厚度后，变化了 $9 \times 10^{-9} K^{-1}$。根据 Osterbrock（1993）研究，对肖特微晶玻璃各向异性进行了一系列测量，约 95% 位于 $15 \times 10^{-9} K^{-1}$ 内。利用超声波技术（精确到 ±2ppb/℃）测量了康宁 7972 超低膨胀玻璃的热膨胀系数（SAbia 等，2006），表明诸如双子星望远镜之类大型反射镜毛坯件热膨胀系数的各向异性约为 $\pm 5 \times 10^{-9} K^{-1}$。据 Krim 等人（1990）报告，在对超低膨胀玻璃进行热分析时，通常假设热膨胀系数的空间变化约为 $\pm 15 \times 10^{-9} K^{-1}$。对实际大型反射镜毛坯件完成最新测量后认为，对超低膨胀玻璃的假设过于保守。

除了超低膨胀材料外，大部分材料热膨胀系数变化的分布都不能足够精确地知道。利用简单的闭式表达式可以对反射镜表面轮廓温度各向异性的最严重影响的数量级做出粗略估算。两种重要的分布类型是热膨胀系数沿光轴方向和垂直于光轴方向变化。第一类变化（通过反射镜厚度）造成焦点位移。通过厚度的空间变化量 $\Delta\alpha$ 而造成的表面变形量 δ 为

$$\delta = \frac{r^2}{2h}\Delta\alpha\Delta T \tag{2.39}$$

式中，r 是反射镜半径；h 是反射镜厚度；$\Delta\alpha$ 是通过厚度热膨胀的总变化量；ΔT 是温度变化量。

如果热膨胀系数在垂直于光轴的两个坐标轴方向不同，则垂直于反射镜光轴或者在反射镜平面内的空间变化会产生像散。如果光轴定义为笛卡尔坐标系的 z 轴，x 和 y 轴方向的热膨胀系数分别是 α_x 和 α_y，则表面变形量 δ 是

$$\delta = \frac{r^2}{h}(\alpha_x - \alpha_y)\Delta T \tag{2.40}$$

设计实例 2.6 展示了式（2.40）的应用。

设计实例 2.6　热膨胀系数变化造成反射镜光学表面轮廓变化的估算

诸如应用于凯克（Keck）望远镜的一块 1.8m（约 71in）反射镜拼接板的厚度是 75mm（2.95in）。假设，反射镜平面内的热膨胀系数的变化是 $\alpha_x - \alpha_y = 5\times10^{-9}\mathrm{K}^{-1}$。若温度变化 25K，请问反射镜光学表面轮廓有什么变化？

解：

根据式（2.40），有

$$\delta = \frac{(0.9\mathrm{m})^2}{0.075\mathrm{m}} \times (5\times10^{-9}\mathrm{K}^{-1})\times25\mathrm{K} = 1350\times10^{-9}\mathrm{m}^{\ominus}$$

反射镜表面变形量 1350nm 约是大部分现代望远镜中对反射镜表面变形量要求方均根值（$\lambda/40 = 16\mathrm{nm}$）的 84 倍。

该例子显示了热膨胀系数的各向异性在现代高性能反射镜系统中的重要性。对于凯克（Keck）反射镜拼接板，规定热膨胀系数的轴向最大变化量约为 $0.6\times10^{-9}\mathrm{K}^{-1}$。8m 双子座望远镜主镜是将 55 块拼接板熔接在一起，其中包括 44 块六角形拼接板，每块具有不同的热膨胀系数。必须进行复杂的计算机分析，以优化配置拼接板，从而使热膨胀系数的空间变化的影响降至最低。对于双子星座望远镜的反射镜，表面误差最大方均根值约为 15nm。

根据 Feinberg 等人（2012）分析，空间望远镜的热性质类似地面望远镜。然而，在空间真空环境下不会出现局部视宁度效应。由于对质量和功率的严格限制，使航天飞机光学系统的温度控制系统变得更为复杂化，又因为在轨运行的难度和成本昂贵，令系统必须有特别高的可靠性。在一些应用中，尤其是红外望远镜，为了使背景辐射降至最小，额外增加的一项约束是光学系统工作在低温环境中。

光学元件不可能在低温环境中制造，因此，低温工作需要一个大的温度变化。当光学系

⊖　原书计算时在分母中错加了 4，已对计算数值进行了修改。

统从室温冷却到低温时，反射镜材料热膨胀系数的各向异性使反射镜光学表面面形发生畸变。一般利用低温零制造工艺校正该畸变。室温下测量反射镜的光学表面轮廓，然后，在低温下重新测量，并利用光学表面从室温到低温的形状差，以便采取光学方法校正反射镜面形，从而满足较低温度下的技术要求。由于反射镜轮廓的每次测试都在随机变化，因此，反射镜材料的滞后现象会限制低温零工艺的有用性。假设，滞后现象小并且工作温度变化范围也小，则采用低温零制造成形工艺能够克服热膨胀系数的各向异性（Stahl，2004）。

2.3　反射镜发展历史

2.3.1　镜用合金（镜青铜）反射镜

第一个大型望远镜中的反射镜［例如赫歇尔（Herschel）环形山 1.2m 望远镜和罗斯（Rosse）望远镜 1.8m 的反射镜］是利用镜青铜金属材料制造的，利用一种铜-锡合金，经过抛光，其可见光波段的反射率约为 66%。根据 Tolansky 和 Donaldson 的研究，镜用合金材料的一个缺点是，当该种材料暴露于潮湿空气中容易慢慢锈蚀，在 6 个月内反射率损失 2%~10%。这种金属材料的反射镜需要周期性进行抛光以消除上述锈蚀。存在损伤光学表面面形的风险。

19 世纪 50 年代中期，研发出化学方法在玻璃表面上镀银膜层。银膜层在可见光光谱范围内的反射率远高于镜用合金，化学镀的新银膜层在 550nm 波长时的反射率约为 95%。与镜用金属相似，银反射膜会有严重锈蚀，反射率衰减到约 77%。不同的是，可以用化学方法除去和替换银膜层而丝毫没有改变反射镜表面形状的风险。

2.3.2　铸玻璃反射镜

下一代望远镜中反射镜采用玻璃上镀银膜层。利用冕牌（平板）玻璃制造厚的实心圆柱形反射镜，热惯性及由温度梯度产生的畸变是一个严重问题。一个厚冕牌玻璃反射镜的例子是威尔逊山上胡克（Hooker）望远镜中 2.5m 主镜，如本书第 1 章讨论的，存在着热惯性问题。

在 1915 年发现，利用康宁耐热玻璃（Pyrex）能够获得更好的热性能，并首次应用于 5m 海尔（Hale）望远镜（Florence，1995）。该反射镜使用的这种专用耐热材料 Pyrex 的热膨胀系数是 $2.3 \times 10^{-6} K^{-1}$，是冕牌玻璃的 1/3。通过采用后表面开放式轻质铸造结构而使海尔（Hale）望远镜主镜的热惯性降至最小（Bowen，1960）。下一代大型望远镜采用了一系列类似的反射镜，包括利克（Lick）天文台（译者注：位于美国加利福尼亚州汉密尔顿山顶）3m 望远镜和基特峰（Kitt Peak）国家天文台 2.1m 望远镜。这一代大型光学系统反射镜表面上真空镀铝膜代替了银膜。尽管镀膜工艺比较复杂，包括高真空度，但与镀银膜层相比，镀铝膜具有更长的耐久性。第二次世界大战使海尔（Hale）望远镜的研制工作中断了几年，1947 年 12 月又重新开始。该望远镜的生产能力持续至今。大多数现代望远镜都是设计得能在现场重新镀膜以保证后续寿命中持续工作。

2.3.3　低膨胀反射镜材料

20 世纪 60 年代初期，美国欧文斯-伊利诺伊斯（Owens Illinois）公司研发了一种热膨胀系数近乎为零的玻璃-陶瓷材料 Cer-Vit C-101，应用于望远镜的反射镜。Dietz 和 Bennett（1967）讨论过这种材料的平面度和热稳定性。大约在同时，美国康宁公司能够生产直径达到 4m 的熔凝石英反射镜毛坯。这些新的低热膨胀系数材料应用于新一代大型望远镜中，主镜直径可以达到 4m。采用热膨胀系数近乎零的材料，热梯度不再是一个严重的问题，所以，反射镜被设计成厚重的实心圆柱形。1973 年投入使用的基特峰（Kitt Peak）国家天文台梅奥尔（Mayall）望远镜的主镜是这类反射镜的例子。其直径为 4m，边缘厚度为 0.57m。1973~1979 年，研究人员完成了 6 块这类望远镜，采用厚重低热膨胀系数主镜，直径为 3.6~4m。这些望远镜中反射镜的一个特点是，卡塞格林系统中具有较大的中心厚度，孔的尺寸通常约为反射镜直径的 1/3。

使用普通的厚重实心反射镜的一种望远镜是位于苏联克里米亚（Crimean）天文台的大型地平式望远镜（BTA-6）。当 1976 年完工后，该望远镜是世界上最大的望远镜，主镜是一个直径为 6m、厚为 600mm 的弯月形反射镜。遗憾的是，主反射镜使用的硼硅酸盐玻璃的质量较差，反射镜表面的质量也低。该反射镜是由类似康宁耐热玻璃 Pyrex 的硼硅酸盐玻璃制造，并且不是轻质结构，因此，具有很大的热时间常数。环境温度变化 2K 就会使望远镜出现故障，导致 2~3d（天）无法工作。

20 世纪 70 年代初期，德国肖特（Schott）公司将低膨胀微晶玻璃陶瓷（Zerodur）材料引入到天文望远镜领域，从而使西班牙 Celar Alto 山上一台望远镜设计为直径 3.6m、厚 0.59m 的形式。自此，这种材料已经被许多天文仪器［包括凯克望远镜以及诸如伦琴卫星（ROSAT）和钱德拉（Chandra）天文台在轨 X 射线望远镜］选用。

根据 Meinel（1978）分析，当时对天文望远镜的研究表明，其成本变化基本取决于主反射镜直径的幂级数，一般是指数形式变化，幂指数为 2.6~2.8。根据该幂级数定律可以推断，主镜直径为 8~10m 的下一代大型天文望远镜或将负担不起，主要原因是成本会比直径 4m 的玻璃仪器高 6~10 倍。该研究的一个重要假设条件是在新型仪器中采用当时的技术。关注成本将导致新反射镜技术的研发。

2.3.4 厚度减薄

减小反射镜厚度是降低大型反射镜成本的首要方法。1979 年投入使用的英国红外望远镜（UKIRK）是第一个采用纵横比为 13 的先行者。更有甚者是欧洲南方天文台新技术望远镜（ESO NTT）直径 3.5m 主镜的纵横比约为 15（Tarengi，1986）。新技术望远镜（NTT）采用的其他新技术是地平式安装和主镜光学面形的闭环式主动控制。反射镜面形的主动控制可以补偿结构挠性和热效应。

新技术望远镜（NTT）的成功导致斯巴鲁（Subaru）、双子星（Gemini）和欧洲南方天文台 8m 超大望远镜（ESO VLT）的主镜甚至采用约 40 的更高纵横比。一种固定厚度的弯月形反射镜使温度梯度问题减至最小，也简化了支撑系统设计。反射镜光学表面面形的主动控制进一步补偿了反射镜的变形。为了降低热畸变，这些大型反射镜都采用低热膨胀系数材料，例如微晶玻璃和超低膨胀玻璃。在这些望远镜中，致动器使大型弯月形反射镜变形以保持正确的形状。这是一个比较复杂的控制问题，但是，强烈地激励了反射镜的研发工作。

2.3.5　骨架式和组合式熔凝结构

使用低膨胀材料制造外形尺寸稳定、轻质、组合型反射镜坯料的技术都是从美国康宁公司在 20 世纪 50 年代后期研发的槽孔支柱（蛋箱）结构布局的基础上演化来的。这些坯料中连接筋的边缘与前后面板熔焊在一起，但重叠的连接筋并没有焊在一起，使这种结构抗切应力不是太强。图 2.9 给出了这类形式的熔凝石英反射镜，直径是 32in（81cm）。真实的反射镜如图 2.10 所示，是由美国珀金埃尔默（PerkinElmer）公司制造并应用在 1972 年美国 NASA 发射的轨道运行天文试验室（OAO-C）中，该反射镜重约 105 lb（48kg），同样尺寸的实心圆盘反射镜应当重 360 lb（164kg）。

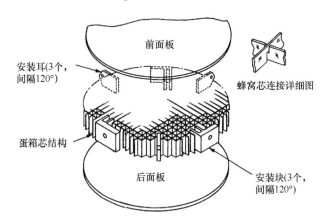

图 2.9　应用在轨道运行天文试验室（OAO-C）中的骨架式蛋箱结构、
直径为 32in（81cm）的反射镜结构布局详细视图
（资料源自 NASA）

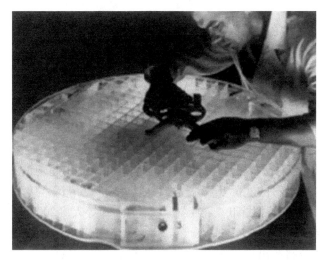

图 2.10　轨道运行天文试验室（OAO-C）中轻质主镜镀膜前的照片
（资料源自 NASA）

20 世纪 60 年代，为了改善反射镜的抗剪切能力，康宁公司研发了一种制造单块反射镜基板的技术，将许多"L"形的支柱焊接在一起形成一个蛋箱形状的芯，然后焊在前后面板上。图 2.11 给出了事先加工好的 L 形构件的两个结合点如何同时被火焰焊接示意。图 2.12 给出了以同样方式制造出的颇具代表性的三角形蜂窝芯结构。根据 Hamill（1979）的研究，一个进行全部焊接的芯材结构的刚度是孔径相同、部分焊接结构（即槽-筋结构）刚度的两倍。

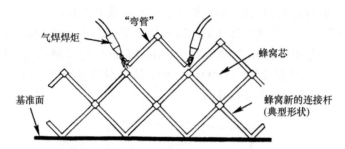

图 2.11 采用火焰焊接技术将 90°L 形构件固定在一起，形成单块反射镜芯
（资料源自 Lewis, W. C., Space telescope mirror substrate, in *OSA Optical Fabrication and Testing Workshop*, Tucson, 1979, Chapter 5）

图 2.12 具有典型三角形蜂窝芯结构的轻质反射镜的特写照片
（资料源自 Loytty, E. Y., Lightweight mirror structures, in *Optical Telescope Technology*, *MSFC Workshop*, April 1969, NASA Report SP-233, 241, 1969）

单块熔凝焊接结构仅适合于热膨胀系数基本为零的那些材料，因为这些材料不会由于熔焊过程中快速加热和冷却形成的温度梯度所致应力而破碎。康宁公司生产的编号为 7971 的超低膨胀陶瓷玻璃含有 92.5% 的 SiO_2 和 7.5% 的 TiO_2，非常适合这种结构。在 5~35℃ 的温度范围内，这种材料热膨胀系数的预测值接近零。此外，使用超声波速度测量技术可以精确、无损伤地测量这种材料的实际热膨胀系数（Hagy 和 Shirkey，1975）。这种材料的性质见卷Ⅰ表 3.13（译者注：原书漏印"卷Ⅰ"）中。Hobbs 等人（2003）指出，熔凝石英玻璃也可以熔焊，但需要比较高的温度。

采用熔焊技术已经制造出许多整块超低膨胀材料的反射镜，并成功应用在航天系统中。如图 2.13 所示，一块反射镜基板包括两块薄的带孔面板、一个组合起来的蜂窝芯、一个内环和一个外环。两块面板材料的热膨胀系数要精密配合，精度为 0.01ppm/℃，前面板经过高精度抛光和成形。为了使表面的缺陷最少，选择的玻璃要没有杂质。如果是直径小于 2.8m（约 110in）的面板，可以采用以下的方法制造：对一堆原材料的玻璃球进行加热，使它们流到所需要的直径。如果直径达到了约 8.4m（约 331in），就将六边形的小块边对边地熔焊起来（Hobbs 等，2003）。这些拼接板是按照一定厚度，从毛坯材料上切下的。

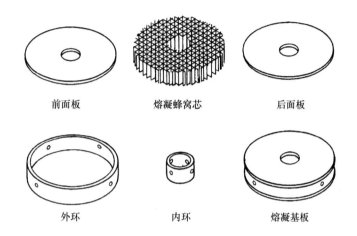

前面板　　　　　熔凝蜂窝芯　　　　　后面板

外环　　　　　内环　　　　　熔凝基板

图 2.13　一块带有中心通孔的单片熔凝反射镜基板的基本零件图

（资料源自 Lewis，W. C. ，Space telescope mirror substrate，in *OSA Optical Fabrication and Testing Workshop*，Tucson，1979，Chapter 5）

蜂窝芯的加工比较复杂。例如，如果需要一个 25.4cm（10in）厚的蜂窝芯，连接筋厚度需要达到 5.08mm（0.2in），就要根据所需要的体积计算出必需的毛坯材料的片数，垂直堆垛起来，置于电子炉中，加热到约 1600℃。在该温度下这些薄片熔接在一起，形成一整块板，然后下料，切割成许多蜂窝连接筋，再研磨到适当厚度。采用火焰焊接技术将这些支柱焊在一起，形成 L 形，进而形成图 2.11 所示的蜂窝结构。这种工序要逐排完成，直至满足蜂窝芯总尺寸要求，这时，蜂窝芯被切成圆形，并研磨到合适高度。将平的玻璃带放在模具上加热，使它变形弯曲，具有合适的圆柱面半径，就可以做成许多段外环和内环。然后，使用火焰焊接技术将各个小段焊接在一起便形成一个完整的环。

下面，按照制造一个完整的平面-平面组件的设计位置，将面板、蜂窝芯和内外环放置在炉子中。两个环要定位得与蜂窝芯同心，并且离开蜂窝芯侧边有一个很小的距离。使用煤气火焰从上面加热这个组件，实现熔凝密封，因此就将最上面的面板焊接到蜂窝芯和内外环上，然后，将组件缓慢冷却、翻转，重新放回到炉子中，但此时组件是放置在一个凸面的轴上，轴的半径近似等于所设计反射镜的曲率半径。从上面再次加热，这次不仅将另一块面板密封到蜂窝芯和内外环上，而且还要使其下沉，与圆顶形的炉底相吻合，形成弯月形的、单块反射镜基板的结构。将该基板退火，准备检验，接着送去精磨加工。图 2.14 给出这种加工工艺流程。

采用组合形式的结构制造整块轻质反射镜基板有三个优点：①可以严格控制外形尺寸（因为是由预先精密制作好的零件组成）；②可修复性（有限度地）；③安装简单。如果在制造过程中蜂窝芯受到损坏，可以再做。在某些例子中，对光学精加工过程中被损伤的反射镜也可以予以修理。

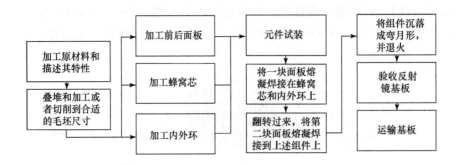

图 2.14 康宁公司加工大型单块弯月形反射镜基板的工艺流程图。使用超低膨胀玻璃材料
(资料源自 Hobbs, T. W., et al., *Proc. SPIE*, 5179, 1, 2003)

如图 2.15 所示，一个安装块熔焊在轻质整体反射镜结构的侧边上。使用这些安装块的"长处"在于可以挠性地将反射镜固定到反射镜座或者仪器的结构件上。此处的反射镜是整体熔凝成的超低热膨胀系数的材料、直径为 1.52m（60in）、蜂窝孔为边长 7.62cm（3in）的正方形。前后面板的设计厚度是 3.2cm（1.25in），基板总厚度是 25.4cm（10in），完工后的面板厚度是 1.5cm（0.60in），所以完工后的反射镜厚度是 22.4cm（8.8in）。蜂窝芯连接筋的基本厚度是 3.8mm（0.15in），临近 9 个安装点处的连接筋除外，此处连接筋加厚到 9.5mm（0.38in）。

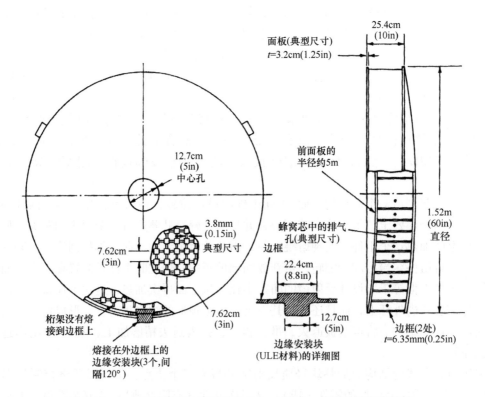

图 2.15 一个有代表性的直径是 1.52m（60in）、使用超低膨胀材料、
采用下沉熔凝成型技术制成的反射镜基板的概念性布局图

这类反射镜结构的熔接和下沉成形要求材料变软,因而原材料坯料中会存在许多不希望的缺陷。图 2.16a 给出了一些较常见的疵病。一般来说,外形尺寸的变化是非线性的,难于精确预测。由于两边的面板可能与最佳配合的球面形状偏离较大,因此必须留有多余的玻璃厚度,使设计的表面可以位于最深的凹坑之下。为了避免局部接触造成该部分结构刚度变化影响抛光,通常在蜂窝芯和内外环之间都要留有径向间隔。重量分布的不均匀性可能是由于熔接期间形状和外形尺寸变化所致。

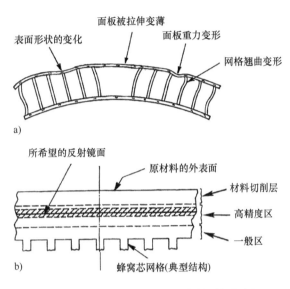

图 2.16　整体熔接反射镜基板的详细视图

a) 在退火温度之上加热超低膨胀玻璃会造成的典型缺陷　b) 反射面在前端面最佳区域内的位置

如果在反射镜前表面最终光学面的范围内出现太多杂质,例如晶粒和气泡,就可能出现问题。一般来说,对反射镜基板的技术要求都会将光学面分成不同区域,对杂质提出不同要求。图 2.16b 给出了典型的区域分布。从最外层表面开始,应注意,首先要确定为消除图 2.16a(译者注:原书错印为图 2.15)所示的轮廓变形以及将端面板加工到近于最终厚度而必须将材料切除掉的区域;接着遇到的是重要区域,该区域包括有完工后的光学面;之后就是非重要区域,在这个区域内允许存在较大的杂质。在大多数应用中,特别重要的是要求在最终反射面或者附近没有晶粒和气泡。技术条件应当要求有一个薄的"超重要"区域,对杂质有特别严格的限制。

美国亚利桑那大学研发了另外一种熔接技术(Angel 和 Wangsness,1986),这种技术现在还在亚利桑那州图森 Hextek 公司应用。为了形成图 2.17 所示的夹层结构,将同样长度的圆形玻璃管竖着连续放置在稍为大一些的玻璃面板之间,后面板上穿有一些小孔,每根管子上一个。将该组件放置在一台炉子的气管上方。上面板向下施加重载,允许足够压力的气体通过玻璃管,恰好与加重的上面板平衡,升高炉内温度,直到玻璃管完全熔接到两块面板上。然后增加压力,向外挤压软化了的玻璃管,直到它们与相邻的玻璃管相接触,并熔接在一起。整体基板结构是方形蜂窝芯(见图 2.17a)还是六边形蜂窝芯(见图 2.17b)取决于初始玻璃管的布局设计。随着玻璃管的膨胀,一个整体形式的侧墙也形成在蜂窝芯上。Cannon 和 Wortley 详细介绍了该工艺。

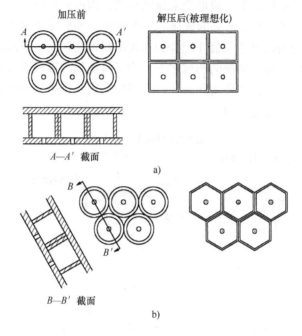

图 2.17 Hextek 反射镜制造过程中，玻璃管在加热和充气膨胀之前的布局示意图

a）方形蜂窝芯 b）六边形蜂窝芯

（资料源自 Parks, R. E. et al., *Proc. SPIE*, 1236, 735, 1990）

2.3.6 玻璃焊接基板

除 Hextek 压熔工艺外，之前讨论的用来熔接反射镜基板的高温工艺都很容易使支撑筋变弯或断裂，特别是当这些支撑筋太薄、无法支撑上面板重量时，更是如此。为了能减少支撑筋厚度，康能玻璃厂研发了一种黏结材料，其中包含有一种有机物质和一种粉状玻璃材料，这种玻璃材料比超低膨胀玻璃的熔点低，但基本上与其有同样低的热膨胀系数。通常，在焊接之前，用这种黏结材料把端面板黏结到一个类似电视显像管漏斗形状的装置上，有较大的膨胀特性。

据 Spangenberg-Jplley 和 Hobbs（1988）的研究，将焊接好的蜂窝芯/面板组件进行玻璃焊接会烘烤出那种有机物质，并将粉状玻璃转换为玻璃陶瓷，由玻璃态变为不透明的结晶态，与反射镜零件的热膨胀系数密切相配（在 ±100ppm/℃ 之内）。使用局部的焊缝把相邻的零件熔合在一起就可以产生可靠的密封。这种性质和热膨胀系数相匹配的性质是非常重要的，使加热熔合过程中产生应力和碎裂的危险降到最低，并提高了焊接处的强度。由于减少了残余应力，该工艺的这些贡献也提高了反射镜返回到室温后的长期稳定性。

对于有限元分析法，玻璃焊接工艺还有一个明显优点，就是反射镜解析模型中不必考虑反射镜基板的变形。与熔凝焊接技术产生的强度相比，这种焊接方法在结合部产生的强度要大 2~3 倍，如果焊接比较理想，玻璃焊接形成的断裂强度是大于 5000 lbf/in² （35MPa）的数量级，而熔凝焊接的是 3000 lbf/in² （21MPa）（Hobbs 等，2003）。

康宁公司生产的玻璃焊接专利材料有一个令人非常感兴趣的性质，即适合浸渍焊接。将一层黏性的玻璃焊接物质（厚度）均匀地撒在一个铸模上，铸模的曲率与被焊接反射镜面板的曲率相匹配。实际上，这可以是让反射镜面板下沉到具有合适曲率所使用的铸模。把已经成形的蜂窝芯浸入这种化学材料，然后提起来。由于黏合剂黏到了蜂窝网格上，所以，当蜂窝芯放到面板上时，具有相同合适厚度的黏合剂会应用到整个界面上。对组件进行振动，加速这种专利物质的流动和浸润作用，之后，火焰加热形成永久性的焊接（Hamill，1979）。用作光学处理器的玻璃焊接反射镜基板留有几毫米的精加工量，在准备进行抛光的过程中无须切削大量玻璃。

表 2.4 将一个玻璃焊接的设计与熔凝焊接整体反射镜的例子进行了比较。两个反射镜的直径是一样的，刚度（或简单支撑时的变形）也大约一样，两种都代表很坚固的反射镜。以玻璃焊接作为较薄支柱的焊接方法，从而使基板重量从 33 lb（15kg）大幅度地减少到 9 lb（4.1kg）。

表 2.4　传统焊接与玻璃焊接反射镜基板间的比较

测量项目	传统焊接	玻璃焊接
直径/(in，mm)	20，508①	20，508①
厚度/(in，mm)	5，127	3，76
自重变形（简单支撑）/(in，mm)	3.9×10^{-6}，9.9×10^{-5}	6.4×10^{-6}，1.6×10^{-4}①
重量/(lb，kg)	33，15	9，4.1
蜂窝密度（%）	12.5	7.0
结合强度/(lbf/in²，MPa)	2800，19.3	>5000，>34.5

（资料源自 Fitzsimmons，T. C. and Crowe，D. A.，*Ultra-Lightweight Mirror Manufacturing and Radiation Response Study*，RADC-TR-81-226，Rome Air Development Center，Rome，NY，1981）

① 原书计算有误，已修正。——译者注

在较早给出的表中描述的玻璃焊接反射镜示意如图 2.18 所示。尽管没有表示出安装块，但根据需要仍然可以熔接在蜂窝芯中。据报道，使用普通的抛光方法可以使光学面形的质量达到 0.024 个波长（rms），测量波长是 0.63μm。在温度从 −100℉ 变到 200℉（−73℃到93℃）一系列温度循环前后，对该反射镜进行了一系列的测试没有发现面形有明显变化。进行热循环测试的目的是为了减小连接处的弹性形变，从而凸显出可能存在的任何不稳定性。对反射镜还要在100℉、70℉和0℉（38℃、21℃和−18℃）等温度环境下做测试，目的是探测和测量由于焊接料与玻璃之间应力不匹配造成的表面接缝。分析表明，在这些温度变化环境中，表面上不应出现接缝，并且不能观察到明显的接缝。为了发现基板中存在的任何不稳定性，要对连接部位进行机械变形测试。利用干涉技术对反射镜在100℉、70℉和0℉（38℃、21℃和−18℃）等温度下进行检测，目的是探测和计量玻璃焊接剂与玻璃之间热膨胀系数不匹配造成的表面变形。将反射镜进行简单的支撑，施加均匀的负载4g，反复10次；在施加负载前后进行光学测试，光学没有变化；然后，对反射镜进行真空测试，真空度约为10⁻⁶Torr，也没有明显变化。这些成功测试显示玻璃焊接超低膨胀反射镜的技术优势。此后，已经制造出各种尺寸的反射镜，并成功应用在航空航天领域中。

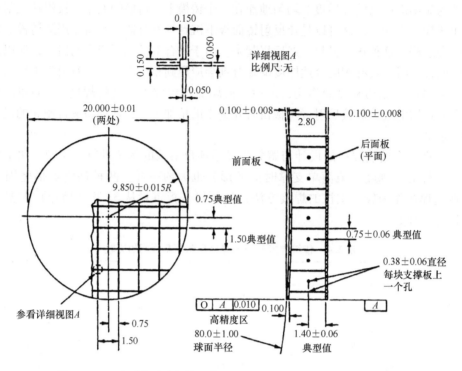

图 2.18 一个适合玻璃焊接的普通反射镜的设计（尺寸的单位是 in）

（资料源自 Fitzsimmons，T. C.，and Crowe，D. A.，*Ultra- Lightweight Mirror Manufacturing and Radiation Response Study*，RADC- TR- 81- 226，Rome Air Development center，Rome，NY，1981）

2.3.7 机械加工蜂窝芯反射镜

制造轻质反射镜的另外一种基本方法就是在实心反射镜背面上加工出一些凹槽或者凹坑。用这种方法制造出的反射镜类似最初的海尔（Hale）望远镜主镜。该主镜的制造方法是在蜂窝芯周围铸造上玻璃而形成开放式腔体。可以使用类似喷沙或者喷水的工艺⊖加工镜盘，或者利用计算机数控铣床（CNC）中的金刚石刀具进行研磨，两者都可以用来加工此类凹坑，形成所需要的网格结构布局。一般来说，这种类型结构的反射镜的刚性要比具有后面板结构的差一些。

如果在基板的后表面上钻出一些小的不通孔，让铣刀通过这些不通孔进入实心板内加工出空腔，就可以得到比较结实的反射镜，这些不通孔对基板的刚性只有很小的影响。这技术并不是一种新技术。Simmons（1970）介绍过一种反射镜设计，如图 2.19 所示。在一块直径是 64in（1.63m）、厚度是 12in（30.5cm）的实心后面板上钻出一些 2.5in（6.4cm）直径的盲孔，图 2.19 还给出了内部特征尺寸。请注意支撑筋之间以及支撑筋与前后面板之间交点处的圆角。每组六个三角形的交点位置有一根大的立柱。通过在这些立柱中心部位加工出圆柱形孔，达到去除材料实现减轻重量的目的，但其代价是降低了产品刚度。

⊖ 喷水工艺类似喷沙工艺，喷沙是空气中含有细沙，而喷水推进研磨剂的介质是一股高压水。

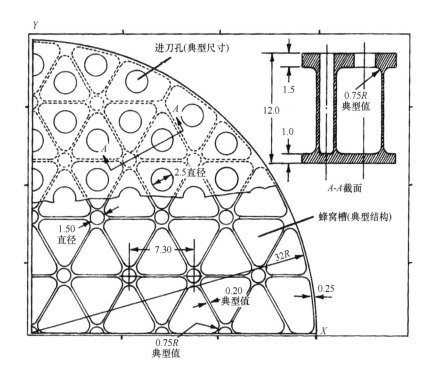

图 2.19 直径是 64in (1.63m) Cer-Vit 反射镜的结构布局 (图中尺寸的单位是 in)
(资料源自 Simmons, G. A., The design of lightweight Cer Vit mirror blanks, in *Optical Telescope Technology*, *MSFC Workshop*, April 1969, NASA Report SP-233, 1970, p. 219)

一个磨削工具穿过这些不通孔进行掏槽可以得到三角形的内腔。内腔之间的肋厚是 0.20in (5.1mm)。加强肋之间，以及与前后面板之间相交处的所有圆角的半径都是 0.75in (19mm)。在每一组由六个三角形组成的交点处都会有一个大的材料立柱。在这些大的立柱上加工出一个直径是 1.5in (3.8cm) 的圆柱形空腔，从立柱的中心处切除一些材料就会减轻一些重量，这当然会牺牲刚性。孔之间的中心距离是 7.30in (18.5cm)，每一个等边三角形的高是 5.25in (13.3cm)。

这块基板坯件包括 138 个大的三角形空腔和 55 个小的圆柱形空腔，重为 1035 lb(约 470kg)。若是实心，应当重为 3475 lb(约 1580kg)，这就表示重量减少了 70%。采用这种技术对内表面外形尺寸的控制 (精度)，可以比得上普通的金属加工技术得到的外形尺寸，足以满足该应用。在从腔体内切除不必要的材料后，将反射镜的外形加工到最终设计尺寸，之后采用酸洗去除表面瑕疵、局部应力，并最后进行抛光，满足光学表面的技术要求。

Pepi 和 Wollensak (1979) 以及 Pepi 等人 (1980) 介绍的一种反射镜有一个可分离的蜂窝芯，在一块实心的熔凝石英板上，按照设计的形状和位置加工出许多通孔 (见图 2.20) 达到减轻重量的目的，将预先加工好的熔凝石英前后面板与蜂窝芯熔接在一起。该设计是一个具有对称横截面和一个平中性面的双凹反射镜。该表面位于反射镜重心，直径为 20in (50.8cm) 的反射镜重约 16 lb (7.3kg)。当反射镜的光轴水平放置时，重力造成的下垂量有一个最小值。

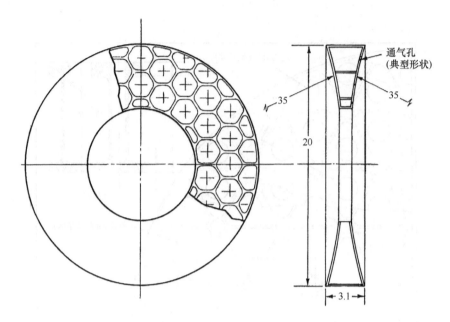

图2.20 一块对称的凹面反射镜基板的结构布局图。用一块实心板加工蜂窝芯。将前后面板加热、下垂，再利用芯轴形成弯月形状，然后熔接到抗剪蜂窝芯上。如图2.21所示，蜂窝芯已事先完成加工
（资料源自Pepi，J.，and Wollensak，R.J.，*Proc. SPIE*，183，131，1979）

　　一般来说，蜂窝芯的加工过程如下：首先，使用金刚石机床将蜂窝芯基板加工成双凹形状。用黏有金刚石的环形铁心钻和端铣刀进行钻孔和空腔研磨，形成约0.12in（3mm）厚的加强肋。为了将这些操作造成的风险降至最小，除使用高质量的金刚石加工外，还需要考虑正确地从背面支撑反射镜基板，仔细去除蜂窝芯钻孔后残留的堵塞物。图2.21给出了一个有代表性的去除中心部分材料的图形，使用金刚石刀具，通过铣削工艺小心去除形成蜂窝后残留的毛刺。

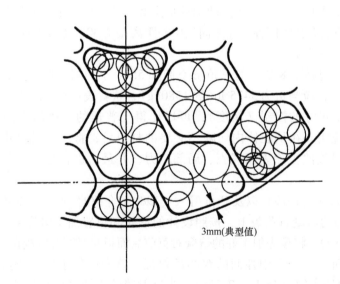

图2.21 图2.20所示反射镜蜂窝芯的典型加工图
（资料源自Pepi，J.，and Wollensak，R.J.，*Proc. SPIE*，183，131，1979）

该反射镜面板的制备不需要什么新的技术。在普通的光学球面加工设备上就可以将玻璃板加工成约 0.75in（19mm）厚的弯月形面板。为了将后续熔接工序中的接缝效应降到最低，可以将面板设计成某特定厚度，使其有足够刚性。在基板熔接之后，使用金刚石刀具将面板削薄，达到最终 0.21in（5.3mm）的设计厚度。对于低温轨道运行环境中的具体应用，还要把反射表面非球面化，加工成一个 $f/1.7$ 的椭球面。

图 2.22 给出了运用这种技术进行反射镜加工的一个近期实例，是一个背面示意图。直径为 2.7m（106in）的微晶玻璃主镜是为同温层红外天文观测台（SOFIA）的红外天文 望远镜设计的。其中，反射镜是一个平凹结构，有一个圆形中心孔，深倒边形成一系列"飞拱形"横向支撑体。在后表面上钻出一些盲孔，再用金刚石刀具通过盲孔凹割材料，将具有薄加强肋网格的六边形蜂窝芯加工在反射镜基板坯件内。保留了一个几乎完整的后面板。加工之后，对基板所有表面进行酸洗，进一步减轻重量，去除研磨加工时产生的微细麻点和裂纹。正如卷 I 第 11 章所讨论的，后面工序能大大提高材料的强度。由此产生的反射镜结构的重量约为 880kg（1940 lb），是对应实心反射镜重量的 20%。

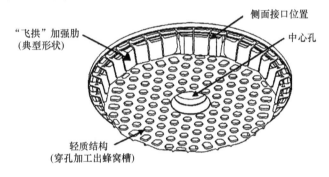

图 2.22　直径为 2.7m（106in）同温层红外天文观测台（SOFIA）望远镜主镜后视图。
在后表面上的孔加工空腔以减轻重量

（资料源自 Erdman, M., et al., *Proc. SPIE*, 4014, 309, 2000）

从一块实心基板加工出一个轻质蜂窝芯的另外一种技术就是使用康宁公司研发的磨料水射流（AWJ）切割工艺。Edwards（1998）对这种技术和使用的装置（见图 2.23）描述如下：

图 2.23　康宁公司用来制造轻质反射镜蜂窝芯的磨料水射流（AWJ）切割机照片
（资料源自 Edwards, M. J., et al., *Proc. SPIE*, 3356, 702, 1998）

　　"该系统装有两个 250 马力的电动机驱动压力泵，依次增压使输出的水压超过 60000 lbf/in²，使它通过一个直径为 0.040in（1.02mm）的蓝宝石材料做成的孔，水注就形成一个真空，将研磨金刚砂吸入到水流中。当研磨沙全部进入混合管中后，水注在喷口处的速度超过 2 马赫，能够切断 30cm 厚的玻璃。一个刀具检测工位保证对准和工艺参数的标定。五轴刀架可以补偿由于蓝宝石和混合管在喷注期间的磨损以及零件的少量移动造成切割形状的小量变化。系统的操作人员可以将 150in×250in×48in 工作区内的喷嘴精度定位到高于 ±0.0025in，重复精度为 ±0.001in。操作人员每天都要对切口进行测量，以确定喷注的状况和轮廓。对水注研磨工艺进一步的全面核查将保证成功的轻质蜂窝芯具有严格的外形公差。"

　　Hobbs 等人（2003）在进一步介绍了水注研磨工艺后指出，该工艺可以用于加工约 3m（118in）大的基板，能够用于定制蜂窝芯以适应特定的反射镜镜座，如果需要还可以用来生产空间非均匀性和变刚性分布的蜂窝芯。

　　图 2.24 是由康宁公司研发的磨料水射流切割工艺制造出的反射镜蜂窝芯，直径是 1.1m（43.3in）。6.5m（255.8in）孔径的麦哲伦（Magellan）望远镜中有三个反射镜，该蜂窝芯就安装在其中一个反射镜中。该设计在最外边缘和中心轮毂安装处有比较厚的加强肋，一种六边形的蜂窝图案叠加在椭圆形的底板上，有一个圆形的中央通孔（Edwards，1998）。

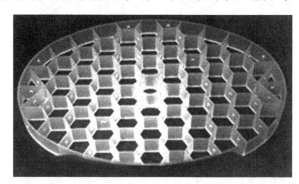

图 2.24　采用康宁公司研发的磨料水射流工艺制造的直径是 1.1m（43.3in）的轻质反射镜蜂窝芯
（资料源自 Edwards, M. J., et al., *Proc. SPIE*, 3356, 702, 1998）

2.3.8　拼接反射镜

　　另外一种制造大型反射镜的方法是利用薄拼接面板组装成主镜，例如两座凯克（Keck）望远镜就是如此。与大型全孔径薄弯月形反射镜相比，每块拼接面板的刚度都比较好，尽管解决控制问题仍然很艰巨，但降低了保持拼接面板彼此间刚体位置的难度。每块拼接面板一般都设计成六边形。制造能满足一定光学质量的拼接面板是一个颇具挑战性的问题，研究人员采用反射镜应力抛光新技术制造了凯克（Keck）Ⅰ望远镜的拼接面板（Lubliner 和 Nelson，1980；Nelson 等，1980）。Mast 和 Nelson（1990）对这种技术做了解释，Pepi（1990）公布了该制造工艺。图 2.25 进一步解释了抛光期间使该反射镜毛坯对称弯曲的方法。对于两座凯克（Keck）10m 望远镜，六边形对角线为 1.9m、厚为 75mm、纵横比约为 25。其他的拼接反射镜式望远镜包括（西班牙）加那利群岛上的 10.2m 大型加那利（GTC）望远镜和南非 9.2m 南非大型望远镜（SALT）。根据 Sporer（2006）以及 Daniel 等人（2010）的研究，将采用这种基本技术在美国为 30m 望远镜（TMT）建造拼接面板。

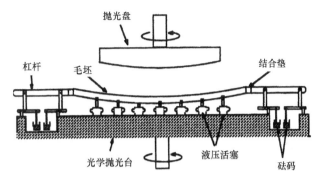

图 2.25　应力反射镜抛光概念示意图。平行平面（或弯月形）反射镜盘形拼接面板；在多点背后挠性支承同时，对镜盘边缘施加弯曲力矩；将暴露表面抛光为一个平面或者长半径球面；形成典型的非对称（非球面）凹面反射镜拼接面板。一旦完成抛光，将反射镜切割成六边形并利用离子或小型抛光模具精修（资料源自 Daniel, J. et al., *Proc. SPIE*, 7733, 2010）

2.3.9　旋铸反射镜

　　目前，制造一块大型反射镜最成功的方法是旋铸硼硅酸盐玻璃蜂窝结构反射镜。由于采用轻质夹层结构，这些反射镜远比高纵横比弯月形反射镜坚实。然而，硼硅酸盐玻璃较高的热膨胀系数需要设计较复杂的热控制系统，并对主镜采用主动支撑。第一台投入运行的旋铸硼硅酸盐玻璃反射镜是美国亚利桑纳州霍普金斯山史密森天体物理天文台多片反射镜式望远镜（MMT）的 6.5m 升级版（Olbert 等，1994）。

　　所谓的旋铸工艺（Angel 和 Hill，1982；Angel 等，1983，1990；Angel 和 Wangsness，1996；Cheng 和 Angel，1986；Goble，1988a，b）包括在缓慢旋转的熔炉中铸造反射镜基板。离心力造成熔化玻璃（假设）凹抛物面轮廓。明智地设置多个能够形成空腔的插棒，从而在基板背面形成蜂窝。图 2.26 给出了熔炉中直径 8.4m 反射镜的局部截面。完工后的反射镜如图 2.27 所示，是为美国亚利桑那州格雷厄姆山顶大型双目望远镜制造的一对反射镜中的一个（Martin 等，1996）。

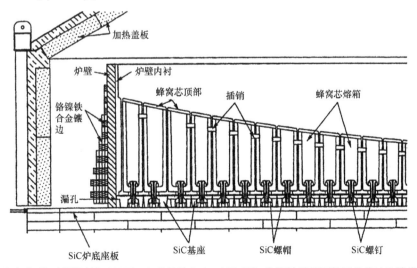

图 2.26　为生产大型双目望远镜（LBT）中直径是 8.4m（27.6ft）的旋铸基板而使用的熔炉和铸模的横截面图
（资料源自 Hill, J. M. et al., *Proc. SPIE*, 3352, 172, 1998）

图 2.27 采用旋铸技术为大型双目望远镜研制的第一块直径 8.4m（27.6ft）的反射镜基板照片
（资料源自 Hill, J. M. et al., *Proc. SPIE*, 3352, 172, 1998）

2013 年 8 月，完成了第三块直径 8.4m 的反射镜，作为巨型麦哲伦（Magellan）望远镜的 24.5m 主镜。类似的 8m 级反射镜一直采用德国美因茨市的肖特（Schott）公司的微晶玻璃。关于这方面的早期论文，请参考 Marker 等人（1985）和 Mueller 等人（1990，1994）的文献。

2.4 大型反射镜设计过程

反射镜设计过程包括三个步骤：预设计、初步设计和最终设计分析。任何反射镜设计都要从确定性能技术要求开始。除了诸如曲率半径、直径和锥形常数之类的光学性能参数外，还要规定机械参数，包括自重变形量和总重量。通常，自重变形量是较大误差预算的一部分，包括热畸变和制造误差。若是动态应用，则根据频率与静态变形量之间的关系推导出自重变形量。

根据前面设计进行缩放是初始分析中常用的一种技术[⊖]。利用 Valente（1990）研发的比例缩放定律能够预估反射镜重量（见 2.9 节）。另外，根据面密度计算重量。轻质反射镜的面密度保守值是 $180kg/m^2$ ［哈勃（Hubble）空间望远镜（HST）主镜的代表值］。最先进的量值是 $15kg/m^2$ ［杰姆斯·韦伯（James Webb）空间望远镜（JWST）主镜的代表值］。应用简单的自重变形量公式是另一种快速估算反射镜性能的方法，本书第 1 章已经讨论过这些公式。

初步设计是利用闭式公式或者通过"手算"进行详细的反射镜设计。实际上，计算反射镜自重变形量和刚性的详细公式是非线性的，非常希望借助计算机设计。在该设计阶段，通过参量分析确定反射镜的刚性和自重。本章给出初步设计所必要的基本公式，有可能仅利用初步设计公式完成反射镜设计。在广泛应用有限元分析法之前，这样做是很普遍的。

完成初步设计后，接着就是利用有限元分析法详细分析反射镜的结构布局。有限元分析法与一阶分析法估算的性能常常会有很大差别。后者可以作为对初级有限元分析法的一种良好检验。当两种结果之差小于约 20%，认为具有良好的一致性。尽管为了实现最佳设计，可能需要在一阶设计和有限元分析之间进行参数迭代，但最终设计还是在有限元分析法指导下进行。跳过一阶分析阶段而直接进入有限元分析阶段常常没有好结果，可能要花费很长时间才能达到上述正确方法的设计结果。如何使用有限元分析法已经超出本书介绍的内容。

⊖ 在本卷第 6 章讨论。

Doyle 等人（2012）详细介绍了有限元分析法在反射镜设计解析中的应用。

2.5　薄反射镜设计

2.5.1　平后表面薄反射镜

薄反射镜定义为纵横比（直径/厚度）大于传统值 6∶1 的反射镜。由于一些大型传统望远镜主镜的纵横比大于 6∶1，因此，该定义稍微有些不确切。例如，2.5m 胡克（Hooker）望远镜主镜的纵横比约为 8∶1。一般纵横比为 10∶1 或者更大些的反射镜都视为薄反射镜。

利用薄反射镜降低成本、减小热平衡时间和减轻系统的总重量。主镜材料的可利用性也影响厚度。某些制造方法限制了反射镜的厚度，因此，较大的反射镜需要大的纵横比。

目前业余和专业望远镜的尺寸相互交错，许多业余望远镜主镜的直径超过 500mm（19.7in）。近来，限制专业天文台使用这类尺寸的仪器。大部分较大型业余望远镜的主镜采用诸如 Pyrex 耐热玻璃之类的低膨胀硼硅酸盐玻璃。Kriege 和 Berry（2001）指出，由于硼硅酸盐玻璃毛坯的厚度一般局限于 54mm（2.13in），则直径是 300~625mm（11.8~24.6in）的业余反射镜的纵横比的范围是 5.6~11.6。

现代望远镜主镜的 f 数（或者焦比）较小，一般约为 $f/2$。这类反射镜的曲率半径较小，因此，弦高深度大。反射镜厚度薄和快焦比两种因素的综合影响导致其从中心到边缘的厚度变化很大。例如，若 f 数为 $f/2$，那么，当反射镜纵横比约为 16∶1 时，则从中心到边缘的厚度变化约为两倍。弦高深度约束着纵横比。当弦高深度等于反射镜边缘厚度时，中心厚度为零。进一步减小 f 数会在反射镜中心形成一个空洞，表明弦高深度大于反射镜厚度。$\zeta = 16 f_{no}$ 近似给出了某一焦比条件下的最大纵横比，该公式对 f 数大于 $f/1$ 条件下的精确度高于 2%。图 2.28 给出了采用比上述近似公式更为精确的公式而绘制的最大纵横比与 f 数的函数关系。

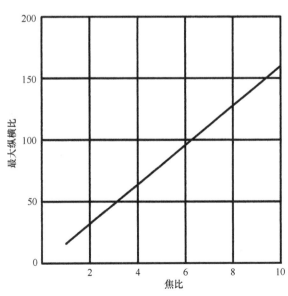

图 2.28　一个后表面为平面的薄反射镜的最大纵横比与 f 数的函数关系

与反射镜的总体积相比，光学表面曲率能够造成更多的材料被削掉，所以，具有快焦比的大弦高深度会进一步减少薄反射镜的重量。例如，f 数为 $f/2$，纵横比 $\zeta = 12$ 的反射镜重量是纵横比 $\zeta = 6$ 反射镜重量的 45%。一个薄反射镜的重量 W_{THIN} 是纵横比 ζ 和 f 数（f_{no}）的函数，近似表示为

$$W_{THIN} \cong \frac{\pi}{4} \rho D^3 \left(\frac{1}{\zeta} - \frac{1}{32 f_{no}} \right) \tag{2.41}$$

式中，ρ 是玻璃密度；D 是反射镜直径；

自重变形量与纵横比的二次方成比例，因此，薄反射镜的刚度比传统纵横比 $\zeta = 6$ 的实心反射镜低。若变形量不变，并忽略剪切效应，则需要的支撑点数目随 $\zeta^{1/2}$ 变化。与纵横比为 6 的反射镜相比，纵横比为 12 的反射镜需要更多的支撑点，约为 1.4 倍。对于具有快焦比的薄反射镜，厚度变化大会进一步增加支撑的复杂性。

反射镜的热时间常数正比于反射镜厚度的二次方。如前面所述，具有快焦比的薄反射镜厚度变化很大。对于 $\zeta = 12$ 和 $f_{no} = 2$ 的薄反射镜，中心厚度约为边缘厚度的 62%，所以，反射镜中心的热时间常数仅为边缘的约 39%；若反射镜热时间常数在径向的变化大，那么，在温度变化时，反射镜的热梯度值会增大，因此，对温度梯度的敏感度增大是后表面为平面的薄反射镜的固有缺点。

英国红外望远镜（UKIRT）3.8m、$f/2.5$ 主镜是后表面为平面的薄反射镜的一个例子。反射镜直径 3.802m（150in），中心孔直径是 1.028m（40.5in），边缘厚度 287mm（9.3in），中心孔边缘厚度 192mm（7.6in）。需要 80 根轴向支承架表明该薄反射镜的刚度低。反射镜圆周周围有 12 根径向支撑架。作为比较，5m 的海尔（Hale）望远镜采用 36 根轴向支承架，而 6m 的 BTA-6 望远镜只有 64 根轴向支撑架。

英国红外望远镜（UKIRT）的刚度参数（Bely，2003）是 $h^3/D^2 = (0.287m)^3/(3.802m)^2 = 1.64 \times 10^{-3} m$，因此，主镜属于 Bely 认为的低刚度范畴，每平方米应当设计 1~10 根支撑架。实际上，该反射镜每平方米大约是 7 根支撑架，处于 Bely 分类的较高等级。Bely 低刚度分类还假设一些主动控制反射镜轮廓的等级。英国红外望远镜采用径向支撑架校正光学表面的低级变形（像散）。

2.5.2 薄弯月形反射镜

弯月形反射镜定义为具有恒定厚度的弯曲反射镜。若厚度恒定，反射镜后表面的曲率半径必须比前表面曲率半径大一个相等的中心厚度量。如果前后表面的曲率半径相等，从中心到边缘的厚度就会稍有变化。薄弯月形反射镜定义为直径与中心厚度之比大于 6 的弯月形反射镜，与平后表面薄反射镜一样，该定义并不很准确。

类似平后表面反射镜，利用薄弯月形反射镜能降低成本、减轻重量和使热效应降至最低。由于弯月形反射镜厚度恒定，因此，与平后表面薄实心反射镜相比，这种反射镜对热梯度效应不太敏感。恒定厚度也是薄弯月形反射镜支撑系统可以比相同直径的平后表面薄反射镜的支撑系统简单的原因。表 2.5 列出了一些薄弯月形反射镜的性质，表中包含 6m 苏联经纬台式大望远镜（Bolshoi Teleskop Alt- azimutalny，BTA-6）主镜，是 $\zeta = 10$ 的弯月形反射镜。该反射镜经常归类为传统实心反射镜设计。注意到，凯克反射镜特性是指其中一块拼接面板，而非整个反射镜。

表 2.5　一些大型天文望远镜薄弯月形反射镜特性

反射镜	直径 D/m	厚度 h/mm	纵横比 ζ	焦比 f_{no}	材料
凯克（拼接面板）	1.8（六边形）	76	24	20	微晶玻璃（Zerodur）
ESO NTT	3.58	240	15	2.2	微晶玻璃（Zerodur）
BTA-6	6	600	10	4	硼硅酸盐玻璃
ESO VLT	8.2	175	47	1.8	微晶玻璃（Zerodur）
双子星	8.1	200	41	1.8	超低膨胀玻璃（ULE）
斯巴鲁	8.4	200	42	1.8	超低膨胀玻璃（ULE）

与相同直径的圆柱形反射镜相比，薄弯月形反射镜的表面曲率会使重量稍有增加。即使较快焦比（f 数）的反射镜，例如 $f_{no}=2$ 的，与薄平面形反射镜相比，重量增加不会大于 2%。薄弯月形反射镜的重量 W_{MS} 近似是

$$W_{MS} \cong \frac{\pi}{4}\rho\frac{D^3}{\zeta}\Big(1+\frac{1}{128f_{no}}\Big) \tag{2.42}$$

式中所有项都已经定义过。

重量一定，薄弯月形反射镜的刚度比同等大小的平后表面薄反射镜的刚度差。例如，一个 f 数为 $f/2$、恒定厚度为 28mm、直径为 500mm 的弯月形反射镜的自重变形量约为直径相同、边缘厚度为 36mm 的平后表面薄反射镜的 1.3 倍，这两种情况中的反射镜重量相同。

如果是变方向应用，例如陆地望远镜的反射镜，薄弯月形反射镜的弯曲形状会产生另外的问题。当反射镜移离天顶位置或者光轴垂直方向时，重力会在反射镜表面的垂直方向造成弯曲，而水平方向不受影响。与水平方向相比，垂直方向弯曲会改变垂直方向的曲率半径，从而在反射镜的光学表面中引入像散。

没有中心孔的薄凹面弯月形反射镜重心的近似位置 CG_{MS}，可以利用下列公式计算：

$$CG_{MS} \cong \frac{D}{2}\frac{16f_{no}+\zeta}{16f_{no}\zeta} \tag{2.43}$$

若反射镜中设计有中心孔，就会使重心 CG 发生变化。对于中心孔直径小于反射镜直径的 25% 的大多数反射镜，其影响很小，设计实例 2.7 给出了这种影响。对于与该例相同的反射镜，Schwessinger（1991）将实际的重心位置确定在距离反射镜边缘 232mm 处，表明式（2.43）的精度约为 $\pm 1\%$。

设计实例 2.7　凹面弯月形反射镜的重心位置

欧洲南方天文台大型望远镜（ESO VLT）的反射镜直径是 8.2m，轴向厚度是 175mm，f 数是 $f/1.76$，有一个直径是 1m 的中心孔。反射镜纵横比 ζ = 8200mm/175mm = 46.9。忽略不考虑中心孔的影响，并相对于反射镜的前边缘设置重心位置。请问，相对于反射镜顶点的位置在哪里？

解：

由式（2.43），距离反射镜边缘，有

$$CG_{MS} \cong \Big(\frac{8200}{2}\times\frac{16\times1.76+46.9}{16\times1.76\times46.9}\Big)mm = 233.0mm$$

反射镜焦距为

$$f_{no} \times 直径 = (1.76 \times 8.2)\,m = 14.43\,m$$

其曲率半径是该值的 2 倍，即 28.86m。

反射镜凹表面的弦高深度近似是

$$r^2/2R = \frac{4.1^2}{2 \times 28.86}\,m = 0.2912\,m = 291.2\,mm$$

重心位于反射镜顶点前面（291.2 − 233.0）mm = 58.2mm。

一般情况下，通过其重心面支撑反射镜能够使重力产生的反射镜像散降至最小（Mack，1980）。Iraninejad 等人（1987）指出，10m 凯克（Keck）望远镜主镜拼接面板的轴向支撑应当放置在反射镜背面的中心空腔中，深度足以达到通过拼接面板重心的中性面。如果弯月形反射镜的纵横比大且是快焦比，则重心可能位于反射镜表面顶点之前，如前面实例所示。在这种状况下，不可能达到中心位置，因而，可能需要在边缘支撑反射镜。对于具有快焦比（f 数）的超薄反射镜，反射镜曲率中心的位置可以位于光学表面顶点与反射镜后表面圆周边缘之间，此时，通过反射镜中心实现边缘支撑是不可能的。如果在这种情况下采用边缘支撑反射镜，并且支撑结构作用力并不通过重心，那么，剪切力和弯曲力矩传递到反射镜，就会在反射镜表面内产生像散和其他像差。

要求采用被动式重心支撑结构限制了薄弯月反射镜的焦比。如果焦比太大，则无论是通过中心孔还是边缘支撑，都无法接近重心。图 2.29 给出了重心平面通过反射镜边缘情况中的受限焦比。这种情况下的反射镜重心与反射镜边缘后侧面重合，是极限情况。这种分析并没有包括中心孔的影响。

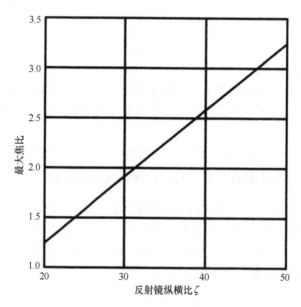

图 2.29 最大焦比（f 数）与反射镜纵横比的关系

再次参考表 2.5，可以看出，许多大型现代望远镜的反射镜的 f 数高达 $f/1.8$，纵横比是 41 和 47。如图 2.29 所示，意味着通过反射镜重心平面实现径向支撑是不可能的。

Schwesinger（1988）研发了一种精致的能够将薄反射镜像散降至最低的被动支撑结构。改变反射镜边缘周围的切向支撑力，以校正像散以及由于支撑架远离重心平面而产生的其他像差，将在本书第 3 章讨论。

2.6 背面具有特定轮廓的实心反射镜

前表面反射面是平面、凹面和凸面的反射镜的基本结构形式就是一个后表面是平面的规则形状实体。将基本结构变薄以减轻重量会降低刚性、增大自重变形、对过载的作用更敏感，因此，这种减重技术只能在规定的限制范围内使用。减轻前表面反射镜重量的较好方法就是使第二表面（后表面）具有特定的轮廓曲线。图 2.30 给出了这种方法，给出了一系列（包括 6 个反射镜）的凹面反射镜，反射面 R_1 有相同的直径 $D_G = 2r_2$ 和曲率半径。在图 2.30a~f 中，从左到右加工的复杂性在增加。为便于比较，图 2.30g 给出了一个未被轻量化的双凹反射镜。

Yoder（2008）依次讨论了背面具有特定轮廓曲线的反射镜的每一种变化，并指出如何计算反射镜的体积，如果乘以合适的密度，就会得出反射镜的重量。在引用的参考文献中，有一些典型的例子。其中，反射镜直径、轴向厚度、反射面的曲率半径和材料都是一样的，但 R_2 表面有不同的轮廓形状，包括基本的平面后表面、锥形后表面、同心弯月面、$R_2 < R_1$ 的弯月面、单拱 Y 轴抛物后表面、单拱 X 轴抛物后表面、双拱后表面和 $R_2 = -R$ 的双凹反射镜。请注意，最后面的这种结构布局并没有被轻量化，在此列出仅为了便于比较。图 2.31 给出了两类抛物面单拱反射镜，它们的区别在于抛物面的顶点位置。

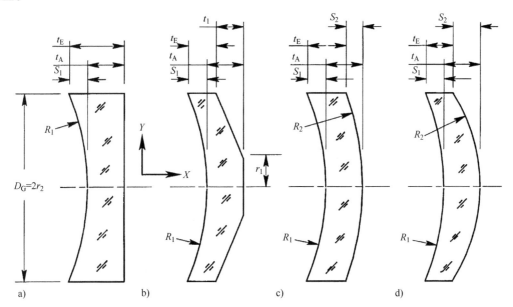

图 2.30 采用背面具有特定轮廓曲线的方法使凹面反射镜轻量化的例子

a）具有平后表面的反射镜　b）锥形后表面的反射镜

c）前后表面是同心面的反射镜（$R_2 = R_1 + t_A$）　d）球形后表面反射镜（$R_2 < R_1$）

（资料源自 Yoder, P. R., Jr., *Mounting Optics in Optical Instruments*, 2nd edn, SPIE Press, Bellingham, WA, 2008）

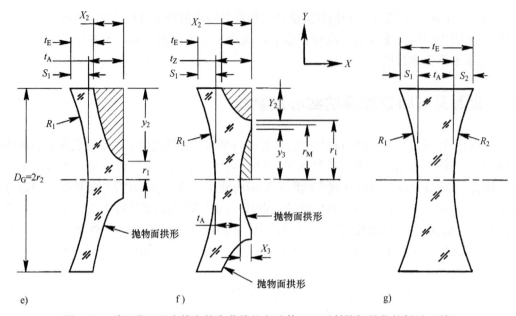

图 2.30 采用背面具有特定轮廓曲线的方法使凹面反射镜轻量化的例子（续）

e）单拱反射镜结构 f）双拱反射镜结构 g）双凹反射镜（未轻量化），给出该图的主要是为了进行比较

（资料源自 Yoder, P. R., Jr., *Mounting Optics in Optical Instruments*, 2nd edn, SPIE Press, Bellingham, WA, 2008）

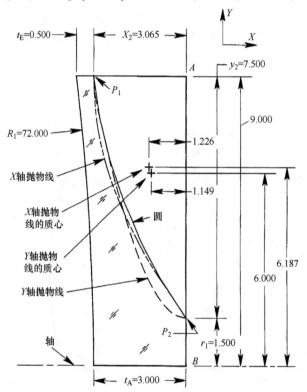

图 2.31 以相同比例绘出的单拱反射镜具有的三种轮廓形状（X 轴抛物面、Y 轴抛物面和圆形），
图中尺寸单位是 in

（资料源自 Yoder, P. R., Jr., *Mounting Optics in Optical Instruments*, 2nd edn, SPIE Press, Bellingham, WA, 2008）

最后的参考计算可以直接用来对一组具体的光机设计参数时不同设计方案的相对重量进行比较。表 2.6 总结了其分析结果，将这些光学作用一样的反射镜与基本的反射镜结构布局相比较，给出了体积、重量以及与基本结构相比的相对重量。数据表明，具有 X 轴抛物后表面的单拱反射镜（顶点在反射镜侧边）的重量要比列出的其他反射镜轻，然而，与 Y 轴单拱反射镜相比，其重量方面的优势是有限的。

表 2.6　背面具有特定轮廓曲线的实心反射镜的重量和体积比较

（这些反射镜总的外形尺寸和凹面半径[①]都是一样的，但后表面的轮廓曲线如图 2.30 所示）

结构布局	分图号	体积/in³	重量/lb	相对重量（%）	皮尔森（Pearson）比[②]
平后表面（基本结构）	图 2.30a	835.2	66.6	100	4.9
锥形后表面	图 2.30b	456.0	36.3	55	8.9
同心弯月面	图 2.30c	766.3	61.1	92	5.3
弯月面（$R_2 < R_1$）	图 2.30d	460.3	36.7	55	8.8
单拱面（Y 轴抛物面）	图 2.30e	257.4	20.5	31	15.8
单拱面（X 轴抛物面）	图 2.30e	239.4	19.1	29	16.9
双拱面	图 2.30f	389.2	31.0	47	10.4
双凹面（未轻量化）	图 2.30g	906.9	72.3	109	4.5

（数据源自 Yoder，P. R.，Jr.，*Mounting Optics in Optical Instruments*，2nd edn.，SPIE Press，Bellingham，WA，2008）

① $D_G = 18.0 \text{in}$，$t_A = 3.0 \text{in}$，$R_1 = 72.0 \text{in}$，材料是康宁超低膨胀玻璃。

② 在 2.9 节中定义。

关于改变后表面的轮廓曲线，包括轴的方向相对于重力矢量的变化会对光机性能造成影响的资料，感兴趣的读者可以参考 Cho 和 Richard（1990）阐述的详细内容。在 Cho 和 Richard（1990）给出的关系式中，特别感兴趣的一个关系式表述如下：当反射镜的尺寸（结构布局没有变化）变化时，背面具有特定轮廓曲线的实心反射镜的自重轴向变形也成比例地缩放到新的结构形式：

$$\delta = \frac{\rho}{\rho_{\text{REF}}} \frac{E_{\text{REF}}}{E} \frac{A}{A_{\text{REF}}} \delta_{\text{REF}} \qquad (2.44)$$

式中，δ_{REF}、E_{REF}、A_{REF} 和 ρ_{REF} 分别是初始（基准）反射镜的方均根变形、杨氏模量、横截面积和密度。没有带角标的相同参数代表新的反射镜。

Meinel（1971）指出，若与卡塞格林（Cassegrain）望远镜中的 Meinel 型结构相结合，则单拱结构的反射镜能够提供最轻质量的望远镜设计。在这种结构布局中，主反射镜的主挡板是结构的一部分，通过对主镜采用中心轮毂安装方式可以使该结构轻量化。叶片将主挡板与次级挡板连接。一些空间望远镜，例如 850mm 斯皮策（Spitzer）空间望远镜，采用了具有 Meinel 结构的单拱反射镜。

根据 Anserson 等人（1982）的分析，当重力垂直于反射镜表面即平行于光轴时，单拱反射镜的自重变形几乎都是径向的，并且主要会造成焦点漂移。单拱反射镜的重力变形量很容易预测（Steir 等，1998）。通过面朝上和朝下测量反射镜，有可能相减得出重力变形量。由于中心轮毂形式的反射镜支撑是刚性的并且简单，因此这类测试比较直接。单拱反射镜的热响应也简单，径向温度梯度主要是影响聚焦。Telkamp 和 Applewhite

（1992）指出，采用一种简单的中心加热器能够为设计有单拱主镜的空间望远镜调焦提供一种高度可靠的方法。

单拱反射镜使用的材料包括铍、铝、金属基复合材料以及低热膨胀系数的玻璃和玻璃陶瓷。直径达 1.5m 的单拱反射镜已经应用于陆基天文台（Carter，1972）。应用于空间环境中的单拱反射镜口径较小，例如，火星观察相机（MOC）的是 350mm，斯塔莱特（STAR-LITE）反射镜的是 400mm 和斯皮策（Spitzer）反射镜的是 850mm。后者是超轻质单拱反射镜的一个例子，其外直径为 850mm、中心孔直径为 290mm、中心厚度为 40mm。反射镜重量为 14kg（30.8 lb）（译者注：原书错印为 in）。反射镜材料是 O-30 铍材料。

Duncan（1970）公布的研究指出，双拱形反射镜具有最佳的刚性——重量。Talapatra（1975）和 Meunel 等人（1980）的进一步研究使该设计性能得到改善，1978 年，Talapatra 在基本概念方面获得一项专利。尽管与其他背面具有特定轮廓形状的反射镜相比，这种反射镜具有优越的刚度-重量特性，但只有很少的双拱反射镜在使用（译者注：原书此处两段话重复，已合并修订）。一些空间光学系统，例如 Muffoleto（1979）介绍的 920mm 紫外（UV）望远镜以及 0.5m 高分辨率科研成像相机（HiRISE）（Ebben 等，2007），的确使用了双拱形主反射镜。

2.7 轻质结构反射镜

2.7.1 夹层反射镜

与相同尺寸的实心反射镜相比，设计了芯窝结构的轻质化反射镜在结构减重方面更为有效，这类反射镜经常称为蜂窝结构。提供轴向支撑（平行于光轴）、径向支撑（垂直于光轴）和特定的一些支撑方式是主要的设计问题。某些设计是将支撑力施加在基板内，位于中性表面上或者附近，使部分体积的重力力矩平衡。一般来说，是通过轻量化反射镜中性表面（对弯曲刚度贡献小）附近总的材料密度。剪切变形增大，可以部分地使弯曲刚度提高。由于反射镜重量减轻，通常都会提高刚度-重量比。

图 2.2 给出了轻质蜂窝反射镜采用的 5 种基本结构布局。在某些设计中，蜂窝（此处，经常称为网格）与前面板集成在一起，机械加工去除多余的材料。在另外一些设计中，蜂窝结构设计为分离部件，完全或部分地固定在这些面板上。后一类型结构的固定方式包括熔化焊接、黏结焊接以及（对于金属反射镜）铜焊和一般焊接。适合设计师轻量化设计反射镜的几何参数是材料性质、面板厚度、连接筋高度、间隔和厚度以及蜂窝尺寸和图形。重新参考图 2.4 所示，由图 2.4b ~ d 所示可以看到大多数蜂窝结构反射镜常用的三种蜂窝图形。图 2.4a 所示模型中蜂窝结构截面的重要尺寸：t_F 是前面板厚度；t_B 是后面板厚度；t_W 是蜂窝结构（抗剪筋）壁厚；h_C 是蜂窝结构（抗剪筋）高度；N_A 是反射镜前表面到中性面的距离。

对于蜂窝形状，反射镜连接筋的密实度比 η 和有效厚度定义为

$$\eta \approx \frac{2t_W}{B} \quad t_W \ll B \tag{2.45}$$

$$T_M = t_F = t_B + \eta h_C \quad t_F \neq t_B \tag{2.46a}$$

$$T_M = 2t + \eta h_C \quad t_F = t_B = t \tag{2.46b}$$

已知这些参数，可以计算中性表面的位置：

$$N_A = \frac{\dfrac{t_F^2}{2} + t_B\left(\dfrac{t_B}{2} + h_C + t_F\right) + \eta h_C\left(\dfrac{h_C}{2} + t_F\right)}{T_M} \quad t_F \neq t_B \tag{2.47a}$$

如果 t_F 等于 t_B，有

$$N_A = \frac{h_C}{2} + t_F \tag{2.47b}$$

轻质反射镜设计采用的评价系数包括单位体积 V_0、刚度 EI_0 和结构效率 V_0/I_0。反射镜重量取决于单位体积 V_0，而自重变形量正比于 V_0/I_0（至少适合小剪切变形量的反射镜）。采用轻质反射镜结构通常会降低刚度 EI_0。在许多设计中，通过减小单位体积 V_0 来补偿这种影响。轻量化设计造成反射镜刚度降低意味着增加了安装和制造难度。通常用重量、自重变形量或者基频（与自重变形量有关）规定轻质反射镜的性能。与满足这些技术要求有关的刚度的降低常常是一个不受欢迎的设计特性。

夹层反射镜的刚度和结构效率是各种反射镜结构布局中最高的。若反射镜重量恒定，夹层反射镜最佳设计的结构效率是实心反射镜的 3 倍，甚至更高。若厚度一定，则夹层反射镜最佳设计的刚度可以是实心反射镜的两倍以上。

利用等效弯曲刚度计算夹层反射镜的结构效率。等效弯曲刚度是具有相同抗弯刚度的实心反射镜的厚度。等效弯曲刚度 t_B 与轻质反射镜的抗弯刚度具有下面关系：

$$D_{LW} = \frac{Et_B^3}{12(1-\nu^2)} \tag{2.48}$$

对于设计有加强筋的抗剪蜂窝结构的普通夹层反射镜，设计参数是前后面板的厚度、加强筋厚度和蜂窝结构的尺寸。蜂窝结构的尺寸取决于蜂窝内最大内切圆的尺寸以及与该圆相切的蜂窝壁厚。直径 B 与三角形、正方形和六边形蜂窝形状一条边长有关：

$$B_{triangular} = \frac{L}{\sqrt{3}} \tag{2.49a}$$

$$B_{square} = L \tag{2.49b}$$

$$B_{hexagonal} = \sqrt{3}L \tag{2.49c}$$

根据 Sheng（1988）观点，不同抗剪蜂窝结构的相对效率是有争议的。若抗剪蜂窝结构重量恒定，通常假定反射镜的刚性与其形状无关。加强筋的密实度比 η 表示加强筋厚度 t_W 与内切圆直径 B 之间一个无量纲的关系。利用该关系式能够简化夹层反射镜复杂结构的分析，表示为下式：

$$\eta = \frac{t_W(2B + t_W)}{(B + t_W)^2} \tag{2.50}$$

图 2.32 给出了不同 B 和 t_W 值的加强筋密实度比。当 t_W 远小于 B 时，由式 $\eta \approx 2t_W/B$ 近似计算加强筋的密实度比。该近似表达式经常应用于初级设计或者快速估算反射镜刚度。采用当今的先进技术，加强筋密实度的合理下限值可以达到约 0.04，对应着 $B/t_W = 50$。当内切圆直径等于加强筋的厚度时，加强筋密实度比是 0.75，是轻质反射镜的标称上限值。另外，轻质反射镜的抗剪蜂窝结构能力取决于蜂窝间距 P_C。P_C 定义为每个蜂窝中心之间的间隔，$P_C = B + t_W$。

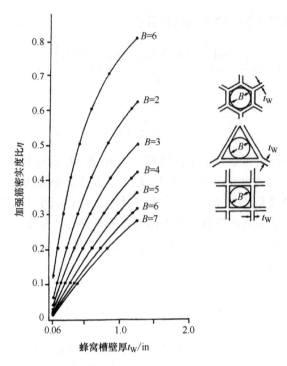

图 2.32 轻质反射镜蜂窝结构密实度比 η 与蜂窝壁厚 t_W 和内切圆直径 B 的函数关系

（资料源自 Vukobratovich, D., Lightweight mirror design, in *Handbook of Optpmechanical Engineering*,

Ahmad, A., Ed., CRC Press, Boca Raton, FL, 1997, Chapter5）

对称性是轻质夹层反射镜分析过程中一个重要的简化因素。轻质夹层反射镜对称结构意味着前后面板具有相同的厚度，内切圆直径恒定不变，加强筋厚度也是常数。非对称夹层反射镜的分析要比对称反射镜复杂得多。此外，反射镜性能也没有随着非对称性设计而提高。制造方面的限制有时或造成非对称性，例如，可能会希望前面板的厚度比后面板稍厚些，以便在光学表面研磨和抛光期间能够去除更多的材料，从而消除基板上的瑕疵或者减小潜在的接缝影响。

若是对称夹层反射镜，等效弯曲厚度是

$$t_B^3 = (2t_F + h_C)^3 - \left(1 - \frac{\eta}{2}\right)h_C^3 \tag{2.51}$$

式中，t_F 是前面板厚度；h_C 是抗剪蜂窝槽的深度，从前面板后表面测量到后面板的前表面。

根据前面定义，夹层反射镜的结构效率 V_0/I_0 是

$$\frac{V_0}{I_0} = \frac{12(2t_F + \eta h_C)}{t_B^3} \tag{2.52}$$

夹层反射镜的重量等于单位体积、面板面积和密度的乘积。假设前后面板具有相同的厚度，则轻质夹层反射镜的单位体积 V_0 是

$$V_0 = 2t_F + \eta h_C \tag{2.53}$$

夹层反射镜的刚度是 EI_0，其中 I_0 是

$$I_0 = \frac{(2t_F + h_C)^3 - \left(1 - \frac{\eta}{2}\right)h_C^3}{12} \tag{2.54}$$

利用 Mehta（1987）给出的公式可以计算最大刚度对应的最佳面板厚度。当已知反射镜

尺寸、重量和加强筋的密实度时，最佳厚度值 t_F 是

$$t_{\mathrm{F}} = \frac{W}{\rho A} f(\eta) \qquad (2.55)$$

其中

$$f(\eta) = \frac{\sqrt{1 - \dfrac{\eta}{2}} - \sqrt{1 - \eta}}{2\left[\sqrt{1 - \dfrac{\eta}{2}} - \sqrt{(1 - \eta)^3}\right]}$$

式中所有项如前所定义。图 2.33 给出了函数 $f(\eta)$ 在 $0.04 \leqslant \eta \leqslant 0.75$ 范围内的变化。注意到，一个加强筋密实度值对应的最佳面板厚度并不意味着一定是最佳的刚度-重量比。通常，必须变化加强筋的密实度比及面板厚度，计算反射镜几何形状参数，以达到最佳刚度-重量比。

对于某些面板厚度和加强筋密实度比值，夹层反射镜的结构效率优于相同厚度的实心反射镜。图 2.34 给出了厚度差不多的实心和夹层反射镜结构效率的比值。其中，加强筋密实度比值是 $0.04 \leqslant \eta \leqslant 0.75$，面板厚度是反射镜厚度的 $0.05 \sim 0.25$。该图表明，夹层反射镜的结构效率是相同厚度实心反射镜的 2.5 倍。这还表明，一些夹层反射镜的刚度没有相同厚度实心反射镜好。该分析忽略了轻质反射镜中具有很大影响的剪切效应。

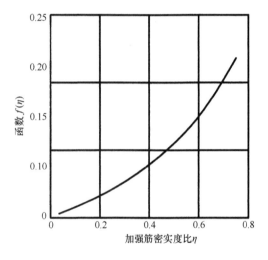

图 2.33　函数 $f(\eta)$ 与加强筋密实度比 $\eta(0.04 \leqslant \eta \leqslant 0.75)$ 的函数关系

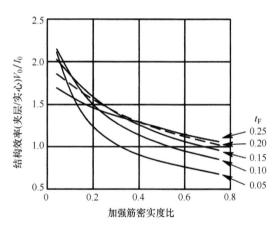

图 2.34　夹层/实心反射镜的结构效率比 V_0/I_0。其中，密实度比值是 $0.04 \leqslant \eta \leqslant 0.75$，面板厚度是反射镜总厚度的 $0.05 \sim 0.25$。夹层/实心两种反射镜具有相同的厚度 t_W

轻质反射镜中的剪切变形比弯曲变形大，分析轻质反射镜性能时必须包括剪切校正。剪切校正随着反射镜支撑类型以及轻质反射镜的几何形状而变化。下面给出由 N 个点支撑的圆形反射镜最大自重变形量［包括弯曲效应（第一项）和抗剪性能］的近似表达式：

$$\delta = 0.025 \frac{Wg}{A} \frac{r^4}{D_{\mathrm{F}}} \left(\frac{3}{N}\right)^2 + 0.65 \frac{Wg}{A} \frac{r^2}{S_{\mathrm{C}} G A_0} \frac{3}{N} \qquad (2.56)$$

式中，W 是反射镜质量；A 是反射镜面板面积；r 是反射镜半径；D_{F} 是反射镜的抗挠刚度；S_{C} 是抗剪切系数；G 是剪切模量；A_0 是单位横截面积/单位宽度。

对于普通的实心反射镜，抗剪和面积参数是

$$S_C = \frac{10(1+\nu)}{12+11\nu} \tag{2.57a}$$

$$A_0 = h \tag{2.57b}$$

若是轻质夹层反射镜，面积参数是

$$A_0 = \frac{2(B+t_W)t_F + h_C t_W}{B+t_W} \tag{2.58}$$

由下式计算抗剪系数：

$$S_C = \frac{1}{1 + \dfrac{4t_F}{\eta h_C}} \tag{2.59}$$

轻质反射镜的剪切变形可以大大超过弯曲变形，取决于反射镜的纵横比以及蜂窝形状。设计轻质反射镜时，以弯曲变形为基础的方法至多是一种粗略近似表达式。对于精确设计，必须采用包括抗剪性能的更为复杂的模型。Doyle 等人（2012）指出，当反射镜模型中增加抗剪性能时，需要考虑采用精确的有限元分析法。

图 2.35 和图 2.36 给出了直径 1m 轻质夹层熔凝石英反射镜的量化研究结果。假设两个图中的蜂窝抗剪加强筋厚度 $t_W = 6\text{mm}$，抗剪蜂窝芯高度 $h_C = 25 \sim 200\text{mm}$。图 2.35 中，内切圆直径 $B = 25 \sim 100\text{mm}$，而面板恒定厚度 $t_F = 6\text{mm}$。图 2.36 中，内切圆直径 75mm 保持不变，而面板厚度 t_F 在 $6 \sim 24\text{mm}$ 范围变化。分析反射镜自重变形时包括剪切力校正。两图中，将三点支撑结构的轻质反射镜自重变形量与相同重量实心反射镜比较，变形量比小于 1 意味着轻质反射镜的变形量小于实心反射镜。如图 2.37 和图 2.38 所示，剪切力限制着通过增大反射镜厚度而可能实现的自重变形量性质的改善。对于这两个图形，当反射镜纵横比近似等于 10∶1 时，自重变形量曲线变平或者增大。

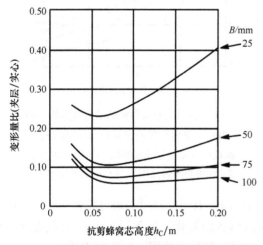 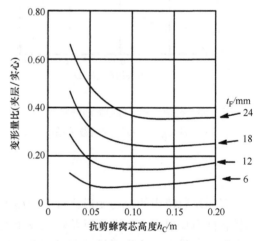

图 2.35 相同重量的轻质夹层反射镜与实心反射镜变形量之比。其中 1m 的熔凝石英反射镜为三点支撑。夹层反射镜的面板厚度 $t_F = 6\text{mm}$，抗剪蜂窝芯加强筋厚度 $t_W = 6\text{mm}$，抗剪蜂窝芯高度 $h_C = 25 \sim 200\text{mm}$，内切圆直径 $B = 25 \sim 100\text{mm}$

图 2.36 相同重量的轻质夹层反射镜与实心反射镜变形量之比。其中 1m 的熔凝石英反射镜为三点支撑。面板厚度 $t_F = 6 \sim 24\text{mm}$，抗剪蜂窝芯加强筋厚度 $t_W = 6\text{mm}$，抗剪蜂窝芯高度 $h_C = 25 \sim 200\text{mm}$，内切圆直径 $B = 75\text{mm}$

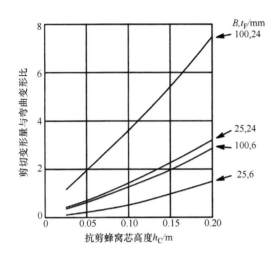

图 2.37 1m 熔凝石英夹层反射镜（三点支撑）剪切与弯曲变形量之比。面板厚度 $t_F = 6mm$ 和 24mm，抗剪蜂窝芯加强筋厚度 $t_W = 6mm$，抗剪蜂窝芯高度 $h_C = 25 \sim 200mm$，内切圆直径 B 是 25mm 和 100mm

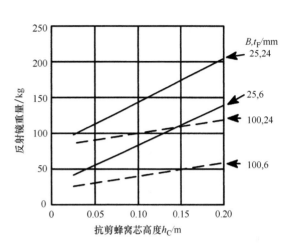

图 2.38 1m 直径轻质夹层反射镜的重量。面板厚度 $t_F = 6mm$ 和 24mm，抗剪蜂窝芯加强筋厚度 $t_W = 6mm$，抗剪蜂窝芯高度 $h_C = 25 \sim 200mm$，内切圆直径 B 是 25mm 和 100mm

图 2.39 给出了同一个直径 1m 熔凝石英夹层反射镜的剪切变形与弯曲变形之比，与图 2.34 和图 2.35 所示的一样。目前，抗剪蜂窝厚度保持不变，$t_W = 6mm$，而抗剪蜂窝结构深度 $h_C = 25 \sim 200mm$。正如曲线上标注所示，面板厚度和内切圆直径有四种不同的组合。该图表明，几乎所有夹层反射镜几何形状的剪切变形都与其弯曲变形相差无几或者更大，因此，在对夹层反射镜进行设计分析时，必须包括剪切力校正。实际上，与弯曲变形一样，剪切变形量也取决于支撑结构的几何形状。

轻质反射镜的设计还受限于制造技术，主要有两种：抗剪蜂窝结构加强筋的宽度或厚度和纤缝。加强筋的厚度对于使反射镜重量和刚度降至最小值是一个重要参数。纤缝与抛光压力作用下面板的变形有关，影响面板的厚度和抗剪蜂窝结构腔体的尺寸。

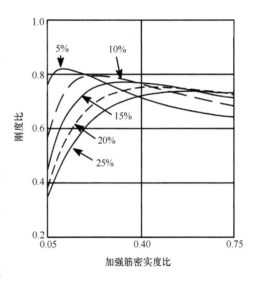

图 2.39 后表面开放式/实心反射镜的刚度比。其中，总厚度相同，$0.05 \leqslant \eta \leqslant 0.075$，面板厚度是反射镜厚度的 $5\% \sim 25\%$

设计轻质夹层反射镜通常是根据制造技术方面的局限性，从选择加强筋最小厚度 t_W 开始。一般采用最小加强筋厚度而获得最轻重量。表 2.7 列出不同材料和制造工艺对应的加强筋最小厚度。

表 2.7　采用不同制造技术和材料获得的抗剪蜂窝结构加强筋最小厚度

制造技术	材料	加强筋厚度/mm
热熔模压（HEXTEK 工艺）	硼硅酸盐玻璃	0.5 ~ 1.3
浇铸	硼硅酸盐玻璃	12
旋铸	硼硅酸盐玻璃，ULE，微晶玻璃	12
机加出后表面开放式结构	微晶玻璃	2 ~ 5
气熔凝刚玉/水喷注工艺	超低膨胀玻璃	0.5 ~ 1
机加出后表面开放式结构	铍	0.5
机加出后表面开放式结构	化学镀膜或者反应烧结碳化硅	2

确定加强筋最小厚度之后，接着关心的问题是蜂窝腔体的尺寸（假设全部尺寸都一样）和面板厚度。对于标准光学生产工艺，在抛光压力下，加强筋之间的面板要比恰巧在筋上的部分具有更大变形，反射镜中将会形成一个永久的周期性变形图，对应着抗剪蜂窝几何图。在光学测试中，该周期性变形图很像缝制被子时方形纫缝，因此，采用术语"纫缝"表示。抛光压力 P 作用下产生的最大变形量 δ_C 取决于蜂窝结构尺寸、面板厚度和蜂窝腔体的形状：

$$\delta_C = \frac{\psi 12(1 - \nu^2) P B^4}{E t_F^3} \tag{2.60}$$

式中，ψ 是反射镜蜂窝腔体或者芯几何尺寸参数。相关值见表 2.3，并重写如下：$\psi_{triangular} = 0.00151$，$\psi_{square} = 0.00126$，$\psi_{hexagonal} = 0.00111$。

纫缝误差比较小且是周期性的，其作用类似衍射光栅。这些周期性误差使光线散射，降低衍射斑中心极大。纫缝降低斯特列尔（Strehl）比 S_R（衍射斑中心极大的实际能量与理论能量值之比）。根据 Kim 和 Russo（1983）研究，纫缝存在时的斯特列尔（Strehl）比 S_R 是

$$S_R = 1 - \frac{4\pi^2 \left(\frac{\delta_C}{2\lambda}\right)^2}{\left[1 - 2\pi^2 \left(\frac{\delta_C}{2\lambda}\right)^2\right]\left[1 - 4\pi^2 \left(\frac{\delta_C}{2\lambda}\right)^2\right]} \tag{2.61}$$

式中，λ 是相关的光波波长，其他项如前所定义。

2.7.2　背面开放式反射镜结构

背面（后表面）开放式反射镜由一块薄面板组成，在反射镜背面用规则排列的垂直加强筋加固，从而形成开放式蜂窝或者腔体结构。蜂窝结构可以是三角形，正方形或者六边形。与较为复杂的夹层结构相比，一般来说，制造难度小些，因此，后表面开放式反射镜比夹层反射镜更常用。最知名的一种应用是美国帕洛马山（Mt. Palomar）海尔（Hale）天文台 5m 望远镜的主镜，如图 2.8 所示。

利用类似夹层反射镜的方法分析后表面开放式反射镜的弯曲刚度。设计后表面开放式反射镜的关键参数是面板厚度、加强筋厚度和蜂窝结构尺寸。利用与夹层反射镜相同的公式确定后表面开放式反射镜的加强筋密实度比。与之类似，可利用抗挠刚度公式中等效弯曲厚度的概念确定后表面开放式反射镜的刚度。与夹层反射镜的计算公式相比，其缺少一个后面板则使等效弯曲厚度的计算公式有所变化。后表面开放式反射镜的等效弯曲厚度 t_B 是

$$t_{\mathrm{B}}^{3} = \frac{\left(1 - \dfrac{\eta}{2}\right)\left(t_{\mathrm{F}}^{4} - \dfrac{\eta h_{\mathrm{C}}^{4}}{2}\right) + \dfrac{\eta}{2}(t_{\mathrm{F}} + h_{\mathrm{C}})^{4}}{t_{\mathrm{F}} + \dfrac{\eta h_{\mathrm{C}}}{2}} \tag{2.62}$$

式中，t_{B} 是轻质反射镜的等效弯曲厚度；η 是加强筋的密实度比；t_{F} 是面板厚度；h_{C} 是从反射镜背面到面板背面的加强筋高度。

后表面开放式轻质反射镜的单位体积 V_0 是

$$V_0 = t_{\mathrm{F}} + \eta h_{\mathrm{C}} \tag{2.63}$$

后表面开放式反射镜的刚度是 EI_0，其中，I_0 是

$$I_0 = \frac{\left(1 - \dfrac{\eta}{2}\right)\left(t_{\mathrm{F}}^{4} - \dfrac{\eta h_{\mathrm{C}}^{4}}{2}\right) + \dfrac{\eta}{2}(t_{\mathrm{F}} + h_{\mathrm{C}})^{4}}{12\left(t_{\mathrm{F}} + \dfrac{\eta h_{\mathrm{C}}}{2}\right)} \tag{2.64}$$

联立这些公式，后表面开放式反射镜的结构效率 V_0/I_0 是

$$\frac{V_0}{I_0} = \frac{12(t_{\mathrm{F}} + \eta h_{\mathrm{C}})\left(t_{F} + \dfrac{\eta h_{\mathrm{C}}}{2}\right)}{\left(1 - \dfrac{\eta}{2}\right)\left(t_{\mathrm{F}}^{4} - \dfrac{\eta h_{\mathrm{C}}^{4}}{2}\right) + \dfrac{\eta}{2}(t_{\mathrm{F}} + h_{\mathrm{C}})^{4}} \tag{2.65}$$

后表面开放式反射镜的刚度比夹层轻质反射镜的低。原因很简单，就是缺少后面板。若反射镜厚度不变，后表面开放式反射镜的刚度不如实心反射镜的刚度。如图 2.40 所示（译者注：原书错印为图 2.39），加强筋密实度比的代表值是 $0.04 \leqslant \eta \leqslant 0.075$，面板厚度是反射镜总厚度的 $5\% \sim 25\%$。其最高刚度约为相同厚度实心反射镜刚度的 80%。

通过大量减少单位体积可以部分地弥补后表面开放式反射镜刚度低的缺点。由于后表面开放式反射镜的结构效率是单位体积除以单位横截面转动力矩，因此，对结构效率还是有利的。后表面开放式反射镜可以有很低的面密度，同时，良好的结构效率能使自重变形量降至最低。后表面开放式反射镜刚度较差的缺点抵消了这些优点，使支撑和制造困难。在某些情况下，后表面开放式反射镜是工程中单一属性谬误的一个例子，单个参数（例如面密度）的优化导致该设计其他方面的复杂化。

与对称夹层反射镜相比，非对称型后表面开放式反射镜结构的优化更难。式（2.66）（译者注：原书错印为 2.72）给出了最佳面板厚度、加强筋密实度比和蜂窝结构深度之间的关系。求解该公式以确定最佳反射镜结构参数：

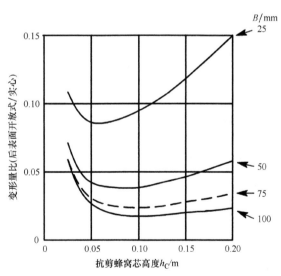

图 2.40　相同重量的后表面开放式轻质反射镜与实心反射镜变形量之比。熔凝石英反射镜直径为 1m，采用三点支撑。面板厚度 $t_{\mathrm{F}} = 6\mathrm{mm}$，抗剪蜂窝芯加强筋厚度 $t_{\mathrm{W}} = 6\mathrm{mm}$，抗剪蜂窝芯高度 $h_{\mathrm{C}} = 25 \sim 200\mathrm{mm}$。内切圆直径 $B = 25 \sim 100\mathrm{mm}$

$$4\left(t_{\mathrm{F}}+\frac{\eta h_{\mathrm{C}}}{2}\right)\left[\left(1+\frac{\eta}{2}\right)\left(t_{\mathrm{F}}^{3}-\frac{h_{\mathrm{C}}^{3}}{2}\right)+\frac{(\eta-1)(t_{\mathrm{F}}+h_{\mathrm{C}})^{3}}{2}\right]$$

$$-\frac{1}{2}\left[\left(1-\frac{\eta}{2}\right)\left(t_{\mathrm{F}}^{4}-\frac{\eta h_{\mathrm{C}}^{4}}{2}\right)+\frac{\eta(t_{\mathrm{F}}+h_{\mathrm{C}})^{4}}{2}\right]=0 \qquad (2.66)$$

（译者注：原书错将 t_{F} 印为 t_{f}）

至于夹层反射镜，后表面开放式反射镜的剪切变形相当大，经常比反射镜的弯曲变形量大。可以将夹层反射镜的近似表达式［式（2.59）］用于后表面开放式反射镜。与夹层反射镜相比，后表面开放式反射镜必须采用不同的抗剪参数和面积参数。根据 Barnes（1969）研究，面积参数 A_0 稍类似夹层反射镜：

$$A_{0}=\frac{(B+t_{\mathrm{W}})t_{\mathrm{F}}+h_{\mathrm{C}}t_{\mathrm{W}}}{B+t_{\mathrm{W}}} \qquad (2.67)$$

后表面开放式反射镜的抗剪参数是

$$S_{\mathrm{C}}=\frac{u}{D_{1}+D_{2}+D_{3}+D_{4}} \qquad (2.68)$$

$$u=10(1+\nu)(1+4m)^{2} \qquad (2.69)$$

$$D_{1}=12+96m+276m^{2}+192m^{3} \qquad (2.70)$$

（译者注：原书错将 D_1 印为 D_{10}）

$$D_{2}=\nu(11+88m+248m^{2}+216m^{3}) \qquad (2.71)$$

$$D_{3}=30n^{2}(m+m^{2}) \qquad (2.72)$$

$$D_{4}=10\nu n^{2}(4m+5m^{2}+m^{3}) \qquad (2.73)$$

$$m=\frac{(B+t_{\mathrm{W}})t_{\mathrm{F}}}{t_{\mathrm{W}}(t_{\mathrm{F}}+h_{\mathrm{C}})} \qquad (2.74)$$

$$n=\frac{B+t_{\mathrm{W}}}{t_{\mathrm{F}}+h_{\mathrm{C}}} \qquad (2.75)$$

（译者注：原书式（2.74）和式（2.75）中错将 t_{F} 印为 t_{f}）

图 2.41 和图 2.42 给出了直径 1m 轻质后表面开放式熔凝石英反射镜的参数分析结果，假设抗剪蜂窝结构加强筋的厚度是 $t_{\mathrm{W}}=6\mathrm{mm}$，两个图中抗剪蜂窝结构的高度 $h_{\mathrm{C}}=25\sim200\mathrm{mm}$。图 2.41 中，内切圆直径 B 恒定为 75mm，面板厚度 t_{F} 保持 6mm 不变。图 2.42 中，内切圆直径 B 保持 75mm 不变，而面板厚度 t_{F} 从 6mm 变到 24mm。分析反射镜自重变形量时包括剪切力校正。两图中，对三点支撑的轻质反射镜的自重变形量与相同重量的实心反射镜进行了比较。变形量比小于 1 意味着轻质反射镜的变形量小于实心反射镜。如图 2.41 和图 2.42 所示，利用增大反射镜深度减小自重变形量的方法受约束于剪切力。

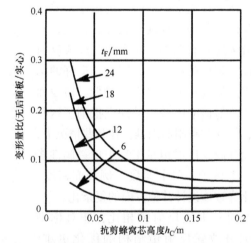

图 2.41 相同重量的后表面开放式轻质反射镜与实心反射镜变形量之比。熔凝石英反射镜直径为 1m，采用三点支撑。面板厚度 $t_{\mathrm{F}}=6\mathrm{mm}$、12mm、18mm、24mm，抗剪蜂窝芯加强筋厚度 $t_{\mathrm{W}}=6\mathrm{mm}$，抗剪蜂窝芯高度 $h_{\mathrm{C}}=25\sim200\mathrm{mm}$。内切圆直径 $B=75\mathrm{mm}$

图 2.43 给出直径 1m 熔凝石英后表面开放式反射镜（与图 2.41 和图 2.42 所示的相同）的重量与抗剪蜂窝结构高度的函数关系（译者注：原书错印为"剪切变形与弯曲变形量之比"，应与该图一致）。图中，抗剪蜂窝结构厚度保持不变，$t_W = 6mm$，蜂窝芯高度 h_C 从 25mm 变化到 200mm。面板厚度和内切圆直径有四种不同组合：$B = 25mm$ 和 $t_F = 6mm$；$B = 100mm$ 和 $t_F = 6mm$；$B = 25mm$ 和 $t_F = 24mm$ 以及 $B = 100mm$ 和 $t_F = 24mm$。该图表明，几乎所有几何形状的后表面开放式反射镜，剪切变形量与弯曲变形量不差上下，或者更大，所以，在对夹层反射镜进行设计分析时必须包括剪切校正。实际上，类似弯曲变形，剪切变形也取决于支撑结构形状。

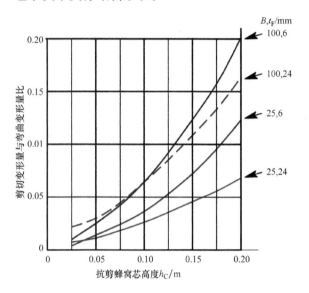

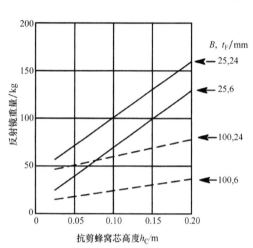

图 2.42　1m 直径、三点支撑的后表面开放式熔凝石英反射镜的剪切变形与弯曲变形量之比。面板变形量厚度 $t_F = 6mm$、24mm，抗剪蜂窝芯加强筋厚度 $t_W = 6mm$、高度 $h_C = 25 \sim 200mm$。内切圆直径 $B = 25mm$ 和 100mm

图 2.43　1m 直径后表面开放式熔凝石英反射镜的重量。面板厚度 $t_F = 6mm$、24mm，抗剪蜂窝芯加强筋厚度 $t_W = 6mm$、高度 $h_C = 25 \sim 200mm$。内切圆直径 $B = 25mm$ 和 100mm

有时将孔放置在后表面开放式反射镜抗剪蜂窝结构加强筋连接处。实际上，由于切断了加强筋的连续性，这种设计降低了反射镜的总刚度（Schwessinger，1968）。设计这些孔常常是作为减轻重量的一种方法，通常采用增大孔周围加强筋材料的厚度进行弥补。在加强筋相交汇位置设计这些孔的另一个理由是可以减薄壁厚以减小其热时间常数。在加强筋与面板连接位置还是具有相当厚的面积，这些孔不会影响这些区域的热时间常数。

2.8　半刚性/主动式超轻型反射镜

在研发哈勃空间望远镜（HST）之后，许多任务都对大型空间光学系统产生了巨大兴趣。哈勃空间望远镜的尺寸和重量取决于现代运载火箭的载荷能力，因此，未来空间光学系统的尺寸和重量受到限制，不能大于哈勃光学望远镜组件（OTA）。另外认为，哈勃主镜是当前轻质反射镜技术的极限。孔径范围为 4 ~ 8m 的未来大型空间光学系统主镜需要研发新的技术。

对于这些新的大型空间光学系统，应当具备两种新技术：①在轨道上能够展开的拼接式反射镜，以克服运载火箭的直径限制；②采用主动控制的超轻型反射镜以保持光学表面轮廓形状不变。需要研究新的制造和测试反射镜拼接面板方法。还必须研发能够感知拼接面板相对位置以及光学轮廓的技术。最后，为了完成拼接面板位置和光学轮廓形状的控制，还必须研制合格的轻型空间致动器。

利用表 2.2 所示的 Bely 刚度判据，建议超轻型反射镜的刚度参数是 $10^{-6} \sim 10^{-9}$m，每平方米需要 10～100 个致动器。如此低的刚度意味着，采用普通的被动式支撑方式是不实际的，所以，必须能够感知并主动控制光学表面轮廓。由于这类反射镜的刚度远高于（为了快速校正温度视宁度和其他影响产生的光学波前误差）具有一定变形量的小型反射镜，有时也称为半刚性反射镜。一个重要的鉴别器是与半刚性反射镜相关的控制系统（具有几赫兹带宽），而可变形反射镜的带宽是几百赫兹。

1988 年，在 1990 年哈勃空间望远镜发射之前，美国国防部高级研究计划局（DARPA）在美国 ITEK 公司开始大型主动反射镜研发计划（LAMP）（Plane，1991）。该计划的目的是演示验证采用非常薄的面板与主动光学轮廓控制系统相组合的新型轻质反射镜技术。采用下面一些新技术：具有表面轮廓主动控制系统的很薄面板，拼接设计，碳纤维环氧树脂支撑结构或安装结构。该计划的反射镜直径为 4m，焦比为 $f/1.25$，由 7 块拼接面板组成，6 块花瓣形状的拼接板环绕 1 块中心六边形面板（见图 2.3）。利用康宁超低膨胀玻璃作为面板，只有 17mm 厚。每块拼接面板放置在一组外形精密配合的致动器上，依次与刚性碳纤维环氧树脂支撑结构连接，利用主动两脚架结构使每块拼接面板彼此间定位。尽管研发了大型主动反射镜技术，但大型主动反射镜计划（LAMP）的面密度约为 140kg/m^2，相对于哈勃空间望远镜的面密度（$\rho_A \approx 180$kg/m^2）并没有大的减小。

一个类似的反射镜演示验证项目也是由 ITEK 公司研发的自适应大型光学技术（A LOT），并在 1994 年完成（Cox 和 Ferber，1996）。这是一个直径为 4m、f 数为 $f/1.7$ 圆形拼接反射镜。中心是圆形拼接面板，六块花瓣形拼接面板环绕周围，其结构布局图类似大型主动反射镜计划（LAMP）。与大型主动反射镜计划不同的是，自适应大型光学技术的演示验证只包括中心拼接面板和一块花瓣形拼接面板，所有的拼接面板都是后表面开放式结构，轻质反射镜结构是用超低膨胀玻璃加工而成，利用轮廓精细匹配的致动器将其与碳纤维环氧树脂复合材料安装结构连接，每个致动器组合采用粗丝杠与静电定位器的精细控制。粗运动的行程范围和分辨率是 1.5mm 和 170nm，而精细调整的行程范围是 4μm 和分辨率 6nm。与大型主动反射镜计划相比，自适应大型光学技术研制的反射镜面密度减小了两倍，是 70kg/m^2。

1996 年和 1997 年，作为哈勃空间望远镜的后续研究，相关部门向美国 NASA 呈递了下一代空间望远镜（NGST）的研制建议（参考 "Next Generation Space Telescope"，1997）。该望远镜应当是红外望远镜，在 2μm 或更长波长时达到衍射极限，主镜直径为 6～8m。对仪器红外背景（噪声）的抑制要求望远镜在低于 70K 的低温环境下运作。由于目前运载火箭的整流罩最大直径（阿里亚娜欧洲空间组织运载火箭）约为 4.5m，轨道上必须使用一种拼接式主镜结构。运载火箭运载能力将主镜重量限制到约 1000kg，这意味着，8m 孔径主镜的最大面密度应约为 20kg/m^2。根据 Coulter 和 Jacobson（2000）的研究，NASA 希望将面密度减小到约 15kg/m^{2}作为设计边界。孔径和面密度两个方面都超过了哈勃空间望远镜的技术要求，孔径是其 2.5～3.3 倍，面密度是其 1/12。下一代空间望远镜反射镜技术最终导致研发詹姆斯·韦伯太空望远镜主镜。尽管该主镜设计尚未经过在轨性能验证，但代表了目前轻质反射镜技术的最新水平。

詹姆斯·韦伯太空望远镜的研发经历了一系列反射镜的演示验证：下一代反射镜系统验证样机（NMSD）和先进的反射镜系统验证样机（AMSD）。这些反射镜验证样机与詹姆斯·韦伯太空望远镜的主镜并不完全一样，而是平面主镜的全尺寸拼接面板。对各种技术进行了测试，包括主动和被动玻璃/复合材料混合系统。表 2.8 列出了下一代反射镜系统验证样机和先进的反射镜系统验证样机反射镜的一些重要参数。

表 2.8　NMSD 和 AMSD 反射镜项目的研发单位和重要参数

计划/研发单位	直径（六边形）/m	面密度/(kg/m²)	材料	致动器技术
NMSD，美国亚利桑那大学	2	13	2mm 硼硅酸盐玻璃，复合材料支撑结构	166，位移
NMSD，美国 COI 公司	2	15	3mm 微晶玻璃，复合材料支撑结构	被动式
AMSD，美国 Kodak 公司	1.4	15	ULE 夹层，复合材料支撑结构	16，力
AMSD，美国 Goodrich 公司	1.4	15	熔凝石英，复合材料支撑结构	37，两脚架/轴向挠性
ANSD，美国 Ball 航天技术公司	1.4	15	铍 O-30，后表面开放式	4，位移

根据 Stahl（2004）研究，低温性能的技术要求导致选择铍作为詹姆斯·韦伯太空望远镜的反射镜材料。该望远镜拼接面板的最终设计接近美国波尔（Ball）航天技术公司先进的反射镜系统验证样机的反射镜，如表 2.9 所示。由于其是目前大孔径铍反射镜技术的代表，因此，将在第 6 章进一步讨论詹姆斯·韦伯太空望远镜。

表 2.9　AMSD 和 JWST 反射镜拼接面板设计参数比较

设计参数	AMSD	JWST
材料	铍 O-30	铍 O-30
点对点尺寸	1.4m	1.52m
蜂窝槽数目	864	600
基板厚度	60mm	59mm
基频	180Hz	260Hz
基板面密度	10.4kg/m²	13.8kg/m²
组件面密度（包括支撑结构和致动器）	19.1kg/m²	26.2kg/m²
表面轮廓进度	22nm rms	24nm rms

（资料源自 Stahl, H. P., *SPIE*, 7796, 779604, 2010）

采用主动光学轮廓控制系统的轻质半刚性反射镜的优化包括选择致动器数目以及重量在致动器、面板和支撑结构间的分配。另外一个考虑是面板类型：实心和轻质都是可能的。

利用一个致动器阵列产生的变形叠加校正光学表面轮廓误差。一个重要参数是致动器的影响函数 δ_A，给出与单个致动器相关的表面变形。Ealy 和 Wellman（1989）指出，名义上，致动器都是一样的，但叠加就会给出表面变形 $\delta_M(x, y, t)$，是位置 x 和 y 以及时间 t 的函数：

$$\delta_M(x, y, t) = \sum_{i=1}^{N} \sum_{j=1}^{N} S_{ij}(t)\delta_A(x, y) \tag{2.76}$$

式中，$S_{ij}(t)$ 是时间 t 时施加到第 i 和第 j 个致动器上的信号。

最经常使用的致动器是力和位移致动器。若是后者，面板的位移量正比于致动器的位移量，在此假设致动器刚度远高于面板刚度。如果致动器刚度低于面板，则位移取决于制动器施加的力。根据 Bushnell（1979）研究，则恰好在致动器上方的位移量是

$$\delta_0 = C_A \frac{F_A A_A}{D_F}\left(1 + \frac{2\pi t_B^2}{A_A}\right) \tag{2.77}$$

式中，C_A 是致动器阵列常数；F_A 是致动器的力；A_A 是每个致动器的面积；D_F 是面板挠性半刚度；t_B 是面板有效弯曲厚度。

按照均匀三角形、正方形和/或六边形设置致动器。致动器之间的最近距离定义为 a。表 2.10 列出了每个致动器的面积以及不同分布形状的致动器阵列常数。

表 2.10 式（2.77）中主动反射镜致动器的参数（译者注：原书错印为公式 2.83）

致动器布局图	每个致动器面积 A_A	阵列常数 C_A
三角形	$\frac{\sqrt{3}}{2}a^2$	5.89×10^{-3}
正方形	a^2	7.71×10^{-3}
六边形	$\frac{3\sqrt{3}}{4}a^2$	0.0306

（资料源自 Bushnell, D., *AIAA J.*, 17 (1), 71, 1979）

根据 Garcia 和 Brooks（1978）研究，在距离致动器中心某一距离 r_A 位置，可以近似用高斯函数计算面板变形量：

$$\delta_A(r_A) \cong \delta_0 e^{(\ln 0.15)\left(\frac{r_A}{a}\right)^2} \tag{2.78}$$

图 2.44 给出该关系式的曲线。半径相对于致动器间隔归一化为 r_A/a，变形量相对于致动器归一化为 δ_A/δ_0。

Baiocchi 和 Burge（2004）指出，当面板重量等于后表面支撑结构和致动器的组合重量时，主动反射镜重量最轻。为了保持反射镜光学表面轮廓结构不变形需要的致动器数目 N 由下式给出（Seibert，1990）：

$$N = \frac{1.55D}{t_B f_{no}\left(\frac{a}{L_A}\right)^2} \tag{2.79}$$

式中，D 是反射镜直径；f_{no} 是反射镜 f 数（或者焦比）；L_A 是致动器有效长度。
后者由下式给出：

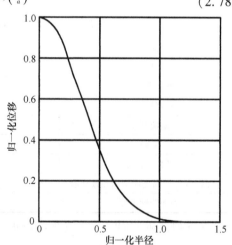

图 2.44 归一化致动器位移 δ_A/δ_0 随归一化半径 r_A/a 的变化

$$L_A = \frac{\sqrt{R t_B}}{[12(1-\nu^2)]^{1/4}} \tag{2.80}$$

式中，R 是反射镜的光学曲率半径。

Baiocchi 和 Burge（2004）进一步给出了另一个计算致动器数目 N 的关系式，是反射镜热变形造成表面方均根变形量 δ_{rms} 的函数：

$$\delta_{\mathrm{rms}} = \frac{0.01(1-\nu^2)\Delta(\alpha T)}{at_{\mathrm{B}}^2}\left(\frac{\pi}{4}\frac{D^2}{N}\right)^2 \tag{2.81}$$

式中，$\Delta(\alpha T)$ 是热膨胀系数和/或反射镜的温度变化。

式（2.80）是由其初始形式修订来的，用致动器间隔代替反射镜上受致动器影响面积的半径或者蜂窝腔体半径。由于致动器是固定在反射镜表面上，因此，致动器的影响功能局限于恰好位于致动器间隔内的面积。此外，该关系式适用于直径-厚度比是10^3数量级或者更大的薄板类面板。

2.9　轻质反射镜的比例关系

Pearson（1980）将整块轻质反射镜定义为直径与厚度之比大于 8 的一类反射镜，还建议（表面面积）$^{1.5}$/（反射镜体积）>7 也可以用作定义轻质反射镜的标准。该比例式完全应用于均匀厚度和变厚度反射镜。作为应用该判断准则的一个例子，现在讨论表 2.6 列出的那些背面具有特定断面形状的实心反射镜，无论哪一种情况，表面面积 $\pi(D_{\mathrm{G}}/2)^2 = \pi(18.0\mathrm{in}/2)^2 = 254.4\mathrm{in}^2$（译者注：参考表 2.6，原书此处错印为 $G_{\mathrm{D}}=18.2$），除以表中第三列的反射镜体积，就得到最后一栏中列出的皮尔森比。满足皮尔森判断准则的结构是锥形后表面反射镜、$R_2 < R_1$ 的弯月面反射镜、单拱和双拱结构反射镜。平后表面反射镜、同心弯月反射镜和双凹面反射镜都不能认为是轻质反射镜。对皮尔森比的参数分析表明，如果反射镜的 f 数和 $D_{\mathrm{G}}/t_{\mathrm{A}}$ 一定，则该比值与反射镜直径无关。此外，随 f 数变化而缓慢变化。

Valente 和 Vukobratovich（1989）直接对后表面开放式反射镜、准对称夹层反射镜、背面具有特定断面形状的单拱和双拱反射镜进行了比较（见图 2.45），保持 40in（约 1m）的直径和材料（熔凝石英）不变。如果反射镜的放置方向是其轴线平行于重力方向，计算每类反射镜的自重变形、总厚度、重量和效率（定义为表面变形与厚度之比）。关于反射镜的各种参数，例如夹层反射镜蜂窝芯的密实度$^{\ominus}$、面板厚度、加强肋厚度等，这些作者都做了一定的合理假设。

参量分析的结果绘制成了各种形式的曲线，设计工程师可以很容易地观察到参数变化的结果。图 2.46 给出了该项研究中与本节讨论的主题特别有关的一种曲线。

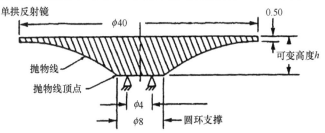

图 2.45　Valente 和 Vukobratovich 研究用的反射镜几何形状：单拱、双拱、
对称夹层和后表面开放式反射镜（所有尺寸单位都是 in）

（资料源自 Valente，T. M. and Vukobratovich，D.，*Proc. SPIE*，1167，20，1989）

$\ominus$　Mehta（1987）将蜂窝芯的密实度 η 定义为 $(2B+t_{\mathrm{W}})(t_{\mathrm{W}})/(B+t_{\mathrm{W}})^2$。式中，$B$ 是蜂窝结构内切圆直径；t_{W} 是蜂窝壁厚度。

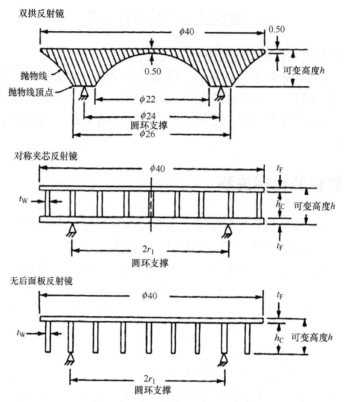

图 2.45　Valente 和 Vukobratovich 研究用的反射镜几何形状：单拱、双拱、
　　　　对称夹层和后表面开放式反射镜（所有尺寸单位都是 in）（续）
（资料源自 Valente，T. M. and Vukobratovich，D.，*Proc. SPIE*，1167，20，1989）

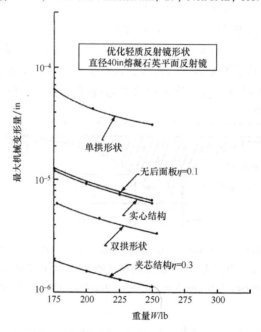

图 2.46　不同反射镜结构布局（光轴垂直设置）最大自重机械变形量与反射镜重量的关系曲线图
（资料源自 Valente，T. M. and Vukobratovich，D.，*Proc. SPIE*，1167，20，1989）

在同样的研究中，人们开始考虑加工和安装问题。定性分析为设计和用户提供了很有意义的指导，即使没有包括指定的数量关系，也可以认识到严格的要求对成本的影响。

Cho 等人（1989）对于分析各种反射镜类型（背面有轮廓曲线及泡沫夹层）在不同的支撑方式及光轴是垂直与水平放置下，由于自重造成的面形变化提出了一种比较分析法，其结果以图形的方式表示。几项总的结论描述如下：①光学性能取决于材料特性、反射镜背面的断面形状和支撑位置；②光学表面上的结构变形并不总能代表光学性能；③双拱金属泡沫蜂窝芯（SXA 材料，即以金属铝为基质材料的专利复合材料）反射镜的最佳形状是一个在50% 径向位置的环状支撑；④三个等间隔支撑点的最佳支撑位置是在50% 径向位置之内，与反射镜背面的断面形状无关。

多少年来，普通反射镜（未轻质化）直径与重量间的关系都被认为符合立方关系。Vukobratovich（1993）将这种关系重新定义为

$$W = 246 D_G^{2.92} \tag{2.82}$$

式中，W 是反射镜重量，单位是 kg；D_G 是反射镜直径，单位是 m；D_G/t_A 是孔径-厚度比，取 6∶1。他还指出，这类反射镜的安装所需要的重量可能会像反射镜本身一样重，对于轻质反射镜的重量和直径关系给出了两种近似的表达式。如果是普通的轻质反射镜（重量近似为普通实心反射镜重量的 30%~40%），表示为

$$W = 120 D_G^{2.82} \tag{2.83}$$

如果采用最先进的轻质化设计（重量近似为普通实心反射镜重量的 20%），则表示为

$$W = 53 D_G^{2.67} \tag{2.84}$$

这些关系式都是根据对当前已有的几种反射镜设计的分析得出的。由于这些设计都不一样，所以，找不出一个关系式能够完全适合所有情况。

另外，Hamill（1979）建议，对所有的轻质反射镜都采用以下的单一公式：

$$W = \frac{k D_G^{2.6}}{D_G/t_A} \tag{2.85}$$

式中，k 是一个常数，其他参数与前面定义一致。

Valente（1990）对实心反射镜（13 个例子）和各种轻质反射镜（48 个例子）的重量和直径数据进行了广泛分析。厚度直径比小于 0.1 的实心反射镜被认为是轻质反射镜类。为了能够与不同组的数据有最佳吻合，尝试了 19 种不同的曲线拟合表达式，对于每种情况，为确定最佳表达式都要计算拟合度。已经确定，下列表达式可以用来表示其对应的不同结构形式：

如果是实心反射镜　　　　　　$W = 246 D_G^{2.92}$ （2.86）

对轻质反射镜　　　　　　　　$W = 82 D_G^{2.95}$ （2.87）

对结构化反射镜　　　　　　　$W = 68 D_G^{2.90}$ （2.88）

对背面具有特定断面形状的反射镜

　　　　　　　　　　　　　　$W = 106 D_G^{2.71}$ （2.89）

对于铍材料反射镜　　　　　　$W = 26 D_G^{2.31}$ （2.90）

Valente 还利用 Hamill 关系式 ［式（2.85）］ 分析了这些数据，把所有的实心反射镜和比较重的轻质反射镜归结成一组，称为"传统反射镜"，并计算出这组反射镜的 k 值。然后，将平均 k 值代入功率函数公式中确定可应用的"平均"指数。同样的计算应用于轻质反

射镜组和超轻质反射镜组。结果如下：

如果是传统反射镜（$k_{AVG} = 2560$） $\qquad W = 192D_G^{2.76}$ （2.91）

对轻质反射镜（$k_{AVG} = 802$） $\qquad W = 120D_G^{2.82}$ （2.92）

超轻质反射镜（$k_{AVG} = 387$） $\qquad W = 53D_G^{2.67}$ （2.93）

值得注意的是，"所有实心反射镜"和"超轻质反射镜"的结果与 Vukobratovich（1993）得到的结果是一样的。

Valente 给出了各种关系曲线及相关数据。例如，图 2.47 给出了式（2.91）~ 式（2.93）的关系［译者注：原书错印为（2.90）~ 式（2.92）］。表面上看，这些曲线与数据吻合得相当好，Valente 给出的计算吻合度也证明了这个直观结论。

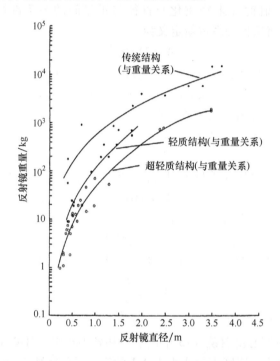

图 2.47 利用传统的（实心体）、轻质的和超轻质反射镜计算式（2.91）~ 式（2.93）
获得的重量与直径的关系曲线（译者注：原书错印为卷 I 公式 9.15 ~ 9.17）
（资料源自 Valente，T. M.，*Proc. SPIE*，1340，47，1990）

参考文献

Anderson, D., Parks, R.E., Hansen, Q.M., and Melugin, R., Gravity deflections of lightweighted mirrors, *Proc. SPIE*, 332, 424, 1982.

Angel, J.R.P., Davison, W.B., Hill, J.M., Mannery, E.J., and Martin, H.M., Progress toward making lightweight 8-m mirrors of short focal length, *Proc. SPIE*, 1236, 636, 1990.

Angel, J.R.P. and Hill, J.M., Manufacture of large glass honeycomb mirrors, *Proc. SPIE*, 332, 298, 1982.

Angel, J.R.P. and Wangsness, P.A.A., Heating tubes and end plates to bond while suppling gas pressure differential, U.S. Patent 4606960, 1986.

Angel, J.R.P., Woolf, N.J., Hill, J.M., and Gable, L., Steps toward 8 m honeycomb mirror blanks: IV: Some aspects of design and fabrication, *Proc. SPIE*, 444, 194, 1983.

Baiocchi, D. and Burge, J.H., Optimized active, lightweight space mirrors, *Proc. SPIE*, 5166, 49, 2004.

Barnes, W.P., Jr., Optimal design of cored mirror structures, *Appl. Opt.*, 8(6), 1191, 1969.

Baumer, V. and Sacre, P., Operational mode for VLT temperature and flow control, *Proc. SPIE*, 2871, 657, 1997.

Bely, P.Y., The design and construction of large optical telescopes, *Proc. SPIE*, 332, 212, 1982.

Bely, P.Y., *The Design and Construction of Large Optical Telescopes*, Springer, New York, 2003.

Bohannan, B., Pearson, E.T., and Hagelbarger, D., Thermal control of classical astronomical primary mirrors, *Proc. SPIE*, 4003, 406, 2000.

Bowen, I.S., The 200-inch Hale Telescope, in *Telescopes*, Kuiper, G. and Middlehurst, B., Eds., University of Chicago Press, Chicago, IL, 1960, p. 1.

Bushnell, D., Control of surface configuration by application of concentrated loads, *AIAA J.*, 17, 71, 1979.

Cannon, J.E. and Wortley, R.W., Gas fusion center-plane-mounted secondary mirror, *Proc. SPIE*, 966, 309, 1988.

Carter, W.E., Lightweight center-mounted 152-cm f/2.5 Cer-vit mirror, *Appl. Opt.*, 11(2), 467, 1972.

Cheng, A.Y.S. and Angel, J.R.P., Steps toward 8 m honeycomb mirrors VIII: Design and demonstration of a system of thermal control, *Proc. SPIE*, 628, 536, 1986.

Cheng, A.Y.S. and Angel, J.R.P., Thermal stabilization of honeycomb mirrors, in *Proceedings of the ESO Conference on Very Large Telescopes and Their Instrumentation*, Garching, Germany, March 21–24, 1988, pp. 467–477.

Cho, M.K. and Richard, R.M., Structural and optical properties for typical solid mirror shapes, *Proc. SPIE*, 1303, 78, 1990.

Cho, M.K., Richard, R.M., and Vukobratovich, D., Optimum mirror shapes and supports for light weight mirrors subjected to self-weight, *Proc. SPIE*, 1167, 2, 1989.

Cox, C.D. and Furber, M.E., 4-meter diameter adaptive optical system technology demonstration, *Proc. SPIE*, 2807, 132, 1996.

Coulter, D.R. and Jacobson, D.N., Technology for the next generation space telescope, *Proc. SPIE*, 4013, 784, 2000.

Daniel, J., Mueller, U., Peters, T., Sporer, S., and Hull, T., Tinsley progress on stress mirror polishing (SMP) for the thirty meter telescope (TMT) primary mirror segments II, *Proc. SPIE*, 7733, 773328, 2010.

Danjon, A. and Couder, A., *Lunettes et Telescopes*, Blanchard, Paris, France, 1935.

Dietz, R.W. and Bennett, J.M., Smoothness and thermal stability of Cer-Vit optical material, *Appl. Opt.*, 7, 1275, 1967.

Doyle, K.B. et al., *Integrated Optomechanical Analysis*, 2nd edn., SPIE Press, Bellingham, WA, 2012.

Doyle, K.B., Genberg, V.L., and Michels, G.J., *Integrated Optomechanical Analysis*, SPIE Press, Bellingham, WA, 2002.

Duncan, J.P., Self-weight loaded structures in the context of lightweight mirror applications, *MSFC Workshop*, Optical Telescope Technology, NASA SP-233, Scientific and Technical Information Division, National Aeronautics and Space Administration, Washington, DC, 1970.

Ealey, M.A. and Wellman, J., Fundamentals of deformable mirror design and analysis, *Proc. SPIE*, 1167, 66, 1989.

Ebben, T.H., Bergstrom, J., Spuhler, P., Delamere, A., and Gallagher, D., Mission to Mars: The HiRISE camera on-board MRO, *Proc. SPIE*, 6690, 66900B, 2007.

Edwards, M.J., Current fabrication techniques for ULE™ and fused silica lightweight mirrors, *Proc. SPIE*, 3356, 702, 1998.

Erdmann, M., Bittner, H., and Haberler, P., Development and construction of the optical system for the airborne observatory SOFIA, *Proc. SPIE*, 4014, 309, 2000.

Feinberg, L., Cohen, L., Dean, B., Hayden, W., Howard, J., and Keski-Kuha, R., Space telescope design considerations, *Opt. Eng.*, 51(1), 011006, 2012.

Fitzsimmons, T.C. and Crowe, D.A., *Ultra-Lightweight Mirror Manufacturing and Radiation Response Study*, RADC-TR-81-226, Rome Air Development Center, Rome, NY, 1981.

Florence, R., *The Perfect Machine*, Harper-Collins, New York, 1995.

Garcia, H.R. and Brooks, L.D., Characterization techniques for deformable metal mirrors, *Proc. SPIE*, 141, 74, 1978.

Goble, L., Ford, R., and Kenagy, K., Large honeycomb mirror molding methods, *Proc. SPIE*, 966, 291, 1988a.

Goble, L.W., Angel, J.R.P., and Hill, J.M., Spincasting of a 3.5-m diameter *f*/1.75 mirror blank in boro-silicate glass, *Proc. SPIE*, 966, 300, 1988b.

Hagy, H.E. and Shirkey, W.D., Determining absolute thermal expansion of titania-silica glasses: A refined ultrasonic method, *Appl. Opt.*, 14, 2099, 1975.

Hamill, D., Fabrication technology for advanced space optics, in *OSA Workshop on Optical Fabrication and Testing*, Tucson, AZ, 1979, Chapter 24.

Hill, J.M., Angel, J.R.P., Lutz, R.D., Olbert, B.H., and Strittmatter, P.A., Casting the first 8.4-m borosilicate honeycomb mirror for the large binocular telescope, *Proc. SPIE*, 3352, 172, 1998.

Hobbs, T.W., Edwards, M., and VanBrocklin, R., Current fabrication techniques for ULE® and fused silica lightweight mirrors, *Proc. SPIE*, 5179, 1, 2003.

Iraninejad, B., Lubliner, J., Mast, T., and Nelson, J., Mirror deformations due to thermal expansion of inserts bonded to glass, *Proc. SPIE*, 748, 206, 1987.

Kriege, D. and Berry, R., *The Dobsonian Telescope*, Willman-Bell, Richmond, VA, 2001.

Krim, M. and Russo, J., *LDR Segmented Mirror Technology Assessment Study*, NASA CR-166493, Electro-Optical Division/Optical Technology Division, Danbury, Connecticut, March 1983.

Krim, M.H. et al., Accomodating CTE discontinuities in a ULE mosaic mirror, *Proc. SPIE*, 1236, 605, 1990.

Lewis, W.C., Space telescope mirror substrate, in *OSA Optical Fabrication and Testing Workshop*, Tucson, AZ, 1979, Chapter 5.

Loytty, E.Y., Lightweight mirror structures, in *Optical Telescope Technology, MSFC Workshop*, April 1969, NASA Report SP-233, Scientific and Technical Information Division, National Aeronautics and Space Administration, Washington, DC, 1969, p. 241.

Lubliner, J. and Nelson, J.E., Stressed mirror polishing 1: A technique for producing non-axisymmetric mirrors, *Appl. Opt.*, 19, 2332, 1980.

Mack, B., Deflection and stress analysis of a 4.2-m diameter primary mirror of an altazimuth-mounted telescope, *Appl. Opt.*, 19(6), 1000, 1980.

Marker, A.J., Fuhrmann, H., Tietze, H., and Froelich, W., Lightweight large mirror blanks of Zerodur, *Proc. SPIE*, 571, 5, 1985.

Martin, H.M., Burge, J.H., Ketelsen, D.A., and West, S.C., Fabrication of the 6.5-m primary mirror for the multiple mirror telescope conversion, *Proc. SPIE*, 2871, 399, 1996.

Mast, T. and Nelson, J., The fabrication of large optical surfaces using a combination of polishing and mirror bending, *Proc. SPIE*, 1236, 670, 1990.

Mehta, P.K., Flexural rigidity characteristics of lightweighted mirrors, *Proc. SPIE*, 748, 158, 1987.

Meinel, A.B., A 1.8-m lightweight doubly asymmetric equatorial telescope design, *Appl. Opt.*, 10, 249, 1971.

Meinel, A.B., An overview of the technological possibilities of future telescopes, in *Proceedings of the ESO Conference on Optical Telescopes of the Future*, Pacinini, F. et al., Eds., Geneva, Switzerland, 1978, p. 13.

Meinel, A.B., Cost relationships for nonconventional telescope structural configurations, *JOSA*, 72(1), 14, 1981.

Meinel, A.B., Meinel, M.P., Ningshen, H., Qiqian, H., and Chunhua, P., Minimum cost 4-m telescope developed in October 1979 Nanjing study of telescope design and construction, *Appl. Opt.*, 19(6), 2670, 1980.

Mueller, R.W., Höness, H.F., Morian, H.F., and Loch, H., Manufacture of the first primary mirror blank for the very large telescope (VLT), *Proc. SPIE*, 2199, 164, 1994.

Mueller, R.W., Höness, H.W., and Marx, T.A., Spin-cast Zerodur® mirror substrates of the 8 m class and light-weighted substrates for secondary mirrors, *Proc. SPIE*, 1236, 723, 1990.

Muffoletto, C.V., Fabrication of a 92 cm light-weight f/2 paraboloid vacuum ultraviolet telescope mirror, in *OSA Optical Fabrication and Testing Workshop Technical Notebook*, Tucson, AZ, November 5–7, 1979, pp. 20–23.

Nelson, J.E. et al., Stressed mirror polishing. 2: Fabrication of an off-axis section of a paraboloid, *Applied Optics*, 19(14), 2341, 1980.

Olbert, R.D., Angel, J.R.P., Hill, J.M., and Hinman, S.F., Casting 6.5-meter mirrors for the MMT conversion and Magellan, *Proc. SPIE*, 2199, 144, 1994.

Osterbrock, D.E., *Pauper and Prince*: *Ritchey, Hale and Big American Telescopes*, University of Arizona Press, Tucson, AZ, 1993.

Parks, R.E., Wortley, R.W., and Cannon, J.E., Engineering with lightweight mirrors, *Proc. SPIE*, 1236, 735, 1990.

Pearson, E.T., Thin mirror support systems, in *Proceedings* of *Conference on Optical and Infrared Telescopes for the 1990s*, Vol. 1, Hewett A., Ed., Kitt Peak National Observatory, Tucson, AZ, 1980, p. 555.

Pellerin, C.J., Ayer, F., Mehrotra, Y., and Hopkins, A.K., New opportunities from materials selection trade-offs for high precision space mirrors, *Proc. SPIE*, 542, 5, 1985.

Pepi, J.W., Test and theoretical comparisons for bending and springing of the Keck segmented ten meter telescope, *Opt. Eng.*, 29, 1366, 1990.

Pepi, J.W., Kahan, M.A., Barnes, W.H., and Zielinski, R.J., Teal Ruby-design, manufacture and test, *Proc. SPIE*, 216, 160, 1980.

Pepi, J.W. and Wollensak, R.J., Ultra-lightweight fused silica mirrors for a cryogenic space optical system, *Proc. SPIE*, 183, 131, 1979.

Plante, R.L., Large active mirror program, *Proc. SPIE*, 1543, 146, 1991.

Sabia, R., Edwards, M.J., VanBrocklin, R., and Wells, B., Corning 7972 ULE material for segmented and large mirror blanks, *Proc. SPIE*, 6273, 627302, 2006.

Schwesinger, G., General characteristics of elastic mirror flexure in theory and applications, in *Support and Testing of Large Astronomical Mirrors*, Crawford, D.L. et al., Eds., Kitt Peak National Observatory, Tucson, AZ, 1968.

Schwesinger, G., An analytical determination of the flexure of the 3.5 m primary and 1 m test mirror of the ESO's new technology telescope for passive support and active control, *J. Mod. Opt.*, 35(7), 1117, 1988.

Schwesinger, G., Lateral support of very large telescope mirrors by edge forces only, *J. Mod. Opt.*, 38(8), 1507, 1991.

Seibert, G.E., *Design of Lightweight Mirrors*, SPIE Short Course SC18, SPIE, Bellingham, WA, 1990.

Sheng, S.C.F., Lightweight mirror structures best core shapes: A reversal of historical belief, *Appl. Opt.*, 27(2), 354, 1988.

Simmons, G.A., The design of lightweight Cer-Vit mirror blanks, in *Optical Telescope Technology, MSFC Workshop*, April 1969, NASA Report SP-233, 1970, p. 219.

Spangenberg-Jolley, J. and Hobbs, T., Mirror substrate fabrication techniques of low expansion glasses, *Proc. SPIE*, 1013, 198, 1988.

Sporer, S.F., TMT: Stressed mirror polishing fixture study, *Proc. SPIE*, 6267, 62672R, 2006.

Stahl, H.P., JWST primary mirror technology development lessons learned, *Proc. SPIE*, 7796, 779604, 2010.

Stahl, H.P., Feinberg, L.D., and Texter, S.C., JWST primary mirror material selection, *Proc. SPIE*, 5487, 818, 2004.

Stier, M., Crout, R.R., Hansen, D.A., Krim, M.H., Nonnenmacher, A.L., Paquin, R.A., Ruthven, G.P., Sileo, F.R., and Vollaro, J., Telescope design for the infrared telescope technology testbed, *Proc. SPIE*, 3356, 712, 1998.

Stockman, H.S., Ed., *Next Generation Space Telescope*: *Visiting a Time When Galaxies Were Young*, The Association of Universities for Research in Astronomy, Inc., Washington, DC, 1997.

Talapatra, D.C., On the self-weight sag of arch-like structures in the context of light-weight mirror design, *Opt. Act.*, 22(9), 745, 1975.

Talapatra, D.C., Light-weight arch type structures for large reflective mirrors, U.S. Patent 4066344A, issued January 3, 1978.

Tarengi, M., European Southern Observatory (ESO0 3.5 m new technology telescope), *Proc. SPIE*, 628, 213, 1986.

Telkamp, A.R. and Applewhite, R.W., The effects of thermal gradients on the Mars observer camera primary mirror, *Proc. SPIE*, 1690, 376, 1992.

Timoshenko, S.P. and Woinowsky-Krieger, S., *Theory of Plates and Shells*, 2nd edn., McGraw-Hill, New York, 1959.

Tolansky, S. and Donaldson, W.K., The reflectivity of speculum metal, *J. Sci. Instrum.*, 24(9), 248, 1947.

Valente, T.M., Scaling laws for light-weight optics, *Proc. SPIE*, 1340, 47, 1990.

Valente, T.M. and Vukobratovich, D., A comparison of the merits of open-hack, symmetric sandwich and contoured hack mirrors as light-weighted optics, *Proc. SPIE*, 1167, 20, 1989.

Vukobratovich, D., Lightweight laser communications mirrors made with metal foam cores, *Proc. SPIE*, 1044, 216, 1989.

Vukobratovich, D., Lightweight mirror design, in *Handbook of Optomechanical Engineering*, Ahmad, A., Ed., CRC Press, Boca Raton, FL, 1997, Chapter 5.

Vukobratovich, D., Optomechanical system design, in *The Infrared and Electro-Optical Systems Handbook*, Dudzik, M.C. , Ed., ERIM, Ann Arbor, MI and SPIE Press, Bellingham, WA, 1993.

Williams, R. and Brinson, H.F., Circular plate on multipoint supports, *J. Franklin Inst.*, 297(6), 429, 1974.

Witze, A., Teething troubles at huge telescope, *Nature*, 499(7457), 133, 2013.

Yoder, P.R., Jr., *Mounting Optics in Optical Instruments*, 2nd edn., SPIE Press, Bellingham, WA, 2008.

第3章 光轴水平放置的大孔径反射镜安装技术

Daniel Vukobratovich

3.1 概述

卷 I 第 9 章，已经讨论过通光孔径在 20in（51cm）以下的反射镜的各种安装方式。这些安装技术中只有几种可以应用于较大的光学零件，而对确实较大的反射镜，完全是不够的。判断一种安装方式是否合适的重要准则是，由于重力、热效应引起的变形在允许范围内，且满足所要求的性能等级。如果反射镜的孔径适中，厚度和材料的选择有利于高刚度，性能要求也低，那么光学件就可以看作是一个"刚性"物体，可以采用半运动学方式或者多点安装方式安装，例如 Hindle 安装方式。比较大的反射镜柔性较大，需要考虑得更周到一些。在任何一种实际应用中，温度梯度、热性质的不均匀性、内应力及施加的作用力，例如加速度和重力，都很容易造成大反射镜变形。在地球重力场内使用时，与热负载的变化一样，光学零件方位的变化也是很重要的。如果反射镜在地球上加工、测试和安装，然后发射到空间中，就必须考虑重力卸载的影响。当重力沿光轴方向起作用，安装好的反射镜就会出现最大的重力变形。在相对于水平光轴指向朝上或朝下的天文仪器和类似仪器中，为了抵消重力影响，都要采用背后支撑。这种情况属于本卷第 4 章研究的范畴。本卷第 5 章将讨论更为一般的情况，即光轴方向可以变化的反射镜的安装。金属反射镜的详细结构设计及独特的安装技术将在本卷第 6 章介绍。

固定安装的水平轴反射镜也会由于重力发生变形。在这种情况下出现的变形并不是绕着反射镜的轴线旋转对称的。本章，将讨论水平轴反射镜的各种径向支撑技术，其中包括一些很有历史价值的设计。首先从简单的设计开始讨论，逐渐到比较复杂的结构布局。第一个要讨论的安装方式就是 V 形架，适合于普通实心的圆形或矩形的各种尺寸的非金属反射镜基板的安装，然后讨论有代表性的带式安装、多点安装、汞弧管支撑和推拉式安装，所有这些安装方式适合于固定方向的应用（例如在实验室中）。应当注意的是，如果反射镜测试状态的方位（相对于重力方向）与其使用状态一致，那么，由于重力产生的误差可以在抛光工序中最大限度地得以补偿。

为了使光学表面的像散畸变最小，径向力应始终作用在光轴水平放置的反射镜的中性表面上。Vukobratovich（2004）指出，在安装一个直径 1.8m（70.9in）的轻质、熔凝石英夹层反射镜时，偏离中性表面仅 0.1mm（0.004in）就会造成 $\lambda/4$ 的像散。其中，$\lambda = 633nm$。

3.2 重力影响

在一篇论述重力造成反射镜弯曲的经典文献中，Schwesinger（1954）解释如下：如果一块反射镜受到支撑，其光轴处于水平方向，那么，作用在反射镜边缘的力有两种类型。沿径向的力，张力或者压力是第一种类型，力在反射镜周边的大小是变化的，如图 3.1a 所示。一般来说，这些力均匀分布，并通过反射镜传递以支撑每一部分的重量，反射镜表面上一点处可能存在的变形在径向是 V_R，在切向是 V_φ，在轴向是 V_Z；反射镜的直径是 D_G，轴向厚度是 t_A，重量是 W。

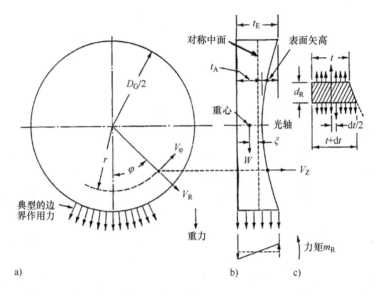

图 3.1 研究重力对光轴水平放置的实心反射镜造成的变形问题时会涉及的物理量

a）表示支撑力的径向分布 b）反射镜的截面图 c）表示作用在反射镜一个元件上的力的分布

（资料源自 Schwesinger, G., J. *Opt. Soc. Am.*, 44, 417, 1954）

如果反射镜的横截面厚度不是均匀的，即凹面（见图 3.1b）或凸面，那么，传递过来的力会产生使反射镜弯曲的力矩，如图 c 所示，表示平均厚度是 $t + (dt/2)$ 的一个体积元，传递的径向力作用在相对的面上。这些向上和向下的合力在轴向错位 $dt/2$，因而产生一个单元力矩。在整个反射镜上积分之后，这些体积元上的单元力矩产生一个合成力矩 $Wg\xi$（译者注：原书漏印重力加速度 g）。其中，ξ 是从质心到中性平面（图 3.1b 所示的垂直虚线）的距离。如图 b 所示，弯曲力矩 m_R 在反射镜边缘的分布使这种合成结果处于平衡状态。这些力矩就形成了由于重力造成的第二种类型的边界力，这种力容易使反射镜表面弯曲。

Schwesinger 给出了一种理论，用来计算由这两种类型的力造成的表面变形以及由此产生的反射波前误差。这种理论没有考虑剪切应力及在反射镜中心钻孔造成的影响。在这些限制的影响下，本书将应用这种理论解释光轴水平放置的反射镜安装中各种机械安装方式的优缺点，其中包括不同尺寸和结构布局。

Nelson（1970）以 Bleich（1968）的弹性理论为基础，研发了另外一种确定光轴水平放置的反射镜自重变形的方法。该方法适用于光学表面为抛物面的反射镜，可以用来确定中心孔的影响，也能确定剪切力影响。即使是纵横比为 7 ~ 10 的厚反射镜，剪切力额外造成的变形量很小，约为 4%，对于大多数初级分析，可以忽略不计。比较 Schwesinger 和 Nelson 的方法发现，两种方法的一致性约为 20%。由于 Schwesinger 法是最经常使用的分析方法，且最为简单，本章采用这种方法。

3.3　V 形安装技术

图 3.2 ~ 图 3.5 给出了某种安装类型的 4 种形式，反射镜边缘与两个平行且水平放置的圆柱支杆线接触，径向支撑的是光轴水平放置的反射镜重量，其中两个圆柱棒相对于中垂线对称分布。在图 3.2 所示的安装方式中，第三根圆柱棒设计在反射镜顶部的中心，通常不与反射镜接触，但支撑着一个伸在反射镜前面的挡块，避免反射镜受到撞击时向前翻倒。该方式的优点就是使用一截塑料材料，例如凯夫拉尔纤维（一种质地牢固重量轻的合成纤维），作为圆柱棒上的接触面，能够产生一个稍有弹性的接触面及一些隔热效果，并且可以减少摩擦，有时可使用滚筒使摩擦力最小。如果反射镜是圆形的，那么，圆柱棒和反射镜侧边之间

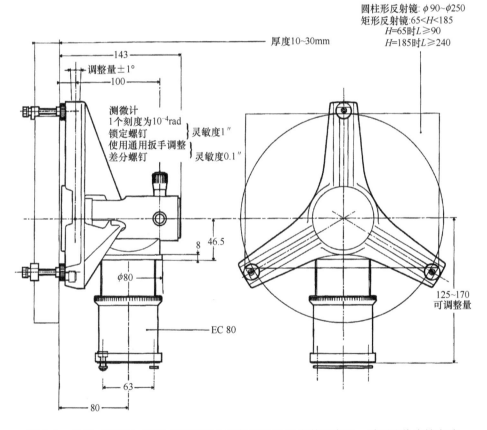

图 3.2　各种（圆形）直径或矩形实心反射镜的 V 形安装示意图。采用边缘支撑方式将反射镜的侧面支撑在两个水平放置的垂直中心线两侧对称分布的圆柱棒上。
可以提供倾斜和平移调整。图中各部分尺寸单位是 mm

（资料源自 Newport Corp., Irvine, CA）

的接触出现在不同直径且轴平行的圆柱支杆之间。这类安装称之为 V 形安装技术，其作用就像将圆形反射镜的侧面放置在一个 V 形块上，一个矩形反射镜也可以安装在这种镜座上，在圆柱棒上的接触发生在圆柱与平面之间。在每种情况中，反射镜轴向位置的保持是通过压块将反射镜的边缘轻轻压在下面的两个圆柱支杆上。当接触面不严格平行时，为了使局部弯曲力矩达到最小，每个压块及镜座后面板上相对应的衬垫与反射镜接触面积很小，可以使用弹簧施加压紧力。

在图 3.2 所示的设计中，重力的支反力与反射镜的垂直中心线形成 ±60° 的夹角。在图 3.3 的设计中，对应的径向支撑是在 ±45° 角处，这些设计有时又分别称为 120° 和 90°V 形安装。图 3.2 所示这类民用的安装方式适合直径为 3.5 ~ 9.8in（9 ~ 25cm）的反射镜，图 3.3 所示安装方式可以满足直径为 4 ~ 30in（10 ~ 76cm）反射镜的安装。对于比较大的反射镜，有时使用 5 个圆柱支杆约束反射镜。所有这些设计都为调整反射镜光轴的倾斜提供了方法，图 3.3 所示的设计还提供了平移的调整方法。

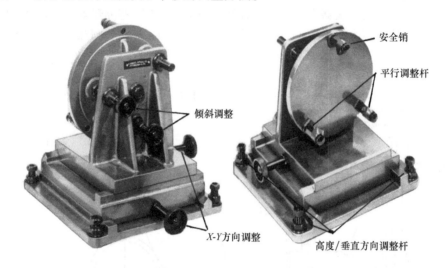

图 3.3　一种敞开式安装结构，将反射镜较低部分的侧面支撑在两个平行的水平圆柱棒上。顶部中心处第三根圆柱支杆上的一个压块能够避免反射镜遇到碰撞时向前倾倒。该安装方式提供倾斜和平移调整
（资料源自 Jhon Unertl Optical Company, Pittsburgh, PA）

图 3.4 给出了反射镜框式镜座结构，在镜座内壁较低的部位有两个衬垫，使光轴水平放置的反射镜径向小面积地压靠在衬垫上，实现重力支撑。第三个径向约束在顶部中心处。轻轻地压住反射镜的侧面，保持连续接触就可以提供轴向约束。使用螺钉将一个圆形法兰盘固定在镜座的前端，通过一个弹性衬垫将反射镜的边缘轻轻压靠在镜座的后壁上。如果不使用反射镜，在三个地方松开法兰盘，可以装上一个保护盖。

图 3.5（及卷Ⅰ图 9.24）所示的民用反射镜镜座要比之前介绍的镜座小得多，但仍然是一个 V 形镜座。直径约为 1in（25.4mm）的反射镜可以支撑在两个平行的水平放置的塑料杆上（典型的是用尼龙或迭尔林聚甲醛树脂材料），而塑料杆安装在底板通光孔内径上的两个凹孔中。用一个尼龙固定螺钉轻轻压靠住反射镜上端中心处，使反射镜安全固定。一般来讲，以手动方式拧紧螺钉，就能将反射镜轻轻压靠在镜座轴肩或凸台上，从而将该反射镜轴向固定在该镜座中，摩擦力约束使之不会有轴向运动。

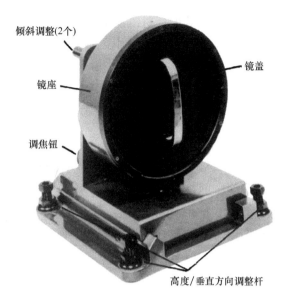

图 3.4　一种完全包裹住反射镜的框式镜座。镜座内径上的小衬垫在径向支撑着反射镜。
一个圆形前法兰盘提供轴向约束。可以进行倾斜和平移调整
（资料源自 Jhon Unertl Optical Company，Pittsburgh，PA）

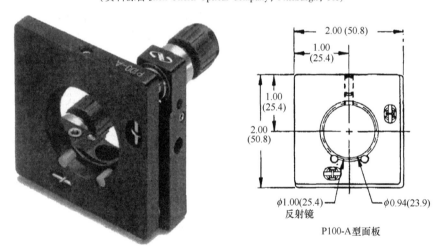

图 3.5　一个典型的民用 V 形镜座，两个平行的塑料杆从侧面支撑小反射镜（尺寸单位是 in）
（资料源自 Newport Corp.，Irvine，CA）

由于重力作用，采用上述 V 形镜座方式安装的光轴水平放置的反射镜都会有表面变形，且只有反射镜较大时其影响才较大，轴向约束也可以使反射镜变形。但如果仔细地将这些反射镜定位，使反射镜的轴真正处于水平位置，在良好环境下例如实验室内，施加的力就不会太大，因为只需保证反射镜在遇到扰动时不会翻倒。

根据 Schwesinger（1954）的研究，如果一个光轴水平放置的反射镜在重力作用下发生了变形，其反射波前偏离理想波前的方均根值 δ_{rms}（单位为波长）就可以按照下式（译者注：原书漏印重力加速度 g）计算：

$$\delta_{rms} = \frac{C_K \rho g D_G^2}{2 E_G \lambda} \tag{3.1}$$

式中，C_K 是 Schwesinger 为六种特定形式的反射镜镜座的每一种安装形式计算出的系数；ρ 和 E_G 分别是反射镜材料的密度和杨氏模量；D_G 是反射镜直径；λ 是反射镜反射的光波波长。

反射后波前的方均根误差应当是 $2\delta_{rms}$。表 3.1 给出了 Schwesinger 的 C_K 值，在此仅给出了最感兴趣的（六种中的）四种，另外一个系数 K 的特定值（对 Schwesinger 定义的术语稍有改编）定义为

$$K = \frac{D_G^2}{8t_A R} \tag{3.2}$$

式中，R 是光学表面的曲率半径；其他定义如前。Schwesinger 将其数字取值范围（以及表 3.1 中的数据）局限于 $D_G = 8t_A$ 的普通情况，因此 $K = 0.5/$（反射镜的 f 数）。

表 3.1 式（3.1）中使用的 Schwesinger 系数 C_K 值以及 K 的特定值

（光轴水平放置的圆形反射镜分别采用三种不同的安装方式）

	K	0（平面）	0.1	0.2	0.3
	相对孔径	—	$f/5$	$f/2.5$	$f/1.67$
C_K	±45°V 形镜座	0.0548	0.0832	0.1152	0.1480
	理想支撑	0	0.0018	0.0036	0.0055
	带式安装镜座	0.00743	0.0182	0.0301	0.0421

Vukobratovich（1993）给出了一个级数展开式作为 Schwesinger 系数 C_K 的近似表达式，从而使式（3.1）能够用于具有任意 D_G/t_A 比值和 K 值的反射镜，并且适用于所有四种类型的安装镜座：

$$C_K = a_0 + a_1\gamma + a_2\gamma^2 \tag{3.3}$$

式中，常数 a_i 的值见表 3.2，$\gamma = K$。Vukobratovich（2004）指出，带式镜座所涉及的常数（见表 3.2 注①）是通过与实验数据拟合后推导出的，这种安装方式的其他常数是与 Schwesinger 系数 C_K 的值拟合后推导出的。表中最后两列比较了 $K = 0.2$ 时由 Vukobratovich 公式计算出的 C_K 值与 Schwesinger 给出的数据（见表 3.1）。

表 3.2 式（3.3）中使用 Vukobratovich 常数值（其中，光轴水平放置的圆形反射镜，分别采用四种安装方式）

安装类型	常数			每种条件下 $K = 0.2$ 时 C_K	
	a_0	a_1	a_2	Vukobratovich	Schwesinger
$\phi = 0°$时单点支撑	0.06654	0.7894	0.4825	0.2440	0.2460
±45°V 形镜座	0.05466	0.2786	0.1100	0.1148	0.1152
±30°V 形镜座	0.09342	0.7992	0.6875	0.6348	—
带式安装镜座①	0.00074	0.1067	0.0308	0.0340	0.0301
径向推拉式	0.00000	0.0176	0.0025	0.00362	0.0036

（资料源自 Vukobratovich, D., Optomechanical system design, in *The Infrared and Electro- Optical System Handbook*, Dudzik, M., Ed., ERIM, Ann Arbor, MI and SPIE Press, Bellingham, WA, 1993, Chapter 3）

① 以 Vukobratovich 教授在美国亚利桑那大学光学科学中心所做实验为基础。

Schwesinger（1954）分析了各种安装技术，包括径向力直接作用在反射镜下端部的侧面上，最简单的情况就是反射镜的单点支撑。在另外一种比较实际的情况中，是将反射镜安装在具有不同夹角的 V 形镜座中。一般来说，图 3.2～图 3.5 中设计的镜座都与后面情况相对应。现在就利用 Schwesinger 法分析其中一种结构布局。

如果是图 3.3 给出的 ±45°V 形镜座，反射镜的 $D_G/t_A = 8$，泊松比等于 0.21，可以使用表 3.1 中的 Schwesinger C_K 值（假设 K 值的函数）以及式（3.1）确定 δ_{rms}；或者，反之，确定能够满足一定方均根波前误差的反射镜尺寸。图 3.6 以曲线的形式表示绿光的 $2\delta_{rms}$（以波长为单位）在每一个给定的 K 值时随反射镜直径的变化，反射镜材料是派热克斯玻璃，泊松比是 0.2，基本上与 Schwesinger 假设的一样。垂直的虚线对应着 $2\delta_{rms} = \lambda/14 = 0.071\lambda$。按照 Born 和 Wolf（1964）的解释，根据 Marechal（1947）的理论，这就是瑞利衍射极限。可以看到，如果重力变形是唯一的误差源，并且采用 ±45°V 形镜座安装，那么，使用派热克斯玻璃制造成的一个理想平面反射镜，为了得到衍射极限级的光学性能，可以使用的最大直径是 56.7in（144cm）。如果要求同样的光学性能水平，那么由 $K = 0.3$（在此讨论的反射镜对应着 $f/1.7$，直径-厚度比是 8:1）派热克斯玻璃制造成的凹面反射镜的直径不应当大于 34.6in（87.9cm）。

为了与派热克斯（Pyrex）玻璃材料进行比较，使用超低热膨胀系数的玻璃（ULE）和微晶玻璃（Zerodur）代替派热克斯玻璃重新进行计算，其他参数不变。从中可以看出由于这些材料有不同的杨氏模量和密度值而引起的变化。图 3.7 给出了直径与方均根波前误差的关系。微晶玻璃似乎是最佳材料，这主要归功于这种材料的杨氏模量（13.6×10^6 lbf/in^2）要比派热克斯玻璃的杨氏模量（9.1×10^6 lbf/in^2）高。

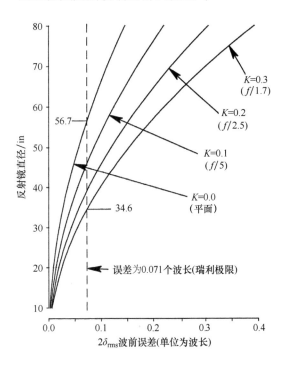 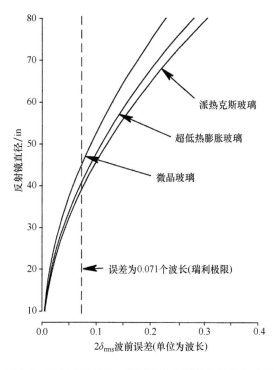

图 3.6　光轴水平放置的圆形实心派热克斯玻璃基板反射镜，采用 ±45°V 形镜座安装。由于重力造成方均根波前误差与反射镜直径之间的变化关系。波长是绿光。图中给出了不同 K 值的曲线。反射镜的厚度是直径的 1/8

（资料来源 Schwesinger, G., *J. Opt. Soc. Am.*, 44, 417, 1954）

图 3.7　光轴水平放置的圆形实心超低热膨胀系数玻璃（ULE）基板反射镜、微晶玻璃（Zerodur）反射镜和派热克斯（Pyrex）玻璃反射镜，采用 ±45°V 形镜座安装，由于重力造成方均根波前误差与反射镜直径之间的变化关系。其中，波长是绿光，$K = 0.2$（表面的 f 数是 2.5）。反射镜厚度是直径的 1/8

（资料来源 Schwesinger, G., *J. Opt. Soc. Am.*, 44, 417, 1954）

　　Malvick（1972）从理论上研究了两个实心、有中心孔的反射镜的弹性形变。一个是美国亚利桑那大学史都华（Steward）天文台中直径为 230cm（90.6in）的恒星望远镜主镜，另一个是美国亚利桑那大学光学科学中心做实验用的直径为 154cm（60.0in）的双凹反射镜。其中一个是用两个衬垫支撑着比较大的反射镜的边缘，衬垫相对于中心垂线的夹角是 ±30°。如果这些衬垫是沿轴向放置在一个包含反射镜曲率中心在内的平面内，由重力造成的表面变形如图 3.8a 所示。将支撑角度增大到 ±45°，就会改变表面的轮廓图，如图 3.8b 所示。在后一种情况中，表面的固有像散会减到原来的 1/3，但面形变得更为复杂。

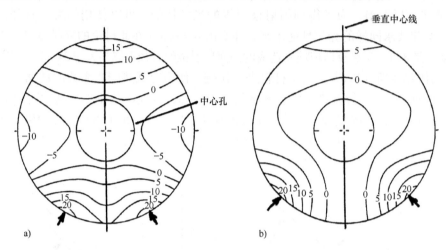

图 3.8　光轴水平放置、直径 91in（230cm）的反射镜，放置在 V 形镜座上，两个衬垫放置的角度是图 a 所示的 ±30° 和图 b 所示的 ±45°。径向支撑位于反射镜中心所在的平面内。在这种条件下，重力作用使反射镜表面形成的变形图。等高线间隔是 10^{-6}cm

（资料源自 Malvick, A. J., *Appl. Opt.*, 11, 575, 1972）

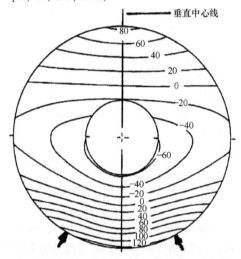

图 3.9　表面轮廓变形与图 3.8a（译者注：原书错印为图 3.7a）所示反射镜相同，但是，径向衬垫的张角是 ±30°，放置在重心面之前约 5cm（2in）处，等高线的间隔是 10^{-6}cm。与前面的情况相比，表面变形量增大了 6 倍

（资料源自 Malvick, A. J., *Appl. Opt.*, 11, 575, 1972）

　　实际使用中，支撑上述反射镜的衬垫相对于中心垂线是 ±30°，并放置在重心前面约 5cm（2in）处（靠近反射面），大概是为了防止反射镜突然向前倾斜，落到镜座外。Malvick 分析了这种移动的影响，发现偏置的径向支撑会产生力矩，而反射镜的背面支撑与这种力矩会有相互作用，再加上重力的作用就会形成图 3.9 所示的表面变形图。这种变形是图 3.8a 或 b 所示变形量的 6 倍。

　　根据这些理论上的计算，作者深入了解了为什么上述的简单 V 形安装对于中等尺寸的实心反射镜来说相当合适。当然，这些性能预测是假定反射镜的光轴精确地处于水平位置。在地球重力场内，如果反射镜倾斜放置会改变支撑力的条件，并且

轴向力的影响也必须考虑，所以，需要有更为复杂的径向安装结构。

3.4　多点侧面支撑技术

　　正如 Vukobratovich（1997，2003）指出的，通过一个杠杆系统将力垂直作用在反射镜侧面的下端部可以使光轴水平放置的反射镜得到机械支撑。图 3.10 给出了采用这类支撑方式的圆形反射镜的示意。每个装置都是一个横杆结构⊖。按照图中的空间结构布局，约束均匀地分布在 8 个点上，两点之间的间隔是 $180°/7 = 25.7°$。使用一种比较简单的设计可以得到很少几个点的支撑，而增加更多的横杆就可以得到更多点处的支撑。

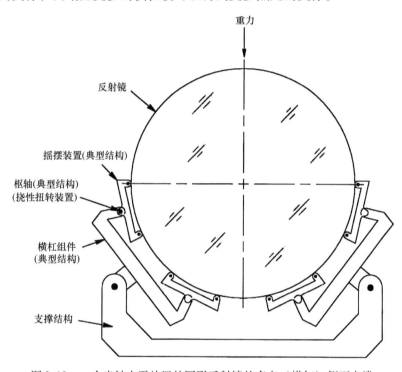

图 3.10　一个光轴水平放置的圆形反射镜的多点（横杆）侧面支撑

　　如果反射镜是矩形，反射镜光轴又总是处于水平位置，也可以选几个点来提供垂直方向的支撑。图 3.11 给出了 2 到 5 个点的级联支撑技术。因此，增加设计的复杂性可以提供另外的支撑。根据 Vukobratovich（2003）的研究，如果反射镜的长度 L_M 一定，支撑点之间的最佳间隔 S 由下式给出：

$$S = \frac{L_M}{(N^2 - 1)^{1/2}} \tag{3.4}$$

式中，N 是支撑点的个数。表 3.3 给出了式（3.4）应用到图 3.11 的情况。如果没有摩擦力，每一个杠杆机构都可以均匀地将力传递到每个接触点上。若接触面积小，这种形式就是半运动学结构布局。摩擦力会使反射镜变成像散元件，在接触点处使用滚筒可以减小摩擦力

　　⊖　一个横杆结构就是一个杠杆或者摇杆装置，在中心处装有铰链，以马车上双马马具的方式在每一端提供支撑负载。

造成的光学表面的形变。

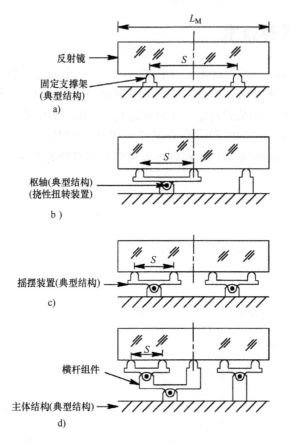

图 3.11　为矩形反射镜设计的一组级联多点杠杆支撑机构

a）两点支撑　b）三点支撑　c）四点支撑　d）五点支撑

（资料源自 Vukobratovich, D., *Introduction to Optomechanical Design*, SPIE SC014 Short Course, 2014）

表 3.3　对于图 3.11（译者注：原书错印为图 3.4）所示的多点安装方式，假设光轴水平放置的矩形反射镜支撑在一条长的侧面上，有 N 个支撑点，使用式（3.4）计算出支撑点之间的间隔值 S

N	2	3	4	5
S	2.12in (53.873mm)	1.299in (32.995mm)	0.949in (24.105mm)	0.750in (19.050mm)

注：在 3.674in（93.32mm）位置，L_M 是个常数。

应当注意到，从原理上说，采用一种窄长条形气囊支撑方式可以实现对矩形反射镜的边缘支撑，但这些作者尚不知道这类支撑方式的应用领域。

3.5　理想的径向安装技术

Schwesinger（1954）将大尺寸、圆形、光轴水平放置的反射镜的"理想"安装定义为反射镜四周受到的径向作用力使反射镜处于平衡状态。径向力是极角 φ 余弦的函数，随极角 φ

的大小而变化，而极角 φ 从反射镜垂直向下的半径位置开始测量。在垂直中心线的底端，径向压力最大，在水平中心线的两侧降为零，然后改变方向变为拉力，量值逐渐增大，在反射镜的顶端达到最大。图 3.12 给出了 Malvick 和 Pearson（1968）分析的直径为 4m（157in）、中间有孔的反射镜的情况。等高线代表反射镜表面的位移量，并且表明，由重力产生的边缘力矩使该表面变成了像散面。较小的实心反射镜采用类似安装方法会产生类似变形，当然变形量较小。

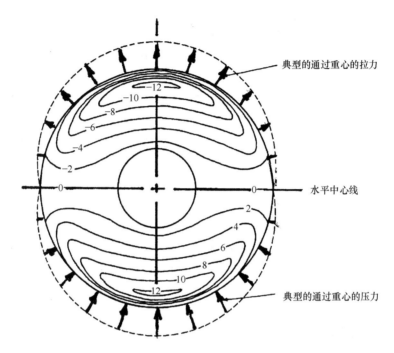

图 3.12　重力作用下，光轴水平放置、采用近似的"理想"边缘支撑形式的大型实心反射镜在径向压力及拉力支撑时的表面变形图。等高线的间隔是 10^{-6}cm

（资料源自 Malvick, A. J. and Pearson, E. T., *Appl. Opt.*, 7, 1207, 1968）

Malvick 和 Pearson（1968）使用的分析方法包括剪切影响和实心圆板反射镜上有一个大中心孔造成的影响。利用一种动态松弛法［由 Day（1965）、Otter 等人（1996）和 Malvick（1968）研发］和张量公式，Malvick 和 Pearson 把三维弹性公式表示成三个平衡方程式和六个应力位移公式。将反射镜体分成一个具有"适当"数目的非正交的曲线元。法向应力定义在曲线元的中心，剪切应力在曲线元的边缘中心，位移在曲线元端面的中心。平衡方程式等于加速度和黏性阻尼项之和。假设在时间 t_0 时是初始应力、初始位移和初始速度分布，从数学上预测稍后一点时间 t_1 时的所有三种分布。将该过程进行迭代，直到曲线元的速度逐渐降低到可以忽略不计为止，留下与三维物体的平衡相对应的静态表面位移。

由 Schwesinger（1954）给出的并较早应用于 V 形镜座分析的方法，也可在适当情况下应用于径向力是余弦分布的理想镜座设计。设计使用的是式（3.1）和表 3.1 中的数据。

注意到，由于平面反射镜的 C_K 是零，从理论上讲，用这种方法安装该类反射镜不应对直径有限制。一个直径是 78.74in（2.00m）、$D_G/t_A = 8:1$、相对孔径 $f/1.67$（$K = 0.3$）的实心微晶（Zerodur）反射镜，若以该方式安装，则理论上应当产生 0.011λ（近似是衍射极限的 1/6）的方均根波前误差。正如前面所述，Schwesinger 法没有包括剪切应力，所以这个结论过于乐观。然而，当反射镜具有亚衍射极限性能时，如果可以提供"理想"安装，那么，理想的平面反射镜和曲面反射镜可以相当大。遗憾的是，与理论上的理想安装相比，理想安装的物理实现要困难得多，必须予以折中。

Schwesinger 的理想反射镜安装架在水平及垂直方向施加径向力。Mark（1980）指出，对于安装了经纬仪的望远镜，另一种理想安装方法是采用垂直力余弦分布的方式，消除反射镜中的水平受力。对于平后表面轴对称凹面反射镜，若中心孔直径为 D_0 和焦比为 f/no，则反射镜表面的方均根变形量（译者注：原书漏印重力加速度 g）是

$$\delta_{rms} = \nu \frac{\rho g}{E_G} \Big[\Big(\frac{D_0^3}{96(f/no)D_G} + \frac{D_0 t_A}{2} \Big) - \frac{D_G t_A}{2} - \frac{D_G^2}{96(f/no)} \Big] \qquad (3.5)$$

式中，ν 是反射镜材料的泊松比。根据 Cheng 和 Humphries（1982）研究，该公式括号中的第一项取决于中心孔尺寸，下一项是反射镜倾斜，最后一项表示反射镜表面的像散。假设，调整望远镜指向以校正反射镜倾斜，并忽略中心孔造成的影响，则波前像散（译者注：原书漏印重力加速度 g）是

$$\delta_{rms} = \nu \frac{\rho g}{E_G} \frac{D_G^2}{48(f/no)} \qquad (3.6)$$

图 3.13 给出了根据该式绘制的派克斯（Pyrex）耐热玻璃的曲线，其中，直径是 0.25 ~ 2m（10 ~ 80in），焦比（f/no）= 1.7、2.5 和 5。若使用推拉力垂直分布的支撑方式，则 $f/2.5$ 的 1m 反射镜所产生的方均根波前误差约为 58nm。与 Schwesinger 侧面压力最佳分布方式相比，后者的方均根波前误差约为 63nm。两种支撑方式之差约 9%，在计算方法的精度范围之内。据 Schwesinger（1988）报告，用于分析推拉力垂直分布造成变形量的方法尚有争议。然而，采用任何一阶方法所产生的误差都大致相当，约为 10%。

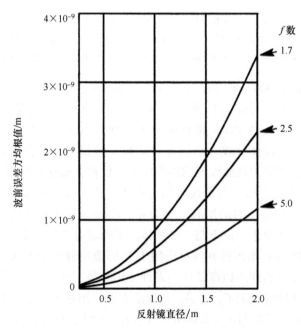

图 3.13 直径 $D_G = 0.25 \sim 2m(9.8 \sim 78.8in)$ 和焦比为 1.7、2.5 和 5 的派克斯耐热玻璃（Pyrex）产生的方均根波前误差。其中，安装力是垂直推拉分布

3.6　水银管径向安装技术

一种近似"理想"安装的方法就是在径向施加大小可以变化的定向压力支撑反射镜的边缘，该压力与 $(1+\cos\phi)$ 成比例。其中，ϕ 是极角，从反射镜垂直向下的半径位置开始测量。图 3.14 给出了施加的力及由此产生的表面轮廓变形，使用的反射镜与图 3.12 所示的"理想"安装时的反射镜相同，直径是 4m（157in）。如果反射镜"浮动"在一个圆环形的填充有水银的管子内，而这个水银管放置在反射镜侧面和刚性的圆柱筒壁之间，就会近似地产生这类力场。水银管宽度应该仔细选择，确保水银管在几乎充满水银的状态下能使反射镜浮起来。典型的设计要求使用扁平的涂有氯丁（二烯）橡胶的达可纶（Dacron）管灌装水银，水银管中心轴要与通过反射镜重心的平面重合，避免形成倾覆力矩。

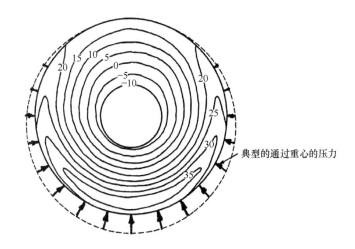

图 3.14　一个光轴水平放置的大型实心反射镜采用水银管边缘支撑时，由重力形成的表面变形等高线图。等高线间隔是 10^{-6}cm

（资料源自 Malvick，A. J. and Pearson，E. T.，*Appl. Opt.*，7，1207，1968）

根据 Chivens（1968）的介绍，采用水银管径向支撑方法将直径为 60in（1.5m）的反射镜安装在天文望远镜中，同轴度在 0.0005in（0.012mm）之内。水银管径向支撑技术已经应用于主镜直径 1 ~ 1.5m 的望远镜中，包括美国（国防部）高级研究计划局（ARPA）在毛伊岛光学工作站（AMOS）上 1.2m 和 1.6m 望远镜以及亚利桑那州弗拉格斯塔夫市 1.5m 美国海军天文台天体测量反射镜。后面一类仪器有一种不寻常的特性，即在周边采用双水银管支撑。参考 Strand（1962）公布的资料，采用水银带的试验表明，随着望远镜从天顶方向移动到水平方向，其径向稳定度约为 ±50μm（ ±0.002in）。当使用直径-厚度比 20∶1 的薄反射镜时，水银管安装方式将产生大量像散。根据 Danchi 等人（1968）的研究，使用滚子链结构替代红外恒星干涉仪（ISI）上的水银管支撑结构能够解决该问题。

Vukobratovich 和 Richard（1991）还指出了使用水银管支撑技术会遇到的一些实际困难。管子的不规则度，如接缝、填充水银的部分和皱纹，都会对反射镜的等高线有影响。受到振动时，流体很容易从一侧晃动到另一侧，所以，只适合应用在比较好的环境中。由于水银本身对人体有危害，在这种安装技术中必须增加对人的健康防护。

3.7 带式和滚轮链式安装技术

图 3.15 给出了一块反射镜侧面上力的两种分布（Schwesinger，1954），分布范围为 $-\pi/2 < \phi < +\pi/2$。本章开始就定义了 ϕ 角为绕反射镜轴线的方位角。图中，标有"最佳分布"的曲线代表仅支撑反射镜下半部侧面的安装方式中力的最佳分布。图中的水平直线代表带式安装方式中力的分布，近似是最佳分布。

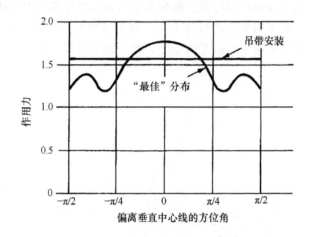

图 3.15　带式安装形成的均匀压力分布曲线图（水平直线）和光轴水平放置的
实心大反射镜在这种安装方式下形成的力的"最佳"分布曲线
（资料源自 Schwesinger, G., *J. Opt. Soc. Am.*，44，417，1954）

图 3.16 给出了一种有代表性的带式安装技术。这是一种民用镜座，反射镜侧面放置在一根吊带中，吊带支撑在一块竖直板上部的两端。由于安装在边缘上（即反射镜的光轴水平放置）的反射镜会产生像散，所以，带式安装首先由 Draper（1864）提出可以用作减少像散的一种方法。这种安装技术最初用于安装检测其他光学元件的反射镜，目前仍应用在该领域中。

带式安装方式应用于大型多布森（Dobsonian）望远镜（主镜直径为 300～600mm，甚至更大），而滚子链安装方式应用于多反射镜式望远镜（MMT）。带式安装技术不适于赤道望远镜（中纬线式望远镜）的安装，而适用于经纬仪望远镜（地平式望远镜）的安装。

Schwesinger（1954）给出了这类安装技术各种 K 值时的 C_K 值，如表 3.1 所示。利用式（3.1）和这些数据，可以确定与指定方均根波前误差相对应的反射镜的直径。图 3.17（Malvick 和 Pearson，1968）是用一种简单的带式安装技术（安装轴水平方向固定）安装一个大的实心反射镜所形成的表面变形等高线图。Vukobratovich（2004）指出，用这种方法安装的直径大于 1.5m（59.0in）的反射镜造成的变形要比 Schwesinger（1954）公式的预测值稍大，至少可以认为偏差量中的一部分是由安装带与反射镜侧面间的摩擦力造成。

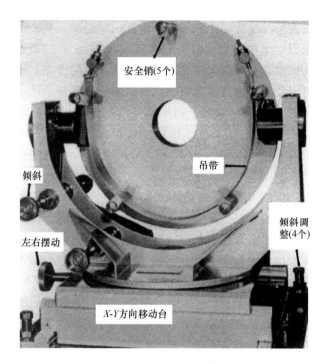

图 3.16 光轴水平放置的反射镜的典型带式安装方式
（资料源自 John Unertl Optical Company, Pittsburgh, PA）

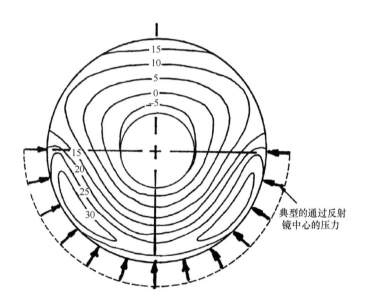

图 3.17 采用带式安装方式安装一个大的实心反射镜。安装轴水平固定，反射镜的下半部径向支撑。
完成安装后的反射镜由于重力形成的表面形变等高线图，等高线间隔为 10^{-6} cm
（资料源自 Malvick, A. J. and Pearson, E. T., *Appl. Opt.*, 7, 1207, 1968）

Malvick（1972）分析过一种改进型带式安装机构的性能。这种系统以基本的带式安装技术为基础，增加一些辅助定点支撑，以卸载反射镜的部分重量。应权衡增加定点支撑的优点以及因此增加的安装复杂性。由于带式安装技术具有提供高性能和简单性双重优点，所以在民用及专用领域中极为广泛地应用于光轴水平设置的反射镜。

已经成功地用两根钢丝绳作为大反射镜的安装带。Malvick（1972）研究过将安装带分成两根更窄的分隔开的细带，从而增强反射镜侧面局部支撑的优点。研究指出，仔细调整两根支撑的轴向位置，可以使反射镜边缘处的表面滑脱的机会降到最低。

民用上已经成功使用双滚轮链装置，而不是连续的带式装置来支撑几种大的光轴水平放置的反射镜。这类支撑的优点是减小了摩擦，使反射镜能够绕其轴线旋转，并且无须轴向支撑就可以保证稳定性。Schwesinger 和 Richard（1991）阐述过这种技术，摘录片段如下：

"与普通的带式安装相比，滚轮链式安装技术应用更广，原因是反射镜侧面与滚轮之间的摩擦力小。使用塑料滚轮或者在滚轮与反射镜侧面间增加一层弹性绝缘（或者减音）层的做法都是错误的，塑料滚轮会发生永久性变形或使用一段时间后摩擦力变大，在反射镜侧面与滚轮之间使用弹性层也会增加摩擦力。比较好的普通滚轮链就是市场上销售的带有大型滚轮的传送链，使用钢材料的滚轮。

滚轮链的一个重要优点是其工业效用。有各种滚轮链尺寸和承载能力，并且价格相对便宜。为了在滚轮链上增大间隔，提高安全性，可以使用专用滚轮链连接。滚轮链支撑非常紧凑，在反射镜边缘周围占据的空间等于滚轮链的厚度。为在光学车间完成像散测试，滚轮链安装结构应该使反射镜很容易地在其支撑中转动。

滚轮与反射镜边缘间的点接触会产生大的应力及可能的局部破碎，这是滚轮链支撑的一个缺点。小心安装和调整滚轮链使反射镜边缘处产生破碎的潜在机会降至最低……

无论何时，只要可能，就应当选择标准的滚轮链尺寸。通常使用两个滚轮链，以反射镜重心为中心对称放置。一个双滚轮链支撑是稳定的，无须使用背部支撑，因为在其他支撑方式中，背部支撑是一种重要的安全措施。关于滚轮链强度，建议安全因子至少选 4。例如，一个 1in 齿节的滚轮链，滚轮的直径是 0.625in，平均抗拉强度是 3700lbf，假设安全系数是 4，这种滚轮链则适合直径是 56in（1.42m）、厚度是 9in（22.9cm）的实心熔凝石英反射镜。

在滚轮链的末端是一个滚轮吊架，可以调整滚轮链相对于反射镜的位置及反射镜镜座安装结构的其他部分连接。滚轮链吊架可以提供三种调整：两个滚轮链的中心沿反射镜轴线方向的位置、两个滚轮链间的轴向间隔和反射镜楔形在垂直方向的调整。图 5[⊖] 是为 1.5m（59.05in）反射镜设计的一个标准吊架，该吊架可以完成上述一些调整。在滚轮链吊架的顶端有一个万向接头，保证这种支撑的静态确定性。反射镜的每一侧各安装一个滚轮链吊架，滚轮链吊架固定在反射镜的镜座上。为方便工厂测试，这是一个被称为画板的大型钢焊接件，如图 6 所示（本章图 3.19）。"

Malvick（1972）已经分析过直径是 1.54m（60.63in）的实心微晶玻璃（CerVit）反射镜（光轴水平方向放置）在双滚轮链镜座中的表面变形，图 3.20 以图所示方式给出了其分析结果。Vukobratovich 和 Richard（1991）介绍过该反射镜的测试情况，并确定其面形误差方均根值是 0.078 个波长。

⊖ 本章图 3.18。

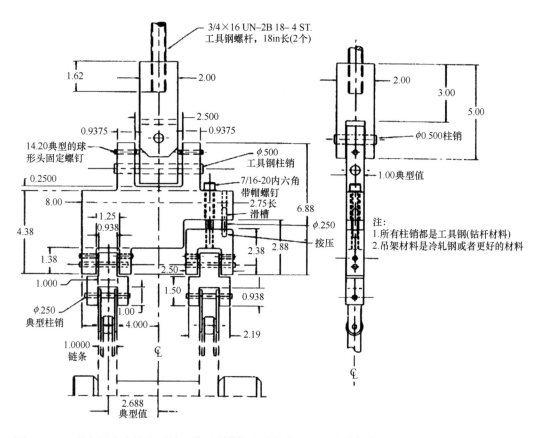

图 3.18　一种应用在光轴水平放置的反射镜镜座中的典型的双滚轮链支撑的可调整装置（单位是 in）

（资料源自 Vukobratovich, D. and Richard, R. M., *Proc. SPIE*, 1396，522，1991）

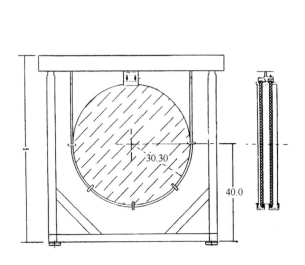

图 3.19　典型的双滚轮链反射镜镜座示意图

（资料源自 Vukobratovich, D. and Richard, R. M.,

Proc. SPIE, 1396，522，1991）

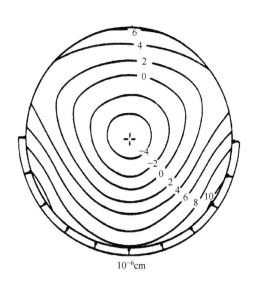

图 3.20　若采用双滚轮链支撑方式，直径为

1.54m（60.63in）的实心微晶玻璃（CerVit）

反射镜表面形状等高线预测值

（资料源自 Malvick, A., J. *Appl. Opt.*, 11，575，1972）

图 3.21 比较了具有不同弦高-厚度比的光轴水平放置的反射镜所产生的变形。其中，90°V 形镜座要比 120°的 V 形镜座好。在所讨论的所有安装类型中，带式安装效果最好。

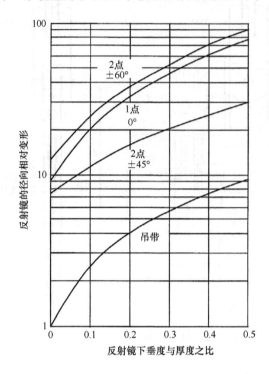

图 3.21　采用四种安装形式安装的光轴水平放置的反射镜产生的表面变形
（预测值）与表面弦高-厚度比之间的变化关系
（资料源自 Vukobratovich，D.，Personal communication，2004）

3.8　推拉镜座

图 3.22 给出了一种专门设计的更为复杂的镜座，这种镜座既可以产生径向推力，也可以产生径向拉力。在上下半孔径内，以垂直中心线为基准，在 $\phi = 0°$ 和 $\phi = \pm45°$ 的极角位置设计有金属柔性支撑，因此，有 6 个金属柔性支架被焊接在反射镜的侧面，所有柔性支架都位于反射镜的中性面内。这些柔性支架在与径向相垂直的所有方向上都是柔性的，并被固定在一个"刚性"座中。图中的反射镜的安装状态是为了进行干涉测量，而不是系统的最终安装情况，但其结构布局在功能上是一样的。拉力作用在最上面三个支撑点上，而压力作用在下面三个支撑点上。此处的反射镜直径是 18.1in（46cm），横截面厚度为 3.10in（7.87cm），是厚度均匀的弯月形，其中一个球形反射面的曲率半径约为 24in（61.0cm）。反射镜材料是肖特微晶玻璃（Zerodur），标称重量是 37.45kg（82.6 lb）。

图 3.23a 给出了使该反射镜具有最小的表面形变所需要的径向支撑力分布，该力正比于力与垂直线夹角的余弦。由于径向柔性系统基本上不提供切向力，在 6 根因瓦合金（Invar）块中，有 3 块安装了切向支架，这些因瓦合金（Invar）块作为连接点又黏结到反射镜的侧面上。

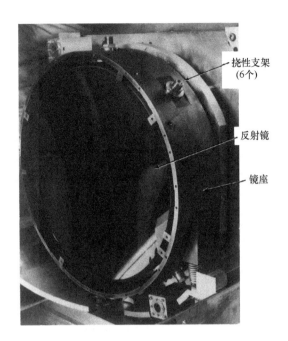

图 3.22　一个直径为 46cm（18.1in）、光轴水平放置的实心微晶玻璃（Zerodur）反射镜的
安装结构图，在反射镜的重心平面内设计有三个径向压力支架和三个径向
拉力支架，这些支架以垂直中心线为基准，位于 ±45°处
（资料源自 ASML Lithography Corporation，Wilton，CT）

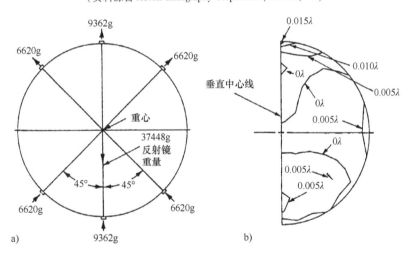

图 3.23　a）用于支撑图 3.22（译者注：原书错印为 3.21）所示的反射镜所需要的径向力分布，
使重力产生的表面变形最小　b）在图 a 所示力的作用下，使用有限元分析法
计算的表面变形等高线图（与最佳拟合球相比较）
（资料源自 ASML Lithography Corporation，Wilton，CT）

　　计算出的偏离最佳拟合标准面的反射面变形等高线如图 3.23b 所示。波长间隔是
0.005λ，其中 λ =633nm。可以看到，在绝大部分孔径内该表面基本上没有变形。如果大批
量生产该反射镜，只要对施加的径向力进行仔细精调，其性能可以达到该水平，实际上已经
达到了这种水平。反射镜和镜座组合后的方均根面形误差不大于 0.004 个波长，波长为 λ =

633nm，包括所有的加工误差、安装变形和重力影响。

3.9 动态松弛法和有限元分析法比较

Malvick 和 Pearson（1968）为了确定大型反射镜受地球重力产生的变形而使用的上述动态松弛法（DR），多年来都是唯一适合评估所提议或实际的反射镜和镜座的设计方法。已经证明，对于评估 2 ~ 4m（79 ~ 157in）量级反射镜和镜座设计的工程师和宇航员，用这种方法得到的分析结果特别有用。的确，在本章及后面两章中给出的表面变形结构表明，某些常用安装方式下表面重力变形的性质、在某些情况下给出的量值的大小几乎都是采用动态松弛法（DR）得出的。可以相信，如果采用相同的安装方式，无论评价更小反射镜还是更大反射镜，这些资料对于从事光机设计的工程师都是非常有用的，因为面形等高线图是一样的，而量值的大小近似地随反射镜的尺寸成比例变化。

为了确定应用更加现代化的有限元分析方法解决这些设计问题时能否得到相同的技术结果，Hatheway 等人（1990）重新计算了由 Malvick 和 Pearson（1968）分析过的带式支撑镜座上反射镜的变形。图 3.24 给出了采用的反射镜模型，包括 20 个 18°角的扇形、10 个圆环和 5 个几乎是平面的层（前后面近似平面）。整个模型有 1000 块结构单元组成，每一个单元有 8 个结点和 6 个面。假定在这两种情况中都是两面角对称。使用 MSC/OPOLY 预处理器和 MSC/NASTRAN 软件处理有限元模型，允许使用 100 项的 Zernike 多项式表示被评估表面。

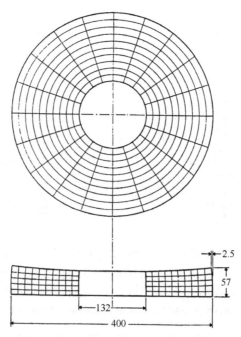

图 3.24 Malvick 和 Pearson（1968），以及 Hatheway 等人（1990）用来评估大型实心玻璃反射镜表面变形的模型，分别采用的方法是动态松弛法（DR）和有限元分析法。反射镜采用带式支撑安装方式（单位是 cm）

（资料源自 Hatheway, A. E. et al., *Proc. SPIE*, 1303, 142, 1990）

有限元分析法得出的结果如图 3.25b 所示。将表面变形的形状和大小与图 3.25a 所示的相比较。图 3.25a 给出了同一个反射镜/镜座组件 Malvick 和 Pearson 的分析结果。这里要注意的是，图 3.25a 所示的与图 3.17 所示的是一样的。Hatheway 及其同事将这两种分析比较如下：① 结果的代数符号相反，是由坐标系的重新定义所致的。②零等高线的位置稍有不同，这是由于用来控制刚体运动的支撑点有差别。③一般来说，等高线的形状是相似的。与动态松弛法的结果相比较，有限元分析的结果中减小了"瓣形凸出部分"（即偏离圆形等高线的六角）。这是由于在有限元分析模型中没有使用动态松弛法中为反射镜侧面所设计的锥形面形（偏移角）所致，因为在使用有限元法进行分析时，为平衡作用于反射镜侧面的均匀压力产生的轴向力必须这样做。④两种情况位移场的峰 - 谷范围非常接近（动态松弛法是 50×10^{-6} cm，有限元分析法是 54×10^{-6} cm）。

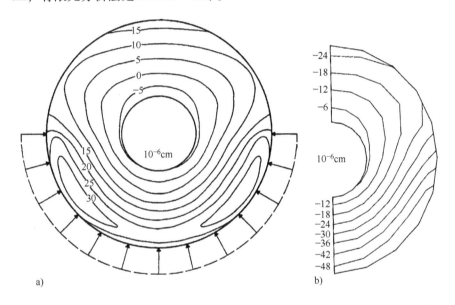

图 3.25　当直径为 4m（157in）、中心有孔的实体玻璃反射镜采用带式安装时施加的负载和由此产生的表面轮廓等高线图

a) Malvick 和 Pearson（1968）利用动态松弛法分析的结果

（资料源自 Malvick, A. J. and Pearson, E. T., *Appl. Opt.*, 7, 1207, 1968）

b) Hatheway 等人（1990）利用有限元分析法分析的结果。等高线间隔为 10^{-6} cm

（资料源自 Hatheway, A. E. et al., *Proc. SPIE*, 1303, 142, 1990）

这两种方法的结果差别较小，Matheway 及其同事得出结论：两种方法基本上给出相同的结果。任何其他结论都会使人们怀疑过去在 Malvick 和 Pearson 卓著的工作基础上做出的许多设计决定的正确性，会大大降低设计者将他们的工作用作设计基础的自觉性，但该结论使人们消除了顾虑。

在分析光机结构例如反射镜及其镜座时，使用新的有限元分析技术的最大好处是能够将结果表示成 Zernike 系数形式。图 3.26 给出 Malvick 和 Pearson 反射镜前 100 个系数的量值。可以看到，预期的误差集中在前 20 项，但在第 85 项和第 92 项有两个明显的尖峰。计算出这两个尖峰下的面积与前 20 项尖峰下的面积之比就可以近似评估这两个尖峰的重要性。更高级的项不会有更多影响。

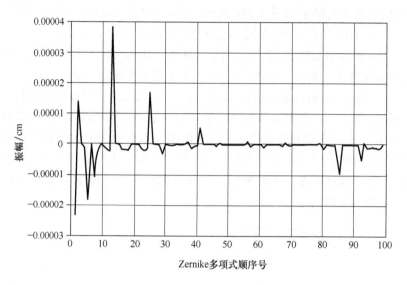

图 3. 26 前 100 个 Zenike 多项式系数的振幅，代表图 3. 25 所示的已建过模的反射镜的表面变形
（资料源自 Hatheway，A. E. et al. ，*Proc. SPIE*，1303，142，1990）

参考文献

Bleich, H.H., Analytical determination of the deformations of mirrors on radial supports, *Proceedings of the Symposium on Mirror Support Systems for Large Optical Telescopes*, Tucson, AZ, 1968.

Born, M. and Wolf, E., *Principles of Optics*, 2nd edn., Macmillan, New York, 1964, p. 468.

Cheng, J. and Humphries, C.M., Thin mirrors for large optical telescopes, *Vistas Astron.*, 26, 15, 1982.

Chivens, C.C., Air bags, in *A Symposium on Support and Testing of Large Astronomical Mirrors*, Crawford, D.L., Meinel, A.B., and Stockton, M.W., Eds., Kitt Peak National Laboratory and the University of Arizona, Tucson, AZ, 1968, p. 105.

Danchi, W.C., Arthur, F.R., Peck, M., Sadoulet, B., Sutto, E.C., Townes, C.H., and Weitzman, R.H., A high precision telescope pointing system, *Proc. SPIE*, 628, 422, 1986.

Day, A.S., An introduction to dynamic relaxation, *The Engineer*, 219, 218, 1965.

Draper, H., *On the Construction of a Silvered Glass Telescope, Fifteen and a Half Inches in Aperture, and Its Use in Celestial Photography*, Vol. 14, Smithsonian Contributions to Knowledge, Smithsonian Institution, Washington, DC, 1864.

Hatheway, A.E., Ghazarian, V., and Bella, D., Mountings for a four meter glass mirror, *Proc. SPIE*, 1303, 142, 1990.

Mack, B., Deflection and stress analysis of a 4.2-m diam primary mirror of an altazimuth-mounted telescope, *Appl. Opt.*, 19, 1000, 1980.

Malvick, A.J., Dynamic relaxation: A general method for determination of elastic deformation of mirrors, *Appl. Opt.*, 7, 2117, 1968.

Malvick, A.J., Theoretical elastic deformations of the Steward Observatory 230-cm and the Optical Sciences Center 154-cm mirrors, *Appl. Opt.*, 11, 575, 1972.

Malvick, A.J. and Pearson, E.T., Theoretical elastic deformations of a 4-m diameter optical mirror using dynamic relaxation, *Appl. Opt.*, 7, 1207, 1968.

Maréchal, A., Etude des effets combinés de la diffraction et des aberrations géométriques sur l'image d'un point lumineux, *Rev. Opt.*, 26, 257, 1947.

Nelson, R.B., Effects of gravity on radially supported telescope mirrors, *Int. J. Solids Struct.*, 6, 117, 1970.

Otter, J.R.H., Cassell, A.C., and Hobbs, R.E., Dynamic relaxation, *Proc. Inst. Civil Eng.*, 35, 633, 1966.

Schwesinger, G., Optical effect of flexure in vertically mounted precision mirrors, *J. Opt. Soc. Am.*, 44, 417, 1954.

Schwesinger, G., An analytical determination of the flexure of the 3.5 m primary and 1 m test mirror of the ESO's new technology telescope for passive support and active control, *J. Mod. Opt.*, 35, 1117, 1988.

Strand, K.A., Astrometry with large reflectors, *Astron. J.*, 67(10), 706, 1962.

Vukobratovich, D., Optomechanical system design, in *The Infrared and Electro-Optical Systems Handbook*, Dudzik, M., Ed., ERIM, Ann Arbor, MI and SPIE Press, Bellingham, WA, 1993, Chapter 3.

Vukobratovich, D., Optomechanical design principles, in *Handbook of Optomechanical Engineering*, Ahmad, A., Ed., CRC Press, Boca Raton, FL, 1997, Chapter 2.

Vukobratovich, D., *Introduction to Optomechanical Design*, SPIE SC014 Short Course, SPIE, Bellingham, WA, 2003.

Vukobratovich, D., Personal communication, 2004.

Vukobratovich, D. and Richard, R.M., Roller chain supports for large optics, *Proc. SPIE*, 1396, 522, 1991.

第 **4** 章　光轴垂直放置的大孔径反射镜安装技术

Daniel Vukobratovich

4.1　概述

反射镜镜座有两个主要功能：一，使光学元件相对于光学系统其他零件具有正确位置；二，将外力作用下光学表面的变形量控制到一个可以接受的水平。对于小型反射镜，通常利用如卷 I 第 10 章所讨论的运动学原理，将这两个功能设计在单一的镜座上。若是大型反射镜，设计不同的装置来实现两种功能。本章主要解决的是，当重力垂直作用在反射镜表面上即光轴垂直设置时，能够将自重变形量影响降至最低的反射镜镜座的设计问题。

在此讨论的内容既适用于小型，也适用于大型反射镜，包括与反射镜连续和离散点接触的单环和多环镜座、三点支撑结构、Hindle 镜座、平衡安装方式、气压/液压（活塞式、气囊式和塑性管式）镜座，以及计量安装方式。

4.2　概念设计

本卷第 1 章已经讨论过反射镜镜座的设计原理。设计过程最重要的部分是概念设计，其次是一阶分析（或初步分析）。对于反射镜光轴位置垂直设置的反射镜镜座，重力造成光学表面变形（称为自重变形）是最重要的参数。利用平板弯曲理论预先完成概念分析或者粗糙的数量级分析以及一阶分析。反射镜自重变形量内容中该理论精度受限于几个因素：平板弯曲经典理论假设平板很薄，一般直径-厚度比是 10 或者更大，并且是两个表面平行的平板。实际反射镜的光学表面通常都有较大的弯曲，厚度在孔径范围内是变化的，可能还有不连续性的特性，例如中心孔。材料选择决定着泊松比，有时会影响变形灵敏度，即使如此，该理论足以满足初期设计。

本卷第 2 章分析了另一种误差源，例如轻质结构和背部具有特定轮廓的轻质反射镜结构布局。可以利用平板弯曲理论（针对目前讨论的限定情况进行过修订）分析非轴对称反射镜的变形量。

正如 Wan 等人（1989）的研究所示，反射镜厚度变化并不会对大多数概念分析和一阶分析造成大的误差。若采用最佳三点支撑方式，直径为 1.8m 轴对称平板轻质硼硅酸盐反射镜变形量是 768nm。相比之下，一个 $f/1$ 光学表面的厚度变化 31% 会使反射镜的变形量降到 694nm，即变化了约 10%。一般反射镜厚度变化不会像该例子中这么大，因此，对于概念设计，甚至大部分一阶设计，可以不考虑厚度变化的影响。

设计有中心孔会改变自重变形量，将在环形镜座和多点安装方式章节中讨论。研究诸如康宁 7740 耐热玻璃（Pyrex 7740）和肖特微晶玻璃（Zerodur）常用玻璃材料弯曲造成的影响。与没有中心孔的相同尺寸反射镜相比，测量了直径大小高达反射镜直径 50% 的中心孔相关数值表明，变形量约变化 10%。对于概念分析，可以忽略中心孔造成的变形量，而对一阶分析，应当考虑进行合理校正。

泊松比的变化也会改变设计有中心孔的反射镜变形量。如果反射镜材料的泊松比是 0.17（通常是熔凝石英材料），在其周边采用连续环支撑（设置在反射镜直径 30% 位置），则反射镜变形量约为实心反射镜变形量的 90%。若反射镜材料采用铝，设计同样尺寸的中心孔，泊松比是 0.3，则变形量降到约 84%。这表明，泊松比变化的影响很小。从熔凝石英（泊松比为 0.17）到铝（泊松比为 0.3），对于大部分安装结构布局，弯曲变化量约为 6%。所以，在概念设计阶段，可以忽略泊松比变化，但对一阶分析，进行校正是合理的。

4.3　环形镜座

如果由重力造成的未支撑部分表面变形是在某具体应用的公差范围之内，那么，对于光轴垂直放置的反射镜来说，采用连续环形镜座和近似密接的离散点接触安装是可以接受的。是否接受的另一必要条件就是，由此产生的半径变化（即光焦度）是否在公差范围之内或者可通过调焦可以得到补偿。在非对称反射镜，例如椭圆或矩形孔径不具有这种对称性，沿长轴方向下沉更多，因而变得有像散，光焦度也有变化。

如果在一个实心反射镜的背部边缘附近施加一个连续的线接触，就可以得到最简单的圆环类支撑，如图 4.1 所示。若反射镜非常坚硬，与其接触的镜座表面并不像玻璃表面那样理想（毫无疑问是这种情况），那么，实际接触是在这条线的三个最高点处，相当于反射镜在这些点之间架起了一座桥。一般来说，假设镜座比反射镜更坚硬，就不会由于反射镜的重量发生变形。实际上，所有反射镜和绝大部分镜座都有些"软"，它们的确会变形，沿着这个环或多或少地出现连续接触。由于反射镜和镜座都是弹性的，所以接触不是一条线，而是如卷 I 第 11 章讨论接触应力时所论述的，是一个很窄的局部区域。

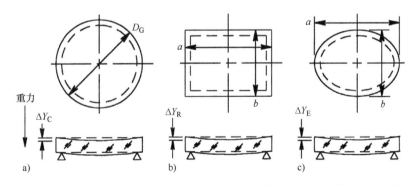

图 4.1　在光轴垂直放置的实心反射镜边缘附近采用简单的连续支撑的安装方式示意
a）圆形反射镜　b）矩形反射镜　c）椭圆形反射镜

一种柔性环甚至可以使支撑力全部分布在其直径周围。大型反射镜安装中采用的一类柔性环是一种充满液体或者充满高压气体的管子。例如，一块纵横比为 8、直径为 80in、在直径 68% 位置（$0.68 \times 80\text{in} = 54.4\text{in}$）受到连续环方式支撑的耐热玻璃（Pyrex）反射镜，可以用一个直径为 2in 的柔性软管［工作压力 50psi（磅力每平方英寸）］支撑。这种情况假设，该软管变形到其直径约为 0.6，也是一种很典型的情况。一些大型望远镜的反射镜，例如美国亚利桑那州基特峰（Kitt Peak）国家天文台 4m 马约尔（Mayall）望远镜的反射镜的轴向支撑就是采用柔性软管。

柔性软管安装技术的一个缺点（也是其他等压镜座都有的）是缺少位置稳定性。正如本书其他章节所述，必须提供坚硬的支点以确定反射镜的位置。通常，利用运动学原理设计这些坚实的支撑点。为了确保设计的这些支撑点不会造成不可接受的表面变形，经常在这些点支撑结构中设计一些测压元件以监测施加在反射镜上的力。

在此，主要关心重力影响下反射镜表面的总变形量。按照未受夹持的简单平板在均匀负载下的弯曲理论（Young，1989），可以利用下列公式计算圆形反射镜的中心变形量 ΔY_C、矩形反射镜的 ΔY_R 和椭圆反射镜的 ΔY_E［译者注：原书式（4.1）~ 式（4.3）未写出重力加速度 g，主要是因为美国惯用单位制中 lb 和 lbf 的使用而做的简化。按质量到重力的关系和国际标准单位制，相应公式中补上了重力加速度 g］：

对圆形反射镜，有

$$\Delta Y_\text{C} = \frac{3}{256} \frac{\rho_\text{G} g (1 - \nu_\text{G})(5 + \nu_\text{G})}{E_\text{G}} \frac{D_\text{G}^4}{t_\text{A}^2} \tag{4.1}$$

对矩形反射镜，有

$$\Delta Y_\text{R} = \frac{0.1422}{(1 + 2.21\alpha^3)} \frac{\rho_\text{G} g}{E_\text{G}} \frac{b^4}{t_\text{A}^2} \quad \nu = 0.3 \tag{4.2}$$

对椭圆形反射镜，有

$$\Delta Y_\text{E} = \left[2.649 + 0.15\nu_\text{G} - (1.711 + 0.75\nu_\text{G})\alpha \right] \frac{\rho_\text{G} g (1 - \nu_\text{G}^2)}{E_\text{G}} \frac{b^4}{t_\text{A}^2} \quad 0.2 \leq \alpha \leq 5.0 \tag{4.3}$$

式中，ρ_G 是反射镜密度；ν_G 是泊松比；E_G 是弹性模量；D_G 是反射镜直径；a 和 b 是图 4.1 所示尺寸，$\alpha = b/a$；t_A 是反射镜厚度。

这些公式表明，变形量正比于材料密度与弹性模量之比 ρ_G/E_G 或者反比刚度（又称比刚度的倒数），还正比于反射镜尺寸的 4 次方且反比于反射镜厚度二次方。这些公式适用于简单支撑反射镜，反射镜边缘不受约束且自由旋转。

为了进一步解释式（4.1）~ 式（4.3）的应用，给出设计实例 4.1，完成表 4.1 所列数据的一系列反射镜的相关计算。由于尺寸相同，因此，正如所预估的，该例中矩形反射镜的自重变形量最小。矩形反射镜是沿长边支撑的，比圆形反射镜靠得更近，所以与圆形反射镜不太一样，子午方向变形量更小些（译者注：由于实例 4.1 中 ΔY_E 计算错误，本句有修改）。

表 4.1　设计实例 4.1 中计算自重变形量的反射镜参数

参数	圆形反射镜	矩形反射镜	椭圆形反射镜
反射镜直径 D_G	20.0in（50.8cm）		
反射镜最长尺寸 a	—	20.0in（50.80cm）	20.0in（50.80cm）
反射镜最短尺寸 b	—	12.5in（31.75cm）	12.5in（31.75cm）
$\alpha = b/a$		0.625	0.625

（续）

参数	圆形反射镜	矩形反射镜	椭圆形反射镜
反射镜面积 A	314.2in² (2027.1cm²)	250.0in² (1612.9cm²)	196.3in² (1266.8cm²)
反射镜厚度 t_A	3.333in (8.466cm)	3.333in (8.466cm)	3.333in (8.466cm)
反射镜密度 ρ_G	0.080 lb/in³ (2.205g/cm³)	0.080 lb/in³ (2.205g/cm³)	0.080 lb/in³ (2.205g/cm³)
总重量 W	83.767 lb (37.997kg)	66.660 lb (30.237kg)	52.3546 lb (23.748kg)
单位负载（重量/面积）w	0.267 lb/in² (3.016kg/cm²)	0.267 lb/in² (3.016kg/cm²)	0.267 lb/in² (3.016kg/cm²)
泊松比倒数 m	5.882	5.882	5.882
杨氏模量 E_G	10.6×10^6 lbf/in² (7.3×10^4 MPa)	10.6×10^6 lbf/in² (7.3×10^4 MPa)	10.6×10^6 lbf/in² (7.3×10^4 MPa)

设计实例4.1　计算一定厚度的圆形、矩形和椭圆形反射镜中心位置的自重变形量

具有圆形、矩形和椭圆形表面的三种反射镜采用相同材料且厚度相同，其相关尺寸如表 4.1 所列。计算其几何中心位置自重造成的下垂变形量。（$\lambda_{HeNe} = 0.6328\mu m$）

解：

对应地代入式（4.1）～式（4.3），计算如下：$\dfrac{\lambda_{HeNe}}{4.56}$，约为

（a）对于圆形反射镜，有

$$\Delta Y_C = \frac{3}{256} \frac{0.080 \times (1 - 0.17) \times (5 + 0.17)}{10.6 \times 10^6} \frac{20^4}{3.333^2} in$$

$$= 5.46 \times 10^{-6} in (0.139\mu m)，即 \frac{\lambda_{HeNe}}{4.56}，约为 \frac{\lambda_{HeNe}}{5}$$

（b）对于矩形反射镜，有

$$\Delta Y_R = \frac{0.1422}{1 + 2.21 \times 0.625^3} \frac{0.080}{10.6 \times 10^6} \frac{12.5^4}{3.333^2} in$$

$$= 1.53 \times 10^{-6} in (0.039\mu m)，即 \frac{\lambda_{HeNe}}{16.26}，约为 \frac{\lambda_{HeNe}}{16}$$

（c）对于椭圆形反射镜，$\alpha = (12.5in/2)/(20in/2) = 0.625$，所以有

$$\Delta Y_E = \left\{ [2.649 + 0.15 \times 0.17 - (1.711 + 0.75 \times 0.17) \times 0.625] \times \right.$$

$$\left. \frac{0.080 \times (1 - 0.17^2)}{10.6 \times 10^6} \frac{12.5^4}{3.333^2} \right\} in$$

$$= 26.18 \times 10^{-6} in (0.665\mu m)，即 \frac{\lambda_{HeNe}}{1.051}，约为 1\lambda_{HeNe}$$

（译者注：原书计算时错代入 $\alpha = 0.17$，计算有误，已修正）

在该例子中，椭圆形反射镜的变形量最大，矩形反射镜的变形量最小（译者注：由于代入错误，原书认为两反射镜变形量相等）。由于在一个方向的支撑结构距离中心更近，因此矩形反射镜的变形量比圆形反射镜的小。

在许多光学系统中，圆形反射镜的一个共同特性是设计有中心孔。若光轴处于垂直位

置，则中心孔改变反射镜的变形量。图 4.2 给出了一个无中心孔反射镜的变形量变化，其中圆形反射镜放置在环状边缘连续支撑结构上。边缘环状支架是一种简单的支撑方式，它意味着反射镜边缘可以自由旋转。图 4.2 也给出了泊松比从 0.17（熔凝石英）变化到 0.3（铝）产生的影响。若反射镜使用玻璃材料，并且中心孔直径大至反射镜直径的 50%，变形量变化小于 10%。当中心孔直径是反射镜直径的 30% 时，变形量最大，并且，最大变形量从 $\nu = 0.17$ 时的 90% 变化到 $\nu = 0.3$ 时的 84%。

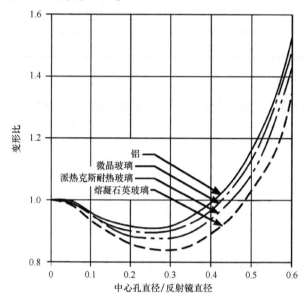

图 4.2 中心孔对反射镜变形的影响与无中心孔反射镜变形量的比较。中心孔直径为 $0.0 \sim 0.5d$。其中，d 是反射镜直径。对于熔凝石英材料，$\nu = 0.17$；对于康宁 7740 耐热玻璃，$\nu = 0.2$；对于肖特微晶玻璃，$\nu = 0.24$；对于 6061 铝，$\nu = 0.3$。反射镜简单地支撑在一个边缘圆环上

若反射镜支撑在一个连续圆环上，并且圆环位置向内移，则反射镜中心变形较小，而边缘开始变形。若仅考虑弯曲影响，则当反射镜中心与边缘的最大变形量相等时，反射镜的总变形量达到最小。这种最佳支撑直径并不能使如聚焦之类的光学效应降至最低。如果反射镜没有中心孔，则圆环支撑架的最佳直径位于反射镜直径 68% 的位置。最佳支撑环的位置与泊松比的关系不大，如图 4.3 所示，$0.16 \sim 0.33$ 的泊松比对应着最佳直径。该分析只考虑弯曲效应而没有包括剪切效应。

Selke（1971）分析了设计有中心孔的圆形反射镜的弯曲和剪切效应。这是一个中心孔为 100mm 和反射镜直径为 300mm 的熔凝石英反射镜。该分析确定了最佳支撑圆环半径与反射镜厚度之间的微弱依赖关系。最佳支撑圆环半径从

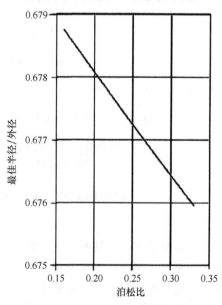

图 4.3 泊松比 $\nu = 0.16 \sim 0.33$ 条件下最佳支撑圆环归一化位置、最佳支撑直径/反射镜直径

1cm 厚度反射镜的 10.819cm（71.9%）变化到 7cm 厚度反射镜的 10.859cm（72.4%）。对于不同的轻质化效率，也发现了类似的微弱依赖关系。

Selke 分析表明，圆形反射镜中心孔会使最佳支撑直径位置漂移，漂移量与泊松比的依赖关系仍然很弱，因此，在计算最佳支撑结构位置时，可以忽略泊松比的影响，且具有很高的精度（误差小于 1%）。

Pearson（1968）讨论了含有中心孔的反射镜的单环和双环两种支撑方式的位置。以 Pearson 研究工作为基础的多项式近似公式给出了含有中心孔（直径小于等于反射镜直径的 50%）的反射镜最佳单环支撑架的位置：

$$\frac{r_2}{r_1} = 0.326\left(\frac{r_0}{r_1}\right) + 0.0143\left(\frac{r_0}{r_1}\right) + 0.682 \tag{4.4}$$

式中，r_0 是反射镜中心孔半径；r_1 是反射镜外径；r_2 是最小变形量条件下的最佳支撑环半径。

图 4.4 给出上述公式的曲线图。

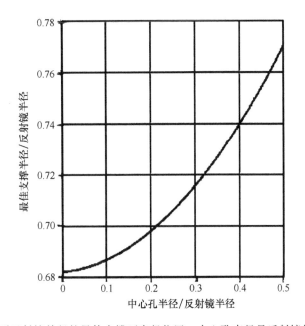

图 4.4　归一化到反射镜外径的最佳支撑环半径位置。中心孔直径是反射镜外径的 0~0.5 倍

如果含有中心孔的反射镜安装在上述公式给出的具有最佳半径的单环支撑架上，则近似的峰-峰自重变形量（译者注：原书漏印重力加速度 g）是

$$\delta_{pp} = 0.00238\frac{\rho g(1-\nu^2)}{E}\frac{V_0}{I_0}r_1^4\exp\left\{-\frac{[(r_0/r_1)-0.05]^2}{0.115}\right\}\quad r_0 \leqslant 0.5r_1 \tag{4.5}$$

式中，δ_{pp} 是反射镜的峰-峰变形量；ρ 是反射镜材料密度；ν 是反射镜材料的泊松比；E 是反射镜材料的弹性模量；V_0/I_0 是反射镜的结构效率。

设计实例 4.2 是上述公式的应用。如果将前面两种情况中支撑位置从反射镜边缘向内移动，由于重力作用会造成接触位置的内外侧弯曲下垂。若是圆形反射镜，Vukobratovich ［改编自 Williams 和 Brinson（1974）］给出下面计算反射镜中心位置变形量 ΔY_C 的一般公式（译者注：原书漏印重力加速度 g）：

$$\Delta Y_{\mathrm{C}} = \frac{C_{\mathrm{S}} \rho_{\mathrm{G}} g r_{\mathrm{Z}}^4}{E_{\mathrm{G}} t_{\mathrm{A}}^2} = \frac{C_{\mathrm{S}}}{12} \frac{\rho_{\mathrm{G}} g (1 - \nu_{\mathrm{G}}^2)}{E_{\mathrm{G}}} \frac{V_0}{I_0} r_{\mathrm{Z}}^4 \tag{4.6}$$

式中，C_{S} 是有支撑条件确定的常数；ρ_{G}、ν_{G} 和 E_{G} 分别是反射镜材料的密度、泊松比和弹性模量；r_{Z} 是支撑区半径；t_{A} 是反射镜厚度。

设计实例4.2 确定反射镜单环支撑架的最佳半径

一个 1.000m 耐热玻璃（Pyrex）实心反射镜有一个直径为 0.300m 的中心孔，纵横比为 8:1。安装在一个最佳设计的圆环支撑架上，请问圆环支架的半径是多少？

参数为 $r_0 = 150\mathrm{mm}$，$r_1 = 500\mathrm{mm}$，$\rho = 2.23\mathrm{g/cm^3}$，$\nu = 0.2$，$E = 6.30 \times 10^{10}\mathrm{Pa}$，$h = 1\mathrm{m}/8 = 125\mathrm{mm}$

解：

根据式（4.4），圆环支撑架的最佳半径 r_2 是

$$r_2 = \left\{ 500 \times \left[1.326 \times \left(\frac{150}{500} \right)^2 + 0.0143 \times \frac{150}{500} + 0.682 \right] \right\} \mathrm{mm} = (0.716 \times 500) \mathrm{mm}$$

$$= 358\mathrm{mm} = 0.358\mathrm{m}$$

根据式（4.5），当反射镜安装在这种最佳环状支撑架上时，产生的最大（峰-峰）变形量是

$$\delta_{\mathrm{pp}} = \left\{ (2.38 \times 10^{-3}) \frac{2230 \times 9.81 \times (1 - 0.2^2)}{63 \times 10^9} \frac{12 \times 500^4}{125^2} \exp\left[\frac{-\left(\frac{150}{500} - 0.05 \right)^2}{0.115} \right] \right\} \mathrm{mm}$$

$$= 22.1 \times 10^{-9}\mathrm{m} = \frac{\lambda_{\mathrm{HeNe}}}{29}$$

Vukobratovich（1993）给出了三种支撑条件下的 C_{S} 值，见表4.2。在此，支撑形式为单环支撑，但支撑点分布在一些离散的点上，而不是一条连续的线。给出的区域半径代表具有最小变形量的支撑位置。Nelson 等人（1982）指出，如果增多单环中的点数，超过6个，并且向无穷多靠近（即一个连续的环），就会发现，对反射镜表面重力变形和获得最小变形时的区域半径的影响非常小。该结果如图4.5所示，给出了不同数目支撑点时反射镜的变形。区域支撑半径的最佳位置近似地位于曲线的最低点。

表4.2 采用单环支撑的光轴垂直放置的圆形反射镜在式（4.6）中使用的 C_{S} 值

条件	C_{S}
反射镜边缘等间隔三点支撑	1.3600
在半径为 $0.645R_{\mathrm{MAX}}$ 处等间隔三点支撑（重力变形最小）	0.3160
在半径为 $0.681R_{\mathrm{MAX}}$ 处等间隔六点支撑（重力变形最小）	0.0311

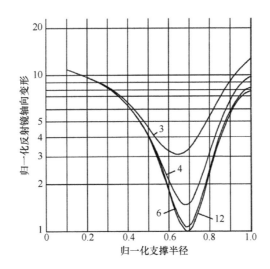

图 4.5　单环多点支撑光轴垂直放置的反射镜所产生的归一化变形量，
是归一化圆环半径的函数。图中标出了每种情况中支撑点的数目
（资料源自 Vukobratovich，D.，Private communication，2004）

按照表 4.1 和表 4.2 给出的条件，将式（4.6）应用于圆形熔凝石英反射镜，首先确定由自重造成的变形量（译者注：原书计算有误，分子中多代入了（$1-0.170^2$），已对之后 3 个 ΔY_C 的计算数值进行了修改）是

$$\Delta Y_C = \frac{(0.080 \times 10.000^4) C_S}{(10.6 \times 10^6) \times 3.333^2} \text{in} = 6.794 \times 10^{-6} C_S \text{ in}$$

因此，如果是表中的第一个条件（三点等间隔支撑在反射镜边缘）：

$$\Delta Y_C = 9.240 \times 10^{-6} \text{in} \quad (0.235 \mu\text{m})$$

对于第二个条件（三点等间隔支撑在半径 $0.645 R_{\text{MAX}}$ 处）：

$$\Delta Y_C = 2.147 \times 10^{-6} \text{in} \quad (0.0545 \mu\text{m})$$

对于第三个条件（六点等间隔支撑在半径 $0.681 R_{\text{MAX}}$ 处）：

$$\Delta Y_C = 0.211 \times 10^{-6} \text{in} \quad (0.00536 \mu\text{m})$$

这些变形分别等于 0.37、0.086 和 0.0085 个氦氖激光（HeNe）波长。三个边缘支撑点上反射镜的变形量约是 $0.645 R_{\text{MAX}}$ 处设置三个支撑点的反射镜变形量的 4.3 倍，约是 $0.681 R_{\text{MAX}}$ 处设置六个支撑点的反射镜变形量的 44 倍，显示最佳半径条件下六点支撑结构的优势。

与有限元分析法结果相比，若泊松比大于 0.2，则上述公式的平均误差约为 5%。若泊松比小于 0.2，该误差值曾达到约 12%。对于直径大至 2m 和纵横比为 5～30 的反射镜，该结论都是正确的。该公式能够为快速估算提供可接受的精度。

如果反射镜安装在某一任意半径位置处，可以利用 Williams 和 Brinson（1974）的多项式近似表达式评估弯曲造成的自重变形。对于只有弯曲变形而没有剪切变形的情况，这些近似表达式精度可以达到 1% 以内。多项式表达式如下：

$$C_S \left(\frac{r_2}{r_1} \right) = \sum_{i=0}^{6} a_i \left(\frac{r_2}{r_1} \right)^i \tag{4.7}$$

$N = 3$ 和 $N = 6$ 支撑结构的相关系数见表 4.3。

表 4.3 $N=3$ 和 $N=6$ 时反射镜的多项式变形量系数

系数	$N=3$	$N=6$
a_0	1.4479	1.3030
a_1	-5.5228	-2.2425
a_2	30.203	3.6934
a_3	-90.853	7.7029
a_4	115.83	-67.613
a_5	-55.955	105.83
a_6	6.1621	-47.872

采用一种包括有剪切效应校正的变形量计算公式，可以获得更高精度。由于最佳三点安装支架最常用，因此，有一些包含剪切效应和其他效应校正在内的改进型变形量计算公式，对于三点支撑的玻璃（$\nu \leqslant 0.2$）反射镜，最佳半径 $r_2/r_1 = 0.645$ 支撑位置处的最大变形量或者峰-峰变形量（译者注：原书漏印重力加速度 g）是

$$\Delta Y_C = 0.025 \frac{\rho_G g(1-\nu_G)}{E_G} \frac{V_0}{I_0} r_Z^4 + 0.65 \frac{\rho_G g}{G_G} \frac{V_0}{S_C A_0} r_Z^2 \qquad (4.8)$$

对于实心反射镜

$$\frac{V_0}{I_0} = \frac{12}{t_A^2}$$

$$A_0 = t_A$$

$$V_0 = t_A$$

$$S_C = \frac{10(1+\nu_G)}{12+11\nu_G}$$

$$G_G = \frac{E_G}{2(1+\nu_G)}$$

三点最佳支撑状态下实心反射镜的变形量（译者注：原书漏印重力加速度 g）是

$$\Delta Y_C \cong r_Z^2 \frac{\rho_G g}{E_G} \left[0.3(1-\nu_G^2)\left(\frac{r_Z}{t_A}\right)^2 + 0.13(12+11\nu_G) \right] \quad \nu \leqslant 0.2 \qquad (4.9)$$

对泊松比小于等于 0.2 的材料，该公式精确度最高。而直径大至 2m 和纵横比为 5～30 的反射镜，与有限元分析法相比，其平均误差约为 2%。简单的弯曲变形公式计算精度的提高使其成为一阶分析的良好选择。然而，对于泊松比大于等于 0.24 的材料，例如肖特微晶玻璃以及铝金属，简单的弯曲公式更精确。

如果反射镜有中心孔，则必须改变最佳支撑点半径的尺寸。当中心孔小于反射镜外径的 0.5 倍，则三点支撑结构最佳半径的变化量约为 $r_0/r_1 = 0.5$ 时的 6%（Arnold，1995）。若是 $0.5r_1$ 的中心孔，假设反射镜安装在最佳半径位置，则变形量变化只有 3%。对于大部分一阶分析，由于与该分析中的误差相差无几，因此，可以忽略中心孔造成的变形量变化。可以近似给出具有中心孔的反射镜三点安装最佳半径的位置，如图 4.6 所示，可参考式（4.10）和设计实例 4.3。

$$\frac{r_2}{r_1} = 0.6443 + 0.0445\left(\frac{r_0}{r_1}\right) - 0.2296\left(\frac{r_0}{r_1}\right)^2 \qquad \frac{r_0}{r_1} \leqslant 0.5 \qquad (4.10)$$

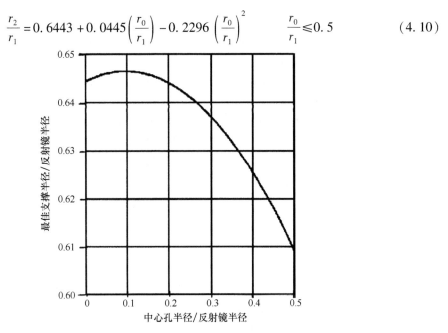

图 4.6　中心孔 $0 \leqslant r_0/r_1 \leqslant 0.5$ 条件下，反射镜三点安装方式最佳支撑半径的位置

设计实例 4.3　确定具有中心孔的反射镜的最佳支撑半径

一个直径为 500mm 的实心反射镜设计有直径为 150mm 的中心孔（$r_0/r_1 = 150\text{mm}/500\text{mm} = 0.3$），采用最佳三点安装方式。反射镜纵横比是 5:1，反射镜材料是康宁 Pyrex 7740。因此，$r_1 = 500\text{mm}/2 = 250\text{mm}$，$r_0 = 150\text{mm}/2 = 75\text{mm}$，$t_A = 500\text{mm}/5 = 100\text{mm}$。

材料性能是 $E_G = 63\text{GPa}$，$\rho_G = 2230\text{kg/m}^3$，$\nu_G = 0.2$。

解：

根据式（4.10），最佳支撑半径是

$$r_2 = 250\text{mm} \times \left[0.6443 + 0.0445 \times \frac{75\text{mm}}{250\text{mm}} - 0.2296 \times \left(\frac{75\text{mm}}{250\text{mm}}\right)^2\right] = 159\text{mm} \quad (0.637r_1)$$

由于泊松比是 0.2，经过剪切校正，根据式（4.9），可以获得最佳精度。如果忽略中心孔影响，则最大自重变形量是

$$\Delta Y_C = (0.250\text{m})^2 \times \frac{2230\text{kg/m}^3 \times 9.81\text{m/s}^2}{63\text{GPa}}$$

$$\times \left[0.3 \times (1 - 0.2^2) \times \left(\frac{0.250\text{m}}{0.100\text{m}}\right)^2 + 0.13 \times (12 + 11 \times 0.2)\right]$$

$$= 79.1 \times 10^{-9}\text{m}$$

若半径位置从 0.681 变化到 0.698，随着中心孔尺寸增大到 $r_0/r_1 = 0.5$，六点支撑最佳半径的位置不太敏感。对于直径是反射镜总直径 0.5 倍的中心孔，假设，反射镜采用六点最佳支撑，则反射镜变形量变化小于 1%。与三点最佳支撑一样，中心孔的影响远小于一阶分析的精度，可以忽略不计。

一个六点最佳支撑的弯曲变形约为三点最佳支撑变形量的 13%，从而使六点支撑结构成为替代较复杂多点安装方式的有用结构。一种简单的横杠安装方式设计有三个摇臂结构，每个摇杆都有两个点与反射镜背面接触，因此，与较为精细的 Hindle 类型比较，更容易制造。另一种方法是在其之间提供三个具有制衡杠杆机制的硬点。与横杠安装方式相比，这种设计可以使总体刚度更高。

较大型反射镜或者具有较低刚度的反射镜，其直径-厚度比很小或者材料的弹性模量较低，因此，需要更多的支撑点。一般来说，可以排列成各种图形，例如增加圆环以获得大量的支撑点，又如三角形、正方形或者六角形栅格等图形。为了将离散支撑点之间的反射镜表面变形量控制到某一公差值 δ，Hall（1970）给出了所需支撑点数目的计算公式（译者注：原书漏印重力加速度 g）：

$$N = \frac{0.375 D_{\mathrm{G}}^2}{t_{\mathrm{A}}} \left(\frac{\rho_{\mathrm{G}} g}{E_{\mathrm{G}} \delta} \right)^{1/2} \tag{4.11}$$

式中所有参数如前所定义。作为 Hall 公式应用的例子，现在讨论一个熔凝石英反射镜：直径为 39.37in（100.000cm），厚度为 5.625in（14.288cm），变形量不超过 0.01 个波长（波长 0.633μm）。根据式（4.11），其轴向至少需要 $[(0.375 \times 39.370^2)/5.625]\{0.080/[(10.6 \times 10^6) \times (2.492 \times 10^{-7})]\}^{1/2} = 17.98$ 或者 18 个支撑点（参考 4.5 节多点支撑系统的讨论）。

Hall 公式是以规则排列支撑点支撑一块半无限大平板的变形量为基础。该公式是比较保守的，给出的支撑点数目要比实际需要的多。Nelson 等人（1982）或者 Arnold（1995）给出了更为精确估算支撑点数目的计算公式。然而，对于更大的反射镜（$d_z \geqslant 3\mathrm{m}$）或者轻质反射镜，剪切力影响变得更为重要，简单的近似公式不精确。

应用这些公式的前提条件是反射镜比较硬，并且近似一块平行平板，所以，只能应用于有均匀厚度或者几乎是均匀厚度的反射镜，要求直径-厚度比是 6:1 或更小些。最好采用有限元分析技术对满足这些准则（有弯曲的光学表面和平的后表面）的反射镜、弯月形反射镜（具有板壳的特性）和所有的大孔径反射镜在重力及安装应力作用下的面形进行分析。另外，也可以采用 Mehta（1984）提出的封闭式方法计算这些反射镜中的许多结构形式。

4.4 空气袋（气囊）支撑技术

充气支撑（气袋或气囊）技术作为一种可以将轴向力分配到反射镜后表面上的安装方法已经应用在许多天文望远镜主镜的安装中。一般有三种类型：由平的充气囊提供大面积接触；在两个或者更多的径向区域实现有选择的环形面积接触；麦圈形多段接触。下面分别对每种类型进行讨论。

典型的单气囊支撑是由两张无孔材料制成，例如氯丁（二烯）橡胶；或者涂有氯丁橡胶的布织物，例如涤纶织物，如图 4.7 所示，将边缘处连接并密封在一起。Vukobratovich（1992）指出，如果气袋是应用在海拔很高的地方，例如山顶观测站，可能需要一种特殊的具有抗臭氧能力的氯丁橡胶。

从镜座后结构板突出三个接触面积很小的垫片形式的可调整支架（称为支点或者定位点）穿过气袋的密封孔（图 4.7 未给出）。通常，反射镜光轴的位置和方向取决于这三个可调整支架。气袋支撑着反射镜重量的 90% ~ 95%，剩余重量由三个支点支撑。一个低压泵

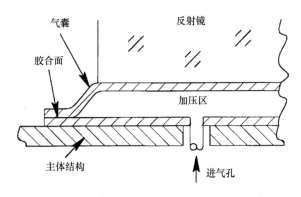

图 4.7　一种泡状气袋轴向支撑光轴垂直放置反射镜的示意图

（资料源自 Chivens，C. C.，Air bags，in. Crawford，D. L.，Meinel，A. B.，and Stockton，M. W.，ads.，*A Symposium on Support and Testing of Large Astronomical Mirrors*，Kitt Peak National Laboratory and the University of Arizona，Tucson，1968，，p. 105）

通过一个压力调节器向气袋供气。在某些情况中，使用一台备用气泵提供余度，保证可靠性，如果主泵发生故障，备用泵自动启动工作。这些气泵要在远远低于最大额定压力和最大额定速度的状态下工作，因而增加了使用寿命。

Doyle 等人（2002）指出，在设计一种气袋支撑方式期间要建立有限元分析模型，就必须考虑气袋和反射镜侧面间的界面形状。如果反射镜是旋转对称的，应当调整压力使气袋与反射镜边缘相切，如图 4.8a 所示；否则，如图 4.8b 和 c 所示，分别是充气过量或充气不足，应当进行校正。如果反射镜不是对称结构，就要调整有限元分析模型。其中的一种反射镜结构形式就是图 4.8d 所示的离轴抛物面反射镜。

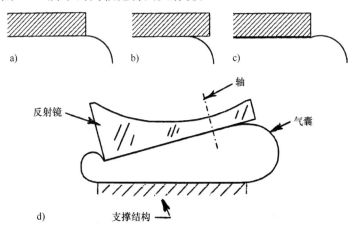

图 4.8　气袋轴向支撑一块反射镜可能会出现的 4 种边缘接触情况

a）相切　b）充气过量　c）充气不足　d）由气袋支撑一种非对称（离轴抛物面）反射镜的视图（夸张化的）

（资料源自 Doyle，K. B. and Forman，S. E.，*Proc. SPIE*，3132，2，1997）

Crawford 和 Anderson（1988）介绍了一块直径 1.8m（70.9in），f 数为 f/2.7 的抛物面反射镜的制造过程。该反射镜是美国霍普金斯山（Mt. Hopkins）上首台多反射镜式望远镜（MMT）的备份零件。在抛光期间，采用背面支撑的方式将 1200 lb（544kg）重的熔凝石英蛋箱式凹反射镜约 93% 的重量压在一个全孔径接触氯丁橡胶气囊上，剩余的 7% 重量由三个旋转定位垫片支撑（见图 4.9）。首先将反射镜粗磨和抛光成一个球形，根据变化气袋压力测量到的面形值以及观察到的 3θ Zernike 多项式系数，就可以在气袋和衬垫支撑之间进行重量分配。在重量分配过程中，足以使垫片的重力变形（三个硬点支撑压在反射镜上而引起的面形误差）达到最小。

图4.9 一块抛物面反射镜在抛光期间采用全孔径接触气袋支撑的照片。该反射镜直径为 1.8m（70.9in）和 f 数为 $f/2.7$，是首台多反射镜式望远镜中的一块备份反射镜
（资料源自 Crawford, R. and Anderson, D., *Proc. SPIE*, 966, 322, 1988）

一个直接与反射镜背面大面积接触的气袋将反射镜与其周围环境的热交换完全隔绝（Sisson, 1958），可能不太有利于温度变化的稳定和快速适应，这一点在设计反射镜的温度控制系统时必须考虑。

如果一个反射镜的厚度在径向变化比较大，希望设计一个气袋就能够产生均匀支撑所需要的均匀分布的力是困难的。多个圆环形气袋可以有不同的压力，因此可以适应这种变化。在任何气袋系统的设计中将压力控制到所需要的精度不是一个小的任务，如果使用多个气袋，问题就复杂了。

Baustian（1986a）介绍过一种双环形气袋支撑，反射镜直径是 150in（3.8m），区域接触设计半径分别是 $0.48R_{MAX}$ 和 $0.85R_{MAX}$。其中，R_{MAX} 是反射镜半径。工作期间，在 $0.722R_{MAX}$ 区域处设置 3 个定位装置固定反射镜的轴向位置。图4.10 给出了一个环形支撑的示意图，图4.11 给出了一块反射镜在镜座中的设计图，内外气袋的环形宽度分别是 4.8in 和 5.1in（12.2cm 和 13.0cm）。正如前视图所示，环形气袋都要分段制造，主要考虑成本和容易安装。

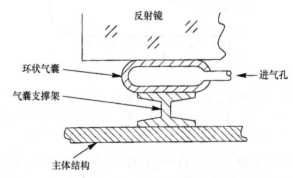

图4.10 一个环状气袋轴向支撑一块大反射镜的示意图
（资料源自 Baustian, W. W., and Crawford, D. L., Annular air bag back supports, in: Crawford, D. L., Meinel, A. B., and Stockton, M. W. eds., *A Symposium on Support and Testing of Large Astronomical Mirrors.* Kitt Peak National Laboratory and the University of Arizona Tucson, AZ, 1968, P. 109）

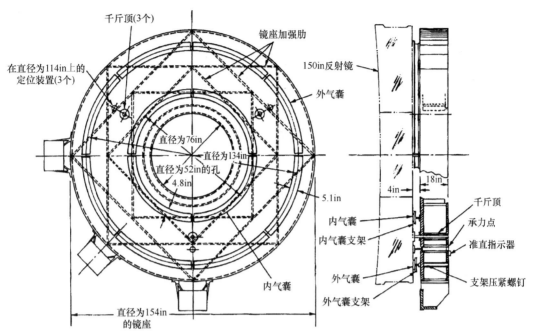

千斤顶(3个)
镜座加强肋
在直径为114in上的
定位装置(3个)
150in反射镜
外气囊
直径为76in
直径为134in
直径为52in的孔
4.8in
5.1in
内气囊
内气囊支架
外气囊
外气囊支架
18in
4in
千斤顶
承力点
准直指示器
支架压紧螺钉
直径为154in
的镜座

图 4.11　双环形气袋支撑一块直径为 150in（3.8m）的望远镜主反射镜的设计图（单位是 in）

（资料源自 Baustian, W. W., Mirror cell design, in: Crawford, D. L., Meinel, A. B., and Stockton, M. W. eds.,

A Symposium on Support and Testing of Large Astronomical Mirrors, Kitt Peak

National Laboratory and the University of Arizona Tucson, AZ, 1968, P. 150. ）

如果使用两个同心环作为双环气袋支撑一个直径为 4.01m（158in）的光轴垂直放置的反射镜，图 4.12 给出了计算出的表面的对称变形。该例子中选择的环形气袋半径与图 4.11 所示的几乎一样（$0.51R_{MAX}$ 和 $0.85R_{MAX}$）。图 4.12 中的绝大部分孔径内的表面变形 p-v 值是 3×10^{-6}cm（0.06 个绿光光波）

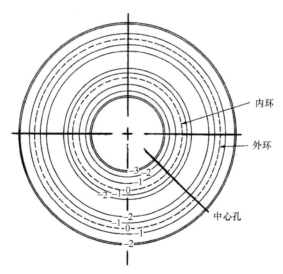

内环
外环
中心孔
-3
-2
-1
0
-2
-1
0
-1
-2
-1
0
-2
-1
0
-1
-2

图 4.12　计算得到的直径为 4.01m（158in）、光轴垂直放置反射镜的表面变形，

反射镜支撑在两个圆环形的环上。等高线间隔为 10^{-6}cm

（资料源自 Malvick, A. J., and Pearson, E. T., *Appl. Opt.*, 7, 1207, 1968）

支撑一个反射镜整个后表面需使用的气袋可以这样设计：将它们分成三块或更多块的饼状，然后并行地连接到一个压缩空气进气管上（Chivens，1968）。图4.13给出了一块反射镜的背面视图，是用三块上述形状的气袋来支撑。在这类设计中，承力点可以设计在各气袋相连接的地方，两个气袋间很窄的范围内没有支撑，通常是允许的。

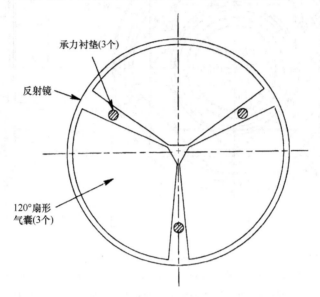

图4.13　使用三个120°间隔分布的气袋对大反射镜进行轴向支撑的后视图。有三个承力点

气囊概念的一种变化就是将反射镜本身作为一个活塞使用，同时，在反射镜侧面或边缘附近用一个或多个柔性垫圈或者O形环将反射镜密封在一个密闭的镜座中（见图4.14）。利用一台气泵抽成局部真空，从而降低密封区域内的气压。反射镜前后的大气压差就支撑了反射镜的重量，并将反射镜压靠在三个承力点（图中给出了一个）上。Chivens（1968）描述过这种方法。几种望远镜都使用了这种类型的支撑，其中一种设计就是支撑双子星座望远镜的主反射镜，多个轴向伺服机构为反射镜提供部分支撑。这种反射镜应用于一个可变方位的望远镜中，将在本书第5章讨论。

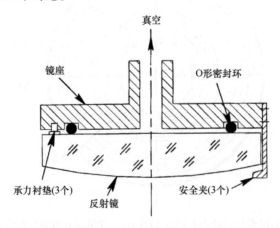

图4.14　一种负气囊支撑方式的概念性示意图。利用大气的压力完成一块平凸反射镜的面朝下轴向支撑
（资料源自 Vukobratovich, D., Introduction to optomechanical design, in *SPIE*, *Short Course*, *SC*014, 2003）

4.5　多点支撑技术

4.5.1　三点支撑技术

　　一个对称结构的光轴垂直放置反射镜的最简单安装方法，就是安装在反射镜背面三个定位点上，如图 4.15 所示。如果要保持对称性，三个点应当位于一个以反射镜光轴为中心的圆上，并且有相等的角度间隔（120°）。

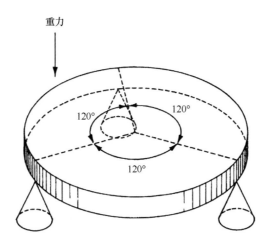

图 4.15　在光轴垂直放置反射镜背面的边缘处采用简单的三点（点接触）支撑示意图

　　由重力造成的反射镜表面的变形分布，无论大小还是布局都会随支撑圆的半径而变化。图 4.16a 给出了一个典型的由三点支撑造成的变形表面，圆盘实心反射镜的直径是 4.01m（158in），有一个 1.32m（52in）的中心孔，三个支撑点的分布圆所围成的区域面积是整个反射镜面积的 96%。直径-厚度比约为 7:1。Malvick 和 Pearson（1968）认为，这个例子是准备解释和说明使用三个固定承力点，而不是均匀支撑固定一块反射镜的位置所造成的影响。如果使用这些点仅支撑该反射镜重量的很小一部分（例如 1%），那么，根据等高线数和比例系数就可以确定表面变形的 p-v 值，近似等于 $[14 - (-8) \times 10^{-4} \mathrm{cm} \times 10^{-2}] = 0.22 \mu m$，即 0.41 个绿光波长。

　　图 4.16b 给出了同样一个反射镜被三个位于 72.5% 区域处的承力点支撑造成的变形，现在 p-v 变形值仅是 $[4 - (-2) \times 10^{-4} \mathrm{cm} \times 10^{-2}] = 0.06 \mu m$，即 0.11 个波长。如果在中心孔附近支撑（见图 4.16c），反射镜边缘的变形是 $0.22 \mu m$，与边缘支撑时在中心区域产生的变形量是一样的。在所有这些情况中，"零" 等高线的位置是随意的。如果一块反射镜被轻轻夹持到这些支撑点上，夹持力垂直于接触表面并直接通过接触区的中心，那么，显示出的变形等高线图与没有夹持固定的反射镜的等高线图是一样的，否则会出现局部力矩使反射镜变形。

　　通过图 4.16 所示的研究可以推断，三点支撑存在一个最佳支撑半径，可以使面形误差的 p-v 值最小。对于一个直径为 $2R_{\mathrm{MAX}}$、均匀厚度且没有孔的圆形玻璃板，其最佳半径是 $0.645R_{\mathrm{MAX}}$。在以该数值为半径的圆上分布着三个等间隔承力点支撑一个反射面朝上的光轴

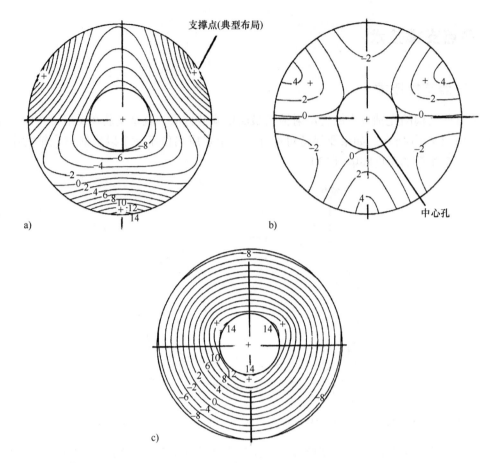

图 4.16 直径是 4.01m（158in）的实心反射镜在三点支撑安装方式下表面变形的等高线图。
等高线间隔为 10^{-4} cm。支撑点分布圆所围成的区域面积分别为反射镜面积的占比：
图 a 为 96%；图 b 为 73%；图 c 为 38%
（资料源自 Malvick, A. J., and Pearson, E. T., *Appl. Opt.*, 7, 1207, 1968）

垂直放置反射镜，在重力作用下形成"中心和边缘下垂"的变形等高线图。

由于绝大部分大孔径反射镜使用三支点支撑只是为了确定反射面的轴向位置和角度方位，而非支撑反射镜的大部分重量，所以下面讨论重量卸载的机械方法。

4.5.2 Hindle 支撑技术

在一篇关于反射镜悬浮系统的经典文献中，Hindle（1945）叙述了一种现在以其名字命名的安装技术。平衡半径 R_E 把一个等厚度的反射镜分成两部分：一个中心盘占总重量的 1/3；一个圆环盘占总重量的 2/3。在非常接近且略大于平衡半径 R_E 的一个圆上等角距离地分布着 3 个支撑点。Hindle 解释了如何在每个点周围再形成一个 3 点支撑，最终成为 9 点两环安装，几何布局如图 4.17a 所示。3 个支撑点和 6 个支撑点分别位于半径为 R_I 和 R_O 的内外圆上。式（4.12）~式（4.15）将不同的半径与反射镜直径 D_G 联系在一起：

$$R_E = \frac{\sqrt{3}}{6} D_G = 0.289 D_G \tag{4.12}$$

$$R_{\mathrm{I}} = \frac{\sqrt{3}}{12}D_{\mathrm{G}} = 0.144D_{\mathrm{G}} \qquad (4.13)$$

$$R_{\mathrm{O}} = \frac{\sqrt{6}}{6}D_{\mathrm{G}} = 0.408D_{\mathrm{G}} \qquad (4.14)$$

$$R_{\mathrm{S}} = 0.304D_{\mathrm{G}} \qquad (4.15)$$

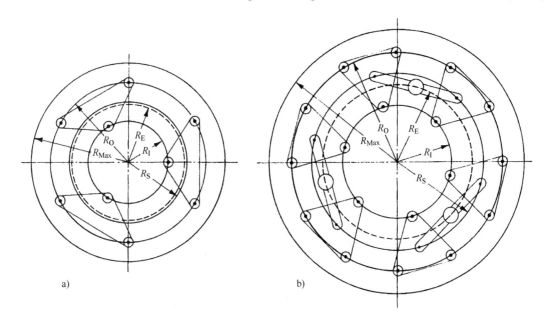

图 4.17　反射镜多点（Hindle）机械悬浮安装布局
a）9 点支撑　b）18 点支撑

在 9 点 Hindle 安装方式中，相邻的 3 个支撑点通过连接板（通常是三角形板）连接在一起，并且，从三角形底面计算起，在连接板高度的 1/3 处设有转轴。每个接触点基本上承担相等的重量。Hindle 指出，如果要正确起作用，每块连接板都必须单独处于平衡状态，并且约束其平面内的转动。一些连接臂（或连杆）将这些平板连在一起，在它们的中心和两端都有回转接头，这些部件称为横杠结构。

Hindle 还介绍了一种 18 点反射镜支撑。每两个三角形由一根连杆支撑，再依次支撑在三根连杆的中心点处，这三个中心点等距分布在半径为 R_{E} 的圆上。与 9 点支撑安装方式一样，R_{E} 按照 1:2 的关系将反射镜表面积分成中心区和环形区（见图 4.17b）。结构支撑架基本上置于该半径上。

图 4.18 详细说明了一个典型的 18 个支撑点安装设计的横杠部件。在三角形连接板平面图上的两个正方形是横跨在回转杆两侧的凸台，用于防止连接板转动。Hindle 建议连杆和连接板的接头采用球头与球窝结构，组装时连接板上的球形窝要稍微遮盖住球一点，以便在轴向约束它们。图 4.19 所示的万向接头就是当今经常用于这种目的的挠性装置。图 4.20 所示的一种挠性轴承应用在连杆的中心处，这种轴承包含有正交的平板挠性叶片支撑着内外套筒，不动的套筒固定在外部结构上，旋转套筒承担负载。偏转范围的代表值是 ±7.5°、±15°、±30°。直径为 0.125 ~ 1.000in（3.175 ~ 25.4mm）的单端悬臂轴承和双端轴承都可

以买到，这些轴承都是用 CRES400 系列的不锈钢材料制成，并且仅使用到最大负载和偏转范围的30%。该形式有非常小量的滞后，但由于偏转角度小，轴的横移也非常小。这些装置可以应用在高真空环境中。

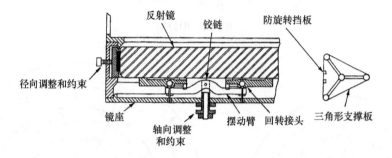

图4.18 采用18点 Hindle 安装方式的反射镜支撑部件示意图
（资料源自 Hindle, J. H., Mechanical floatation of mirrors, in: Ingalls, A. C., ed., *Amateur Telescope Making*, *Advanced Scientific American*, New York, 1945, p.229）

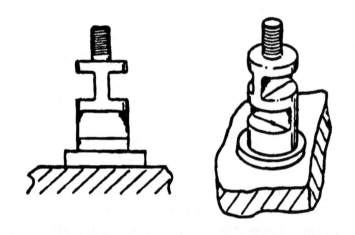

图4.19 一种万向接头挠性构件的概念。常用于 Hindle 反射镜支撑结构中代替球铰链连接

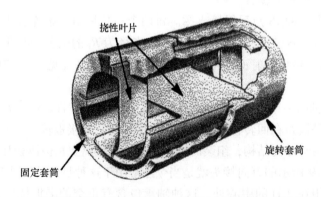

图4.20 单端挠性轴承的示意图。采用平衡安装方式支撑反射镜时，经常在支撑机构的铰链中使用这种轴承消除摩擦力
（资料源自 Riverhawk Company, New Hertford, NY）

在正常工作条件下，挠性轴承基本上有无限长的寿命。Doyle 和 Forman（1997）利用有限元分析法解释了随机振动时某些挠性轴承的失效原因，转轴内部有缺陷的焊接或铜焊接处因高的应力集中作用会断裂。作者指出，使用无焊缝的电火花加工（EMD）工艺制造挠性轴承或者用分流器限制径向运动，都可以解决这个问题。

上面对 Hindle 安装设计的讨论只能严格应用于均匀厚度的平板，没有考虑切应力的影响。对于曲面反射镜，由于重量分布与半径的关系是非线性的，所以计算比较复杂。对这类情况，要经常使用有限元分析方法。

如果直径是 $2a$ 的一块圆形薄平板采用多级机械支撑，考虑两种类型：一种是无孔的玻璃板；一种是有中心孔（孔的半径是 b）的玻璃板。Mehta（1983）详细介绍了一种方法用于分析这类反射镜重力导致的表面变形，并且应用到 9 点支撑的 Hindle 安装方式中，包括对称性三角板和非对称性三角板两种情况。Hindle 指出，这种分析方法也可以应用到 18、27、36、81 或者更多支撑点的 Hindle 安装方式中。一种非对称三角形连接板允许改变外环浮动支撑点的位置，使其分布圆半径稍有不同，这有利于确定某设计对尺寸变化的灵敏度。Mehta 的论文中有这方面计算的例子，文中推导出的公式都是非线性和超越方程。他已经证明，可以使用这些公式计算任意子午方向的表面变形（是归化半径 R/a 的函数），并确定能够具有最小方均根表面变形（即面形误差）的安装设计，假设已经知道反射镜的外形尺寸、泊松比及杨氏模量。

图 4.21 对两种支撑情况下使用有限元分析法计算平板反射镜变形所得到的 Mehta 封闭式求解结果进行了比较。该反射镜是一块薄的无孔平板（$D_G/t_A = 40/1$），直径为 100in（约 2.5m），厚为 2.5in（6.4cm），采用对称三角形连接板 9 支撑点式 Hindle 技术进行安装。其中，一种情况是支撑点位于 50% 区域之处；另一种情况是支撑点位于 90% 区域之处。两条曲线分别代表沿子午面通过内支撑点（$\theta = 0°$）和沿子午面与前一个点支撑成 $\theta = 60°$ 角时的变形。很明显，两种方法给出了相同的结果。Mehta 指出，与有限元分析法求解相比较，封闭式求解更快捷、经济，如果需要折中设计或者在预设计阶段，使用封闭式方法更理想。

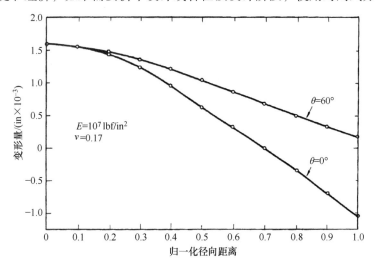

图 4.21　一块反射镜是无孔的圆形平板，采用 9 点式 Hindle 支撑，有限元分析法（用圆表示）和封闭式方法（用线表示）计算出的由自重造成的表面变形的比较。连接板的特性和几何图形如文中所述
（资料源自 Mehta, P. K., *Proc. SPIE*, 518, 155, 1984）

133

对于 hindle 安装方法为什么不能用于安装（或者悬吊）反射面垂直朝下的反射镜，没有给出基本解释。的确，如果一块大反射镜（通常是折叠平板）必须安装在光学实验室内的顶部，会经常使用这种悬吊式安装技术。对于同样的设计，无论反射镜面朝上还是朝下，产生的表面变形是一样的。

4.5.3 平衡安装技术

使用一系列带有均重杆的装置将作用力施加在光轴垂直放置反射镜背部多个离散的支撑点上，从而使光轴方向的受力状况更为均匀。图 4.22 给出了一种均重杆的背部支撑示意，非常类似 Couder（1932）描述过的那种情况。这种具体的装置是为美国麦克唐纳（McDonald）天文台安装直径为 107in（2.7m）望远镜主镜设计的。Smith（1968）介绍过这种安装技术，这种设计包含尖头的推力杆，依次位于每一端的锥形槽内。实际上，推力杆的尖头都抛光成半径为 0.014in（0.356mm）的球形，推力杆使用工具钢材料，表面硬化到洛氏硬度 65。推力杆端部的设计压力约为 200000 lbf/in^2（1.38×10^3 MPa）。为避免污染，锥形槽涂以硅酮润滑脂。

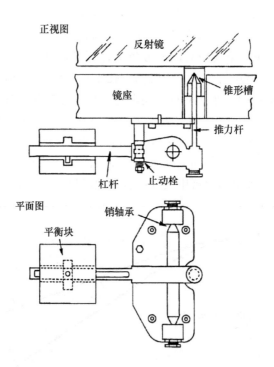

图 4.22 用于轴向支撑一块反射镜的杠杆式平衡支撑装置的示意图

（资料源自 Smith, H. J., McDonald 107-inch telescope, in: Crawford, D. L., Meinel, A. B., and Stockton,

M. W., eds., *A Symposium on Support and Testing of Large Astronomical Mirrors*, Kitt Peak

National Laboratory and the University of Arizona, Tucson,, AZ, 1968, p. 169）

平衡类安装技术的一个主要不足就是轴承本身固有的摩擦力。在图 4.22 给出的装置中，原本设计的横向轴有销钉形轴承。为了提高长期的可靠性，并消除摩擦力，以图 4.20 所示的一般类型的单轴挠性轴承代替了这种轴承。

4.5.4　气压/液压镜座

采用充气或液体致动器的多点安装技术经常为光轴垂直放置反射镜的支撑提供所需要的力场。一般这些致动器都是排列在半径为 R_1 和 R_0 的圆环上，在每一个圆环上等间距分布。图 4.23 给出了两个圆环上 18 个支撑点的典型排列图。

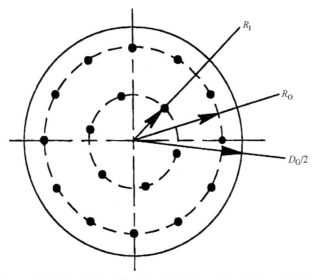

图 4.23　一种双环、18 个支撑点的布局形式。轴向支撑一个圆形反射镜

图 4.24 给出了由 Barnes（1974）介绍的这类典型镜座的前视图。由这种镜座支撑的反射镜是直径为 1.2m（47in）⊖、厚度为 0.2m（7.9in）的微晶（CerVit）圆板，反射面是 f 数

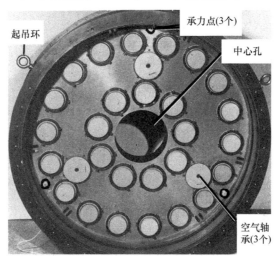

图 4.24　一个多点轴向支撑的反射镜镜座。27 个气压致动器排列在两个同心圆环上。反射镜直径是 1.2m（47in）

（资料源自 Barnes，W. P.，Jr.，Terrestrial engineering of space-optical elements，in：Thompson，R. R.，eds.，*Proceedings of Ninth Congress of the International Commission for Optics*. National Academic Science，Santa Monica，CA，1974，p.171）

⊖　原书写为 1.25m（49.2in）。——译者注

为 $f/2.5$ 的抛物面，镜座有 27 个气压致动器。图 4.25 给出了一个普通的滚动薄膜式液压致动器的截面图。与反射镜的接触界面是通过放置在球轴承上的一个衬垫或是一个万向接头挠性装置固定。可以使界面的角度与反射镜后表面的角度相匹配，为了适应反射镜内非均匀的重量分布，通过单个致动器的设计使施加在活塞上的压力变化，以满足不同支点位置对作用力的需求。这种典型致动器使用的动力介质可以是气体或液体。

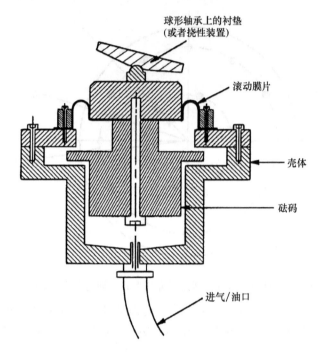

图 4.25 滚动薄膜式气压/液压致动器结构布局，适合支撑大型、上仰反射镜的后表面
（资料源自 Yoder, P. R., Jr., *Mounting Optics in Optical Instruments*, 2nd edn.,
SPIE Press, Bellingham, WA, 2008）

在图 4.24 所示的设计中，致动器安置在环形反射镜基板内孔和外圆附近 9 个和 18 个支撑点所在的圆环上，对每个接触点施加的力基本上都是相等的，并承担了反射镜的绝大部分重量。三个定位点可以调节衬垫以 120° 的角间隔设置，支撑着剩余的重量。根据望远镜调焦和瞄准控制系统的指示，固定到衬垫上的位移功能变换器就可以保证轴向定位（活塞）和校正倾斜。

4.6 计量安装技术

光学计量是光学工程的一个分支。与光学性能有关的一些特性，例如光学元件和系统的表面轮廓、曲率半径、焦距、反射后的波前质量以及传递函数，都要进行高精度测量。这些测量是在加工过程中及光学件完工后进行的，将测量出的量值与事先确定的标准值进行比较，以确定是否满足要求。

将这些测量完全置于最终使用的真实环境中进行常常是不可能的。一个最好的例子就是制造一块最终使用在无重力空间环境中的大型反射镜。即使反射镜一直放置在地球上，使用期间的条件，例如重力矢量的方向与粗磨和抛光过程中的方向也可能是不一样的，在光学精加工期间施加在表面法线和切线方向的力也必须考虑，因为这些力可能相当大——特别是使用普通技术抛光大孔径或非常薄的反射镜更是如此。

在加工的最终阶段进行测试时，用于支撑反射镜的镜座称为计量镜座。一般来说，反射镜的轴是垂直方向的。反射镜镜座必须保证反射镜表面相对于光学测试设备能够精确定位，并为反射镜提供一个稳定的可预测和可重复的支撑。最经常使用的计量镜座可以模拟零重力环境，这种镜座采用多点支撑反射镜以便使三个关键定位/定向承力点造成的自重变形以及跨度间自重造成的变形都在技术要求的范围之内。正如前面所述，Hall（1970）给出了一个"经验"公式，为避免测试期间自重变形大于规定的 p- v 值，可以根据这个公式确定所需要的最少支撑点的数目 N。虽然没有经过严格推导，Hall 指出，事实证明这个法则［见式（4.11）］完全适合于直径为 40in（1m）× 厚度为 4in（10cm）到直径为 103in（2.6m）× 厚度为 12in（30cm）的反射镜。如果使用同样的镜座支撑抛光和测试期间的反射镜，在计算支撑点的数目时就必须考虑抛光工具和附件的重量。

最普通的计量镜座是使用气压或液压致动器的镜座以及带有平衡块或弹簧的机械杠杆构成的镜座。Cole（1970）介绍过一个 36 点气压镜座，用来支撑直径是 150in（3.8m）的反射镜。Wollensak 和 Rose（1975）讨论过使用 27 点液压计量镜座来支撑直径是 70in（1.8m）的反射镜。Barlow（1975）为支撑外形尺寸是 71cm×193cm（28in×76in）的近乎矩形的轻质反射镜设计了一个 64 点液压镜座。

Montagnino 等人（1979）介绍过一种 52 点弹簧加载杠杆镜座支撑直径是 60in（1.5m）的反射镜，目的是为了提前验证美国 NASA 研制的直径 98in（2.49m）的哈勃太空望远镜（HST）主镜加工技术和测试技术。Krim（1982）简要叙述了这种后来确实被哈勃望远镜主镜采用的计量镜座的设计、建模和测试技术。在模拟零重力环境条件下，哈勃望远镜主镜镜座造成的表面变形确定在方均根 $\lambda/438$（波长 $\lambda = 633nm$）（译者注：原书错印为 μm）之内。但是，如果在光轴垂直放置方向将反射镜简单地支撑在标准的地球重力场中，其典型重力变形应当约为 12λ。

由于篇幅限制，在此只能讨论上述安装设计中的三个实例。下面章节将总结和概述 Cole 的 150in（3.8m）的反射镜镜座、Wollensak 和 Rose 的 70in（1.8m）的反射镜镜座和 Perkin-Elmer 的 60in（1.5m）反射镜镜座的设计和安装技术。

4.6.1　36 点气压计量安装技术

图 4.26 给出了一台用于加工直径是 150in（3.8m）平凹反射镜的制造/测试集成设备。计量镜座放置在反射镜的背面与粗磨机/抛光机的台面之间。该镜座在加工和测试期间为反射镜提供支撑。图 4.27 给出了镜座的上表面，与 36 个圆形致动器衬垫、36 块矩形橡皮垫块和三个跑道形状的空气轴承相配合。图 4.28 给出了一个气压支撑的特写。

在光学测试期间，将反射镜放置在 36 个衬垫上。将外环上的三个衬垫放气，在活塞与反射镜之间插入薄的隔圈作为硬的定位点。最大气压约为 8 lbf/in^2，两个环稍有不同，进行调整，使 36 个衬垫基本上均匀支撑反射镜的相同重量。

抛光时，去掉隔圈，使反射镜浮在所有 36 个衬垫上，利用抛光工具的重量［9000 lb

（约 4100kg）〕将反射镜的背面压靠在 36 个橡皮垫块上。Cole 指出，必须特别注意保证垫块能够均匀支撑抛光工具的重量。反射镜的后表面和抛光台的上表面要匹配，垫块要研磨到同样高度。为分散遗留的高度误差的影响，定期地在镜座内旋转反射镜，为做到这一点，利用三个空气轴承将反射镜升高，使之能够在一层薄空气层上移动。旋转之后，将其落低放回到垫块上，继续抛光。

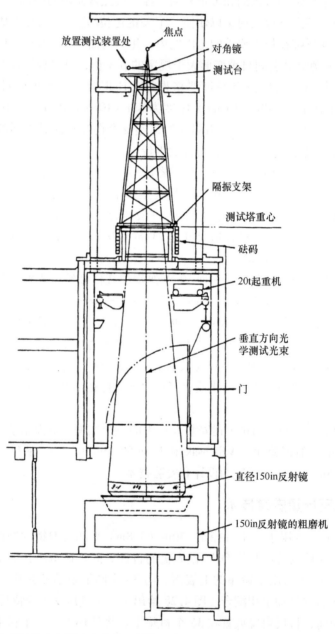

图 4.26 为现场抛光和测试大孔径反射镜而专门设计并集成的室内抛光/计量测试设备

（资料源自 Cole，N.，*Optical Telescope Technology Workshop*，April 1969，

NASA，Report，SP-233，307，1970）

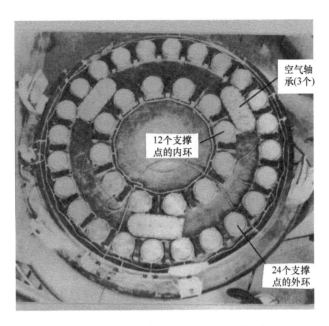

图 4.27　一台气压多点加工/计量镜座的照片，反射镜直径 150in （3.8m）

（资料源自 Cole，N.，*Optical Telescope Technology Workshop*，April 1969，NASA，Report，SP-233，307，1970）

图 4.28　在图 4.27 中使用的一个活塞和滚动薄膜支撑装置的特写照片

（资料源自 Cole，N.，*Optical Telescope Technology Workshop*，April 1969，NASA，Report，SP-233，307，1970）

4.6.2　27 点液压计量安装技术

为了验证大孔径轻质反射镜高质量光学表面的加工技术 （约 $\lambda/60$，$\lambda = 0.633\mu m$），美国 Itek 公司研发了一套试验用光学加工程序 （Wollensak 和 Rose，1975）。使用的反射镜是 70in （1.8m） 的单块 （熔接的） 超低热膨胀玻璃基板，厚度约为 12in （30.48cm），前后面板厚度约为 25mm （1.0in）。这块反射镜是一个弯月形、相对孔径是 $f/2.2$ 的凹球面，重为 1200 lb （544.3kg）。

使用的计量镜座如图 4.29 所示。具有 27 个成双环分布的液压轴向致动器及三个定位衬

139

垫作为支撑。这些致动器与一个共用的进气管连接，所以，压力是相同的（见图 4.30），允许液体在致动器之间自由流动。使用这种结构布局无须补偿重量分布的空间不均匀性。

图 4.29 一种 27 点反射镜计量镜座的照片。其中有液压致动器和边缘约束装置
（资料源自 Wollensak, R. J., and Rose, C. A., *Opt. Eng.*, 14, 539, 1975）

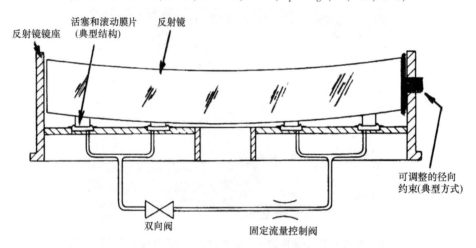

图 4.30 图 4.29 所示的计量镜座中液压系统的连接示意图
（资料源自 Wollensak, R. J., and Rose, C. A., *Opt. Eng.*, 14, 539, 1975）

正如图 4.29 和图 4.30 所示，有 18 个独立的可调节装置保证抛光期间对反射镜实现横向约束。抛光期间，通过调整使它们与基板前后面板的侧面牢靠地接触；在加工和测试工序交替进行过程中，将反射镜/镜座组件小心地从一个工序转送到另一个工序，在一台专门的测试设备上完成干涉测量。测试时，撤掉横向约束，不会影响结果。

4.6.3 52 点弹簧矩阵计量安装技术

在准备建造哈勃空间望远镜主镜时，NASA 批准美国珀金埃尔默（Perkin-Elmer）公司验证其建议的计量镜座的设计。一个直径为 60in（1.5m）的实心超低膨胀玻璃反射镜中心有一个 10in（25cm）的孔，准备精制成一个厚度是 3.82in（9.70cm）的弯月形反射镜，使其模拟全尺寸轻质哈勃空间望远镜主镜的感光速率（或 f 数）（f/2.3）和结构挠性。验证表面变形的指标是方均根值 λ/60，其中 λ = 633nm（译者注：原书错印为 633μm）。下面描述的是 Montagnino 等人（1979）研制的满足这个指标的试验镜座（见图 4.31）。卷I图 1.17 所示的位于镜座上的反射镜定位在测试装置中，进行干涉测量时，镜座固定在一个轨道上，可以将反射镜和镜座从测试的地方转送到加工的地方，而不会破坏这些零件之间的对准关系。

图 4.31　52 点计量镜座的结构布局图。在加工和测试期间用来支撑直径是 60in（1.5m）的反射镜。
其中反射镜位于无重力模拟环境中。该反射镜如卷 I 图 1.17 所示

（资料源自 Montagnino, L. el at., *Proc. SPIE*, 183, 109, 1979）

镜座的底板是一个 60in（152cm）见方×1in（2.5cm）厚的退过火的铸铝夹具板。选择铝材料是因为外形尺寸稳定、成本低、重量轻。高 4in（10.2cm）、中心间隔厚 8in 的平行加强肋固定在底板的上表面上，为轴向施力机构提供了安装面，并使底板的刚性得到加强。另外 4 根加强肋用螺栓连接到底板的下表面上，与上表面的加强肋垂直以增加正交轴向的刚性。图 4.32 给出了其中一个施力机构。该机构具有很低的弹性系数，可以保证当每个施力装置调整到一个精确的作用力时，不会因为反射镜位置的微小变化或底板变形使这个力变化。使用一个非线性连接机构，通过普通的拉伸弹簧加载就可以实现低弹性系数，通过设计保证该连接机构负的力梯度几乎能够抵消弹簧的正的力梯度。已经设计出的连接机构在正常传递范围内的净弹性系数可以为正值、负值或者零。实际上，得到最佳性能的正弹性系数是 2 ~ 3 lbf/in，从而有可能在反射镜的垂直方向上对三个位置控制点（承力点）施加微小调整以精确地控制净的反作用力。传动机构都固定在图 4.20 所示的一般类型的挠性铰链上而获得最小的摩擦力和低的滞后。通过固定在每根杠杆端部的球轴承可以将施力装置在垂直方向产生的力传递到反射镜。这种设计会使传递到反射镜的力的水平分量和力矩最小。

反射镜的下表面是球形。直径是 1.25in（32mm）的微晶玻璃（CerVit）小圆凸台焊接到每一个支撑点处的球表面上，为轴承提供水平的接触表面。之所以这样做，是为了避免轴承与倾斜表面相接触会产生力的横向分量。为了在超低膨胀玻璃反射镜的界面处形成最小的热应力而选择微晶玻璃（CerVit）材料。由于这种黏结是加压力黏结，为使黏结剂固化对反

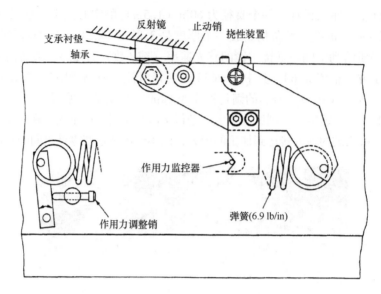

图 4.32　图 4.31 所示计量镜座中使用的一个施力装置的示意图
（资料源自 Goodrich Corporation，Danbury，CT）

射镜产生的应力最小，并在完成加工之后能够很容易地除掉小圆凸台，应使用一种软材料
（RTV 硅橡胶）作为黏结剂。在每个施加机构中有一个调节螺钉用来精确地调整弹簧力。这
些调节螺钉的位置在反射镜装入镜座后应很容易进行调节操作。

　　施力装置的高适应性并不能保证反射镜位置的稳定性。反射镜在垂直方向的位移会影响
支撑装置的标定精度。因此，要保证精密的计量安装就需要满足第二个条件，即稳定的反
射镜位置。在反射镜外边缘周围等间隔地安置三个承力点就可以满足这个条件。必须监控这
些点处垂直方向的力及位置。由于反射镜的位置在这三个定位点受到约束，所以，在每一个
支撑点处受力误差的代数和将作用在定位点上。这就要求精确地标定支撑力。位置监控点被
用来测量反作用力。为了限制反射镜局部弯曲产生的轮廓误差，对位置控制点处承受力的大
小是有规定的，适当调整反射镜的局部支撑力有可能满足这些要求。

　　对反射镜变形灵敏度的分析表明，为了限制反射镜的局部变形，在三个定位控制点的
每一点处对反射镜施加的最大作用力是 0.25 lbf（0.11kgf）。为符合这种要求需要精确标
定支撑力装置，反射镜与镜座从一开始就要精确地同心。调整反射镜的位置以及在位置
控制装置附近对支撑力稍作调整就可以达到力的最终平衡。为约束反射镜的位置，并且
能够测量出 0～6 lbf（0～2.7kgf）范围的力，这就要求位置/力监控器要有高的力梯度
性能。

　　根据三维有限元分析法测量出的反射镜重量，可以计算出作用在反射镜表面上的力的矩
阵。一系列误差分析就可以确定支撑力标定、几何参数、热畸变和轴承摩擦力等方面可以接
受的误差。如果所有这些变量都具有合适的公差，就可以得出结论，该镜座完全有能力支撑
反射镜，面形误差满足要求，方均根值小于 λ/60。图 4.33 给出了完工后的反射镜满孔径时
的干涉图。使用的通光孔径是 57in（145cm），线性中心遮拦 30%。对该干涉图的计算机分
析结果指出，在规定的环形孔径范围内已经达到了所要求的质量。

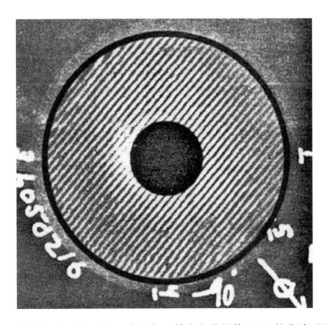

图 4.33 直径为 60in（1.5m）、表面加工精度方均根值 λ/60 的非球面反射镜的
干涉图。该反射镜是哈勃空间望远镜主镜的辅助验证样机。在抛光
和测试期间，用图 4.31 所示的计量镜座支撑该反射镜
（资料源自 Montagnino, L. et al., *Proc. SPIE*, 183, 109, 1979）

4.6.4 抛光期间的横向约束

光轴垂直放置反射镜在计量镜座上进行抛光时会施加一个水平作用力，为了使该力造成
的大孔径反射镜的横向移动降到最小，必须在反射镜支撑装置中设计约束。Hall（1970）介
绍了抛光镜座设计的成功案例。该镜座有一组标定过的压力弹簧，其中一些或全部浸渍在非
常软的树脂中而受到阻尼。图 4.34 给出了这类树脂弹簧支撑架中的一个。

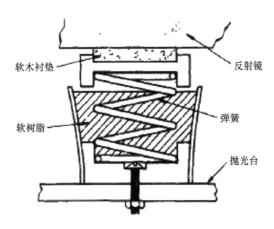

图 4.34 一种软树脂黏性阻尼弹簧机构的示意图。在抛光和测试期间，
这种弹簧为大孔径反射镜提供轴向和径向支撑
（资料源自 Hall, H. D., Problems in adapting small mirror fabrication techniques to large mirrors,
Optical Telescope Technology Workshop, April 1969, NASA Report, SP-233, 1970, p. 149）

正如 4.6.2 节所述，Wollensak 和 Rose（1975）对抛光直径是 70in（1.8m）的反射镜提出了一种横向约束方法，将多个约束装置调整到与反射镜的侧边相接触。

4.6.3 节讨论过直径为 60in（1.5m）的反射镜在抛光和测试期间横向位置的精确控制方法，在对称设置的位置控制点处有三个切向杆将反射镜固定在镜座结构上；在切向杆的端部有万向挠性装置，能够将影响反射镜面形的垂直或横向反作用力减至最小。无论在模拟加工还是实际加工哈勃空间望远镜（HST）主镜时，都使用了计算机控制抛光技术（Babish 和 Rigby，1979），因此施加的轴向和横向力都比使用常规抛光产生的力小得多（Jones，1980，1982）。

参考文献

Arnold, L., Optimized axial support topologies for thin telescope mirrors, *Opt. Eng.*, 34(2), 567, 1995.

Babish, R. C. and Rigby, R. R., Optical fabrication of a 60-inch mirror, *Proc. SPIE*, 183, 105, 1979.

Barlow, B. L., Optical fabrication of a large lightweight mirror of unusual shape, *Opt. Eng.*, 14, 514, 1975.

Barnes, W. P., Jr., Terrestrial engineering of space-optical elements, in *Proceedings of Ninth Congress of the International Commission for Optics*, Thompson, B. J. and Shannon, R. R., Eds., National Academic Science, Santa Monica, CA, 1974, p. 171.

Baustian, W. W., Mirror cell design, in *A Symposium on Support and Testing of Large Astronomical Mirrors*, Crawford, D. L., Meinel, A. B., and Stockton, M. W., Eds., Kitt Peak National Observatory and the University of Arizona, Tucson, AZ, 1968, p. 150.

Baustian, W. W. and Crawford, D. L., Annular air bag back supports, in *A Symposium on Support and Testing of Large Astronomical Mirrors*, Meinel, A. B. and Stockton, M. W., Eds., Kitt Peak National Observatory and the University of Arizona, Tucson, AZ, 1968, p. 109.

Chivens, C. C., Air bags, in *A Symposium on Support and Testing of Large Astronomical Mirrors*, Crawford, D. L., Meinel, A. B., and Stockton, M. W., Eds., Kitt Peak National Observatory and the University of Arizona, Tucson, AZ, 1968, p. 105.

Cole, N., *Optical Telescope Technology Workshop*, April 1969, NASA Report, SP-233, 1970, p. 307.

Couder, M. A., Researches sur les déformations des grands miroirs employés aux observations astronomiques, *Bull. Astron. Obs. Paris*, 7(201), 283, 1932.

Crawford, R. and Anderson, D., Polishing and aspherizing a 1.8-m, *f*/2.7 paraboloid, *Proc. SPIE*, 966, 322, 1988.

Doyle, K. B. and Forman, S. E., Using finite element analysis and fractography to resolve a flex pivot failure problem, *Proc. SPIE*, 3132, 2, 1997.

Doyle, K. B., Genberg, V. L., and Michels, G. J., *Integrated Optomechanical Analysis*, SPIE Press, Bellingham, WA, 2002.

Hall, H. D., Problems in adapting small mirror fabrication techniques to large mirrors, in *Optical Telescope Technology Workshop*, April 1969, NASA Report, SP-233, 1970, p. 149.

Hindle, J. H., Mechanical flotation of mirrors, in *Amateur Telescope Making, Advanced*, Ingalls, A. G., Ed., Scientific American, New York, 1945, p. 229. (Reprinted in 1996 as Chapter B.8 in *Amateur Telescope Making*, 2, Willman-Bell, Inc., Richmond, VA.)

Jones, R. A., Computer controlled polisher demonstration, *Appl. Opt.*, 19, 2072, 1980.

Jones, R. A., Computer-controlled grinding of optical surfaces, *Appl. Opt.*, 21, 874, 1982.

Krim, M. H., Metrology mount development and verification for a large spaceborne mirror, *Proc. SPIE*, 332, 440, 1982.

Malvick, A. J. and Pearson, E. T., Theoretical elastic deformations of a 4-m diameter optical mirror using dynamic relaxation, *Appl. Opt.*, 7, 1207, 1968.

Mehta, P. K., Flat circular optical elements on a 9-point Hindle mount in a 1-g force field, *Proc. SPIE*, 450, 118, 1983.

Mehta, P. K., Non-symmetric thermal bowing of flat circular mirrors, *Proc. SPIE*, 518, 155, 1984.

Montagnino, L., Arnold, R., Chadwick, D., Grey, L., and Rogers, G., Test and evaluation of a 60-inch test mirror, *Proc. SPIE*, 183, 109, 1979.

Nelson, J. E., Lubliner, J., and Mast, T. S., Telescope mirror supports: Plate deflections on point supports, *Proc. SPIE*, 332, 212, 1982.

Pearson, E. T., Effects of the cassegrain hole on axial ring supports, in *Support and Testing of Large Astronomical Mirrors*, Crawford, D. L., Meinel, A. B., and Stockton, M. W., Eds., Kitt Peak National Observatory, Tucson, AZ, July 1968.

Selke, L. A., Theoretical elastic deformations of solid and cored horizontal circular mirrors having a central hole on a ring support, *Appl. Opt.*, 10(4), 939, 1971.

Sisson, G. M., On the design of large telescopes, *Vistas Astron.*, 3, 92, 1958.

Smith, H. J., McDonald 107-inch telescope, in *A Symposium on Support and Testing of Large Astronomical Mirrors*, Crawford, D. L., Meinel, A. B., and Stockton, M. W., Eds., Kitt Peak National Laboratory and University of Arizona, Tucson, AZ, 1968, p. 169.

Vukobratovich, D., Private communication, 1992.

Vukobratovich, D., Optomechanical system design, in *The Infrared and Electro-Optical Systems Handbook*, Dudzik, M. C., Ed., Vol. 4, ERIM, Ann Arbor and SPIE Press, Bellingham, WA, 1993, Chapter 3.

Vukobratovich, D., Introduction to optomechanical design, in *SPIE, Short Course SC014*, 2003.

Vukobratovich, D., Private communication, 2004.

Wan, D. S., Angel, J. R. P., and Parks, R., Mirror deflection on multiple axial supports, *Appl. Opt.*, 28(2), 354, 1989.

Williams, R. and Brinson, H. F., Circular plate on multipoint supports, *J. Franklin Inst.*, 297, 429, 1974.

Wollensak, R. J. and Rose, C. A., Fabrication and test of 1.8-meter-diameter high quality ULE mirror, *Opt. Eng.*, 14, 539, 1975.

Yoder, P. R., Jr., *Mounting Optics in Optical Instruments*, 2nd edn., SPIE Press, Bellingham, WA, 2008.

Young, W. C., *Roark's Formulas for Stress and Strain*, McGraw-Hill, New York, 1989.

第5章 大孔径、变方位反射镜的安装技术

Daniel Vukobratovich

5.1 概述

虽然大孔径、光轴水平放置和垂直放置反射镜固定安装的机械镜座设计非常重要，例如固定安装在反射镜加工过程中的测试设备内，但变方位反射镜镜座的设计具有更大的挑战性。应用于天文、军事、航天和工业领域中的包含大孔径反射镜的光学仪器，一般都要求这些反射镜相对于地球的重力场运动。本书第3章和第4章讨论的许多对光轴水平放置和垂直放置反射镜的径向和轴向支撑方法，同样适用于变方位反射镜。本章将介绍控制反射镜上力的分布的一些方法，当重力方向变化时，利用这些方法可使光学表面变形最小；还要阐述能够保持反射镜-望远镜对准的定位系统；最后讨论大型反射镜在制造、转运、安装和维修期间（根据需要确定是否重新镀膜）的管理问题。

5.2 一般情况

为了说明一块大反射镜在当地重力矢量的方向变化时引起反射镜表面等高线的变化，首先考虑图4.11所示的一般类型的双环轴向支撑与理想的推拉式径向支撑的组合情况。其中，径向支撑力直接通过反射镜重心，径向力的分布如图3.12所示。如果反射镜的轴是垂直的，只有轴向力在作用，光学表面变形等高线应当与图4.12所示的类似；如果反射镜的轴是水平放置的，则只有径向力起作用，所以表面变形如图3.12所示；若倾斜45°，两组支撑起作用，应当观察到图5.1所示的图形。这三种表面等高线图都是Malvick和Pearson（1968）使用动态松弛法计算出来的[⊖]。正如所预料的，该图形的最大变形和不对称性，是在水平和垂直放置反射镜安装情况的中间。

随着反射镜光轴俯仰角 θ 的变化，一般表面变形量方均根值 δ_θ 按照以下规律连续变化：

$$\delta_\theta = \left[(\delta_A \sin\theta)^2 + (\delta_R \cos\theta)^2 \right]^{1/2} \tag{5.1}$$

式中，δ_A 是光轴垂直时的表面误差；δ_R 是光轴水平时的表面误差；θ 是反射镜光轴偏离水平轴的角度。

⊖ Hatheway 等人（1990）证实了 Malvick 和 Pearson（1968）动态松弛法与有限元分析法结果相差很小。

假设某反射镜的光轴处于水平和垂直位置产生的方均根自重变形量分别是 0.08λ（$\lambda/12.5$）和 0.20λ（$\lambda/5$），那么，变形量随 θ 的典型变化如图 5.2 所示。

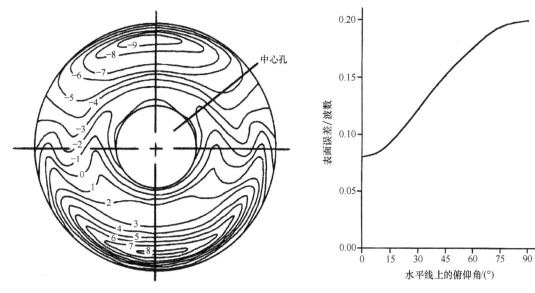

图 5.1 直径为 4m（157in）的实心反射镜在下述条件下的表面变形等高线图：等高线间隔为 1×10^{-6}cm，反射镜与重力成 45°角，采用双环轴向支撑和按照余弦变化的推拉式"理想"径向支撑
（资料源自 Malvick, A. J., and Pearson, E. T.,
Appl Opt., 7, 1207, 1968）

图 5.2 使用式（5.1）计算一块反射镜表面变形量方均根值随光轴俯仰角的变化

本章将讨论大孔径、变方位反射镜的各种安装方式和定位系统的结构布局，这些内容是从参考文献中精选得出的。

5.3 限定系统

对于变向反射镜的安装支架（或镜座），需要保证无论重力矢量处于何种方向，反射镜光学表面都会有正确的形状和位置，即在公差范围之内。对于较小的刚性反射镜，可以忽略重力造成的表面变形量，因此，设计有精确位置的安装镜座就足够了。在空间重力减小条件下还采用这种方式支撑反射镜，不考虑尺寸因素（尽管在地面制造和测试时必须是一种计量或者无重力负载支架）。较大型反射镜需采用不过度约束反射镜的刚性限定系统和另一种能将重力变形量减小到可接受水平的支撑系统。

限定系统通常是以运动学原理为基础，避免由于考虑反射镜表面变形量而造成过约束。由于六个接触点能够唯一地确定一个空间物体的位置，因此，大多数反射镜的限定系统都采用六个接触点。如卷 I 第 10 章所述，为了使产生的力和力矩最小，必须仔细设计接触点布局。

一种常用的布局是在一个圆上等间隔设计三个旋转垫，压靠在反射镜背面，以控制两个自由度（DOF）：绕垂直于光轴的轴线倾斜；沿光轴方向位移。另外两个旋转垫压靠在反射镜边缘，约束反射镜在垂直于光轴的平面内平动。最后，在反射镜中性面两端（对于平板反射镜，中性面垂直于光轴并通过反射镜重心）设计有球接头的一种铰链结构约束其绕光轴旋转。铰链一端固定在反射镜上，另一端固定在镜座上，这种结构布局产生的力矩和力等于转轴和球接头中残余摩擦产生的量值。这类限定系统适用于各类反射镜，包括反射镜侧面不是圆柱面的情况。

正如本卷第 1 章对反射镜性能技术规范所讨论的，根据对单位力和力矩的分析获得限定系统允许的力和力矩。由于运动学限定系统中的力仅简单地使反射镜移动而不会改变光学表面轮廓，因此对施加到反射镜上的力矩尤为关心。通常，限定点必须足够大，以便将应力减小到一个可接受的程度，同时，安装垫片共面性问题（限定区域的平面度公差）需要在限定点内增加旋转自由度。最常用的解决方法是采用球窝连接方式的旋转垫或者一种多自由度的旋转挠性结构。

卷 I 第 10 章讨论挠性装置的运动学设计和应用时给出了挠性设计的公式。对于限定系统，这种力矩影响反射镜表面轮廓，因此，必须计算球窝连接结构中造成转动（或分离）所必需的力矩。转动定义为球接头相对于球窝旋转所必需的最小力矩。一种锥形球窝结构的最小转动力矩 M_B 是

$$M_B = \mu R (F_R + F_A \cot\theta) \tag{5.2}$$

式中，μ 是球窝连接结构之间的静摩擦系数；R 是球头半径；F_R 是通过球心的径向作用力；F_A 是通过球心的轴向作用力；θ 是球窝的半锥形角。

对于变向反射镜安装，作用在球窝连接结构上的力的大小随重力方向变化。如果安装支架不受约束，则作用在球窝结构上的力受限于单方向，同时是轴向的。若是变方向，且球窝轴线与局部垂线间的夹角是 ϕ，则球窝连接结构在反射镜上产生的力矩是

$$M_B(\phi) = \mu F_A R (\cot\theta)(\sin\phi) \tag{5.3}$$

球窝式连接结构的静摩擦系数一般都较高，1 个单位的数量级。造成摩擦和迟滞的另一个原因是商用球铰链以及栓杆端上的防尘罩（或防尘层）（Barr 等，1983）。需要经常清理这些防尘层（Barr 等，1985）或者利用无防尘层的轴承使迟滞现象降至最低。一些反射镜支撑结构利用商用栓杆端或者球铰链，由于这些组件的转动扭矩或力矩常常不需要很高，因此，必须小心使用。参考设计实例 5.1。

设计实例 5.1

一种单位力矩分析方法已经确定了一个直径 300mm 反射镜轴向球窝连接结构每个限定点的最大可允许力矩 $M_B = 75 \times 10^{-3}$N·m。每个限定点承担负载 $F_A = 2.6$kgf，球窝半角 $\theta = 50°$。假设，静态摩擦系数是 1，$\phi = 90°$ 时负载最大。请问球头的最大半径是多少？注意，$\cot\theta = 1/\tan\theta$。

解：

根据式（5.3），求解 R，有

$$R = \frac{M_B}{\mu F_A (\cot\theta)(\sin\phi)} = \frac{(75 \times 10^{-3} \times \tan50°)\text{N·m}}{1.0 \times 2.6\text{kgf} \times \sin90°} = 0.0340\text{N·m/kgf}$$

1kgf = 9.807N。

因此，$R = (0.0340/9.807)\text{m} = 0.0035\text{m} = 3.500\text{mm}$

在大型反射镜限定点中经常设计测压元件以确定施加在反射镜上的实际作用力。最大的反射镜支撑系统是无定向且传输位置相对不确定的力。因此，可以利用限定点调整反射镜的位置而不影响光学表面形状。然而，测压传感器提供反馈信号以保证不会对反射镜施加过大的力矩和力。此外，利用测压元件限制回转速度。如果反射镜旋转太快，动态力可能会相当大以至于损坏限定点，造成反射镜位置变化。

多点横杠安装支架的刚度远比浮动类支架高，因此不需要限定系统。通过移动整个横杠组件完成安装在横杠上反射镜的调整。对于一个圆柱形反射镜，横杠组件一般分为三个径向对称的部分，通过移动每根横杠来保证在两个自由度方向上能够调整反射镜：倾斜（绕垂直于光轴的轴）和平移（沿光轴）。美国凯克（Keck）望远镜和西班牙加那利大型望远镜（GTC）的反射镜拼接板，就是采用横杠安装结构的例子。每块拼接板安装在一个 36 点横杠上，每根横杠由三个 12（支撑）点的组件组成。该组件可以在平行于光轴的方向移动以调整拼接板位置。

5.4　多点支撑技术

5.4.1　简介

正如限定系统讨论所述的，大型变向反射镜通常需要设计一个限定系统以精确确定反射镜相对于光学系统其他部分的位置，以及一个支撑系统而使自重变形量降至最小。对于某些应用（特别是较小的刚性反射镜），可能会将这两种功能或者组合在一种运动学两脚架安装支架中或者一种更复杂的多点横杠安装支架中。天文望远镜中的较大型反射镜一般都需要使用限定系统和浮动型支撑结构两种方式。浮动支撑结构将力压靠在反射镜的背面和侧面，从而使自重变形量最小，浮动型支架可以是主动式或被动式的。主动式支架提供力用以校正如温度梯度和结构迟滞现象等误差源造成的反射镜变形。尽管实时计量方案是主动系统控制回路的一部分，但如果变形量足以重复，则主动支撑的控制系统可以形成一张查找表。

可以用几种不同的方式描述自重变形量：最大峰-谷（p-v）值，方均根值，或者像差。最大变形量是较早讨论自重变形量时最常用的，也代表了光学表面与无应力状态时的偏离量。方均根值是整个光学表面上变形量的平均值。由于这种方法能更精确地反映整个表面的状态，所以，被看作是一种更好的变形量指标。另外，单个对变形敏感的点就可以改变最大变形量或者 p-v 值，同时不会严重影响光学性能。可以将变形表面的形状拟合成一个最佳拟合球面或者抛物面；对于天文望远镜凹面反射镜，变形产生的简单半径变化通常是可以接受的。最后，可以按照像差表述变形量，最经常是使用 Zernike 多项式（Doyle 等，2012）。由于天文望远镜可以调焦，因此，从变形表面表述式中消除离焦多项式可以给出该表面的更精确表述。重要的是，在讨论反射镜变形量时要记住，表面与波前误差之间有一个倍数 2。

5.4.2　历史背景

1976 年之前构建的天文望远镜中的安装支架，最经常使用的是被动式浮动系统，包括苏联的 BTA-6 望远镜（Bolshoi Teleskop Altazimutalnyi 的缩写，通常译为大型地平式望远镜）。1979 年，开始研制原型六反射镜形式的多反射镜望远镜（MMT）和 3.8m 英国红外望远镜（UKIRT）。这两种望远镜是采用被动和主动控制相结合的先行者。1989 年，设计和制造 3.6m 欧洲南方天文台新技术望远镜（ESO NTT）时，进一步研发了主动控制支架。1992
年承制的 10m 的 Keck 望远镜，尽管单个反射镜拼接面板是设置在被动横杠上，但对单个拼
接面板的位置是采用主动控制。目前这一代 8m 玻璃望远镜，包括（日本天文台）昴星
（Subaru）望远镜、欧洲南方天文台超大型望远镜（ESO VLT）和双子星（Gemini）望远镜
都使用主动式多点安装支架。

即使单个支架采用主动控制，反射镜的自重变形量仍取决于支架的数目及总布局。随着
望远镜尺寸变大，大型反射镜多点支撑系统的设计变得更为重要。例如，1845 年，Rosse 建
造的 1.8m 望远镜使用一种 1.8m 的镜（青）铜反射镜，厚度为 125mm。采用 81 点安装支架
使该反射镜的自重变形量降至最低（Rosse，1850）。在现代弹性理论诞生之前，Rosse 显然
是通过实验为该反射镜成功研发了支撑系统。

1930 年，Couder 对大型光学系统的安装支撑做了开拓性的研究工作（Couder，1931）。
当时还没有数字计算机，Couder 利用弹性理论并结合实验开发了大型光学系统支撑结构的
工程模型。

Couder 指出，根据传统的平板理论，反射镜类的自重变形量是 d^4/h^2。这就意味着假设
支撑架形状保持不变，材料没有变化，d 是反射镜直径和 h 是反射镜厚度。在反射镜设计文
献中，这种比例关系有时称为 Couder 定律（Wilson，1999）。Couder 发现，最小自重变形量
的最佳支撑环直径约为反射镜直径的 0.667 倍，与现代理论分析结果相当一致。Couder 还指
出，随着反射镜尺寸增大，单个支撑环结构已不能使自重变形量满足光学性能的公差要求，
必须进一步采用多个同心环支撑系统，还估算了不同类型支架产生的像差量。

5.4.3 比例法则

Cheng 和 Humphries（1982）利用一种类似 Couder 技术的方法获得了一组环形支撑反射
镜自重变形量的经验曲线。在其分析中，假设单环支撑点的数目足够多，完全可以起到连续
环支撑作用。正如本卷第 4 章讨论光轴垂直设置反射镜的安装技术时所述的，当一个圆环上
至少设计六个支撑点时，这些支架的作用相当于一个连续圆环。另一个假设是支撑结构的分
布图形最佳，不会偏离标准布局。对于多环支撑结构，这就意味着支撑环半径与反射镜外径
之比是个常数。此外，利用下面由传统的平板理论获得的公式，并根据目前的标准反射镜可
以按比例计算出变形量：

$$\Delta y_A = \Delta y_{REF}\left(\frac{d_A}{d_{REF}}\right)^2\left(\frac{\dfrac{d_A}{h_A}}{\dfrac{d_{REF}}{h_{REF}}}\right)^2\frac{\rho_A(1-\nu_A^2)}{\rho_{REF}(1-\nu_{REF})}\frac{E_{REF}}{E_A} \tag{5.4}$$

式中，A 是被分析反射镜的下标；REF 是基准反射镜和支架的下标；d 是反射镜直径；h 是
反射镜厚度；ρ 是反射镜材料密度；ν 是反射镜材料泊松比；E 是反射镜材料的弹性模量。

图 5.3~图 5.5 给出了 Cheng 和 Humphries（1982）原始图形曲线的改进版，对于粗略
估算反射镜支撑性能很有用。正如图 5.25、图 5.26、图 5.34、图 5.40 和图 5.67 所示，同
心环多点支撑结构是一种经常用来解决反射镜支撑问题的措施。当反射镜直径和纵横比
（直径/厚度）增大时，为使自重变形量降至最低，必须设计更多的圆环。表 5.1 给出了能
够代表大型望远镜中反射镜及相关支撑系统的设计数据。

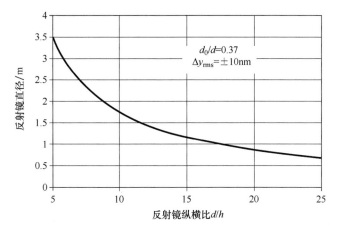

图 5.3　单同心支撑圆环反射镜的自重变形量的按比例变化。
反射镜材料是微晶玻璃（Zerodur），中心孔直径是反射镜直径的 0.37
（资料源自 Cheng, J. and Humphries, C. M., *Vistas Astron.*, 26, 15, 1982）

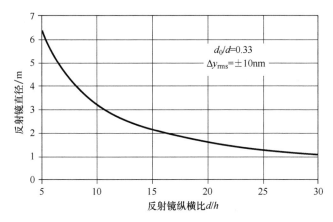

图 5.4　安装在两个同心支撑圆环上的反射镜自重变形量的按比例变化。
反射镜材料是微晶玻璃（Zerodur），中心孔直径是反射镜直径的 0.33
（资料源自 Cheng, J. and Humphries, C. M., *Vistas Astron.*, 26, 15, 1982）

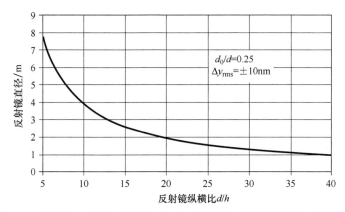

图 5.5　安装在三个同心支撑圆环上的反射镜自重变形量的按比例变化。
反射镜材料是微晶玻璃（Zerodur），中心孔直径是反射镜直径的 0.25
（资料源自 Cheng, J. and Humphries, C. M., *Vistas Astron.*, 26, 15, 1982）

表 5.1 有代表性的大型望远镜的反射镜及其支撑系统

反射镜	材料	结构	直径/m	纵横比	中心孔直径/m	轴向支撑		径向支撑
						支架数目	圆环数目	支架数目
ESO NTT	微晶玻璃（Zerodur）	弯月形	3.6	15.0	0.6	78	4	24
UKIRT	CerVit	实心	3.8	13.0	1.0	80	3	24
KPNO Mayall	熔凝石英	实心	4.0	7.2	1.3	36	2	24
WHT	CerVit	实心	4.2	8.0	1.0	60	3	24
Hale	Pyrex	后表面开放式	5.0	8.3	1.0	36	5	12
BTA-6	硼硅酸盐玻璃	弯月形	6.0	9.2	—	60	4	60
MMT	硼硅酸盐玻璃	夹层	6.5	9.0	0.9	108	8	58
Gemini	超低膨胀玻璃	弯月形	8.1	41.0	1.2	120	5	72
ESO VLT	微晶玻璃（Zerodur）	弯月形	8.2	47.0	1.0	150	6	48
Subaru	超低膨胀玻璃	弯月形	8.4	42.0	1.2	264	8	264
LBT	硼硅酸盐玻璃	夹层	8.4	9.4	0.9	160	10	160
Keck	微晶玻璃（Zerodur）	实心（拼接）	10（1.8 拼接面板）	24（拼接面板）	N/A	36（拼接）	4	中心

注：1. 尽管目前该望远镜采用单主反射镜形式而非六块反射镜结构，但仍使用 MMT 作为美国霍普金斯山思密森尼天体物理天文台 6.5m 望远镜的缩写。

2. ESO，欧洲南方天文台；NTT，新技术望远镜；UKIRT，英国红外望远镜；
KPNO，美国亚利桑纳州基特峰国家天文台； WHT，威廉赫歇尔望远镜；
BTA，苏联大型地平式望远镜； MMT，多反射镜望远镜；
VLT，超大望远镜； LBT，大型双目望远镜。

Couder 的成果似乎并没有影响对反射镜自重变形量的后续研究，William 和 Brinson（1974）并没有引证其论文，相反，其多点浮动系统的设计是采用以弹性理论为基础的平板理论。在数字计算机发明之前，一个多点支撑的大型反射镜自重变形量的计算是一个难以应付的工程挑战。有人认为，Von Karman（20 世纪一位伟大的光学专家）分析帕洛马山海尔（Hale）天文台望远镜 5m 主镜性能的难度都非常大（Meinel，A. B. 和 Meinel，M. P.，1987）。

5.4.4 半侧无限大平板理论

尽管最终设计几乎都要依靠有限元分析法，但大型反射镜的现代多点支撑系统的设计却是以经典的平板理论为基础的。最常用的自重变形量模型是以 Timoshenko 和 Woinowsky-Krieger（1959）研发的理论为基础的，半侧无限大薄板放置在规则排列的支撑点上。如果一块半侧无限大平板放置在一个正方形网格规则排列的等间隔分布的支撑点上，则最大自重变形量 Δy_{MAX}（译者注：原书漏印重力加速度 g）是

$$\Delta y_{MAX} = C_P \frac{\rho g (1-\nu^2) b^4}{E h^2} = 0.0697 \frac{\rho g (1-\nu^2) b^4}{E h^2} \tag{5.5}$$

式中，C_P 是支撑结构网格常数，对正方形网格，是 0.0697；ρ 是平板材料密度；b 是支撑点间隔；E 是平板弹性模量；h 是平板厚度。

支撑点其他网格布局还包括三角形（$C_P = 0.0594$）和六边形（$C_P = 0.116$）。在所有情况中，相邻支撑点之间的间隔是 b。网格常数小表明变形量减小，因此，三角形网格被认为是最有效的，是现代反射镜支撑系统的基础。

最有效三角形网格每个支撑点的面积 $A_{TRIANGLE}$ 是

$$A_{TRIANGLE} = \frac{\sqrt{3}}{2} b^2 \tag{5.6}$$

假设，支撑点均匀分布，三角形网格支撑系统中反射镜直径 d、支撑点间隔 b 和数目 N 之间的关系是

$$N = \frac{\pi}{8\sqrt{3}} \left(\frac{d}{b} \right)^2 \tag{5.7}$$

应用平板理论求解该方程，Nelson 等人（1982）和 Lemaitre（2009）推导出多点支撑系统的比例关系，即变形量正比于 $(A/N)^2$。其中，A 是反射镜表面总的投影面积，N 是支撑点数目。正如本章稍后讨论的，实心反射镜自重变形量的 Nelson 关系式（译者注：原书漏印重力加速度 g）是

$$\Delta y_{rms} = \gamma_N \frac{qg}{D} \left(\frac{A}{N} \right)^2 - \frac{3}{4} \pi^2 \frac{\gamma_N}{N^2} \frac{d^2}{h^2} \frac{\rho g (1 - \nu^2)}{E} \tag{5.8}$$

式中，Δy_{rms} 是 N 点支撑反射镜的方均根自重变形量；γ_N 是变形量常数；q 是单位面积反射镜重量，通常 $q = \rho h$；D 是反射镜抗弯刚度；A 是反射镜面积，对于轴对称反射镜，通常 $A = \pi d^2/4$；N 是支撑点数目。

根据经典平板理论，对于各类反射镜（包括不同尺寸和布局），γ_N 都是常数。实际的反射镜并不是半侧无限平板，有限尺寸的影响会使 γ_N 变化。随着支撑点数目增加，变形量常数接近理论值。如图 5.6 所示，给出三角形布局情况下半无限平板在最佳支撑点位置变形量常数值与理论值。图中支撑常数值源自 Arnold（1995）资料中的 p-v 值。

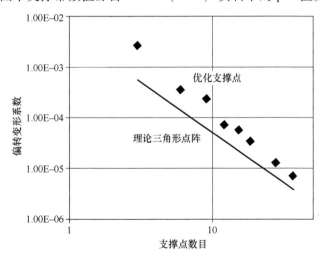

图 5.6　采用三角形网格化安装系统的半无限大平板反射镜最佳支撑状态
的自重变形系数与理论系数。变形量是 p-v 值

[资料源自 Arnold, L., *Opt. Eng.*, 34（2），567，1995]

图 5.7 给出了不同数目最佳支撑点的相关 p-v 变形量，归一化到三点支撑系统。相关变形量与反射镜材料或者尺寸无关。即使 γ_N 随着支撑结构几何形状变化，但变形量仍然与 γ_N/N^2 成比例。变形系数取自 Arnold（1995）发表的文献。

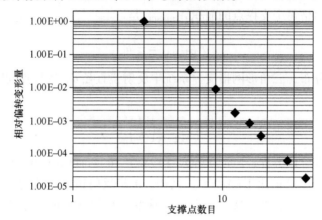

图 5.7 不同数目支撑点的反射镜自重变形量 p-v 值。归一化到 $N=3$

[资料源自 Arnold, L., *Opt. Eng.*, 34（2），567，1995]

用来研发最佳多点支撑图形的薄平板理论和实际反射镜之间有几个重要区别：中心孔或者轴向孔（卡式系统常有），平凹反射镜的变厚度，支撑垫的有效效应，剪切效应。在以平板弯曲为基础的现代模型中将考虑其中的一些效应。本卷第 4 章关于光轴垂直放置反射镜安装技术中已经讨论过中心孔和变厚度的影响。在第 1 章关于反射镜性能和第 2 章大型反射镜设计的内容中讨论过剪切效应。

5.4.5 衬垫尺寸的影响

平板弯曲分析假设，实际反射镜支撑结构中的小（面积）支撑点的尺寸是有限的。增大支撑垫的尺寸会减小变形量。多点支撑系统每个圆形衬垫都有一个能使自重变形量减至最小的最佳尺寸。若利用多点支撑系统支撑一块反射镜，可以利用下面由 Lemaitre（2009）推导的关系式计算半径为 a 和支撑点间隔为 b 的圆形衬垫产生的相关变形量。相对变形量归一化到无限小衬垫变形量（即 $a \approx 0$）：

$$\delta_A = 1 - \frac{3}{4}\left(\frac{a}{b}\right)^2\left[1 - \ln\left(\frac{a}{b}\right)^2\right] \quad \text{其中 } 0 \leqslant \frac{a}{b} \leqslant 0.549 \tag{5.9}$$

根据 Lemaitre（2009）关系式，最佳衬垫尺寸远大于该公式的计算值。当 $a/b = 0.6184$ 时，变形量最小。图 5.8 给出了相对变形量，并归一化到无限小支撑点的变形量值，其中 $a/b = 0.6184$。注意到，若将 Lemaitre 公式应用于多点支撑，则该图中的值必须乘以 3。

由于一个尺寸合适的衬垫可以将变形量减小 2 倍或者更多，因此，必须针对衬垫尺寸校正多点支撑系统的基本变形量公式。若是一阶分析，可以利用前面公式修订 Arnold 或者 Nelson 对有限大小衬垫尺寸的分析。Lemaitre 为 N 点支撑的薄实心反射镜（包括衬垫尺寸的影响）提供了一个计算最大自重变形量的公式。该公式（译者注：原书漏印重力加速度 g）假设，支撑点是最佳分布并只适用于三角形网格形式：

$$\Delta y_{MAX} = \frac{\pi^2}{512\sqrt{3}}\frac{1}{N^2}\left\{3 + 4\left(\frac{a}{b}\right)^2\left[1 - \ln\left(\frac{a}{b}\right)^2\right]\right\}\frac{d^4}{h^2}\frac{\rho g\,(1-\nu^2)}{E}$$

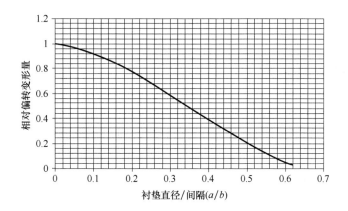

图 5.8　相对变形量与单个支承衬垫圆半径的函数关系（其中 $0 \leqslant a/b \leqslant 0.6184$）。归一化到 $a/b = 0$ 的变形量
（资料源自 Lemaitre, G. R., *Astronomical Optics and Elasticity Theory*, Springer-Verlag, Berlin, Germany, 2009）

其中
$$0 \leqslant \frac{a}{b} \leqslant 0.549 \tag{5.10}$$

当 $a/b = 0$ 时，支撑系数减小到 $3\pi^2/(512 \times 3^{1/2} \times N^2) = 33.39 \times 10^{-3}/N^2$。若是一块实心反射镜，对于半侧无限大平板，支撑常数是 $(4.95 \times 10^{-3} \times 12 \times \pi^2)/(16N^2) = 36.64 \times 10^{-3}/N^2$，上述支撑系数相对于半侧无限大平板支撑系数偏离量小于 10%。由于两者推导都利用了薄平板理论，所以，两个系数的一致性也就不奇怪了。

增大衬垫尺寸可以减小自重变形量，为此，最重要的支撑系统要采用可能的最大衬垫，直至 $a/b \approx 0.6$。增大安装衬垫尺寸的两个设计问题是接触应力和热应力。前者源自衬垫与反射镜背面之间的不良接触。假如每个衬垫中有两个旋转轴，利用球窝连接结构或者万向节可以使衬垫与反射镜背面完全接触地旋转。为了进一步减小反射镜与安装衬垫之间的接触应力，将反射镜背部平表面进行研磨（至少局部地）也是常用的方法。有可能在一个共用直径上设置三个较小的接触衬垫以近似代替一个大的衬垫表面，从而限制接触应力。大型双目望远镜（LBT）和昂星望远镜设计有这类负载分散器。

当衬垫固定在反射镜背面时，热应力源自衬垫与反射镜的热膨胀系数差。通常，衬垫金属材料的热膨胀系数不同于反射镜的热膨胀系数。如果反射镜简单地放置在衬垫上，当温度变化时，两个表面之间出现滑移，因此，将热应力限制到一个小的量值。然而，如果衬垫黏结到反射镜背面，随着温度变化会产生很大的应力。黏结接触产生的热应力已经在卷 I 第 11 章分析时讨论过。

一些望远镜的反射镜支架组合采用轴向和径向支撑系统，通常是将两种支架安装在反射镜背面的球窝内。支撑球窝足够深，能够达到反射镜中间层面或者中性面，因此使水平轴位置像散产生的自重变形量减小到最小。实际例子包括 5m 海尔（Hale）望远镜、6m 俄罗斯 BTA-6 望远镜和 8m 昂星望远镜。Keck 望远镜和 GTC（增益时间控制）望远镜在每块拼接板中心球窝中安装径向支架，利用 36 点横杠结构实现轴向支撑。

随着时间推移，即使这类球窝中支架的作用产生较少量应力也会由于静态故障而在反射镜材料中造成故障。一般来说，支架黏结到球窝上。可以利用一种诸如铟金属的低热膨胀系数材料使与低热膨胀系数的反射镜材料组合使用时产生的热应力降至最小。另外，在反射镜和支撑系统之间使用径向柔性连接会产生热应力。昴星望远镜和 Keck 望远镜采用这种设计方法。

5.5 机械浮动安装技术

图5.9是一个平衡杠杆式反射镜浮动装置的几何图。给出一个轴向支撑机构和一个径向支撑机构，平衡块 W_1 和 W_2 通过杠杆起作用，杠杆分别在 H_1 和 H_2 与支撑结构铰接在一起。将这些装置按要求（通常都是对称的）放置在反射镜的背面和侧边附近，自动提供倾斜角变化的力。反射镜总重量按照 θ 角分别分配成实际的轴向和径向分量，每一个被传递的轴向力正比于 $\sin\theta$，而径向力正比于 $\cos\theta$。如果是 N 个平衡装置，每个装置近似地支撑反射镜总重量实际分量的 $1/N$ 倍。如果采用机械杠杆方法，轴向支撑和径向支撑方向分别是 x_1/x_2 和 y_1/y_2。

Franza 和 Wilson（1982）指出了杠杆在这种装置中不稳定作用的重要性。这意味着由于结构移动或热胀冷缩会造成杠杆的支点位置有小的变化，但施加的力基本上是常数。如图5.10所示，如果一个轴向支撑的支点移动 δy，那么杠杆的角度移动量是 $\delta\theta = \arcsin(\delta y/x_1)$，对应的力 F 的变化 δF 就是 $F(1-\cos\theta)$。若 $\delta y = 1.000\text{mm}$（0.0394in），$x_1 = 100.0\text{mm}$（3.937in），则 δF 仅仅是 F 的0.005%。对反射镜镜座的任何设计，都不希望误差 δy 有如此大的值，所以，由此装置施加的力基本上是一个常数。对径向支撑进行类似计算会产生同样的结果。

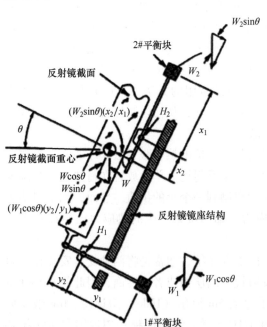

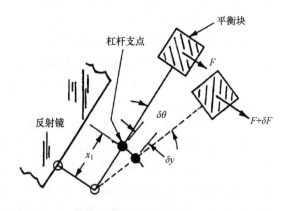

图5.9 一种典型的杠杆/平衡块轴向和径向反射镜浮动支撑系统的几何图，力的矢量未按比例显示
（资料源自 Yoder, P. R., Jr., *Mounting Optics in Optical Instruments*, 2nd edn., SPIE Press, Bellingham, WA, 2008）

图5.10 如果杠杆/平衡块装置的支点位移 δy，会造成作用力误差 δF 的几何图
（资料源自 Franza, F. and Wilson, R. N., spie, 332, 90, 1982）

图 5.11 表示包括有一个杠杆/平衡块装置的简单轴向支撑。Meinel（1960）介绍了一种早期的、包括有杠杆/平衡块支撑装置的比较复杂的设计，表示在图 5.12 中。使用多级硬件支撑 McDonald 观测站内直径是 2.08m（82in）的望远镜主镜。在该设计中，后衬垫 A 将它承担的反射镜重量传递到一个滚球上，该球与固定在滑杆上的一个平面接触，固定在两个杠杆短端的滚子放置在滑杆上的凹窝内。杠杆的长端是两个平衡块 W_A。当温度变化时，球与平面的接触界面允许反射镜和后衬垫 A 有横向运动。使用两根结实的尼龙绳将径向支撑中的边缘衬垫 B 系在反射镜的侧面上（在装配期间，防止衬垫落下）。与轴向平衡零件的作用方式一样，衬垫通过一根滑杆及一个球-平面接触面与杠杆、平衡块 W_R 连接起来，从而提供所需要的径向力。Meinel 指出，已经证明球/平面接头的功能并不非常满意，因为径向装置中的摩擦力和小的对准误差会造成轴向界面处弯曲。

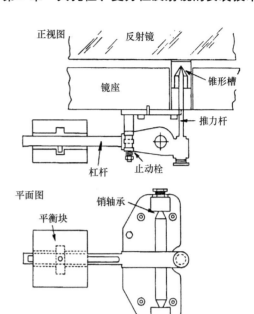

图 5.11　用于反射镜轴向支撑的一种杠杆式平衡支撑机构的典型示意图

（资料源自 Smith, H. J., *A Symposium on Support and Testing of Large Astronomical Mirrors*, Crawford, D. L., Meinel, A. B., and Stockton, M. W., Eds., Kitt, Peak National Laboratory and The University of Arizona, Tucson, AZ, 1968, p. 169）

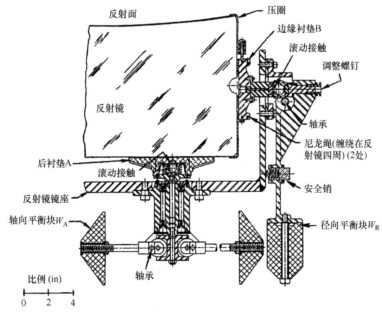

图 5.12　安装在杠杆/平衡块反射镜支撑装置上的大孔径实心反射镜的截面图，例如用于安装 McDonald 望远镜中直径是 82in（2.08m）的反射镜

（资料源自 Meinel, A. B., Design of reflecting telescopes, in *Telescopes*, Kuiper, G. P. and Middlehurst, B. M., Eds., University of Chicago Press, Chicago, IL, 1960, p. 25）

　　带有后加强肋的反射镜通常由杠杆型安装机构提供轴向和径向支撑功能。图5.13所示装置应用于基特峰（Kitt Peak）国家观测站直径84in（2.13m）的望远镜中，外形尺寸的单位是in。类似有双重目的的装置还应用在海尔（Hale）望远镜以及Lick观测站直径是120in（3m）的望远镜中。图5.14是一台典型装置在试验支架中的照片。Baustian（1960，1970）对这种装置的运作进行过阐述，总结如下：径向力通过位于装置上端的横向支撑组件传递，并由一个中心杠杆臂承载，在装置的底部可以看到杠杆上圆盘形状的平衡块。反射镜重量的轴向分量压在中心部分的一个法兰盘上，通过三根推杆传递到它们各自的杠杆和平衡块，这些杠杆和平衡块都位于安装法兰盘之下。在左边的显著位置可以看到其中一个杠杆的圆柱形平衡块。矩形平衡块是辅助的平衡重量，抑制反射镜的重心漂移。

　　图2.8显示望远镜的主镜。在反射镜的后表面铸造有36个凹窝作为支撑装置的放置位置。同一个装置同时提供轴向和径向的力。图5.15给出了其中一个早期装置的示意图，该反射镜面向天顶，Bowen（1960）对其功能叙述如下：

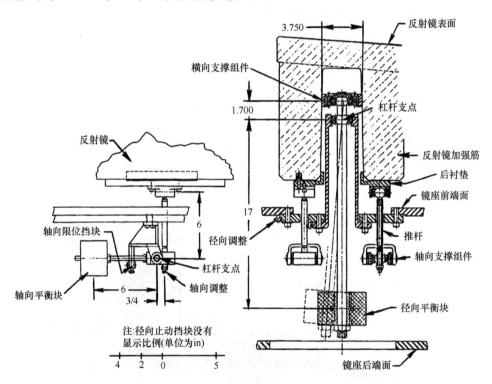

图5.13　带有加强肋的大孔径反射镜安装所用的轴向（左边视图）和径向（右边视图）支撑机构的典型截面图，例如安装基特峰（Kitt Peak）观测站中使用的直径84in（2.13m）望远镜中的反射镜
（资料源自Meinel，A. B.，Design of reflecting telescopes，in *Telescopes*，Kuiper，G. P. and Middlehurst，
B. M.，Eds.，University of Chicago Press，Chicago，IL，1960，p. 25）

　　支撑环B在与光轴垂直且通过反射镜重心的平面内接触反射镜。随着望远镜从天顶开始转动，支撑系统的低端，包括重量W，就准备绕着万向节G_1摆动，并通过万向节G_2将一个径向力施加在B环上。调整平衡块的重量和杠杆臂，使提供的支撑力与重力分量的方向相反，并平衡反射镜分配到该支撑装置的重量。相类似，重量W绕着轴承P转动，沿着连

杆 R 施加一个轴向力,再通过万向节 G_2 传递到环 S。调整这些平衡块的重量和杠杆臂,使施加的支撑力平衡同一部分反射镜在平行于光轴方向上的分量。反射镜在这些支撑点上浮动,没有力和力矩作用于反射镜。

图 5.14 图 5.13 所示机械安装方法中轴向和径向支撑硬件的照片

(资料源自 Baustian, W. W. , The Lick Observatory 120- inch telescope, in *Telescopes*, Kuiper, G. P. and Middlehurst, B. M. , Eds. , University of Chicago Press, Chicago, IL, 1960, p. 16)

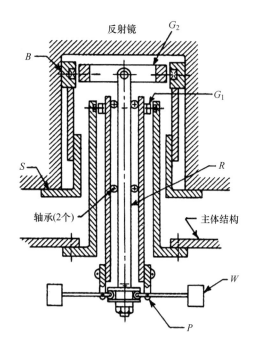

图 5.15 支撑直径 200in(5.08m)海尔(Hale)望远镜主镜(带有加强肋)的 36 个轴向/径向组合装置中的一个装置

(资料源自 Baustian, W. W. , The Lick Observatory 120- inch telescope, in *Telescopes*, Kuiper, G. P. and Middlehurst, B. M. , Eds. , University of Chicago Press, Chicago, IL, 1960, p. 16)

由于反射镜杠杆/平衡块支撑装置的活动范围有限,所以,用卷 I 图 10.30 所示一般类型的挠性轴承作为取代,可以消除许多硬件设计中使用的球轴承或滚柱轴承本身固有的摩擦力。在早期提供的一些望远镜中,反射镜支撑装置使用球轴承或者滚柱轴承,如果改变为挠性轴承,就可以使望远镜的光学性能得到很大改善。

在轴向,为了确定反射镜光轴的方位以及位置,放置在外支撑环上、角度间隔是 120° 的三个平衡块被锁定在一个固定位置。在径向,反射镜由安装在支撑筒上的四个销钉定位,支撑筒伸在反射镜的中心孔内,支撑在科德平面(Coude flat)上。这些销钉对直径是 40in(101.6cm)的反射镜中心孔内侧施压,它们使用的材料可以补偿派热克斯玻璃和钢的热膨胀系数之间的差别,并通过球轴承消除平行于光轴方向的力的传递。

图 5.16 表示另外一种方法,对同温层观测镜 II 望远镜中直径 36in(91cm)(译者注:原书错印为 19cm)的主镜实现径向约束。通过在熔凝石英玻璃板的侧面用环氧树脂胶黏结因瓦合金(Invar)嵌块来提供反射镜的支撑界面。在这种设计中,压力或张力都可以施加,分别取决于与反射镜的界面是在下端部还是在上端部。

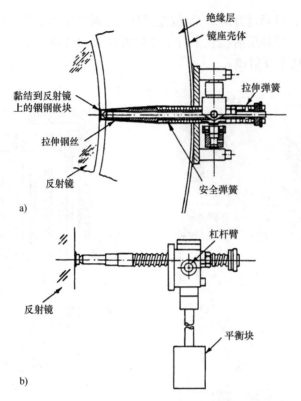

图 5.16 在同温层观测镜Ⅱ望远镜镜座中使用的、
利用弹簧加载方式实现杠杆径向支撑的前视图（图 a）和侧视图（图 b）
（资料源自 Scott, R. M., *App. Opt.*, 1, 387, 1962）

　　图 5.17 表示这种设计的另外一种形式，用于轴向支撑直径是 37in（94cm）的平面反射镜，利用该反射镜测试同温层观测镜Ⅱ中的望远镜主镜，测试过程中该反射镜的反射面是朝

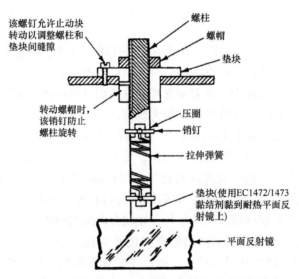

图 5.17 采用弹簧加载方式直接对直径 37in（94cm）、反射面朝下的平面反射镜实现轴向支撑的截面图
（资料源自 Scott, R. M., *App. Opt.*, 1, 387, 1962）

下的。由于该平面反射镜在垂直方向上的轴固定不变，因而，不需要径向支撑装置。根据 Scott（1962）的测试，"没有检测到该支撑有误差产生"。

使用低膨胀金属因瓦合金（Invar）36 制造的嵌块或凸台，用胶黏结在熔凝石英、超低膨胀玻璃、微晶玻璃等材料的反射镜背部或侧面，是一种常用的连接反射镜支撑结构的方法。图 5.18 给出了这类结构的几种类型。一些是黏结在反射镜基板的孔中，另外一些黏结在反射镜外表面。图 5.18b 表示的凸台是有挠性的，从而使传递到反射镜的力矩最小，因为这些力矩会使光学面变形。

许多反射镜凸台都固定在侧面作为挠性元件的连接点。需要具有这种安装特性的概念已经在卷 I 图 9.35 和图 9.44 中介绍过。圆形反射镜具有的黏结凸台的形式表示在图 5.19 中。设计了这种特殊凸台的反射镜直径是 15.0in（38.1cm），所以，凸台的黏结面加工成与反射镜外圆名义半径相同的圆柱面。与该凸台相配合的挠性装置表示在图 5.20 中。要设计成有一定角度，以便将它固定到柱形结构内侧的平面衬垫上。注意到，两个零件之间的界面处是一个正方形孔，目的是保证配对零件间的角度对准。

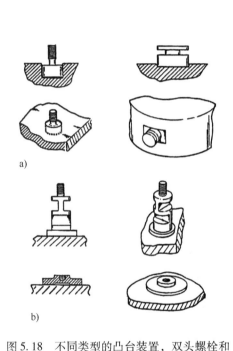

图 5.18　不同类型的凸台装置，双头螺栓和
挠性结构布局图，可以黏结在反射镜
（或棱镜）上用于连接支撑结构
（资料源自 Yoder, P. R. , Jr., *Mounting Optics in Optical
Instruments*, 2nd edn. , SPIE Press, Bellingham, WA, 2008）

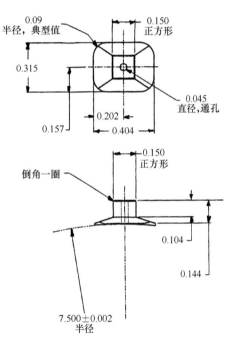

图 5.19　适合黏结到直径是 15.0in（38.1cm）
反射镜侧面上的一个凸台的设计
（资料源自 Yoder, P. R. , Jr., *Mounting Optics in
Optical Instruments*, 2nd edn. , SPIE Press,
Bellingham, WA, 2008）

带有镜座或者没有镜座结构的矩形反射镜也可以使用卷 I 图 9.42 表示的挠性装置固定在结构件上。在这种安装技术中可能采用的凸台和挠性装置的设计方案表示在图 5.21 和图 5.22 中。由于在该情况下反射镜的边缘在设计上与固定挠性结构的表面平行，所以，挠性结构是直的。

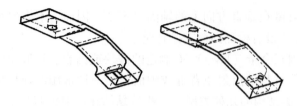

图 5.20 示意性表示一个悬臂挠性结构的上视图和下视图，其形状与图 5.21 中的
凸台以及反射镜的柱形侧面形状相匹配

（资源源自 Yoder, P. R. , Jr. , *Mounting Optics in Optical Instruments*, 2nd edn. , SPIE Press, Bellingham, WA, 2008）

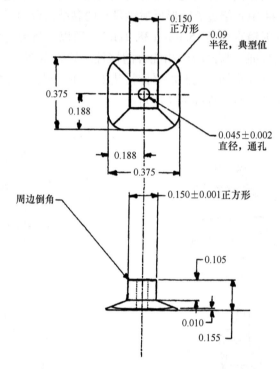

图 5.21 一个凸台的结构图，适于直接黏结到矩形反射镜的侧面或如卷 Ⅰ 图 9.42 表示的镜座侧面

（资料源自 Yoder, P. R. , Jr. , *Mounting Optics in Optical Instruments*, 2nd edn. , SPIE Press, Bellingham, WA, 2008）

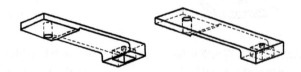

图 5.22 与图 5.21 的凸台界面相匹配的悬臂挠性结构

（资料源自 Yoder, P. R. , Jr. , *Mounting Optics in Optical Instruments*, 2nd edn. , SPIE Press, Bellingham, WA, 2008）

图 5.23 表示一个大孔径反射镜用不同类型的黏结凸台完成支撑的例子。这是以直径 60in（1.52m）、厚度 10in（25.4cm）的整块超低膨胀玻璃（ULE）制成的反射镜基板，基板中支撑芯架的厚度设计值是 0.15in（3.8mm），其中有 9 个地方与 9 点 Hindle 型轴向支撑机构固定在一起，这些地方的厚度值例外，为了提高其强度，厚度增大到 0.38in（9.7mm）。与三角形 Hindle 安装板的连接是通过一些连接杆实现，杆上的一个颈状结构用

作双轴挠性装置。用三个铰链结构对反射镜进行径向支撑，如图 5.23 所示，这些铰链结构沿反射镜的侧面切向排列。这些铰链装置固定在反射镜边缘的一个安装块上，该安装块熔焊在反射镜最外环结构之内。为了将力矩的传递降至最小，还要使这些铰链具有挠性。

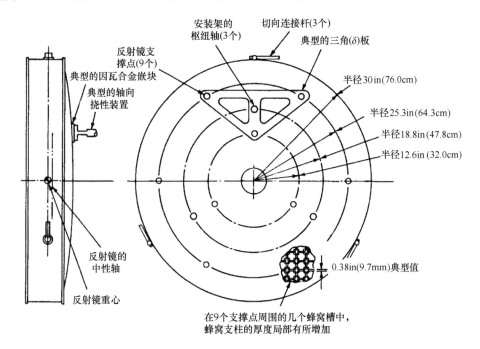

图 5.23　概念性地表示使用 9 点支撑 Hindle 镜座（对轴向支撑）和三个切向铰链（对径向支撑）安装图 2.15 所示反射镜的示意图

（资料源自 Yoder, P. R., Jr., *Mounting Optics in Optical Instruments*, 2nd edn., SPIE Press, Bellingham, WA, 2008）

5.6　液压/气动安装技术

5.6.1　历史背景

W. W. Baustian 设计过一种径向支撑机构，可以消除由摩擦产生的一些问题，Meinel（1960）对这种机构进行过阐述，并表示在图 5.24 中。这种装置使用一种封闭式水压系统传递作用力。一个弹簧承力箱将衬垫 A 耦合到平衡块上。与全机械系统相比，该系统的优点在于，可以更方便地将平衡块 W 和弹簧承力控制箱放置在距载荷箱一段长度的位置上，并用一根软管将两个箱体连接起来。

图 5.25 所示 Barnes（1974）设计的多点气压反射镜镜座是一个可以应用在任何方向上的设计实例。27 个气压活塞是滚动薄膜式装置，通过伺服系统控制每个作用点，提供相同的作用力。三个位移传感器将轴向位置和倾斜校正信号反馈给伺服系统，其中传感器与反射镜的后表面接触。为了使伺服系统平稳工作，必须通过每一个致动器连续放气。使用 3.6 节讨论过的一对充满水银的弹性管提供径向支撑，但图中没有画出。该镜座的设计保证地面安装环境下能够在 -5°~95° 范围内的俯仰方向以"中等"跟踪速率运作。

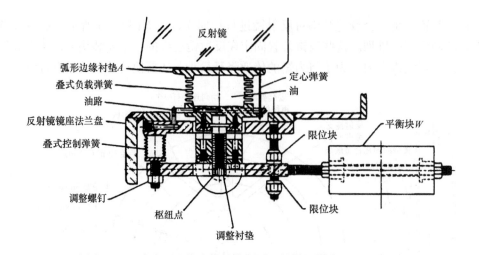

图 5.24 一个水压边缘支撑的截面图，例如基特峰（Kitt Peak）
天文台望远镜中直径 36in（0.91m）实体反射镜的安装

（资料源自 Meinel, A. B., Design of reflecting telescopes, in *Telescopes*, Kuiper, G. P. and Middlehurst,

B. M., Eds., University of Chicago Press, Chicago, IL, 1960, p. 25）

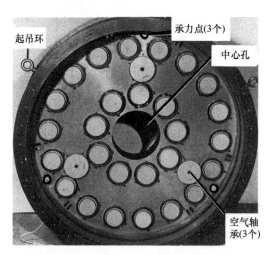

图 5.25 由 27 个气动致动器（排列在两个同心圆上）构成的多点轴向支撑系统。
安装架的设计尺寸适合直径 1.2m（47in）的反射镜

（资料源自 Barnes, W. P., Jr., Terrestrial engineering of space-optical elements, *Proceedings of Ninth International*

Congress of the International Commission for Optics, Thompson, B. J. and Shannon,

R. R., Eds., Nat. Acad. Sci., Santa Monica, CA, 1974, p. 171）

Mack（1980）介绍过一个直径 4.2m（165in）、直径—厚度比是 8:1 的望远镜。这种望远镜使用了一个三环阵列（包括 60 个气压致动器）作为轴向支撑，和一系列径向平衡杠杆，在 24 个位置上都可以将平行的推拉力作用在反射镜的边缘上，如图 5.26 所示。径向力的大小相等，在垂直方向上支撑着反射镜圆盘的相等重量，并在通过反射镜重心的平面内起作用。对反射镜在水平轴方向进行有限元分析表明，由于重力使反射镜圆盘下半部产生的正变形（图 5.27 表示出一个象限）与上半部产生的等量负变形相匹配，因此，反射后波前是绕着水平中心线稍有倾斜，但一个真正抛物面的最大变形量不应当超过 0.03μm 或者 $\lambda/21$。其中 $\lambda = 0.63\mu m$。

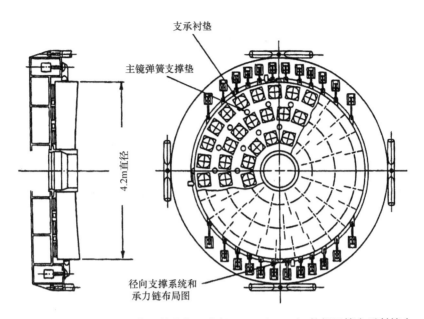

图 5.26　示意性表示（英国制造的）直径 4.2m（165in）的望远镜主反射镜在
镜座中受到轴向和垂直方向的支撑
（资料源自 Mack，B.，*Appl. Opt.*，19，100，1980）

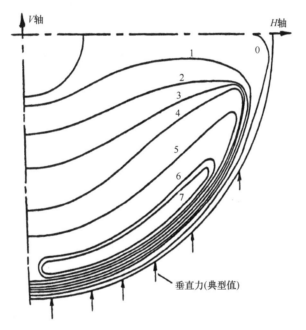

图 5.27　由于气压环水平方向支撑造成图 5.26 所示的反射镜产生的应力分布预估值
（资料源自 Mack，B.，*Appl. Opt.*，19，100，1980）

在这种轴向支撑的三个圆环中分别有 12、21 和 27 个轴向衬垫支撑点。这些圆环位于最佳半径处，分别是 0.798m、1.355m 和 1.880m（31.42in、53.35in 和 74.00in），衬垫直径是 0.30m（11.75in）。分析表明，0.5m 半径区域之外各区域处的表面变形都应当如图 5.28 所示，所有衬垫都应工作在相同压力之下，并受伺服控制，使测压元件与反射镜的后表面接触，提供刚体倾斜的闭环控制。进一步分析预估到，当反射镜的轴处于垂直方向，由三个圆环上的衬垫来支撑反射镜的重量时，反射镜内的应力分布应当如图5.29所示，单位是kPa。注意到，相比之下，光学表面附近基本没有应力。

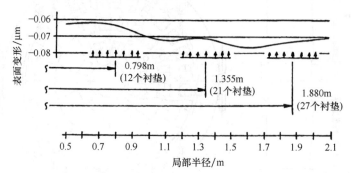

图5.28 预估的表面变形与反射镜区域半径的关系，反射镜采用图5.26所示的设计，轴线处于垂直方向
（资料源自Mack, B., *Appl. Opt.*, 19, 100, 1980）

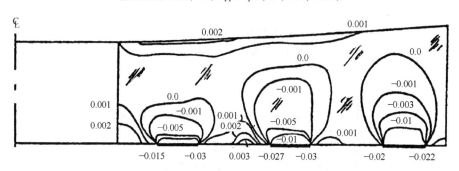

图5.29 图5.26所示反射镜内应力分布的预估值。反射镜的轴线处于垂直方向。
注意到光学表面附近有低的应力值
（资料源自Mack, B., *Appl. Opt.*, 19, 100, 1980）

5.6.2 双子星望远镜

在美国夏威夷岛莫纳克亚山（Mauna Kea）和智利的帕切翁山（Cerro Pachon）上分别安装有双子星（Gemini）望远镜，其中由超低膨胀玻璃（ULE）制成的弯月形主反射镜的直径是8.1m（318.9in），已经为该主镜研制出了与前述安装技术不同的气压安装技术。

轴向支撑系统包括在220mm（7.87in）厚的反射镜后面提供均匀气压（相当于一个活塞起作用，在反射镜的内外边缘都被密封），加上120支撑装置，并且，每一个装置都由一个被动式液压缸和一个主动式气压致动器组成（Stepp等，1994）。径向支撑系统包括72个液压装置，放置在反射镜侧面。轴向和径向支撑装置都利用液压横杠系统来确定反射镜的位置。随着望远镜方位的变化不断调整这些系统，使反射镜产生少量的受控平移和倾斜，保持反射镜与望远镜其他光学件的对准。这种安装系统还补偿热效应产生的表面变形，作用力大小、方向和位置的误差，径向支撑的误差以及气压的误差。此外，该系统还可以补偿重力造成的次镜下垂，如果需要，可以将主镜的外形从卡塞格林系统布局中的抛物面变化到里奇-克瑞欣系统中的双曲面（Cho，1994）。

图 5.30 显示包括镜座、反射镜、轴向和径向致动器的反射镜主镜组件。接起来的钢反射镜镜座设计成蜂窝结构，以此保证组件的刚性，无须增加过多的重量（见图 5.31）。望远镜结构支撑在四个两脚架上，每个两脚架都与俯仰轴成 45°角，放置在镜座半径 60% 的位置，如图 5.32 所示。由于水平指向的负载造成的镜座变形以 Y 轴对称，而对 X 轴不对称，所以，要选择两脚架的安装方位。这种设计将反射镜的挠性降至最小。在正常条件下，望远镜的挠性不会使反射镜弯曲。图 5.33 给出镜座上表面（反射镜的安装面）在天顶方向和水平方向最严重情况下的变形等高线。有限元分析表明，所期望的镜座变形是在系统该区域允许的误差估计值范围之内（Cho，1994；Stepp 等，1994）。

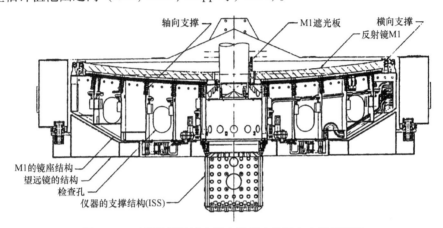

图 5.30 双子星望远镜主镜在镜座内的轴向支撑示意图

（资料源自 Huang, E. W., *Proc. SPIE*, 2871, 291, 1996）

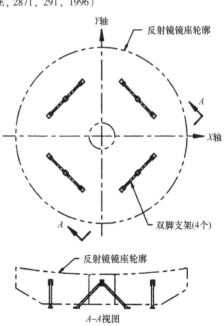

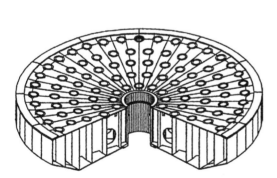

图 5.31 双子星望远镜主镜钢镜
座蜂窝结构的局部剖视图

（资料源自 Stepp, L. et al., *Proc. SPIE*,
2199, 223, 1994）

图 5.32 采用两脚架结构支撑双子星望
远镜主镜镜座的示意图

（资料源自 Stepp, L. et al.,
Proc. SPIE, 2199, 223, 1994）

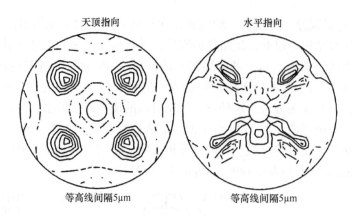

天顶指向　　　　　　　　　水平指向

等高线间隔5μm　　　　　　等高线间隔5μm

图 5.33　双子星望远镜主镜镜座在四个两脚支架支撑下，重力造成上表面最大变形量的预期值
（资料源自 Stepp, L. et al., *Proc. SPIE*, 2199, 223, 1994）

大约 3460Pa（0.5 lbf/in²）的空气压力作用在上述反射镜的后表面上，轴向支撑着反射镜重量的 80%。这个压力，与密封所施加的作用力一起会使反射镜表面产生少量的球差（~100nm rms），主动支撑系统很容易补偿这个误差。反射镜重量的 20% 要由 120 个支撑装置和承力机构承担。致动器仅仅运作在推（动）模式下，没有必要与反射镜（例如黏结）相连。为了重新镀膜，需要将反射镜从镜座中取出，选择这种设计就非常简单。

图 5.34 表示 120 个离散支撑点处反射镜表面的等高线图，这些支撑点安排在五个环带上，分别有 12、18、24、30 和 36 个支撑点。大小在 285N（64 lbf）和 386N（86.7 lbf）之间的局部作用力就可以在表面上形成隆起，如等高线图所示。这些隆起的最大高度仅约 10nm rms。由于表面上的这些误差是固定的，所以，在加工过程中，让反射镜的轴线处于垂直方位，进行局部抛光，使重力变形印迹图消失，从而补偿这些误差。在 0.5°~75° 整个倾斜工作期间对气压进行控制，使误差保持在公差范围之内（Cho，1994）。

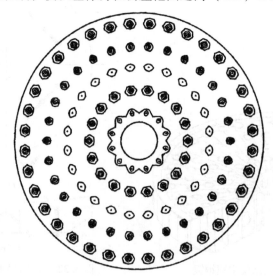

图 5.34　双子星望远镜主镜的轴线位于垂直方位，并支撑在 120 个支撑点的镜座中，抛光期间未进行过局部校正情况下，表面上固定位置处计算出的等高线图。隆起高度方均根值大约 10nm。包括气压密封造成的影响
（资料源自 Cho, M. K., *Proc. SPIE*, 2199, 841, 1994）

　　轴向致动器连接在一起的液压筒，如图 5.35 所示。在计算机控制下以下述两种模式中的任一模式运作：三区域半运动学支撑模式和六区域过约束（非运动学）支撑模式。打开或关闭管线中的阀门以选择模式。图 5.36 表示当望远镜遭遇不均匀的风力负载时，过约束模式在控制表面变形方面的优势。改变模式可以使由不利的风力条件造成的表面误差降低六分之五（Stepp 等，1994）。

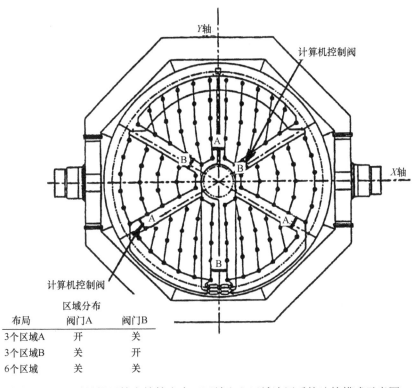

布局	区域分布	
	阀门A	阀门B
3个区域A	开	关
3个区域B	关	开
6个区域	关	关

图 5.35　双子星望远镜主镜镜座中三区域和六区域液压系统连接模式示意图
（资料源自 Huang, E. W., *Proc. SPIE*, 2871, 291, 1996）

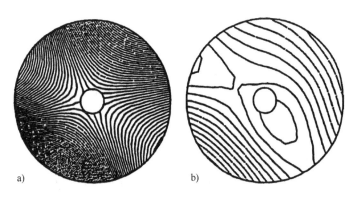

图 5.36　在不均匀的风力负载条件下，采用下面不同的方式轴向支撑双子星座望远镜主镜所产生的表面变形
a）三区域（半运动学）模式　b）六区域（过约束）模式
（资料源自 Huang, E. W., *Proc. SPIE*, 2871, 291, 1996）

反射镜在横向受到 72 个致动器支撑，将力施加在图 5.37 所示的位置上。由于反射镜是弯月形状，所以，径向力有三维分量，图中用矢量方向表明由此产生的力的分量（表示成二维投影）。图 5.38 表示优化后的横向力和校正过的主动力对反射镜造成的变形。等高线间隔是 5nm，表面误差的 p-v 值是 38nm，其误差方均根值是 5nm。

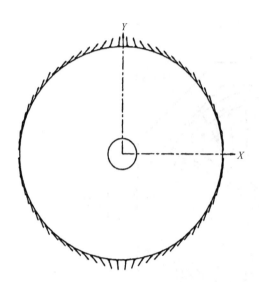

图 5.37　作用在双子星望远镜主镜侧面上
的径向支撑力分布图及合成后方向
（资料源自 Cho, M. K., *Proc. SPIE*, 2199, 841, 1994）

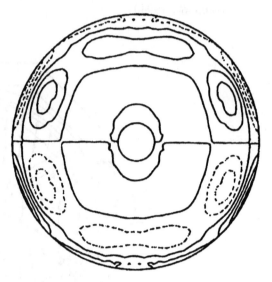

图 5.38　计算出的双子星望远镜主反射镜表面的
等高线，轴线是水平方向，典型的最佳径向支撑。
表面误差的 p-v 值是 38nm，方均根值是 5nm
（资料源自 Cho, M. K., *Proc. SPIE*, 2199, 841, 1994）

所有大孔径反射镜或多或少都要遇到风力负载，所以在过去的 20 年内，已经进行了大量的研究和试验，希望能够找到一些方法解决工作中遇到的上述问题。在风洞和水（管）道中对一定比例大小的模型进行实验和测试是非常有用的，可以观察到气流（Hertig 等，1988；Wong 和 Forbes，1991；Pottebaum 和 MacMartin，2004）。一些研究人员，包括 Forbes（1984）和 Hiriart 等人（2001），已经描绘出了天文台现场的风力图，流体动力学计算技术也应用于解决这个问题。Cho 等人（2003）指出，由于建模的技术问题，目前的结果仅限于得到平均压力图。

对风力影响进行的一次权威性研究就是利用智利帕切翁山（Cerro Pachon）上的南双子星望远镜作为试验装置（Cho 等，2003）。目的有三个：①为了证明先前的研究；②确定可操作的优化程序；③有助于未来设计特别大的系统。该望远镜（有一个仿真主反射镜）装备有 32 个压力传感器。实验中，在 5min 时间内进行了 116 次实验运转，每次测试有 300 个时间步长。同时进行了模型测试。这些数据可以使设计者进一步理解侧风道在外壳上的最佳位置，并表示出俯仰角不是影响性能的主要因素，也为应用有限元分析法确定反射镜变形（包括活塞振动模式、倾翻振动模式、倾斜振动模式、聚焦和像散等项）提供了基础。由于望远镜次镜具有快速倾翻-倾斜-聚焦装置，所以，只有像散变形确实比较大，要确定双子星座望远镜能够满足其误差要求所允许的风速。此外，这些数据揭示出，风压相关长度的典型值是 1~2m。这对于由相同尺寸段拼装起来的反射镜来说有很重要的意义。希望所有这些信息有助于双子星座望远镜的成功运作，为未来单块望远镜和拼装望远镜的研发提供有益指导。

5.6.3　新型多反射镜式望远镜

1997 年安装在 Hopkins 山上的多反射镜式望远镜（MMT）原先设计有 6 块直径 1.8m（70.9in）、f 数为 $f/2.7$ 的主反射镜，这六块反射镜是 6 个卡塞格林望远镜阵列（排列成一个圆环）的一部分。由于该望远镜的有效孔径大至 4.5m（177.2in），所以，需要更多的望远镜设计和天文科学方面的知识。通过次镜的主动控制来优化组合后的图像。根据 Antebi 等人（1990）的介绍，与比较小的安装在地面上的望远镜相比，该望远镜的其他优点还包括使用一种俯仰—方位全向转动镜座，当望远镜改变俯仰角时，重力只在一个平面内对光学结构有影响，因此，允许反射镜镜座进一步简化，还可以使用一种随望远镜旋转的整流罩，而不是静止的整流罩。这种性质使得外壳尺寸可以最小，同时减小外壳内的气流对流。

当用旋转铸造法制造大型反射镜的技术足够成熟时，就决定重新设计该望远镜，采用最大的单块反射镜，并且能够安装在目前的俯仰框内和一个稍加修改过的观测站建筑中（Antebi 等，1990）。为此，铸造了一个直径 6.5m、f 数为 $f/1.25$ 的硼硅酸盐蜂窝型反射镜。这种望远镜的光机设计有几个感兴趣的特点在此值得一提。

新型多反射镜式望远镜（MMT）的主镜安装在一个既有固定反射镜功能，又有其他多重结构功能的镜座中。图 5.39 是新型平凹反射镜安装在镜座中的示意图，以及俯仰轴方向尾部的相关结构组成。反射镜由 104 个致动器（图中称为柏勒拉姆（Belloframs）气动致动器）在径向和轴向支撑。图 5.40 显示蜂窝结构部分，在给出的点上有单独起作用的致动器，也有通过双点或三点横杠负载扩张装置起作用（Gray 等，1994）。图 5.40b 表示致动器（矩形）在八边形反射镜镜座上的典型位置，该镜座的上面板由一个 30in（762mm）高的网格结构加固，形成蜂窝结构（West 等，1996）。

这些间隔内包含有致动器和其他装置，并被一块可卸掉的盖板盖住，但有一些孔通过网格相连，构成热控系统的一部分，在反射镜后表面与镜座上面板之间的空间形成排气通风系统，如图 5.41 所示，促使来自场外冷却器和吹风机的高压气流通过每一个喷嘴和喷管，带走反射镜镜座中的空气，送到输入通风系统中。新鲜空气和来自反射镜镜座中空气的混合物通过一系列气嘴重新从先前的通风系统流回到镜座中，如此重复循环进行。大约有 10% 的空气（按体积计算）会从镜座中泄出，为加压空气的输入腾出空间。迫使空气通过反射镜蜂窝镜座的这种通风系统可以使光学件与周围环境的温差保持在 0.15℃，光学件的同温性达到 0.1℃（Cheng 和 Angel，1986；Lloyd-Hart，1990；Siegmund 等，1990），这与 Pearson 和 Stepp（1987）以及 Stepp（1989）发现热梯度对望远镜像质的影响是一致的。关于新型多反射镜式望远镜热控制系统和温度传感系统的详细设计可以参考 Lloyd-Hart（1990）以及 Dryden 和 Pearson（1990）的文章。

正如前面指出的，大部分致动器是通过负载扩张器与反射镜接触，扩张器的名字完全反映了它的功能。这些装置的相关视图表示在图 5.42 中，致动器固定在每一个装置的中心。

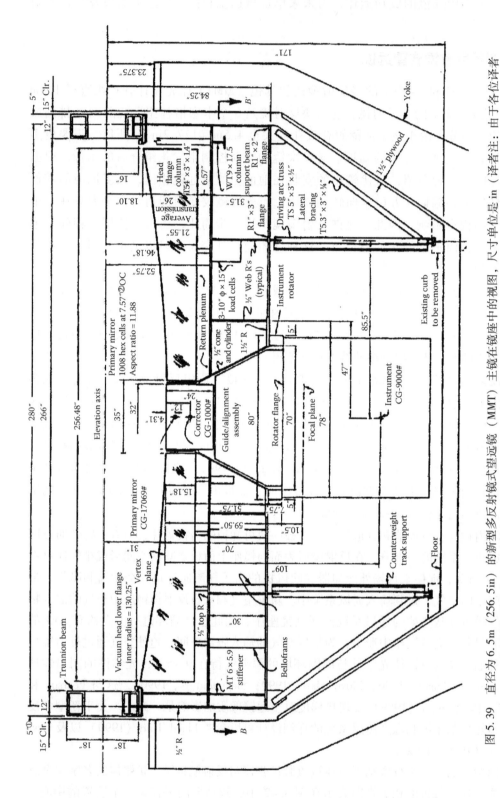

图 5.39 直径为 6.5m（256.5in）的新型多反射镜式望远镜（MMT）主镜在镜座中的视图，尺寸单位是 in（译者注：由于各处位置译者对术语翻译等意见不同，本图采用原书英文原图。另外，MMT 之后也进行了很多调整，请读者注意）（资料源自 Antebi, J. et al., *Proc. SPIE*, 1303, 148, 1990）
① 原书图上为 15″，请读者注意。——译者注
② 原书此处为 1.57″，经过与图 7.73 比对和计算，应为 7.57″。请读者注意。——译者注

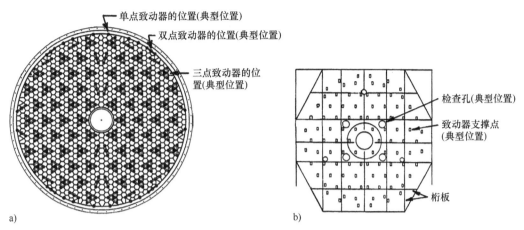

图 5.40　a）在多反射镜式望远镜（MMT）部分面积上的支撑点布局图
（一些是单个的，另外一些是通过两点或者三点负载横撑结构起作用）
（资料源自 Gray, P. M. et al. , *Proc. SPIE*, 2199, 69, 1994）
b）图 5.39 中支撑装置截面 *B-B'* 的视图
（资料源自 Antebi, J. et al. , *Proc. SPIE*, 1303, 148, 1990）

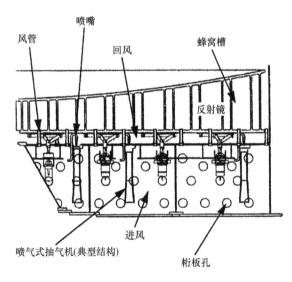

图 5.41　多反射镜式望远镜（MMT）内反射镜镜座中的热控制系统草图
（资料源自 West, S. C. et al. , *Proc. SPIE*, 2871, 38, 1996）

为了在尺寸上与 Ohala E6 玻璃反射镜的热变形相匹配，负载横撑装置的框架用金属的因瓦合金和钢材料制成。通过一个直径是 100mm（3.94in）的圆盘与反射镜接触，圆盘加工成两部分，使用同一批钢材料，所以，热膨胀系数是一样的。为了减轻重量，以及使负载产生的变形量最优化，装置中比较靠下的零件做成圆锥形。为解耦负载扩张器框架扭曲而产生的影响，上端部的零件有一个颈状杆式挠性结构。使用一层 2mm（0.078in）厚的硅橡胶黏结剂（康宁 93-076-2 型）将每一个圆盘固定在反射镜上，这种材料的柔性可以吸收热效应产生的应力，并缓冲负载。

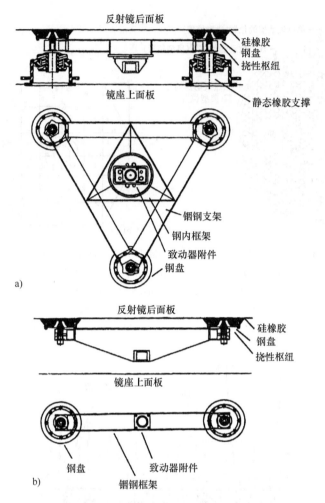

图 5.42　a）为新型多反射镜式望远镜主镜设计的三角形负载横撑装置
　　　　　b）为新型多反射镜式望远镜主镜设计的双点形负载横撑装置
（资料源自 Gray, P. M. et al., *Proc. SPIE*, 2199, 691, 1994）

图 5.42 还表示出了橡胶的静态支撑，位于负载扩张器的拐角处很近的位置，如果在运作期间或者系统处于非工作状态时没有气压输送到致动器，可以起到约束反射镜的作用，这些都是工业发动机架的设计原理：有一些橡胶"圈"被黏结在钢架上。当使用中停车时，被连接到负载扩张器拐角上的肩螺栓会限制切应力和轴向拉力。

致动器本身包括一些带有压力调整器的气压缸，一个用于力反馈的测压元件，一个为了消除横向力和力矩的圆球分离器。图 5.43 给出了两种基本的结构布局：左边是一个单轴致动器，带有一个双负载型扩张器，仅仅提供轴向力；右边的布局有两个致动器，一个是轴向工作，另一个是与反射镜的后表面成 45°角度工作。后一类装置有 58 个，将径向力作用在反射镜后面板附近，所以，只产生力矩以及偏转。通过校正轴向作用力可以消除这些影响。一个双致动器装置的放大视图如图 5.44 所示。

作为一个刚体，镜座中的 MMT 反射镜受到一个不固定的浮动支撑的约束，浮动力与小的位移无关，并在致动器之间按照固定比例自动分配。如图 5.45 所示，共有 6 个承力点支

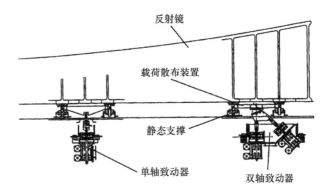

图 5.43 示意性表示用于支撑新型 MMT 反射镜的单轴和双轴致动器装置

（资料源自 West, S. C. et al.，*Proc. SPIE*，2871，38，1996）

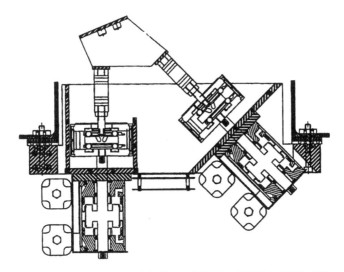

图 5.44 在新型 MMT 主镜的 58 个位置上使用的双轴致动器

（资料源自 Martin, H. M. et al.，*Proc. SPIE*，3352，412，1998）

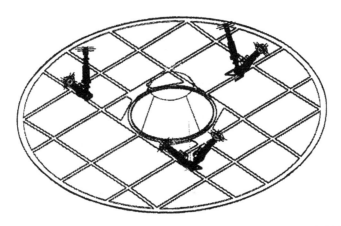

图 5.45 为了确定新型 MMT 反射镜的位置和方位，采用 6 支柱双脚架结构布局，
从而提供可调整的承力点支撑

（资料源自 West, S. C. et al.，*Proc. SPIE*，2871，38，1996）

撑，每个承力点都是可调整的，但一旦固紧，就会变成非常坚硬的支柱，将镜座的后面板连接到反射镜的后面板上。这些支柱被设计成三个双脚支架，完全能够确定反射镜的方位和位置，每个支柱都包含有一个测压元件，提供可以反馈到致动器的信息。进行调整，使作用在每个承力点的力近乎为零（Martin 等，1998）。

5.7 反射镜的中心安装技术

卷 I 的 5.8.5 节（译者注：原书错印为 5.85）讨论过一种轮毂安装技术，主要用于安装一个折反射物镜中直径约为 15in（38.1cm）、中心有孔的第一表面反射的弯月形反射镜。正如卷 I 图 5.69 所示，该反射镜在轴向被夹固在一个凸缘和一个压圈之间，轮毂上的超环面与反射镜中孔内径间的紧配合（几乎是相干涉）实现了径向约束，反射镜基板的锥形边缘并未受到约束。对于承受高角加速度的导弹跟踪器，反射镜最厚部位的光机界面为照相物镜提供了足够的支撑。

图 2.30e 所示的单拱形反射镜也是通过中心孔完成轮毂式安装。Carter（1972）完成的这类设计如图 5.46 所示。可以看到，一个直径为 152cm（59.8in）的反射镜是用微晶玻璃（CerVit）材料制成的，其边缘厚度为 2.5cm（1.0in）、按照半径增量为 0.25mm 计算出截面的厚度，从而保证反射镜的轴处于垂直位置时其表面上有一个均匀的应力。为方便起见，使用了一块 16.5cm（6.5in）厚的材料，所以后表面的曲线是在半径约为 39cm（15.4in）的位置结束。将后表面上的平面部分进行粗磨和抛光，并与一块直径为 79cm（31.1in）的不锈钢安装板接触。安装板厚为 5cm（1.96in），盖在直径为 38.1cm（15in）的中心区域上，然后加工成边缘厚度是 0.64cm（0.25in）的锥形。一个壁厚为 0.50cm（0.21in）、直径为 30cm（11.8in）的不锈钢管黏结在安装板的中心孔内。用 RTV 硅橡胶康宁 93-046 类，固化型催化剂）将反射镜的内径黏结到钢管的外径上。通过一系列黄油喷嘴将 0.05cm（0.02in）的人造橡胶注入支撑管与玻璃之间。安装板背面的螺纹孔可以使反射镜组件直接拧紧到望远镜结构的一块背面板上。

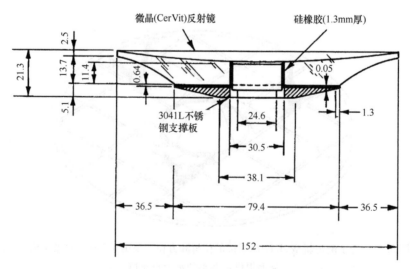

图 5.46　使用人造橡胶对直径 152cm（59.8in）的反射镜实现同心安装的示意图（单位是 cm）

（资料源自 Carter，W. E.，*Appl. Opt.*，11，467，1972）

Buchroeder 等人（1972）介绍过很有意义的上述设计的一种改进型，在望远镜的后面板上增加 6 个螺钉，如果完成装配后发现反射镜表面有过大的扭曲或者面形误差，就可以调整这些螺钉，使轴向压力差分式地作用在安装板四周。当进行反射镜安装及在不同方位对其进行测试时，该反射镜保持了良好的面形。然而，在使用该系统拍摄的第一张照片中观察到了双像，在发现并排除故障期间，旋松调整螺钉，使它恰好接触到安装板，第二个像消失。显然，当反射镜已经造成很轻微位移时，望远镜驱动电动机需要产生每秒 25 步的谐振频率工作以形成阻尼。

在进行空间红外望远镜装置（SIRTF）（现在称为"弹头式空间望远镜"）中的直径为 85cm（33.5in）主反射镜的安装设计时，研究人员提出了几种可能的安装方案。其中一种安装方法是 Sarver 等人（1990）提出的，他们建议单独使用一个具有锥形界面的卡具将单拱玻璃反射镜安装在轮毂上，如图 5.47 所示。该卡具在其重心附近所有 6 个自由度上都能约束此反射镜，由于这种约束是在卡具最厚和最结实的部位，又是大面积接触，因此减小了可以扰动光学表面的应力。在反射镜的背面有一个平面，锥体的轴应当垂直于该表面，锥体顶点要与表面重合，锥面之间能出现轻微滑动，但镜座材料的膨胀或收缩不应改变顶点与平面的重合度。所以，只要镜座的金属零件都使用相同材料，该镜座就是消除热效应的。为了保证锥面的接触，设计中使用一种球面轴承。

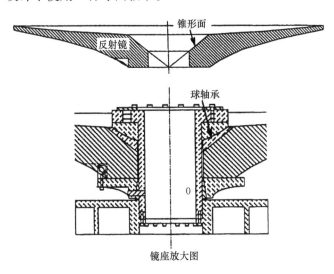

图 5.47　锥形卡具同心安装一个单拱反射镜的概念

（资料源自 Sarver, G. et al. , *Proc. SPIE*, 1340, 35, 1990）

Vukobratovich（2004）的报告表明，如果重心是在光学表面顶点的前面，使用轮毂安装单拱反射镜会存在一个大的缺点：在这种情况下，轮毂安装不可能在包含重心的平面内提供支撑，在水平轴位置及附近会引入像散，这就将单拱反射镜的结构布局局限于直径小于 1m（39.4in）的情况。对于这样的直径，会得到足够的刚性，像散量也是允许的。这种设计也可以应用到无重力的空间应用中。

Anderson 等人（1982）介绍过对单拱形截面的轻质反射镜的制造和干涉测量。这种反射镜用一块 Heraeus TO-8 民用 E 型复合材料加工，该复合材料是熔化了的天然石英。反射镜的直径为 20in（50.8cm）、厚为 4in（10.2cm），有一个直径为 5in（12.7cm）的中心孔。

在后表面形成拱形轮廓之前，在前表面上首先形成一个半径为 80in（2.03m）的球面，以保证在表面成形期间使材料块有一个牢固的支撑。用一个由凸轮控制的金刚石轮加工拱形轮廓。精磨后的基板轴向厚度是 3.5in（8.9cm）。在反射镜轮毂背面蜂窝筋上钻出三个孔，方位角间隔是 120°，与球轴承交界，测试时作为一个三点安装孔。

抛光之后，将反射镜轴线朝上垂直放置，用干涉方法进行测试；然后，将反射镜的轴线朝下放置，重复进行测试。其目的是评估反射镜从 1g 负载转换到无重力环境条件下镜座表面可能出现的变形。逐点测得表面在 +1g 和 −1g 方向上的误差干涉图之差，除以 2 就可以确定变形量。反射表面的其他轮廓误差被认为是不变的，所以在相减时已经被消除了。

Anderson 给出了图 5.48a 所示的等高线图，可以看到在反射镜中心附近采用三点支撑方法会造成 2g 的变形量。研究考虑了 672 个测试点的刚度矩阵，计算出偏离最优拟合球面球体（best fitsphere）的表面变形量的方均根值是 0.054λ（波长 λ = 0.633μm），最大值是 0.138λ，最小值是 −0.148λ，p-v 值是 0.286λ。

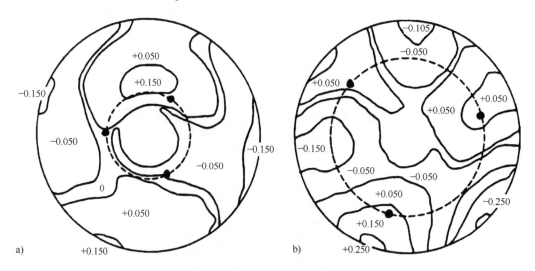

图 5.48 计算出 2 倍于自重造成的表面变形的等高线图，使用同样的材料、尺寸和支撑结构布局，反射镜的轴垂直放置，三个支撑点的位置如图中虚线圆上的黑点所示。等高线的间隔是波数，波长 λ = 0.633μm（译者注：原书中为 0.63μm）

a）单拱反射镜 b）双拱反射镜

（资料源自 Anderson, D. et al., *Proc. SPIE*, 1531, 195, 1982）

5.8 双拱反射镜的安装技术

在美国亚利桑那大学光学科学中心加工出刚才介绍过的单拱反射镜的同时，也加工了一个双拱反射镜，直径是 20in（50.8cm）、厚度是 3.0in（7.6cm）（见图 5.49）。该反射镜的材料是采用火焰水解法生产的熔凝石英（美国 Corning 公司的编号是 7940），它与单拱反射镜使用的熔凝天然石英材料类似，但并不完全一样。

为了对重力的挠性效应进行较容易的评估，采用与单拱反射镜同样的方法，分别在反射镜面朝上和面朝下的情况下进行了测试。三点支撑造成 2g 的变形量如图 5.48b 所示。仍然

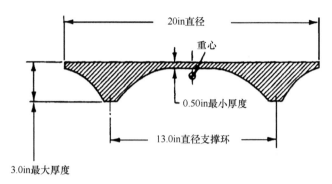

图 5.49　分析双拱反射镜使用的例子
（资料源自 Vukobratovich, D. et al., *Proc. SPIE*, 332, 419, 1982）

测试 672 个点，计算出偏离最优拟合球面球体的表面变形量方均根值是 0.094λ（λ = 0.633μm），最大值是 0.243λ，最小值是 - 0.356λ，p-v 值是 0.599λ。这些值可以直接与前面计算出的相同尺寸的单拱反射镜相比较。

为了更好地理解双拱反射镜与单拱反射镜之间的变形特性，Anderson 及其同事根据干涉图计算出了一组由 36 项组成的 Zernike 多项式，然后将该数据重新求解成方位角 θ 的角度分量，从而对两种设计来说就分成了径向误差（0θ）、慧差误差（1θ）、像散误差（2θ）和"三角帽"误差（3θ）。表 5.2 对这种结果进行了总结。双拱反射镜存在最大的 3θ 变形，所以可以判断单拱反射镜在方位方向上更坚固一些；而在径向上，双拱反射镜要比单拱反射镜的刚性高 4 倍，两种设计都有慧差和像散误差。这种分析并没有测试表面半径的变化，但已经知道这种变化是能够评估的。可以得出结论，双拱设计优于单拱设计，特别是在支撑点多于三点的情况下更为明显。

表 5.2　相同尺寸、轴线垂直放置的单拱和双拱反射镜的自重变形量的比较

	单拱结构		双拱结构	
	p-v	rms	p-v	rms
	（波长为 0.63μm 时的波数）		（波长为 0.63μm 时的波数）	
总变形量	0.143	0.027	0.300	0.047
1θ 项	0.073	0.013	0.068	0.012
2θ 项	0.105	0.021	0.096	0.021
3θ 项	0.009	0.001	0.197	0.039
径向变形量	0.041	0.010	0.011	0.002

（资料源自 Anderson, D. et al., *Proc. SPIE*, 332, 424, 1982）

Vukobratovich 等人（1982）使用有限元分析法进一步研究了双拱反射镜，为了进行优化，建立了一种由 60 个四边形单元和 61 个网点构成的模型，然后对这种设计进行评估。为使问题简化，反射镜模型有一个平的光学表面，没有中心孔。在优化期间，支撑环的径向位置是变化的，计算出新的等高线，重新计算光学表面的重力变形，直到能够确定一个设计，无论在垂直方向还是在水平方向都有最小变形量为止。假设一个三点支撑应在过重心的平面内与反射镜相接，因为这种情况代表着最差条件。在最终的设计中，支撑环的半径是反射镜

直径的0.65倍，过重心的平面位于光学表面之后1.008in（25.60mm）（见图5.49）。计算出反射镜的重量约为42 lb（19.0kg）

图5.50给出了标准平面反射镜分别在图a所示的轴线垂直放置和图b所示的轴线水平放置条件下的变形。在$\lambda = 0.633\mu m$时，变形量方均根值分别是2.016×10^{-6}in（0.08λ）和0.016×10^{-6}in（0.005λ），支撑点位置如图所示。若反射镜轴线是垂直方向，表面等高线中的极限变形就是支撑点之间的方位变形；若反射镜的轴线是水平方向，变形量可以忽略不计。

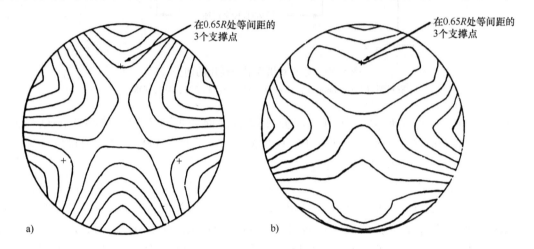

图5.50 直径是20in（50.8cm）的双拱反射镜在三点支撑环境下计算出的表面变形等高线图。等高线间隔，图a的为0.432×10^{-6}in，图b的为0.482×10^{-7}in

a）反射镜轴线是垂直方向 b）反射镜轴线是水平方向

（资料源自Vukobratovich, D. et al., *Proc. SPIE*, 332, 419, 1982）

一个双拱反射镜可以安装在环/点组合式的支撑系统中，如图5.51所示。在轴线处于垂直方向时，反射镜放置在一个不连续的气袋支撑环上，在双悬臂轮廓的底部与反射镜的后表

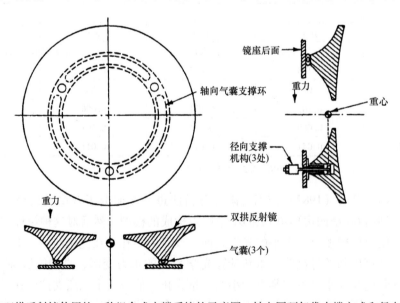

图5.51 安装双拱反射镜使用的一种组合式支撑系统的示意图：轴向圆环气袋支撑方式和径向三点支撑方式

面接触。随着反射镜轴线转向水平方向，安装在反射镜底座孔中的三个或更多支撑将越来越多地承担反射镜的重量。在水平方向位置，反射镜的重量完全由径向支撑承担。为使光学表面的变形最小，它们要作用在过重心的平面内。图 5.51 所示的径向支撑是图 5.3 右边详细视图所表示的一般类型，气袋环支撑类似图 4.10 给出的形式。

　　Iraninejad 等人（1983）介绍过另外一种安装设计，被安装的反射镜是直径 20in（50.8cm）的实验用双拱熔凝石英主镜。如图 5.52 所示，研究人员利用三个等间隔放置的卡具及挠性装置组件支撑该反射镜，支撑组件的设置方位要使挠性装置径向方向有挠性，而在其余所有方向都呈现刚性，从而允许铝安装板随温度降低到大约 10K 工作温度，相对于反射镜差分式地收缩。反射镜卡具都是用因瓦合金（Invar）36 做成的"T 形"块，嵌入反射镜背面最厚部分内的一个锥形孔中。双挠性装置是具有高基频的平行叶片，长 91mm（3.6in）× 15mm（0.6in）宽，由 0.04in（1.0mm）厚的 6Al-4V ELI 钛合金材料制成。叶片间的间距是 25mm（1.0in）。

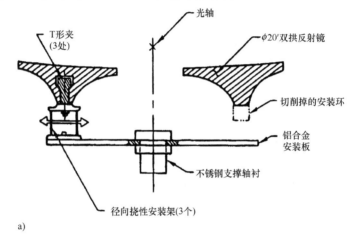

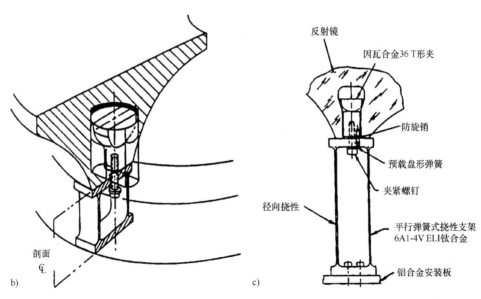

图 5.52　为安装空间红外望远镜装置（SIRTF）（现在称为"弹头式空间望远镜"）的主镜而完成的一项早期设计

a）主镜组件的剖视图　b）一个卡具/挠性机构的轴测图　c）过卡具/挠性机构的剖视图

（资料源自 Iraninejad, B. et al. , *Proc. SPIE*, 450, 34, 1983）

对这种安装布局的有限元分析表明，该设计经得起（会有一定的损伤）航天飞机的强行着陆，在经历了航天飞机发射负载后仍能保持反射镜的全部性能。

5.9 反射镜的双脚架安装技术

双脚架挠性结构应用在许多高精度的反射镜安装中。在这种安装结构中，由6个长度可调整的腿组成的三个双脚架部件固定到反射镜的背面或边缘。图5.53所示的就是一种典型概念。每一个挠性装置等效于一个双臂铰链或十字形挠性装置，具有旋转适应性，一个优点就是它具有虚的枢轴位置。尽管双脚架并没有真正地固定在反射镜的重心点，但调整每个双脚架两条腿的角度，可以把瞬时支点放置在反射镜中性面的重心处，。在每根支柱或腿的两端常常设置双轴挠性的特征，避免力矩耦合到反射镜中（Vukobratovich，1988）。使用具有挠性腿的双脚架结构布局允许相邻结构的外形尺寸随着温度改变而变化，同时减小对反射镜的影响。

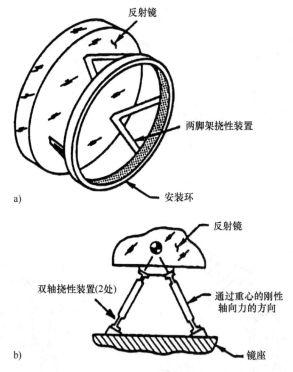

图5.53　双脚架型挠性反射镜镜座的概念

a）轴测图　b）侧视图

（资料源自 Vukobratovich, D. and Richard, R. M., *Proc. SPIE*, 956, 18, 1988）

Ulmes（1989）介绍过一种双脚架安装轻质平面反射镜的技术。这种反射镜应用在空中侦察摄像机瞄准线的物空间扫描，照相机的有效焦距是110in（2.79m），f数是f/5.6。如图5.54所示，该椭圆形反射镜由熔凝低膨胀玻璃（ULE）制成，是一个4.55in（11.56cm）厚的不对称封闭夹层结构，有边长为1.50in（3.81cm）的正方形蜂窝芯和厚为0.08in（2.03mm）的网格肋。前面板厚度是0.20in（0.51cm），后面板厚度是0.15in（0.38cm）。反射镜中心有一个细长孔，让折反光学系统形成的会聚光束通过而到达扫描反射镜后面的像平面（见图5.55）。

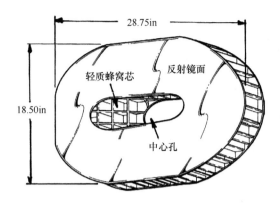

图 5.54 折反式照相系统中轻质扫描反射镜的示意图

（资料源自 Ulmes，J. J.，*Proc. SPIE*，1113，116，1989）

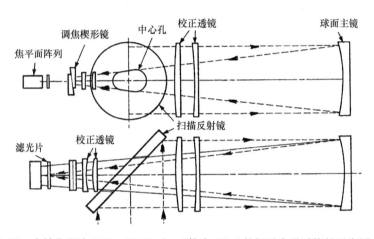

图 5.55 有效焦距为 110in（2.79m）、*f* 数为 *f*/5.6 的折反光学系统的示意图。用
来说明图 5.54 所示的扫描反射镜的特性

（资料源自 Ulmes，J. J.，*Proc. SPIE*，1113，116，1989）

　　反射镜的双脚架安装方式如图 5.56 所示。利用一个球窝接头将每一条腿分别固定在反射镜的后面板上。一般是以图 5.53 所示方式将两条腿轴线的交点放置在反射镜的中性面内。Vukobratovich 等人（1990）对这种安装技术给出了详细描述，所有腿的脚都固定在一个凹的球形座中，球形座夹固在一个玻璃球上面，玻璃球黏结在反射镜上，这些玻璃球等间隔地排列在一个共用直径上。双脚架的支杆两端各有一节"缩颈结构"作为挠性装置，使传递到反射镜中的力矩最小。

　　Sawyer 等人（1999）阐述过另外一种为某空间应用研制的双脚架安装反射镜的技术。这种安装设计可以提供至少 3mm（0.118in）的三轴方向上的线性运动及三种倾斜，因此，允许对所有 6 个自由度进行调整。设计这种安装技术是为了比较容易地从反射镜后面进去进行调整，并提供可靠的锁定方法，长时间实现微弧度级的稳定性。同样的安装设计能够适合于多个不同类型的反射光学元件，外形尺寸为 12.7~25.4cm（5~10in），重量为 0.3~1.75kg（0.66~3.8 lb），也可以位于光学系统的不同位置。双脚架结构允许离轴反射镜有一个角运动，与共用光轴上的远距离点同心。在六边控制定律（hexapod control law）基础上，为飞行运动模拟器研制了一种运动算法，在计算机闭路控制环境下有利于每个元件的

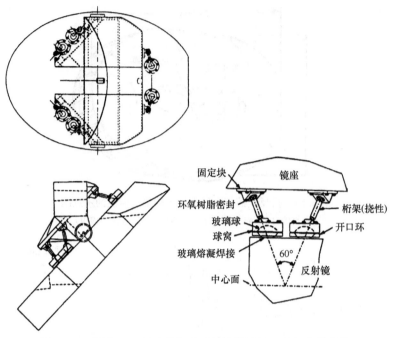

图 5.56　为图 5.54 所示的扫描反射镜设计的双脚架安装结构

（资料源自 Ulmes, J. J. , *Proc. SPIE*, 1113, 116, 1989）

调整。

图 5.57 给出了一个离轴反射镜镜座的前后视图，图 5.58 给出了双脚架部件的详细结构，其中包括一些基本零件。在每条腿的两端设计有压圈、底座和扣紧螺帽，从而提供球面支承，满足双脚架灵活运动的要求。

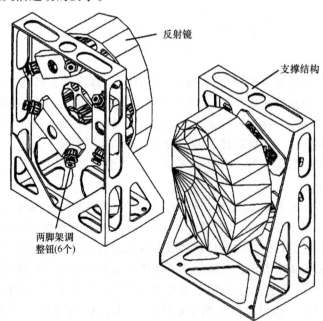

图 5.57　一种典型的反射镜安装的前后视图。这种双脚架支撑技术可以保证 6 个自由度都能调整

（资料源自 Sawyer, K. A. et al. , *Proc. SPIE*, 3786, 281, 1999）

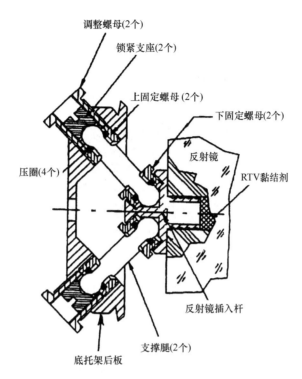

图 5.58　图 5.57 所示安装结构中一个双脚架部件的详细视图

（资料源自 Sawyer, K. A. et al. , *Proc. SPIE*, 3786, 281, 1999）

当应用中包括离轴反射镜而需要采用运动学方式定位母表面的虚顶点时，借助于一台球面-V 形槽-平面运动学接口，将一个可拆卸的反射式顶点球装置器固定在支架上。对于简单的平面反射镜或球面反射镜，没有必要使用顶点球。

Sawyer 等人（1999）介绍了如何使用支架外端锁定装置，过程如下：如果拧出调整螺帽，底座就不能够旋转，因此，压圈就落放在双脚架两条腿球形端的松弛侧上。当扣紧螺帽使与底座之间的间隙完全消除后，停止调整调节螺母，立即止动对开螺母，并牢固地锁紧调整。实际上，经过精细调整之后，上述作者已经成功地锁紧所有运动，而不会使调整对准的质量下降。

使用双脚架安装的另外一个例子，就是径向支撑同温层观测站中红外天文望远镜（SO-FIA）主镜。该反射镜的直径为 2.705m（106.50in），是一块用微晶玻璃（Zerodur）材料制成的单块轻质反射镜 [对于该望远镜的研制总结，请参考 Kaercher（2003）和 Krabbe（2003）的文章]。根据 Bittner 等人（2003）的介绍，反射镜重 885kg（1951 lb），与使用同样外形镜座的平凹实心反射镜相比，说明总量减轻了约 80%，反射镜的质量密度是 154kg/m^3。

图 5.59 给出了该反射镜镜座复杂结构的后视图。反射镜固定在三个双脚架的端部，双脚架放置在三个横向支撑臂的端部，图 5.60 给出了它们的分解图。图 5.61a 给出了其中的两根双脚架 [见图 5.59 所示 A 框（"A- frame"）]，它们沿反射镜的侧面切向排列。根据图 5.61b 所示的有限元分析模型，每个双脚架都是一根弯曲的不锈钢杆。为了能在 4 个位置提供万向接头弯曲，在每个双脚架中都设计有挠性装置。利用螺钉将双脚架的端部固定在因

瓦合金（Invar）材料做成的衬垫上，衬垫黏结在反射镜的侧面。在与反射镜侧面相切的方向上，每一根双脚架都是刚性的。

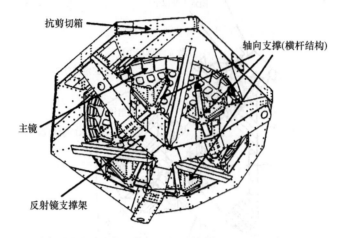

图 5.59 同温层观测站中红外天文望远镜（SOFIA）主镜的后视图。采用了 18 点 Hindle 型轴向支撑安装技术
（资料来源 Erdmann, M. et al., *Proc. SPIE*, 4014, 309, 2000）

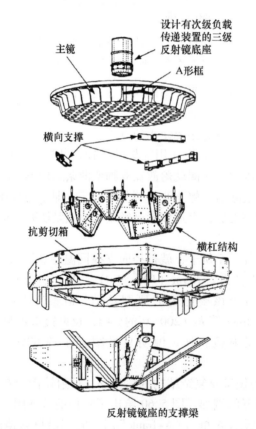

图 5.60 同温层观测站中红外天文望远镜（SOFIA）主镜镜座组件的分解图
（资料来源 Bittner, H. et al., *Proc. SPIE*, 4857, 266, 2003）

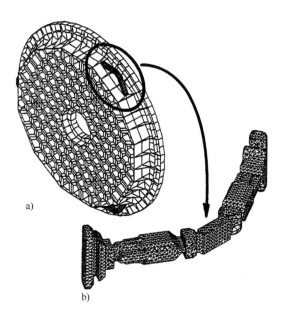

图 5.61　带有三个双脚架结构的同温层观测站中红外天文望远镜（SOFIA）主镜的有限元分析模型。其
中双脚架用于实现径向和方位支撑。注意到，在双脚架中有多个挠性装置
(资料源自 Geyl, R. et al., *Proc. SPIE*, 4451, 126, 2001)

　　同温层观测站中红外天文望远镜主镜的轴向支撑是采用 18 点 Hindle 安装方式，带有三
个横杠结构，如图 5.62 所示。这些横杠固定在反射镜的支撑梁上，如图 5.60 所示。

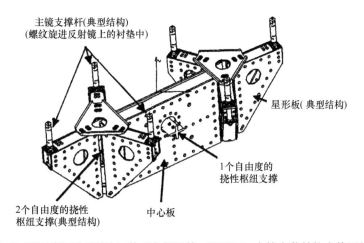

图 5.62　图 5.60 所示同温层观测站红外天文望远镜（SOFIA）主镜安装结构中使用的一根横杠图
(资料源自 Erdmann, M. et al., *Proc. SPIE*, 4014, 309, 2000)

　　由于同温层观测站红外天文望远镜的标准工作环境是没有窗户的波音 747SP 飞机，气流
会造成很高的振动扰动，频率高达 100Hz。因此，望远镜和所有零件都必须设计有很高的刚
性，这就是为什么对主镜的轴向和径向支撑设计如此复杂的原因。Bittner 等人（2003）指
出，主镜的基频是 240Hz（自由模态）。这些结果在很大程度上是由于在镜座设计中使用了
一种具有高刚性、低密度和低热膨胀系数的加固型碳化纤维塑料材料。接头被黏结并铆上，

使用的其他材料是钢和钛。通过明智地选择材料，元件尺寸和零件间界面使光机设计实现消热化。在反射镜的安装设计中仅使用了低放气材料，所以该反射镜可以被清洗和重新镀膜，而无须从镜座中卸下。为了在严格的像质要求下能够提供更大的性能范围，在最终加工反射镜表面的轮廓时要补偿已预计到的表面变形，通常是补偿望远镜工作在45°中间俯仰角时产生的变形量。

2010年，同温层观测站中红外天文望远镜完成了首次飞行。2011年实现特性和集成飞行。Temi等人（2012）（译者注：原书错印为2002年）公布了后者的试飞结果，当时，并没有满足可见光波长点光源成像质量方面的性能。希望通过改进能够大大提高其性能。

5.10 薄面板反射镜的安装技术

5.10.1 一般要求

因为用作反射镜基板的整块薄面板本身固有的挠性，所以要使用轴向支撑系统。该系统是在反射镜背面的许多点处，或者在反射镜重心所在平面内或附近，施加支撑力。Nelson等人（1982）的论文详细叙述了在薄面板情况下对 N 个轴向支撑点的分布如何进行优化。为了确定一块圆形板在受到一系列点支撑时重力产生的变形（或偏转），作者将所有点分成若干组，每组有 k 个点，如图5.63所示，均匀地分布在一个固定半径的圆的四周。将每个小组的效应进行叠加，就可以确定表面的总变形量。进行优化包括改变作用力、各小组的半径和方位，从而使变形量的方均根值最小。在求解 $3N\text{-}4$ 维空间中的最小值时，为了降低数学的复杂性，要充分利用反射对称性这一优点。其中，N 是支撑点总数。

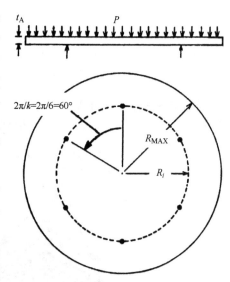

图5.63 将一个光轴垂直放置的圆形反射镜轴向支撑在 $k=6$ 个点圆环上的典型几何图形和符号。P 是造成自重变形量的均匀分布的作用力
（资料源自 Nelson, J. E. et al. , *Proc. SPIE*, 332, 212, 1982)

Nelson及其同事们发现，最小的方均根变形量值来自于三角形排列的那些点，并且，由于不受边缘效应的影响，无穷大尺寸的三角形网格会给出最佳解。可以用下列表达式表示平板的偏转（或变形）：

$$W_{(\rho,\theta)} = \sum_i^n \varepsilon_i w_i(n_i, \beta_i, \rho, \theta - \phi_i) \tag{5.11}$$

式中，n 是环数；ε_i 是第 i 个环承担的部分负载；w_i 是第 i 个环造成平板的变形；n_i 是第 i 个环上支撑点数目；β_i 是第 i 个环半径；ρ 是环的半径；ϕ_i 是第 i 个环上的点具有的方位角偏置。

该变形量是对各种支撑布局，包括多达36个支撑点的结构，都进行过优化的结果。

Arnold（1995）将 Nelson 等人（1982）的理论扩展应用于无中心孔但（由于次镜遮蔽）有中心遮拦（以提供环形光瞳）的均匀厚度反射镜。作为 3 ~ 36 点支撑的优化布局，需要考虑是否采用调焦补偿的问题，如图 5.64 所示。除了 36 点支撑情况需要重新稍作优化外，其他都与 Nelson 等人论述一致。

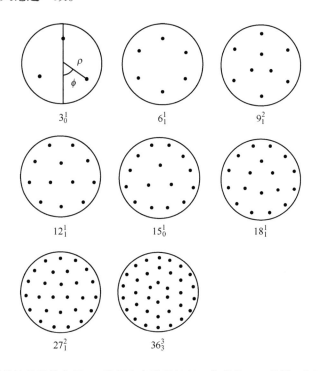

图 5.64 3 ~ 36 点支撑结构的最佳布局。ρ 是每个支撑环的归一化半径；ϕ_i 是第 i 个圆环上点的方位角偏置。

每个支撑布局图上的上标和下标表示 3 ~ 36 点支撑不同的布局图

[资料源自 Arnold, L., *Opt. Eng.*, 34（2），567，1995]

表 5.3 给出了确定 $3 \leqslant N \leqslant 36$ 且不存在遮拦光瞳条件下反射镜支撑系统的 Arnold 布局。表 5.4 给出了中心遮拦为 0.3 情况下的同类信息。在所有情况中，假设 $\nu = 0.24$（对于微晶玻璃）。重要变量确定如下：N 是圆环上支撑点数目；$\xi_{p\text{-}v}$ 是 p-v 值变形量；ξ_{rms} 是变形量的方均根值；η_i 是某给定圆环承载的载荷。

表 5.3　没有遮拦光瞳的最佳布局

N	$\xi_{p\text{-}v}$ / $\times 10^5$	ξ_{rms} / $\times 10^5$	n_i	ρ_i / $\times 10^4$	η_i / $\times 10^4$	ϕ_i /(°)				
3	264	59.2	$\rho = 6454$							
6	35.6	8.04	$\rho = 6811$							
9	23	4.54	$n = 3$	3	3					
			$\rho = 2896$	7973	7708					
			$\eta = 2369$	3586	4045					
			$\phi = 0°$	0	60					

（续）

N	$\xi_{\text{p-v}}$ /×10⁵	ξ_{rms} /×10⁵	n_i	ρ_i /×10⁴	η_i /×10⁴	ϕ_i /(°)					
12	7.44	1.34	$n=3$	3	3	3					
			$\rho=3141$	7660	8244	8244					
			$\eta=2767$	2838	2198	2198					
			$\phi=0°$	60	20.06	−20.06					
15	5.71	1.02	$n=3$	3	3	3	3				
			$\rho=3178$	7758	7758	8397	8397				
			$\eta=2811$	2049	2049	1546	1546				
			$\phi=0°$	44.87	−44.87	14.97	−14.97				
18	3.33	0.567	$n=3$	3	3	3	3	3			
			$\rho=4686$	3194	8166	8166	8503	8503			
			$\eta=1599$	2053	1732	1732	1442	1442			
			$\phi=0°$	60	44.80	−44.80	15.24	−15.24			
27	1.30	0.217	$n=3$	3	3	3	3	3	3	3	3
			$\rho=2101$	8637	4800	5556	5556	8847	8847	8564	8564
			$\eta=1188$	1087	1291	1167	1167	920	920	1130	1130
			$\phi=0°$	0	60	20.38	−20.38	24.15	−24.15	47.83	−47.83
36	0.709	0.125	$n=6$	6	6	6	6	6			
			$\rho=2548$	5590	5904	8906	8777	8777			
			$\eta=1643$	1847	1772	1458	1641	1641			
			$\phi=0°$	30	0	0	19.87	−19.87			

［资料源自 Arnold, L., *Opt. Eng.*, 34 (2)，567，1995］

注：中心遮挡比为 0.0；没有离焦公差；泊松比设置为 $\nu=0.24$；n_i 是第 i 个圆环上支撑点数目；η_i、ρ_i 和 ϕ_i 已被优化并固定了 ϕ 的整数值。

表 5.4 圆环出瞳的最佳布局

N	$\xi_{\text{p-v}}$ /×10⁵	ξ_{rms} /×10⁵	n_i	ρ_i /×10⁴	η_i /×10⁴	ϕ_i /(°)					
3	256	60.1	$\rho=6379$								
6	29.6	6.62	$\rho=6861$								
9	22.9	4.75	$n=3$	3	3						
			$\rho=3302$	8081	7687						
			$\eta=2565$	3378	4057						
			$\phi=0°$	0	60						
12	7.25	1.32	$n=3$	3	3	3					
			$\rho=2661$	7774	8116	8116					
			$\eta=2576$	2727	2348	2348					
			$\phi=0°$	60	20.02	−20.02					

(续)

N	$\xi_{p\text{-}v}$ /×10^5	ξ_{rms} /×10^5	n_i	ρ_i /×10^4	η_i /×10^4	ϕ_i /(°)					
15	6.30	0.961	$n=3$	3	3	3	3				
			$\rho=2704$	7836	7836	8209	8209				
			$\eta=2615$	2000	2000	1693	1693				
			$\phi=0°$	44.91	-44.91	14.95	-14.95				
18	2.62	0.494	$n=3$	3	3	3	3	3			
			$\rho=4079$	4079	8407	8407	8407	8407			
			$\eta=1949$	1949	1526	1526	1526	1526			
			$\phi=0°$	60	44.78	-44.78	15.22	-15.22			
27	1.18	0.207	$n=3$	3	3	3	3	3	3	3	3
			$\rho=1736$	8639	5245	5587	5587	8851	8851	8653	8653
			$\eta=1270$	1085	1240	1222	1222	911	911	1069	1069
			$\phi=0°$	0	60	20.62	-20.62	24.14	-24.14	47.70	-47.70
36	0.62	0.11	$n=6$	6	6	6	6	6			
			$\rho=3080$	5817	6343	9047	8827	8827			
			$\eta=2114$	1780	1654	1286	1583	1583			
			$\phi=0°$	30	0	0	19.83	-19.83			

［资料源自 Arnold, L., *Opt. Eng.*, 34 (2), 567, 1995］

注：中心遮挡比为 0.0；没有离焦公差；泊松比设置为 $v=0.24$；n_i 是第 i 个圆环上支撑点数目；η_i、ρ_i 和 ϕ_i 已优化；已固定了 ϕ 的整数值。

多点支撑方式下大型反射镜的剪切效应严重影响着自重变形量。Selke（1970）的研究表明，纵横比（d/h）小于 10 的厚反射镜的剪切变形量如同弯曲变形量一样大。Wan 等人（1989）利用有限元分析法对 1.8m 轻质夹层反射镜在最佳三点轴向支撑状态下的弯曲变形量和剪切变形量做了比较。利用真实反射镜的干涉图对上述结果进行了审校。剪切造成的变形量约大 1.8 倍，与 Selke 理论研究结果一致。Arnold（1995）建议，通过增大支撑点之间的间隔并使其大于反射镜厚度（$h/b>1$），从而使多点反射镜安装支架中的剪切效应降至最小。最后，即使是 $d/h>10$ 的薄反射镜，Nelson 等人（1982）也建议，在分析多点支撑性质时采用剪切校正措施。

5.10.2　拼接式反射镜

在设计某些非常大的望远镜的反射镜时，反射镜的基板并不是一块整体，而是分片拼装起来。对于随着地面使用的反射镜直径越来越大引发的制造问题，或者为了使空间用望远镜能适应运载火箭尺寸的限制，这种拼装设计是值得考虑的。考虑到这两种应用情况，采用饼形或者六角形的分片形状。图 5.65 给出了一个总直径是 4.0m（13.1ft）、分成 7 片、由 ULE 材料制成的薄面板反射镜。最外面的反射镜片约 1.7cm（0.67in）厚，由直径 2m（80in）的材料做成。很明显，这些反射镜片特别柔软和脆。在加工和传输过程中的每一个阶段都要求特别小心。根据所要求的非球面外形轮廓，使用计算机控制技术将反射镜片的表面误差加工

到小于 $0.04\mu m$。使用多点主动控制系统提供支撑。

图 5.65 一个直径是 4m（13.1ft）、由 7 片组成、采用主动支撑方式的薄面板 LAMP 的反射镜照片
（资料源自 Goodrich Corporation，Danbury，CT）

Mast 和 Nelson（1982）介绍过一种设计，即使用 36 块主动受控的六边形镜片拼装成直径为 10m（400in）的 Keck 望远镜的主反射镜。该系统设计的一个基本特点是各镜片之间校准的主动控制。对这种反射镜，控制系统把每一块镜片都当作具有三个自由度（两个倾斜和一个轴向平移）的刚体处理。如图 5.66 所示，在每一块镜片背面的三个点上放置有致动器，相对于普通的支撑结构来说，用于提供主动支撑。传感器通过一台计算机，将信号提供给致动器，通过测量电容变化监控相邻两镜片间的位移。

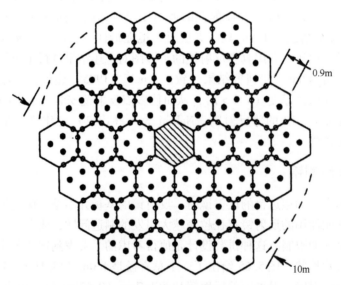

图 5.66 从反射镜凹面一侧看到的设置在直径是 10m（400in）的 Keck 望远镜
主镜上的致动器（实心圆）和边缘传感器（空心圆）
（资料源自 Jared，R. et al.，*Proc. SPIE*，1236，996，1990）

实际上，每一块镜片的界面都包含有 36 个支撑点，每个致动器连接着 12 个点（见图 5.67）。使用如此大量的支撑点，外接圆直径为 1.8m（70.9in）、厚度为 7.5cm（2.95in）的六边形镜片会得到足够的支撑。如果把这些视为一种36_1^1的分布，可以预测，反射镜的自重变形量 p-v 值应当是 4.31×10^{-6}mm 或者 0.041λ，其中波长是 $0.633\mu m$。在该计算中，忽略了下面将要介绍的切割成六边形的影响，以及安装特征（孔）的影响。由于这种忽略，但包括内部剪切力的影响，该反射镜的 p-v 变形量应约为 0.059 个波长。

每个弯月形反射镜镜片的直径-厚度比都是 24∶1，曲率半径约为 35m（114.8ft），在轴向受到一组三个横杠结构的支撑，如图 5.67 所示，每个横杠结构与主体结构有一个点接触（整个横杠接触点是三个），与反射镜有 12 个点接触。在反射镜的背面钻出一些不通孔，深及反射镜的中性面，将一些挠性杆插入不通孔中，形成与反射镜的接口。中性面位于壳体中面前方 9.99mm（0.39in）处。为了使反射镜在轴向重力负载下有最小变形量的方均根值，要对横杠的连接点位置及几何形状进行优化。在每个轴向支撑孔的底部，挠性杆固定到因瓦合金（Invar）插件上，因瓦合金（Invar）插件用环氧树脂胶黏结到微晶玻璃（Zerodur）反射镜上（见图 5.68）。Iraninejad 等人（1987）指出，环氧树脂层的厚度是非常严格的，直接影响到反射镜的表面变形，最佳值是 0.25mm（0.010in）。

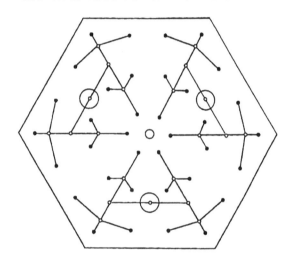

图 5.67　表示 Keck 望远镜主镜一个六边形镜片上有三个致动器（大的空心圆）、42 个挠性支点（或者枢纽）（小的空心圆）和 36 个轴向支撑点（实心圆）的示意图

（资料源自 Mast, T. and Nelson, J., *Proc. SPIE*, 1236, 670, 1990）

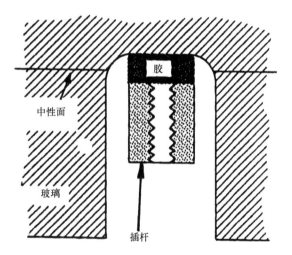

图 5.68　轴向支撑孔和钢插杆的示意图，使用环氧树脂胶将钢插杆黏结进 Keck 望远镜主镜背面之内

（资料源自 Iraninejad, B. et al., *Proc. SPIE*, 748, 206, 1987）

20 年之后，焊接支架产生的应力所造成的静态疲劳将导致裂纹在 Keck 望远镜主镜所有的拼接面板中延展（McBride 等，2012）。反射镜支架的焊接是在室温下完成，而工作温度低至 -10℃，在支架与玻璃之间形成约 25MPa 的热应力，焊接处的应力集中还会造成约 50MPa 的应力。球窝表面粗糙度方均根值约为 8.6μm，较为粗糙的研磨表面使应力集中更严重。在 50MPa 应力下，微晶玻璃小至 130μm 的表面瑕疵都会发展为一条裂纹。美国 Scott

公司的数据（Hartman，2012）表明，即使表面光洁度达到D25，但在50MPa时，一年内也可能出现静态疲劳断裂。这些应力已经导致一些拼接面板由于轴向裂纹而停止使用，至少一块面板由于出现径向裂纹停止使用。参考McBride等人（2012）提供的资料，拼接面板的维修包括使用新的设计替换初始简单的支柱焊接方法，采用径向挠性结构以及利用一种更具柔性的不同黏结剂。如今，采用精磨工艺并且在黏结前对每个球窝进行酸洗，改善了表面粗糙度，减小了相关表层下的损伤。

　　Iraninejad等人（1987）确定了Keck望远镜反射镜拼接面板的初始径向支撑的设计。图5.69给出了其中一个支撑的概念性截面图。如果望远镜的轴是水平放置，则每块拼接镜片的重量将由一块厚为0.25mm（0.010in）的挠性不锈钢薄板支撑。钢板在中部与主体结构伸出来的一个刚性圆柱固定在一起，在边缘处固定到1cm（0.4in）厚的因瓦合金环上。因瓦合金环黏结在镜片中心处凹进去的一个直径25.4cm（10in）的圆形不通孔中。如图5.70所示，这个凹孔的柱形壁与圆环间的界面，安装有6个挠性叶片。使用厚度约为1.0mm（0.04in）的环氧树脂将因瓦合金衬垫黏结在壁上。

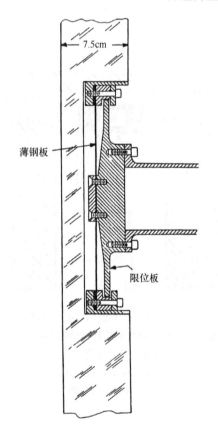

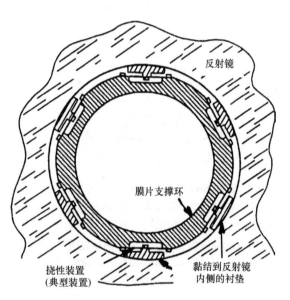

图5.69　径向支撑Keck望远镜主
反射镜镜片的设计概念
（资料源自Iraninejad，B. et al.，
Proc. SPIE，748，206，1987）

图5.70　图5.69所示径向支撑的前视图，切向挠性装置
安装在因瓦合金环与微晶（Zerodur）反射镜之间
（资料源自Iraninejad，B. et al.，*Proc. SPIE*，748，206，1987）

利用钢板实现对反射镜镜片的径向支撑，可以使它根据要求在轴向有小量移动或者在任

一方向有小量倾斜，从而与邻近的镜片对准。使用 12 个边缘传感器，按照图 5.71 所示原理及图 5.66 所示的位置，对每一块镜片的方位和轴向位置进行测量，每个传感器的一半固定在一个反射镜镜片上，另一半固定在相邻镜片上。通过电容的变化，可以感知到驱动叶片与传感器之间的运动。一个前置放大器/模拟数字转换器测量出这种变化，并产生一个与位移成正比的输出。根据相邻反射镜镜片间相对位置的误差，驱动每一块反射镜镜片上的三个致动器，从而优化镜片的位置和方位。致动器（图 5.72 所示的概念）是电动机驱动的导螺杆，带有编码器用于反馈。

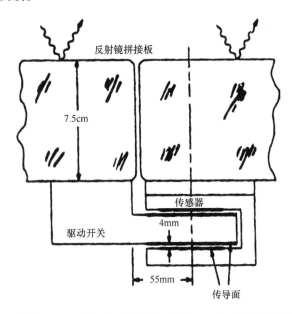

图 5.71　一个边缘传感器的示意图，用来调整相邻两个 Keck 望远镜反射镜镜片之间的误差
（资料源自 Minor, R. et al., *Proc. SPIE*, 1236, 1009, 1990）

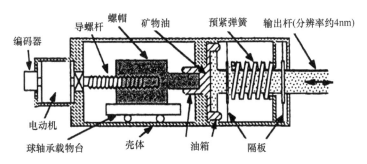

图 5.72　一个机电/液压致动器内部零件的示意图，该致动器被用于校正 Keck 望远镜反射镜镜片的对准误差
（资料源自 Meng, J. et al., *Proc. SPIE*, 1236, 1018, 1990）

和每块镜片相连的三个致动器放置在位于每个横杠结构中心的圆柱形壳体内，如图 5.73a 所示，也可以看到某些轴向支承挠性装置。对某种特定的应用目的，仅依靠操作程序规定的时间框架，直接由抛光工序得到镜片的光学表面形状是不够的。Mast 和 Nelson（1990）指出，在横杠的支点（或枢纽）间增加一些片簧，如图 5.73b 所示，并且手动调节

这些弹簧所施加的作用力。在将反射镜安装进入望远镜时，其表面形状就会"被调整"，以满足技术要求。被固定到每个横杠上的这组弹簧称为"翘曲带"。每根弹簧都是一根铝杆，外形尺寸是4mm×10mm×100mm，有一个调整螺钉。将螺钉拧紧就会给横杠施加一个力矩，利用杆上的应变仪来测量这个力。该设计的目的是为了生成一个力矩，保证在标准的工作温度（2±8）℃范围内，以及重力方向从天顶点变化到水平方向的条件下，一年时间内其稳定度都优于±5%。

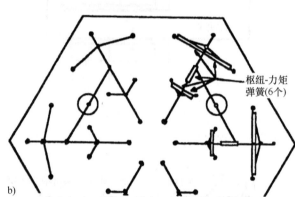

图5.73　a）固定到Keck望远镜主镜上的36点横杠型轴向支撑系统的照片
（资料源自Pepi, J. W., *Proc. SPIE*, CR43, 207, 1992）

b）在横杠系统中增加一些弹簧，形成一个翘曲带，通过手工将抛光后的
反射镜镜片调整到最终的外形轮廓。图中还给出了弹簧的位置

（资料源自Mast, T. and Nelson, J., *Proc. SPIE*, 1236, 670, 1990）

　　在干涉测量结果的基础上，利用有限元分析模型做出的计算，给出校正反射镜所需的力矩。应变仪会表明何时达到了这些力矩，然后使用干涉测试来证实已经完成了这些调整。一块镜片在完成翘曲带调整之后，测量出的误差与预测误差之差，并绘出了典型的等高线图，如图5.74所示。这段镜片的表面误差方均根值约为0.032μm，而在使用翘曲带之前，误差值是0.21μm。已经证明，与完全使用最高级加工技术形成的反射镜表面相比，使用多个翘曲带会更快，成本更低。

　　使用Chanan（1988）阐述过的一种改进型Shack Hartman测试装置，可以完成Keck望

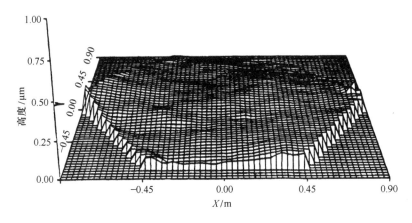

图 5.74 一块 Keck 反射镜拼接面板在经过翘曲带调整后干涉测量出的结果。
曲线表示测量出的误差与预期误差之间的差
（资料源自 Mast, T. and Nelson, J., *Proc. SPIE*, 1236, 670, 1990）

远镜主镜阵列每个拼接面板的相位调整，使反射镜的作用就像整块反射镜一样。该装置与暗淡的星体一起作为光源。通过主镜在微棱镜阵列中再成像，不需要全孔径的 Hartman 掩模板就可以完成测试。

已经表明，离子束加工是一种有效和确定性的光学加工方法。事实上，在材料切除期间，没有力作用在光学表面上。在离子束通过表面时，没有模具/工件的边缘效应、刀具的磨损，能够实时地局部改变切削速率，因此，这种工艺对于高纵横比（薄）的反射镜非常具有吸引力（Meinel 等，1965；Wilson 等，1988；Allen 和 Keim，1989；Allen 和 Romig，1990；Allen 等，1991a；Allen，1995）。已经研发出能够对大孔径光学元件进行离子束成形加工的设备，应用在美国纽约州罗彻斯特的 Eastman Kodak 公司。离子束-材料之间相互作用和材料切除速率的计算机模型也已经建立，并通过实验得到了验证。根据 Allen 等人（1991b）介绍，该工艺已经成功地应用在 Keck 望远镜的几个反射镜拼接面板的最终成形加工中。

5.10.3 自适应反射镜系统

一种非常成功地用来优化光学系统性能的技术，就是使用天然星体或者人造高空星体[⊖]作为"点"光源，实时驱动（或者自适应）一个或多个反射镜补偿整个系统（包括大气）的误差，从而可以测量从目标到像面整个光学系统的实际光学性能。该系统产生光源的一个高质量的像，这样做也会优化其他（使用同一个光学系统沿相同的光路）观察到的目标图像。

据 Coffey（2003）介绍，美国空军研究实验室（U. S. Air Research Labratory）已经研究出功率是 20W 的连续激光器，发射出一种衍射极限级的单频的波长是 589.159nm 的黄光。使用这种激光器可以将地面工作站望远镜上空 90km 高度处大气中的钠层激活到共振，在进行天文观察时形成一个适合光学系统应用的人造星体，并完成大气效应的补偿。只要能提供

⊖ 有时称为激光信标。

一个激光导航星，就没有必要寻找自然星体作为望远镜视场内的导航星。

5.10.3.1　先进的电光系统望远镜

一个使用自适应光学的望远镜的例子，就是美国空军毛伊岛光学工作站的高级电光系统（AEOS）望远镜，安装在 Haleakala 山上，用来跟踪、观察和识别低地球运行轨道的卫星、导弹、飞机以及深层空间中的人造目标。这个 f 数是 $f/200$ 的卡塞格林式望远镜如图 5.75 所示，直径是 3.67m（144.5in），主镜的 f 数是 $f/1.5$，采用实心弯月形面板形式，$D_G/t_A = 22.3$。为了对深空间目标形成近衍射级的成像质量，采用 84 个轴向液压致动器和 48 个径向液压致动器支撑该反射镜，校正系统的波前成像。每个致动器都有两个室：一个室产生力；另一个室用于校正压力变化。切向臂保证径向和方位上的反射镜稳定。一个 22×22 个元件组成的 Shack Hartman 波前传感器将误差信号提供给望远镜的控制系统。Kimbrell 和 Grenwald（1998）介绍过该控制系统。

自适应光学系统有两个控制回路：一个倾翻-倾斜回路；一个高次波前校正回路。倾翻-倾斜回路校

图 5.75　安装在美国空军毛伊（Maui）光学工作站内、直径为 367cm（144.5in）的 AEOS 望远镜照片
（资料源自 U. S. Air Force）

正大气效应和跟踪误差，而高次波前校正回路校正光学像差。一个直径是 5.3cm（2.09in）的反射镜能提供精确的跟踪功能，在 ±220μrad 的动态范围内把系统瞄准线稳定在目标上的精度小于 42nrad。由 941 个致动器驱动的直径为 28.8cm（11.34in）的可变形反射镜，放置在系统入瞳的像面处，用于校正到达致冷型 Si CCD 阵列可见光图像传感器的波前。利用低温制冷的 SiInSb 探测器使该系统分别在 2~5.5μm 或者 8~14μm 的光谱区工作。

高级的电光系统望远镜安装在一个非常结实的混凝土桩上或钢结构的桩上。这台望远镜安装在一个内层建筑中，在其周围还建有第二道外层建筑。这种建筑镶嵌结构的设计有利于将光学件与机械振动及声波振动相隔离。工作期间，观测站的盖向下收回，所以，高级电光系统望远镜是在露天中，无法避免风的影响，会经受较大的温度变化。白天，使用 4 台空调装置将望远镜和盖内的空气降低到夜间观察期间的预期温度，一个反射镜净化系统，将干燥的空气吹进反射镜镜座中，避免湿气凝聚在光学表面。将调节过温湿度的空气吹向主镜的表面（见图 5.76），空气的分层流动就会抵消一个发热反射镜造成的恶化作用。在太阳落山之前的短暂时间内，部分地打开望远镜的盖，外面空气被吸入，通过望远镜的桁架结构进一步降低温差。当望远镜的盖再次收回后，望远镜已经准备好进行观测。

5.10.3.2　多反射镜式望远镜的自适应次镜

图 5.77 示意性地表示出一种新型多反射镜式望远镜（MMT）的自适应光学系统，此处的自适应元件就是卡塞格林系统的次镜。望远镜发出的红外光直接通过二向色分束镜进入科学成像阵列，而从导航星返回来的激光束被分束镜反射后进入到波前传感器中。一个星体发出的红外光在望远镜视场内的部分也会通过分束镜到达一个倾斜传感器，操纵着位于望远镜系统瞳孔处的受控反射镜，使图像稳定。波前传感器的信号控制着自适应次镜。

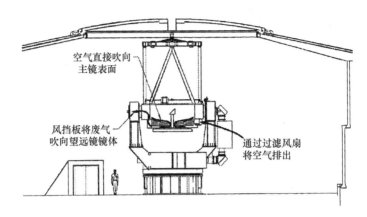

图 5.76　表示高级电光系统望远镜主镜温度控制系统的视图

（资料源自 Roberts, L. C. and Figgis, P. D. , *Proc. SPIE*, 4837, 264, 2003）

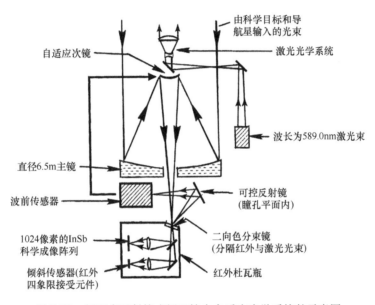

图 5.77　新型多反射镜式望远镜中自适应光学系统的示意图

（资料源自 Lloyd-Hart, M. et al. , *Proc. SPIE*, 2871, 880, 1997）

　　图 5.78 给出了次镜的结构布局示意。图中最低层是一个 2mm 厚、形状可变的 BK7 壳形面板，中心处支撑在一个轮毂上。壳的前表面（凸面）镀膜用作望远镜的次镜，后表面（凹面）镀铝作为连接电容传感器和致动器的基准面，并将致动器散发的热反射到壳体外。壳体的上方是一个 75mm 厚的平凸微晶（Zerodur）玻璃基准支撑，前表面是抛过光的球面，与壳体后表面的标称间距是 0.100mm，并且钻有 324 个孔。这些孔中穿有直杆，在靠近稀土磁体附近支撑着音圈，磁体黏结在壳体的背面。音圈的磁场与磁体相互作用，使壳体局部地变形，因而改变次镜的光学面形。通过基准支撑的每个孔的周围都是一个镀金属的环，其作用相当于直接测量壳体位移（即壳体的表面位置）的电容位移传感器的第二块板。支撑致动器音圈的直杆作为致冷杆，将热量传递到次镜组件后面的结构。

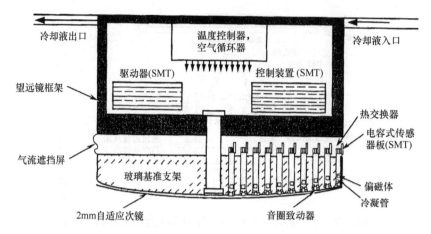

图 5.78　新型多反射镜式望远镜自适应次镜的示意图

（资料源自 Bruns, D. G. et al., *Proc. SPIE*, 2871, 890, 1996）

5.11　大型空间反射镜的安装技术

空间应用中，大孔径反射镜安装设计的主要不同就是在正常的重力环境中需要模拟无重力的条件制造；在发射过程中要经受很高的加速度；在运行轨道中重力效应的释放。对于第一点，本卷 4.6 节讨论光轴垂直放置反射镜的计量安装方法时已经阐述过。一般来说，针对第二点，需要研究一种锁定或者"制动"反射镜镜座的方法，使冲击和发射不会损伤机械装置和光学件；针对第三点需要注意，光学件在工作期间要以不同于地球上加工、测试和转运期间使用的方式被支撑。下面两个具体实例将讨论为适应上述差别而在光机设计时需要注意的一些问题。

5.11.1　哈勃空间望远镜

哈勃空间望远镜（HST）的主镜直径是 2.49m（98in）、厚是 30.5cm（12in），熔接的整块蛋箱形结构类似图 2.15 所示的反射镜。反射镜的材料是康宁 7941 ULE 玻璃；反射镜的通光孔径是 2.4m（94.5in），中心孔直径是 71.1cm（28in）；前后面板的标称厚度是 2.54cm（1.0in），并且在 10.2cm（4.0in）中心区域被 25.4cm（10.0in）×0.64cm（0.25in）厚的加强肋隔开。其内外环边带厚也是 0.64cm（0.25in），到加强肋的距离相等，形成周围加固。在蜂窝芯内，有三处用来固定飞行支架的局部区域，为增加强度采用比较厚的加强肋。反射镜重量是 840kg（1850 lb），约为同等实心结构重量的 25%。

用来支撑主反射镜的多点安装结构的设计概念，已经在本卷 4.6 节讨论过，对按比例缩小后的机载反射镜进行加工和测试时，反射镜的轴线处于垂直位置。Krim（1982）详细阐述过 134 个支撑点计量安装技术。其分析表明，这个数量的支撑点对于模拟无重力工作条件是足够的。利用超声波方法测量出反射镜元件实际厚度的精度达到 ±0.05mm（±0.002in），并作为反射镜基板有限元分析模型要求的输入，确定出支撑反射镜需要的作用力分布。

完成抛光后，将反射镜从计量安装改变为飞行安装。使用 3 根不锈钢连杆轴向支撑该反射镜，按照图 5.79 所示的三个位置穿透底板。图中也可以看到反射镜的蜂窝结构，反射镜在径向受到三个切向放置的夹持装置的支撑，这种装置固定在因瓦合金材料制成的鞍形块上，鞍形块黏结在反射镜的背面。

图 5.79　哈勃空间望远镜主镜在准备镀膜期间的前视图，可以看到内部的蜂窝结构和飞行轴向支撑的前端面
（资料源自 Goodrich Corporation，Danbury，CT）

图 5.80 示意性地表示了反射镜的后表面，给出了一个切向支撑臂的鞍形块和 U 形夹，U 形夹把鞍形块与一个托架连在一起。依次将托架固定在反射镜外侧的一个主箱环上，该环与切向装置和轴向连杆一起固定在航天飞机的主体结构上。图 5.81 给出了一个反射镜轴向支撑的局部视图，图中反射镜与主箱环间的关系比较明显，主箱环的径向支撑（切向支撑装置）没有给出。

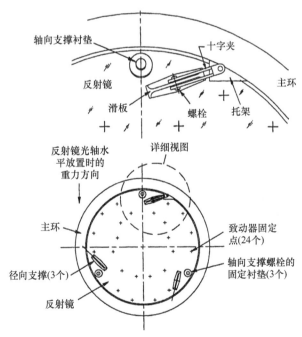

图 5.80　哈勃空间望远镜主镜后表面示意图，表示出轴向和径向（切向装置）支撑，以及致动器的安装点
（资料源自 Goodrich Corporation，Danbury，CT）

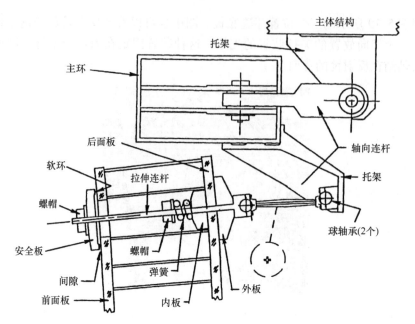

图 5.81 哈勃空间望远镜主镜中一个轴向支撑的示意图

(资料源自 Goodrich Corporation, Danbury, CT)

图 5.79 还给出了 24 个凸台的位置。这些凸台焊接在反射镜的背面，作为与致动器的接口界面，为光学表面提供有限的在轨变形。这些致动器装置通过步进电机驱动的精密滚珠丝杠，将局部作用力施加在反射镜上。研究人员并没有准备实时控制反射镜的外形轮廓，而是提供一种方法校正由于空间中重力释放使反射镜产生的像散，这种像散可以预先计算出来。遗憾的是，因为基板中使用了正方形蜂窝结构和致动器动作的范围有限，所以不可能使用这种轮廓调整系统校正场曲和球差。如果可以提供这些参数的调整方法和足够的动态范围，在反射镜的加工过程中就有可能考虑解决非球面性误差的在轨校正问题。

对轴向支撑固定到反射镜上这一概念可以简要解释如下：如图 5.80 所示，可以看到，一个具有十字形截面的挠性连杆位于两个球形轴承之间，一个轴承固定在主箱环的托架上，另一个固定在反射镜后面板的背面。面板夹持在位于反射镜蜂窝芯内部，跨过一个减轻槽的外板与内板之间，一个螺帽压靠在一根弹簧上施加预载。在反射镜表面放置三个此类装置，每隔 120° 放置一个，均用于轴向固定反射镜。采用这种固定安装方法，无论在反射镜镀膜、安装到望远镜的过程中，或者运输、集装在航天飞机以及发射过程中，都会提供足够的刚性。该反射镜在重力环境相当弱的空间仍工作得很好。

如果望远镜准备返回地球，在空间飞船着陆的苛刻条件下，该设计也能够支撑和保护反射镜。图 5.81 所示的前面板外面的安全板和螺母的作用，相当于一个止动缓冲器，在轴向快速加速的环境中，例如着陆，会在轴向将反射镜夹固紧。注意到，安全板和反射镜表面之间有一个小的间隙，加上一个软的圆形衬垫，使接触界面变得柔软些。应当安全地约束反射镜向前的运动，拉力杆将力传递到托架，再传递到主箱环和主体结构。

5.11.2 Chandra X 射线望远镜

Chandra 望远镜 [以前称为 X 射线高级天体物理学设备（AXAF）] 是美国 NASA 在

1999 年 7 月发射升空的，有两个主要的现代化组件：光具座组件（OBA）和高分辨率反射镜组件（HRMA）。光具座组件中包含主（动）锥形结构零件支撑着前端部的 1588kg（3500 lb）重的高分辨率反射镜组件和后端部的 476kg（1050 lb）重的集成式科学仪器模块（ISIM），还包括遮光板、强磁体、电子装置、加热器和配线（Olds 和 Reese，1998；Wynn 等，1998）。其中，强磁体会使电子偏离集成式科学仪器模块中的 X 射线传感器。

　　光学系统如图 5.82 所示，有 4 对同心圆柱形反射镜（抛物面反射镜后面是双曲面）使入射的 X 射线以掠入射角的角度（0.5°~1.5°）相交，并聚焦在 10m（394in）远的焦面上。这种结构布局就是众所周知的 Wolter I 型结构（Wolter，1952）。最大的反射镜的直径是 1.2m（47.24in），最小反射镜的直径是 0.68m（26.77in），这些反射镜的长度是 0.84m（33.1in）。所有反射镜都使用微晶（Zerodur）玻璃材料，具有较低的热膨胀系数（0.07×10^{-6}/℃）、良好的可抛光性（表面粗糙度方均根值优于 0.7nm），并易于加工成所需的圆柱形结构。这些反射镜镀铱膜，可提高 X 射线的反射率。

　　采用图 5.83 所示的 12 根钛材料制成的装置将每一块反射镜都支撑在轴向质心面内。这些装置固定在铟材料的衬垫上，再用环氧树脂胶将衬垫黏结到反射镜上（Cohen 等，1990）。应当注意到，图 5.83 给出了 6 对嵌套好的反射镜，总共有 12 块反射镜。公布该图时，研究团队已将反射镜数目减少到了 4 对。挠性装置是环氧树脂胶，黏结到反射镜支撑套筒两端。其中套筒是用石墨环氧树脂材料制成的，这些套筒依次固定在一个铝制的中心孔径板上。为了使 X 射线能够顺

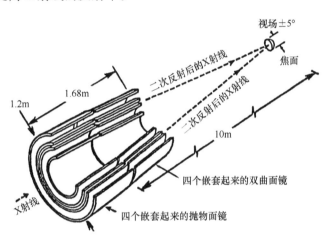

图 5.82　Chandra X 射线望远镜光学系统结构布局图
（资料源自 Wynn，J. A. et al.，*Proc. SPIE*，3356，522，1998）

利通过，这块板上有多圈环形狭缝。安装好之后，使用铝制的内圆柱形环和外圆柱环将反射镜封装上。外圆柱环与三组双脚架（没有画出）相接将光学组件与光具座连接起来。

　　完成装配后的望远镜需要把 4 对反射镜接收到的所有 X 射线都成像在轴上一点，90% 的能量聚集在一个直径小于 0.05mm（0.002in）的圆内。这就要求反射镜在倾斜方面的对准精度在 0.1″之内，与公共轴线的同轴度在 7μm 之内。为了将这些反射镜毫无重力应变地安装到挠性装置上，首先将每个反射镜固定到一个由重力卸载机组成的系统上，这些重力卸载机固定在一个托架上。该托架装备了由高精度步进电动机驱动的致动器，能够使反射镜在所有 6 个自由度方向上按照 0.1μm 的增量移动。对准之后，使用环氧树脂胶将反射镜临时点焊黏结到位，为避免焊枪的流体静压造成移动，应接着进行整体黏结和固化。用来检测对准误差的仪器可以测量出小于 0.01″的倾斜误差和 1μm 的横向位移（Glenn，1995；Olds 和 Reese，1998）。

　　为望远镜设计的温度控制系统可以主动地将内部的光学系统维持在一个不变的温度 69.8 ℉（21.0℃）。该温度与装配时的温度一致。观察期间，望远镜的其他部分维持在温度

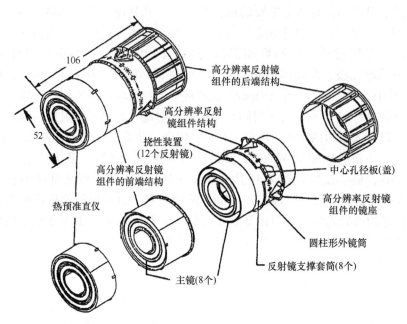

图 5.83　Chandra 望远镜高分辨率反射镜组件（HRMA）的光机结构布局
(资料源自 Olds, C. R. and Reese, R. P., *Proc. SPIE*, 3356, 910, 1998)

50℉（10℃），利用机载计算机控制光学组件一端的热辐射板以及温控遮光板来调整温度。给具有多层绝缘层的高分辨率反射镜组件加上一个外盖，以及在具有多层绝缘层的光具座组件的外层增加一层镀银的特氟纶（聚四氟乙烯）膜实现隔热（两种措施都可以防止太阳辐射）。高分辨率反射镜组件前端有一个全孔径的门，其作用就是在发射时相当于一个污染防护屏，一旦在轨道中打开，可以保护光学件免受与瞄准线成大于45°角的阳光直射。对集成科学仪器模块也进行绝热设计和精确的温度控制（Havey 等，1998）。

　　对于整个望远镜的设计都需要经受起空间飞船发射时的苛刻环境条件，发射过程中可能会遇到大至 30 000 lbf（133 450N）的振动反作用负载。为了保证结构的稳定性，在整个设计过程中，都要完成静态和动态的有限元分析。模拟外部驱动力，测试出望远镜关键部件出现的最常见的动态响应，从而证实为这种分析所建模型的正确性。

　　Weisskopf（2003）对 Chandra 望远镜前 3 年的工作性能做过一个很好的总结。

5.12　反射镜的转运

　　大型反射镜在制造、转运、安装以及对反射光学表面进行周期性再镀膜期间必须要搬运多次。由于望远镜内空间有限，为了重新镀膜需要对天文望远镜中的反射镜进行拆卸和更换，这是一个颇具挑战性的课题。在天文望远镜的寿命期间，这项工作一定会进行许多次。大型反射镜的工作寿命可以超过 50 年，甚至是 100 年（2.5m 的 Wilson 山望远镜在 1917 年建成，目前仍然在使用）。天文观测台的通常做法是每 2 年对主镜重新镀膜一次。在望远镜寿命期内，反射镜可能需要拆卸和替换 25～50 次。

　　与其他工程材料相比，光学玻璃在较低应力下易脆和易碎。现代天文望远镜中反射镜的尺寸巨大，加上易脆以及成本高，使得安全搬运问题颇具挑战性。已经发生过一些失误，几乎每个大型光学装置制造车间以及天文观测台都有处理事故方面的趣闻，其中包括发生一些灾难性事件。另外，必须考虑反射镜及其支架两部分的搬运。通常是在制造工厂和天文观测台两个地方都要提供专用搬运工具。

参考文献对搬运大型光学元件给出了一个相当大的安全应力范围。表5.5列出了资料公布的不同反射镜和材料的搬运应力的允许值。两种最常遇到的搬运工作是升高和转动。转动也称为翻转，是使反射镜旋转以便于对另一面进行处理。两种工作方式都需要专用搬运工具。

表5.5　大型变向反射镜的搬运应力允许值

反射镜	材料	搬运应力允许值 /MPa	资料来源/参考文献
欧洲南方天文台8m 超大型望远镜（ESO VLT）	微晶玻璃（Zerodur）	1	Mueller 和 Hoeness（1990）（Schott）
	微晶玻璃（Zerodur）	4	Knohl 等人（1988）（Zeiss）
	微晶玻璃（Zerodur）	3	Cheng 和 Humphries（1982）
8m 双子星和昴星望远镜	超低膨胀玻璃（ULE）	5	Gulati 和 Powell（1995）（Corning）
6.5m 多反射镜式望远镜（MMT）和8m 大型双筒望远镜（LBT）	硅硼酸盐玻璃	0.7	Davison Steward Observatory（1998）

大型卡塞格林式天文望远镜的反射镜，通常都设计了中心孔或轴向孔，搬运过程会经常利用该孔。由于该孔及靠近该孔的区域被次镜遮拦，转运过程中此部位可能受到的伤害但不会影响光学性能。在中心孔中放入插入类工具是抬高望远镜中反射镜的常用方法。

在中心孔中插入芯棒类工具以抬高反射镜则会产生弯曲应力，因而在反射镜上表面会产生切向应力。若近似地将反射镜视为一块薄板，则由于抬高而产生的最大应力 δ_{MAX}（译者注：原书漏印重力加速度 g）是

$$\delta_{MAX} \cong 2.58 e^{-3.35 \frac{d_0}{d}} \rho g d \frac{d}{h} \quad 其中 0.1 \leqslant \frac{d_0}{h} \leqslant 0.8 \qquad (5.12)$$

式中，d_0 是中心孔直径；d 是反射镜直径；ρ 是反射镜材料密度。

该公式是一个经验公式，以较为复杂的平板弯曲模型为基础，$\nu = 0.3$。适用于粗略估算抬高应力。抬高应力随材料密度、直径和纵横比 d/h 线性变化，与中心孔尺寸呈指数形式变化关系，随中心孔增大而变小。图5.84给出了应力与中心孔尺寸的变化关系，参考设计实例5.2。

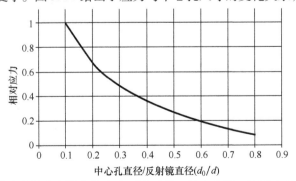

图5.84　抬高应力随中心孔直径比 d_0/d 的变化，该应力归一化到 $d_0/d = 0.1$ 的应力

设计实例5.2 由于抬高转运而使大型反射镜产生的应力

基特峰（Kitt Peak）国家天文台 Mayall 望远镜主镜直径为 4m，厚为 0.57m，中心孔直径为 1.3m。反射镜材料是熔凝石英，密度为 2200kg/m³。如果利用中心孔抬高，请问，产生的最大弯曲应力是多少？

解：

由式（5.12），有

$$\delta_{MAX} = 2.58 \times \exp\left(-3.35 \times \frac{1.3m}{4m}\right) \times 2200 \frac{\text{kgf}}{\text{m}^3} \frac{(4m)^2}{0.57m} = 526 \text{kPa}$$

设计实例5.3 利用中心孔抬高法转运时大型反射镜所产生的应力

欧洲南方天文台8米超大型望远镜（ESO VLT）主反射镜直径8.2m，纵横比为47，中心孔直径为1m。反射镜材料为微晶玻璃 Zerodur，密度为 2530kg/m³。如果采用中心孔抬高法转运，根据式（5.12），产生的最大弯曲应力是多少？

解：

直径取8m，根据式（5.12），有

$$\delta_{MAX} = 2.58 \times \exp\left(-3.35 \times \frac{1.0m}{8.2m}\right) \times 2530 \frac{\text{kgf}}{\text{m}^3} \times 47 \times 8.2m = 15.8 \text{MPa}$$

该应力已经大到不可接受，在抬高过程中，很可能会造成玻璃损伤。

由于抬高转运产生应力 526kPa 完全可以接受。目前，更大型的反射镜具有更大的纵横比和更小的中心孔，因此采用中心孔抬高法不再安全，如设计实例5.3所示。在卡塞格林式望远镜主镜中心孔中插入固定装置一般无法保证大型薄反射镜的安全转运。另外一种方法是利用边缘抬高反射镜。利用边缘圆环法抬高设计有中心孔的反射镜所产生的最大弯曲应力（译者注：原书漏印重力加速度 g）是

$$\delta_{MAX} = \left[0.647 - 0.467 \frac{d_0}{d} - 0.201 \left(\frac{d_0}{d}\right)^2\right] \rho g d \frac{d}{h} \qquad (5.13)$$

该公式也是一个经验公式，是以一个较为复杂的函数为基础的，$\nu = 0.3$。若选择合适的中心孔尺寸，$d_0/d \leqslant 0.33$，与利用中心孔抬高法相比，利用边缘抬高法产生的最大应力约为其 60% 或更少。Powell 阐述了 8m 超低膨胀（ULE）玻璃弯月形反射镜的转运方法（Powell 等，1998），利用 8 个边缘接触点实现升高。在反射镜凹面靠下位置预计产生最大应力，约为 2.6MPa，是安全转运应力安全值的一半。

边缘转运法也适用于轻质夹层反射镜。一个与轻质夹层结构薄面板和加强筋硬点接触的抬高装置会造成不可接受的高弯曲和接触应力。图 5.85 给出了另一种边缘转运夹具，是美国亚利桑那大学光学科学学院光学工厂用来转运 1.8m 轻质夹层反射镜的装置。放置在最外侧钢圈与反射镜之间的可膨胀气囊推动支撑爪与上下面板接触，对面板施加压力，从而举起反射镜。由于真正担心的是面板相对于支撑爪的滑移，因此，设计有能够承受整个反射镜负载的安全夹。该工装夹具可以应用于反射镜的抬高和转动两种情况。

制造期间或者镀膜时，必须在满足高度可控条件下完成大型反射镜的转运。大型反射镜从光学工厂到一个偏远的高海拔天文台的运输，是在受控条件较差情况下完成。如果无法很好地了解运输环境，就很难设计集装箱。

大型反射镜的尺寸也是目前运输基础设施建设的一个问题。例如，利用标准规范尺寸铁路的最乐观评价可以允许的最大反射镜直径约为 5.7m（GE/GN 8573，2009），且假设反射镜特别薄。与铁路和公路系统相比，海上交通基础设施更容易转运大的负载，因此，通常采用水路长途运输大反射镜。利用公路可以短距离运输大型反射镜。一般来说，在这类运输前需要做精细路线调查，并实现交通管制。将海尔（Hale）望远镜的主镜运送到帕洛马（Palomar）山顶就是利用公路运输大型反射镜一个经典例子（Florence，1994）。Davison 等人（2004）对于将大型双目望远镜（LBT）的 8.4m 反射镜运输到格雷厄姆（Graham）山的天文观测台给出了新的讨论。

集装箱的设计是以反射镜可允许的应力以及所希望的运输环境为基础的。与各种运输系统相关的冲击和振动信息非常有限。在缺少商业运输环境信息时，有时利用的是军用标准，如将 MIL-STD-810 作为设计基础。这

图 5.85　1.8m 轻质夹层反射镜的转运夹具以及夹持中的反射镜。外钢圈内侧中的三个可膨胀气囊推动支撑爪与反射镜两个面板接触。注意到，安装了三个安全夹。从左侧隐约可见用来转动反射镜的两个轴中的一个

（资料源自 the College of Optical Sciences，University of Arizona，Tucson，AZ）

些军用标准是为了确保军事战斗期间极端条件下设备的正常工作能力，而对于较为良好的民用交通环境是不切实际的。例如，MIL-STD-810（2003）规定的最小完整性测试的振动级是$0.04g^2/Hz$，与阿里亚娜（Ariane）卫星运载火箭相同，但让陆基天文台的反射镜满足该标准纯属浪费。

Killpatrick 和 Mayo III（1998）对公路和空中运输 3.5m 和 3.67m 反射镜的机械冲击做了测量。这些测量数据是在集装箱中完成，由于采取了一定量的衰减，因此，应当视为很乐观的数据。表 5.6 给出了这些数据的汇总表。z 轴是垂直轴，y 轴是移动方向，x 轴垂直于移动方向。认为空运过程中 z 轴方向 $5.1g$ 的冲击是源自集装箱内的谐振，其他位置的测量最大值是 $2g$。表 5.6 中最大值是短脉冲冲击。

表 5.6　运输两个 3.5m 反射镜所经历的最大冲击量

轴向	公路运输/g	空运/g	起重机搬运/g
x	0.12	0.36	0.24
y	0.26	0.20	0.36
z	0.14	2（5.1）	0.45

参考文献

Allen, L.N., Progress in ion figuring of large optics, *Proc. SPIE*, 2428, 237, 1995.

Allen, L.N. and Keim, R.E., An ion figuring system for large optic fabrication, *Proc. SPIE*, 1168, 35, 1989.

Allen, L.N., Hannon, J.J., and Wambach, R.W., Jr., Final surface correction of an off-axis aspheric petal by ion figuring, *Proc. SPIE*, 1543, 190, 1991a.

Allen, L.N., Keim, R.E., Lewis, T.S., and Ullom, J.R., Surface error correction of a Keck 10 m Telescope primary mirror segment by ion figuring, *Proc. SPIE*, 1531, 195, 1991b.

Allen, L.N. and Romig, H.W., Demonstration of an ion figuring process, *Proc. SPIE*, 1333, 22, 1990.

Anderson, D., Parks, R.E., Hansen, Q.M., and Melugin, R., Gravity deflections of lightweighted mirrors, *Proc. SPIE*, 332, 424, 1982.

Antebi, J., Dusenberry, D.O., and Liepins, A.A., Conversion of the MMT to a 6.5-m telescope, *Proc. SPIE*, 1303, 148, 1990.

Arnold, L., Optimized axial support topologies for thin telescope mirrors, *Opt. Eng.*, 34, 2, 567, 1995.

Barnes, W.P., Jr., Terrestrial engineering of space-optical elements, *Proceedings of Ninth International Congress of the International Commission for Optics*, Thompson, B.J. and Shannon, R.R., Eds., Nat. Acad. Sei., Santa Monica, CA, 1974, p. 171.

Barr, L.D., Gillett, P.E., and Shu, K.L., Off-axis parabola fabrication at Kitt Peak National Observatory, *Proc. SPIE*, 444, 262, 1983.

Barr, L.D., Richardson, J.H., and Shu, K.L., Bend-and-polish fabrication techniques, *Proc. SPIE*, 542, 60 1985.

Baustian, W.W., The Lick Observatory 120-inch telescope, in *Telescopes*, Kuiper, G.P. and Middlehurst, B.M., Eds., University of Chicago Press, Chicago, IL, 1960, p. 16.

Baustian, W.W., General philosophy of mirror support systems, *Optical Telescope Technology Workshop*, Huntsville, AL, April 1969, NASA Report SP-233, 381, 1970, p. 381.

Bittner, H., Erdmann, M., Haberler, P., and Zuknik, K.-H., SOFIA primary mirror assembly: Structural properties and optical performance, *Proc. SPIE*, 4857, 266, 2003.

Bowen, L.S., The 200-inch Hale telescope, in *Telescopes*, Kuiper, G.P. and Middlehurst, B.M., Eds., University of Chicago Press, Chicago, IL, 1960, p. 1.

Bruns, D.G., Barrett, T.K., and Sandler, D.G., MMT adaptive secondary mirror prototype performance, *Proc. SPIE*, 2871, 890, 1996.

Buchroeder, R.A., Elmore, L.H., Shack, R.V., and Slater, P.N., The design, construction and testing of the optics for a 147-cm aperture telescope, Opt. Sci. Ctr. Tech. Rept. 79, University of Arizona, Tucson, AZ, 1972.

Carter, W.E., Lightweight center-mounted 152 cm, f/2.5 Cer-Vit mirror, *Appl. Opt.*, 11, 467, 1972.

Chanan, G.A., Design of the Keck Observatory alignment camera, *Proc. SPIE*, 1036, 59, 1988.

Cheng, A.Y.S. and Angel, J.R.P., Steps towards 8 m honeycomb mirrors VIII: Design and demonstration of a system of thermal control, *Proc. SPIE*, 628, 536, 1986.

Cheng, J. and Humphries, C.M., Thin mirrors for large optical telescopes, *Vistas Astron.*, 26, 15, 1982.

Cho, M.K., Optimization strategy of axial and lateral supports for large primary mirrors, *Proc. SPIE*, 2199, 841, 1994.

Cho, M.K., Stepp, L.M., Angeli, G.Z., and Smith, D.R., Wind loading of large telescopes, *Proc. SPIE*, 4837, 352, 2003.

Coffey, V.C., Powerful CW laser produces bright guidestar, *Laser Focus World*, 39, 11, March 1, 2003.

Cohen, L.M., Cernock, L., Mathews, G., and Stallcup, M., Structural considerations for fabrication and mounting of the AXAF HRMA optics, *Proc. SPIE*, 1303, 162, 1990.

Couder, A., Research on the deformations of large mirrors used in astronomical observations (in French), *Bulletin Astron.*, 2me Serie, Tome VII, Fasc. VI, 201, 1931.

Davison, W.B., Warner, S., Williams, J.T., Lutz, R.D., Hill, J., and Slagle, J.H., Handling and transporting the 8.4 m mirrors for the Large Binocular Telescope, *Proc. SPIE*, 5495, 453, 2004.

Davison, W.B., Williams, J.T., and Hill, J.M., Handling 20 tons of honeycomb mirror with a very gentle touch, *Proc. SPIE*, 3352, 216, 1998.

Doyle, K.B., Genberg, V.L., and Michels, G.J., *Integrated Optomechanical Analysis*, 2nd edn., SPIE Press, Bellingham, WA, 2012.

Dryden, D.M. and Pearson, E.T., Multiplexed precision thermal measurement system for large structured mirrors, *Proc. SPIE*, 1236, 825, 1990.

Erdmann, M., Bittner, H., and Haberler, P., Development and construction of the optical system for the airborne observatory SOFIA, *Proc. SPIE*, 4014, 309, 2000.

Florence, R., *The Perfect Machine: Building the Palomar Telescope*, HarperCollins, New York, 1994.

Forbes, F.F., Large telescopes wind loading, in *Very Large Telescopes, Their Instrumentation and Programs*, Ulrich, M.H. and Kjar, K., Eds., Proc. IAU Coll. 79, European Southern Observatory, Garching, Germany, 1984, pp. 165–175.

Franza, F. and Wilson, R.N., Status of the European Southern Observatory New Technology Telescope Project, *Proc. SPIE*, 332, 90, 1982.

GE/GN8573, Guidance on gauging, Rail Industry and Standards Board Ltd, October 3, 2009.

Geyl, R., Tarreau, P., and Plainchamp, P., SOFIA primary mirror fabrication and testing, *Proc. SPIE*, 4451, 126, 2001.

Glenn, P., Centroid detector system for AXAF-I alignment test system, *Proc. SPIE*, 2515, 352, 1995.

Gray, P.M., Hill, J.M., Davison, W.B., Callahan, S.P., and Williams, J.T., Support of large borosilicate honeycomb mirrors, *Proc. SPIE*, 2199, 691, 1994.

Gulati, S.T. and Powell, W.R., Mechanical reliability of 8 m class ULE telescope blanks during manufacturing, *Proc. SPIE*, 2536, 403 1995.

Hartman, P., Zerodur: Deterministic approach for strength design, *Opt. Eng.*, 51(12), 124002, 2012.

Hatheway, A.E., Ghazarian, V., and Bella, D.F., Mounting for a four-meter glass mirror, *Proc. SPIE*, 1303, 142, 1990.

Havey, K., Sweitzer, M., and Lynch, N., Precision thermal control trades for telescope systems, *Proc. SPIE*, 3356, 10, 1998.

Hertig, J.-A., Alexandrou, C., and Zago, L., Wind tunnel tests for the ESO VLT, *Very Large Telescopes and Their Instrumentation*, *Proc. ESO 30*, Ulrich, M.-H., Ed., European Space Organization, Garching, Germany, 1988, p. 855.

Hiriart, D., Ochoa, J.L., and Garcia, B., Wind power spectrum measured at the San Pedro Mártir Sierra, *Revista Mexicana de Astronomia y Astrofisica*, 37, 213, 2001.

Huang, E.W., Gemini primary mirror cell design, *Proc. SPIE*, 2871, 291, 1996.

Iraninejad, B., Lubliner, J., Mast, T., and Nelson, J., Mirror deformations due to thermal expansion of inserts bonded to glass, *Proc. SPIE*, 748, 206, 1987.

Iraninejad, B., Vukobratovich, D., Richard, R., and Melugin, R., A mirror mount for cryogenic environments, *Proc. SPIE*, 450, 34, 1983.

Jared, R. et al., The W.M. Keck Telescope segmented primary mirror active control system, *Proc. SPIE*, 1236, 996, 1990.

Kaercher, H.J., The evolution of the SOFIA telescope system design—Lessons learned during design and fabrication, *Proc. SPIE*, 4857, 257, 2003.

Killpatrick, D.H. and Mayo III, J.W., Comparison of shipping, handling, and shock instrumentation results for two 3.5-m class primary mirrors, *Proc. SPIE*, 3352, 158 1998.

Kimbrell, J.E. and Grenwald, D., AEOS 3.67 m telescope primary mirror active control system, *Proc. SPIE*, 3352, 400, 1998.

Knohl, E.D., Schleth, A., Beckstette, K., and Kuchel, M., 8m class primary: Figuring, testing and handling, *Proc. SPIE*, 1013, 216, 1988.

Krabbe, A., Becoming reality: The SOFIA telescope, *Proc. SPIE*, 4857, 251, 2003.

Krim, M.H., Metrology mount development and verification for a large spaceborne mirror, *Proc. SPIE*, 332, 440, 1982.

Lemaitre, G.R., *Astronomical Optics and Elasticity Theory*, Springer-Verlag, Berlin, Germany, 2009.

Lloyd-Hart, M., System for precise thermal control of borosilicate honeycomb mirrors, *Proc. SPIE*, 1236, 844, 1990.

Lloyd-Hart, M., Angel, J., Sandler, D., Groesbeck, T., Martinez, T., and Jacobsen, B.P., Design of the 6.5-m MMT Adaptive Optics System and results from its prototype system FASTTRAC II, *Proc. SPIE*, 2871, 880, 1997.

Mack, B., Deflection and stress analysis of a 4.2-m diam. primary mirror of an altazimuth-mounted telescope, *Appl. Opt.*, 19, 1000, 1980.

Malvick, A.J. and Pearson, E.T., Theoretical elastic deformations of a 4-m diameter optical mirror using dynamic relaxation, *Appl. Opt.*, 7, 1207, 1968.

Martin, H.M., Callihan, S.P., Cuerden, B., Davison, W.B., DeRigne, S.T., Dettmann, L.R., Parodi, G., Trebisky, T.J., West, S.C., and Williams, J.T., Active supports and force optimization for the MMT primary mirror, *Proc. SPIE*, 3352, 412, 1998.

Mast, T. and Nelson, J., The fabrication of large optical surfaces using a combination of polishing and mirror bending, *Proc. SPIE*, 1236, 670, 1990.

McBride, D., Hudek, J.S., and Panteleev, S., Repairing stress induced cracks in the Keck primary mirror segments, *Proc. SPIE*, 8444, 84421, 2012.

Meinel, A.B., Design of reflecting telescopes, in *Telescopes*, Kuiper, G.P. and Middlehurst, B.M., Eds., University of Chicago Press, Chicago, IL, 1960, p. 25.

Meinel, A.B., Bushkin, S., and Loomis, D.A., Controlled figuring of optical surfaces by energetic ionic beams, *Appl. Opt.*, 4, 1674, 1965.

Meinel, A.B. and Meinel, M.P., Telescope structures: An evolutionary overview, *Proc. SPIE*, 748, 2, 1987.

Meng, J., Franck, J., Gabor, G., Jared, R., Minor, R., and Schaefer, B., Displacement sensors for the primary mirror of the W.M. Keck Telescope, *Proc. SPIE*, 1236, 1018, 1990.

MIL-STD-810F, *Environmental Engineering Considerations and Laboratory Tests*, U.S. Department of Defense, Washington, DC, 2003.

Minor, R., Arthur, A., Gabor, G., Jackson, H., Jared, R., Mast, T., and Schaefer, B., Displacement sensors for the primary mirror of the W.M. Keck Telescope, *Proc. SPIE*, 1236, 1009, 1990.

Mueller, R.W. and Hoeness, H.W., Spin-cast ZERDUR mirror substrates of the 8 m class and light-weighted substrates for secondary mirrors, *Proc. SPIE*, 1271, 288, 1990.

Nelson, J.E., Lubliner, J., and Mast, T.S., Telescope mirror supports-plate deflections on point supports, *Proc. SPIE*, 332, 212, 1982.

Olds, C.R. and Reese, R.P., Composite structures for the advanced x-ray astrophysics facility (AXAF), *Proc. SPIE*, 3356, 910, 1998.

Pearson, E. and Stepp, L., Response of large optical mirrors to thermal distributions, *Proc. SPIE*, 748, 215, 1987.

Pepi, J.W., Design considerations for mirrors with large diameter to thickness ratios, *Proc. SPIE*, CR43, 207, 1992.

Pottebaum, T.S. and MacMartin, D.G., Wind tunnel testing of a generic telescope enclosure, *Proc. SPIE*, 5495, 270, 2004.

Powell, W.R. et al., Safe handling of 8-m mirror blanks during manufacture—Equipment designs based on finite element analyses of stresses, *Proc. SPIE*, 3352, 318, 1998.

Roberts, L.C. and Figgis, P.D., Thermal conditioning of the AEOS Telescope, *Proc. SPIE*, 4837, 264, 2003.

Rosse, E., Observations on the nebulae, *Phil. Trans. R. Soc. Lond.*, 140, 499, 1850.

Sarver, G., Maa, G., and Chang, L., SIRTF primary mirror design, analysis and testing, *Proc. SPIE*, 1340, 35, 1990.

Sawyer, K.A., Hurley, B.N., Brindos, R.R., and Wong, J., Launch rated kinematic mirror mount design with six degrees of freedom adjustments, *Proc. SPIE*, 3786, 281, 1999.

Scott, R.M., Optical engineering, *Appl. Opt.*, 1, 387, 1962.

Selke, L.A., Theoretical elastic deformations of a thick horizontal circular mirror on a double-ring support, *Appl. Opt.*, 9(6), 1463, June 1970.

Siegmund, W.A., Stepp, L., and Lauroesch, J., Temperature control of large honeycomb mirrors, *Proc. SPIE*, 1236, 834, 1990.

Smith, H.J., McDonald 107-inch telescope, in *A Symposium on Support and Testing of Large Astronomical Mirrors*, Crawford, D.L., Meinel, A.B., and Stockton, M.W., Eds., Kitt Peak National Laboratory and the University of Arizona, Tucson, AZ, 1968, p. 169.

Stepp, L., Thermo-elastic analysis of an 8-meter diameter structured borosilicate mirror, NOAO 8-meter Telescopes Engineering Design Study Report No. 1, National Optical Astronomy Observatories, Tucson, AZ, 1989.

Stepp, L., Huang, E., and Cho, M., Gemini primary mirror support system, *Proc. SPIE*, 2199, 223, 1994.

Timoshenko, S. and Woinowsky-Krieger, S., *Theory of Plates and Shells*, 2nd edn., McGraw-Hill, New York, 1959.

Temi, P. et al., SOFIA observatory performance and characterization, *Proc. SPIE*, 8444, 844414, 2012.

Ulmes, J.J., Design of a catadioptric lens for long-range oblique aerial reconnaissance, *Proc. SPIE*, 1113, 116, 1989.

Vukobratovich, D., Flexure mounts for high-resolution optical elements, *Proc. SPIE*, 959, 18, 1988.

Vukobratovich, D., Private communication, 2004.

Vukobratovich, D., Iraninejad, B., Richard, R.M., Hansen, Q.M., and Melugin, R., Optimum shapes for light-weighted mirrors, *Proc. SPIE*, 332, 419, 1982.

Vukobratovich, D., Richard, R., Valente, T., and Cho, M., Final design report for NASA Ames/University of Arizona Cooperative Agreement No. NCC2-426 for period April 1, 1989–April 30, 1990, Opt. Sei. Ctr., University of Arizona, Tucson, AZ, 1990.

Vukobratovich, D. and Richard, R.M., Flexure mounts for high-resolution optical elements, *Proc. SPIE*, 959, 18, 1988.

Wan, D.S., Angel, J.R.P., and Parks, R.E., Mirror deflection on multiple axial supports, *Appl. Opt.*, 28(2), 354, 1989.

Weisskopf, M.C., Three years of operation of the Chandra X-ray Observatory, *Proc. SPIE*, 4851, 1, 2003.

West, S.C. et al., Toward first light for the 6.5-m MMT telescope, *Proc. SPIE*, 2871, 38, 1996.

Williams, R. and Brinson, H.F., Circular plate on multipoint supports, *J. Franklin Inst.*, 297, 429, 1974.

Wilson, R.N., *Reflecting Telescope Optics II*, Springer, Berlin, Germany, 1999.

Wilson, S.R., Reicher, D.W., and McNeil, R.R., Surface figuring using neutral ion beams, *Proc. SPIE*, 966, 74, 1988.

Wolter, H., Glancing incidence mirror systems as imaging optics for x-rays, *Ann. Phys.*, 10, 94, 1952.

Wong, W.-Y. and Forbes, F., Water tunnel tests on enclosure concepts, Gemini 8m Telescope Technical Report No. 1, 1991.

Wynn, J.A., Spina, J.A., and Atkinson, C.B., Configuration, assembly, and test of the x-ray telescope for NASA's advanced x-ray astrophysics facility, *Proc. SPIE*, 3356, 522, 1998.

Yoder, PR., Jr., *Mounting Optics in Optical Instruments*, 2nd edn., SPIE Press, Bellingham, WA, 2008.

第 **6** 章　金属反射镜的设计和安装技术

Daniel Vukobratovich

6.1　概述

　　与普通的玻璃反射镜相比，金属反射镜的优点是制造成本低、安装简单、热导率高、允许有高的应力，并适合进行一定程度的消热化。例如具有较高比刚度的铍材料之类的一些金属，可以为动态应用（例如扫描和稳定反射镜）提供更好的性能。金属反射镜的缺点是表面散射高和尺寸稳定性差。

　　本章从 6.2 节开始，综述性地讨论金属反射镜与非金属反射镜的区别，然后讨论各种金属反射镜的设计实例和加工技术。6.3～6.5 节会阐述各种材料制成的反射镜，由金属材料和复合材料蜂窝结构支撑的反射镜将在 6.6 节介绍。某些金属表面本身具有多孔性，这种优点可以保证能在该金属上涂镀一种无定型材料，电解镀镍（EN）和非电解镀镍（ELN）是这类反射镜的非常普通的涂镀方式。6.7 节将对这类涂镀方法的显著特性进行总结，并介绍其应用。

　　对于本章讨论的金属，其中一些非常适合材料切削，利用单刃天然金刚石机床进行精密加工，就可以使最终的表面轮廓达到光学等级的质量。通常这种工艺称为单刃金刚石切削工艺（SPDT），将在 6.8 节讨论。

　　6.9 和 6.10 节将介绍光学仪器中安装金属反射镜常用的某些技术。利用本书前面讨论的非金属反射镜的各种普通的安装技术安装较小的金属反射镜，是完全可行的。由于金属的机械性能不同于非金属，所以将指出这些安装设计的一些差别。这些设计成功地用于支撑小孔径到中等孔径金属反射镜的方法，包括将一些安装结构建造在反射镜本体内。回顾集成式安装技术，并对这些设计中提出的警示性措施进行总结。

　　能够为较大的金属反射镜提供最高性能指标的挠性安装技术将在 6.11 节讨论。本章最后一节，6.12 节，将简要介绍多金属光学元件和机械元件系统，以及如何使用单刃金刚石切削技术进行装配和光学对准。

6.2　金属反射镜的一般要求

　　有许多种金属材料可供反射镜设计师选择，表 6.1 列出了其中一些重要的备选材料。表 6.2 给出了最新型反射镜应用中进行材料折中分析时通常需要考虑的性质。从制造出发，金属反射镜设计师应当考虑每一步工艺并选择显然最适合其具体情况的工艺。典型的制造过程包括下面大部分（但不一定是全部）步骤：基板制造、成形、消除应力、镀层（一般是非电解镀镍）、光学抛光、测试和镀膜。应力释放工艺尤为重要，这是使基板内应力减至最小的一种方法。应力本身将随着时间或者温度变化而得以释放，因而造成反射镜表面变形。

表 6.1　典型金属和金属基反射镜材料类型

铝	铍	铜	钼	不锈钢
356	I-70-H	101（OFHC，无氧高导电铜）	低碳	304
2024（译者注：原书错印为 024）	220-H	Glidcop™	TZM	316
5083 和 5086	I-250			416
6061	I-400			17-4PH
坦查洛依铝锌制造合金（Tenzaloy）	S-200 FH			
SXA	O-50 和 O-30			

（资料源自 Paquin, R. A., *Proc. SPIE*, 65, 12, 1975；Paquin, R. A., Metal mirrors, in: Ahmad, A., ed., *Handbook of Optomechanical Engineering*, CRC Press, Boca Rafon, FL, 1997, Chapter 4；Howels, M. R. and Paquin, R. A., *Proc. SPIE*, CR67, 339, 1997）

表 6.2　影响反射镜性质的重要的材料特性[1]

机械性质	物理性质	光学性质	冶金性质	加工性质	其他
杨氏模量 屈服强度 微屈服强度 断裂韧度 折断模数	热膨胀系数 密度 导热系数 热扩散系数 比热容 辐射电阻 蒸气压 电导率 腐蚀的可能性	反射率 吸收率 复折射率	晶体结构 相位 空隙和杂质 颗粒的尺寸 再结晶的温度 去应力温度 退火温度 外形的稳定性	可机加性 可抛光性 可镀膜性 可锻性 可焊接性 可铜焊性 可软焊性 热处理性	所列出的参数对温度的敏感性 实用性（包括大小和成本）

（资料源自 Paquin, R. A., *Proc. SPIE*, 65, 12, 1975；Howels, M. R. and Paquin, R. A., *Proc. SPIE*, CR67, 339, 1997）

① 未按照项目重要性等级录入。

　　一种反射镜材料的选择，是以性能、成本、计划和风险为基础。反射镜光学表面轮廓的精度是最重要的性能参数，并且受材料、形状、安装、环境和制造工艺的影响。成本、计划和风险取决于完全相同的一些因素。在评价一种金属反射镜使用的材料时，必须考虑到所有这些因素。本章稍后描述每种材料时都会讨论其成本和风险。

　　根据性能来选择反射镜材料，则是以品质因数为基础。加速和基频下的偏离量正比于比刚度（弹性模量或杨氏模量与密度之比）。温度变化造成尺寸的总变化正比于热膨胀系数，若存在静态温度梯度，则变形量正比于热变形系数（热膨胀系数与热导率之比）。温度变化后达到热平衡的时间正比于热扩散系数（是热导率与密度和热容量乘积之比）。若是低温应用，焓这个物理量（热含量）是很重要的。它是为降低材料温度而必须去除的热量的计量。低温应用中还有一个重要的量，是热膨胀系数的均匀性。

根据反射镜光学表面的变形公差设置材料的允许应力。玻璃材料直至断裂都有良好的弹性，因此，允许应力值是一定寿命条件下与故障概率相关的断裂应力。若是一些典型反射镜应用的低应力情况，金属的屈服强度与施加的应力是非线性关系。一种常用的近似方法是把微屈服应力作为金属的允许应力值。微屈服应力定义为每百万分之一永久变形所需要的应力值。

表 6.3 对两种普通的玻璃状反射镜材料（耐热玻璃 Pyrex 和微晶玻璃）的品质因数与最常用的金属反射镜材料（例如铜、铝和微晶玻璃）做了比较。对于大多数材料，性质随温度变化。表 6.3 列出了室温下（通常为 300K）的相关数值。卷 I 的第 1 章和第 3 章进一步讨论了材料的品质因数问题。

表 6.3　常用玻璃状和金属反射镜的性质比较

性质	材料				
	康宁 Pyrex 7740	微晶玻璃 (Zerodur)	铝 6061-T6	铜 OFHC	铍 S-200 FH
比刚度 $(E/\rho)/(\mathrm{m^2/s^2})$	28.3×10^6	35.7×10^6	25.5×10^6	12.9×10^6	164×10^6
热膨胀系数 $\alpha/\mathrm{K^{-1}}$	3.3×10^{-6}	100×10^{-9}	23.6×10^{-6}	17×10^{-6}	11.4×10^{-6}
热变形率 $(\alpha/k)/(\mathrm{m/W})$	2.92×10^{-6}	68.5×10^{-9}	141×10^{-9}	43.4×10^{-9}	52.8×10^{-9}
热导率 $[k/(\rho \cdot c_\mathrm{P})]/(\mathrm{m^2/s})$	483×10^{-9}	721×10^{-9}	69×10^{-6}	114×10^{-6}	60.5×10^{-6}
允许应力/MPa	10	10	140	12	40

注：300K 下的数值。玻璃材料的允许应力是断裂应力；金属材料的是微屈服应力。

表 6.3 给出的材料性质汇总，为某些应用选择金属材料而非玻璃类材料提供了依据。铍材料具有较好的比刚度，因此，与玻璃类材料相比，其重量和振动频率方面均有提高，温度变化后热平衡时间大约缩短两个数量级。铍和铜材料的热变形率与德国肖特公司的微晶玻璃相差无几，分别比耐热玻璃 Pyrex 好 55 倍和 67 倍。对于铝材料，尽管热变形率不如微晶玻璃，但在热变形和热导率两个方面优于耐热玻璃 Pyrex。

如果考虑成本，许多反射镜应用，包括红外（IR）系统和扫描应用，对铝材料更为青睐。由于铜材料适于利用金刚石切削车床加工，并且在热变形和热导率方面颇具优势，因此，常应用于低成本、高能量激光反射镜。铍材料昂贵，所以，应用于加速度状态下变形量很重要或者对重量要求很苛刻的情况。铍材料的应用包括高速扫描器、稳态光学装置和空间系统。

卷 I 第 3 章给出了本卷表 6.4 所列大部分材料的物理性质的定量数据，也给出所引用的参考文献。因为需要考虑各种应用中消热化的光机设计，所以已经发表的许多文章都会比较温度变化如何影响材料性质，并作为非常重要的方面加以论述，例如图 6.1 所示的铝和铍合金两种材料热膨胀系数的变化，同时与一些玻璃和陶瓷类反射镜材料进行比较。很明显，这两种材料对温度的变化要比非金属材料更敏感，而在非常低的温度条件下，会是另外一种情况。表 6.4 列出了一系列金属材料在一个很大的温度变化范围内测量出的热膨胀系数值。高热导率可以提高低温环境下的性能。

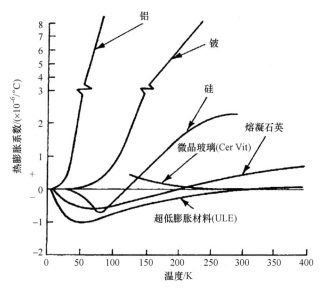

图 6.1　一些反射镜材料的热膨胀系数随温度的变化

（资料源自 Paquin，R. A. and Goggin，W.，Beryllium Mirror Technology，State-of-the-Art Report，

Perkin-Elmer Report IS 11693，Norwalk，CT，1972）

表 6.4　一些材料的热膨胀系数（单位为 $10^{-6}\,\mathrm{K}^{-1}$）与温度的关系

温度/K	6061 铝	铍	铜	金	铁	304 不锈钢	416 不锈钢	钼	镍	银	硅	α-SiC	β-SiC
5		0.0003	0.005	0.03	0.01				0.02	0.015		0.01	
10		0.001										0.02	
20		0.005				9.8	4.3	0.3			0		
25		0.009	0.63	2.8	0.2			0.4	0.25	1.9	0	0.03	
50		0.006	3.87	7.7	1.3	10.5	4.9	1	1.5	8.2	-0.2	0.06	
75		0.47						4.3			-0.5	0.09	
100	12.2	1.32	10.3	11.8	5.6	11.4	6	2.8	6.6	14.2	-0.4	0.14	
125	18.7	2.55											
150	19.3	4.01				12.4	7				0.5	0.4	
175	20.3	5.54											
200	20.9	7.00	15.2	13.7	10.1	13.2	7.9	4.6	11.3	17.8	1.5	1.5	
225	21.5	8.32											
250	21.5	9.50				14.1	8.8				2.2	2.8	
293	22.5	11.3	16.5	14.2	11.8	14.7	9.5	4.8	13.4	18.9	2.6	3.3	3.26
300		11.5									3.4		3.29
350	23.8												3.46
400	25.0	13.6	17.6	14.8	13.4	16.3	10.9	4.9	14.5	19.7	3.2	4	3.62
450	26.3												3.77
500	27.5	15.1	18.3	15.4	14.4	17.5	12.1	5.1	15.3	20.6	3.5	4.2	3.92
600	30.1	16.6	18.9	15.9	15.1	18.6	12.9	5.3	15.9	21.5	3.7	4.5	4.19
700		17.8	19.5	16.4	15.7	19.5	13.5	5.5	16.4	22.6	3.9	4.7	4.42

（资料源自 Paquin，R. A.，Properties of metals，in：Bass，M.，Van Stryland，E. W.，Williams，D. M.，and Wolfe，W. L.，

eds.，*Handbook of Optics*，2nd edn.，Vol. II. Optical Society of America，Washington，DC，1994，Chapter 35）

　　一般来说，在低温环境中所有材料都会接近"零膨胀"。超低膨胀（ULE）材料在 300K 温度附近有一个非常小的热膨胀系数。熔凝石英在 190K 温度附近的热膨胀系数是零，铍和铝分别在约 40K 和 15K 温度附近达到这个值。尽管在所需要的温度范围内，较低的热膨胀系数对于反射镜设计来说非常重要，但是，在整个基板范围内有均匀的热膨胀性质也是非常重要的。当温度不同于加工反射镜的温度环境时，热膨胀系数的不均匀性会造成隆起，形成孔，或者使表面形状产生更复杂的变化。一般情况下，具有较低的低温热膨胀系数的材料在最终抛光和成形的温度环境中，都会有较高的热膨胀系数。在这种情况下，要达到规定的表面形状和高平滑度是比较困难的。为了提高低温下的性能，通常的经验就是在低温下测试，在室温下对表面进行修正，反复进行直至达到所要求的结果。

　　如果需要空间温度梯度最小，就要求有一个高的热导率 k 来消除表面热负载对反射镜的影响。当反射镜暴露在高热辐射环境中，上述要求就特别适用。同样，比热容 c_P 也是一个重要参数。图 6.2 给出了温度低于 300K 环境条件下这些性质对温度的依赖关系。从 300K 到绝对零度，玻璃材料有低的 k 值和 c_P。在这些温度下，金属的这些参数都有较高的值。在卷 Ⅰ 表 3.16（对于非金属材料）和表 3.14（对于金属材料）中，可以找到这些参数的室温值。Paquin（1994）阐述过，这些参数随温度都会有比较大的变化。

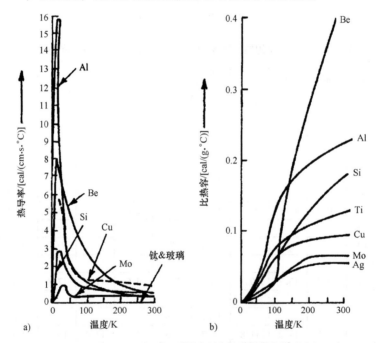

图 6.2　一些备用反射镜材料具有的低温性能

a）热导率　b）比热容

（资料源自 Paquin, R. A. and Goggin, W., Beryllium Mirror Technology, State-of-the-Art Report, Perkin-Elmer Report IS 11693, Norwalk, CT, 1972）

　　铝、铜和钼是立方晶体结构的，最好以锻造形式用作反射镜的基板。这些材料的铸造结构会有较多的孔，但比锻造的便宜。对于精度要求不是特别高的应用中使用的反射镜，例如太阳模拟器和太阳能收集器，其典型结构都是由焊接铝板组成的。由于材料铍是六角形晶体结构的，所以铸造铍的热传导性是各向异性的。如果使用粉末冶炼技术将材料研磨成粉并进行处理，就可以制成非常好的反射镜基板。钼和铜常应用在高能量领域的水冷反射镜中，掺钛的钨合金和不锈钢也应用在反射镜中。

众所周知，铸造、锻造、机加工和某些热处理工艺会使反射镜基板内的残余应力增大，这些应力会造成外形的不稳定性，通常在表面附近达到最大。所以，在加工期间，任何一种基板都必须进行应力释放。某个反射镜是否要求或者如何进行应力释放，取决于具体应用及其加工阶段，通常使用的是化学蚀刻、热处理或这些工艺的组合。

6.3　铝反射镜

铝和铝合金是重量轻、经济结实的易成型材料，广泛应用在光学仪器零件和结构中。与尺寸相差无几的玻璃反射镜相比，铝反射镜的成本要低至 1/2（Guregian 等，2003）～1/1.5（Bely，2003）；另一个优点是可以采用很容易安装的螺栓连接方式。铝材料经常应用于相同材料消热化系统中，光学件和支架结构可采用相同材料。由于这种材料具有很高的热导率，简化了达到和维持低温的过程，因此，经常应用于低温领域。

对铝材料外形尺寸的长期稳定性是有争议的。为了具有良好的长期稳定性，选择合金和工艺控制很重要。一般来说，除了标准的规定，例如 AMS 2770j（Church 和 Takacs，1985）给出的规范外，为了获得最高的尺寸稳定性，必须进行专门的热处理。

表 6.5 列出一些铝合金材料的典型热循环处理数据。许多学者，例如 Fuller 等人（1981）、Vukobratovich 等人（1998）、Ohl 等人（2002）和 Toland 等人（2003）已经提供了一些方法，通过热处理工艺消除铝反射镜在低温应用中的应力。Ohl 等人（2003）和 Connelly 等人（2003）讨论了 Ohl 等人（2002）研究中使用的那些硬件。

表 6.5　为了提高各种铝反射镜基板稳定性而采用的热循环处理工艺

材料	热处理	高温循环时间	低温循环时间	总的循环次数	温度变化速率
6061	在 530℃ 下固溶热处理，在 PG[①] 溶液中淬火，在 175℃ 温度下分阶段时效	150℃ 温度下 30min	< −40℃ 温度下 30min	>3	在抛光期间，<3℃/min 或者 <1℃/min
SXA（完成机加工之后）	在 495℃ 下固溶热处理，在 PG[①] 溶液中淬火，在 190℃ 温度下时效 12h	30min	淬火到 −195℃	一直到外形尺寸没有变化为止	
SXA（完成非电解镀镍之后）	在 495℃ 下固溶热处理，在 PG[①] 溶液中淬火，在 190℃ 温度下时效 12h	170℃ 温度下 4h	−75℃ 温度下 30min	>5 或者一直到没有外形尺寸变化为止	<5℃/min
5000 系列的合金	350℃ 退火，缓慢冷却	150℃ 下 60min	< −40℃ 温度下 30min	>3	在抛光期间，<3℃/min 或者 <1℃/min

（资料源自 Howells，M. R. and Paquin，R. A.，*Proc. SPIE*，CR67，339，1997）

① PG：20% 聚亚烷基二醇水溶液。

在许多有关铝材料处理的参考文献中，最详细的内容可以在 Ohl 等人（2002）的文章中找到。为了确定最佳的加工方法，作者们从铝 6061-T651 坯板开始，在加工一系列反射镜的过程中对 5 种不同的热处理方法（见表 6.6）进行过研究。这些反射镜的纵横比是 6:1，有曲面和平面，外形尺寸从 100mm（3.94in）的正方形到 269mm × 286mm（10.59in × 11.26in）的矩形。使用单刃金刚石切削机床加工出反射镜的光学面和安装面。加工的技术要求和公差规定是，半径是 ±1%；锥形常数是 ±（0.3% ~ 0.8%）；轮廓误差方均根值小于 0.1λ（波长为 0.633nm，温度为 293K），微粗糙度方均根值小于 10nm。作者认为，这些要求代表了该种材料的反射镜在"使用最先进的单刃金刚石切削加工技术可以达到的最好表面误差"。在某种具体应用中还有一些自身的要求：当温度下降到 80K 时造成光学轮廓的变化要求最小，并且在多个温度循环期间测量出的变化量可以重复。测试内容还包括光学性能、抗拉强度、微应变和金属颗粒结构的测量。报道的实验结果表明，表 6.6 所示的 SR5 方法能够为这种应用提供最好的总性能。

表 6.6　用 6061-T651 铝板毛坯制造反射镜时使用的应力释放方法

步骤	SR1，没有热处理	SR2，简单热处理	SR3SR2 + 深冷急热淬火	SR4，固溶热处理，使用 28% 重量比乙二醇淬火	SR5SR4 + 深冷急热淬火	SR6，固溶热处理，水淬火和深冷急热淬火
1	粗加工	粗加工	粗加工	粗加工	粗加工	粗加工
2		在 260℃ 热处理 2h	在 260℃ 热处理 2h			
3				在 530℃ 时固溶热处理	在 530℃ 时固溶热处理	在 530℃ 时固溶热处理
4				29 ~ 35℃ 温度下在 A 型水溶性聚合物淬火液（UCON Quenchant A）中淬火少于 15s	29 ~ 35℃ 温度下在 A 型水溶性聚合物淬火液（UCON Quenchant A）中淬火少于 15s	18 ~ 24℃ 温度下在水中淬火少于 15s
5			深冷急热淬火：允许达到 23℃，缓慢地放到 LN₂ 中，浸泡在沸腾的水中		深冷急热淬火：允许达到 23℃，缓慢地放到 LN₂ 中，浸泡在沸腾的水中	深冷急热淬火：允许达到 23℃，缓慢地放到 LN₂ 中，浸泡在沸腾的水中
6			在 175℃ 中，8h		在 175℃ 中时效 8 小时	在 175℃ 中时效 8 小时
7	结束机械加工	结束机械加工	结束机械加工	结束机械加工	结束机械加工	结束机械加工
8				在 175℃ 中，8h	在 175℃ 中，8h	在 175℃ 中，8h
9				热循环 3 次，速率小于 1.7℃/min，冷却到 83K，保持 30min，加热到 23℃，保持 15min，加热到 150℃，保持 30min，冷却到 23℃	热循环 3 次，速率小于 1.7℃/min，冷却到 83K，保持 30min，加热到 23℃，保持 15min，加热到 150℃，保持 30min，冷却到 23℃	热循环 3 次，速率小于 1.7℃/min，冷却到 83K，保持 30min，加热到 23℃，保持 15min，加热到 150℃，保持 30min，冷却到 23℃
10	在 293K 和 80K 温度下测试外形轮廓 3 次	在 293K 和 80K 温度下测试外形轮廓 3 次	在 293K 和 80K 温度下测试外形轮廓 3 次	在 293K 和 80K 温度下测试外形轮廓 3 次	在 293K 和 80K 温度下测试外形轮廓 3 次	在 293K 和 80K 温度下测试外形轮廓 3 次

（资料源自 Ohl, R. et al., *Proc. SPIE*, 4822, 51, 2002）

Toland 等人（2003）介绍了使用锻造铝 6061-T651 所做的实验，并将这些结果与 Ohl 等人（2003）使用同样材料的板坯所得结果进行了比较。下面也简要地进行一下总结，结论如下：如果采用不同类型的毛坯材料而使用类似的热处理工艺，就会形成具有类似光学性能的反射镜。

利用金刚石切削技术加工铝反射镜的光学表面，其表面粗糙度方均根值是 4～10nm（Church 和 Takacs，1985）。尽管表面光洁度随不同类型的铝合金变化，但对最经常使用的反射镜铝合金材料 6061，最佳表面光洁度是 6～8nm。对于红外光谱应用，该表面粗糙度是可以接受的，但对于大部分可见光应用，会产生大量散射。

提高表面光洁度的一种方法是铝基板上化学镀镍，然后对金刚石切削后的镀镍板进行抛光以改善表面粗糙度，在电镀反射镜一节将进一步讨论化学镀镍。另一种方法是在表面镀一层非晶状铝，再对该层材料进行金刚石车削，最后，对裸铝表面直接进行抛光以提高金刚石车削后表面粗糙度的方法也正在投入使用。

被称为 Alumiplate™（镀铝和合金的电镀铝板）的商业工艺（译者注：这是一项专利工艺，可以使纯铝镀层电镀到反射镜基板上）将一层非晶状高纯度铝涂镀在反射镜基板上。由于镀板的热膨胀系数几乎与铝反射镜基板的相同，因此，并不关心双金属弯曲效应。金刚石切削技术加工的反射镜表面光洁度方均根值约为 4nm（Vukobratovich 等，1998b），优于裸铝。Alumiplate™ 的价格比较昂贵，并且较软，很难清洁。

金刚石切削工艺后对裸铝表面后置抛光，是避免电镀基板相关问题的一种方法。不久之前，裸铝的后置抛光还被视为不可能的，但是现在，大量技术逐渐得到成功应用。美国卡博特（Cabot）公司研发了一种化学机械抛光法（CMP），受试反射镜表面光洁度方均根值达到 2nm（Moeggenberg 等，2008）。利用美国阿斯顿（Aston）公司研制的一种方法直接抛光裸铝（反射镜直径可达 300mm）或得到表面光洁度方均根值是 2nm（Horst 等，2008）。由美国雷神（Raytheon）公司、加拿大厄恩斯特莱茨分公司（ELCAN）研发的一种 VQ（Visible Quantity）工艺，对 6061 铝材料完成金刚石切削加工后表面的平均粗糙度方均根值约为 2nm（Vukobratovich 和 Schaefer，2011）。到 2011 年，利用 VQ 工艺已经制造出几百个直径达 600mm 的铝反射镜。美国 L-3 技术公司 Tinsley 分部成功研发了另一种裸铝抛光工艺，完工的反射镜表面平均粗糙度也达到 2nm（Carrigan，2011）。

利用快速凝固工艺（RSP）处理后的 6061 铝材料有可能进一步提高裸铝基板的表面光洁度（Horst 等，2012）。利用这种工艺获得了适合反射镜应用的新型合金，包括 RSA-6061 和 RSA-905（Newsander 等，2013）。在快速凝固铝（RSA）的合金制造过程中使用的其他非常规处理工艺包括旋镀工艺。对快速凝固铝进行后置抛光已经使表面粗糙度方均根值达到 2nm。测量表明，某些反射镜的表面粗糙度方均根值优至 1nm。

下面讨论参考资料中介绍过的制造铸铝和锻铝反射镜基板的过程，接着阐述典型的机加工成形和焊接成形反射镜的结构布局。一些参考资料介绍的经验和研究表明，与非金属反射镜相比，天文应用中使用铝反射镜，包括大孔径［即大于 4m（约 13ft）］反射镜，具有很大的潜在优势（Leblank 和 Rozelot，1991；Barr 和 Livingston，1992；Dierickx，1992；Rozelot，1992）。有关各方对该类反射镜的意见认为，这类金属反射镜至今没有真正得到发展的主要原因，是投资方不愿对其研发进行投资，认为使用此类反射镜比普通的非金属反射镜基板有更大风险（Bingham，1992）。如本书第 2 章所述，最近已经成功研制了薄、大孔径、旋转式铸造非金属反射镜基板，似乎验证了这一观点。

6.3.1 铸铝反射镜

Forbes（1968）叙述了有重要历史意义的由美国亚利桑那大学为天文摄像望远镜制造的直径为 60in（153cm）的两块反射镜，都是使用坦查洛依合金铝（Tenzalloy aluminum）材料。这种材料是一种时效硬化合金，含有约 7.5% 的锌、0.6% 的铜、0.4% 的镁和 91.5% 的纯铝。两块反射镜以锥形截面的形式（见图 2.30）铸造，非常接近所希望的结构布局。将这种坯件快速冷却会降低多孔性。对它们进行机械加工，最终光学轮廓的机加工精度在 0.001in（0.025mm）以内。在中心钻出一个通孔，然后，将基板在 420℃ 温度下退火 2h，并在 -18℃ 到室温之间循环 4 次，这种温度循环每周重复一次，持续 4 周。将该坯件研磨成球面，精度在 0.0005in（0.013mm）（译者注：原书错印为 0.016mm），通过非电解镀镍可以将球面形状精度精磨和抛光到一个波长（可见光）之内，并镀上铝膜。根据反射镜的使用效果，Forbes（1968）指出，这种加工工艺使金属反射镜有很高的稳定性。Forbes（1992）的报告还指出，对这些反射镜的进一步测试表明，每年的长期稳定性是 0.25 ~ 1.0 个波长（可见光）。

铝合金 356-T6（含有 7% 的硅，0.4% 的镁，其余是纯铝）已经应用在其他各种尺寸的铸造反射镜中。这种材料容易铸造，几乎没有裂纹，有良好的均匀性，非常适合镀镍。然而，Forbes 和 Johnson（1971）对这两种材料直接进行了比较后指出，作为反射镜基板，坦查洛依合金铝的瞬时稳定性要比 356-T6 好。比较试验用的反射镜是 38cm × 56cm（15.0in × 22.0in）的椭圆平面，每种材料制造两个。初始，所有的反射镜轮廓都加工到两个波长之内（$\lambda = 0.5\mu m$）。随后的光学测试表明，在一个很短的时间内，两个 356-T6 平面反射镜就翘曲了多个波长。而其中一个查洛依合金铝平面反射镜的轮廓，至少在一年内保持得非常好，另一个反射镜的翘曲量小于两个波长。

除了坦查洛依铝锌铸造合金（A713）外，适于反射镜应用的其他铸铝合金包括 A201、A393（Vanasil）和 A771（之前就有）。通常，由于多孔性和杂质的问题，因此不认为铸铝适合金刚石车削工艺。多孔性会降低表面光洁度，同时杂质会增大金刚石切削刀具的磨损。现代的铸造技术在铸造工程中通过排除所包含的氢气（除气技术）而降低多孔度。仔细控制铸造和磨具材料以降低杂质含量，最后，快速定向凝固使材料颗粒结构纵向排列，最细颗粒位于光学表面，从而提高了表面光洁度。

Dahlgren 和 Gerchman（1988）研究了另一种适合金刚石切削工艺的反射镜材料 A201 铝的使用情况。A201 铝的热膨胀系数和其他物理性质与金属反射镜中最常用的铝合金 6061 差不多。据 Dahlgren 报告，当采用金刚石切削技术加工裸铝 A201 时，表面光洁度方均根值约为 6.6nm，与 6061 铝的水平相差无几。最后，将一个 100mm 样品（测试）反射镜放置 6 个月后，其稳定性约为 $\lambda/8(\lambda = 633nm)$。

Engelhaupt 等人（1994）介绍了铸铝技术的应用。在铸造过程中，通过去除所包含的氢气含量（除气）以减少多孔性。过共晶铸铝合金中含量很高的硅（21% ~ 23%）能够将热膨胀系数降低至约 $15 \times 10^{-6} K^{-1}$，将弹性模量提高到约 100GPa。当反射镜非电解镀镍时，这两种性质的变化将减小双金属弯曲效应。在 250 ~ 340K 的温度范围内，非电解镀镍的 A393 铝材料反射镜的光学表面轮廓误差量方均根值约为 0.1λ，p-v 值为 0.8λ（λ =

633nm)。增大了加工难度是 A393 材料的主要缺点。

最近，Rohloff 等人（2010）重新提起了利用高含量硅铝材料的想法。硅含量 27% ~ 87%（重量比），利用粉末冶金技术与快速凝固铝技术相结合从而有可能减小颗粒尺寸。提高硅含量可以降低合金的热膨胀系数，有可能至少在一个温度环境下与电解镍层的热膨胀相匹配。尽管非电解镍和高硅含量铝相对于温度的膨胀曲线不同，但在典型的地面温度范围（233 ~ 313K）内，热膨胀系数差小于 $200 \times 10^{-9} \mathrm{K}^{-1}$。

6.3.2　机加成形铝反射镜

由于铝合金 6061 材料（含有 1.0% 镁，0.7% 铁，0.6% 的硅，0.3% 的铜，其余是铝）具有长期稳定性，所以是金属反射镜的主要应用材料。典型的加工工艺：首先将锻铝坯回火到 T6 条件（溶流热处理和人造时效），应用通常方法加工到比规定尺寸大 0.05in（1.3mm）之内，厂商再进行精加工、热处理、涂镀和光学抛光的各种循环。

Fuller 等人（1981）列出了两个直径是 27in（68.6cm）的平面反射镜和一个孔径是 25in（63.5cm）的离轴非球面反射镜的加工步骤，反射镜的材料都是 6061-T6 铝材料。这些反射镜计划应用在温度 20K 的真空低温环境中，该设计要求冷却液流过（固定在）反射镜背面的冷液蛇形管。图 6.3 给出了一个反射镜的视图。加工非球面反射镜的工艺步骤如下：①安装 6061-T6 铝毛坯件；②粗加工到近似的形状，包括同心的球面半径；③加工冷液蛇形管，并采用黄铜焊的方法焊接到反射镜的后表面上；④在 950℉ 温度下固溶热处理，在乙二醇/水溶液中淬火，在液态氮和开水之间循环；⑤最终加工安装面，准备加工光学面；⑥抛光到双曲面面形；⑦涂镀前的热处理（450℉，液态氮到沸水的循环）；⑧将所有的表面都镀上等厚度的非电镀镍；⑨涂镀后的热处理与步骤 7 一样；⑩将光学表面抛光到所要求的精度和平滑度；⑪测试表面轮廓；⑫从室温到 77K 之间进行温度循环，根据需要确定循环次数，直到两次连续循环之间没有出现轮廓变形为止；⑬如果步骤⑫的结果超出光学轮廓的公差，要重新抛光，恢复轮廓。重复步骤⑪、⑫、⑬，直至表面轮廓满足公差要求；⑭镀反射膜（电解金）；⑮完成最终的光学测试。应当注意到，每一个加工金属反射镜的厂商都有专属的热循环和加工基板的专利工艺。上述加工顺序不一定是最佳的。

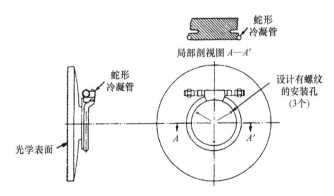

图 6.3　一个直径为 25in（63.5cm）、使用 6061-T6 铝材料制成的应用在真空低温系统中的离轴非球面反射镜的示意图

（资料源自 Fuller, J. B. C. et al., *Proc. SPIE*, 288, 104, 1981）

如图 6.3 所示，这种反射镜的结构布局图一般是一个实心圆盘，但有一个锥形后表面和集成式的安装底座。反射镜与安装底座之间"收缩成颈状"的直径约为反射镜直径的40%，有时把这种布局称为"蘑菇"形状。这种结构往往把光学表面与安装应力隔离开来，也能提供良好的热传递。据作者对设计的分析，在热稳定之后，临近冷液蛇形管一个结点与反射镜表面最边缘之间的最大温差是 0.016℃。该温度梯度不足以造成可测量出的光学表面变形。

Downey 等人（1989）阐述过一个铝反射镜，专门设计应用在美国 NASA 的柯伊伯（Kuiper）机载观测设备（KAO）中。为了便于校准，这种卡塞格林型红外望远镜使用了一个直径为 7.3in（18.5cm）的摆动式次镜，以便从瞄准目标到附近天空背景能快速地转换视场。为保证该系统具有正确的性能，至关重要的要求是使系统中移动物体的质量最小。在对比较轻的玻璃、金属材料铍、碳化硅、实心材料金属铝和泡沫塑料结构的铝基板设计进行折中之后，选择一种轻质的铝材料作为基板，在 0.7in（1.78cm）厚的实心 5083-O 铝合金毛坯的后表面上加工出一些凹窝，如图 6.4 所示。反射镜的总重量是 1.1 lb（0.5kg），意味着使一个直径-厚度比是 7:1 的实心基板减掉了 70% 的重量。中心轮毂上有三个孔，用螺钉可以将其连接到望远镜的驱动机构上。

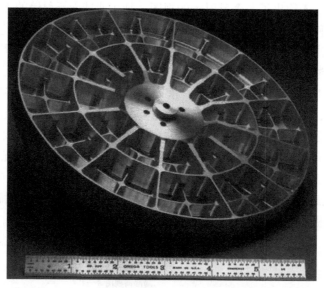

图 6.4　为柯伊伯（Kuiper）机载观测设备（KAO）研制的轻质次镜的后表面视图。
该反射镜用铝材料加工成形
（资料源自 Downey, C. H. et al., *Proc. SPIE*, 1167, 329, 1989）

反射镜的最终形状和安装表面是利用金刚石切削技术加工的。第一步是用金刚石刀具在前表面（凸面）中心切削出一个直径为 1.490in（3.785cm）的沉孔，然后将该表面作为加工后表面的安装基准面。转动反射镜，切削出最终反射镜应有的双曲面光学表面，镀上铝膜和一氧化硅薄膜。干涉测量表明，孔径内 90% 表面质量的 p-v 值都是 0.65 个波长左右，波长是 0.633μm，估算出的表面粗糙度方均根值约为 8nm。该反射镜安装到望远镜中的有关机械方面的内容，将在 6.10 节讨论。

Vukobratovich 和 Schaefer（2011）介绍了高能激光器应用中直径为 600mm 的机加成形单

拱铝反射镜的设计和制造技术。采用轻质反射镜结构布局以使安装后反射镜的悬臂弯曲频率高于160Hz。此外，由于金刚石切削主轴限定了反射镜重量，因此，必须采用轻型结构。包括制造、重力下垂、外形尺寸不稳定性以及热应力所有影响因素在内，光学表面公差是265nm，反射镜厚度是100mm，中心孔直径是100mm，总重量是20kg，其截面图如图6.5所示。

　　为了在装配期间提供高的刚性和可重复性，利用轴向半运动学技术安装反射镜。设计一个圆柱形轮毂（包括三个突起球台）提供径向支撑，而轴向支撑是将三个衬垫压靠在反射镜背面上提供的。一个大的球面垫圈和螺母提供轴向预紧力。这些球形表面使反射镜中夹持力产生的力矩减至最小。作为一个额外的预防措施，在反射镜前面加工出一条深沟槽以使反射镜与夹持负载隔离。根据干涉仪的测量，高达设计值两倍的夹持负载都不会造成反射镜光学轮廓有明显变化。图6.6给出了中心轮毂轴向固定的详细视图。

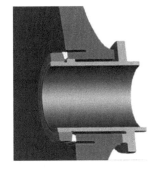

a)　　　　　　　　　　　　　　　b)

图6.5　Vukobratovich 和 Schaefer（2011）
介绍的直径为 0.6m 的单拱铝反射镜截
面图。当温度从 −51℃ 到 +71℃ 反复循
环时，表面轮廓误差是 0.01λ 固定不
变，表面粗糙度是 2nm
（资料源自 Dan Vukobratovich）

图6.6　直径为600mm单拱铝反射镜的中心轮毂安装方式详细图
a)　等距径向球形衬垫和轴向平面衬垫
b)　组件中球形固定螺母和垫圈以及隔离槽的截面图
（资料源自 Vukobratovich, D. and Schaefer, J. P., *Proc. SPIE*,
8125, 81250T, 2011）

　　前面讨论的直径为 600mm 反射镜设计，是根据 Cho（1989）分析的 400mm 单拱反射镜缩放而成的。由于 SXA30[⊖] 材料具有重量轻和轴向水平位置光学变形小双重优点，因此选择它作为反射镜材料。600mm 反射镜的主要目的是在超过 45°方向的顶点距离运转。两类反射镜具有相同的 f/1.5 焦比和非常类似的几何形状，有一个大的中心孔。根据材料的比刚度和截面面积，按比例缩放具有特定背面轮廓形状反射镜的自重变形量。SXA30 反射镜的截面

──────────

⊖　SXA 是由美国南卡莱罗纳州格里尔（Greer）市 Advanced Composite Materials 公司生产。

面积 $A_{REF} = 8510\text{mm}^2$，材料密度 $\rho_{REF} = 2768\text{kg/m}^3$，弹性模量 $E_{REF} = 110\text{GPa}$。600mm 反射镜设计的截面积是 $17.37 \times 10^{-3}\text{mm}^2$，材料密度是 2713kg/m^3，弹性模量 $E \approx 69\text{GPa}$。400mm 基准反射镜在光轴垂直放置时的自重变形量方均根值是 $\Delta y_{V\,REF} = 0.012\lambda\ (\lambda = 633\text{nm})$，在光轴水平放置时 $\Delta y_{H\,REF} = 0.003\lambda$。轴向垂直放置和水平放置的变形量按照下列公式缩放：

$$\Delta y_V = \frac{\rho}{\rho_{REF}} \frac{E_{REF}}{E} \frac{A}{A_{REF}} \Delta y_{V\,REF} = \frac{2713\text{kg/m}^3}{2768\text{kg/m}^3} \frac{110\text{GPa}}{69\text{GPa}} \frac{17370\text{mm}^2}{8510\text{mm}^2} 0.012\lambda$$
$$= 0.038\lambda \tag{6.1}$$

$$\Delta y_H = \frac{\rho}{\rho_{REF}} \frac{E_{REF}}{E} \frac{A}{A_{REF}} \Delta y_{H\,REF} = \frac{2713\text{kg/m}^3}{2768\text{kg/m}^3} \frac{110\text{GPa}}{69\text{GPa}} \frac{17370\text{mm}^2}{8510\text{mm}^2} 0.003\lambda$$
$$= 0.010\lambda$$

利用有限元分析法（FEA），光轴垂直放置状态下的自重变形量方均根值是 0.037λ，光轴水平放置状态下的自重变形量方均根值是 0.008λ（仅光焦度），与比例法预计的变形量具有良好的一致性。然而，比例法预计的光轴水平放置状态下的变形量主要是以光焦度形式的，并且假设是通过重心实现支撑的。中心轮毂支撑方式的尺寸和几何形状，以及重心总是落在反射镜表面上，造成支撑结构不会从中心通过。尽管光轴水平放置状态下的功率项方均根值约为 0.008λ，但是由于支撑架位移产生的像散会额外造成变形，使变形量方均根值增大到约 0.13λ。该例子表明，在设计后表面具有特殊轮廓形状的反射镜时，采用比例法是很有效的，但也体现了该设计方法的局限性。

6.3.3 焊接成形铝反射镜

Forbes（1969，1992）介绍过一个直径是 40cm（15.75in）、f 数是 $f/2$ 的铝合金球形反射镜，该方法将 6 块单个的坦查洛依铸铝镜片焊接在一起而成为一个完整的反射镜，如图 6.7 所示。在电解镀一层 0.0003in（0.0075mm）厚的镍膜之前先要对基板加工、退火和倒边，然后将反射镜成形。在粗磨和抛光期间，从 +30℃ 到 -17℃ 进行温度循环三次；成形之后，从 30℃ 到 -35℃ 温度循环两次，在低温下保持 4h 以上。由于焊接的不均匀，热度会造成基板翘曲，适当选配焊接材料和坦查洛依铝合金的热膨胀系数可以使翘曲最小。通常，焊接后的应力释放温度循环会减少加工过程中造成的工艺变形。

图 6.7 焊接拼装式坦查洛依铝合金反射镜的照片。反射镜直径为 40cm（15.75in）

（资料源自 Forbes, F. F., *Appl. Opt.*, 8, 1661, 1969）

应用伦奇（Ronchi）检测法判断反射镜表面的变形，当温度从 25℃ 变化到 – 35℃ 时，变形量不会大于一个可见光波长。由 Forbes（1992）阐述的干涉测试给出了饼形镜片的重力变形。

Taylor（1975）介绍了太阳模拟器中一系列焊接铝板成形的反射镜，直径范围为 4.6 ~ 7m（180 ~ 276in）。图 6.8a 给出了为这些反射镜选择的基本结构，即等边三角形的加强肋结构；图 6.8b 给出了额外增加了加热和蛇形制冷管的反射镜。Tayler 指出，一个 5.5m（216in）直径、具有 24 个凹窝的空心反射镜有足够的结构强度。表 6.7 总结了该反射镜的技术要求，所用材料是铝合金 5086 H112 或者 H116（含有 0.4% 的硅，0.5% 的铁，0.2% ~ 0.7% 的锰，3.5% ~ 4.5% 的镁）。完工后的反射镜能够满足对光学性能和热性能的应用要求。Taylor 把反射镜具有良好的热特性和稳定性部分地归结为选择了一种无须热处理的合金材料，只要这种材料的工作温度不超过应力释放时的使用温度，仍然会使外形尺寸保持在高稳定性的退火状态。Taylor 的文章对设计和加工太阳模拟器中反射镜的过程给出了特别详细的阐述，最后还考虑了有关操作和运输大孔径金属反射镜的一些特殊问题。

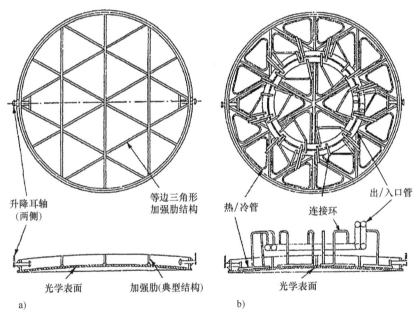

图 6.8　a）应用在太阳模拟器中的焊接成形的大孔径铝反射镜示意图
b）增加了温度控制系统的同一块反射镜
（资料源自 Taylor, D., *Opt. Eng.*, 14, 559, 1975）

表 6.7　大孔径铝反射镜的技术要求

光学要求	
直径	5.5m + 6.4mm
曲率半径（ROC）	30.7m ± 100mm
斜度公差	< 30″
镀铝后的光谱反射比	> 82%

（续）

光学要求	
反射率的均匀性	全孔径范围内 ±2%
通光孔径（最小）	5.3m
基板材料	铝合金 5086 H112 或者 H116
光学表面	渗铝化学镀镍
该反射镜安装进空间舱的整流罩之后，将满足对曲率半径、斜度公差、反射率的均匀性及反射率的技术要求	
结构要求	
温度控制	蛇形管焊接到基板的后面，是一个多重互联起来的回路
支撑系统	12 点 Hindle 安装结构
反射镜结构	一片式结构
该反射镜和支撑机构将设计成能够满足 0.3 的地震系数	
消热要求	
致冷	在 2.5h 内近似线性地制冷，从 +20℃ 降到 −73℃
加热	在 4h 内近似线性地加热，从 −73℃ 上升到 +20℃
反射镜的工作温度范围	−100 ~ +100℃
温度控制介质	氮气，最大压力为 115 lbf/in²
该反射镜应当满足真空中对温度控制的技术要求	

（资料源自 Taylor, D., *Opt. Eng.*, 14, 559, 1975）

Leblank 和 Rozelot（1991）报道，一些欧洲研究人员从潜在的低成本考虑，有兴趣用大孔径铝反射镜替代玻璃反射镜。对薄弯月形反射镜进行主动控制是必要的。在投资大孔径主动式铝反射镜（LAMA）的初期阶段，一开始就是调查欧洲南方观测站（ESO）超大型望远镜（VLT）主镜采用铝基板的可行性。尽管一个直径是 8.3m（26.9ft）、采用旋转铸造方法制造的微晶（Zerodur）反射镜的设计方案被采纳并应用在该望远镜（Dierickx 等，1996）中，但还是要根据其他应用公布的一般性资料和数据，其中包括大孔径空间载光学件，对这种金属反射镜的研究进行总结和归纳。

这种反射镜及其镜座具有以下性质：外径为 8.2m（26.9ft），直径为 1m（40in）的钻孔，厚为 18cm（7.1in），弯月形状，凹面的曲率半径为 28.8m（94.5in），150 个轴向支撑，60 个径向支撑。图 6.9 给出了该反射镜及支撑装置的基本结构布局。轴向支撑采用被动式位移阻尼滑油箱和平行安装的致动器。

选择 5000 系列的铝镁合金可以在机械性能与焊接能力之间找到一个良好的平衡。利用电子束焊接 16 根热锻后的镜片，并在粗加工的各个阶段都采用液态氮中加热和低温冷却循环，保证表面形状稳定，使表面形状与设计的面形误差在 50μm 之内，最终形成反射镜基板。采用化学镀膜方法在表面镀上一层厚度为 300(1 ± 10%)μm 的镍层，研磨至所希望的形状，镍层厚度在 35μm（0.0012in）之内，然后抛光。初始的实验表明，镍膜遮盖了焊接处。Enard（1990）公布了由欧洲南方观测站研发的其他铝反射镜技术的类似结果。

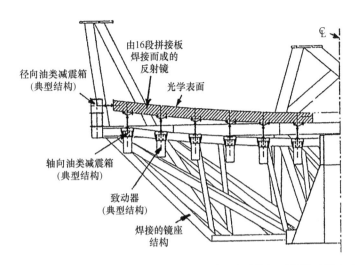

图 6.9　为欧洲南方观测站（ESO）超大望远镜（VLT）项目设计的铝反射镜及轴向支撑的结构示意图
（资料源自 Leblank，J. M.，and Rozelot，J. P.，*Proc. SPIE*，1535，122，1991）

6.4　铍反射镜

金属材料铍有几个独特的性质：低密度（是材料铝的 2/3）、高刚度-重量比、高比热容和良好的传导性。由于铍是六边形晶体结构的，所以有很高的各向异性。铍材料热膨胀系数的典型值在与六边形面轴线相垂直的方向是 $7.7 \times 10^{-6}/℃$，沿正交轴方向是 $10.6 \times 10^{-6}/℃$。

与铍材料有关的一个重要因素是成本。按照相同的光学表面技术要求制造一块铍反射镜的成本在历史上约为裸铝反射镜的 3 倍，是镀以非电镀镍的铝反射镜的 4 倍（Janeczko，1991）。但是，新的评估表明，该成本比有所降低，比相同铝材料光学元件约贵 1.5 倍（Bely，2003），而其他评估认为约为 2 倍（Guregian 等，2003）。与成本相关的是与铍材料相关的技术风险（Stahl 等，2004）。这样的风险有可能导致计划推迟。关于系统成本，不仅要考虑光学件本身，还要考虑更多的影响因素。比如单位质量发射成本较高的空间系统，使用少量的铍材料，可以降低总成本，以抵消材料的较高成本。

为了研制出一种具有各向同性的结构，同时提高强度，通常使用粉末冶炼方法加工铍零件。从统计学意义上来说，使用大量的具有随机相对方位的小颗粒可以使宏观粒子具有各向同性。图 6.10 给出了一种用于制造例如反射镜基板坯件的真空热压（VHP）法示意。将粉末装进圆柱形石墨或钢模中，装料过程中要不断地振动，并挤压到约 50% 的堆积密度，然后将两个端臂驱动到一起使材料的堆积密度高于 99%。这种工艺在真空和高温中进行，有利于烧结。

通过冷压铍粉，然后在高温下进行真空烧结，也可以加工出高稳定性的反射镜坯件。利用该方法可以得到超过 98% 的堆积密度。Moberly 和 Brown（1970）解释过如何使材料多次通过该工艺中的冷压步骤，以改善整体的随机性。

尽管用这两种方法加工出来的材料已经用于制造铍反射镜，但由下面工艺加工出的材料更宜于使用，即在热烧结后进行热等静压（HIP）工艺，如图 6.11 所示（Shemenski 和 Mar-

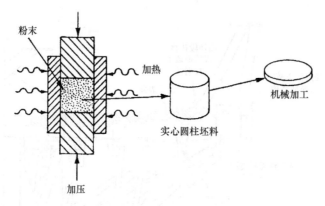

图 6.10 加工反射镜基板的真空热压（VHP）工艺示意图

（资料源自 Paquin, R. A. and Goggin, W. , Beryllium Mirror Technology,
State-of-the-Art Report, Perkin-Elmer Report IS 11693, Norwalk, CT, 1972）

inger, 1969）。热等静压工艺更贵，但生成的基板孔少，几乎没有杂质。可以观察到，金属杂质和氧化铍的某些晶界集中特性。Lindsey 和 Franks（1979）认为，这些集中不会影响微屈服强度、可加工性或者抛光后覆盖膜中的生长结构（加强肋的重力变形）。Gossett 等人（1989）对 VHP 和热等静压工艺进行了比较。

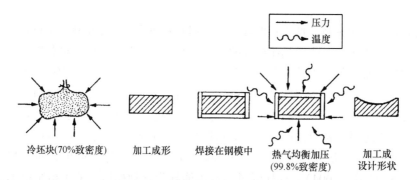

图 6.11 通过冷压和热等静压（HIP）工艺制备铍合金反射镜基板

（资料源自 Paquin, R. A. and Goggin, W. , Beryllium Mirror Technology,
State-of-the-Art Report, Perkin-Elmer Report IS 11693, Norwalk, CT, 1972）

使用普通焊、黄铜焊、扩散黏结（金属在真空中加压、相互扩散而黏结）或者胶黏技术将单块的铍板（例如由真空热压工艺做成的板）拉紧是相当困难的，一般来说，效果都非常差。早期采用黄铜焊接成的铍反射镜是用锂银和硅铝合金作为黄铜焊材料。Paquin 和 Goggin（1972）加工和测试过一个直径为 20in（50.8cm）、厚为 1.0in（2.54cm）的球面反射镜，使用的就是一个采用黄铜焊方法焊起来的蛋箱形的心，并焊在前后面板上，重量小于 6 lb（2.7kg）。对室温变化的敏感性为每°F约为 $\lambda/25$，波长是可见光。为了减轻重量，采用后表面开放式机加工技术、化学铣削或先进的粉末冶炼技术更为可行。

Altenhof（1976）应用一种工艺加工过两块反射镜，所用材料是均衡热压成圆柱形铍材料，并采用后空加工工艺减轻重量。该反射镜如图 6.12 所示。由于该反射镜是复杂的"肾"形，反射面的孔径大，65in×40in（165cm×102cm），最大重量限制在 118 lb（54kg），要求光学表面轮廓误差方均根值是 $\lambda/12$，波长是 $0.63\mu m$，工作温度范围是 $150\sim300K$。对机械方面的要求：能经受 $15g$ 的振动，固有频率大于 $50Hz$，所以设计和加工该反射镜都具有很大的挑战性。为了提供最小的重量，同时满足对刚性的要求，避免加工期间及在地面测试施加有重力负载条件下变形。在折中分析之后，选择正方形的凹窝图案来减轻重量。把安装支点及与系统结构的界面设计看作反射镜设计的一个组成部分。有关光机安装设计方面的内容见 6.11 节。

图 6.12　一个加工成形的轻质反射镜的背面照片，所用材料是由热等静压（HIP）工艺加工的铍
（资料源自 Altenhof, R. R. , *Opt. Eng.* , 15, 265, 1976）

一般来说，两块反射镜的加工工艺可以叙述如下：一旦在机加设备上完成了轮廓的粗加工，就要进行一次热处理以消除加工期间产生的高残余应力。轻质化加工工序将从毛坯件中切削掉约 90% 的材料。Altenhof 指出，这种工序中可以采用钻不通孔的方法，或者使用靠模法车削。对这些技术在加工期间产生的动态应力进行研究表明，靠模车削的动态应力要小至 $1/10\sim1/5$，这就提供了更大的安全范围，但需要的时间可能更长。

由于轻质化处理会损伤深达 $0.010in$（$0.25mm$）的材料层，所以在精加工之前，要进行第二次热处理，然后，采用化学蚀刻消除由轻质化处理造成的面下损伤。一般来说，这种方法可以在每个表面切除掉 $0.021in$（$0.53mm$）厚的材料，均匀度为 $0.005in$（$0.13mm$）（译者注：原书错印为 $0.16mm$）。然后对要求严格的表面进行精加工，继而进行 $0.005in$（$0.13mm$）（译者注：原书错印为 $0.16mm$）的光化学蚀刻，去除剩余的面下损伤。通过反复的高低温循环实现热稳定，完成基板的处理。

Altenhof（1976）还叙述了该反射镜的粗磨和抛光。第一道工序就是用一个铸铁模，然后使用越来越细的散粒磨料粗磨约 20h，可以将表面误差加工到与设计的轮廓值相差 $1\mu m$（$4\times10^{-5}in$）之内。严格控制环境条件，在计算机控制的三轴抛光机上，如图 6.13 所示，完成光学表面的抛光。Jones（1975）详细介绍过这种抛光机的使用。

Paquin 等人（1984）和 Paquin（1997）阐述过如何通过一道工序就成功地将铍反射镜加工到几乎是设计形状的结构要求的例子。将粉状铍材料装到一个高精度的金属（通常是低碳钢）模具中，模具的外形尺寸和形状是事先设计好的。在大于 670℃ 的温度下除气，然后密封，并在小于 103MPa（15 × 10^3 lbf/in²）的气压和 825～1000℃ 温度下进行高压处理。一旦从模具中取出，并进行退火处理，只需进行非常微量的最终成形修理，就可以达到所希望的终端产品要求。

Geyl 和 Cayrel（1997）介绍过，在欧洲南方观测站中，超大型望远镜 4 块次镜中的每块基板都是用热等静压工艺将 I-229-H 铍粉热压成平凸实心板。将它们粗加工成轻质后空形式，三角形凹窝的内接圆直径是 70mm（2.76in），加强肋厚度是 3mm（0.12in），前面板厚度是 7mm（0.28in）。反射镜的技术要求是，

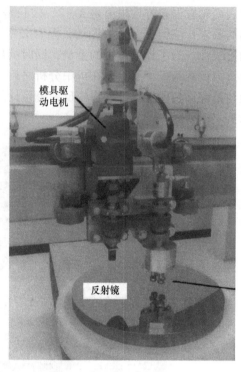

图 6.13 计算机控制的（专门为加工铍反射镜研制）粗磨和抛光机头部组件的照片
（资料源自 Altenhof, R. R., *Opt. Eng.*, 15, 265, 1976）

总的直径是 1.12m（44.09in），中心厚度是 130mm（译者注：原书错印为 160mm）（5.12in），曲率半径是 4553.57mm ± 10mm（179.274in ± 0.394in），重量小于 42kg（92.5 lb），有非电解镀镍膜和双曲面轮廓。在机械加工、精磨、非电解镀镍和抛光期间，为去除表面应力，对机加工后的基板要多次进行热处理和酸蚀。完工后的反射镜的典型值是，波前误差方均根值是 349nm，p-v 值是 1770nm，表面的斜度误差是 0.22″，以及小于等于 1.5nm 的微粗糙度。

图 6.14 给出了一个带有钛合金支撑框架的反射镜背面图。在反射镜中心有一个卡口式界面，以便（安装）对准、标定和观察装置的使用。六个安装界面加工在反射镜蜂窝心内。在三处安装了双脚架，用以将反射镜支撑在中性面内。另外三处是为安全装置准备的，一旦镜座破裂，可以防止反射镜落下。

反射镜的支撑框架固定在一个多功能驱动装置上，如图 6.15 所示。该装置提供 5 个自由度（DOF）调整，包括沿反射镜轴线调焦，观察期间保持同轴以补偿不断变化的重力影响，可以倾斜来保证视场稳定，限幅（摆动）运动以相对于背景天空标定系统。Stanghellini 等人（1996）给出了驱动装置的详细描述。

如 Gould 所述（1985），在热等静压工艺中可以使用蒙乃尔合金或铜的空穴模具，直接将空穴压制在后空或者带有后盖的反射镜基板中。通过热等静压工艺，可以很容易地去掉这些空穴模具。图 6.16 给出了这种工艺的基本步骤。

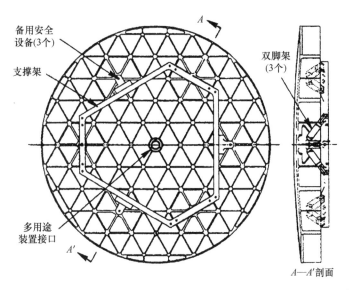

图 6.14　超大型望远镜次镜背部的示意图。图中给出了次镜的支撑框架
（资料源自 Cayrel, M. , *Proc. SPIE*, 3352, 721, 1998）

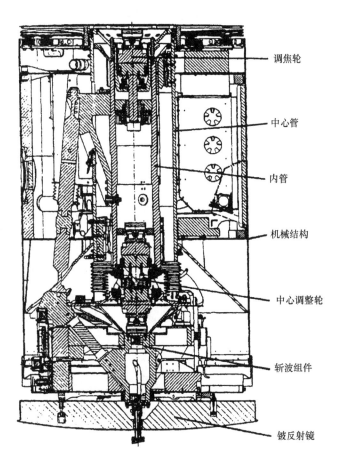

图 6.15　为超大孔径望远镜次镜设计的 5 自由度（DOF）驱动装置的横截面图
（资料源自 Barho, et al. , *Proc. SPIE*, 3352, 675, 1998）

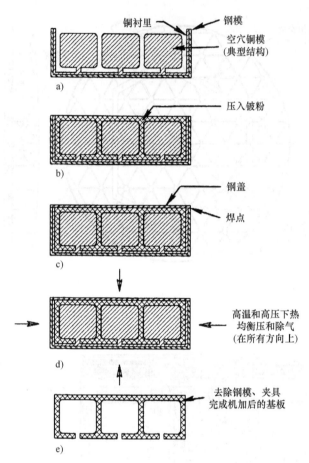

图 6.16　采用近终形热等静压（HIP）工艺和易熔蚀空穴模具制造轻质铍反射镜的步骤

（资料源自 Paquin, R. A. and Gardopee, G. J. , *Proc. SPIE*, 1618, 61, 1991）

　　图 6.17 给出了两个直径为 9.5in（24.1cm）、厚为 1.2in（2.8cm）的具有 I-70A 光学等级的厚铍反射镜，为单块夹层封闭形式，仅重 2.16 lb（0.98kg），采用上述 Gould 工艺加工而成（Paquin, 等, 1984；Paquin, 1985）。这两种反射镜都是由 1in（2.5cm）六边形蜂窝组成的整体结构，筋厚为 0.05in（1.3mm），前后面板厚度均匀。蜂窝材料密度约为 12.5%。光学表面轮廓的 p-v 值达到 $\lambda/25$（$\lambda = 0.63\mu m$）。基板材料具有良好的均匀性和各向同性，与低膨胀玻璃和陶瓷基本上具有相同的性质。

　　在频率约为 8700Hz 的第一共振条件下，这些实验性平面反射镜都是特别结实的结构。按照验证过的单位面积密度 0.030 lb/in^2（21.1kg/m^2）将该设计按比例放大

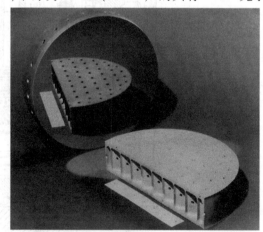

图 6.17　利用近终形热等静压（HIP）工艺和易熔蚀空穴模具制造两个直径 9.5in（24.1cm）的轻质、单块、有后盖板的铍反射镜。单位面积密度是 0.030 lb/in^2

（资料源自 Paquin, R. A. , *Opt. Eng.* , 25, 2003, 1986）

到直径 36in（91.4cm），反射镜的重量应当是 31lb（14.1kg）。轴向垂直放置时造成的自身变形是 7.5×10^{-7}in（0.019μm）。在反射镜背后采用三点支撑，足以满足抛光、测试和工作期间的要求。加工具有较低单位面积密度的反射镜完全是可行的，基板直径主要受限于均衡热压工具的加工能力。

Paquin 和 Gardopee（1991）介绍了采用上述近终形热等静压工艺制造和测试一台直径是 1.0m（39.4in）、f 数是 f/0.58、椭圆形轮廓的轻质铍反射镜的过程。空穴模具形成一个后盖板封闭式的蜂窝心。反射镜的最终重量小于 18kg（39.7lb）。作者还介绍了使用满孔径全面粗磨模和柔性抛光模加工光学表面的方法。

在铍反射镜的加工过程中，无论是粗机械加工还是精加工，或者精磨和抛光步骤，每道工序都会引入一定量的残余应力，为消除这些应力，需要对反射镜基板进行正确的退火及热循环处理。Paquin（1990，1991）致力于铍反射镜外形稳定性的研究，并指出表 6.8 给出的热稳定顺序已成功得到应用（Paquin，1997）。

表 6.8　低温应用[①]中的铍反射镜在加工过程中退火和热循环释放应力的顺序

粗加工
酸蚀
790℃退火
精加工
酸蚀
热循环 3～5 次（温度范围取决于应用，但至少是 -40 ~ +100℃）
粗磨、酸蚀和热循环
成形和热循环
最终抛光和热循环

（资料源自 Paquin，R. A.，Metal mirrors，in Ahmad，A.，ed.，*Handbook of Optomechanical Engineering*，CRC Press，Boca Raton，FL，1997，Chapter 4）

① 如果使用非电解镀镍或者镀膜，应当在粗磨、酸蚀、热循环步骤之后；若镀薄的铍膜，应在成形、热循环步骤之后。

在詹姆斯·韦伯（James Webb）空间望远镜（JWST）上，18 块运行反射镜拼接板和 4 块备用板的表面质量，已经达到了非常平滑和低散射的水平。Daniel 等人（2012）给出的表 6.9 列出了该反射镜的技术要求、性能测量值和表面粗糙度。该结果代表了批量生产铍反射镜的最高抛光水平。

表 6.9　詹姆斯·韦伯空间望远镜（JWST）低温零度状态下外形和表面粗糙度技术要求以及测量结果

反射镜性能参数	技术要求	公差	平均的最终性能	平均裕度（%）
抛光面积	1.47m²	最小	1.47m²	0
中频 [空间周期范围，通光孔径（CA）约为222mm]	方均根值为20nm	最大	方均根值为12.3nm	38
高频（空间周期范围，0.080～222mm）	方均根值为7nm	最大	方均根值为6.1nm	13
表面粗糙度	方均根值为4nm	最大	方均根值为3.2nm	20

（资料源自 Daniel，J. et al.，*Proc. SPIE*，8450，2012）

如果应用在红外长波领域，无须对铍反射镜镀膜。图6.18给出了不同波长时光谱反射比的典型值。若使用短波光谱，就镀一层薄的铍膜或喷洒一层较厚的铍材料以提高基板的光谱反射比。与具有非电解镀镍表面的反射镜相比，所有铍反射镜都有以下三个优点：温度变化时，不易受到双金属效应的影响；重量稍微轻一些；不易受到自然辐射或核辐射的损伤，例如，在执行某些空间任务时可能会遇到这些辐射伤害（Sweeney，1991）。

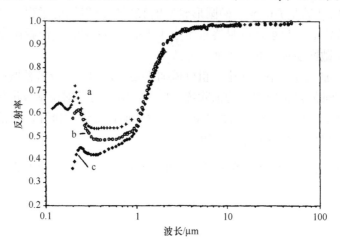

图6.18 抛光后表面光谱反射比与波长的关系

a—蒸镀高纯度薄膜铍 b—高纯度厚的铍材料涂层 c—均衡热压出来的铍材料块（2% BeO）

（资料源自 Paquin, R. A., Properties of metals, in: Bass, M., Van Stryland, E. W., Williams, D. R., and Wolfe, W. L., eds., *Handbook of Optics*, 2nd edn., Vol. Ⅱ, Optical Society of America, Washington, DC, 1994, Chapter 35）

对于准备应用于低温环境中的反射镜，应进行温度循环，并在工作温度附近完成相关测试（Mick，1975）。无论有镀层还是无镀层，低温变化的补偿都可以设计在反射镜的轮廓内。图6.19给出了利用计算机绘出的红外天文卫星（IRAS）望远镜裸铍主镜在加工过程中的表面误差图。根据（生产）在线的干涉测量以及已知的仪器误差，可以预测到在温度2K时造成的表面变化，该图表示为补偿这种变化需要进行的室温修正。

利用特级I-70-H材料能够进一步提高铍反射镜的低温性能（Paquin等，1996）。该材料已经用于本书第7章将要讨论的斯皮策（Spitzer）空间望远镜，对0.5m和0.85m反射镜进行了成功的低温测试。为保证均匀性，凝固化之前对I-70-H铍粉（译者注：原书错印为I-70）进行了化学清洗。为了降低残余应力，对待测反射镜进行了退火处理，并且在研磨和抛光的每个中间工序都要进行酸洗，以及经受不断的热循环处理。由于采取这些措施，0.5m反射镜的低温变形量，是美国NASA埃姆斯研究中心（Ames Research Facility）测试过的最低变形量的铍反射镜。光学表面在室温和4.4K之间的热变形量方均根值是0.096λ（$\lambda = 633nm$）。红外望远镜技术试验台（ITTT）0.85m反射镜具有类似结果，在5~295K温度范围内，光学轮廓变化的方均根值约为0.5λ，光学图形滞后方均根值小于0.02λ。

Parsonage（2004）介绍了一种由气体自动化工艺生产的称为O-30的新型铍材料的优点（Parsonage，1998）。该工艺采用了固体高纯度铍的真空熔炼，然后让它流过一个小的喷嘴，遇到一束高速气流后分成许多小的部分，在室内气压下逐渐冷却，遂成为小圆滴，由此生成

图 6.19　红外天文卫星（IRAS）望远镜的裸铍主镜有两个一样的通道表面，
在 2K 工作温度下会有仪器误差和表面变化。为补偿这种变化，利用计算机绘
出室温下反射面上所需要的（加工）在线误差等高线图

（资料源自 Harned, R. and Melugin, R., *Opt. Eng.*, 20, 195, 1981）

的材料具有最低的氧化铍成分。如此低的含量是粉末冶炼技术从未得到过的。并且，它还有非常好的各向同性，在均衡热压过程中也有很好的性能。卷I表 3.20 列出了热等静压铍 O-30 材料的力学特性，并与其他型号的铍材料进行了比较。

根据 Parsonage（2005）的研究，热等静压铍 O-30 材料的低散射性和各向同性使其成为制造光学反射镜的理想材料，特别适合准备应用于低温领域的反射镜。按比例缩小的铍反射镜验证机（SBMD）和反射镜系统高级验证机（AMSD），分别采用了直径为 0.5m 的圆形反射镜和 1.4m 的六边形反射镜。按照程序对它们进行了测试，结果证明，铍 O-30 要比詹姆斯·韦伯空间望远镜中主镜、次镜和三镜使用的超低膨胀材料（ULE）或碳化硅（SiC）更好（Parsonage, 2004）。图 6.20 给出了对反射镜系统高级验证机进行低温干涉测量的结果。低温循环从 300K 到 30K，从一个循环到下一个循环的重复性方均根（rms）值是 0.0110μm，反射镜密度小于 15kg/m^2，基频至少是 220Hz。这些结果进一步确认，詹姆斯·韦伯空间望远镜中的反射镜在运转期间能满足所有的技术要求。

当发射时，詹姆斯·韦伯空间望远镜代表着轻质铍反射镜系统的最高工艺水平，是一座口径 6.5m 三反射镜式消像散（TMA）望远镜。其 f 数为 f/20，目的是在 2μm 波长时性能达到衍射极限，分辨率约为 100ms。Nella 等人（2004）对整体詹姆斯·韦伯空间望远镜做了综述，Lightsey 等人（2012）给出一种更新的设计。

完整的主镜包括 18 个后表面开放式轻质六边形铍 O-30 反射镜，每块反射镜对边长约 1.32m（见图 6.21～图 6.23）。组合反射镜的总工作面积约为 25m^2，反射镜的面密度是

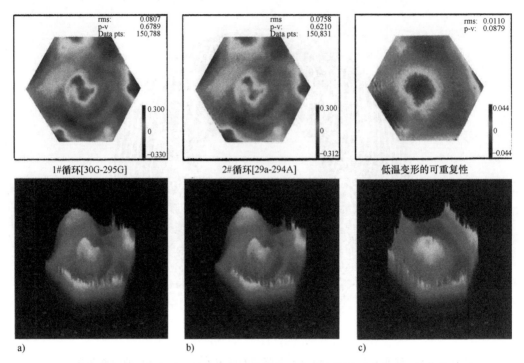

图 6.20　反射镜系统高级验证机中铍反射镜的干涉测试结果（图中误差单位是 μm）

a）1#循环　b）2#循环　c）两次循环的可重复性（差）

（资料源自 Parsonage, T. , *Proc. SPIE*, 5494, 39, 2004）

$13.8 kg/m^2$，反射镜安装支架将组件的面密度提高到 $26.2 kg/m^2$。由于主镜直径比运载火箭上屏蔽板大，因此，发射前必须将拼接板折叠，然后在轨道上展开。这就需要一个可靠的系统能够探测和调整每块反射镜的位置。

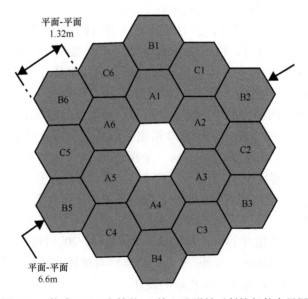

图 6.21　构成 JWST 主镜的 18 块六边形铍反射镜部件布局图

（资料源自 Wells, C. et al , *Proc. SPIE*, 5484, 859, 2004）

图 6.22　在 8 个光学表面数控加工设备（CCOS）之一上抛光 JWST 主镜部件的照片。为满足生产计划要求，美国 L-3 公司集成光学系统分部（Tinsley）专门为抛光 JWST 主镜组件而研发了该设备

图 6.23　2013 年完成抛光后的 JWST 主镜部件在 NASA 戈达德（Goddard）宇宙飞行中心进行检验
（资料源自 http://www.flickr.com/photos/nasawebbtelescope/89603389001）

利用三个两脚致动器将每片反射镜组件固定在一个三角形分布的三角板上（见图 6.24）。这些致动器形成一个六脚结构，调整时提供六个自由度。活塞的行程为 3.3mm，偏心量为 1.7mm，倾斜为 1.22mrad，沿顺时针方向旋转 1.7mrad。致动器分辨率 7.5nm（Stahl，2007）。利用一块横板将每个两脚致动器固定到反射镜上，然后利用钛挠性装置将横板固定在反射镜的三个位置（Barto 等，2012）。

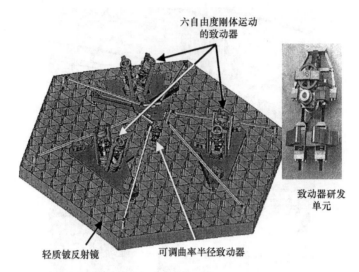

图 6.24　JWST 主镜组件的后视图。设计了 7 个致动器以便在轨运行时
对光学轮廓和曲率半径（ROC）进行调整

（资料源自 Wells, C. et al., *Proc. SPIE*, 5484, 859, 2004）

反射镜部件外圆六个角上设计有六个挠性装置，都固定在一个具有曲率半径的支柱上。所有六根支柱都连接到部件中心，形成一个六角锥体。锥体顶点设计第七个致动器，推压反射镜部件中心。利用第七个致动器改变反射镜的曲率半径，范围为 $-2.102 \sim +5.528\,\mu m$。

材料铍已经被当作一种有毒材料。Piccolo（1980）和 Sawyer（1980）讨论过对铍材料污染的控制。Paquin（1997）指出，铍材料是一种潜在的人类致癌物质的结论是值得怀疑的，美国国家环境保护局则坚持认为这种材料是有毒的。医学界的数据（Hoover 等，1992）表明，在使用铍材料的工人中，约 3% 似乎缺乏免疫力，易于患病。一般来说，这有遗传的趋势，应该是工人吸入铍粉尘导致的。如果在正确的加工设备中采用合适的保护，由加工裸铍材料造成的健康危险就会降到最低。在尘粉生成源，安装简单的带过滤器的排气系统是非常有效的。如果在使用散颗粒磨料粗磨光学表面时使用研磨液浆料（slurry），在暴露表面上避免有干燥之处，就不会有毒害。按照美国法律，被污染的垃圾应当是无害的，一个有资质的处理公司可以毫无问题地进行处理。詹姆斯·韦伯空间望远镜反射镜抛光期间，美国 L-3 公司研制的集成光学表面加工系统 "Tinsley" 的使用经历表明，采用适当的保护措施，铍材料的加工不会造成健康问题。Paquin（1997）指出，其他光学材料，例如 SiO_2 和 SiC 的细微粉尘，如果吸入体内也可能造成呼吸疾病，应非常仔细地管理和谨慎加工。

6.5　其他材料金属反射镜

金属反射镜经常应用在以下领域：反射面受到高能量电磁束的辐照，并且要求或采用主动制冷的方法让加压后的液体流过基板内的管道，或者采用间接制冷方式与制冷后的压板相接触。铝、铜、钼、钨和碳化硅是这类反射镜的常用材料（Oettinger 和 McClellan，1976；Klein，1981；Howells 和 Paquin，1997），不锈钢也已经应用在某些实例中，例如同步加速器射束反射镜（Parks，1974；Howells 和 Paquin，1997）。本节将讨论铜、钼和碳化硅反射镜及其他一些金属衬底的反射镜。

6.5.1 铜反射镜

铜反射镜在红外波段有很高的反射率，所以这种反射镜在该波段得到了广泛应用。在 $10.6\mu m$ 波长处的典型反射值是 98%，在可见光光谱区较低，例如 $0.5\mu m$ 波长处的典型反射值约为 60% （Paquin，1994）。这些反射镜有良好的热性能，生产成本比较低。Lester 和 Saito（1977）的实验表明，在 120h 内，一个新抛过光的裸铜面上会明显形成一层氧化层，但 $10.6\mu m$ 波长处的反射值降低不会超过 0.5%，同时 $0.633\mu m$ 波长处的反射值降低不超过 2%。已经发现，抛光面的散射效应随时间增长增大。

通常，铜反射镜由无氧高导铜基材制成的，其特性见卷 I 表 3.14 ~ 表 3.16。一种低成本的性能特性稍有降低的反射镜材料被 Spawr 和 Pierce（1976）称为实验室铜。任何一种材料制成的反射镜的典型形状都是实心圆盘或者矩形板，厚度大约是直径或矩形板对角线的六分之一。Denny 等人（1979）指出，已经制造出长边尺寸为 30in（76cm）的无氧高导铜反射镜，表面轮廓精度是 $\lambda/20$，其中 λ 是可见光波长。Hoffman 等人（1975）成功地使用离子束技术抛光了铜反射镜，提高了平滑度，降低了吸收率。

被称为 Gildcop AL-15，USN C15715 的一种铜合金，含 0.3%（重量比）的 Al_2O_3，已经成功用于制造同步加速器射束线中有制冷作用的射束折转和聚焦反射镜（Howells 和 Paquin，1997）。这种材料可以进行非电解镀镍，并制成光栅，采取专门措施，可以铜焊。其特性见卷 I 表 3.14 ~ 表 3.16。

6.5.2 钼反射镜

如果应用在高热辐照环境中，则钼反射镜有非常出色的热性质，并且一般都要求制冷。在波长大于 $1.8\mu m$ 的光谱范围内，抛过光的裸钼反射镜的典型反射率值大于 90%。低碳真空电弧铸造板是制造抛光钼反射镜的理想材料。将粉末状的钼放置在一个水冷铜模中进行真空电弧熔化就可以得到这种铸造板。一般来说，这种板有很高的纯度，第二种相位的粒子非常少。获得不同程度成功的钼的其他形式是通过挤压和烧结钼粉生产出粉末冶金钼，以及在水冷模具中将含有钛和锆的脱氧碳化钼进行真空电弧融化生产出 TZM 合金⊖。一般来说，粉末冶炼钼有空穴和氧化物粒子杂质。TZM 中的添加物有利于碳粒子的扩散，提高了这种材料的强度和高温稳定性（Bennett 等，1980）。

Kurdock 等人（1975）介绍了一种超细抛光钼、TZM 合金和铍-铜反射镜的技术，使微粗糙度方均根值小于 2nm。这种优良工艺的一个重要特征就是使用可控粗磨和酸蚀，也就是为将表面损伤降到最低，使用越来越细的磨料，总的材料切削量至少等于以前使用粗沙尺寸的 3 倍，并且可控酸蚀工序能够消除工件的硬化层。

Bennett 等人（1980）给出了几个钼反射镜样机制造工艺的详细数据，以及物理和化学分析结果。研究的主要结论如下：①如果对钼反射镜的抛光较差或者不理想，就会得到一个

⊖ TZM 合金是一种含有钼、钛、锆和碳的合金。与纯钼相比，有较高的再结晶温度，比较高的抗蠕变强度，比较高的抗张强度。

与原材料的微结构毫无关系的表面抛光；② 对钼材料抛光会形成一层薄的氧化附着层，喷洒一些酸蚀剂可以消除；③所有高质量抛光的钼反射镜的光谱反射比似乎与处理过程和微结构无关；④高质量抛光的钼反射镜的表面形状，与微结构及材料的处理有直接关系；⑤在高纯度钼材料，例如真空电弧铸造的材料中，晶粒和亚晶粒结构会暴露在光学抛光面上；⑥比钼的基质材料更硬的颗粒，例如碳化合金，抛光得更慢，会从抛光面中凸出来影响表面抛光，所以 TZM 合金不是一种合适的光学反射镜材料；⑦在使用粉末冶炼技术制备的钼材料中，多孔性可能严重地影响着表面的精加工，但是，继续延伸加工成板材尺寸会减轻或消除这种多孔性；⑧在粉末冶炼制成的板材中，已经研制出一种非常好的结晶组织结构，但是在真空电弧铸造材料中没有；⑨可抛光性似乎与质地无关；⑩应用于平滑、低散射反射镜的最佳类型的钼是低碳、真空电弧铸造钼盘或者板材。Bennett 等人（1983）的后期实验再次确认了前期工作的最终结论，并对能够改善反射镜表面平滑度的先进抛光技术进行了详细阐述。

6.5.3　碳化硅反射镜

制造碳化硅反射镜主要有两种方法：化学气相沉积（CVD）和化学反应耦合（RB）。两类碳化硅的物理特性总结见卷 I 表 3.14 ~ 表 3.16 和表 3.21。CVD 工艺就是甲基三氯硅烷（methyltrichlorosilane）蒸气在一个低气压的 CVD 反应器内，在过量的氢气中高温分解。Goela 等人（1991）与 Geola 和 Pickering（1997），以及这些作者引证的参考文献中已经阐述过这种工艺和反应器。理论上，由此工艺产生的碳化硅是一种稠的多晶材料，没有空穴和微裂纹。CVD 工艺也可以在基板的高精度光学表面上进行（Goela 和 Taylor，1989a，b）。RB SiC 的制造过程是这样的：将 α-SiC[⊖] 浆料铸在一个模具中，干燥、预烧、烧制，并"掺硅"直至填满晶粒之间的空隙（Ealey，等，1997）。为有利于抛光，可以覆盖一层硅。使用高速金刚石轮，或者在硬的模具上加金刚石沙对这两种材料研磨（Paquin 等，1991）。

Goela 等人（1991）认为，它们使用 CVD SiC 进行小尺寸工艺实验的结果可以放大比例应用到直径达 1m（40in）的材料加工中。这些作者的测量结果证实了下列结论的正确性：①当 SiC 的温度从室温升到 1650℃（2462℉）（译者注：原书第 3 版此处是 1350℃）时，弹性模量仅衰减 10%；②SiC 可以抛光到表面粗糙度方均根值小于 0.1nm；③ 一块高精度抛光的 SiC 样品的双向光谱反射比分布函数（BRDF，表面散射的一种计量）在波长 10.6μm 和 0.633μm 处是 1×10^{-5}，与镜面的夹角是 3° ~ 18°；④当一块碳化硅样品从室温冷却到 -190℃（-310℉）时，出现轮廓变化最小方均根值 0.005μm（λ/125）；⑤当热氧原子以 $2 \times 10^{18}/(cm^2 \cdot s)$ 的流量射在样品上 6h 后，表面没有出现明显变化；⑥当一束宽能量谱（0 ~ 10eV）的氧原子束（峰值在 5eV）射在 CVD SiC 上时，在 200nm < λ < 600nm 的波谱范围内表面的光谱反射比会有小的变化；⑦电子束照射碳化硅有一个表面损伤阈值，0.5cal/cm^2。

反应烧结 SiC 是一种双相材料，是采用一种本来不是为光学应用研制的成熟技术加工出来的。Paquin 等人（1991）指出，由于这种材料加工工艺的灵活性（允许调整物理性质、热性能和机械性能），与其他类型的 SiC 相比有低的成本。为了得到一个平滑的抛光面，适合使用离子束阴极真空喷镀，以及可以放大应用于大尺寸的材料，所以，这种材料是一种非

⊖　α-SiC 是六边形单晶材料，而 β-SiC 是等立方形单晶材料。

常宜于使用的反射镜材料。据这些作者的研究，在小的平面和球面 SiC 反射镜上，已经实现 $10kg/m^2$ 的低密度及 $0.8 \sim 1.5nm$ 的微粗糙度。当今的技术可以生产直径约为 $0.5m$（19.7in）的反射镜，可以预见，在制造设备方面进行适当投资，未来可以实现直径为 2.5m（98in）反射镜的加工。

Ealey 等人（1997）介绍了一种按照美国联合技术公司（United Technologies Corporation，UTC）开发的专利工艺 CERAFORM 生产 RB SiC 反射镜的流程。在其发表的文章中给出了这种材料的热膨胀系数（CTE，或者 α）和 k 与温度的函数曲线，为了便于比较，还给出了 6061 铝、I-70A 铍和超低膨胀玻璃的相同参数。这些数据在图 6.25 和图 6.26 中重新给出。此外，还确定了一个系数，称为热稳定性品质因数（FOM），还绘出了该因数与温度的关系曲线（见图 6.27）。该品质因数定义为 k/α。应当注意，如果使用卷 I 表 3.14 给出的室温下的数据，则 RB SiC（30% 的硅）和 CVD SiC 的品质因数基本上是一样的。

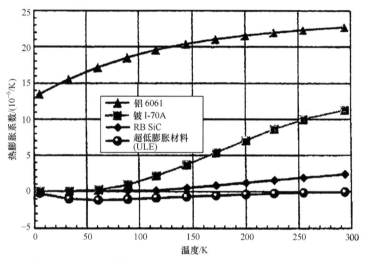

图 6.25　4 种反射镜材料的热膨胀系数 α 与温度的关系曲线

（资料源自 Ealey, M. A., et al., *Proc. SPIE*, CR67, 53, 1997）

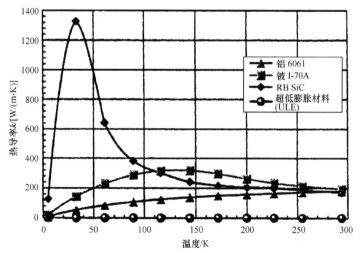

图 6.26　4 种反射镜材料的热导率 k 与温度的关系曲线

（资料源自 Ealey, M. A., et al., *Proc. SPIE*, CR67, 53, 1997）

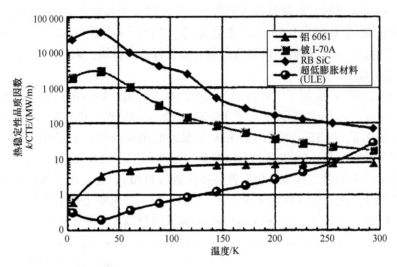

图 6.27　4 种反射镜材料的热稳定性品质因数（FOM）（k/α）与温度的关系曲线
（资料源自 Ealey, M. A. , et al. , *Proc. SPIE*, CR67, 53, 1997）

6.6　由泡沫和金属基蜂窝心组成的反射镜

普通轻质反射镜面临的基本限制是使网格厚度最小化，主要原因是由此制成的反射镜在高温环境下较软且容易变形，例如在把这些结构件与反射镜的其他零件熔接在一起时的典型情况下。与其厚度相比，网格的肋必须分开一个比较大的间隔，因此，反射镜面板在网格加强肋之间的部分，在重力负载或者抛光受力（过度挤压造成表面变形）时就会下沉。使用泡沫心的反射镜大大缓解了这些问题，因为面板基本上是均匀地支撑在一个微米级而不是毫米级的网格上。在加盖面板之前，将泡沫心成形到无须切削加工的形状，就可以消除加工期间的热变形。重量的减少是由于该结构内有大量空隙（典型的是大于 90%）。Goodman 和 Jacoby（2001）将普通网格反射镜与泡沫塑料心反射镜的性质进行了比较，见表 6.10。

表 6.10　与普通的网格心反射镜相比，泡沫心反射镜的优点

任务/要求	泡沫心反射镜	网格心反射镜
支撑抛光的压力	将力的传递路线分布在反射镜表面之下，比较容易实施轴向支撑	力的传递路线集中，导致网格外形在重力下变形，难于实施轴向支撑
动态/稳定性/刚性/振动的模频	比较高的刚性，比较高的谐振频率	同样的刚性和谐振频率会有比较大的质量
自重变形（随空穴的宽度变化）	空穴的典型值约为 $10\mu m$	空穴典型值约为 $10\sim100mm$
对微陨星体的灵敏性	天然的缓冲器材料和防破裂材料	很少或者无法保护
可靠性/冗余度	许多另外的力传递路线，不太严重的故障	结构故障的影响比较大，灾难性故障

（资料源自 Goodman, W. A. and Jacoby, M. T. , *Proc. SPIE*, 4198, 260, 2001）

在 20 世纪 60 年代，虽然泡沫状的熔凝石英材料在美国光学工业界已经广为人知，但企

图将这种材料用作两边面板间的结构核心以建造轻质反射镜并没有成功，原因是这种结构核心难以成形和难以熔接到面板上，也难以固定到镜座上（Noble，1966；Angele，1969）。20 世纪 80 年代初期，Cature 和 Vieira（1985）非常成功地对蜂窝材料，例如铝，在这方面的应用进行了调查和研究，一直到轻质泡沫铝开发作为热交换器的一种材料之前，都没有真正应用到反射镜上。在热交换器中的使用开创了密度仅为基体材料密度 4% 的一种材料的可实用性。这种材料成本低，易加工，很容易利用黄铜焊方法以最小变形焊接到铝面板上。这种非常有吸引力的特性使 Pollard 及其同事设计和分析了一个由该材料制造的轻质反射镜（Pollard 等，1987）。反射镜样机直径是 12.0in（30.5cm），包括两个厚度为 0.12in（3.03mm）的凹形面板和一个蜂窝心。核心的标称密度是基体材料密度的 10%。有限元分析与试验之间并没有所期望的相关联性，这要部分地归结于轻质泡沫铝的实际密度与理论密度间的差别，以及其他机械性质的变化。

Stone 等人（1989），给出了对泡沫材料剪切模量的研究结果。因为用于这些测量的美国材料实验协会（ASTM）标准没有完全包括这方面的内容，所以需要找到新的技术。测试过不同蜂窝密度的材料，如陶瓷（型号为 Amporox T 和 Amporox P）、镍和铝/碳化硅泡沫塑料，测量内容包括质量密度、与基底材料密度相关的密度、剪切模量、与基底材料剪切模量相关的剪切模量。对一个直径为 1.0m（40in）的使用泡沫材料的反射镜，进行了有限元分析，给出了该设计对各种材料性质变化的灵敏度；分析时假设泊松比是零。Vukobratovich（1989）指出，用于蜂窝结构实心体的所谓的 Ashby 关系式（Gibson 和 Ashby，1988）并不能与美国亚利桑那大学的实验结果相一致。

Vukobratovich 设计的一个由铝泡沫蜂窝心/铝面板组成的反射镜如图 6.28 所示。若可能对这种铝反射镜进行改进时，建议使用铝/碳化硅金属基底复合材料（MMC）面板和一种镍泡沫蜂窝心，或者金属基底复合材料面板和金属基底复合材料泡沫蜂窝芯，来组成反射镜。

Mohn 和 Vukobratovich（1988）介绍了一种孔径是 0.3m（12in）、全金属基底复合材料望远镜。图 6.29 给出了这种设计的示意。主镜和次镜的支撑桁架是用直径为 25mm（1.0in）、壁厚为 1.25mm（0.05in）挤压成形结构的金属基底复合材料管制成的；第二级支撑是用金属基底复合材料挤压成形的棒料制成的；次级反射镜是通过对光学级的金属基底复合材料加工的，非电解镀镍和抛光制成。双凹面形状的主镜材料采用金属基底复合材料的蜂窝心和面板。双面采用非电解镀镍，为了稳定采用热循环，将光学表面抛光到约 1 个可见光光圈。整个望远镜重为 4.5kg（10 lb）。

Ulph（1988）阐述了一个没有后面板的轻质扫描反射镜，应用在一个军用潜望镜的顶端。为了减少重量及批量生产成本，反射镜采用 SXA 材料［译者注：SXA 材料是由美国南卡罗来纳州格里尔（Greer）市的 Advanced Composite Materias 公司生产制造］。这种材料是一种铝/碳化硅金属基底复合材料，含有 2024 铝和 30%（体积比）的碳化硅颗粒。一般来说，该反射镜是梯形的，上下边缘磨成圆形，在各种俯仰角时光束的轨迹相吻合。表面的总尺寸限制在一个 25cm（9.8in）的圆中，反射镜厚度未给出。成品反射镜的重量是 806g（28.4oz）。

后面板上一共加工了 56 个蜂窝空穴，剩下的加强肋厚度是 2mm，前面板厚度是 3mm。利用计算机数控机床上的多晶金刚石刀具铣削基板中的蜂窝。当基板在高低温中消除热应力之后，在非电解镀镍之前，用散颗粒磨料将光学表面粗磨到近似平面，除安装轮毂外，所有

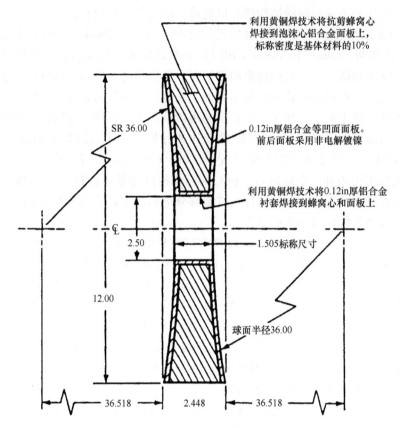

利用黄铜焊技术将抗剪蜂窝心
焊接到泡沫心铝合金面板上，
标称密度是基体材料的10%

0.12in厚铝合金等凹面面板。
前后面板采用非电解镀镍

利用黄铜焊技术将0.12in厚铝合金
衬套焊接到蜂窝心和面板上

SR 36.00

2.50

1.505标称尺寸

12.00

球面半径36.00

36.518   2.448   36.518

图6.28　使用铝面板和铝泡沫蜂窝心的轻质反射镜。图中单位为 in。
估计重量为 4.3 lb。一侧加工成 $f/1.5$ 抛物面，另一侧是 $f/1.5$ 球面
（资料源自 Vukobratovich, D. , *Proc. SPIE*, 1044, 216, 1989）

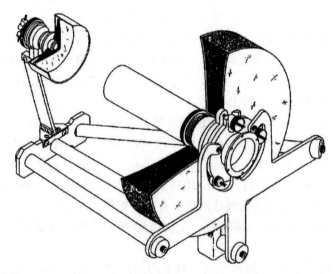

图6.29　一个相对孔径是 $f/5$ 的望远镜的等比例示意图。使用的是图6.23所示的反射镜
（资料源自 Vukobratovich, D. , *Proc. SPIE*, 1044, 216, 1989）

表面都要进行非电解镀镍，厚度约为 0.003in（0.076mm）。使用粗（1μm）和细（0.1μm）氧化铝（或者矾土）粉（和沥青抛光模）对镀过镍的光学表面抛光。镀膜后的测试给出了反射镜的热变形，所以，重新释放应力，再抛光，再镀膜。在直径 120mm 的区域内，表面轮廓的平面性约为 $\lambda/8$，不规则度约为 $\lambda/6$，λ 是可见光波长。如果没有变化的话，该反射镜能经得起 160℃ 的温度环境条件。

Jacobs（1992）报道，对仔细进行过热处理的 SXA 材料进行了外形尺寸长期稳定性的测试，平均每年是 $(5.7 \pm 1.0) \times 10^{-6}$。表 6.5 给出了一个有代表性的稳定热处理方法。

McClelland 和 Content（2001）以及 Hadjimichael 等人（2002）介绍了优化设计低温环境中铝泡沫蜂窝心/铝面板反射镜的方法。他们引证了新开发的超精度抛光铝表面技术的优点：可以把表面的微粗糙度加工到约 0.6nm，不再使用一种供抛光用的电镀膜，例如非电解镀镍（Lyons 和 Zaniewski，2001）以及消热结构，从而可以在室温下加工和测试而在低温下工作，同时具有最小的反射镜变形。直径为 5in（127mm）、通光孔径为 4in（101.6mm）、有很高刚性和很轻重量、内部结构有最小重力变形的凹球面反射镜样机已经完成加工和测试。使用每英寸 40 个孔道（ppi）的通孔蜂窝铝泡沫结构制造反射镜的蜂窝心，其中泡沫结构的密度约是实心铝密度的 8%。图 6.30 给出了其中一个反射镜的横截面视图，有一个外环从横向加固反射镜。安装支撑集成为后面板的一部分，简化了反射镜的安装。采用黄铜焊专利工艺将蜂窝芯焊接到面板及外环上，焊接后的组件慢慢退火，释放应力。反射镜的面密度小于 20kg/m²。退火之后，利用金刚石切削工艺将光学表面加工到设计的外形轮廓。

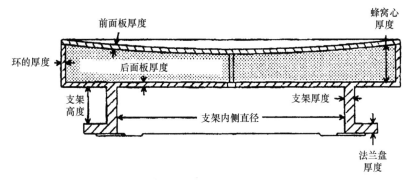

图 6.30　带有集成安装支架的铝泡沫蜂窝心/铝面板反射镜的示意图

(资料源自 McClelland, R. S. and Content, D. A., *Proc. SPIE*, 4451, 77, 2001)

Fortini（1999）深入研究过使用通孔硅泡沫作为紫外反射镜的蜂窝心材料，两边的面板是单晶硅（见图 6.31a）。硅的典型性质：室温下的密度是 2.3g/cm³，热膨胀系数为 $2.6 \times 10^{-6} \mathrm{K}^{-1}$，热导率是 150W/(m·K)。图 6.32a 和 b 给出了材料硅的 α 和 k 随温度的变化关系，并与材料铍的同类参数进行比较。图 a 所示曲线采用了表 6.5 提供的数据，在低温应用环境下，具有很低的热膨胀系数和高 k 值的硅材料应当非常适用于制造反射镜。一个硅反射镜单晶反射面的光学轮廓 p-v 值的精度可以抛光到小于 $\lambda/10$，微粗糙度方均根值小于 0.5nmm。其中波长 $\lambda = 0.633\mu m$。图 6.33 给出了通孔硅泡沫典型微结构的扫描电镜图。在加工过程中，重要的机械性质，例如密度和刚性是可以调整的。

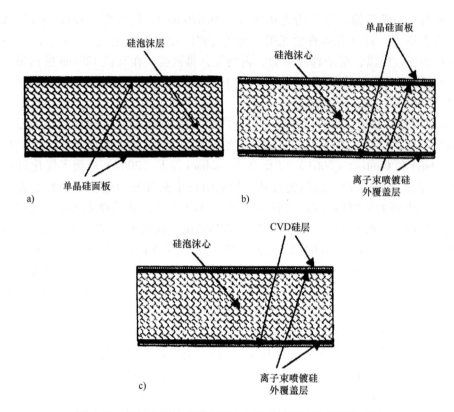

图 6.31　使用硅材料面板和泡沫心的反射镜的示意性截面图

a）基本设计（资料源自 Fortini, A. J., *Proc. SPIE*, 3786, 440, 1999）

b）具有离子喷洒层的设计（资料源自 Jacoby, M. T. et al., *Proc. SPIE*, 3786, 460, 1999）

c）外表面 CVD Si 层的设计（资料源自 Jacoby, M. T. et al., *Proc. SPIE*, 4451, 67, 2001）

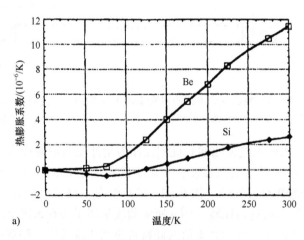

图 6.32　材料硅和铍的有关性能随温度的变化关系与比较

a）热膨胀系数与温度的关系

（资料源自 Fortini, A. J., *Proc. SPIE*, 3786, 440, 1999）

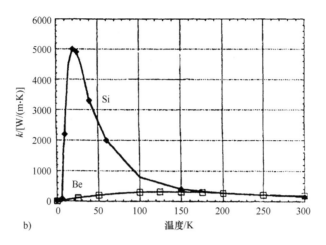

图 6.32　材料硅和铍的有关性能随温度的变化关系与比较（续）

b）热导率与温度的关系

（资料源自 Fortini，A. J.，*Proc. SPIE*，3786，440，1999）

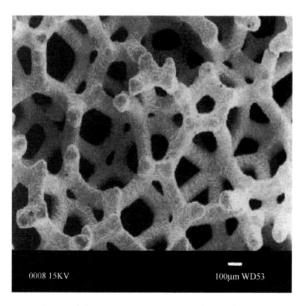

图 6.33　典型的硅材料通孔泡沫结构的扫描电镜图

（资料源自 Fortini，A. J.，*Proc. SPIE*，3786，440，1999）

　　Fortini（1999）的研究包括直径是 9.45cm（3.72in）的小尺寸基板和每平方英寸 65 个孔道（ppi）的多孔晶格泡沫。其目的有两个：一是确定最佳的面板厚度和与原材料硅有关的泡沫密度，以及将面板焊接到蜂窝心上的影响；二是为了得到较大面板而将单晶硅沿边缘焊接后产生的影响，希望最终能够实现 15kg/m² 的面密度。结果表明，为了得到这个面密度，5% 的致密泡沫与 0.889mm（0.035in）厚的面板是最佳组合，由此得到的基板刚性等效于一个 3.81cm（1.50in）厚的单晶硅整块材料的刚性（直径/厚度 = 2.48）。然而，后一种基板的面密度要比泡沫结构的密度大 6 倍，该结构模型表明，甚至可以生产出刚性更好和密度更小的反射镜。

Fortini（1999）进行的焊接实验表明，由于在面板与蜂窝心焊接工序中采用了室温与液态氮温度之间的热循环，其对光学轮廓没有大的影响。类似的，在同样的温度变化环境中，面板的边缘焊接对表面轮廓也似乎没有影响。如果未来需要进一步研发更大直径的反射镜会遇到此类问题，就要考虑上述结果。

Jacoby 等人（1999）进一步在 -183℃ 的低温下使用泡沫硅蜂窝心反射镜进行了实验。这些反射镜使用 65ppi 晶格的蜂窝心，结构如图 6.31b 所示。与图 6.31a 所示结构稍有不同的是，在硅渗透之前要控制高精度棒心间粉碎的硅材料的量，使蜂窝心成形为无须切削加工的轮廓。此外，在硅蜂窝心的端面使用离子束喷洒工艺喷洒厚度达 0.025 ~ 0.030in（0.635 ~ 0.762mm）的多晶硅层，局部封住那些通孔结构；然后，在焊接到面板上之前退火，并抛光成平面。抛光工艺使离子束喷洒过的表面变平，保证有一个高质量的焊接。

Jacoby 等人（2001）进一步开发研究了泡沫硅蜂窝心反射镜，如图 6.31c 所示。该工艺包括下面步骤：①通过计算机数控机床加工，使多孔晶格或网状玻璃碳（RVC）泡沫材料接近无切削形状；②离子喷洒多晶硅，通过粒子键的键接和一种烧结反应形成一个厚为 0.025 ~ 0.030in（0.635 ~ 0.762mm）的硅层；③将表面研磨成平面，进行干涉测量；④使用 CVD 工艺将高度硬化的多晶硅层附着在蜂窝心上形成面板，喷洒层加上 CVD 层的总厚度是 1.0mm（0.039in）；⑤将一个表面轮廓误差方均根值超精度抛光到小于等于 3.0nm，轮廓质量 p-v 值小于 70nm；⑥根据情况镀膜。很自然，每一步完成后都要进行验收。作者指出，这种加工工艺避免了在生产大孔径单晶面板时可能存在成本高和技术难度大的问题，以及将小孔径的晶体板焊接成大孔径面板时潜在的一些问题。Goodman 和 Jacoby（2001）对传统方法和有限元分析技术同时进行的两种分析表明，直径至少是 0.5m（19.7in）、面密度为 7.0kg/m² 的反射镜可以使用刚才叙述的方式制造。此外，这些反射镜应当有较高的 447Hz 的基频，对空间应用的动态性能比较不敏感。Jacoby 等人（2001）和 Goodman 等人（2001）阐述过为某种特定的空间应用试验研发的泡沫硅蜂窝心反射镜，还介绍了对直径是 6.0in（152.4mm）的反射镜在低温（177K）和真空（10^{-5} Torr）条件下的测试结果。据说温度从 300K 到 177K 再返回到 300K 后，光学轮廓的稳定性相当好。

最近几年，通过美国 Schafer 公司（新墨西哥州 Albuquerque 市）、NASA 马歇尔空间飞行中心（MSFC）（亚拉巴马州 Huntsville 市）和 NASA 哥达德空间飞行中心（GSFC）（马里兰州 Greenbelt 市）的努力，泡沫蜂窝心反射镜有了很大发展。Goodman 等人（2002）利用一种改进后（简化了的）的加工工艺制造出来了三台反射镜验证样机，并对它们的设计、加工和测试进行了讨论。这种工艺只有很少几个步骤，由此产生的反射镜的性能都比以前的反射镜高。这些步骤如下：①用计算机数控机床将泡沫硅或碳化硅蜂窝心加工到接近设计尺寸和形状；②采用 CVD 工艺，用一层连续的多晶硅或 β-SiC 封装；③粗磨到完工尺寸和形状；④将光学表面抛光；⑤镀以适当膜层。加工期间的关键节点要再次进行验收。

表 6.11 分别对这些实验反射镜做了区分，并总结了它们的性质。所谓的"奥夫纳（Offner）"反射镜是准备应用在一倍的光学转像系统中，这种系统的基本结构形式是

Offner 发明的，初始应用在美国 PerkinElmer 公司早期的显微光刻照相术的投影系统中（Offner，1981）。与 Goodman 和 Jacoby（2001）介绍的反射镜性能相比，该反射镜性能有很明显改善。

表6.11　采用新工艺制造的直径为13cm（5.1in）的三个凹球面泡沫硅蜂窝心反射镜的特性

特性	Offner 反射镜 1	Offner 反射镜 2	UV 验证样机	预期可实现值
面密度/(kg/m²)	15	15	9.8	6~7
表面轮廓（在633nm 时波数的 rms 值）	0.084	0.033	0.021	0.005
表面光洁度[①]（rms）/nm	10	5	4	1
曲率半径（ROC）/mm	600 ± 12	600 ± 12	598.5 ± 9 + 0.005	600 ± 1
表面质量（擦痕和麻点）	60/40	60/40	20/20	10/5

（资料源自 Goodman, W. A. and Jacoby, T. T., *Proc SPIE*, 4198, 260, 2001）

① 原书单位是 Å（埃），已换算为 nm。

Goodman 等人（2002）指出，对提高性能有非常重要影响的一个因素就是泡沫蜂窝心反射镜安装在碳纤维增强型碳化硅 Cesic® [○] 构架上。这种材料有低密度（约 2.65g/cm³）、高刚性（直到 269GPa）和高的抗弯强度（直到 210MPa）；在室温和零下 100K 附近有低的热膨胀系数（约 2.5×10⁻⁶K⁻¹）——几乎与硅一样；高的热导率 k [高至 165W/(m·K)]；不是多孔性材料，无须除气；热膨胀系数和热导率的各向同性以及其他的机械性质；低的机加工成本以及高的防化学腐蚀和耐磨损性能 [有关该材料的更详细内容，请参考 Goodman 等人（2001）、Devillierss 和 Krodel（2004）以及 Krodel（2004）的文章]。一般来说，温度变化时，镜座作用在反射镜上的力会发生变化，但如果 Si 与 Cesic® 材料的热膨胀系数精确相配，会使这种力的变化最小，因此，在低温环境下会使反射镜光学表面的轮廓保持不变。

根据 Müller 等人（2001）的介绍，生产 Cesic® 的碳/碳绿原料工艺包括如下步骤：①为了制造一块碳纤维增强型塑料（CFRP）材料，选择标准的随意放置的短碳纤维毛毡和酚醛树脂、铸模树脂和毛毡；②在真空中 1000℃ 温度下，热解碳纤维增强型塑料材料；③在真空中和 2100℃ 温度下使这种材料石墨化。之后采用以下方法能够将加工出来的材料还原到光学元件或机械元件所希望的设计形状，并进行化学处理：①普通的技术，例如铣削、车削、钻孔及根据需要将零件连接起来；②在高于 1400℃ 的温度下，熔硅渗透；③在 1600℃ 温度下转化成碳化硅；④退火到室温；⑤使用金刚石端面的刀具喷砂加工，或者粗磨到设计尺寸。利用放电铣削（EDM）工艺也可以使材料成形，因为这种材料有很高的导电率。

如果一个光学元件（反射镜）由 Cesic® 材料制成，下一步就是用一层 CVD SiC 深层完整地将反射镜封装好。该过程可以这样完成：首先喷洒一种以 SiC 为主的浆料，然后烧结使其固化，从而形成一种致密均匀的双相陶瓷覆盖层，包含硅和碳化硅。通常，陶瓷层厚度在 0.25~1.27mm（0.010~0.050in）。Goodman（2005）指出，总的直径-厚度比是 25:1，蜂窝心的厚度约为 2in（约 51mm）。可以通过抛光或超精度抛光工艺，将光学表面加工成一个包层反射镜面（clad mirror face），从而满足光学质量要求。这种技术能够处理的元件的最大尺

○ Cesic® 是由德国慕尼黑市 ECM 公司（Ingenieur-Unternehmen fur Energie- und Umwelttechnik GmbH of Munich）生产的专利产品。

寸受到设备加工能力的限制，例如加工陶瓷覆盖层的设备，其加工的尺寸不会大于约 1.5m（59in）。

应当注意到，用于机械零件，例如反射镜镜座中的 Cesic® 材料的物理性质几乎与 Si 轻质反射镜的性质一样。例如，图 6.34 给出了硅和两种 C/SiC 材料的微应变随温度的变化情况。这些合成材料被指定为 A-3 和 D-4，前者是德国 ECM 公司生产的标准 Cesic® 材料。后者是采用专用配方生产的材料，SiC 维经过处理，从而在加工期间可以调节与液态 Si 的反应。曲线在某一温度下的斜率就是该材料在该温度下的热膨胀系数。如图 6.34（译者注：原书错印为 6.35）所示，Cesic® 材料和 Si 材料在室温下的热膨胀系数分别是 2.09×10^{-6} K^{-1} 和 $2.56 \times 10^{-6} K^{-1}$。在许多应用中，比较有用的温度变化范围是 25~90K，A-3 类 Cesic® 材料和 Si 材料的热膨胀系数基本上一样，是 $-0.4 \times 10^{-6} K^{-1}$。D-4 类的热膨胀系数几乎也在这个范围内。如果用这些材料制造成光机组件，它们就具有相同的热膨胀系数，容易实现消热化。硅材料的典型机械性质和热性质见卷 I 表 3.14，而 Cesic® 材料的性质见卷 I 表 3.14 和表 3.18。

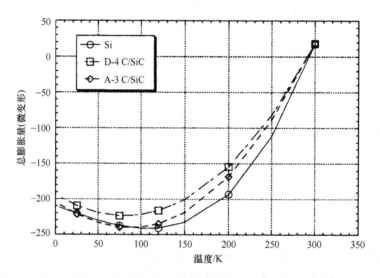

图 6.34 A-3 和 D-4 类 C/SiC 材料 Cesic® 和单晶 Si 材料的微应变随温度的变化曲线。
每条曲线在一点处的斜率给出了该材料在设定温度处的热膨胀系数
（资料源自 Goodman, W. A. et al., *Proc. SPIE*, 4822, 12, 2002）

Goodman 等人（2001，2002）阐述了一个例子，即直径是 5in（127mm）的硅泡沫蜂窝心轻质反射镜，采用图 6.31c 所示的工艺制造，镜座用 A-3 类 Cesic® 材料制成。图 6.35a（译者注：原书错印为图 6.32a）所示的镜座基本上是一个圆柱体，中间有一个通孔。为便于安装在测试设备上，在其一端（图底部）有一个很宽的法兰盘，用一种无应力专利技术将反射镜焊接到圆柱体的另一端（图上部）。如图 6.35b（译者注：原书错印为图 6.32b）所示，Cesic® 材料制成的盖子保护着反射镜免受意外伤害。一系列径向直通螺钉将它固定到位，并且这个盖子没有接触到反射镜。为了确定振动条件下的频率响应，通过模型分析检查该组件的光机设计。悬臂模式的最低结构频率是 1448Hz。作者解释，这表明未来的空间应用中，没有像差引入反射镜中。用图 6.36 给出的模型进行有限元分析表明，当温度降至 25K 时光学质量不应该有变化。

 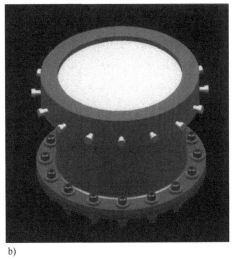

a)　　　　　　　　　　　　　　　　b)

图 6.35　由 Cesic® 材料制成的一个镜座

a) 带有安装法兰盘的圆柱形镜体

b) 安装在镜座中，受镜头盖保护、直径是 5in（127mm）的轻质泡沫硅蜂窝心反射镜。

其中使用多个 Cesic® 螺钉固定镜头盖

（资料源自 Goodman, W. A. et al., *Proc. SPIE*, 4822, 12, 2002）

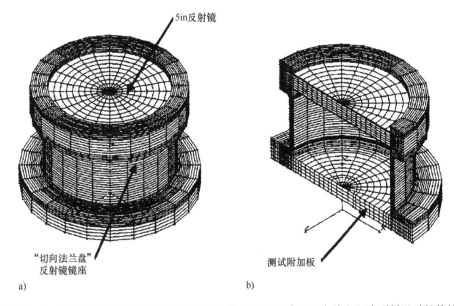

a)　　　　　　　　　　　　　　　　b)

图 6.36　a) 计算机给出的图 6.35 所示的镜座模型。用以验证温度从室温降到低温时的热性质

b) 镜座固定到一个铝连接板上

（资料源自 Goodman, W. A. et al., *Proc. SPIE*, 4451, 468, 2001）

Goodman 等人（2002）和 Jacoby 等人（2003）给出了该组件的环境测试结果（见图 6.37）。在室温下，未镀膜反射镜的图像质量方均根值是 $\lambda/17$，由于机械支撑的原因，会产生少量像散。在 193K 时，图像质量是 $\lambda/22.6$；在 77K 时，是 $\lambda/14.7$；在 27K 时，是

λ/16.6（译者注：原书第3版是λ/13.6）。所有测量位置都在90%通光孔径处。低温测量后，室温下重新测量，表明没有滞后现象。

Goodman 和 Jacoby（2004）讨论过一个孔径为25cm（9.80in）的轻质卡塞格林望远镜的设计，进行了制造和低温测试，其中一块多孔晶格结构的泡沫硅蜂窝心主镜是安装在由 A-3A Cesic® 制成的结构上的。利用上述美国 Schafer 公司改进后的加工工艺制造了主镜。该主镜是一个凹反射抛物面，f 数为 f/1.5，轮廓误差 p-v 值小于等于 λ/4（波长为 633nm），顶点曲率半径（ROC）为762mm（30.0in），直径为30cm（11.81in），通光孔径为254mm（10.0in）。望远镜次镜由单晶硅做成，反射面是一个凸的双曲面，轮廓误差 p-v 值也是小于等于 λ/4（波长为 633nm），顶点曲率半径为78.10mm（3.075in），直径为 3cm（1.18in），通光孔径为27mm（1.063in）。两块反射镜分

图 6.37 安装在 Cesic® 反射镜镜座内的泡沫硅蜂窝心反射镜。为了进行低温测试，将该组件固定在低温测试箱中一块制冷板上
（资料源自 Goodman, W. A. et al.,
Proc. SPIE, 4822, 12, 2002）

别焊接到各自的结构支撑架上。图6.68a 给出了望远镜中 Cesic® 材料的零件，图6.68b（译者注：原书错印为6.35b）给出了整个零件的三维视图。望远镜的重量是 6.4kg（14.1lb）。该报道没有阐述该其系统性能，也没有表明该组件是否消热化以及在低温环境中的工作状况。

图 6.38 a）孔径为25.4cm（10in）的卡塞格林望远镜中的 Cesic® 结构件
b）孔径为25.4cm（10in）的卡塞格林望远镜
（资料源自 Goodman, W. A. and Jacoby, M. T., *Proc. SPIE*, 5528, 72, 2004）

关于 Cesic® 材料，在此需要阐述的问题是可以利用这种材料加工螺钉和在这种材料中加工螺纹孔，以便该材料的零件能够相互固定。图 6.39a 给出了一个 1/4-20 的带帽螺钉，图 6.39b 给出了 1/4-80 的调校螺钉，各视图同时给出了结构件上与之配套的螺纹孔。这种材料固有的高断裂应力允许使用接近 50 000N（11240 lb）的较大张力装配该固定螺钉。由于螺钉及与其固定在一起的零件具有相同的热膨胀系数，所以连接处不会产生热效应。

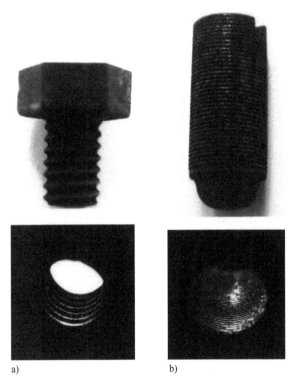

a)　　　　　　　　　b)

图 6.39　由 Cesic® 材料制成的螺钉及结构件中的螺纹孔。
在每种部件中使用相同的材料，从而消除了差分的热膨胀问题
a）高强度 1/4-20 带帽螺钉及螺纹孔　b）1/4-80 调校螺钉及螺纹孔
（资料源自 Goodman，W. A. and Jacoby，M. T.，*Proc. SPIE*，5528，72，2004）

6.7　金属反射镜的镀膜

由于某些金属材料本身的晶体结构、柔软性和可延展性，所以希望在基底材料上直接实现高质量的光学精加工实际上是不可行的。将某种金属薄层如镍，涂镀在某种基底材料如铝和铍上，使这些基底金属材料的性能得到很大改善，从而能够利用单刃金刚石车床加工光学表面，并在这些薄膜层内抛光，达到平滑的精加工面。在 CVD 或者 RB SiC 基板的光学表面上气相沉积一薄层纯铜，会使表面的平滑度得到改善。金属材料金可以镀在各种金属基板上形成良好的红外反射镜。

在某些情况下，镀上一层与基板相同的材料，也可以提高表面的平滑度。一种将铝镀在铝上的专利工艺就是一个很好的例子。正如前面所述，抛光之前将一层薄的非晶形基板金属

沉积在基板上可以提高铜和钼反射镜的平滑度和热损伤阈值。

最经常使用的涂镀材料是镍。将镍层涂镀在反射镜基板上有两种基本方法，即电解镀和非电解镀。电解镀镍可以镀到 0.030in（0.76mm）的厚度或更厚，洛氏硬度是 50～58。这种工艺简单，但是慢，并且不需要精确控制温度，一般的温度范围 140℉±15℉（60℃±8℃）就足够了。但该工艺不容易产生均匀的膜层厚度。非电解镀镍是一种含磷量在 11%～16% 的无定型材料，可以镀得更平，更耐腐蚀。与电镀镍工艺相比，它在无论机械方面还是电气方面都不复杂。从另一方面，非电解镀镍层的最大实际厚度大约为 0.008in（0.20mm），所以涂镀前基板必须是几乎完全合乎设计要求的轮廓形状。非电解镀镍工艺的温度约为 200℉（93℃），比电解镀镍的温度高，并要控制到 ±5℉（±3℃）。非电解镀镍的洛氏硬度的典型值是 49～55，通过热处理可以提高该量值。Hibbard（1997）对非电解镀镍给出了非常详细的讨论。

非电解镀镍层的热膨胀系数随着磷含量变化。一个经验公式是，磷含量改变 0.5% 就会使热膨胀系数变化约 $1×10^{-6}$K。若磷含量在 7%～12%，Ulph（1993）近似给出了非电解镍热膨胀系数 α_P 与磷含量百分比 P 的函数关系：

$$\alpha_P = (36 - 2.3P) \times 10^{-6} K^{-1} \qquad (6.2)$$

利用金刚石切削技术加工非电解镀镍反射镜的表面光洁度取决于镀层的磷含量（Taylor 等，1985）。Taylor 指出，用金刚石切削技术加工磷含量 13% 的镀板能够获得最佳表面光洁度。将磷含量降到 11.6% 会使表面粗糙度降低约为 1/1.5。磷含量低于 10.8%，就会对单刃金刚石切削机床设备造成明显损伤，粗糙度增大 2 倍。

磷含量为 11.5% 的镀层常作为镀层与基板之间热膨胀系数相匹配、减小残留应力以及金刚石切削之后达到最佳表面粗糙度的一种折中。通常，磷含量公差为 ±0.5%。使用 11.5% 的磷含量意味着，非电解镀镍层与铝和铍两种基板之间热膨胀系数有差别。除了磷含量外，非电解镀镍层的热膨胀系数还与退火温度和厚度有关（Folkman 和 Stevens，2002）。

涂镀层与反射镜基板材料热膨胀特性的不匹配，会造成完工后光学件外形尺寸不稳定。对于镍和铍，错配约为 $3×10^{-6}$/K；如果是镍和铝，错配值大约是前者的 5 倍。在高性能系统中，由此产生的双金属效应可能相当大。Vukobratovich 等人（1997）研究了使双金属效应达到最小的可能的方法，研究对象是直径为 180mm（7.09in）、非电解镀镍的 6061 铝凹面反射镜。反射镜的结构布局如图 6.40 所示。设计从基本的平凹形状（见图 a）开始，包括以下结构：①为了抗弯曲增加基板的厚度（见图 c）；②弯月形（见图 d）；③设计具有对称横截面的基板，产生等值反向的弯曲效应（见图 e）；④对所有结构布局，在基板两侧镀以等厚度的镍和不等厚度的镍，为了研究前后表面镀层厚度差造成的影响；图 b 所示的平-平面结构。

使用 Barnes（1966）提出的闭式方法和有限元两种分析方法，Vukobratovich 等人（1997）得出结论：①闭式分析结果不能很好地与有限元法得出的结果相联系，但认为有限元结果更精确；②需要确定由可校正像差（光学表面的轴向变形误差和离焦造成的总波前误差）和不可校正像差组成的表面变形，而不是确定恰好偏离标准面的表面；③由于安装对反射镜背面的约束，等厚度涂镀前后面可以提高而不是降低双金属弯曲；④增加反射镜的厚度没有什么用处；⑤对称形基板不容易弯曲，即使反射镜后表面没有涂镀也是如此。6.10 节将讨论 Vukobratovich 等人（1997）为完成他们的研究而设计的反射镜和安装镜座。

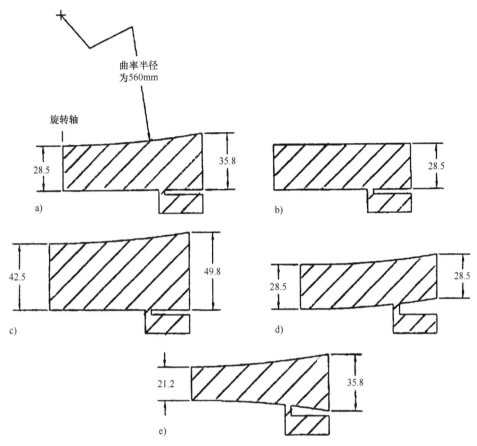

图 6.40 为了确定各种非电解镀镍层造成的双金属弯曲效应，Vukobratovich 等人（1997）
研究的各种反射镜形状的情况

(资料源自 Vukobratovich, D. et al. , *Proc. SPIE*, 3162，12，1997）

　　Moon 等人（2001）继续了 Vukobratovich 等人（1997）的研究工作，将铝和镍涂镀在铝和铍基板上，重新研究图 6.40 所示反射镜的结构布局。他们的研究表明，在铝反射镜的前后表面上最好镀等厚度的铝层；如果反射镜是基本的平凹和双凹结构，在铝表面上的非电解镀镍最好只镀在前表面。已经发现，厚基板和弯月形基板的最佳涂镀结构是前后表面等厚度。在铍基板上实施非电解镀镍，最好的结构布局是只镀在前表面。该结论适合所有的反射镜结构布局。

　　影响非电解镀镍金属反射镜长期稳定性的一个因素，是膜层本身具有的应力。Paquin（1997）讨论过这种内应力与镍层中沉积的磷含量的关系。在大多数情况中，如果考虑到这个因素，可以规定磷的含量（典型值小于12%），保证退火后应力为零。Hibbad（1990，1992，1995，1997）讨论过如何能使非电解镀镍反射镜外形尺寸的不稳定性最小，在讨论相关方法时已经考虑到了这个因素。改变化学成分和使用的热处理工艺就可以使零残余应力控制在已知工作温度范围内。Hibbard（1997）给出了非电解镀镍膜层的热膨胀系数、密度、杨氏模量和硬度与磷含量的依赖关系，这些参数在反射镜设计建模时是非常重要的。

　　非电解镀镍反射镜与基板之间产生的双金属弯曲应力在镀镍表面边缘最大。在温度变化期间，边缘位置的镀镍层可能会剥离，最终导致整体失效。尽可能解决该问题的一种方法，是在反射镜内加工实现镍锁功能。实际上，是在镀镍层边缘或者稍靠前点的基板内加工成形一条 0.005in 深和宽的空槽。

通常，在薄的金属条一侧镀上膜作为被镀基底金属的试样来测量镀膜中的应力，Hibbard（1997）介绍了这种技术。一般来说，这些金属条是 4in(102mm) ×0.40in(10.2mm) × ~0.03in(0.76mm)，厚度的尺寸取决于具体材料。反面磨平并且两面平行，金属条本身的弯曲不超过 0.001in（25μm）。释放镀膜产生的残余应力会使金属条弯曲。将金属条竖着放置在显微镜下，并沿着长边方向测量出偏离直线的轮廓就可以确定弯曲的量，从而测量出应力。在铝材料上非电解镀镍所产生弯曲量的典型值是 0.010 ~ 0.015in（0.25 ~ 0.38mm），所以，很容易以适当的精度测量出应力。Sanderson（2007）的最新研究指出，与之前假设利用弯带数据测量非电解镍性质相比，这些方法误差更大，必须小心使用。

6.8 金属反射镜的单刃金刚石切削加工技术

使用单刃金刚石切削刀具和专用机床在所选择材料的表面非常精密、薄薄地切削掉一层，从而形成高精度的表面，这种工艺被称为"单刃金刚石切削"或"精密机械加工"或"精密金刚石切削"。这里采用第一个术语。自 20 世纪 60 年代初期以来，该技术已经从不成熟的实验方法，发展成完全合格的生产工艺（Saito 和 Simmons，1974；Saito，1978；Sanger，1987；Rhorer 和 Evans，1995）。

一般来说，基本的单刃金刚石切削工艺包括下面步骤：①将零件预先加工或按照惯例机械加工到粗略形状，所有待处理表面上的材料余量都在约 0.1mm（0.004in）；②将该零件进行热处理，释放应力；③将具有最小应力的零件安装在单刃金刚石切削机床一个合适的卡盘或工装夹具上；④在机床上选择、安装和对准金刚石刀具；⑤在计算机控制下进行多次轻切削，将零件精加工到最终的形状和表面质量；⑥验收零件（如果可能，现场验收）；⑦清洗零件，去除切削油和溶液。

在光学件的某些应用中，要求在步骤②之后对表面进行涂镀，为金刚石切削提供一个无定型金属层。在某些情况下，步骤⑦之后抛光光学表面，再镀以适当的光学膜层。

单刃金刚石切削操作使用的机床完全可以称为一台"仪器"，因为它毫无疑问地符合 Whitehead（1954）给出的传统定义："一台仪器可以定义为这样一种装置，其功能直接取决于部件（或者组成的零件）可以实现其设计关系的精度"。在这种情况下，实现那种精度是由本身的机械硬度及抗击自身产生和外部的振动以及抗热扰动的能力，这样的装置的可预测性、高分辨率的旋转运动和线性运动以及低磨损特性就是一台设计优良的单刃金刚石切削装置所固有的特点。

单刃金刚石切削技术本身就是加工一个可以散射和吸收入射光的周期性带槽表面。图 6.41a 给出机床上加工出的表面局部轮廓的细节示意，一个端面的切削过程如图 6.42 和图 6.43 所示，表面本身原有的粗糙度如图 6.41a 左侧所示。金刚石刀具的前端是一个小半径 R 的曲面，刀具在表面上的横向移动会形成平行的沟槽，如图右侧所示。由此产生的尖点理论 p-v 高度 h 可以由下面的简单公式给出，相关参数如图 6.41b 所示：

$$h = \frac{f^2}{8R} \qquad (6.3)$$

式中，f是刀具在表面上每切削一条槽（或者每转）需要的横向线性进刀量。例如，如果转速是 360r/min，进刀速率是 8.0mm/min，刀具的半径是 6mm，那么每转就是 $f = (8.0/360)$ mm $= 0.0222$mm，因此，$h = [0.0222^2/(8 \times 6)]$mm $= 1.03 \times 10^{-5}$mm 或者 0.103nm。注意到，每个尖点的宽度等于 f。

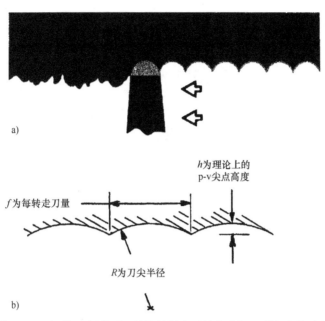

图 6.41　a）单刃金刚石刀具从基板表面的右边加工到左边的示意

b）SPDT 工艺加工出的有尖点的表面的几何图的示意

（资料源自 Rhorer, R. L. and Evans, C. J., Fabrication of optics by diamound turning, in: Bass, M., Van Stryland, E. W., William, D. R., and Wolfe, W. L., eds., *Handbook of Optics*, 2nd edn., Vol. II, Optical Society of America, Washington, DC, 1995, Chapter 41）

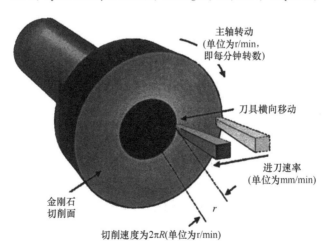

图 6.42　利用 SPDT 工艺加工一个端面的示意图

（资料源自 Rhorer, R. L. and Evans, C. J., Fabrication of optics by diamound turning, in: Bass, M., Van Stryland, E. W., William, D. R., and Wolfe, W. L., eds., *Handbook of Optics*, 2nd edn., Vol. II, Optical Society of America, Washington, DC, 1995, Chapter 41）

图 6.43　在 SPDT 设备上加工出的一个端面的照片

（资料源自 Rank，Taylor Hobson，Inc.，Keene，NH 提供）

在整个加工工序中，SPDT 机床的刀具必须按照一条特别精确的加工路线对表面进行切削加工。Rhorer 和 Evans（1995）列出了几种误差源因素可能会造成完工表面的轮廓超出刚才叙述的尖点结构。解释如下：①由于控制刀具运动的滑动机构的错误进刀会造成波纹；②轴向、径向和倾斜运动相对于主轴转动的不可重复性；③外部及自身产生的振动；④在被切削的材料中，相邻颗粒和杂质之间存在着不同的回复弹性，这种效应会造成表面呈"阶梯"或"橘皮"形；⑤刀具切削刃轮廓的不规则，会造成尖点条内有重复的结构。

单刃金刚石切削工艺最初是用来加工红外领域中使用的光窗、透镜和反射镜。这是因为与短波长系统中光学元件的表面质量相比，红外光学系统中光学元件的表面可以更粗糙一些、精度更低一些。随着单刃金刚石切削工艺的进步，用金刚石刀具加工的光学件有了相当好的平滑度，完全可以应用在可见光仪器和低性能的紫外光学仪器中。批量生产 6061 裸铝反射镜可以达到的表面微粗糙度典型方均根值是 8 ~ 12nm，在电镀表面上方均根值可以达到约 4nm（Vukobratovich，2003）。

使用单刃金刚石切削工艺基本上都能获得成功的材料见表 6.12。与该工艺相兼容并不是该材料固有的一种性质，更确切地说，是可实用性的一种表示。某些材料，例如黑色（铁类）金属、非电解镀镍和硅都可以用单刃金刚石刀具加工，但会快速地磨损切削刀具，所以一般认为使用这种技术进行加工是不经济的。表中列出的某些合金可以非常成功地进行加工，而另外一些注定要失败。例如，在 6061 铝上可以加工出良好的表面，而在 2024 铝上加工出来的表面就非常差。Rhorer 和 Evans（1995）指出，一般来说，易延展的材料（用传统方法难于抛光的材料）适合使用单刃金刚石切削工艺；反之，硬的脆的材料易于抛光，但不适合使用单刃金刚石切削工艺加工。在某些情况下，将金刚石刀具的研磨头替换一下，就可以在单刃金刚石切削机床上高精度地加工较脆的材料。

表 6.12　适合金刚石切削加工的材料

铝	氟化钙	碲镉汞
黄铜	氟化镁	硫族玻璃
铜	氟化镉	硅（?）
铜铍（合金）	硒化锌	有机玻璃
青铜	硫化锌	聚碳酸酯
金	砷化镓	尼龙
银	氯化钠	聚丙烯
铅	氯化钙	聚苯乙烯
白金（铂）	锗	聚砜
锡	氟化锶	聚酰胺
锌	氟化钠	含铁金属（?）
非电解镀镍（ELN）（$K > 10\%$）	KDP	
EN（?）	KTP	

（资料源自 Rhorer, R. L. and Evans, C. J., Fabrication of optics by diamond turning, in: Bass, M., Van Stryland, E. W., William, D. R., and Wolfe, W. L., eds., *Handbook of Optics*, 2nd edn., Vol. II, Optical Society of America, Washington, DC, 1995, Chapter 41; Gerchman, M., *Proc. SPIE*, 607, 36, 1986）

注：表中带有？的材料会造成金刚石快速磨损。

电镀、轧制、压延或锻造形式的金属最适合使用单刃金刚石切削加工，用 201-T7、716-T5 和 771-T52 类铝合金精心铸造几乎达到设计形状的材料进行金刚石切削加工，已经取得了大量成功（Dahlgren 和 Gerchman，1988）。这些学者指出，为了提供一块均匀的基板进行金刚石切削加工，必须将新冶炼出的纯原材料（杂质低于 0.1%）铸造成一块基板。其氢含量一定要小于 0.3ppm，材料的运转设备和浇注系统必须保证不增加原材料的杂质等级；必须仔细控制铸造凝固的速率，以便从光学表面向内各向同性地冷却。Ogloza 等人（1988）使用单刃金刚石切削技术加工铝铸件同样获得了成功。他们的文章对使用单刃金刚石切削技术加工不同的铝合金以及采用不同的工艺步骤进行了比较。

多晶材料不适于这类加工方法，因为刀具的切削可能会加重颗粒间的边界（缝）。Gerchman 和 McLain（1988）研究过使用单刃金刚石切削技术切削各种形式的单晶和多晶锗材料的结果。如果是红外应用，发现结果相差很大，存在着颗粒边界，但是应该不会造成表面脆裂。

Gerchman（1986）对使用单刃金刚石切削加工光学件的技术要求和加工方面的考虑给出了相当完整的总结：材料性质的选择和规定，将光学表面的描述从光学设计术语转换成机械加工的术语，表面公差，评价技术（包括使用零补偿器），控制表面的组织机理（刀痕）和方位，表面误差和表面处理造成的缺陷最小化的方法和对这些误差的测量，以及对规范这些缺陷测量的美国军标进行的解释。

Sanger（1987）对单刃金刚石切削技术及其发展历史给出了非常全面的回顾：机床的设计特性和能力，工件的支撑技术，金刚石刀具的特性，数控（计算机）系统，环境控制，工件的准备，机械加工指南（切削深度、速度和进刀量、刀具的磨损）以及对完工表面的测试技术。

有两类基本的单刃金刚石切削设备：车床移动类和工件移动类。在车床移动类设备中是让工件旋转，金刚石刀具平移；在工件移动类中是让刀具高速旋转，工件平移。Parks（1982）介绍了 14 种不同的单刃金刚石切削设备，可以加工圆柱体、外圆锥体和内圆锥体、平面、球面、环面和非球面。下面只讨论5种结构形状的加工。

图6.44给出了一台车床移动类单刃金刚石切削设备，刀具的轴线线性平行于主轴，类似普通的机修车床。工件安装在活动顶尖与固定顶尖（或者从一个主轴面板伸出来的悬臂）之间（见图6.44）。采用适当的工装夹具也可以用金刚石刀具加工一个空心圆柱体的内径。如果线性刀架绕着一根垂直轴旋转并与主轴形成一个水平夹角，就可以利用这台仪器加工内外圆锥体。

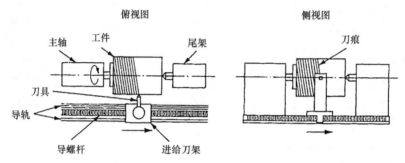

图6.44 使用车床移动类单刃金刚石切削（SPDT）设备加工圆柱面的示意图
（资料源自 Parks, R. E., *Introduction to Diamond Turning*, SPIE Short Course, 1982）

图6.45给出了一台工件移动类单刃金刚石切削设备。工件是一个采用单刀具切削或者双刀具系列切削形成的平面，后者是两个平行、稍微错开一些的弓形刀具。如果转轴的主轴在水平方向不是精确地垂直于线性轴，那么表面就变成圆柱面。改变这种几何布局就可以加工出多面体扫描反射镜。其中，工件绕着一条相对于主轴和线性轴都有些倾斜的轴线不断地转换位置。Colquhoun等人（1988）深入地讨论过使用单刃金刚石切削技术设计和制造高精度多面体反射镜。要将扫描反射镜加工成一块由紧密相接的内反射平面多面体组成的基板，唯一可行的方法就是使用单刃金刚石切削技术。

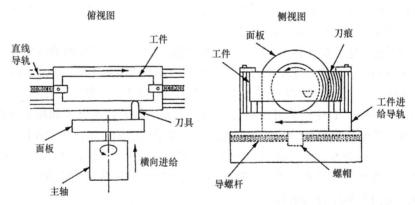

图6.45 工件移动类单刃金刚石切削（SPDT）设备加工平面表面的示意图
（资料源自 Parks, R. E., *Introduction to Diamond Turning*, SPIE Short Course, 1982）

图6.46给出了另外一种球面加工过程中工件移动类单刃金刚石切削设备。绕着共面且相交的两条轴线旋转，两个转头携带着工件和刀具一起转动，形成的半径 $R = r/\sin\theta$，参数如图6.46所示。其功能类似机加工车间和光学车间中使用的金刚石模具表面成形机。如图6.46所示，正在加工的是一个凹形表面。如果两根轴线的交点 C 移到工件的后面（即

工件的左边），就会加工出一个凸表面。一般来说，将刀具安装在一个交叉的臂架上就可以完成上述加工，而两条交叉臂架通过工件主轴的两侧。如果刀具安装在一个线性进刀机构上，而该机构是绕着过图中点 C 的轴线旋转，那么，这种结构布局的就可称为"R-θ"设备，可以加工非球面和球面。

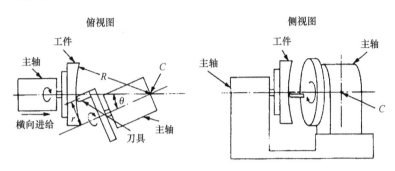

图 6.46　用于加工凹球面的双旋转轴工件移动类单刃金刚石切削设备的示意图（$R = r/\sin\theta$）
（资料源自 Parks，R. E.，*Introduction to Diamond Turning*，SPIE Short Course，1982）

　　Gerchman（1990）介绍了一种四轴加工系统，包括 3 个线性运动（X、Y 和 Z'）和工件的旋转，编码器读出旋转位置。金刚石刀具沿系统 Z 轴的运动是一种有限的快速线性运动。刀具的运动配合工件的旋转位置就可以得到一个非轴向对称的表面。Gerchman 的文章阐述了这样一台机床如何加工出前面介绍过的凯克（Keck）望远镜主镜中拼接反射镜的离轴非球面。

　　图 6.47 给出了一台四轴设备，包括两个旋转轴和两个线性轴。其中，线性轴在垂直方向分上下层设置。通过一个步进电动机使刀具绕着圆形刀刃的中心转动。在工件主轴转动一圈或者每隔几圈就记下该电动机的分度值，从而使刀具保持与工件垂直，并消除半径、硬度和表面光洁度沿刀刃方向的变化所产生的误差。还可以使用一种短半径的刀具，因此在加工表面上允许有比较大的斜率变化。由于具有这么多的运动，所以很容易加工出凸的和凹的非球面。图 6.48 给出了一种方法，可以将三块矩形孔径的离轴抛物面安装在这样一台设备上，同时进行高精度的金刚石切削。反射镜上的中心定位销和基准平面控制着方位。

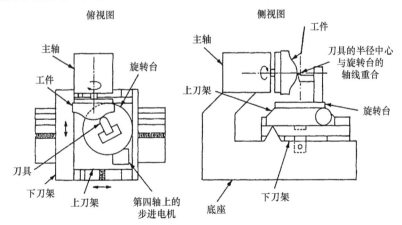

图 6.47　四轴单刃金刚石切削机床的示意图。垂直方向分层设置有两个直线滑道，
分步控制着金刚石刀具相对于工件的方位
（资料源自 Parks，R. E.，*Introduction to Diamond Turning*，SPIE Short Course，1982）

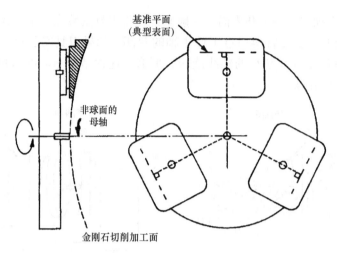

图 6.48 采用单刃金刚石切削技术加工多个离轴非球面反射镜时使用的典型工装夹持方法
(资料源自 Curcio, M. E., *Proc. SPIE*, 226, 91, 1980)

能够从世界各地的厂商购买到各种技术要求的单轴和多轴单刃金刚石切削机床，用以加工不同尺寸的工件和不同的表面形状。例如，图 6.49 给出了一台典型的工业用 5 轴单刃金刚石切削机床，虽然本书并没有关于该产品的认可资料，但它的确代表着当时工业生产设备的先进水平（2014 年初期）。表 6.13 总结了这种设备的技术要求和加工能力。这种设备由美国新罕布什尔州 Swanzey 市穆尔（Moore）纳米技术有限公司生产，命名为 NANOTECH® 350FG 超高精度自由面形生产机床。图 6.50 给出了利用图 6.49 所示的表面成形机床将 6061

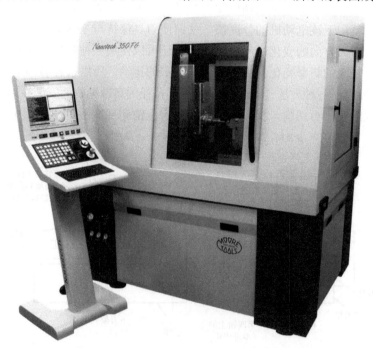

图 6.49 一台超高精度自由面形 5 轴单刃金刚石切削机床/自由曲面成形机的照片。
型号为 NANOTECH® 350FG
(资料源自 Moore Nanotechnology Systems, LLC, Swanzey, NH)

铝材料基板加工成离轴抛物面反射镜，采用的工艺称为慢刀滑座伺服车削技术（slow-slide-servo machining），如图所示，随着主轴（C 轴）旋转，Z 轴（安装有切削刀具）来回跳动。刀具沿 X 轴从边缘切削到中心。显示的光学元件工作空间尺寸是 $14in^2$。安装架和反射镜的组件重量约为 40 lb（18.2kg）。

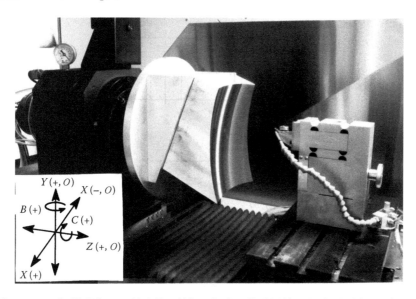

图 6.50　一个利用图 6.49 所示的 5 轴加工机床，并采用单刃金刚石切削工艺将 6061 铝材料基板加工成一块大型（孔径为 14in × 14in）离轴抛物面反射镜的照片
（资料源自 Moore Nanotechnology Systems，LLC，Swanzey，NH）

表 6.13　图 6.49 所示 NANOTECH® 350FG CNC 机床加工系统的重要特性和加工能力

系统能力	3 轴~5 轴切削非球面和环形面，旋转加工自由曲面，光栅式快速切削自由曲面、线性衍射和棱镜式光学结构
工件能力	直径 500mm × 长度 300mm
结构布局	整体环氧树脂复合材料——花岗岩结构 外形尺寸为 1.42m × 1.57m × 0.46m
形状精度	≤150nm
表面光洁度	≤3.0nm
性能	旋转轴编码器角分辨率为 0.25″

现代单刃金刚石切削机床加工形成的表面，通常都能满足红外和某些可见光应用。经过后续抛光，绝大部分表面都满足可见光质量标准。

单晶金刚石有独特的性质，应用于单刃金刚石切削是非常理想的。这种材料很硬（如果正确地定向排列），接触摩擦力低，机械刚性很好，有良好的热性能，可以有一个非常锐利的边缘（到原子大小的尺寸）。如果受到额外磨损，还可以重新磨锐。对于某种具体应用，可以改变刀刃的半径，适应范围从无穷大到 0.030in（0.76mm）的小尺寸。根据扫描电子显微镜的测量，正确磨锐后，金刚石刀具的最大缺陷深度值小于 0.3×10^{-6} in（8×10^{-3} μm）。对于一些典型的（短）半径来说，该半径可以保持为一个常数，优于 6×10^{-6} in（1.5μm）。

如图 6.51 所示，为了有一个实际的支撑，可以使用黄铜焊将金刚石刀具焊到标准车床的刀头上。如此安装，操作起来既比较简单，也可以很容易地固定到单刃金刚石切削机床上。另外，已经证明，单刃金刚石切削设备也可以使用立方体氮化硼刀具对裸铍基板完成有效的加工（Sweeney，1991）。

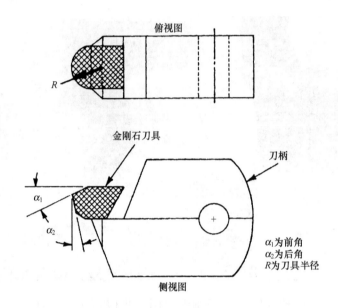

图 6.51 用于完成单刃金刚石切削加工光学表面、焊有金刚石的一种刀具

图 6.52 给出了一个设计有多个快速切削刀头的示意图。设备上安装了 3 个金刚石刀具，在一次换刀后，就可以在工件的不同位置和不同的加工深度，或者采用不同形状的刀具进行切削，从而减少了完成该表面加工需要更换刀具的次数。

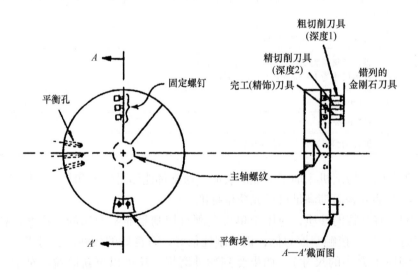

图 6.52 一种设计有多个金刚石快速切削刀具头的示意图

（资料源自 Sanger, G. M., The precision machining of optics, in: Shannon, R. R. and Wyant, J. C., eds., *Applied Optics and Optical Engineering*, Vol. 10, Academic Press, San Diego, CA, 1987, Chapter 6）

　　为了得到正确的表面轮廓和尺寸精度，保证工件无应力安装在单刃金刚石切削设备上是至关重要的。为保证最小应力而采用的安装技术包括，真空卡盘（Hedges 和 Parker，1988）、筒式安装（Sanger，1987）和挠性安装（Sanger，1987）。图 6.53 给出了一块薄锗透镜元件的真空安装技术，图 6.54 给出了一块圆形反射镜基板的筒式安装技术，图 6.55 给出了一块轴锥体元件的挠性安装技术。卷Ⅰ4.9 节已经讨论过使用同心卡盘有利于广泛采用单刃金刚石切削技术加工晶体透镜和光机部件（Erickson 等，1992；Arriola，2003）。

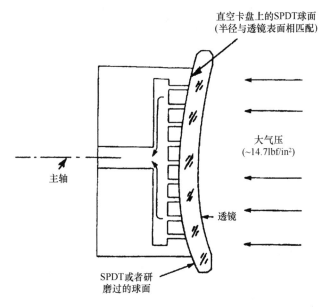

图 6.53　使用真空卡盘将一块薄锗透镜支撑在单刃金刚石切削设备的轴上
（资料源自 Hedges，A. R. and Parker，R. A.，*Proc. SPIE*，966，16，1988）

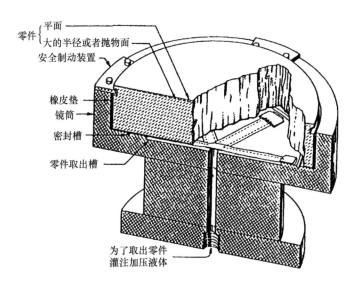

图 6.54　使用筒式安装技术将一块圆形反射镜基板支撑在单刃金刚石切削设备的主轴上
（资料源自 Sanger，G. M.，The precision machining of optics，in：Shannon，R. R. and Wyant，J. C.，eds.，
Applied Optics and Optical Engineering，Vol. 10，Academic Press，San Diego，CA，1987，Chapter 6）

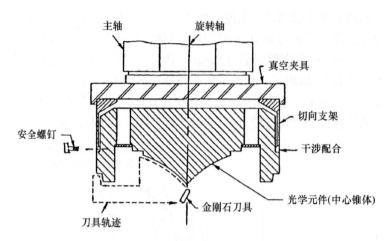

图 6.55　使用挠性安装技术将一块旋转锥体棱镜基板支撑在单刃金刚石切削设备的主轴上
（资料源自 Sanger, G. M. , The precision machining of optics, in: Shannon, R. R. and Wyant, J. C. , eds. ,
Applied Optics and Optical Engineering, Vol. 10, Academic Press, San Diego, CA, 1987, Chapter 6）

　　对于某些应用环境，金刚石刀具切削出的表面不可能有足够的平滑度，可能需要后续抛光。Brown 等人（1981）、Sanger（1987）和 Roybal 等人（1997）为后续抛光改变了普通光学车间的使用方法，总结了各种抛光技术和材料。Bender 等人（1988）介绍过一种计算机控制的，为抛光单刃金刚石切削的环形面研制的带式抛光技术。

　　自 20 世纪 70 年代中期以来，出现了许多有关单刃金刚石切削金属光学表面质量的专题研究。其中的一些研究文献如下：Saito 和 Simmons（1974），Baker 等人（1975），Stover（1975），Sollid 等人（1976），Arnold 等人（1977），Church 等人（1977），Shagam 等人（1977），Saito（1978），Decker 等人（1978），Decker 和 Grandjean（1978），Lindsey 和 Franks（1979），Bennett 和 Decker（1981），Taylor 等人（1986），Sanger（1987），Lange（1988），Ogloza 等人（1988），Palum（1988），Song 和 Vorburger（1991），Hibbard（1992，1997），Roybal R. 等人（1997）。在这些文献中，所讨论的各种技术包括，测量表面轮廓的全孔径干涉术以及部分孔径干涉术，白光扫描差分干涉显微术以及测量表面微粗糙度和其他统计特性的触针式轮廓曲线测量术；还包括，直接测量光的总积分散射（TIS）和双向光谱反射比分布函数（BRDF），揭示出表面散射光的角度依赖关系。

　　对单刃金刚石切削加工的光学件来说，由于工艺的循环性，微粗糙度就特别重要。沟槽的散射和衍射光要比一个平滑表面的更多。为了测量这个参数，研究人员研发了一些方法。图 6.56 给出了这些方法的适用范围。Roybal 等人（1997）指出，同时在铍反射镜上实现高精度的光学轮廓和微粗糙度是非常困难的。

　　采用金刚石切削技术加工出的不同表面粗糙度的典型值见表 6.14。利用该技术加工的反射镜的表面粗糙度典型值取决于材料性质、刀具条件以及切削工艺（Xu 等，2012）。影响表面光洁度的材料性质包括各向异性、晶粒度和掺杂量。刀具条件是金刚石刀具的初始几何形状和使用中的磨损。切削工艺包括速度和进刀速率的选择，并在制造过程中可以控制。

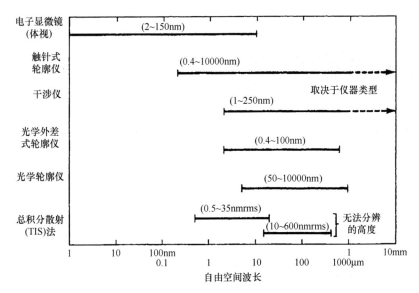

图 6.56　有关表面微粗糙度的各种技术的评估。图中的横条代表可使用的光谱波长范围，
而圆括号中的数字是测量出的表面高度的近似范围
（资料源自 Bennett, J. M. and Decker, D. L., *Proc. SPIE*, 288, 534, 1981）

表 6.14　金刚石切削技术加工的光学表面粗糙度的典型值

表面材料	表面光洁度（rms）/nm
6061 铝	6 ~ 10
镀铝板	2 ~ 4
非电解镀镍（ELN）	2 ~ 4

　　晶粒度和排列方向的变化会影响表面粗糙度。一般晶粒度越小，表面粗糙度越好（Steinkopf 等，2008）。同样的，研究人员发现，经过纵向处理或锻造的棒材具有密排晶粒结构能够提高表面光洁度（Moronuki 等，1994）。对于铝合金，硬杂质（一般是硅）会降低表面光洁度。金刚石刀具加工期间，这些杂质会撕裂金属基，划伤表面并使刀刃钝化。再生合金的纯度被认为是较差的，尤其是有硅杂质的。因此，在为金刚石切削技术采购铝材料时，通常规定不能用再熔铝。利用高纯度铝合金（Carrigan 和 Patel，2013）可以获得较好的表面光洁度，最好使用细粒度的锻造材料。这就解释了，与普通的工程合金相比，非晶粒结构的无定型高纯度材料，例如镀铝板和非电解镍层材料，能够提高表面光洁度的原因。

　　Bennett 和 Decker（1981）在讨论单刃金刚石切削金属光学零件表面特性时，利用图 6.57 所示的图形说明了他们的评语："零件的光学轮廓（形状）与表面精加工的质量几乎没有关系。一些加工得非常平的零件却有非常粗糙的有深沟槽的表面。而另外一些，例如有相当差的光学轮廓的零件，会产生比较少的散射光"。他们还指出不同的测量和分析技术是如何导致不同的微粗糙度值。对于图 6.57 所示的表面，利用轮廓曲线测量技术得到的粗糙度方均根值是 17nm，而由总积分散射（TIS）法得到的方均根测量值是 2.85nm。像这样的不一致，可能是散射仪的结构布局造成的，该仪器的测量范围局限于空间频率谱的一小部分，而轮廓仪是要测量整个频率的。在大部分光学仪器中，由于散射光和衍射光的重要作用都与布局的几何结构相关。因此，如果使用单刃金刚石切削技术制造这些仪器中的光学元件，设计者可以选择刀具的进刀速率，使不希望起作用的光线传播到无害的方向。

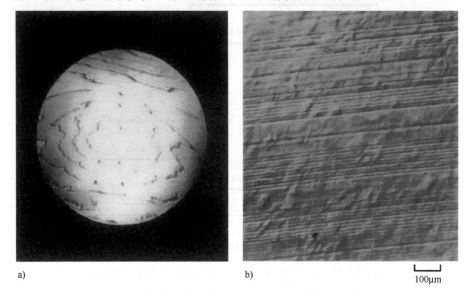

a)   b)
                                                              ├── 100μm

图 6.57 轮廓测量仪测到的粗糙度方均根值是 17nm，总积分散射（TIS）法测得的方均根值是 2.85nm
a）采用单刃金刚石切削技术加工的一个铜反射镜表面的干涉图
b）采用单刃金刚石切削技术加工的一个铜反射镜表面的诺马斯基（Nomarski）微分干涉显微像
（资料源自 Bennett, J. M. and Decker, D. L., *Proc. SPIE*, 288, 534, 1981）

6.9 金属反射镜的传统安装技术

如果应用本身没有特殊要求，那么，小尺寸和中等尺寸金属反射镜就可以完全按照卷Ⅰ第 9 章讨论的非金属反射镜的安装方法进行安装。所谓特殊要求包括，不寻常的温度（即低温应用，图 6.3 所示的经典的主动制冷反射镜）、暴露于高能辐射中（例如激光或太阳模拟器）、高加速度、冲击或振动。由于可以把金属反射镜最佳位置的固定界面直接加工在基板背面，所以反射镜的安装比较简单。与采用压圈或多弹簧方式将反射镜边缘压靠在环形衬垫或局部衬垫上的安装技术相比，采用这种方式安装反射镜会产生较小的自重变形。

金属反射镜与玻璃反射镜安装上的主要差别在于一些重要的机械参数，例如密度、弹性模量、泊松比、热导率、热膨胀系数和比热容。卷Ⅰ表 3.14 和表 3.16 给出了一些重要的金属材料和非金属材料的相关值及其他一些参数。相关内容可参考设计实例 6.1。

设计实例 6.1 计算圆形铍反射镜中心自重变形量

一块实心的 I-70-A 铍反射镜直径为 20in（50.8cm），厚度与直径比为 1:6，在其边缘采取简单的连续支撑。

（a）计算反射镜中心位置的自重变形量。

（b）将该结果与设计实例 4.1 中具有同样外形尺寸熔凝石英反射镜的结果进行比较。假设两类反射镜采用类似的支撑结构。反射镜参数是，泊松比为 0.08，因此 $m =$

$1/0.08 = 12.5$；弹性模量 $E_G = 42 \times 10^6$ lbf/in^2；反射镜直径 $D_G = 20.000$in；反射镜厚度 $t_A = D_G/6 = 3.333$in；密度（铍材料）$\rho = 0.067$ lb/in^3；反射镜重量 $W = \pi(D_G/2)^2 t_A \rho$。那么中心位置自重变形量是多少？

解：

（a）在此，利用近似公式，有

$$\Delta Y_C = \frac{0.0149W(m-1)(5m+1)D_G^2}{E_G m^2 t_A^2}$$

反射镜重量是

$$W = \pi(D_G/2)^2 t_A \rho = 70.16 \text{ lb}(31.82\text{kg})$$

代入式（4.1）（译者注：原书错印为 14.1）得到

$$\Delta Y_C = \frac{0.0149 \times 70.16 \times (m-1)(5m+1)D_G^2}{E_G m^2 t_A^3} = 126 \times 10^{-6}\text{in}(3.20 \times 10^{-5}\text{mm})$$

若是氦氖激光，约为 0.06 个波长。

（b）将该结果与设计实例 4.1 中相同尺寸的熔凝石英反射镜比较。

在采用相同计算公式的设计实例 4.1 中，具有相同外形尺寸的实心熔凝石英反射镜的自重变形量是 0.20 个波长（氦氖激光）。比较后发现，金属反射镜变形量仅为非金属反射镜变形量的 33%。原因是铍材料刚性更好，密度稍低。对于可允许 0.20 个波长变形量的某种应用，铍反射镜厚度可以减小 0.58 倍或者约为 1.92in（48.8mm）。与相同尺寸的熔凝石英反射镜相比，这种较薄反射镜重量仅约为其重量的一半。同样的设计也适合其他类型的普通安装技术。

为固定厚度的金属反射镜设计一个多点轴向支撑的安装方案，例如 Hindle 安装方法（见 4.5.2 节）、轻质反射镜安装方案（见 4.5.3 节）或者气动/液压安装方案（见 4.5.4 节）。其方法类似非金属反射镜的设计方法。当然，支撑点的数目与材料的特性密切相关。例如，式（4.11）是一个 Hall "经验判断公式"，表示在多支撑点镜座中，为在支撑点之间达到给定的变形量所需要的支撑点数目。根据这个公式，一个直径是 39.37in（1m）、厚度是 1.734in（4.404cm）的实心 I-70 铍合金反射镜（直径-厚度比是 22.7∶1），为了达到小于 0.1λ 的 p-v 变形（λ = 0.633μm）仅需要一个 9 点支撑的镜座。然而，同样大小的熔凝石英反射镜，为了实现同样的变形至少需要 27 点支撑。表 6.15 总结了这些计算结果以及同样的反射镜结构布局采用其他常用材料给出的计算结果。表中按照需要增加支撑点的数目来排列材料（四舍五入到下一个整数）。如果使用 Hindle 型镜座，支撑点数目应按照最后一列进行设计。

表 6.15　根据 Hall 判据［式（4.11）］计算出的轴向支撑点的数目 N。假设反射镜直径是 **39.37in（1m）**、厚度是 **1.734in（4.404cm）**，要求不同材料的反射镜在 **0.633μm** 波长下都有 **0.1λ** 的变形量

材料	杨氏模量 /（lbf/in^2）	密度 /（lb/in^3）	N[①]	Hindle 镜座中的支撑点数目
Be Ⅰ-70	4.2×10^7	0.067	9	9
SiC-12% Si	5.4×10^7	0.112	10	18

（续）

材料	杨氏模量 /(lbf/in²)	密度 /(lb/in³)	N[①]	Hindle 镜座中的支撑点数目
SiC-30% Si	4.5×10^7	0.106	11	18
微晶玻璃（Zerodur）	1.36×10^7	0.091	18	18
熔凝石英	1.06×10^7	0.08	19	27
超低膨胀玻璃（ULE）	9.8×10^6	0.08	20	27
Ohara E6	8.5×10^6	0.079	21	27
6061-T6 Al	9.9×10^6	0.1	22	27
派热克斯（Pyrex）玻璃	9.1×10^6	0.2	32	36

① 四舍五入到下一个整数。

6.10 金属反射镜的集成式安装技术

对多数类型的金属反射镜来说，安装简单化的一个标志就是适合于机械加工，包括普通的机械加工、单刃金刚石切削和表面加工、钻孔和攻丝以安装紧固装置（例如螺钉）。如果钻孔和攻丝的操作发生在远离反射镜光学表面的区域，就不会造成光学性能恶化，或者有很小影响。尽管它比较简单，非常具有吸引力，但是使用螺钉将一块反射镜直接安装在结构界面上有可能出现设计和制造安装界面时从未出现过的问题。作为一个经验就是，如果希望在上紧螺钉时不会使反射镜变形，安装表面就一定是平面，要有相同公差，并与相关的光学面共面（在某些设计中，或者简单的情况就是平行）。在界面处使用运动学安装技术或者转动机构有利于减小变形，但可能使设计复杂化。为了在温度变化时避免变形，反射镜与镜座间的热性质要尽可能接近以匹配。

对金属反射镜来说，一种独特而简单的方法就是采用单刃金刚石切削工艺，使用同一台加工光学表面的设备将安装表面集成加工在反射镜上。Zimmerman（1981）介绍了几种无变形反射镜镜座的设计，图 6.58a 给出了其中一种设计示意，在反射镜背部附近加工出一些狭槽，形成安装耳架。这种结构设计可以将光学表面与弯曲应力隔离开，因为在将反射镜固定到其界面上时很可能产生弯曲应力。在这种设计中，反射面由单刃金刚石切削机床加工在前表面，又用金刚石切削机床将多个安装表面加工在同一块材料的后面。图 6.58b 给出了这种反射镜的一张照片。很明显，该设计中的反射镜整个被倒边。利用圆柱形取芯机加工各窄插槽，取芯机的轴平行于安装表面。可以看到为固定螺钉准备的螺孔。

图 6.59 给出了由 Zimmerman（1981）介绍的一块平面反射镜，安装衬垫设计在法兰盘的前面，便于在同一台单刃金刚石切削设备加工时确保其与反射面平行。由于基本上消除了表面间较严格的角度误差（楔形），因而简化了安装期间的反射镜对准。

如图 6.60 所示，Sweeney（1991）叙述了一种集成式挠性支架安装技术，作为无应力安装设计已成功应用在几种铍反射镜中。挠性支架的配对面及固定它们的表面都经过精密抛光，保证了受到夹持时反射镜表面的变形最小。这种安装还不能牢固支撑粗加工或粗磨期间的反射镜，因此，在反射镜背面使用一个圆柱形压圈以固定基板。如果施加的力比较小，稍后进行最终加工时就会传递到挠性支架。

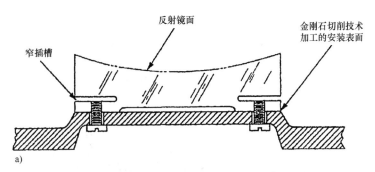

a)

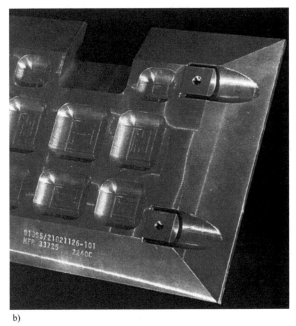

b)

图 6.58　a）一种无应力安装金属反射镜的示意图　b）安装耳架（挠性）的照片。取芯机金刚石刀片平行于
　　金属反射镜的反射面运动，加工出耳架，并切割出很大的倒边。还可以看到为减轻重量加工出的凹窝

（资料源自 Zimmerman，J.，*Opt. Eng.*，20，187，1981）

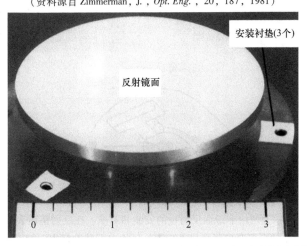

图 6.59　带有前安装衬垫的一块金属反射镜的例子。用一台单刃金刚石切削设备同时加工出反射面和衬垫

（资料源自 Zimmerman，J.，*Opt. Eng.*，20，187，1981）

271

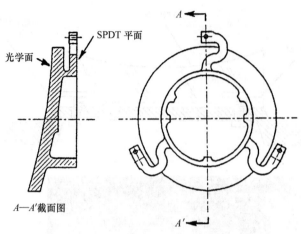

图 6.60 具有集成式挠性支架支撑的铍反射镜

（资料源自 Sweeney, M. M., *Proc. SPIE*, 1485, 116, 1991）

图 6.61a 和 b 给出了挠性安装的小凸台，被加工在两块金属反射镜的后表面上。这些反射镜应用在为美国基特峰（Kitt peak）国家天文台 3.8m 梅奥尔（Mayall）望远镜研制的红外多目标摄谱仪（IRMOS）中，并准备用于詹姆斯·韦伯空间望远镜中多目标摄谱仪的导航装置（Ohl 等，2003）。图 a 所示的反射镜是一个凹长椭球体的离轴部分，外形尺寸是 264mm × 284mm（10.39in × 11.18in）。为了减轻重量，将凹窝加工在反射镜的后表面内。图 b 中，反射镜是一个凸扁椭球的离轴部分，外形尺寸是 90mm × 104mm（3.54in × 4.09in）。该反射镜没有轻质化。两种反射镜的直径-厚度比都是 6:1，使用的材料是 6061-T651 铝，采用比较理想的热处理方法，如表 6.6 SR5 一列所示。两种反射镜的所有安装面和光学面都应用单刃金刚石切削技术进行抛光加工。

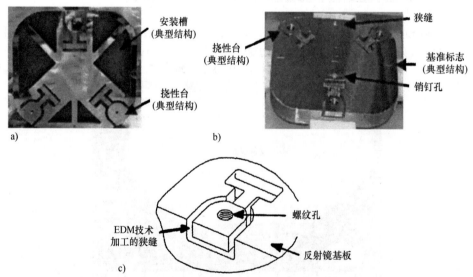

图 6.61 图 a 和 b 所示为两块非球面反射镜的安装和对准。在反射镜后表面上加工出挠性台，从而使安装造成的光学表面变形降至最小。图 b 还给出了基准标志、销钉孔和槽有助于加工和装配期间的对准。图 c 给出了一个带有螺纹孔的挠性台

（资料源自 Ohl, R. et al., *Proc. SPIE*, 4841, 677, 2003）

为了形成图 6.61c 所示的形状，采用切入式放电加工工艺（plunge EDM process）将挠性凸台加工成安装面。这种挠性装置可以使安装造成的光学面变形最小，传递的弯曲量是 ±0.025mm（0.001in），倾斜是 ±0.1°。在每一个凸台上都有一个固定螺钉的螺纹孔。

摄谱仪工作在温度 80K 环境中，其结构材料与反射镜的材料一样（6061-T651 铝），所以形成消热组件。在单刃金刚石切削加工期间，将几个十字叉线基准标志符号刻在反射镜的后表面和侧面，这样有助于系统的对准，图 6.61b 所示为其中一个。图 b 还给出了槽和销钉孔，在将基板固定到单刃金刚石切削机床上时它们可作为对准基准。

所有这些反射镜的设计原则如下：①通过综合使用挠性支架，从侧面凹切出一条槽，形成一种挠性安装形式，将安装应力与反射表面隔离开来；②反射镜应当设计成比所接触的安装结构更刚性的弹性体，因此，变形出现在安装镜座中而不会在反射镜基板中；③如果可能，在加工制造期间应当采用与工作期间同样方法高精度地夹持反射镜，使两种环境条件下安装应力相同；④安装表面应当加工成平面，与光学表面有同样精度并平行于光学表面。

应当注意的是，符合原则②可能会产生这样的设计，即在安装期间出现刚性体位移或光学面倾斜。在这种情况下，应当为安装之后的对准调试采取措施。遵循这个原则的一个可能结果就是不必遵守最后一个原则。

6.3.2 节简要介绍了为美国 NASA 柯伊伯（Kuiper）机载天文台研制的直径为 7.3in（18.5cm）的铝制次镜（见图 6.4）。该反射镜及其振荡式（或者斩波式）驱动机构安装在望远镜结构内一个四腿式的三脚架上，图 6.62 给出了直接用螺钉将反射镜固定到安装轮毂上。该反射镜的背面有三个共面衬垫（图中未给出）与轮毂相接触。与光学表面一样，这些衬垫也是使用单刃金刚石切削技术加工完成。利用盘形贝氏弹簧隔圈提供预载，并适应不锈钢螺钉与铝反射镜之间的差分膨胀。为了使变形对表面轮廓的影响最小，机械界面要位于系统中心遮蔽区内。

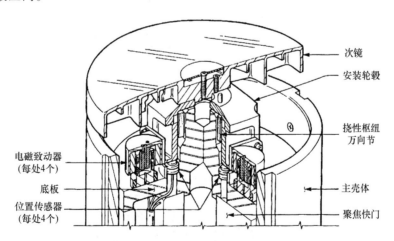

图 6.62　为美国柯伊伯机载天文台（KAO）研制的铝制次镜和扫描驱动机构的示意图
（资料源自 Downey, C. H. et al., *Proc. SPIE*, 1167, 329, 1989）

4 个电磁致动器提供所需要的高频（直到 40Hz），使反射镜相对于一个固定底板完成 ±23′ 的扫描运动。致动器的线圈固定在底板上，而磁枢固定到运动组件上，从而无须导线穿过万向节的轴而干扰反射镜的运动。运动组件安装在一个双轴挠性万向支架上，为避免不

273

必要的结构振动传递到反射镜，并使反作用力最小，反射镜要绕着整个运动组件的质心转动，被转动的质量约为 2 lb（0.91kg）。为了开环调焦，整个底板（连同所有的有关零件）相对于三脚架（包括一个直流电机和滚珠螺钉）轴向移动 ±1.3cm(±0.51in)。已经证明，该组件的飞行试验是相当成功的，高空风的扰动没有在工作的频谱范围内造成谐振或出现明显振动。

　　6.7 节总结了 Vukobratovich 等人（1997）的研究结果，讨论了使用不同于反射镜底板的材料涂镀金属反射镜造成的双金属效应。有限元分析表明，一个直径为 180mm（7.09in）的铍合金反射镜的最佳布局是平凹结构，只有前表面（光学）是非电解镀镍。图 6.63 给出了该反射镜的光机设计。图 a 所示是过反射镜的一个横截面图，有三个轴向界面衬垫和一个定位孔直径。为保证同心，该定位孔直径与望远镜后面板上一个孔的内径啮合。定位孔直径，它与后面板的界面如图 b 所示。如图 6.63 所示，使用 3 个螺钉固定反射镜，通过单刃金刚石切削机械加工使轴向衬垫垂直于光学表面的轴，自动完成反射镜的倾斜对准及轴向定位。

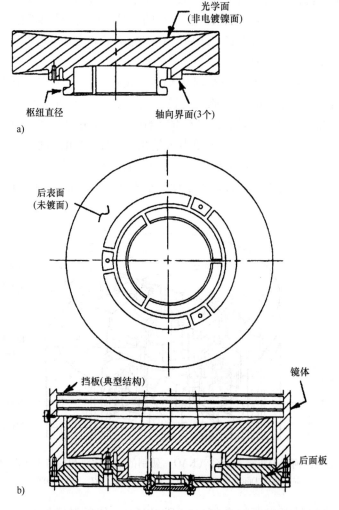

图 6.63　安装一个双凹铝合金反射镜（图 a）的光机设计（图 b）。
图中给出了对非电解镀镍（ELN）双金属效应的研究结果
（资料源自 Vukobratovich, D. et al., *Proc. SPIE*, 3162, 12, 1997）

使用单刃金刚石切削加工光学件的另一个例子如图 6.64a～c 所示（Addis，1983），该设计的目的是使用机械界面作为机加基准，在光学面与机械界面之间加工出高的精度。这些设计都准备应用于军事目的，所以要坚固耐用，经得起高等级的冲击和振动。

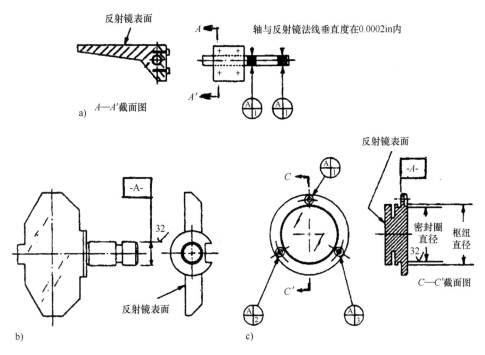

图 6.64 为了使光学表面与机械安装界面能够精确配合，使用 SPDT 技术加工反射镜的三种安装布局，单位是 in
（资料源自 Addis，E. C.，*Proc. SPIE*，389，36，1983）

图 6.64a 中，6061-T6 铝反射镜夹持在紧公差无心磨床的不锈钢轴上。在使用单刃金刚石切削加工反射镜端面时，轴上磨出的支承面（表示成带阴影）用作零件的安装基准。如果是高精度绕着枢轴转动，该部件就是一个精密的光学跟踪装置。图 6.64b 中，另外一块铝扫描反射镜，柱面-A-是机加工基准面，反射镜的法线垂直于-A-。图 6.64c 中，反射镜是一个静态元件，在同一台单刃金刚石切削设备上通过机加工可以保证其光学面与-A-处的安装界面彼此平行。图 c 中，定位孔直径与光学装置中相对应的内径相接触，在与定位孔直径相邻的槽中有一个 O 形密封环。该铝零件类似图 6.59 所示的零件，为了使光学表面与安装应力隔离，有一个朝下的颈状区以产生挠性。

6. 11 大型金属反射镜的挠性安装技术

如果反射镜遇到大的温度变化，或者大的加速度（例如航天器发射时），或者需要没有摩擦的小的角运动和平动，就要考虑使用挠性安装。现在就来讨论这类应用中为反射镜安装准备的两种挠性支撑的设计。图 6.12 所示设计的 65in × 40in（165cm × 102cm）肾状铍反射镜安装在一个运动学镜座上，具有图 6.65a 所示的自由度。固定在支点 1 处的支撑只能实现轴向（±Z）负载，而固定在支点 2 处的支撑可以实现轴向和垂直方向（±Z，

$\pm Y$ ）的负载，支点 3 处的支撑可以在所有三个轴向实现（ $\pm X$ ， $\pm Y$ ， $\pm Z$ ）负载。这种布局保证没有一对支撑点可以在它们的中心连线上约束该反射镜，并且理论上不会减少反射镜中的应力。这就要求在界面处与外部支撑结构是无摩擦力连接的，并与该结构是无限顺应性连接。

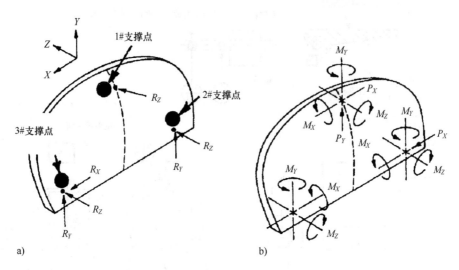

图 6.65　对图 6.10 所示的支撑铍反射镜的解析图
a）作用在三个半运动学支撑位置处的反作用力　b）作用在反射镜支撑点处的单位力矩
（资料源自 Altenhof, R. R., *Opt. Eng.*, 15, 265, 1976）

为这种应用研发并证实的支撑概念采用了十字形横截面的挠性装置，如图 6.66 所示。这种设计以下列一系列原则为基础：①在 3 个轴向都能经得起 $10g \sim 15g$ 的组合发射负载；②能够在 $150 \sim 300K$ 温度范围内工作；③保持反射面的光学图像质量方均根值为 $\lambda/2$ ，其中 $\lambda = 0.633 \mu m$ ；④兼容在其中性表面处支撑反射镜；⑤固有频率大于 50Hz；⑥挠性连接安装在一个 $4in \times 4in \times 3.5in$（ $10cm \times 10cm \times 8.9cm$ ）的小空间内；⑦能够适应铍合金和其他材料，例如不锈钢或钛合金制成的支撑架之间由热产生的局部变形。

对建议的挠性结构布局和材料进行有限元分析表明，6Al-4V 钛合金材料是比较合适的，因为这种材料有高的弹性品质因数（屈服应力/弹性模量），与铍反射镜有良好的热匹配性和低的密度。测试过的不合适的其他材料是不锈钢、铍、铝和铍铜（合金）。图 6.67 给出了该应用中使用的 3 个挠性装置之一的照片。

为了确定这些挠性支撑用作反射镜支架所产生的冗余力和力矩是否在可接受范围，使用有限元分析模型如下：①单位力 P 和力矩 M 按照图 6.61b 所示方向单独作用在图 6.61a 所示的每个支撑点上；②可以得到上述分析中由力矩、力和重力在最坏情况下产生的总变形。表 6.16 给出了明显是最坏节点处的变形。在对该设计进行自重测试时，任一瞬时孔径范围内的变形公差是 $16 \mu in$（ $0.40 \mu m$ ），表中右边一栏表示计算出的对应值，所有值都理想地位于公差值之内。与这些可以允许的变形相对应的力矩值和力的值分别确定为 $0.5 lbf \cdot in$（ $0.06N \cdot m$ ）和 $0.5 lbf$（ $2.22N$ ）、假设在任一个支撑点这些输入都同时存在。

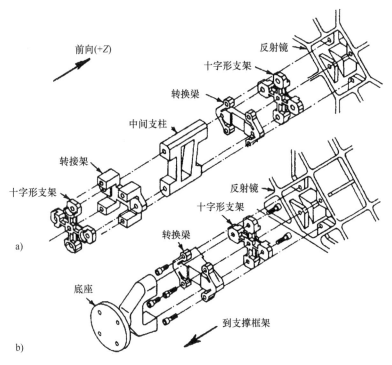

图 6.66 用来支撑图 6.10 所示的铍反射镜挠性连接的剖视图

a) 在支撑点 1 处使用的 b) 在支撑点 2 和 3 处使用的

（资料源自 Altenhof, R. R., *Opt. Eng.*, 15, 265, 1976）

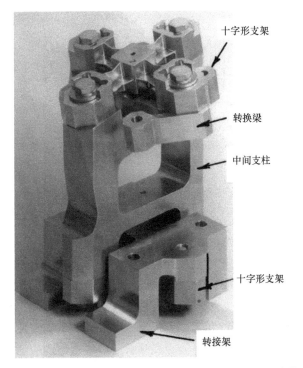

图 6.67 图 6.66a（译者注：原书错印为 6.60a）所示的挠性连接装置的照片

（资料源自 Altenhof, R. R., *Opt. Eng.*, 15, 265, 1976）

表 6.16 图 6.61 所示的反射镜模型支撑点处施加单位负载所造成的最严重变形

节点数	由力矩造成的变形/μin	由力造成的变形/μin	由重力造成的变形/μin
9[①]	7.24	14.2	4.8
56[①]	−1.71	−7.0	4.6
31	1.33	3.9	1.9
1	1.89	6.3	−2.3
60	0.56	1.3	2.0
4	4.88	15.7	2.0
66	0.73	−0.5	2.9

（资料源自 Altenhof, R. R., *Opt. Eng.*, 15, 265, 1976）

① 这些节点代表着峰值变形点。

　　传统挠性安装金属反射镜的另一设计例子就是 1983 年美国 NASA 发射进入轨道的并成功运行的红外气象卫星（IRAS）中的铍主镜（见图 6.68）。其重是 27.8 lb（12.6kg），直径是 24.4in（62.0cm），f 数是 $f/2$。下面对反射镜及其镜座的描述主要以 Schreibman 和 Young（1980）及 Young 和 Schreibman（1980）的文章为基础。

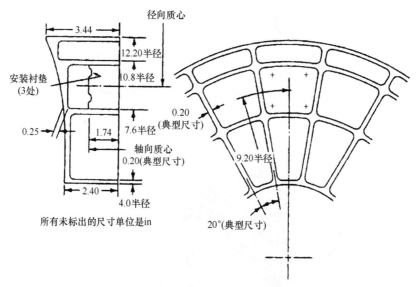

图 6.68 红外气象卫星（IRAS）主镜的详细视图

（资料源自 Young, P. and Schreibman, M., *Proc. SPIE*, 251, 171, 1980）

　　该反射镜由 Kawecki-Berylco HP-81 铍材料制成，规定不均匀性小于 $76 \times 10^{-6} K^{-1}$。在后表面上加工出一些空穴实现轻质化。为了使其对镜座变形和应力释放变形不太敏感，利用有限元分析方法对该设计进行优化。对该反射镜的一个约束就是在室内进行低温测试（40K），这就使反射镜只能适应轴线水平放置的情况。由于重力造成的非对称变形非常重要，反射镜前端面的解析模型包括 336 个节点和 252 个板形件，受到 276 个横梁件（组成径向和圆周加强肋）的支撑。计算出在消除了离焦、偏心和倾斜之后由重力效应造成的表面变形量方均根值是 0.020λ，其中 $\lambda = 0.633\mu m$。预计的系统变形误差是 $\lambda/10$。室温下表面形状的（自身）恢复会逐渐减小低温测试期间所出现的误差。重复进行低温测试/形状恢复的循环，直到满足反射镜要求为止。

　　望远镜系统的大基板（铍材料）伸出了三个"T形"结构的挠性连杆，如图 6.69a 所示，悬臂支撑着反射镜。图 b 中，这些连杆装置放置在一个半径为 9.2in（23.4cm）的圆上，间隔为 120°，并在轴向提供刚性。挠性装置的固定点位于基板和反射镜的中性面内，中性面离后表面 1.74in（4.42cm）。挠性装置的材料是 5Al-2.5Sn ELI⊖钛合金，热膨胀系数与铍材料的热膨胀系数非常相配。Vukobratovich 等人（1990）指出，Ti-6Al-4V ELI 钛材料比较适合这种挠性装置。根据 Carman 和 Katlin（1968）以及其他研究者的介绍，前者材料的断裂韧度比较低。

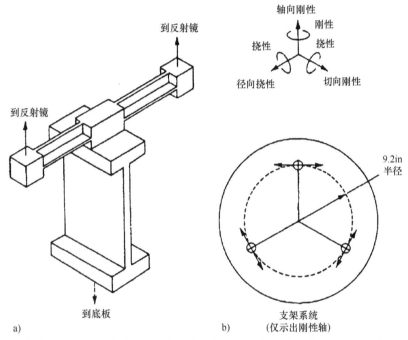

图 6.69　a）支撑红外气象卫星（ISAS）主镜的一根挠性连杆的示意图。连杆连接在望远镜底板上
　　　　　b）反射镜的前视图。图中有 3 根挠性连杆的方位，以及每根挠性连杆的切向轴
　　　　　　　　　（资料源自 Schreibman, M. and Young, P., *Proc. SPIE*, 250, 50, 1980）

6.12　多个单刃金刚石切削零件的连接、装配和对准

　　作为加工精密光学零件的一种方法，单刃金刚石切削技术的一个优点就是在加工过程中能够将定位面和光学面集成在多元件系统中的每一个工件内，一般无须从单刃金刚石切削设备上卸下工件，从而保证光学面与总系统的其他部分有最高的对准精度。

　　与普通的机加设备相比，金刚石切削设备加工出的产品可能具有非常高的公差，因此大大简化了装配工艺。某些情况下，无须光学对准或调校。表 6.17 给出了金刚石切削技术的代表性公差值。

　　⊖　ELI 代表超低间隙。

表 6.17 金刚石切削设备的代表性加工公差

特性	公差/in(μm)
平行性	±0.0002 (5)
垂直度	±0.0001 (2.5)
平面度	±0.0001 (2.5)
光学表面相对于基准面的跳动量	±0.0005 (12.5)
径向最小装配间隙	0.0004 (10)
直径	±0.0008 (20)
通过孔实现零件定位	±0.0004 (10)

图 6.70 给出了 6 种具有这种结构形式的光学组件示意。其中每个系统在单个的光机零件中至少有一个是使用单刃金刚石切削技术加工出的机械界面。应用单刃金刚石切削技术加

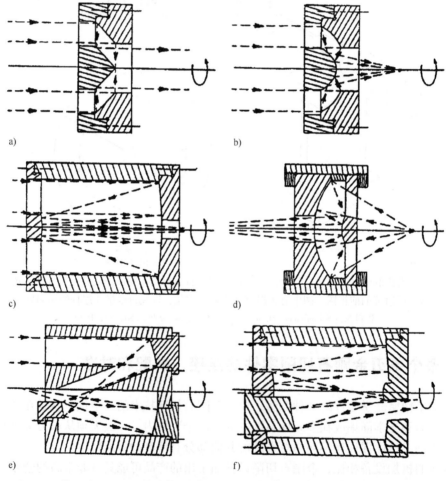

图 6.70 使用单刃金刚石切削技术加工的 6 种多元件光学系统。定位面集成在其中，
方便调校，简化装配，并表示出每个系统的对称轴

a) 反射式扩束器 b) 快速（大相对孔径）卡塞格林望远镜 c) 慢速（大f数）卡塞格林望远镜
d) Schwarzschild 显微物镜 e) 嵌入式三反射镜系统 f) 组合式四反射镜系统
（资料源自 Gerchman, M., *Proc. SPIE*, 751, 113, 1987）

工每个光机零件以使光学表面能够精确地与机械界面对准。用一个曲线箭头表示系统的对称轴。除图 6.70e 所示系统外，其余系统都与一个三脚支撑架整体加工。图 6.70a 中，系统包含有两个同心锥形（轴锥体）光学反射面，因此称之为"轴锥反射体"。图 6.70b 中，大相对孔径的卡塞格林望远镜只需要两个零件，所以比较短。然而，图 6.70c 中，小相对孔径的卡塞格林望远镜是最常用的，由 3 片零件组成，所以比较长，中间零件基本上就是一个隔圈。图 6.70d，反射式显微物镜系统也有一个隔圈，以方便于进行调焦，还装配有两个螺纹压圈，要注意的是图中的光路是从右向左传播。图 6.70e 中，三反射镜系统是离轴的，并采用分离光学元件。为了方便旋转对准，需要使用标准的机械面或定位销加工这些元件，还要有遮挡杂散光的整体装置。图 6.70f 所示为比较复杂的四反射镜系统，包含了其他所有系统的特性。

为了保证同心和轴向定位，一般来说可以将系统中的机械界面，如图 6.70 所示，设计加工成图 6.71 所示的形状。如果径向界面是严格的滑动接触，所有提供轴向界面的表面都是共面平面并精确地垂直于零件的轴，或者是一个超环面与一个平面接触，而螺栓的约束集中在接触衬垫上那么，在零件中就会产生最小的应力。

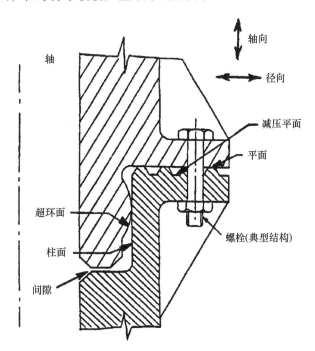

图 6.71　为了保证轴向和径向对准以及使安装造成的应力最小，建议在以单刃金刚石切削技术加工出的光学零件之间采用的典型界面

（资料源自 Sanger, G. M., The precision machining of optics, in: Shannon, R. R. and Wyant, J. C., eds., *Applied Optics and Optical Engineering*, Vol. 10, Academic Press, San Diego, CA, 1987, Chapter 6）

Morrison（1988）详细阐述过一个无遮挡孔径、放大倍率为 10 倍的无焦望远镜组件的设计、制造、装配和测试。该望远镜由两个抛物面反射镜（其中一个是离轴的）和一个壳体组成。壳体中包括两块集成在壳体上的杂散光遮挡板。图 6.72 给出了该系统的横截面图。图 6.73 给出了主镜视图。图 6.74 给出了次镜视图。

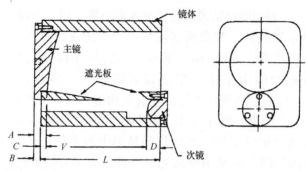

图 6.72 一个 10 倍放大倍率、无焦望远镜的例子。望远镜包括主镜、次镜和一个镜体。镜体中有两块遮光板。为保证装配中能够精确对准，采用单刃金刚石切削技术加工机械界面

（资料源自 Morrison，D.，*Proc. SPIE*，966，219，1988）

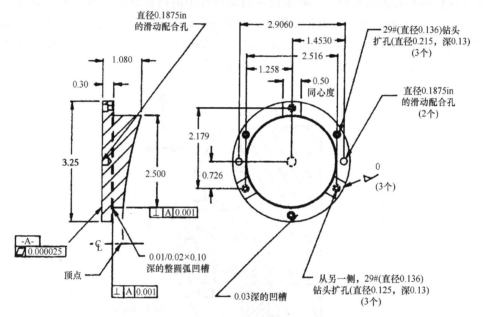

图 6.73 图 6.72 所示望远镜的主镜视图

（资料源自 Morrison，D.，*Proc. SPIE*，966，219，1988）

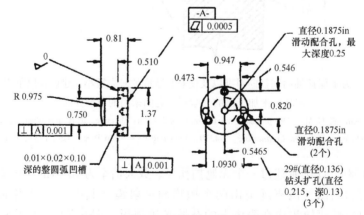

图 6.74 图 6.72 所示望远镜的次镜视图

（资料源自 Morrison，D.，*Proc. SPIE*，966，219，1988）

每一块反射镜基板反射面的边上，都有一个平面法兰盘与镜体的平行端面相接触。接触界面和光学面都采用单刃金刚石切削技术加工，有非常高的位置精度，相对于光轴有最小的倾斜。在安装测试期间，这些平面起着装调基准面的作用。镜体长度控制着反射镜顶点之间的间隔。两个端面是平面，平面度为 $\lambda/2$，$\lambda = 0.633\,\mu\mathrm{m}$，平行度为 $0.5''$，平面间间隔的设计公差为 $\pm0.005\mathrm{in}$（0.127mm），测量出间隔的实际误差是 $\pm10\times10^{-6}\mathrm{in}$（0.25$\mu$m），为了（装配）识别，将该零件编号。

为了使用单刃金刚石切削技术加工主镜，将主镜固定在一块辅助连接板上。真空卡盘将该辅助板吸附到单刃金刚石切削机床上，并被金刚石刀具切削成一个平面，平面度小于 $\lambda/2$，$\lambda = 0.633\,\mu\mathrm{m}$。辅助板的侧边滚圆，圆度是 $\pm5\times10^{-6}\mathrm{in}$（0.13$\mu$m），从而为坐标镗床加工出的 6 个高精度定位孔确保同心，提供一个精确的基准。为了与主镜上的定位销孔相匹配，在一个 $2.000\mathrm{in}$（50.800mm）的螺栓分布圆上，一对定位孔相距为 $2.906\mathrm{in}$（51.692mm），同时还加工出一个中心定位孔。为了实现同时加工，3 块反射镜基板安装在辅助板上，如图 6.75 所示。

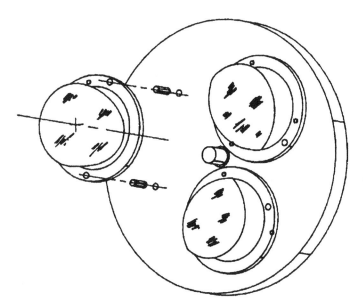

图 6.75 为了使用单刃金刚石切削技术同时加工三块离轴次镜
而设计的挠性工装夹具示意图。类似图 6.48 所示的结构布局
（资料源自 Morrison, D., *Proc. SPIE*, 966, 219, 1988）

在完成一组主镜的光学表面加工之后，测量出的实际轴向厚度误差是 $1\times10^{-6}\mathrm{in}$（0.025$\mu$m），记下并为图 6.72 所示的尺寸 A。该尺寸的设计值是 $0.550\mathrm{in}$（13.970mm）。然后，将这些反射镜单个地安装在一个真空卡盘上，为了实现同轴，使用中心定位孔。加工安装法兰盘，直到 $A-B = 0.250\mathrm{in}\pm0.002\mathrm{in}$（6.350mm $\pm$ 0.051mm）为止。最后，测量和记录下 C 及镜体长度 L 的实际尺寸，精度到 μin。

为了同轴，使用中心定位孔将次镜单独安装在一个真空卡盘上，利用金刚石机床切削光学表面。然后在同一台设备上加工其法兰盘，使直径 $D = L - V - C$（见图 6.72）。用同样方法加工所有的反射镜，保证它们在安装时能够自动地正确定位。

由于所有的关键尺寸都已经保证有严格的公差，所以，装配期间无须调整。在每个系统中，加工工艺决定了光学对准。Morrison（1988）指出可以在 30min 内完成一台望远镜的装配。

Erickson 等人（1992）介绍了另一台采用单刃金刚石切削技术加工的望远镜，图 6.76 给出了该望远镜的示意。所有零件都使用 6061 铝材料以保证热稳定性。标有单刃金刚石切削的所有表面都是按照所述金刚石切削技术加工而成的。直径为 8in（203.2mm）的主镜有一个集成安装法兰盘，类似图 6.64c 给出的原理，有一个朝下的颈状挠性区与光学表面隔开。主镜和次镜有一个基准球面，是采用金刚石切削技术加工的，与望远镜的设计焦点同心，如图 6.76 所示。为了表示如何使用这些表面进行精确的加工和装配，在此对零件加工工艺的主要细节进行总结。

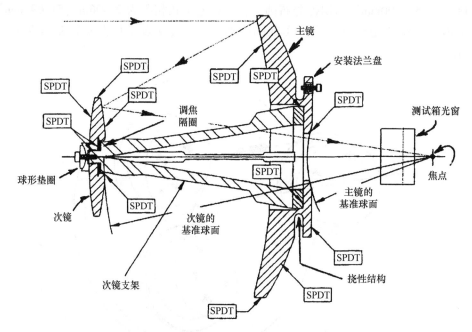

图 6.76 一台全铝望远镜的示意图。为了使装配比较容易，系统中的光学面、
机械界面和调整基准面都采用单刃金刚石切削（SPDT）工艺加工
（资料源自 Erickson, D. J. et al., *Proc. SPIE*, CR43, 329, 1992）

在采用普通方法将次镜加工到接近设计的形状和尺寸后，把它安装在单刃金刚石切削机床上，对后表面（非光学面）进行单刃金刚石切削加工；然后将基板翻转过来，固定到一个真空卡盘上，再切削加工反射镜的外径和内径、非球面凸光学面、凹基准球面和调焦隔圈的界面。

可以采用单刃金刚石切削技术在一台单轴机床设备上加工出下列与主镜有关的表面：法兰盘的安装平面，凹基准球面，球面反射镜的凸后表面以及反射镜的内径和外径。翻转过来，利用自身的法兰盘安装在单刃金刚石切削的面板（或者花盘）上。使高精度外径的径向跳动量达到最小，从而使基板与主轴同轴。接着，切削加工凹非球面光学表面和二级支撑的轴向界面，反射镜的内径要与普通方法加工出来的二级支撑的外径配装加工。不用从主轴上卸下主镜就可以用螺钉将二级支撑固定（图 6.76 未给出），切削外径和二级支撑的轴向界面，从而保证反射镜的所有轴都能精确对准。

在将主镜/二级支撑部件从主轴上卸下之后，研磨调焦隔圈的厚度和平行度，并安装二级支撑。如果光学表面的轴向间隔是正确的，那么可以观察到一个干涉环。它是由与焦点同心的一个辅助基准面和反射镜的两个由金刚石切削技术加工出的基准面形成的。作者指出，从批量生产望远镜的角度，不需要进行后续调整就可以使反射后的波前精度小于 $\lambda/4$，波长 $\lambda = 0.633\mu m$。

利用金刚石切削技术组合设计出安装功能而使装配过程中无须光学对准和调校，这种工艺称之为整体快速装配（snap-together assembly），适用于光学系统的大批量生产，尤其是适用于远比可见光零件公差更宽松的红外系统。单元装配工艺经常利用精密的定位销提供定位界面，定位销装配在光学件上利用金刚石切削技术加工出的孔中。对整体快速装配精度的一个限制是，金刚石刀具切削期间由于角加速度（离心力）作用使光学元件（或系统）相对于安装部件发生变形（Sweeney，2002）。为了改善金刚石切削工艺后表面粗糙度和光学轮廓精确度而进行的后置抛光，可能会使光轴相对于对准部件位置有所漂移。若测试夹具的安装特性与系统装配期间相同，则这些误差可以得到补偿。

Carrigan（2012）以实例介绍了整体快速装配法和金刚石切削技术能够达到的校准公差和波前误差。在一个四反射镜式全铝望远镜中，反射镜的实际位置误差是 $7.62 \sim 10.16\mu m$。经过补偿元件的最小调整量装配后，视场边缘的波前误差是 0.39λ（$\lambda = 633nm$）。

离轴多反射镜式光学系统的加工难度名副其实，尤其是调校对准期间。如前所述，尽管利用金刚石切削技术无法解决对准问题，但还是利用该技术加工光学表面。一种方法是，在采用与光学表面相同的加工步骤期间，利用金刚石切削技术在通光孔径外侧加工出基准表面。例如，图 6.55 所示锥镜通光孔径外面有一个环形平面基准反射镜。调校期间，利用该平面自动对准以测量光学件相对于光轴的倾斜量。

Gebhard 等人（2010）阐述的水银辐射计和热红外光谱仪（MERTIS）是利用金刚石切削技术加工光学件以及装配期间用以进行精密光学调校对准组件的例子。这种设备由一个三反射镜式消像散系统（TMA）和一个奥夫纳（Offner）超光谱成像仪组成。三反射镜消像散系统壳体上的一个定位销用来确定光轴。在调校对准过程中，利用了该部件以及反射镜相关光学性质（包括顶点位置和反射镜半径）的测量数据。利用对三反射镜消像散系统的干涉测量，作为最终调试信息。在该实例中，金刚石切削技术简化了光学对准调校工艺，但没有从根本上去除该工艺。

Scheding 等人（2010）以实例介绍了如何利用金刚石切削技术加工基准结构和集成式安装组件，从而使离轴三反射镜消像散系统的装配简单化。金刚石切削工艺期间利用球面基准元件定位光轴。利用精度 200nm 的坐标测量仪计量基准元件。完成金刚石切削加工后，M_2 和 M_3 顶点位置的定位误差是 200nm，两个反射镜的共面误差是 500nm。M_2 和 M_3 彼此间的倾斜误差是 5″。

Risse 等人（2011）详细介绍了上述三反射镜消像散系统（译者注：原书错印为 TMS）系统的装配过程。利用运动学元件作为精密定位销基准来确定光轴位置。这些运动学元件，是精密衬套利用两脚架挠性装置固定在反射镜上的。两脚架挠性结构使装配过程中温度梯度造成的光学表面畸变或者共面误差降至最小。两脚架挠性装置与反射镜整体加工以便消除装配误差。完成装配后，三反射镜消像散系统的单通道波前误差方均根值是 180nm。虽然作者称之为整体快速装配，但是，装配期间还必须做些调整。不过，基准元件和安装部件使工艺大大得到简化。

参考文献

Addis, E.C., Value engineering additives in optical sighting devices, *Proc. SPIE*, 389, 36, 1983.

Altenhof, R.R., Design and manufacture of large beryllium optics, *Opt. Eng.*, 15, 265, 1976.

AMS2770J, *Heat Treatment of Wrought Aluminum Alloy Parts*, ASME, Warrendale, PA, 2011.

Angele, W., Main mirror for a 3-meter spaceborne optical telescope, Optical Telescope Technology, NASA SP-233, National Aeronautics and Space Administration, Washington, DC, 1969, p. 281.

Arnold, J.B., Morris, T.O., Sladky, R.E., and Steger, P.J., Machinability studies of infrared window materials and metals, *Opt. Eng.*, 16, 324, 1977.

Arriola, E.W., Diamond turning assisted fabrication of a high numerical aperture lens assembly for 157 nm microlithography, *Proc. SPIE*, 5176, 36, 2003.

Baker, P.C., Sonderman, J.B., and Saito, T.T., Finishing of precision generated metal optical components, *Proc. SPIE*, 65, 42, 1975.

Barho, R., Stanghellini, S., and Jander, G., VLT secondary mirror unit performance and test results, *Proc. SPIE*, 3352, 675, 1998.

Barnes, W.P., Some effects of the aerospace thermal environment on high-acuity optical systems, *Appl. Opt.*, 5, 701, 1966.

Barr, L.D. and Livingston, W.C., Mirror seeing control in thick, solid mirrors and the planned upgrade of the McMath-Pierce Solar Telescope, *Proc. SPIE*, 1931, 53, 1992.

Barto, A., Acton, D.S., Finley, P., Gallagher, B., Hardy, B., Knight, J.S., and Lightsey, P., Actuator usage and fault tolerance of the James Webb Space Telescope optical element mirror actuators, *Proc. SPIE*, 8442, 8442 2I, 2012.

Bely, P.Y., *The Design and Construction of Large Optical Telescopes*, Springer-Verlag, New York, 2003.

Bender, J., Tuenge, S., and Bartley, J., Computer-controlled belt polishing of diamond-turned annular mirrors, *Proc. SPIE*, 966, 29, 1988.

Bennett, J.M., Archibald, P.C., Rahn, J.P., and Klugman, A., Low-scatter molybdenum surfaces, *Appl. Opt.*, 22, 4048, 1983.

Bennett, J.M. and Decker, D.L., Surface characterization of diamond-turned metal optics, *Proc. SPIE*, 288, 534, 1981.

Bennett, J.M., Wong, S.M., and Krauss, G., Relation between the optical and metallurgical properties of polished molybdenum mirrors, *Appl. Opt.*, 19, 3562, 1980.

Bingham, R.G., The next steps, (panel discussion), *Proc. SPIE*, 1931, 150, 1992.

Brown, N., Baker, P., and Parks, R., Polishing to figuring transition in turned optics, *Proc. SPIE*, 306, 58, 1981.

Carman, C.M. and Katlin, J.M., Plane strain fracture toughness and mechanical properties of 5Al-2.5Sn ELI and commercial titanium alloys at room and cryogenic temperature, in *Applications-Related Phenomena in Titanium Alloys*, ASTM STP432, American Society for Testing and Materials, Conshocken, PA, 1968, pp. 124–144.

Carrigan, K. and Patel, A., 4th generation aluminum optics performance, *Proc. SPIE*, 8838, 88380R, 2013.

Carrigan, K.G., Visible quality aluminum and nickel superpolishing technology enabling new missions, *Proc. SPIE*, 8012, 80123F, 2011.

Carrigan, K.G., Manufacturing status of Tinsley visible quality bare aluminum and an example of snap together assembly, *Proc. SPIE*, 8353, 8353D, 2012.

Catura, R. and Vieira, J., Lightweight aluminum optics, in *Proceedings of the ESA Workshop: Cosmic X-Ray Spectroscopy Mission*, ESA SP-2, Lyngby, Denmark, June 24–26, 1985, p. 173.

Cayrel, M., VLT beryllium secondary mirror No. 1—performance review, *Proc. SPIE*, 3352, 721, 1998.

Cho, M.L., Richard, R.M., and Vukobratovich, D., Optimum mirror shapes and supports for light weight mirrors subjected to self-weight, *Proc. SPIE*, 1167, 2, 1989.

Church, E.L., Jenkinson, H.A., and Zavada, J.M., Measurement of the finish of diamond-turned metal surfaces by differential light scattering, *Appl. Opt.*, 16(4), 360, 1977.

Church, E.L. and Takacs, P.Z., Survey of the finish characteristics of machined optical surfaces, *Opt. Eng.*, 24(3), 396, 1985.

Colquhoun, A., Gordon, C., and Shepherd, J., Polygon scanners—An integrated design package, *Proc. SPIE*, 966, 184, 1988.

Connelly, J.A., Ohl, R.G., Mentzell, J.E., Madison, T.J., Hylan, J.E., Mink, R.G., Saha, T.T. et al., Alignment and performance of the infrared multi-object spectrometer, *Proc. SPIE*, 5172, 1, 2003.

Curcio, M.E., Precision-machined optics for reducing system complexity, *Proc. SPIE*, 226, 91, 1980.

Dahlgren, R. and Gerchman, M., The use of aluminum alloy castings as diamond machining substrates for optical surfaces, *Proc. SPIE*, 890, 68, 1988.

Daniel, J., Hull, T., and Barentine, J.B., JWST: Tinsley achievements on the largest beryllium polishing project, *Proc. SPIE*, 8450, 845021, 2012.

Decker, D.L., Bennett, J.M., Soileau, M.J., Porteus, J.O., and Bennett, H.E., Surface and optical studies of diamond-turned and other metal mirrors, *Opt. Eng.*, 17, 160, 1978.

Decker, D.L. and Grandjean, D.J., Physical and optical properties of surfaces generated by diamond-turning on an advanced machine, in *Laser Induced Damage in Optical Materials*: 1978, NBS Special Publication 541, National Bureau of Standards, Washington, DC, 1978, p. 122.

Denny, C., Spawr, W.J., and Pierce, R.L., Metal mirror selection guide update, *Proc. SPIE*, 181, 84, 1979.

Devilliers, C. and Krödel, M., CESIC® A new technology for lightweighted and cost-effective space instrument structures and mirrors, *Proc. SPIE*, 5494, 285, 2004.

Dierickx, P., Optical quality and stability of 1.8-m aluminum mirrors, *Proc. SPIE*, 1931, 78, 1992.

Dierickx, P., Enard, D., Geyl, R., Paseri, J., Cayrel, M., and Béraud, P., The VLT primary mirrors: Mirror production and measured performance, *Proc. SPIE*, 2871, 385, 1996.

Downey, C.H., Abbott, R.S., Arter, P.I., Hope, D.A., Payne, D.A., Roybal, E.A., Lester, D.F., and McClenahan, J.O., The chopping secondary mirror for the Kuiper Airborne Observatory, *Proc. SPIE*, 1167, 329, 1989.

Ealey, M.A., Wellman, J.A., and Weaver, G., CERAFORM SiC: Roadmap to 2 meters and 2 kg/m² areal density, *Proc. SPIE*, CR67, 53, 1997.

Enard, D., E.S.O. VLT Project I: A status report, *Proc. SPIE*, 1236, 63, 1990.

Engelhaupt, D., Ahmad, A., Lewis, G.R., and George, G., Material selection for lightweight optical components in a fieldable military optical test set, *Proc. SPIE*, 2269, 356, 1994.

Erickson, D.J., Johnston, R.A., and Hull, A.B., Optimization of the optomechanical interface employing diamond machining in a concurrent engineering environment, *Proc. SPIE*, CR43, 329, 1992.

Folkman, S.L. and Stevens, M.S., Characterization of electroless nickel plating on aluminum mirrors, *Proc. SPIE*, 4771, 254, 2002.

Forbes, F.F., Large aperture aluminum alloy telescope mirrors, *Appl. Opt.*, 7, 1407, 1968.

Forbes, F.F., A 40-cm welded-segment lightweight aluminum alloy telescope mirror, *Appl. Opt.*, 8, 1661, 1969.

Forbes, F.F., Cast Tenzalloy aluminum optics, *Proc. SPIE*, 1931, 2, 1992.

Forbes, F.F. and Johnson, H.L., Stability of Tenzalloy aluminum mirrors, *Appl. Opt.*, 10, 1412, 1971.

Fortini, A.J., Open-cell silicon foam for ultralight mirrors, *Proc. SPIE*, 3786, 440, 1999.

Fuller, J.B.C., Jr., Forney, P., and Klug, C.M., Design and fabrication of aluminum mirrors for a large aperture precision collimator operating at cryogenic temperatures, *Proc. SPIE*, 288, 104, 1981.

Gebhardt, A., Steinkopf, R., Scheiding, S., Risse, S., Damm, C., Zeh, T., and Kaiser, S., MERTIS—Optics manufacturing and verification, *Proc. SPIE*, 7808, 78080Q, 2010.

Gerchman, M., Specifications and manufacturing considerations of diamond-machined optical components, *Proc. SPIE*, 607, 36, 1986.

Gerchman, M., Diamond-turning applications to multimirror systems, *Proc. SPIE*, 751, 116, 1987.

Gerchman, M., A description of off-axis conic surfaces for non-axisymmetric surface generation, *Proc. SPIE*, 1266, 262, 1990.

Gerchman, M. and McLain, B., An investigation of the effects of diamond machining on germanium for optical applications, *Proc. SPIE*, 929, 94, 1988.

Geyl, R. and Cayrel, M., The VLT secondary mirror—A report, *Proc. SPIE*, CR67, 327, 1997.

Gibson, L.J. and Ashby, M.F., *Cellular Solids*, Pergamon Press, Oxford, England, 1988.

Goela, J., Pickering, M., Taylor, R., Murray, B., and Lompado, A., Properties of chemical-vapor-deposited silicon carbide for optics applications in severe environments, *Appl. Opt.*, 30, 3166, 1991.

Goela, J. and Taylor, R., Large scale fabrication of lightweight Si/SiC LIDAR mirrors, *Proc. SPIE*, 1118, 14, 1989a.

Goela, J. and Taylor, R., CVD replication for optical applications, *Proc. SPIE*, 1047, 198, 1989b.

Goela, J.S. and Pickering, M.A., Optics applications of chemical vapor deposited β-SiC, *Proc. SPIE*, CR67, 71, 1997.

Goodman, W.A., Private communication, 2005.

Goodman, W.A. and Jacoby, M.T., Dimensionally stable ultra-lightweight silicon optics for both cryogenic and high-energy laser applications, *Proc. SPIE*, 4198, 260, 2001.

Goodman, W.A. and Jacoby, M.T., Lightweight athermal SLMS™ innovative telescope, *Proc. SPIE*, 5528, 72, 2004.

Goodman, W.A., Jacoby, M.T., Krödel, M., and Content, D.A., Lightweight athermal optical system using silicon lightweight mirrors (SLMS) and carbon fiber reinforced silicon carbide (Cesic®) mounts, *Proc. SPIE*, 4822, 12, 2002.

Goodman, W.A., Müller, C.E., Jacoby, M.T., and Wells, J.D., Thermo-mechanical performance of precision C/SiC mounts, *Proc. SPIE*, 4451, 468, 2001.

Gossett, E., Marder, J., Kendrick, R., and Cross, O., Evaluation of hot isostatic pressed beryllium for low scatter cryogenic optics, *Proc. SPIE*, 1118, 50, 1989.

Gould, G., Method and means for making a beryllium mirror, U.S. Patent 4492669, 1985.

Guregian, J.J., Pepi, J.W., Schwalm, M., and Azad, F., Material trades for reflective optics from a systems engineering perspective, *Proc. SPIE*, 5179, 85, 2003.

Hadjimichael, T., Content, D., and Frohlich, C., Athermal lightweight aluminum mirrors and structures, *Proc. SPIE*, 4849, 396, 2002.

Harned, N., Harned, R., and Melugin, R., Alignment and evaluation of the cryogenic corrected Infrared Astronomical Satellite (IRAS) telescope, *Opt. Eng.*, 20, 195, 1981.

Hedges, A.R. and Parker, R.A., Low stress, vacuum-chuck mounting techniques for the diamond machining of thin substrates, *Proc. SPIE*, 966, 16, 1988.

Hibbard, D., Dimensional stability of electroless nickel coatings, *Proc. SPIE*, 1635, 180, 1990.

Hibbard, D., Critical parameters for the preparation of low scatter electroless nickel coatings, *Proc. SPIE*, 1753, 10, 1992.

Hibbard, D., Electrochemically deposited nickel alloys with controlled thermal expansion for optical applications, *Proc. SPIE*, 2542, 236, 1995.

Hibbard, D.L., Electroless nickel for optical applications, *Proc. SPIE*, CR67, 179, 1997.

Hoffman, R.A., Lange, W.J., and Choyke, W.J., Ion polishing of copper: Some observations, *Appl. Opt.*, 14, 1803, 1975.

Hoover, M.D., Seiler, F.A., Finch, G.L., Haley, P.J., Eiddson, A.F., Mewhinney, J.A., Bice, D.E., Brooks, A.L., and Jones, R.K., *Space Nuclear Power Systems*, Orbit Book Co., Malabar, FL, 1992, p. 285.

Horst, R., de Haan, M., Gubbels, G., Senden, R., Venrooy, B., and Hoogstrate, A., Diamond turning and polishing tests on new RSP aluminum alloys, *Proc. SPIE*, 8450, 84502M, 2012.

Horst, R., Tromp, N., de Haan, M., Navarro, R., Venema, L., and Pragt, J., Directly polished lightweight aluminum mirror, *Proc. SPIE*, 7018, 701808, 2008.

Howells, M.R. and Paquin, R.A., Optical substrate materials for synchrotron radiation beam lines, *Proc. SPIE*, CR67, 339, 1997.

Jacobs, S.F., Variable invariables: Dimensional instability with time and temperature, *Proc. SPIE*, CR43, 181, 1992.

Jacoby, M.T., Goodman, W.A., and Content, D.A., Results for silicon lightweight mirrors (SLMS), *Proc. SPIE*, 4451, 67, 2001.

Jacoby, M.T., Goodman, W.A., Stahl, H.P., Keys, A.S., Reily, J.C., Eng, R., Hadaway, J.B. et al., Helium cryo testing of a SLMS™ (silicon lightweight mirrors) athermal optical assembly, *Proc. SPIE*, 5180, 199, 2003.

Jacoby, M.T., Montgomery, E.E., Fortini, A.J., and Goodman, W.A., Design, fabrication, and testing of lightweight silicon mirrors, *Proc. SPIE,* 3786, 460, 1999.

Janeczko, D., Metal mirror review, *Proc. SPIE,* CR38, 258, 1991.

Jones, R.A., Final figuring of a lightweighted beryllium mirror, *Proc. SPIE,* 65, 48, 1975.

Klein, C.A., Mirror figure-of-merit and material index-of-goodness for high power laser beam reflectors, *Proc. SPIE,* 288, 69, 1981.

Krödel, M., Cesic®—Engineering material for optics and structures, *Proc. SPIE,* 5494, 297, 2004.

Kurdock, J., Saito, T., Buckrnelter, J., and Austin, R., Polishing of super-smooth metal mirrors, *Appl. Opt.,* 14, 1808, 1975.

Lange, S., Very high resolution profiler for diamond turning groove analysis, *Proc. SPIE,* 966, 157, 1988.

Leblank, J.-M. and Rozelot, J.-P., Large active mirror in aluminium (LAMA), *Proc. SPIE,* 1535, 122, 1991.

Lester, R.S. and Saito, T.T., Aging of optical properties of polished copper mirrors, *Appl. Opt.,* 16, 2035, 1977.

Lightsey, P.A., Atkinson, C., Clampin, M., and Feinberg, L.D., James Webb Space Telescope: Large deployable cryogenic telescope in space, *Opt. Eng.,* 51(1), 011003, 2012.

Lindsey, K. and Franks, A., Metal optics versus glass optics, *Proc. SPIE,* 163, 46, 1979.

Lyons, J.J., III and Zaniewski, J.J., High quality optically polished aluminum mirror and process for producing, U.S. Patent 6350176 B1, 2002.

McClelland, R.S. and Content, D.A., Design, manufacture, and test of a cryo-stable Offner relay using aluminum foam core optics, *Proc. SPIE,* 4451, 77, 2001.

Mikk, G., Cryogenic testing of a beryllium mirror, *Proc. SPIE,* 65, 89, 1975.

Moberly, J.W. and Brown, H.M., Technical note on fabricating isotropic beryllium, *Int. J. Powder Metall.,* 61, 6, 1970.

Moeggenberg, K.J., Barros, C., Lesiak, S., Naguib, N., and Reggie, S., Low-scatter bare aluminum optics via chemical mechanical polishing, *Proc. SPIE,* 7060, 706002, 2008.

Mohn, W.R. and Vukobratovich, D., Recent applications of metal matrix composites in precision instruments and optical systems, *Opt. Eng.,* 27, 90, 1988.

Moon, I.K., Cho, M.K., and Richard, R.M., Optical performance of bimetallic mirrors under thermal environment, *Proc. SPIE,* 4444, 29, 2001.

Moronuki, N., Liang, Y., and Furukawa, Y., Experiments on the effect of material properties on the microcutting processes, *Precis. Eng.,* 16(2), 124, 1994.

Morrison, D., Design and manufacturing considerations for the integration of mounting and alignment surfaces with diamond turned optics, *Proc. SPIE,* 966, 219, 1988.

Muller, C., Papenburg, U., Goodman, W.A., and Jacoby, M., C/SiC high precision lightweight components for optomechanical applications, *Proc. SPIE,* 4198, 249, 2001.

Nella, J., Atcheson, P.D., Atkinson, C.B., Au, D., Bronowicki, A.J., Bujanda, E., Cohen, A. et al., James Webb Space Telescope (JWST) Observatory architecture and performance, *Proc. SPIE,* 5487, 576, 2004.

Newswander, T., Crowther, B., Gubbels, G., and Senden, R., Aluminum alloy AA-6061 and RSA-601 heat treatment for large mirror applications, *Proc. SPIE,* 8837, 883704, 2013.

Noble, R.H., Lightweight mirrors for secondaries, in *Proceedings of Symposium on Support and Testing of Large Astronomical Mirrors, Tucson, AZ 4-6 Dec. 1966,* Kitt Peak National Observatory and University of Arizona, Tucson, AZ, 1966, p. 186.

Oettinger, P.E. and McClellan, R.P., High power laser refractory metal mirrors made of thoriated tungsten, *Appl. Opt.,* 15, 16, 1976.

Offner, A., Restricted off-axis field optical system, U.S. Patent 4293186, 1981.

Ogloza, A., Decker, D., Archibald, P., O'Connor, D., and Bueltmann, E., Optical properties and thermal stability of single-point diamond-machined aluminum alloys, *Proc. SPIE,* 966, 228, 1988.

Ohl, R., Barthemy, M., Zewari, S., Toland, R., McMann, J., Puckett, D., Hagopian, J. et al., Comparison of stress relief procedures for cryogenic aluminum mirrors, *Proc. SPIE,* 4822, 51, 2002.

Ohl, R., Preuss, W., Sohn, A., Conkey, S., Garrard, K.P., Hagopian, J., Howard, J.M. et al., Design and fabrication of diamond machined aspheric mirrors for ground-based, near-IR astronomy, *Proc. SPIE,* 4841, 677, 2003.

Palum, R., Surface profile error measurement for small rotationally symmetric surfaces, *Proc. SPIE*, 966, 168, 1988.

Paquin, R.A., Selection of materials and processes for metal optics, *Proc. SPIE*, 65, 12, 1975.

Paquin, R.A., Advanced lightweight beryllium optics, *Proc. SPIE*, 516, 355, 1985.

Paquin, R.A., Hot isostatic pressed beryllium for large optics, *Opt. Eng.*, 25, 2003, 1986.

Paquin, R.A., Dimensional stability: An overview, *Proc. SPIE*, 1635, 2, 1990.

Paquin, R.A., *Materials Properties and Fabrication for Stable Optical Systems*, SPIE Short Course SC 219, SPIE, Bellingham, WA, 1991.

Paquin, R.A., Properties of metals, in *Handbook of Optics*, 2nd edn., Vol. II, Bass, M., Van Stryland, E.W., Williams, D.M., and Wolfe, W.L., Eds., Optical Society of America, Washington, DC, 1994, Chapter 35.

Paquin, R.A., Metal mirrors, in *Handbook of Optomechanical Engineering*, Ahmad, A., Ed., CRC Press, Boca Raton, FL, 1997, Chapter 4.

Paquin, R.A., Coulter, D., Norris, D., Augason, G., Stier, M., Cayrel, M., and Parsonage, T., New fabrication processes for dimensionally stable beryllium mirrors, *Proc. SPIE*, 2775, 480, 1996.

Paquin, R.A. and Gardopee, G.J., Fabrication of a lightweight beryllium one-meter f/0.58 ellipsoidal mirror, *Proc. SPIE*, 1618, 61, 1991.

Paquin, R.A. and Goggin, W., Beryllium Mirror Technology, State-of-the-Art Report, Perkin-Elmer Report IS 11693, Norwalk, CT, 1972.

Paquin, R.A., Levenstein, H., Altadonna, L., and Gould, G., Advanced lightweight beryllium optics, *Opt. Eng.*, 23, 157, 1984.

Paquin, R.A., Magida, M.B., and Vernold, C.L., Large optics from silicon carbide, *Proc. SPIE*, 1618, 53, 1991.

Parks, R.E., Making and testing an f/0.15 parabola, *Appl. Opt.*, 16, 1987, 1974.

Parks, R.E., *Introduction to Diamond Turning*, SPIE Short Course, SPIE, Bellingham, WA, 1982.

Parsonage, T., Advances in beryllium optical technology utilizing spherical powder, *Proc. SPIE*, 3352, 160, 1998.

Parsonage, T., JWST beryllium telescope: Material and substrate fabrication, *Proc. SPIE*, 5494, 39, 2004.

Parsonage, T., Personal communication, 2005.

Piccolo, S.K., Working with beryllium, in *OSA Optical Fabrication and Testing Workshop*, North Falmouth, MA, 1980.

Pollard, W., Vukobratovich, D., and Richard, R., The structural analysis of a light-weight aluminum foam core mirror, *Proc. SPIE*, 748, 180, 1987.

Rhorer, R.L. and Evans, C.J., Fabrication of optics by diamond turning, in *Handbook of Optics*, 2nd edn., Vol. II, Bass, M., Van Stryland, E.W., Williams, D.R., and Wolfe, W.L., Eds., Optical Society of America, Washington, DC, 1995, Chapter 41.

Risse, S., Scheiding, S., Gebhardt, A., Damm, C., Holota, W., Eberhardt, R., and Tünnermann, A., Development and fabrication of a hyperspectral, mirror based IR-telescope with ultra-precise manufacturing and mounting techniques for a snap-together system assembly, *Proc. SPIE*, 8176, 8176N, 2011.

Rohloff, R.R., Gebhardt, A., Schönherr, V., Risse, S., Kinast, J., Scheiding, S., and Peschel, T., A novel athermal approach for high performance cryogenic metal optics, *Proc. SPIE*, 7739, 77394E, 2010.

Roybal, E.A., McIntosh, M.B., and Hull, H.K., Current status of optical grade sputtered, bare beryllium, and nickel-plated beryllium, *Proc. SPIE*, CR67, 206, 1997.

Rozelot, J.-P., The 'L.A.M.A' (Large Active Mirrors in Aluminium) programme, *Proc. SPIE*, 1931, 33, 1992.

Saito, T.T., Diamond turning of optics: The past, the present, and the exciting future, *Opt. Eng.*, 17, 570, 1978.

Saito, T.T. and Simmons, L.B., Performance characteristics of single point diamond machined metal mirrors for infrared laser applications, *Appl. Opt.*, 16, 2647, 1974.

Sanderson, T., The limits of classical beam theory for bent strip residual stress measurements in plated metals, *Proc. SPIE*, 6666, 6660V, 2007.

Sanger, G.M., The precision machining of optics, in *Applied Optics and Optical Engineering*, Vol. 10, Shannon, R.R. and Wyant, J.C., Eds., Academic Press, San Diego, CA, 1987, Chapter 6.

Sawyer, R.N., Contamination control in aspheric element fabrication, in *OSA Optical Fabrication and Testing Workshop*, North Falmouth, MA, 1980.

Scheding, S., Damm, C., Holota, W., Peschel, T., Andreas, G., Stefan R., and Andreas T., Ultra precisely manufactured assemblies with well defined reference structures, *Proc. SPIE*, 7739, 773908, 2010.

Schreibman, M. and Young, P., Design of Infrared Astronomical Satellite (IRAS) primary mirror mounts, *Proc. SPIE*, 250, 50, 1980.

Shagam, R.N., Sladkey, R.E., and Wyant, J.C., Optical figure inspection of diamond-turned metal mirrors, *Opt. Eng.*, 16, 375, 1977.

Shemenski, R.M. and Maringer, R.E., Microstrain characteristics of isostatically hot-pressed beryllium, *J. Less-Common Metals*, 17, 15, 1969.

Sollid, J.E., Sladky, R.E., Reichelt, W.H., and Singer, S., Single-point diamond-turned copper mirrors: Figure evaluation, *Appl. Opt.*, 15, 1656, 1976.

Song, J.F. and Vorburger, T.V., Stylus profiling at high resolution and low force, *Appl. Opt.*, 30, 42, 1991.

Spawr, W.J. and Pierce, R.L., *Metal Mirror Selection Guide*, Doc. SOR-74-004, Spawr Optical Research, Corona, CA, 1976.

Stahl, H.P., JWST lightweight mirror TRL-6 results, *IEEE Aerospace Conference*, Piscataway, NJ, March 3–10, 2007, pp. 1–12.

Stahl, H.P., Feinberg, L.D., and Texter, S.C., JWST primary mirror material selection, *Proc. SPIE*, 5487, 818, 2004.

Stanghellini, S., Manil, E., Schmid, M., and Dost, K., Design and preliminary tests of the VLT secondary mirror unit, *Proc. SPIE*, 2871, 105, 1996.

Steinkopf, R., Gebhardt, A., Scheiding, A., Rohde, M., Stenzel, O., Gliech, S., Giggel, V. et al., Metal mirrors with excellent figure and roughness, *Proc. SPIE*, 7102, 71020C, 2008.

Stone, R., Vukobratovich, D., and Richard, R., Shear moduli for cellular foam materials and its influence on the design of light-weight mirrors, *Proc. SPIE*, 1167, 37, 1989.

Stover, J.C., Roughness characterization of smooth machined surfaces by light scattering, *Appl. Opt.*, 14, 1796, 1975.

Sweeney, M.M., Manufacture of fast, aspheric, bare beryllium optics for radiation hard, space borne systems, *Proc. SPIE*, 1485, 116, 1991.

Sweeney, M.N., Advanced manufacturing technologies for light-weight, post polished, snap-together reflective optical system designs, *Proc. SPIE*, 4771, 144, 2002.

Taylor, D., Metal mirrors in the large, *Opt. Eng.*, 14, 559, 1975.

Taylor, J.S., Syn, C.K., Saito, T.T., and Donaldson, R.R., Surface finish measurements of diamond-turned electroless-nickel-plated mirrors, *Proc. SPIE*, 571, 10, 1985.

Taylor, J.S., Syn, C.K., Saito, T.T., and Donaldson, R.R., Surface finish measurements of diamond-turned electroless nickel-plated mirrors, *Opt Eng.*, 25, 1013, 1986.

Toland, R.W., Ohl, R.G., Barthelmy, M.P., Zewari, S.W., Greenhouse, M.A., and MacKenty, J.W., Effects of forged stock on cryogenic performance of heat treated aluminum mirrors, *Proc. SPIE*, 5172, 21, 2003.

Ulph, E., Fabrication of a metal-matrix composite mirror, *Proc. SPIE*, 966, 116, 1988.

Ulph, E., Cladding of beryllium and aluminum substrates, in *Proceedings of Aluminum, Beryllium and Silicon Carbide Optics Technologies Seminar*, Survivable Optics Manufacturing Operations Development and Integration Laboratory, Oak Ridge National Laboratory, Knoxville, TN, February 23–24, 1993.

Vukobratovich, D., Lightweight laser communications mirrors made with metal foam cores, *Proc. SPIE*, 1044, 216, 1989.

Vukobratovich, D., Personal communication, 2003.

Vukobratovich, D., Don, K., and Sumner, R.E., Improved cryogenic aluminum mirrors, *Proc. SPIE*, 3435, 9, 1998a.

Vukobratovich, D., Don, K., and Sumner, R.E., Improved cryogenic mirrors, *Proc. SPIE*, 3132, 9, 1998b.

Vukobratovich, D., Gerzoff, A., and Cho, M.K., Therm-optic analysis of bi-metallic mirrors, *Proc. SPIE*, 3162, 12, 1997.

Vukobratovich, D., Richard, R., Valente, T., and Cho, M., Final design report for NASA Ames/ University of Arizona Cooperative Agreement No. NCC2-426 for period April 1, 1989–April 30, 1990, Optical Science Center, University of Arizona, Tucson, AZ, 1990.

Vukobratovich, D. and Schaefer, J.P., Large stable aluminum optics for aerospace applications, *Proc. SPIE*, 8125, 81250T, 2011.

Wells, C., Whitman, T., Hannon, J., and Jensen, A., Assembly integration and ambient testing of the James Webb Space Telescope primary mirror, *Proc. SPIE*, 5484, 859, 2004.

Whitehead, T.N., *The Design and Use of Instruments and Accurate Mechanism, Underlying Principles*, Dover, New York, 1954.

Xu, H., Zhang, X., Xu, M., and Li, X., Study on the control of surface roughness in single point diamond turning, *Proc. SPIE*, 8416, 84161D, 2012.

Young, P. and Schreibman, M., Alignment design for a cryogenic telescope, *Proc. SPIE*, 251, 171, 1980.

Zimmerman, J., Strain-free mounting techniques for metal mirrors, *Opt. Eng.*, 20, 187, 1981.

第 **7** 章　光学仪器结构设计

Daniel Vukobratovich

7.1　概述

至目前为止，本书阐述的大部分内容都是关于光学仪器的单个零件和组件的，讨论了零件与装置间的相互关系和界面，但如何将这些零件组装在一起，形成一台完整的光学仪器，涉及还比较少。本章论述了一些光学仪器重要结构的设计问题，并选择典型结构示例进行讨论。

光机结构设计要求一个光学系统具有不变的正确的工作表面形状和位置。有两种不同的结构形式：主动式和被动式。最常用的是被动式结构，可以分类为刚性结构、挠性补偿结构、光学补偿结构和无定向支撑结构。

本章首先从铸铝材料刚性壳体的设计方案开始。介绍这种结构形式是光学仪器设计的基本形式。后面列举的每一个例子，都会给出一些不同于该基本结构形式的特征和性质。对于基本结构形式，还会继续讨论几种模块式结构组成的光学仪器，也会阐述具有如下性质的光学仪器：在高冲击条件下，个别部件发生故障时，该仪器虽然能工作可靠但是性能会有所下降。本章的一个主要内容是讨论仪器的消热设计。其中包括具有均匀热膨胀特性的反射系统，以及在反射镜结构设计中使用计量杆结构或者桁架结构补偿温度对反射镜轴向间隔的影响；并且，简述了折射光学系统关键性的消热技术；最后，分析地面望远镜和空载望远镜中使用的桁架结构的各种形式及几何布局。

7.2　刚性框架设计方案

传统的光学仪器是将各种类型的光学元件直接安装在一个刚性（通常是金属）框架内。为了完成光学件的对准和调焦，通常在零件的安装面设置所需要的调整环节。可以使用中间框以方便调整或形成组件。卷Ⅰ第5章已经针对这类结构形式讨论过几个具体例子，本章将讨论另外一些刚性框架结构的例子。虽然，本章讨论的光学仪器已被列入刚性结构类，但是，必须认识到现实生活中并不存在这类结构。当存在热、加速度、安装载荷或其他的外加负荷，镜筒壁、框架和其他的结构元确实会变形。只有相互关联的元件之间的实际位移和施加其上的机械应力比各种预期条件下（包括工作、存储、运输阶段）的公差极限小得多，才认为结构设计具有足够的刚性。为了验证设计的可行性，正如卷Ⅰ第1章讨论过的，比较合适的方法是对试制的样机进行有限元分析（FEA）和测试。

7.2.1 透镜镜筒结构

透镜镜筒的重量取决于系统的光学方案以及镜筒材料的性质。影响透镜镜筒重量的系统参数包括光学元件间隔、零件直径、重量和偏心公差的允许量。影响重量的材料参数包括密度、泊松比和弹性模量或杨氏模量。

光学系统中每个元件的位置公差包括元件光轴相对于整个系统光轴的位置精度，这涉及每个元件的定心公差。定心公差分配到与制造相关的误差、透镜在镜筒中的位置、热畸变和重力变形。重力变形通常是一个严重影响透镜镜筒材料的选择参数。

当重力垂直作用于光轴时变形量最大。最简单的设计情况是位于悬臂式镜筒中的单个圆形透镜，变形量（译者注：原书漏印重力加速度 g）是

$$\delta = \frac{W_{\mathrm{L}}gL^3}{3EI} \tag{7.1}$$

式中，δ 是变形量；W_{L} 是透镜重量；L 是透镜到支撑架的距离；E 是镜筒材料的弹性模量；I 是镜筒的截面惯性矩。

如果镜座壁厚相对于整个镜筒直径较薄，$I \approx \pi R^3 t$。其中，R 是透镜镜筒半径；t 是径向壁厚。求出解惯性矩，然后代入，则一定透镜重量、定心公差 δ_{L}、间隔和镜筒半径条件下的最小 t 值（译者注：原书漏印重力加速度 g）是

$$t = \frac{W_{\mathrm{L}}gL^3}{3\pi ER^3 \delta} \tag{7.2}$$

环形体积乘以材料密度 ρ 得到透镜镜筒的重量 W_{B}（译者注：原书错印为 W_{L}）。该体积等于截面面积 A（如果镜筒壁厚相对于半径较小，是 $2\pi Rt$）乘以长度 L。因此，镜筒重量 W_{B}（译者注：原书错印为 W_{L}，漏印重力加速度 g）是

$$W_{\mathrm{B}} = \frac{2}{3}\frac{W_{\mathrm{L}}}{\delta_{\mathrm{L}}}\frac{\rho g}{E}\left(\frac{L}{R}\right)^2 L^2 \tag{7.3}$$

该式表明，透镜镜筒的结构重量，与透镜重量成正比，与变形量公差成反比。重量随长度四次方增大，而反比于透镜半径或直径的二次方。重量还线性依赖比刚度的倒数（密度除以弹性模量）。

若镜筒里有多个透镜，确定变形量就变得更为复杂。利用叠加原理确定某已知透镜的变形量。将与系统中其他所有透镜相关的变形量相加确定该透镜位置处的变形量。这些变形量是每个单透镜在该已知透镜位置造成的变形量。如果系统中有 n 个透镜，并且第 k 个透镜的位置是 L_K，则该透镜的变形量 δ_K 是

$$\delta_K = \sum_{i=1}^{n}\delta(W_i, L_K) \tag{7.4}$$

式中，W_i 是每个透镜的重量。

若系统中最后一个透镜的位置是 L_n，则在该透镜与第 K 个透镜之间任一单个透镜重量 W_i 在第 K 个透镜位置造成的变形（译者注：原书漏印重力加速度 g）是（$n \leqslant i \leqslant K$）

$$\delta = \frac{1}{6}\frac{W_i g}{EI}\left[-L_K^3 + 3L_K^2 L_i - 3L_K^2(L_i - L_K)\right] \tag{7.5}$$

在第 K 个透镜与镜筒支撑架之间，每个单透镜重量 W_i 对第 K 个透镜位置造成的变形量

（译者注：原书漏印重力加速度 g）是（$K \leqslant i \leqslant 1$）

$$\delta = \frac{1}{6}\frac{W_i g}{EI}\left[(L_n - L_K - L_i)^3 - 3L_K^2(L_n - L_K - L_i) + 2L_K^3\right] \tag{7.6}$$

这些公式假设，镜筒直径和径向壁厚恒定不变，并全部使用相同材料。为了对包含多个透镜的镜筒完成相关分析，在计算机上列一张表格是非常有用的。尽管这种代数运算比较复杂，但对求解含有 n 个透镜的镜筒重量仍然表明，重量正比于比刚度倒数（又称反比刚度）或者 ρ/E。

例如，现在讨论卷 I 图 5.11 所示的透镜，为了读者方便，下面给出相关数据：镜筒直径和径向壁厚恒定不变。三个重量 W_1、W_2 和 W_3 的透镜分别位于距离 L_1、L_2 和 L_3。镜筒中第二个透镜（或中间透镜）的变形量（译者注：原书漏印重力加速度 g）是

$$\begin{aligned}
\delta_2 &= \delta(W_3, L_2) + \delta(W_2, L_2) + \delta(W_1, L_2) \\
&= \frac{1}{6}\frac{W_3 g}{EI}\left[-L_2^3 + 3L_2^2 L_3 - 3L_2^2(L_3 - L_2)\right] + \frac{1}{3}\frac{W_2 g L_2^3}{EI} + \\
&\quad \frac{1}{6}\frac{W_1 g}{EI}\left[(L_3 - L_2 - L_1)^3 - 3L_2^2(L_3 - L_2 - L_1) + 2L_2^3\right]
\end{aligned} \tag{7.7}$$

令变形量等于重力下垂造成的可允许公差 δ_{TOL}，并假设镜筒内径为 R，则利用式（7.7）可以求解最小径向壁厚 t（译者注：原书漏印重力加速度 g）：

$$\begin{aligned}
t &= \frac{1}{6\pi}\frac{g}{ER^3 \delta_{TOL}}\Big\{W_1\left[(L_3 - L_2 - L_1)^3 - 3L_2^2(L_3 - L_2 - L_1) + 2L_2^3\right] + 2W_2 L_2^3 + \\
&\quad W_3\left[-L_2^3 + 3L_2^2 L_3 - 3L_2^2(L_3 - L_2)\right]\Big\}
\end{aligned} \tag{7.8}$$

镜筒重量等于镜筒壁体积 V 乘以镜筒材料密度，或者有（译者注：原书漏印重力加速度 g）

$$\begin{aligned}
W_B &= \rho V = 2\rho\pi R t L \\
&= \frac{1}{3}\frac{\rho g}{E}\frac{L_B}{R^2 \delta_{TOL}}\Big\{W_1\left[(L_3 - L_2 - L_1)^3 - 3L_2^2(L_3 - L_2 - L_1) + 2L_2^3\right] + \\
&\quad 2W_2 L_2^3 + W_3\left[-L_2^3 + 3L_2^2 L_3 - 3L_2^2(L_3 - L_2)\right]\Big\}
\end{aligned} \tag{7.9}$$

即使是较复杂的结构，镜筒重量也主要取决于 ρ/E。相类似，镜筒重量反比于其半径二次方，反比于变形量公差。在该实例中，镜筒总长度 L_B 大于系统中到最后一个透镜的距离。通常，到每个透镜的距离是到该透镜重心而非到顶点的距离。

对于常用的结构材料，包括镁、铝、钛和钢，ρ/E 比值几乎恒定不变，所以，镜座重量基本上与所使用材料无关，是一个令人惊讶的结果。然而，也有例外。例如，铍材料密度与镁相差无几，但其弹性模量要比钢大 1.5 倍。铍的 ρ/E 约为铝材料的 15%，从而造成重量减轻。

透镜镜筒重量计算公式还表明，重量与材料强度无关。现在，讨论一些铝合金，A356、6061 和 7075 之间的比刚度变化小于 5%，而低强度 A356 铸铝合金的 ρ/E 远低于高强度 7075 铝。由于在光机设计中，刚性比强度更重要，并且对于大多数常用结构材料，刚性与强度无关，因此，透镜镜筒使用高强度-重量比材料并没有令人信服的理由。

有些情况下，径向壁厚受限主要考虑制造过程中变形或者产生应力。一个实例是物镜直径为 50mm 和焦距为 250mm 的正像望远镜（又称地通望远镜）。物镜重量约为 100g、最大变形公差为 10μm。如果在其中间位置支撑镜筒，则悬臂长度是 125mm。为了满足该变形公差

所需要的铝镜筒的径向壁厚约为 $19\mu m$，这太薄了以至于无法采用普通的制造工艺加工。例如，熔模铸造工艺的最小壁厚约为 $750\mu m$，较为合适的值是 2mm。因此，为了易于制造，可能需要增大径向厚度。假设，最小壁厚有足够的刚性，那么，透镜镜筒的重量取决于材料密度。

重新讨论直径 50mm 的正像望远镜，如果用玻璃纤维增强聚碳酸酯塑料代替铝材料作镜筒，则径向壁厚增大到约 $325\mu m$。虽然对于实际加工来说仍然是太薄了，但塑料具有较低的密度使其有可能在保持重量下降的同时，增大壁厚。这是在诸如消费类数码相机镜筒和双目望远镜镜座设计应用中使用玻璃纤维增强聚碳酸酯塑料作为透镜镜筒材料的一个原因。这种材料的密度约为铝材料的一半，相应地也就节省了重量。由于能够利用注塑模压技术制造镜筒，所以，另一个原因是可以减少制造成本。

选择镜筒材料时，与比刚度或密度相比，制造成本更重要。优先考虑成本的一个实例是显微物镜。这些物镜较小、设计较复杂，但并不太关心重量。由于显微镜一般是应用在一个静态实验室环境条件下，温度限定在一定的范围内，因此，材料的热和动态性质并不重要。为了使制造成本降至最低，常常选择黄铜作显微物镜的镜筒和一些镜座的材料。黄铜易于加工，具有良好的摩擦特性。小摩擦力简化了将装有透镜的各个镜座压入镜筒的过程。容易使物镜受到污染的黄铜，通常镀以镍或者硬质铬，以避免这类伤害。

与直径相比，大部分物镜的镜筒都较短。一般来说，总长度-直径比（L/D）要小于 5，经常是 1 左右。对于短的物镜镜筒，剪切方向的缺陷会增大变形量，所以是必须考虑。再次研究悬臂支撑方式，剪切变形 δ_S（译者注：原书漏印重力加速度 g）是

$$\delta_S = \frac{W_L g L}{K'AG} \tag{7.10}$$

式中，K'是横截面抗剪系数；A 是横截面积；G 是镜筒材料的抗剪模量。

由剪切和弯曲效应造成的总变形量（译者注：原书漏印重力加速度 g）是

$$\delta = \frac{W_L g L}{K'AG} + \frac{W_L g L^3}{3EI} \tag{7.11}$$

在许多情况中，透镜镜筒是一个薄的圆柱筒，相对于直径而言，壁厚很小。剪切系数 $K' = 2(1+\nu)/(4+3\nu)$。其中，ν 是泊松比。若选择金属材料作镜筒，则抗剪模量 G 与弹性模量间有 $G = E/[2(1+\nu)]$ 的函数关系。代入公式，则有剪切效应的变形量（译者注：原书漏印重力加速度 g）是

$$\delta = \frac{W_L g L}{\pi R t E}\left[\frac{4+\nu}{2} + \frac{1}{3}\left(\frac{L}{R}\right)^2\right] \tag{7.12}$$

对于金属材料，泊松比约为 0.3。当长度-直径比 $L/D \approx 1.4$ 时，剪切变形量与弯曲变形量相差无几。若长度-直径比 $L/D > 4:1$，剪切变形量比弯曲变形量小 10%，在初始设计分析时，通常都忽略不计。然而，剪切效应不会影响比刚度倒数或者 ρ/E 作为透镜镜筒重量的品质因数。镜筒重量（译者注：原书漏印重力加速度 g）是

$$W_B = 2\frac{\rho g}{E}\frac{W_L}{\delta}L^2\left[\frac{4+3\nu}{2} + \frac{1}{3}\left(\frac{L}{R}\right)^2\right] \tag{7.13}$$

如果忽略剪切效应，该公式就简化到简单的弯曲形式。然而，对于光学工程中经常使用的短镜筒，剪切变形是一个重要因素，设计时必须考虑。当包括剪切效应时，应用同样的叠加原理确定弯曲变形量。

镜筒的自重变形量会另外增大变形量。如果镜筒薄，如通常情况所示，一个空芯圆形悬臂式镜筒的自重变形量 δ_G（译者注：原书漏印重力加速度 g）是

$$\delta_G = \frac{W_B g L^3}{8EI} = \frac{2\pi R t L \rho g L}{8E\pi R^3 t} = \frac{1}{4}\frac{\rho g}{E}\left(\frac{L}{R}\right)^2 L^2 \tag{7.14}$$

对普通的结构材料，比刚度倒数 ρ/E 几乎恒定不变。式（7.14）表明，决定这些材料自重变形量的唯一参数是镜筒纵横比 L/R 和总长度。重量和成本方面的要求，会使通过大大增加径向壁厚来减小自重变形量的方式变得不实际。通常，即使是大型系统，自重变形量也较小，足以忽略不计。一个直径为 100mm 和长度为 200mm 的铝镜筒的变形量仅有 63nm，远低于大部分有较严格应用需求（例如光刻术）的微米级公差。

下述的设计实例 7.1 和设计实例 7.2 进一步解释一种（观测）望远镜镜筒的初始设计步骤。

设计实例 7.1　一个镜筒的初始设计

将圆柱形管用作一个孔径为 60mm 和焦距为 360mm（观测）望远镜的镜筒。其中，物镜与其镜座重为 0.3kg。在中部位置支撑镜筒，或者说距离物镜 360mm/2 = 180mm。由于重力造成物镜偏心公差为 25μm。当重力方向与光轴垂直时，变形量最大。若利用铝管材料，$E\approx69$GPa。（a）管子壁厚应是多少？（b）物镜横向变形量（包括剪切变形量）预计值是多少？

解：

（a）由式（7.2）（译者注：原书漏印重力加速度 g）有

$$t = \frac{W_L L^3 g}{3\pi E R^3 \delta} = \frac{0.3\text{kg}\times(0.18\text{m})^3\times9.807\text{m/s}^2}{3\pi\times(69\times10^9\text{Pa})\times(0.06\text{m}/2)^3\times(25\times10^{-6}\text{m})} = 39\times10^{-6}\text{m}$$

壁厚为 39μm 是不实际的。根据此处给出的直径要求，民用铝管的最小壁厚约为 0.9mm（0.035in）。

（b）根据式（7.1），该壁厚条件下镜筒的变形量是

$$\delta = \frac{W_L L^3 g}{3\pi E R^3 t} = \frac{0.3\text{kg}\times(0.18\text{m})^3\times9.807\text{m/s}^2}{3\pi\times(69\times10^9\text{Pa})\times(0.06\text{m}/2)^3\times(900\times10^{-6}\text{m})} = 1.1\times10^{-6}\text{m}$$

铝材料的泊松比约为 0.33。增加对剪切效应的校正，并采用筒壁厚为 0.9mm 的设计，则变形量是

$$\delta = \frac{W_L L g}{\pi R t E}\left[\frac{4+\nu}{2}+\frac{1}{3}\left(\frac{L}{R}\right)^2\right]$$

$$= \frac{0.3\text{kg}\times(0.18\text{m})\times9.807\text{m/s}^2}{\pi\times(0.03\text{m})\times(900\times10^{-6}\text{m})\times(69\times10^9\text{Pa})}\left[\frac{4+0.33}{2}+\frac{1}{3}\left(\frac{0.18\text{m}}{0.03\text{m}}\right)^2\right]$$

$$= 1.3\times10^{-6}\text{m}$$

剪切效应使变形量增大 1.3μm/1.1μm = 1.18 倍或者增大近 20%。该例子表明，通常是根据合适的壁厚选择镜筒壁厚，并且，对于初始设计阶段，可以忽略剪切效应。

设计实例 7.2　确定实例 7.1 中（观测）望远镜的基频

　　再次讨论上述实例中 60mm（观测）铝镜筒望远镜。根据该实例的数据，包括剪切效应且物镜安装后的最大自重变形量是 1.3μm。根据式（7.15），镜筒的弯曲频率是多少？

　　解：
$$f_n = \frac{1}{2\pi}\sqrt{\frac{g}{\delta}} = \frac{1}{2\pi}\sqrt{\frac{9.807\text{m/s}^2}{1.3 \times 10^{-6}\text{m}}} = 437\text{Hz}$$

　　动态环境中，基频可能比重力造成变形更重要。如卷 I 第 2 章所述，基频和阻尼控制着系统对振动的响应。一个将重力造成的变形量与基频 f_n 联系在一起的一个很方便的近似表达式是

$$f_n = \frac{1}{2\pi}\sqrt{\frac{g}{\delta}} = \frac{1}{2\pi}\left(\frac{9.807}{\delta}\right)^{1/2} \tag{7.15}$$

式中，g 是地球重力场的加速度；δ 的单位是 m；f_n 的单位是 Hz。

　　大部分光机系统的基频较高，原因是要求的变形量小。例如，若要求变形公差 $\delta = 25\mu\text{m}(0.001\text{in})$，则上述公式给出的频率 $f_n = 100\text{Hz}$，透镜镜筒的基频典型值是几百 Hz 数量级。

　　表示阻尼效应的一个指标是品质因数或 Q，表示谐频状态下的放大率。品质因数 Q 与阻尼比 ζ 有关，$Q = 1/(2\zeta)$。透镜镜筒存在两种阻尼源：元件间的相对运动以及材料。如果是一种刚性透镜镜筒，元件间的相对运动特别小，产生的阻尼量可以忽略。材料阻尼取决于应力，并且，低应力使镜筒更具刚性。低应力时，镜筒经常使用的材料的 Q 值是几百到几千，因此，阻尼一般都很小。

　　三种常见的振动类型是周期、随机和冲击振动。周期振动通常以加速度形式出现，以加速度振幅和频率定义；用一定频率范围内的功率谱密度表示随机振动，单位为 g^2/Hz；机械冲击是状态的突然改变，利用瞬时加速度步长近似表示一种冲击类型。

　　对于这些振动类型，如果阻尼小，则系统响应取决于其基频，变形量反比于频率，容易推高系统频率。例如，若系统受到周期振动，且基频大于激励频率，则位移响应 $x = F_0/k$。其中，F_0 是激励源振幅，k 是透镜镜筒的弹性刚度。对于该透镜镜筒，k 恰好等于 $W_L g/\delta_{\text{TOL}}$。位移响应是 $x = F\delta_{\text{TOL}}/(W_L g)$，或者表示为另一种形式 $x = F/(4\pi^2 f_n^2 W_L)$。该式表明，位移响应反比于频率二次方或者线性正比于重力造成的变形公差。

　　在选择镜筒材料时还必须考虑热效应。温度变化影响单个元件的安装零件相对于光轴的位置。温度均匀变化或者处于温度均匀变化及梯度效应环境中，这两种情况都必须考虑。

　　卷 I 5.4.5 节讨论的天体测量摄影物镜是以刚性和热效应为基础选择材料的例子。系统最大总重量是 50kg，希望值是 45kg；镜筒中物镜总重是 21.9kg。虽然该系统是在天文观测站使用的，但温度变化范围很大，为 -50 ~ +50℃。由于系统用于恒星测绘，因此，在 200mm 大的焦平面内必须使畸变极低。

　　最初考虑使用铝材料作为镜筒并且能满足重量要求。光学系统热分析表明，在温度变化

范围内，像差校正和调焦变化量不可接受。接下来考虑的材料是不锈钢。光学分析表明，在工作温度范围内，不锈钢较低的热膨胀系数无法校正散焦和像差，使其几乎保持不变。结构分析还指出，不锈钢镜筒将超出重量极限要求。由于钛材料能够满足热效应和结构两方面的技术要求，所以，最终选择钛作为镜筒材料。这种材料的最大缺点是制造成本很高。利用实心钛材料加工镜筒，最初的材料重量为 600kg，完成加工的镜筒重约为 23kg，因此，加工期间，钛材料最初重量的 96% 被切除！

7.2.2 军用双目望远镜

图 7.1 给出了第二次世界大战（WWII）期间使用的老式 7 × 50 军用望远镜。这种仪器的基本结构就是将两个单筒望远镜铰接在一起，使目镜之间的距离可以在 58 ~ 72mm（2.28 ~ 2.83in）之间连续变化，从而满足不同双目距观察者的使用。每个单筒望远镜的双胶合物镜，通过一个偏心内孔和一个偏心环结构（见图 7.2）安装在一个铸铝的镜筒内（代表性的材料是 6061-T6 合金）。在装配时，这些偏心零件既可以相对于仪器转动，也可以相对于彼此旋转。这样做的目的是将光学瞄准轴与铰链轴调准，从而保证从目标发出并最终进入人眼的瞄准线是准直光线，从而将眼睛的疲劳程度减至最小。保罗（Porro）棱镜组件（卷 I 图 7.24 所示类型）安装在一个底座上，如卷 I 图 8.14 所示，再用螺钉和销钉将底座固定在镜筒壁内铸成的支架上。

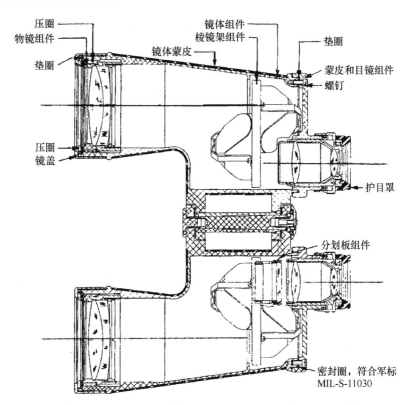

图 7.1 第二次世界大战（WWII）期间使用的 7 × 50 M17 双筒望远镜剖视图

（资料源自 the U. S. Army）

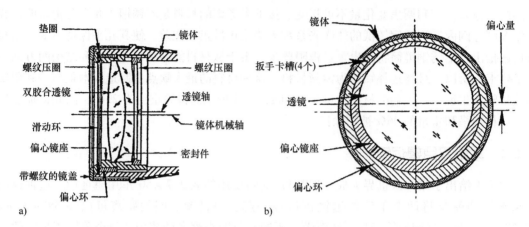

图 7.2　a）双筒望远镜中双胶合物镜的经典安装方式。物镜装配在一个偏心镜座和一个偏心环中

b）设计原理（偏心量有些夸大）

　　通过螺纹连接方式将目镜组件旋入铝盖板内，用螺钉将铝盖板牢固地安装在镜座后部（见卷 I 图 5.38）。使用垫圈密封这些接口。为了使不同视力的使用者能够进行适当的视度调节，目镜必须有调焦功能，可以旋转目镜组件，使其沿轴向移动。由于使用军用双筒望远镜的目的是观察远距离目标，所以聚焦在无穷远。一块标定过的分划板安装在左目镜的焦平面上用来测量角度，以指导武器射击。

　　使用一种黏稠的油脂密封同轴镜管（目镜与望远镜镜体）之间螺纹连接的接口。对于暴露在外面的透镜，用一种黏滞化合物，例如 3MEC801 聚硫密封剂，将它密封在机械镜座里。中心铰链的作用相当于内圆锥管内的一个锥形轴承。在望远镜的使用过程中，这种锥形轴承的轴向负载会产生静态摩擦，使两个单筒望远镜在使用中保持在适当的间隔上。锥形表面必须重叠，以保证运动平稳，并施加润滑油。

　　图 7.3 给出了比较近代的使用保罗棱镜的军用双目望远镜的局部剖视图。这是德国拜罗伊特市（Bayreuth，Germany）的视得乐（Steiner）公司的 7×50 商用望远镜改进设计。望远镜的壳体是含有玻璃纤维的聚碳酸酯 Makrolon 8035（Vukobratovich，2004）材料，壳体外面覆盖一层厚厚的绿色橡胶保护层，使用螺纹结构的定位环将双分离物镜定位。棱镜安装在一个模压塑料底座内，棱镜的材料是 BaK4。利用一块分划板测量目标的空间角度。目镜是可以单独调焦的 Kellner 型结构，用充满润滑油的双 O 形环实现调焦运动的动密封。这种双目望远镜用于美国部队，型号是 M22。德国部队使用了类似形式的望远镜。

　　不正确操作或环境条件超限、密封失效等原因造成的铰链机构磨损及内部光学元件的少量移动，是所有军用双目望远镜经常遇到的维修问题。前两个因素会使望远镜瞄准线的平行性发生变化（通常称为准直误差），长时间工作会造成使用者疲劳。为了保证军用环境条件下能够连续工作，定期地重新调校和清洁光学元件是必需的。M19 就是为解决上述问题设计的新式军用望远镜，将在 7.3 节讨论。

　　Seeger（1996）描述过许多其他类型的军用望远镜的例子。其中包括非常大型的仪器——战争期间广泛使用的高放大倍率观察装置，用于车载、舰载和机载的设备。由于尺寸和重量原因，这些仪器都有比较大的结构设计问题，一般来说，加工和调校也比较复杂。一个比较典型的例子是第二次世界大战期间德国蔡司公司生产的 Zeiss 25×200 双目望远镜，包括支

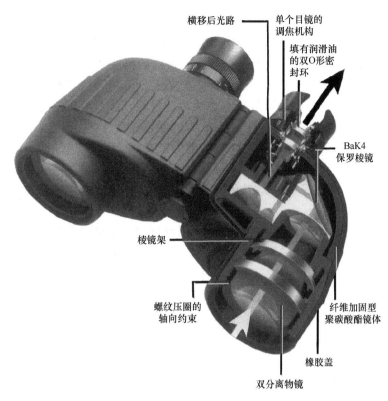

图 7.3　美国军用设备德国视得乐（Steiner）7×50 双目望远镜（型号 M22）的局部剖视图

（资料源自 a diagram provided by Steiner, Pioneer Research, Moorestown, NJ）

架在内重 1000 lb（454kg）。为了方便观察者坐着观看，目镜采用倾斜结构，仪器用铰链结构形式，所以当用来对空观察飞机，瞄准线向上时，目镜仍保持固定不变。为适应不同的观察者，两眼之间的距离需要调整，并保证对所有俯仰角都能形成正像，这就要求采用复杂的机械结构形式。

　　这种双筒望远镜的主壳体结构是用钢板焊接而成。Seeger 将此作为工程上的一项壮举和成绩，引用这个例子来说明为了对系统实现正确调校，需要设定严格的公差标准。在第二次世界大战结束之前，这种望远镜仅生产了很少几台。检验结果表明，与小型仪器相比，大孔径、大视场光学设备的性能有重大改善，但这种优越性并不能保证生产设备所花费的成本和时间是合理的。

7.2.3　民用双目望远镜

　　非军用（即消费者在商场可以买到的）双筒望远镜在机械结构和所用材料上，都不同于军用双目望远镜。除所谓的观剧镜（用了一对简单的低放大倍率的窄视场伽利略望远镜结构）外，在众多军用和民用双目望远镜中都用同样结构形式的物镜、目镜和正像棱镜。绝大部分民用双目望远镜都可以对不同距离的目标进行调焦。无论用于什么目的，对光学对准的要求都类似。然而，满足这些要求的程度可能随价格的不同而不同。对于商业化捕鱼反复使用的双目望远镜，因捕鱼是否成功很大程度上取决于探测到的鱼群情况，因此需要它有较高的性能，完全不同于偶尔观看比赛使用的双筒望远镜。渔民宁可付出较高价格获得较高的成像质量和长期的可靠性。

在设计民用双目望远镜时，成本和重量是两个重要因素。为了减轻重量，金属壳体通常采用薄壁。可以使用塑料材料（例如掺有玻璃的聚碳酸酯或致密聚苯乙烯）代替金属材料（铝或镁）构造望远镜的镜体（Vukobratovich，1989；Seil，1991，1997）。从业人员已经尝试着使用塑料的透镜和棱镜作为降低成本和减轻重量的方法，但面向的是非常低的性能应用，并非所有应用都能接受这种改进。玻璃元件的低价格双目望远镜通常使用保罗棱镜，其他类型的装置中可以使用屋脊棱镜，以减小仪器的总宽度，保证"共轴"光路。有时候通过减小光学元件本身的尺寸来削减成本。棱镜孔径和折射率的过度削减，可能会产生渐晕而使照度下降，尤其在视场边缘或拐角处更为严重，方形出瞳就会出现这种情况（Yoder 和Vukobratovich，1989）。

卷 Ⅰ 图 5.39 和卷 Ⅱ 图 7.4 所示的高性能民用双目望远镜是一个非常传统的光机设计结构。在两种仪器中，使用跨载弹簧⊖将保罗棱镜固定在一块内支架板的相对两侧，物镜是双胶合透镜。图 7.4 所示望远镜的目镜是一种比较复杂的设计，具有较大视场。一般民用望远镜的机械结构与图 7.1 所示的军用望远镜会有较大差别。

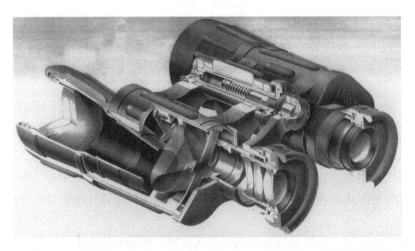

图 7.4　采用保罗棱镜正像系统的高质量民用双目望远镜的局部剖视图
（资料源自 Swarovski Optik，Hall in Tyrol/Absam，Austria）

为方便用户在使用该仪器时对远近物体进行调焦，设置一个中心调焦机构。通过旋转铰链上的滚花旋钮使两个目镜同时沿轴向滑动。一个目镜有单独的调焦功能，可以调整由调焦造成的视度差，从而适应使用者的眼睛。使用方形橡胶垫圈，密封主镜体内滑动的目镜镜筒。其他一些双目望远镜采用内调焦机构，在两个镜筒内通过轴向移动一块或多块透镜来实现。这种设计可以提高对湿气和灰尘的密封质量，卷 Ⅰ 图 5.42 给出了一个相关实例。比较昂贵的民用双目望远镜是在装配时进行密封并充入干燥氮气，以消除过量湿气，并可防水。很少几种双目望远镜内部设计了干燥剂。

⊖ 一般跨载弹簧都是平的钢带，两端固定在主体结构上。在安装棱镜时，通常是将弹簧的中心部位压靠住棱镜，关于这类弹簧的设计，请参考卷 Ⅰ 7.5.1 节。

民用和军用双目望远镜的另一个大的差别是，民用装置中不需要分划板。这不仅仅是少一块分划板（和一块类似的安装在另一侧没有分划图案的光学元件，以保证光路相等），而且减少了该元件在镜体内的安装和调整工序，避免了许多麻烦。这是因为在调校阶段，要求分划板与目标能同时形成清晰的图像。

图 7.5 给出了另一种有较高性能的新式双目望远镜。采用共轴设计方案，使用别汉（Pechan）屋脊棱镜形成正像，通过折转光路使系统的总长度减至最小。这种望远镜还具有内调焦的特性，铰链上的滚花旋钮用来控制屈光度移动机构。多光学元件物镜在径向不能调整，所以，将屋脊棱镜安装在一个角度可以调整的镜架内以便调校，镜体采用垫圈或 O 形环密封，并充以干燥氮气。

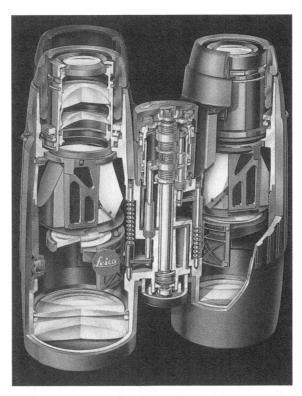

图 7.5　使用别汉（Pechan）屋脊正像棱镜系统的新式高性能民用望远镜的局部剖视图
（资料源自 Leica Camera Group，Solms，Germany）

7.2.4　坦克潜望镜

图 7.6 给出了一个望远镜的原理样机图，其外部还有一组反射镜，形成菱形反射系统（图中没有显示），光线在垂直方向形成一定量的偏移。望远镜与外部的反射镜组一起作为军用装甲车（坦克）的目视潜望镜，安装在炮塔顶上。光学系统（见图 7.7）的特点是一个无焦的变焦望远镜后面跟着一个定焦望远镜。两个成 90°夹角的折转反射镜和一个保罗棱镜组成阿贝（Abbe）正像系统实现正像。这些光学件和三通道分划板投影系统的元件都安装在一个两部分组成的壳体中，壳体与潜望镜组件通过法兰盘连接，如图 7.6 右侧所示。潜望镜的前后镜体都是铸铝件，局部加工后的最小壁厚近似为 0.1in（2.5mm）。在

界面和其他适当部位的镜筒壁上铸造一些凸台、凸缘和拱肋，提供足够强度以承受预期负载。

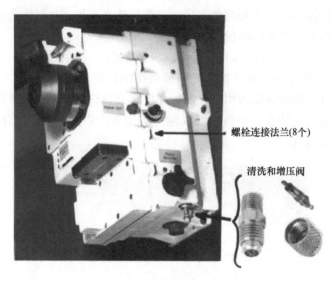

图 7.6 坦克车长潜望镜中变焦距望远镜原理样机的外观照片
（资料源自 a photo courtesy of the U. S. Army）

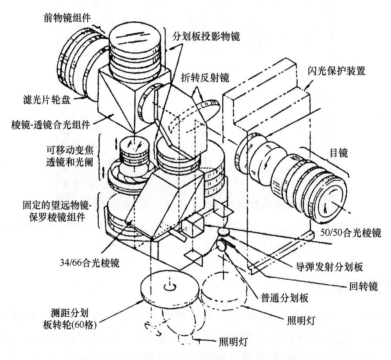

图 7.7 图 7.6 所示望远镜的光学系统示意图
（资料源自 Goodrich Corporation，Danbury，CT）

设计这种望远镜时，一个最重要的技术指标就是要能够将其安置在坦克车炮塔内事先分配好的较小空间内，并且是一个耐震结构，能经受起对炮塔的弹道冲击。这种冲击在望远镜

上可能产生大于 1000 倍重力的冲击负载。为
了变焦以及将各通道分划板图像投射到潜望
镜视场内，需要在镜体的多个适当部位设计
与之配套的伺服驱动装置和电子组件。正如
图中所示，在目镜前面还要留出空间用于安
装一块闪光防护装置，使眼睛免受战场上核
武器的强光伤害。

图 7.8 给出了后镜体（包括目镜和闪光防
护屏）卸掉后的望远镜。除物镜组件（如卷
Ⅰ图 5.11 所示）和目镜之外，其余光学件都
装配在一起作为一个可拆除的主要光学组件。
正如图 7.9 所示的前视图，为了便于维修，该
组件包括各种作为可替换单元（模块）生产
和设计的部件。在该图中可以看到许多观察系
统和分划板投影系统包含的光机部件。

一个典型的模块就是图 7.10 所示的凸轮
驱动机械补偿变焦机构。一个非线性柱面凸
轮机构位于透镜下侧，几乎紧贴着透镜。在
凸轮机构的控制下，两块可移动透镜沿球面
轴衬滑动，球面轴衬安装在径向两侧两根平
行导轨上。

图 7.8　图 7.6 所示的望远镜前镜体的内部
结构，其中后镜体已经拆除

（资源源自 Goodrich Corporation，Danbury，CT）

图 7.9　图 7.6 所示的望远镜主光学
组件的前视图

（资料源自 Goodrich Corporation，Danbury，CT）

图 7.10　图 7.6 所示的望远镜中使用的变焦模块

（资料源自 Goodrich Corporation，Danbury，CT）

7.2.5　星载分光辐射度计照相机

多角度成像光谱辐射计（MISR）是美国国家航空航天局（NASA）研制的空间有效载荷，在 1999 年 12 月装载在对地观测卫星（EOS TERRA）在轨运行。其科学目的是在其轨道上用 6 年时间监测全球范围的大气颗粒、云层移动、地球表面的双向反射分布函数（BRDF）（散射的一种计量）和地球日照侧植被的变化。Ford 等人的研究（1999）表明，该仪器使用 9 个照相机在 0.440~0.880μm 光谱范围内沿着飞行路线收集 4 个波段和 9 个不同角度（角度范围为 0°~70.5°）位置的数据。对来自地球上任何一个观察点的数据都进行差异比较。关键的设计要求包括工作温度范围为 0~10℃，经受 -40~+80℃ 极端温度环境的考验、承受发射加速度的能力以及将地极辐射环境下的长期光辐射损耗降至最小。

为了尽量降低成本，使用的 9 个照相机采用 4 种透镜设计。三种系统（指定为 A 类）是一样的，在天底及其附近观察。其余系统（指定为 B、C、D 类）在距离天底角度较大的地方成对对称设置。从天底向外，仪器的焦距逐渐增大。图 7.11 给出了 4 种透镜的设计方案，其特性如图所示。所有设计的玻璃种类都与 D 类设计标注的相同。未标明的元件是滤光片，每个设计中的探测器都放在右边。值得注意的是，图像的尺寸基本上是不变的。探测器是 CCD 的，有 4 个独立线阵，每行有 1504 个主动像素。

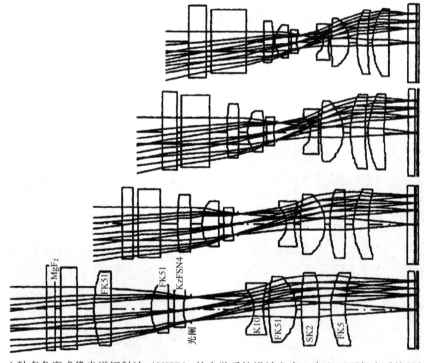

图 7.11　4 种多角度成像光谱辐射计（MISR）的光学系统设计方案。自上至下每个系统的性能如下：

　　A 类　EFL = 59.3mm；视场为 18.9°（译者注：原书第 3 版为 14.9°）；长度为 111mm

　　　　B 类　EFL = 73.4mm；视场为 12.1°；长度为 124mm

　　C 类　EFL = 95.3mm；视场为 9.4°；长度为 184mm（译者注：原书第 3 版为 144mm）

　　　　D 类　EFL = 123.8mm；视场为 7.3°；长度为 181mm

　　　　（资料源自 Ford, V. G. et al., *Proc SPIE*, 3786, 264, 1999）

图 7.12 给出了光学系统 D 类设计方案的剖视图，可以代表所有的四种设计。主镜体材料是铝，为了将轨道运行中的辐射渗透减至最小，壁厚大约为 6.3mm（0.25in），所以刚性相当好。为了控制夹持力随温度的变化，在每个定位环下都使用由 Vespel SP1 材料制成的隔离垫圈，该材料的热膨胀系数比铝材料大。为了补偿镜体、隔离垫圈与被夹持透镜间热膨胀系数的差别，需要选择每个隔离垫圈的厚度。在这种条件下，即使随温度变化产生的夹持力会对每个带螺纹的压圈形成约 5ozf·in（0.5N·m）的扭矩，光学链的长度也会基本保持不变。实验表明，在特定的振动/冲击载荷下，例如装在阿特拉斯（Atlas）号运载火箭中发射，这种预载都足以满足要求。在压圈旋紧之后，轻轻地对组件进行振动有助于使透镜保持最小的轴向间隔。在现有摩擦力条件下，这种情况对应着最大可能实现的同轴度。然后，再将定位环上紧到指定力矩值。

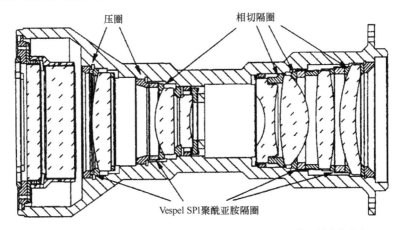

图 7.12　D 类多角度成像光谱辐射计（MISR）光学系统剖视图

（资料源自 Ford, V. G. et al., *Proc. SPIE*, 3786, 264, 1999）

为了将接触应力降至最小，隔离垫圈与所有凸面透镜之间都采用相切的光机界面。最初预计，轴向预载对每个具有凸表面的相切面产生的径向力都足以使这些透镜定中心，但装配期间并非如此。所以，需要加工一些具有矩形截面的同心铝环，从而几乎填满凸透镜周围的径向空隙，来最终限制透镜的偏心。

凹面透镜具有平的或者斜的阶梯形界面。图 7.13 给出了采用 Vespel SP1 材料制成的环

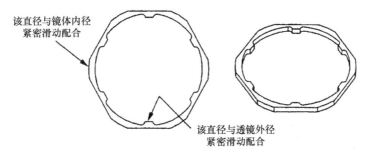

图 7.13　为具有凹表面和平斜面多角度成像光谱辐射计（MISR）
透镜设计的采用 Vespel SP1 材料制成的定心隔离垫圈

（资料源自 Ford, V. G. et al., *Proc. SPIE*, 3786, 264, 1999）

状隔离垫圈的形状。使用这种形状的垫圈，通过机械方法将这类透镜与其所在镜体的局部内径调成同轴。加工垫圈的内径和外径，使其与镜体内径及透镜外径有紧密的滑动配合间隙。然后，局部加工产生挠性，从而形成轮缘接触类界面。在预设的温度变化下，不会在刚性安装时出现的径向应力问题，而使用刚性安装则会出现此类应力问题。

有关对多角度成像光谱辐射计透镜组件在工作状态下，对后截距（BFL），即焦距，进行消热处理的所谓挠性消热技术将在 7.5.3.4 节讨论。

7.2.6 大孔径航空照相物镜

卷 I 第 5 章多次介绍过用于航空摄影或天文照相的物镜。该物镜镜座都是用材料铝或钛钢制成的直筒式或折叠式刚性结构。这种结构对于孔径大到约 10in（25.4cm）的物镜都是足够的，但对通光孔径更大的光学系统，刚性壳体的重量可能会太大。

为了说明重量对实际应用的重要影响，下面给出一个具体例子。一个折射照相物镜系统，焦距为 72in（1.8m），f 数为 f/4。图 7.14 所示的是为这种应用设计的匹兹伐（Petzval）型物镜的共轴光学系统示意图。

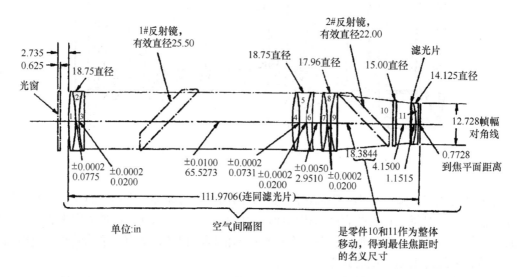

图 7.14 高精度航空侦察照相物镜光学系统示意图。其中焦距为 72in（1.8m）、
孔径为 18in（45.7cm）、f 数为 f/4
（资料源自 Goodrich Corporation，Danbury，CT）

该光学系统由 11 片透镜组成，第一块元件的通光孔径和直径分别是 18in（45.7cm）和 18.75in（47.6cm），如图 7.14 所示，将元件编号为 1、2、3 等。机械设计的任务就是将这些元件安装在 4 个不同的镜体中，分别编号标示为 1~4。镜体 1、2 和 3 各安装 3 块透镜，镜体 4 安装两块场镜和一块滤光镜，但这里对这一部分不进行具体讨论。

将 3 块透镜安装在 1 号镜体中，保证这些光学件作为一个整体沿光轴移动，实现调焦的目的。分析表明，该组件中最苛刻的要求是对光学元件 4~9 的调校对准，因此决定利用这 6 块光学元件形成的光轴定义为总的光轴，其他元件应当有适当的调整机构，允许将它们相对于该轴进行调校。各个光学元件的定位精度及所需要的自由度如图 7.15 所示。

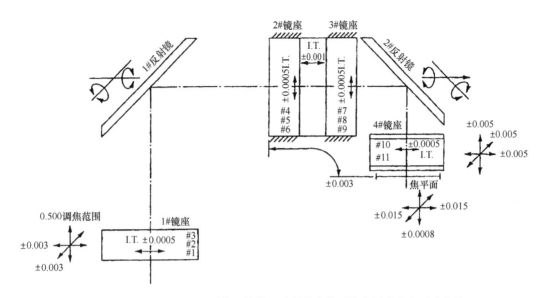

图 7.15　图 7.14 所示的透镜、镜体、反射镜和像面的位置公差和对准公差

（资料源自 Goodrich Corporation, Danbury, CT.）

注：1. 尺寸单位为 in。

　　2. 给出每个透镜镜座和反射镜所需要的自由度，#2 镜座是基准面。

　　3. I.T. 表示镜座内公差。

　　4. 如#2 镜座所示，定心公差是相对于光路而言的。

　　5. 轴向公差是相对于相邻镜座的第一光学表面。

　　事实上，①必须能够得到透镜组件的重心，以便刚性的机械结构和稳定的支架可以围绕其设计；②整个系统必须尽可能紧凑，因此将透镜光路进行折转。最终确定的方案是一个倒 U 形，调焦物镜在 U 形的一端，相机在另一端。这种方案要求在透镜的设计中必须包含两个平面折转反射镜。为该仪器透镜选择的舱体结构是半硬壳式类型的。在这种设计类型中，具有不同间隔（取决于临界载荷点）的横向框架（或镜体的舱壁）都通过纵向梁固定在一起。增加一张蒙皮结构，将系统与外部环境隔离开，同时为组件提供足够的刚性。在这种情况中，表皮结构相对于框架和纵梁是在内侧的，因此，在这层结构与绝缘材料的外层之间形成一个绝缘空气层。这种设计使金属结构尽可能远离外部的热输入，因为这种热输入会产生热的梯度变化，影响透镜的性能。图 7.16 所示的就是在系统组装的后期阶段，增加隔热层之前的透镜舱体。图中右下方的黑色组件就是摄像机。

　　选择铝作为该透镜系统的结构材料，主要有两个原因：①首先，假定透镜镜体可使用三种材料——铝、钛合金和不锈钢，研究了温度变化对成像位置的影响。其结果表明（见图 7.17），铝是最合适的材料。因为在所要求的温度变化范围内，透镜的聚焦性能比较稳定。该研究考虑了温度变化对透镜镜体、透镜材料（包括折射率的变化）和光路的影响；②其次，基于初步设计，估算了每种材料的成本及加工量。估算清楚地表明，铝是价格低廉、易于加工的材料。

　　透镜镜体设计中最重要的特点是要求既有特别好的刚性，又要有特别轻的重量。如果在

图 7.16　图 7.14 所示的大孔径、高精度照相机系统的照片
（资料源自 Goodrich Corporation, Danbury, CT）

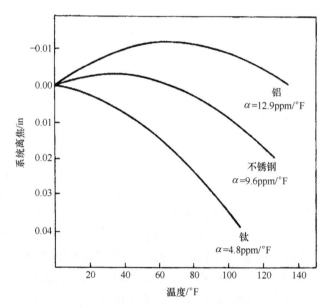

图 7.17　对图 7.14 所示的光学系统，在使用三种不同的镜体材料时计算出的离焦量与温度的曲线。
计算结果考虑了对玻璃和金属材料折射率和膨胀的影响
（资料源自 Goodrich Corporation, Danbury, CT）

三个相互垂直平面的任一面内承受自重静态负载，对轴的刚性要求是最大变形量约为 0.001in（0.025mm）。分析表明，铝材料满足这个要求，对完成装配后的组件进行的测试也证实了这一点。

　　四个透镜镜体的前后两个镜体是使用 43% 的镍钢合金材料制成的，中间两个镜体采用钛合金 A-70 材料。在 -65~130℉（-54~54℃）环境温度下，这两类金属材料的热膨胀性质至少与被支撑透镜中一种类型玻璃的热膨胀性质非常匹配。在镜体 2 和 3 中使用钛合金代替价格低廉的钢材料，目的是为了降低系统的重心位置（CG），使其置于 U 字形透镜镜体内稳定框架的轴上。

为了在高温下正确地定位透镜零件而将透镜四周的径向间隔留得太小，那么，在低温环境下，每个大孔径三片型透镜中的单片元件与其镜框之间都会有不同量的径向膨胀，从而产生不可接受的应力。该设计使用不同材料保证温度补偿，并在一个较大的温度范围内保持透镜同轴。图 7.18 给出了其中一个三片型透镜的光机结构设计图。正透镜的材料是德国肖特（Schott）公司的 BaLF6，中间的负透镜是肖特（Schott）KzFS4。这些材料的热膨胀系数分别是 $6.7 \times 10^{-6}/℃$（$3.7 \times 10^{-6}/℉$）和 $4.5 \times 10^{-6}/℃$（$2.5 \times 10^{-6}/℉$）（译者注：原书第 3 版的是 $1.8 \times 10^{-6}/℉$）。该系统设计的飞行环境是高度 100000ft（31km），对应的温度范围是 $-65 \sim 130℉$（$-54 \sim 54℃$）。

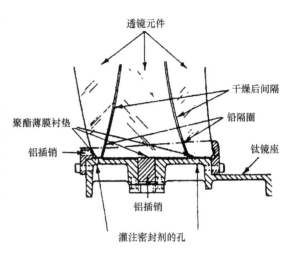

图 7.18　对图 7.14 所示光学系统中一个大孔径三片型透镜的安装框架进行消热处理的示意图。元件的热膨胀性质有很大差别

（资料源自 Schott, R. M., *Appl. Opt.*, 1, 387, 1962）

为了设计该透镜的框架，选择一种金属材料，其热膨胀系数与 BaLF6 玻璃的热膨胀系数几乎完全相匹配，该材料即钛合金 A-70（热膨胀系数 CTE = $8.1 \times 10^{-6}/℃$ [$4.5 \times 10^{-6}/℉$]），由一根圆形铸件加工而成。沿径向每隔 120° 安装一铝制插销，以支撑框架中的负透镜。插销的标称尺寸是 1in（2.5cm），稍微长些，反复研磨以减小插销长度，直到该透镜被定同心，并且插销帽可以插到底顶住镜框。具有这种金属材料和长度的组合设计，理论上在径向对温度变化不敏感。外侧两个透镜的镜座是同心共轴孔，有严格的公差要求。机械结构与正透镜表面的接触是在球表面上，不与其边缘接触。一旦透镜确定了中心，在这些透镜边缘与镜体内径之间要装上聚酯隔圈。

使用定位装置将透镜固定在镜体的两端，从而保证三片型透镜在轴向定位。在相邻的两个透镜表面之间放置铅材料做成的隔圈，从而把由透镜倾斜造成的光楔效应减至最小。一个定位装置有三个铝制插销，用来消除组件在光轴方向的热效应。

环境的影响会使设计进一步复杂化，即需要保持三片型透镜中心元件（KzFS4）干燥。为了达到这项要求，装配后，在外侧透镜的边缘四周注入聚硫密封剂（3M EC801）进行密封。这种材料不会固化变硬，所以对透镜不会提供机械支撑。在这种设计中，仅保证进出空气间隔的气流通过一个干燥器。

将透镜框安装到镜筒上的方法必须满足刚性、紧凑、重量轻和温度稳定性等要求，如果有前后透镜框之分，要求可调整。在最终设计中，每个大孔径的光学元件框都要使用三个切向支架支撑，每个支架大约是 0.13in（3.3mm）厚、3.0in（76.2mm）宽。由于后面的透镜框比较小，因此宽度仅有 1.5in（38.1mm）。每个支架的一端都用螺栓和销钉固定在各自的透镜框上。对于透镜框 2 和 3，每个支架的另一端安装到镜筒的一个固定装置上。对镜框 1 和 4，与镜筒上可调整的偏心螺栓相连接。已经证明切向支架较轻。这种安装方法确实比其他类型的方法要占更多空间，因为支架实际上增大了透镜框的外径。应当注意到，在这种设计中，温度变化会引起支架伸长或缩短，这就可能使镜框绕着光轴稍有旋转，但基本上不会影响成像。支架在镜框与镜筒上的固定必须是非常刚性的，因为这些连接点处的任何松动都会使镜框相对于光轴有所倾斜。利用三个偏心螺母使支撑镜框 1（调焦用三片型透镜）的支架与三个轴向排列的滚珠螺杆相连。使用偏心螺母提供了一种相对于滚珠螺杆调整透镜框光学中心的方法，因而调焦运动不会干扰对系统的横向校准。

为了使胶片相对于该透镜产生的图像有一个正确的调焦，在面对着像平面的第 4 个透镜框的表面上设计了 4 个可调整的硬按钮。这些按钮与摄像机组件上 4 个类似的固定按钮配对设置。在最终装配时，单独调整镜框 4 上的按钮，从而使照相底板与航摄图像调校对准。

当然，这种大型摄像系统的开发研制不会没有问题。虽然铝材料制成的镜筒的刚性比较好，但在机械加工过程中难以保持这种刚性。在对铆钉铆牢的金属薄板结构进行密封时也会遇到问题。如果这类透镜系统是在现今研制，应该认真考虑使用另外的材料（例如石墨-环氧复合材料）。

7.2.7 热稳定光学结构

DeAngelis（1999）曾经阐述过，使用最新的应变技术，来改善便携式精密坐标测量仪刚性壳体的设计。这种仪器使用一个双轴万向激光跟踪系统，在 $10 \sim 40℃$（$50 \sim 104℉$）温度范围和工业环境条件下，无须重新标定就可以在一段较长的时间间隔内保持 1″ 的可重复性。这种跟踪系统应用在一种坐标测量机中，可以测量 35m（约 115ft）远物体的特征位置。据 Bridges 和 Hagan 提供的报告，该仪器在 5m（16.4ft）范围内的测量精度是 $25\mu m$（0.001in），详细内容请参考卷Ⅰ图 9.65 所示和相关描述。

以前，这种激光跟踪器的壳体设计都采用多零件焊接技术，因此会引起小量的热畸变，现在代替这种技术是使用一个整体零件，直接从一块铸铝锭机械加工而成。图 7.19 给出了最初壳体设计的一般形式。被拉长的形状是为了容许在曲面的后盖内侧安装一台氦氖激光器。壳体由以下铝材料制成：4.5in（外径）× 0.15in（厚）的 6061-T6 管材、0.375in × 0.750in 的 6061-T6 挤压条料、4in × 5in 的 6061-T651 挤压条料和 0.375in 厚 6061-T6 板料。在接口处加上 1100 铝垫片，用 6061 铝制螺钉将粗加工后的零件拧紧固定在一起，并且在一个 1110℉ 的盐池中沉浸钎焊。经机械变形校正和恢复 T6 状态的回火热处理之后，该壳体最终加工到要求的尺寸，氧化镀黑。用应变仪器认真测量后的结果表明，在上述规定的温度范围内，热畸变是 $8\mu m/m$。这些畸变主要来源于不同铝制零件的热膨胀系数的微小变化，以及加工过程中产生的剩余应力。在该测试结果中，没有包含的另一个误差源就是激光器工作期间产生的热梯度。

图 7.20 给出了改进后的壳体设计，是直接从一整块铝锭加工出来的，经热处理后最终满足尺寸要求（后盖拱出来），从而保证整体都有均匀的热膨胀系数和最小的剩余应力。该设计还使用一块分离的曲面盖板代替原来的铜焊曲面后板，并将它固定在一块硬质结构上。因此，激光器发出的热量对于远离壳体轴的壳体材料产生的弯曲效应将比较小。对新式壳体的温度测试表明，在规定的温度范围内的应力基本为零。

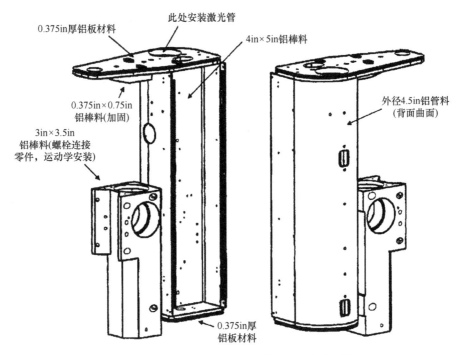

图 7.19　高性能激光跟踪器壳体的基本结构形式

（资料源自 DeAngelis, D. A. , *Proc. SPIE*, 3786, 523, 1999）

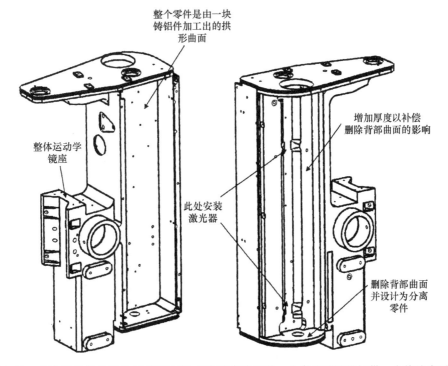

图 7.20　改进后的替代图 7.19 所示结构方案的壳体设计。为激光跟踪器提供一个热稳定平台

（资料源自 DeAngelis, D. A. , *Proc. SPIE*, 3786, 523, 1999）

DeAngelis（1999）详细阐述过用来进行壳体测试的应变仪，以及应用该仪器将灵敏度提高到最大、将仪器误差降至最小的一些方法。在此述及的应变仪校验后的精度大大超过标准产品生产商所公布的精度。在这些文献中，对应变仪的许多性能指标都有详细的比较，例如箔合金、应变阻抗、焊接剂、铅线、固化、稳定、软焊和安装技术等。

Vukobratovich（2003）对该项硬件的研发提出了合理的建议，主要讨论用不同方法制造出来的结构所具有的相对刚度，指出了结构刚度降低的顺序如下：①实心体拱弯；②铸造；③焊接（或铜焊）；④超常规螺栓连接（使用许多个螺栓）；⑤铆接；⑥常规螺栓连接；⑦胶合（或者胶结）⊖。

7.3 模块化设计原理和实例

如果将一组相关的光学机械元件组装成一个模块，事先调校好，模块间可以相互交换，那么，光学仪器的组装、调试和维修就会简化。一些情况下，认为单个模块是不可维修的，通过更换有缺陷的模块进行仪器的维修，通常也无须对系统进行再调校。

Vukobratovich（1999）讨论过模块设计和加工方法如何保证对准精度和结构刚性。这类设计的基本原理如下：①将光学系统组装成一系列机械模块；②每个模块的设计都要考虑能充分发挥制造该模块所使用工具的固有精度，特别是一个模块的临界表面应是平面或圆形表面。重要表面都要以组装期间作为基准的基础面为准，设计成同心、平行或垂直表面；③为了组装进系统，为每个模块提供装配基准面；④每个模块中的光学件都要相对于基准面调校对准；⑤基准面保证模块在系统内定位的可重复性；⑥如果必要，可以利用平板和旋转台（即转轴）的固有精度简化装配。

与单模块方案相比，模块组件组成的仪器在生产上更为复杂，这是因为增加了对互换性的要求，并且不能降低性能。在一些情况下，可能需要在组装的时候在模块内进行调整来满足要求；在另一些情况下，需要以光轴和像平面为基准对安装表面进行加工，以满足特定方向或位置的需要。对于由子模块组成的仪器的装配，通过设计和加工专用光机工装夹具以保证这些模块的生产和调校（Vukobratovich，1999；Erickson 等，1992）。

许多普通相机和视频相机的镜头、显微物镜和望远目镜实际上就是光机模块。卷 I 5.5.1 节讨论的显微物镜就是一个实例。在摄影应用领域，许多镜头的模块组件都可以在一个相机机体中互相交换，或者从一种相机中换到同型号的另一种相机中。通常这些物镜模块都具有等焦面调焦能力，因此它们的像平面可以自动地与照相机的胶片面或者目镜的物平面相一致。

7.3.1 注模成形的塑料模块

注模技术可以将复杂的光机组件以模块形式用塑料材料加工出来。图 7.21 给出了硬币自动交换机中使用的这类模块。该模块由聚甲基丙烯酸甲酯（有机玻璃）材料制成，两个透镜元件（一块是非球面透镜）与机械壳体集成为一个模块。为安装两个探测器，有事先调整好的安装机构和界面，其他全塑料子组件如卷 I 图 4.64 所示，都由注模元件组成，并

⊖ 增加括号中的项。

连在一起形成一个模块。对于大批量生产，这类模块相当便宜，无须调整，容易装配，实际上不需要维修。

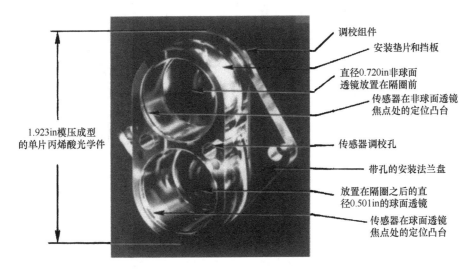

图 7.21　为硬币自动交换机设计的一片式注模塑料模块，包括两块集成透镜、
传感器安装界面和一个安装凸缘
（资料源自 3M Precision Optics, Cincinnati, OH）

7.3.2　模块化军用双目望远镜

7.2.2 节描述的基本结构形式的军用双目望远镜已经大量生产，既可用于军事领域，也可用于非军事领域。如图 7.1 所示，每台仪器都括许多单个零件，要经过组装和调校，还要准备备件。一台典型的双目望远镜零件达 250 多个，为了进行维修，需要许多专用工具。在 20 世纪 70 年代，当美军加入 7×50 M19 双目望远镜（见卷 I 图 1.20）生产时，采用了不同的军用双目望远镜的设计方法，使光学性能比先前标准型 7×50 双目望远镜有了很大改善，使其体积更小、重量更轻了（见卷 I 图 1.18）。M19 型双目望远镜的主要特征是光机设计模块化，具有可替换的子组件。对于一般的光学仪器，尤其是双目望远镜来说，这类结构相当新颖，所以本书将较详细介绍其一些关键特征和装配技术。关于装配的内容主要改编自 Trsr 等（1981）的资料。

如图 7.22 所示，M19 型双目望远镜主要由 5 类光机模块组成。每个模块设计为不可维修，即作为单元设备可更换。这些模块是两个一样的目镜、两个一样的物镜、左右镜体（一样的铸件，不一样的加工）和一个铰链插销组件。为了实现正确的光学聚焦及对组件进行角度调准，加工模块时，对模块间的界面公差要求严格，因此装配模块时无须重新调整，在装配时仅需要使用少量的硬件（螺栓和 O 形垫圈）。在光学胶合保罗棱镜安装固定好后，再加工壳体上为安装物镜、目镜模块设计的镜座和螺纹。

图 7.23 给出了该仪器的内部结构。实现双目望远镜的密封有两种方式：在物镜和目镜模块的任何一端，用人造橡胶从内侧对玻璃与金属界面进行密封；物镜模块与壳体之间，使用 O 形垫圈密封。目镜的调焦运动不同于以前的军用望远镜设计，借助于螺纹运动，无须旋转就可以实现轴向移动（见卷 I 图 5.41 及说明），这就使得动密封是一个高度可靠和可

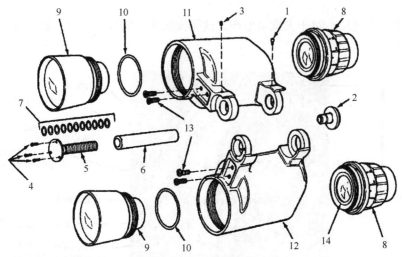

图7.22 M19型7×50双目望远镜模块结构分解图

1—螺钉10547104 2—瞳孔间距标尺10547103-1 3—固定螺钉MS51963-21 4—螺钉MS51957-2B
5—轴10547101 6—铰链套10547102 7—预先备好的密封件MS9021-010 8—目镜组件10547083
9—物镜组件10547054 10—预先备好的密封件MS9021-031 11—镜筒组件R.H.10547071
12—镜筒组件L.H.10547079-1 13—螺钉MS3212-21 14—目镜波纹管

（资料源自U.S.Army）

伸缩的橡皮箱，就是Quammen等人（1966）描述的那种类型。仪器壳体与目镜之间的密封是通过目镜管上一整串垫珠实现。完成装配后，用干燥氮气吹净仪器的壳体，使用标准的密封螺钉（图7.22所示的13）密封进气孔。

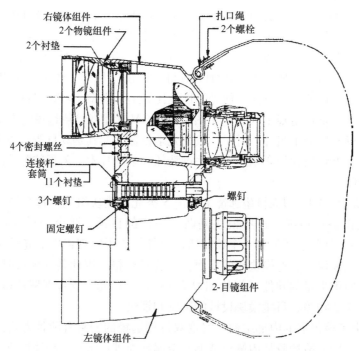

图7.23 M19型7×50双目望远镜的剖视图

（资料源自U.S.Army）

双目望远镜的物镜模块如图 7.24 所示。光学系统是一个三分离远距摄像物镜，焦距为 6.012in(152.70mm)，孔径为 1.969in(50mm)，f 数为 f/3.05。三片物镜的材料分别是 517647（前两片）和 689309 玻璃，透镜的直径分别是 2.067in(52.50mm)、1.909in(48.49mm) 和 1.457in(37.01mm)。每个零件的外径（OD）公差是 +0，-0.001in(+0，-0.025mm)。物镜的壳体材料是锻铝，利用一个中间锥状隔圈，直接将两块冕牌玻璃安装进镜体中。一个带有螺纹的压圈对这些透镜施加轴向预载，压圈与透镜之间有一个 O 形垫圈，在最外面的透镜与壳体之间实现密封。一个薄的圆形金属压力环可以保护 O 形垫圈，防止其压圈被上紧时受剪。火石玻璃安装在一个可调焦的镜座内，该镜座可以通过螺纹旋进镜体内。用 O 形垫圈将该透镜密封在镜座内，一个压圈和一个薄压力环轴向加力于 O 形垫圈上，压圈还可以作为遮光罩。该镜座安装在物镜镜筒内可以沿轴向移动，用以调节物镜焦距。完成调校后，注入人造橡胶密封剂，将该透镜密封在物镜镜体内。

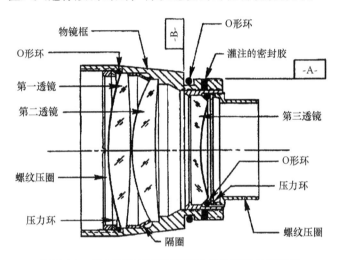

图 7.24　M19 型双目望远镜模块化物镜组件剖视图

（资料源自 Trsar, W. J. et al., *Opt. Eng.*, 20, 201, 1981）

组装好物镜和目镜的所有零件后，而所有压圈还没有拧紧之前，将这些模块放置在一个真空箱中抽成真空，再填充干燥氮气，然后拧紧压圈并密封。使用成熟的光学对准技术高精度地（严公差）将模块装在夹持工装和转换工装上，将模块的配准外径和壳体的轴肩加工到公差范围，从而保证透镜与系统光轴同轴和完成调焦（见卷 I 图 5.41 和本卷图 7.24）。在测试工装上，利用一个标准目镜确定物镜组件的光轴和无穷远聚焦。利用计算机数控车床（CNC）对镜座（在其工装上）进行精确加工。表面-A- 与物镜光轴的同轴度保持到 ±0.010mm，而从表面-B- 到法兰盘的焦距公差是 ±0.038mm。

任何一种望远镜中起正像作用的保罗棱镜都是胶合连接子组件，如图 7.25 所示。棱镜使用高折射率的玻璃材料（649338 类）保证整个视场范围内的总体偏差量，并加工成锥形，使其无渐晕情况下有最轻的重量。如下所述，在将这些镜筒加工到满足物镜和目镜技术要求之前，要将棱镜组装在镜筒内并固定到位。

使用诸如 Summer Milbond 的胶合剂高精度地将一块保罗棱镜黏胶在压铸铝托架上，整个装配过程中要仔细保持其位置不变。黏胶剂固化后，将棱镜和托架组件安装在一台角秒级

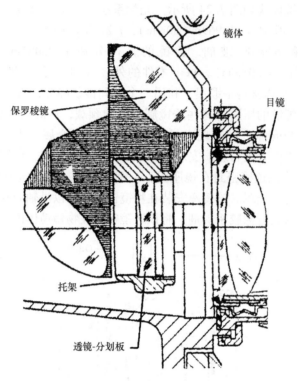

图 7.25　M19 型双目望远镜（见图 7.23）正像棱镜组件光机部分剖视图，
包括转像棱镜组件、安装托架及透镜/分划板安装架
（资料源自 a U. S. Army drawing）

精度的工装夹具上，其中标准工装物镜和目镜已经配置在正确的位置和方位。把紫外光线下可以固化的光学黏胶剂（Norland 61）涂到棱镜斜表面的适当部位。第二块棱镜相对于第一块棱镜定位，使输入与输出光轴平行并有适当的位移量。此外，在界面平面内，绕光轴旋转该棱镜以校正像面倾斜。调试人员可以使用视频相机和监视器监测棱镜组件的指向和倾斜关系。首先横向调整这块可以自由移动的棱镜，直至监视器上看到该系统形成的分划板的像位于一个限定的矩形范围内为止。保持上述图像处在矩形范围内，稍微旋转该棱镜以对准倾斜基准指示器，这些也同时显示在监视器屏幕上。一旦完成调整，就将夹具上的棱镜固定好。紧靠装配台有一排 UV 灯，在它们的光照下，胶合剂会固化。为达到所需要的产量，必须有多个装配和固化工装夹具。固化后，用同样的光学调校设备作为测试装置，确认固化过程中是否保持了棱镜的设计要求。

　　双目望远镜的两个镜筒由同样的薄壁铝熔模铸造，为了形成左右不同的各自形状，需分别加工，通常壁厚是 1.524mm。除此之外，在加工目镜、棱镜组件和物镜的精密安装底座之前要涂镀一层 0.38mm 厚的软乙烯基。在加工过程中，利用机械方法固定目镜和棱镜底座的位置。在正常情况下，一个刚性的稳定运作的零件尽管需要非常苛刻的公差，但应该不会有特殊的问题。然而，薄壁壳体结构的柔性会是很大缺陷。此外，由于软乙烯基涂层的存在，很难在涂有软乙烯基层的表面上准确地定位镜筒或夹持在其上而毫无表面损伤。所以，如果需要批量生产，必须研发精密的工装夹具，以加工过的未涂镀软乙烯基的零件表面作为依据。

使用三个螺钉将棱镜组件固定在望远镜壳体内，没有用销钉机械定位。由于所有与光学元件接触的机械界面都与安装到位的棱镜一起加工，所以不需要调整。安装孔的直径比螺钉的直径大，之间的间隙会使棱镜的位置和方位产生小的误差，而这些误差可以在机械加工中得到补偿。

因为模块的互换性带来的对加工精度的高要求，所以对于安装有棱镜组件的镜筒壳体，其机械加工的要求是十分苛刻的。单目望远镜的光轴相对于铰链销中心线在水平方向和垂直方向的准直要求（分别是发散度和垂直角差）是，安装物镜的孔在径向的定位误差在0.0127mm 之内，对物镜镜座与光轴之间垂直度的要求（沿物镜座测量）是 0.0051mm。此外，为了实现正确的肩焦距，必须沿轴向正确地安装物镜镜座。为了实现这些精度，必须使用光学对准技术定位加工的镜筒壳体。

在此应用的生产程序，是将镜筒壳体安装在一个可移动的调试台和加工用的工装夹具上。利用光学对准仪器将壳体精确定位，并锁定在工装夹具中的正确位置，此时调试台在生产线外。然后，将工装夹具转送到计算机数控多刀具车床的主轴处进行最终加工。准备多台可移动工装夹具，就能使调试和机械加工程序同时运作。

调试台上使用的工装夹具和光学对准技术示意如图 7.26 所示。设计时，工装夹具的底座与车床主轴要精确配合，从而使加工过程中工装夹具的中心线与车床主轴的旋转轴完全一致。在这种加工方式中，物镜的安装底座也可以在与工装夹具中心线同心的状态下加工。工装夹具上面是一块滑板，可以横向移动，滑板上有一根模拟双目望远镜铰链销的立柱，立柱的中心线永远平行于工装夹具的中心线。

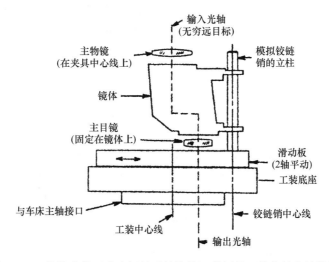

图 7.26 为了加工 M19 镜筒壳体（装有调整过的棱镜）使用的工装夹具和棱镜调整技术示意图
（资料源自 Trsar, W. J. et al., *Opt. Eng.*, 20, 201, 1981）

调试台上有一台平行光管类的光学系统（图 7.26 没有给出），沿输入光轴提供一个无穷远的靶标图像，与工装夹具的轴重合。一个标准物镜安装在调试台的某固定位置，并以工装夹具的轴线为中心轴，物镜将靶标的像成像在镜筒壳体内的像面上，然后通过标准目镜（临时附加到壳体上）和视频相机将图像显示在视频监视器上，就可以观察到该图像。沿模拟铰链移动镜筒壳体，直至在视频监视器上获得最佳聚焦，从而得到正确的肩焦距位置，并保证能满足壳体中物镜底座的加工要求。壳体夹持在立柱和滑板上，然后，完成镜筒壳体在工装夹具上的轴向定位，为了满足准直要求，还需要进行横向调整。

双目望远镜的准直性要求就是输出光轴平行于铰链销的中心线，在垂直平面内（与图 7.26 所示的平面相垂直的平面）相差不超过 ±5′，在图示平面内的发散度是 5′~17′。由于铰链销与工装夹具的中心线相互平行，所以，对准直的要求是以工装夹具的中心线为基准的。完成调焦后，镜筒壳体和滑板组件相对于工装夹具底座和标准物镜进行横向调整（在两个方向），直到满足所要求的准直条件。在视频监视器上通过对靶标图像的事先精确定位可以直接将这些要求显示出来，然后将滑板锁紧在工装夹具底座上，把组件转送到数控车床，加工物镜的安装底座。

如果是加工目镜的界面，用同样程序装调镜筒壳体，最终加工出一个内部装有预先调试好的棱镜组件的镜体，并与物镜模块和目镜模块都能很好配合，这样完成了双目望远镜仪器的一半。左右望远镜壳体也已经正确地对准调校，再用铰链连接在一起，无须调整。

对于批量生产模块化仪器，基本的要求是随机装配模块，不必挑选装配部件，且装配后无须调校。为此，工装夹具要有严格的公差，以此保证模块间配对表面的加工，有时甚至需要采用光学标准，只有这样，才能最终达到光学仪器的性能要求。模块化生产初期，对于制造工具和准备详细的生产工艺，会考虑成本问题；但对批量生产，由于节约了生产和维修成本，以及提高了硬件的可靠性，该问题是可以克服的。对于 M19 双目望远镜，只使用两种专用工具装卸该仪器：一个是转接插件，螺纹旋进物镜的前端，与一个标准的转矩扳手相接；另一个是调整压圈的活动扳手，目的是将目镜紧固在镜筒的壳体上。在拆卸期间，用一个传统的条形扳手夹紧物镜。除非在战场前线进行紧急维修，否则还需要准备螺口连接器、软管和阀门，以及一瓶干燥氮气，以便清洁和回充氮气时使用。紧急情况下，无须彻底清洁镜筒壳体，用新的或者用过的同类装置替换模块，但这样性能和使用寿命可能会打折扣。

Seeger（1996）指出，M19 双目望远镜的明显不足就是，一台仪器的严重损伤毫无疑问地会使内部系统产生失准，通过替换模块不可能得到校正。如果不进行准直调校，就必须丢掉损坏的装置，或者作为旧部件而成为其他仪器的备件。已经注意到，作为军用剩余物资售出的一些 M19 双目望远镜的棱镜已经受到损伤（或者破碎），在其寿命期间明显有松动现象，只好使用环氧树脂胶重新将它们固定在镜座上。由于不可能将它们重新调回到原来状态，因此这类装置准直性能的理想程度非常值得怀疑。

7.3.3　应用于空间探索领域中的模块化分光仪

作为一个有突出优点的例子，一种复杂的利用模块化和单点金刚石切削技术（SPDT）的光学仪器就是为欧洲空间署（ISO）红外空间天文台使用而设计的短波分光仪（SWS）。该分光仪是 4 个试验装置之一，放置在天文台内液氦冷却卡塞格林望远镜的焦平面上，望远镜的孔径是 60cm（23.6in），焦距为 9m（354in）。准备使用双光学系统，测量光谱范围是 2.5~13μm 和 12~45μm 波段的恒星的光谱（Visser 和 Smorenburg，1989）。

图 7.27 给出了放置在望远镜（f 数是 f/15）焦平面之后的一个光学系统图。使用二向

色分光镜将两束相似的光栅光度计的输出传送到多探测器阵列，长波通道还传送到两个可调谐的法布里-保罗探测器。在此使用的多个反射镜都是非球面或变形表面，保证照射在光栅（安装在装置内有限的空间中）上的光束满足所要求的尺寸。为了标定目的，还包括几个辐射光源。

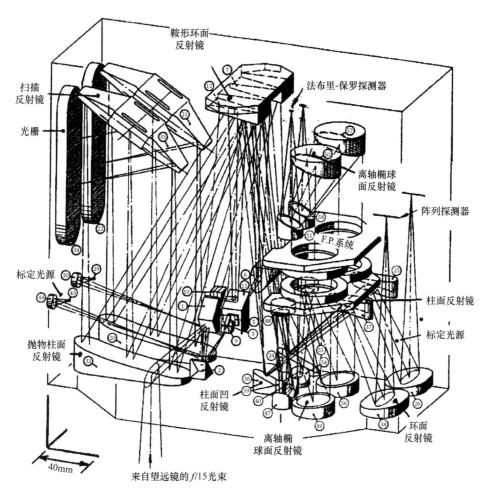

图 7.27　模块化短波分光仪（SWS）装置的光学系统。用来分析低温冷却望远镜
（图中未画出）收集到的光

（资料源自 Visser, H. and Smorenburg, C., *Proc*, *SPIE*, 1113, 65, 1989）

　　分光仪机械主壳体的前后视图如图 7.28 所示。为了得到最大可能均匀的热膨胀系数，该壳体由一块 6082 铝合金加工而成。通过一根刚性支架和两根柔性支架（就是可弯曲支架）并用螺钉，将该镜筒壳体固定到卫星结构上。如图 7.29 所示，对壳体开口处突出来的各种反射镜模块，从外面就可以用螺钉进行安装固定。这些模块的光学表面（图 7.30 给出了具有代表性的例子）采用单点金刚石切削技术（SPDT）加工，所以，光学表面的性能优于一个可见光波长，微粗糙度小于 15nm。组装时，凸缘的内表面与仪器壳体上一个加工过的表面相接。安装期间只需要（使用垫片）做小量调整。这种结构组装容易，能在长周期内保证零件间的对准。如果必要，只需简单地更换反射镜。用同样的铝合金材料制作反射镜和

光栅的壳体，从而使系统的热性质一样，提高稳定性。对反射镜镀金提高红外波段的反射率。光栅直接刻画在一块镀过膜的铝件上。

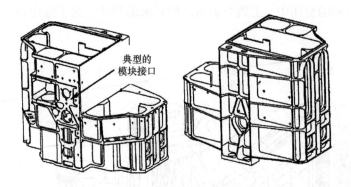

图 7.28　为了将光机子组件和电光子组件安装到刚性结构上而设计的
分光仪（SWS）主壳体的前后视图

（资料源自 Visser, H. and Smorenburg, C., *Proc*, *SPIE*, 1113, 65, 1989）

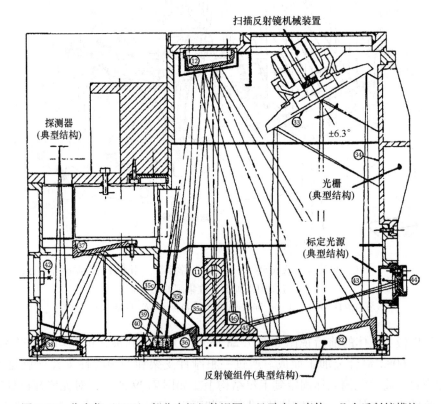

图 7.29　分光仪（SWS）部分光机组件视图。显示出主壳体、几个反射镜模块
和一个光栅模块间界面的关系

（资料源自 Visser, H. and Smorenburg, C., *Proc*, *SPIE*, 1113, 65, 1989）

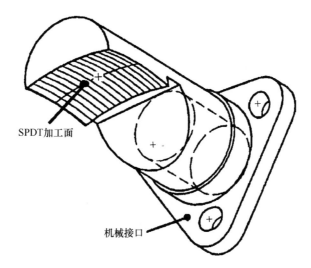

图 7.30　分光仪（SWS）中由精密金刚石机床加工过的超环面模块反射镜的组件视图
（资料源自 Visser, H. and Smorenburg, C., *Proc, SPIE*, 1113, 65, 1989）

7.3.4　双准直仪模块

　　Stubbs 等人（2002，2004）在一篇文献中论述过模块化结构设计的演进过程。他们描述的装置是一台稳定的小型折射式双通道准直仪，接收光缆传输的两束激光，并形成两束平行的准直光束。光束直径是 5.6mm（0.220in），两光束的间距是 36.27mm（1.428in）（见图 7.31）。该仪器的对准和调焦是设计成在工装夹具上进行的，因此是一个可替换的模块，以同一种方法加工的所有同类模块的布局、光机界面和性能是一样的。多个装置（或模块）可以层叠在一起，形成一排或者二维矩阵准直仪。该设计本身所具有的特性是简单、使用最少量的零件、易于组装和调校，并具有长时间的热稳定性。

图 7.31　双通道折射式激光器准直系统模块
（资料源自 Stubbs, D. et al.,
Proc. SPIE, 5176, 192, 2003）

　　上述组件的总体尺寸是 53mm（2.087in）宽、38mm（1.496in）高、74mm（2.913in）长，总重量是 0.74kg（1.63 lb）。用户没有要求重量最小，所以可采用常规的加工技术，壁厚留有宽绰余量，选择热膨胀系数低的而不是低密度的材料。图 7.32 给出了一个组件被局部切掉的视图。金属零件材料是因瓦合金（Invar）36，透镜是市场有售的双胶合透镜，在工作温度（20±1）℃的范围内，出射波前的峰谷光程差（p-v OPD）可接受性能是小于等于 0.010 个波长。透镜安装在镜座内，并用康宁（Dow Corning）6-1104 硅树脂密封剂，通过镜座壁上 8 个进刀孔，将它黏接好。这些孔相对于透镜轴线稍有些倾斜，因此密封胶的收缩会将透镜拉向轴向对准面。调准期间使用弹性夹具让镜座紧贴壳体，然后用环氧树脂胶在 8

个位置加以黏结。每束光缆的输出端装有一个陶瓷套圈，通过 6 个进刀孔，用环氧树脂胶将它黏结在一个往复梭动插塞中，插塞滑入壳体上两个精密钻孔内，调焦后黏结。所有黏结使用的环氧树脂胶都是 1210 A/9861 型。

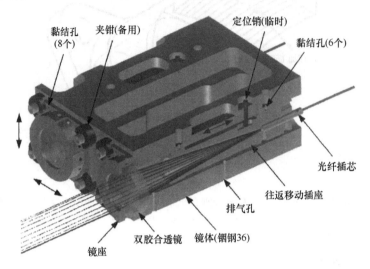

图 7.32　图 7.31 所示的准直仪模块的光机布局图

（资料源自 Stubbs, D. et al. , *Proc. SPIE*, 5176, 192, 2003）

　　在对光纤光缆与往复梭动插塞及透镜底座与壳体进行调校对准时，需要使用光学工装夹具。这些工装包括精密平台、测角器和夹持钳，用于使光学零件做横向移动和角度转动，以及黏结处固化期间夹持这些零件。图 7.33 和图 7.34 所示的就是完成这些调整时使用的工装夹具。装配和调校是在 1000 等级的超净室中进行的。制造出的所有组件都可以达到衍射极限级的性能。

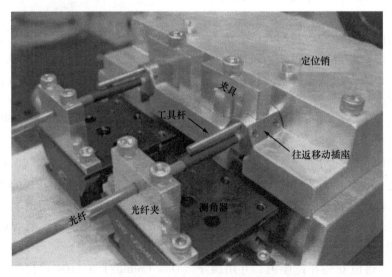

图 7.33　准直仪模块光纤光缆安装、校准和调焦用的工装夹具

（资料源自 Stubbs, D. et al. , *Proc. SPIE*, 5176, 192, 2003）

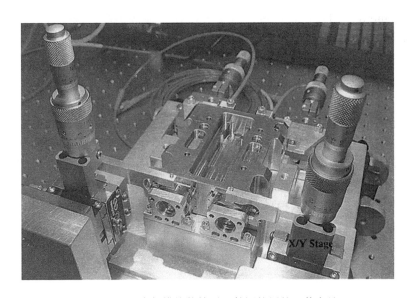

图 7.34　准直仪模块物镜子组件调校用的工装夹具

（资料源自 Stubbs, D. et al. , *Proc. SPIE*, 5176, 192, 2003）

7.4　适应高冲击负荷的结构设计

这类仪器在卷 I 5.5.2 节已经描述过。由于它代表解决结构设计问题的一种方案，所以为了方便读者这里再次进行讨论。图 7.35 给出了为某军用飞行运动模拟器一个部件研制的透镜组件的剖视图。由分离的 Si 和 Ge 透镜组组成：前组包括两个透镜，平均直径是 9in（22.9cm）；后组由三个透镜组成，平均直径约是 1.51in（3.8cm）。组件的总尺寸：长是 24.179in（61.41cm），最大端的直径（不考虑较大的安装法兰盘）是 12.43in（31.57cm），重约是 80 lb（35.6kg）。

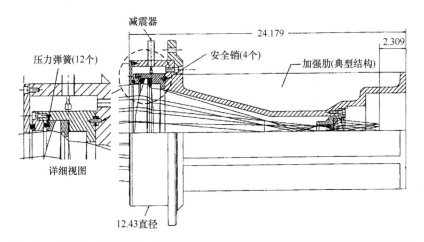

图 7.35　经受高冲击负载，只有轻微损伤的准直透镜组件的剖视图（单位是 in）

（资料源自 Janos Technology, Inc. , Keen, NH）

Palmer 和 Murray（2002）报道过，由于大口径透镜成本高，该组件的终端用户规定，如果模拟器系统中某部件故障而出现严重碰撞事故，这些光学件应被完好地保存下来。设计中不是让整个组件的设计都要经得起冲击，而是要求贵重元件的机械支撑在负载 $a_G = 30$ 时失效，确保重要透镜是以一种安全的方式固定，即使在更高冲击负荷下也不会损坏，可以回收并重新使用。这种特别的设计创造了一种在极端环境条件下缓慢失效（即个别部件发生故障时，工作仍然可靠，但性能会有所下降）的仪器。

设计者决定了严重碰撞仅发生在组件轴线的横向。为了使组件结构在弯力作用下不易弯曲，主要壳体使用 6061-T6 铝材料，并在大部分长度范围内采用特殊的横截面。图 7.36a 所示的就是该结构形式的组件外部形状的照片。镜座的内圆柱部位安装着透镜组，透镜组之间的结构采用"桨轮"形式，即六根具有一定外径长度的加强肋支撑着镜座壁并形成内部光路，光束从小透镜发出，扩束后充满大透镜的孔径（见图 7.36b）。这些轮肋加强了组件刚度，又使重量最轻。

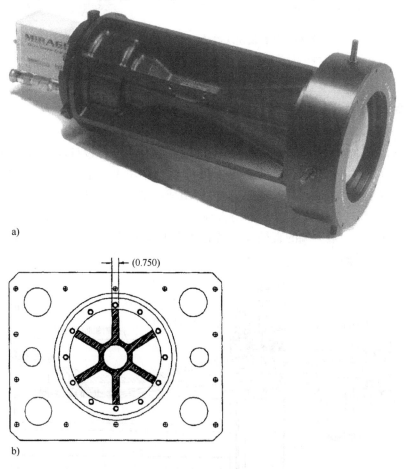

图 7.36　a）图 7.35 所示准直透镜组件的照片。缺少安装法兰盘　b）过壳体中间点的剖视图
（资料源自 Janos Technology, Inc., Keen, NH）

大透镜的镜座设计了一个止动法兰盘，通过若干个轴向压力弹簧压紧一个与第一块透镜相接的压力环，由此产生的预载将一个隔圈压靠在第二块透镜上，第二块透镜依次被压靠在

一个轴肩上。使用三个轴向放置的铝制安全销，将不锈钢衬套压入透镜座和壳体中，对镜座在壳体内的径向活动进行约束。如果没有这些安全销，镜座就会在边缘空隙处做横向滑动。装配时，安全销使镜座及其透镜进行径向定位。另外一个轴向安装的压力弹簧推压着最外面的法兰盘，将镜座牢牢地压紧在壳体中一个轴肩上。

将安全销设计为，在规定的冲击负载下可以剪断，容许镜座有移动。在组件外围，沿径向在四个点上放置的冲击减震器会阻滞镜座的这种运动。图 7.36a 给出了其中三个，另一个如图 7.36b 的剖视图所示。冲击减震器是非线性的，在比较高的加速度条件下，变得比较刚性。

7.5　无热化结构设计

无热化的定义：通过设计光学零件、镜座和结构来补偿其温度变化，保证仪器光学性能稳定的过程。本节在此考虑的问题仅限于轴上离焦的效果。其中，一种方法是通过被动地选择材料和尺寸来实现；另一种方法是利用对温度变化有响应的机械装置来完成。

7.5.1　同一种材料制造的仪器

在光机组件中，对热膨胀进行补偿的一种技术就是，使用同一种材料设计所有的关键零件或主要零件，从而保证光学零件和机械零件均匀地膨胀和收缩（假定是均匀材料，温度没有梯度变化），有利于系统对准和共焦。由于折射率随温度的变化不会影响反射镜的性能，所以该方法仅适用于反射系统。

7.5.1.1　红外天文卫星望远镜

在历史上，用一种材料建造光学仪器的一个重要例子就是由 Schreibman 和 Young（1980）及 Young 和 Schreibman（1980）阐述过的红外天文卫星（IRAS）望远镜。其光机布局如图 7.37 所示。在成像光学系统中，所有光学零件和主要的结构件都用金属材料铍制成，主要目的就是保证从室温到低工作温度时，能够将温度变化造成的不利影响减至最小。口径

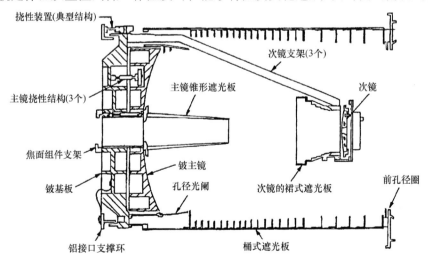

图 7.37　24in（61cm）口径、低温冷却、全部采用金属铍材料制成的红外天文卫星（IRAS）望远镜的光机布局

（资料源自 Schreibman, M. and Young, P., *Proc. SPIE*, 250, 50, 1980）

是 24.2in（62cm）的望远镜主镜如图 6.68 所示。图 6.69 给出了一个铍材料柔性件的详细视图，这些柔性件将反射镜支撑在铍金属的底座上。该望远镜属于里奇-克瑞欣（Ritchey-Chretien）光学反射镜类型，光谱工作范围是 8~12μm，并冷却到接近 2K 的温度。

7.5.1.2　斯皮策（Spitzer）空间望远镜

具有望远镜功能的一种新型空间红外观测装置就是美国斯皮策（Spitzer）空间望远镜［通常称为空间红外望远装置（SIRTF）］，也是由一种材料制成的（Fanson 等，1988；Gallagher，2003）。该空间望远镜的口径是 85cm（33.5in），f 数是 f/12，全部采用金属材料铍，如图 7.38 所示。其主镜轮毂安装形式，单拱构型设计的。望远镜在低温和室温下的光学参数见表 7.1（Chaney 等，1999）。注意到，其相对孔径、角视场、光谱带宽和遮光比都不随温度变化，与采用单一材料设计的期望一样。Schwenker 等人（2003a，2003b）对该系统光学性能的测试及其测试结果分别做过阐述。

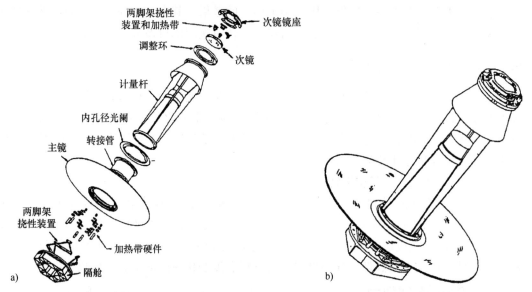

图 7.38　a）斯皮策（Spitzer）空间望远镜光学零件的分解图　b）组装后的望远镜光学系统
（资料源自 Chaney, D. et al., *Proc. SPIE*, 3785, 48, 1999）

表 7.1　斯皮策空间望远镜的光学参数及随温度的变化量

	低温（约 5K）	室温（约 300K）
系统参数		
焦距/cm	1020.0	1021.3
相对孔径	f/12	f/12
后截距/cm	43.700	43.758
视场直径（或者全视场）/(′)	32.0	32.0
光谱带宽/μm	3~180	3~180
孔径光阑位置	主镜边缘	主镜边缘
孔径光阑外径/cm	85.000	85.111
孔径光阑内径/cm	32.000	32.042
遮光比	0.3765	0.3765

（续）

	低温（约 5K）	室温（约 300K）
系统参数		
主镜到次镜的间隔/cm	88.7545	88.708
场曲半径/cm[①]	18.05	18.07
调焦量/cm	±2.5	±2.5
成像质量	衍射极限	—
主镜参数		
形状	双曲面	双曲面
曲率半径（凹面）/cm	204.000	204.265
锥体常数	-1.003548	-1.003548
通光孔径/cm	85.000	85.111
相对孔径	1.20	1.20
镀膜	无	无
次镜参数		
形状	双曲面	双曲面
曲率半径（凸面）/cm	29.434	29.472
锥体常数[②]	-1.531189	-1.531189
通光孔径/cm	12.000	12.016

（资料源自 Chaney, D. et al., *Proc. SPIE*, 3785, 48, 1999）

① 原书第 3 版此行数据是 14.05。——译者注

② 原书第 3 版此行数据是 -1.531149。——译者注

　　2003 年 8 月，美国 NASA 将其发射升空后，该空间望远镜就在 1AU（天文单位，1AU = 1.496×10^{11} m）的距离上绕地球运转，运行在以太阳为中心的轨道上。在这种环境下，受益于地球热输入减少，望远镜的太阳板对太阳热辐射进行遮蔽，可以将仪器表面散发的大部分热量辐射到空间中。由于它有独特的热设计，所以会对该系统的这些方面进行重点阐述。有关热设计及性能测试方面的详细资料可以参考下述作者的文章：Lee 等人（1998）；Hopkins 等人（2003）和 Finley 等人（2003）。

　　在斯皮策空间望远镜中，只将进行科学研究的仪器装入低温保持器中。早期的红外观测站，例如红外天文卫星是将望远镜及相关仪器一块儿装入真空低温保持器中，并要携带大量的冷冻剂。在这种新型观测站中，大部分仪器在进入轨道之前都处在环境温度和压力下，但可以快速冷却到大约 40K，并实现一个真空环境。这些优点大大减轻了对冷冻剂（液态氦）的依赖和需求。发射时，设计的 360L 冷冻剂是希望将仪器进一步冷却到约 5.5K 的温度，将焦平面探测器冷却到 1.5K 至少要持续 2.5 年。

　　图 7.39 给出了斯皮策空间望远镜剖视图，其中包括望远镜、科学研究仪器、低温保持器、冷冻剂、空间飞机的总线、太阳板、遮光罩及有关设备。多仪器舱（MIC）有为四种仪器准备的制冷部分（见图 7.40）。根据 Lee 等人（1998）提供的资料，该仪器舱的直径是 84cm、高是 21cm，固定在液氦容器的前整流罩上。在多仪器舱内，选束反射镜将光束传送到各自的探测器阵列。探测器发出的信号，在制冷区再次经过处理，然后通过微型带状电缆传输到空间飞机总线内的电子装置。航天器总线上面的支架支撑着液氦容器，支架采用低热

导率的铝/氧化物材料。

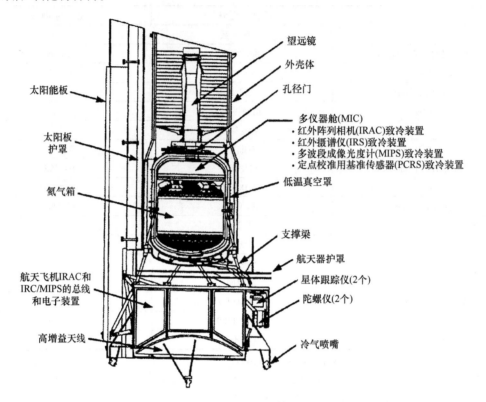

图7.39 斯皮策空间望远镜的剖视图

（资料源自 Fanlson, J. H. et al., *Proc. SPIE*, 3356, 478, 1998）

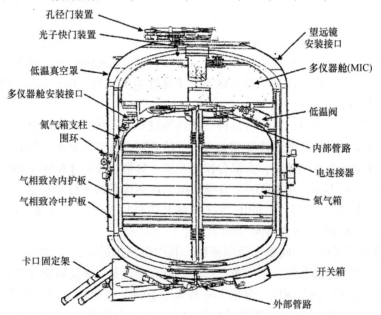

图7.40 斯皮策空间望远镜低温保持器的剖视图

（资料源自 Fanlson, J. H. et al., *Proc. SPIE*, 3356, 478, 1998）

斯皮策空间望远镜中安装的科学仪器如下：

1. 红外阵列相机（IRAC），在两个相邻的 5′×5′ 的宽视场范围内成像。这些视场被分束镜分成 3.6μm、5.8μm、4.5μm 和 8.0μm 波长的单色图像。所有阵列都有 256×256 个像素。3.6μm 和 4.5μm 通道的探测器是锑化铟，而 5.8μm 和 8.0μm 通道的探测器是掺杂砷的硅。

2. 红外摄谱仪（IRS）有四个单独的摄谱仪模块：两个低分辨率通道分别工作在 5.3 ~ 18μm（译者注：原书第 3 版中是 5.3 ~14μm）波段和 18 ~ 40μm（译者注：原书第 3 版中是 14 ~40μm）波段，分辨能力是 60 ~ 120；高分辨率通道分别工作在 10 ~ 19.5μm 波段和 19.5 ~37μm 波段，分辨率是 600。短波长使用的传感器是掺杂砷的硅，长波长使用的探测器是掺杂锑的硅。

3. 空间红外望远镜装置的多波段成像光度计（MIPS），提供中心波长是 24μm、70μm 和 160μm 的成像和光度测量。24μm 波长使用的探测器是掺杂砷的硅，像素阵列是 128×128；70μm 波长使用的探测器是掺杂镓的锗，像素阵列是 32×32；160μm 波长使用的探测器是重掺杂镓的锗，像素阵列是 2×20。所有探测器同时观察天空。

多仪器舱（MIC）中有一台进行定点校准并作为基准使用的传感器（PIRS），用来标定望远镜、星体追踪器和陀螺仪之间由热胀冷缩造成的机械漂移误差，径向 1-δ 精度是 0.18″（译者注：原书第 3 版中是 0.14″）；将空间望远镜的坐标系与 J2000.0 天球参考坐标系联系起来；为高精度绝对偏置操作设定起始高度（Mainzer 等，1998）。同时，观察第谷（Tycho）星表和安装在外部的星体追踪器，可以对这些系统完成对准，然后通过偏置操作将选中的科学目标锁定在科学仪器的视场中心。

如图 7.41 所示，所有这些需要制冷的组件都放置在一个铝制底板上。该底板相当于一个稳定的光学平台（OB）。用一个带肋的铝制整流罩作为多仪器舱的不透光的盖。盖子最顶端中心处安装一个光子快门，通常开着，而在地面测试探测器的暗电流时是关闭的。在液氦容器顶部与仪器之间，安装一个高纯度的散热铜条，将温度敏感装置产生的热量带走。

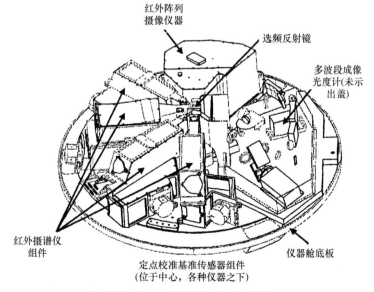

图 7.41　斯皮策空间望远镜多仪器舱中科学仪器的布局图

(资料源自 Fanlson，J. H. et al.，*Proc. SPIE*，3356，478，1998)

7.5.1.3 应用 SPDT 技术加工光学元件及元件间界面的望远镜

Erickson 等人（1992）阐述过另外一种望远镜系统的例子，所有成像系统的光机零件都是同一种材料，该望远镜示意如图 7.42 所示。在研发过程中，单刃金刚石切削（SPDT）技术起着重要作用，简化了装配，无须调校对准。对于主反射镜和次反射镜的设计，都采用了积分球基准表面，其标称光学曲率中心与系统的焦点相重合。在设计阶段，需要仔细确定机械加工工艺的顺序。设计了零件的特定直径和表面，在翻转反射镜加工相对面时用于支撑和定位。上述作者对加工、装配和调整对准期间的顺序都提供了详细资料。最终结果证明，无须调整就可以达到所希望的性能，因此设计是成功的。

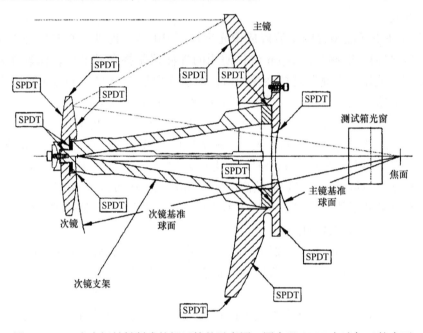

图 7.42　一个全铝材料制成的望远镜的示意图。图中以 SPDT 方法加工的表面
（资料源自 Erickson, D. J. et al., *Proc. SPIE*, CR43, 329, 1992）

7.5.2 焦距主动控制技术

消除温度对光学系统焦距影响的一种可能方法，就是主动控制一片或多片光学零件的位置、测量系统内的温度分布，并利用电动机驱动机构改变反射镜的间隔或使最终像面的距离到最佳值，从而与预先确定的计算结果或者查找表一致。从系统的观点出发，比较合理（但是更为复杂）的方法就是去感知聚焦的清晰度或成像质量，并且主动伺服控制一片或多片零件的位置，使性能达到最佳。这两种方法都需要耗费能量，并不容易满足。

Fischer 和 Kampe（1992）描述过一个主动温度补偿系统的例子。该系统是一个 5:1 无焦变倍组件，专门为工作波段是 8~12μm 的军用前视红外（FLIR）传感器配套，系统的技术要求见表 7.2。为了满足这些要求而研制的光学系统如图 7.43 所示。第一块零件是固定不动的，如图 7.43 所示，透镜比较小，可移动透镜分为第一组（分离双透镜）和第二组（单透镜）。所有这些透镜与第二块小的固定透镜一样，都使用锗材料。其他小固定透镜的材料是硒化锌，其主要是用来校正色差。设计采用了 4 块非球面透镜。可移动透镜组的位置优化之后，在规定的温度范围和目标距离上，该设计的成像质量满足全部要求。

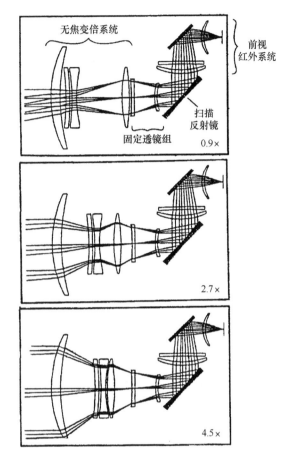

图 7.43　三种放大率的无焦变倍组件光学系统布局图

（资料源自 Fischer, R. E. and Kampe, T. U., *Proc. SPIE*, 1690, 137, 1992）

表 7.2　一个主动无热化变焦组件的技术要求

参数	温度要求	
	室温	0℃ 和 90℃
放大率范围	0.9 ~ 4.5	
相对孔径	$f/2.6$	
光谱范围	8 ~ 11.7 μm	
极值放大率的变化速度	≤2s	
MTF（相对于衍射极限）		
轴上（%）	≥85	≥77
0.5 视场（%）	≥75	≥68
0.9 视场（%）	≥50	≥45

（续）

参数	温度要求	
	室温	0℃ 和 90℃
尺寸		
长度	5. 19in	
直径	5. 50in	
重量	≤5 lb	
冷反射		
≤3 倍放大率时	≤0. 25℃	
≥3 倍放大率时	≤0. 15℃	
消热化	0 ~ 50℃焦点保持不变	
畸变	≤5%	
目标距离	500ft 到无穷远	
渐晕	无	
镀膜	每个表面上的反射率小于等于 0. 3%	

（资料源自 Fischer, R. E. and Kampe, T. U. , *Proc. SPIE*, 1690, 137, 1992）

无热化过程可以通过下面方式实现：将可移动镜组安装在一根导杆上，导杆穿过线性轴承（见图 7.44），使用两个步进电动机，通过正齿轮链分别驱动两个移动镜组，如图 7.45所示。步进电动机由本机微处理器（运作期间）控制，或者由外部计算机控制（测试期间）。操作员给出放大率和目标距离的命令，电子装置开始查询存储在一个内置 EPROM 中的查询表，确定室温条件下可移动透镜的合理设置。利用两个安装在透镜壳体上的电热调节器，检测组件的实际温度。电子装置利用这些传感器所得到的信号，并根据存储在 EPROM中的第二张查询表来调整对透镜的设置，校正温度对系统聚焦的影响。然后，利用校正后的

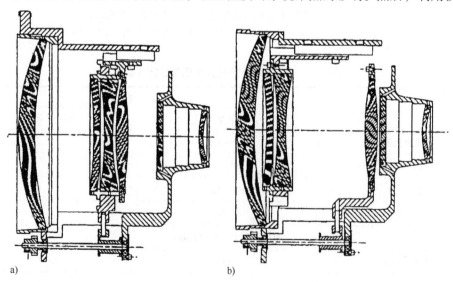

a)   b)

图 7.44　变焦物镜光机系统剖视图

a）（4.53 ×）窄视场　b）（0.93 ×）宽视场

（资料源自 Fischer, R. E. and Kampe, T. U. , *Proc. SPIE*, 1690, 137, 1992）

信号来驱动电动机将透镜定位，实现当前温度下的最佳像质。透镜组的运动是放大率和目标距离的函数，如图 7.46 所示。

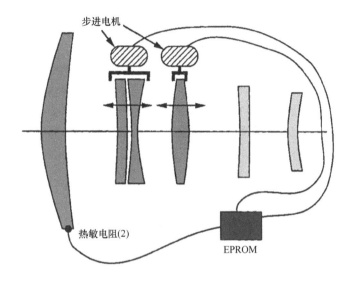

图 7.45　图 7.44 所示的变焦透镜无热化使用的温度传感系统和电动机驱动系统的示意图
（资料源自 Fischer, R. E. and Kampe, T. U., *Proc. SPIE*, 1690, 137, 1992）

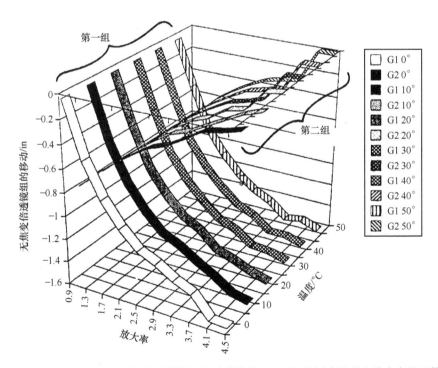

图 7.46　无焦变倍透镜组的移动曲线。移动数值是 0 ~ 50℃ 范围内温度和放大率的函数
（资料源自 Fischer, R. E. and Kampe, T. U., *Proc. SPIE*, 1690, 137, 1992）

7.5.3　使用计量结构无热化的仪器

如果一台光学仪器刚性壳体随温度变化产生的热胀冷缩太大，以至于使仪器中的光学件在工作期间无法保持正确间隔，也没有对间隔进行主动控制，那么就要使用某种形式的被动无热化技术。在此采用的工作原理就是允许一片或多片光学元件，例如卡塞格林望远镜的次镜，能够相对于主镜体沿轴向移动，并使用三根或更多的导杆或桁架结构控制反射镜的间隔。桁架结构通常采用一种低热膨胀系数的特定材料，因瓦合金和熔凝石英是制造计量导杆是的常用材料。复式计量导杆是由特定长度的不同低热膨胀系数的材料（例如铝和因瓦合金）顺序或反向组成的，已经成功获得了只使用一种长度和一种材料不可能得到的热响应。由于复合材料的低热膨胀系数可以针对实际应用来定制，所以复合材料也非常有利于制造计量导杆。

7.5.3.1　轨道天文台

有一个计量导杆消热化原理的著名例子，就是哥白尼轨道天文台（OAO）中使用的卡塞格林物镜，孔径为 80cm（31.5in）、焦距为 16m（53ft）。该仪器被发射到 740km（460mile）高（1972 年由美国 NASA 确定）的圆形环地轨道上，装备了一台高分辨率光栅分光计。在长期的在轨运行中，该望远镜定量地观测 $0.07 \sim 0.33\mu m$ 光谱范围内星际间的吸收光谱。

图 7.47 给出了光机望远镜组件的剖视图和端视图。组件的主壳体是一个焊接起来的释放过应力的双层铝管，如图 7.48 所示。将反射镜镜座弹性安装在三根熔凝石英计量导杆上，就可以保证主镜与次镜之间的间隔约为 250cm（98.4in）。如图 7.49 所示，可以看到其中的一根导杆，还有设计的绝热部分。

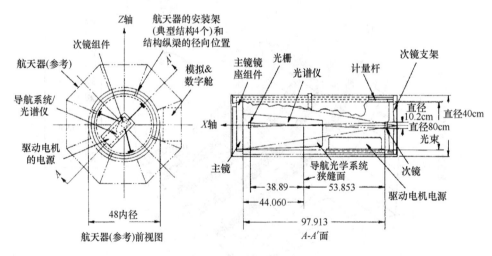

图 7.47　哥白尼轨道天文台（OAO）中望远镜/光度计组件的剖视图

（除另有说明，所有尺寸的单位都是 in）

（资料源自 Goodrich Corporation, Danbury, CT）

为了保持同心，用三个切向挠性构件支撑主反射镜，使用该支撑方式的轻质反射镜的设计如图 2.9 和图 2.10 所示。发射期间，启动一种隔震锁定机构，使主反射镜远离计量导杆。

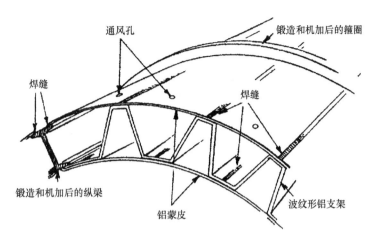

图 7.48 形成 OAO 望远镜刚性主框架的双壁焊接管结构示意图
(资料源自 Goodrich Corporation, Danbury, CT)

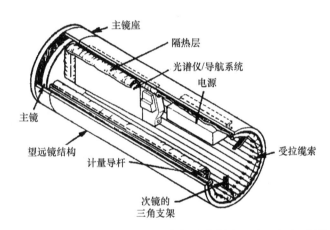

图 7.49 显示 OAO 望远镜中主要组件位置和隔热的设计草图。可以看到一根熔凝石英计量导杆
(资料源自 Goodrich Corporation, Danbury, CT)

进入轨道之后，电子机械锁定机构被松开，反射镜移动到位顶住导杆。在仪器的有效寿命期间，弹簧都要保持轴向接触。

7.5.3.2 地球同步环境卫星

地球同步环境卫星（GOES）（见图 7.50）中安装的卡塞格林望远镜孔径为 12.25in（31.1cm），也使用计量导杆控制主反射镜与次镜之间的间隔（Zurmehly 和 Hookman，1989）。望远镜的结构示意图如图 7.51 所示。使用六根薄壁因瓦合金管将主镜镜座与支撑次镜的支架相连接。主镜底座、次镜支架及次镜底座都使用材料铝。由于异结构金属长度的选择使得反射镜之间的轴向间隔在温度约 1℃（约 34℉）到约 54℃（约 129℉）的范围内（即卫星运行经过地球阴影区时）保持不变，所以仪器设计性能是轴向无热化。

图 7.52 给出了如何实现这种过程的示意。如图 7.52 所示，使用了低或高热膨胀系数的材料。反射镜位置如图所示，"＋"号和"－"号表示温度升高如何影响反射镜之间的中心间隔。单项变化的方向，取决于零件的哪一端与其相邻组件接触。对于各种结构成分，每一

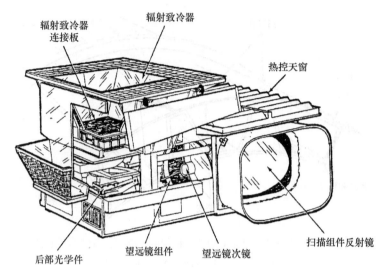

图 7.50　地球同步环境卫星的外视图
（资料源自 Zurmehly, G. E. and Hookman, R., *Proc. SPIE*, 1167, 260, 1989）

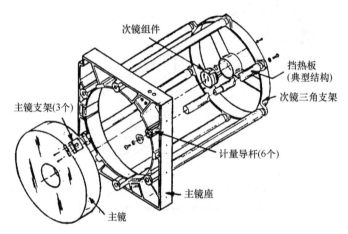

图 7.51　地球同步环境卫星中望远镜被动无热化结构图
（资料源自 Zurmehly, G. E. and Hookman, R., *Proc. SPIE*, 1167, 260, 1989）

项的变化量就是单个零件的长度乘以自身的低热膨胀系数，再乘以温度变化。这些变化量的代数和确定了反射镜的间隔。组装时，选择次镜镜座内一个隔圈的材料，使零件参数的变化最小。最终结果就是在温度变化的整个过程中，保持空气间隔不变。为了控制温度，涂黑遮热铝罩的外表面要保证热发射率最大，内表面镀金使热发射率最小，铝罩覆盖在主要的机械组件上，其中包括计量管。这些遮热板不是仪器的结构件，所以它们不直接包括在温度补偿机构中。在轨运行期间，需要有大到 8℃（46 ℉）的梯度，而这些梯度是无法补偿的。

　　卷Ⅰ的 9.3 节已经介绍和总结过 Hookman（1989）设计的次反射镜的结构。如卷Ⅰ图 9.27 所示，孔径为 1.53in（38.9mm）的凸面、超低热膨胀玻璃反射镜安装在因瓦合金材料制成的镜体中。由 RTV 566 有机硅胶制成的被轻微压缩（弹性）的按钮，可以在轴向和

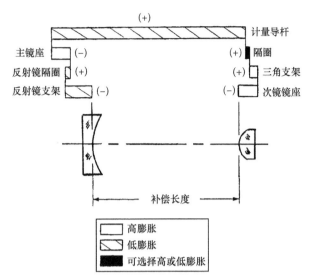

图 7.52　被动热补偿机构（计量导杆）示意图。该机构主要用于稳定 GOES 望远镜主-次镜间的轴向间隔
（资料源自 Zurmehly, G. E. and Hookman, R., *Proc. SPIE*, 1167, 260, 1989）

径向对反射镜预先加以负载。这些按钮有足够的回弹力，可以适应反射镜与镜座材料低热膨胀系数之间的小量差别。

由于次镜的因瓦合金材料镜座固定在多腿结构的铝支架上，所以使用挠性叶片（与镜体是一个整体）连接这些元件，如卷 I 图 9.27（译者注：原书错印为 8.27）所示。这些挠性构件在径向是柔性的，但在切向和轴向是刚性的，调整挠性叶片的径向刚度可以得到一个 832Hz 的基频，使外部施加的低频振动不会激发谐振。

在 Zurmehly 和 Hookman（1989）发表的文献中，还阐述过一种测试装置，用来测试模拟温度变化对聚焦、瞄准及瞄准误差重复性的影响。图 7.53 给出了该装置的一部分。测试组件刚性安装在一个热真空箱内，热真空箱（图中虚线部分）放置在一个隔震台上。在 GOES 望远镜的焦点处设置一个后照明针孔光源（图中右侧）。望远镜发出的平行光束通过真空室壁上的窗口，进入一个改进后的商用望远镜 [孔径是 14in 的星特朗（Celestron）望远镜] 中，经过分束镜后聚焦到该望远镜的焦点处，利用一台显微镜（图中未给出）观察形成的图像。显微镜安装在一个三轴可调整的台上，用来测量三个方向上的运动。如果由于温度变化使 GOES 望远镜的焦点发生变化，或者图像在横向有移动，就可以用显微镜测量这些位移。知道望远镜的横向和纵向的两种组合放大率，就可以计算出测试组件对应的误差。

该测试要花费较长时间，所以，每次测试之前都要对系统进行标定。显微镜和 Celestron 望远镜安装在一个有横向导轨的台子上，可以横向移动，与光学平面反射镜（图中未给出）全孔径对准。位于分束镜下面的针孔/光源投射出的光束被自准直后，就可以确定 Celestron 望远镜的真正焦点。记录下返回的图像，并用来校正 GOES 望远镜的虚焦点位移。

将一块 2in 直径的平面反射镜固定在 GOES 望远镜壳体上，使 Celestron 望远镜/显微镜系统实现自准直，就可以消除仪器瞄准误差。设置该反射镜的目的是为了确定测试望远镜光轴的真实视轴。该基准反射镜通过挠性件固定在望远镜上，可以消除温度变化造成的倾斜。

测试组件的温度采用以下方式变化：将测试组件（除光学孔径外）包裹在一个非接触的铝制容器中，该容器用 −34℃ 的流动盐水冷却或者用电阻加热器加热，通过辐射完成热量转

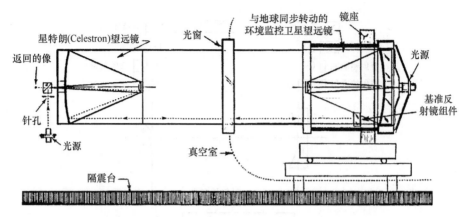

图 7.53 完成 GOES 望远镜热/真空测试的检测装置示意图
（资料源自 Zurmehly, G. E. and Hookman, R., *Proc. SPIE*, 1167, 260, 1989）

移。在 72 个点上利用热电偶，每隔 3min 记录一次来监控望远镜的温度。当温度变化速率小于 0.1℃/h 使热电偶无法记录时，就表明当前的温度是稳定的。为了避免该包裹容器将辐射耦合到室温真空箱周边的壁上，外表面需要用多层绝缘材料覆盖。

7.5.3.3 深空成像多目标光谱仪

Mast 等人（1999）设计了一种更为复杂的被动式温度补偿装置，应用在深空成像多目标光谱仪（DEIMOS）的照相物镜组件中。其使用一种由不同材料制成的计量结构。该组件如卷Ⅰ图 5.56 所示，卷Ⅰ5.7 节偏主要讨论透镜零件之间液力连轴节的应用。图 7.54 重新给出了该组件设计图，但使用了另外的零件名称。

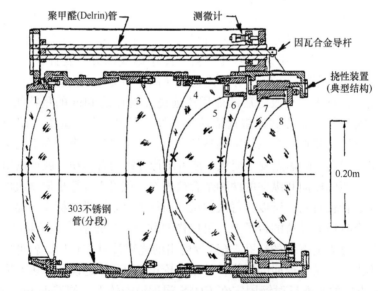

图 7.54 深空成像多目标光谱仪（DEIMOS）相机组件的光机设计图
（资料源自 Mast, T. et al., *Proc. SPIE*, 3786, 499, 1999）

按照技术条件设计出的这种组件，要求相机成像的比例不变。也就是说，在 −5 ~ 5℃的工作范围内，最大像高 4096 个像素随温度变化 0.17 个像素直径，对应的 $\delta p/p =$

42×10^{-6}。根据组件中已知元件的热性质对未经补偿的设计进行计算表明 $\delta p/p = 136 \times 10^{-6}$，是不可接受的温度灵敏度，因此，只能在 $\pm 0.31℃$ 标称的温度范围内才满足所需要的性能。

为了解决这个问题，对组件进行机械设计时提供了一种被动方法：随着温度变化，沿轴向移动第四块双胶合透镜（第 7 和第 8 块零件）。这样就可以更精确地调整了透镜的焦距，因而图像的比例系数更准确。该透镜座固定在径向可以弯曲的构件上，将镜座与一根因瓦合金导杆的右端相连接，因瓦合金导杆的左端固定在与导杆同轴的一根聚甲醛（Delrin）管上，右端又固定在透镜镜筒上，因此就可以释放移动镜座的力。导杆和聚甲醛管都是 440mm 长，可移动透镜的初始标称位置是用图中标出的显微镜确定的。导杆和树脂管不同的膨胀性质提供 0.036mm/℃ 的长度变化量，在 $\pm 3\%$ 以内，足以补偿成像的比例系数。

7.5.3.4　多角度成像光谱辐射计的无热化设计

7.2.5 节，从刚性镜体的设计概念出发，已经讨论过多角度成像光谱辐射计（MISR）中使用的 9 片型照相机。为了使这些透镜能够在轨道运行中正常工作，要求在 0～10℃ 的整个工作温度范围内，每款相机的后截距（BFL）或者从最后一个透镜表面到探测器平面的距离保持不变。选择一种被动方式，使探测器的移动量与温度变化呈一种函数关系，因此每个透镜都能成像在最佳位置。

所采用的温度补偿装置如图 7.55 所示。其中一个组件固定在每个透镜镜体的末端，如图 7.56 所示。在该设计中，使用一组不同材料制成的同心管，并在另一端相连，使其长度按照预定方式随温度的升降而变化，从而实现探测器到像面位置的优化。如果希望温度升高时零件的总长度减少，就采用低热膨胀系数的材料（因瓦合金和玻璃纤维），反之就使用高热膨胀系数的材料（铝和镁）。已经发现，理想的补偿器设计不会对各类透镜在整个温度范围内都提供理想的补偿，但是，产生的性能下降应该是可以接受的。

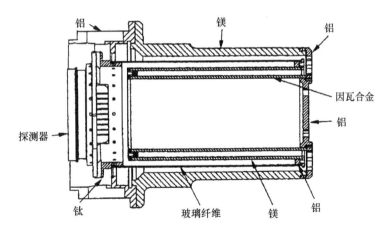

图 7.55　每一个多角度成像光谱辐射计（MISR）透镜组使用的温度补偿器示意图

(资料源自 Ford, V. J. et al. , *Proc. SPIE*, 3786, 264, 1999)

使用半导体致冷器将探测器冷却到 $-50℃ \pm 0.1℃$。将它们与周围的结构隔热处理，对

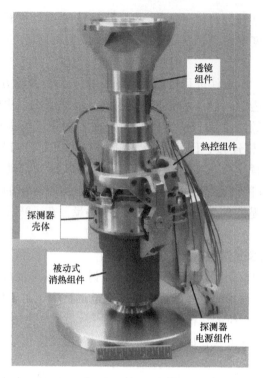

图 7.56　D 类多角度成像光谱辐射计照相机工程化样机的照片

（资料源自 Ford, V. J. et al., *Proc. SPIE*, 3786, 264, 1999）

探测器的壳体镀金以减少热发射率，冷的结构件安装在一根薄玻璃纤维管（选择这种材料是它有低热导率）上，并且使用低发射率的铝化聚酯薄膜将玻璃纤维管覆盖包裹。为了得到高热导率，组件中的其他管子都是金属材料。图 7.57a 给出了相机的探测头，可以看到有关的电子组件、半导体致冷器和被动式消热组件。图 7.57b 给出了探测器和与之配套的电子组件的特写。

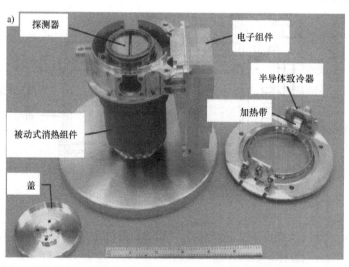

图 7.57　a）多角度成像光谱辐射计（MISR）照相机的探测头。其中包括探测器壳体、电子组件和被动式消热组件

（资料源自 Ford, V. J. et al., *Proc. SPIE*, 3786, 264, 1999）

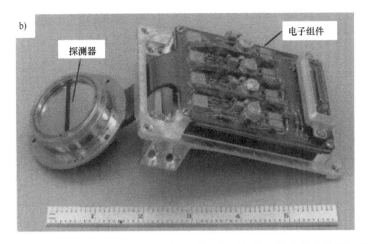

图 7.57　b) 多角度成像光谱辐射计（MISR）探测器和电子组件（没有给出盖子）的特写图（续）
（资料源自 NASA/JPL/CALTECH）

预估出相机与透镜组件之间的热梯度，可进行温度补偿器子系统对不正常温度时聚焦的修正。尤其要注意，在透镜镜体与相机组件间的接合处，是用一个没有良好热导性的隔圈连接的。此外，热量必须从半导体致冷器和探测器的前置放大器中排除掉。为了使温度稳定，设计了专用的热量控制硬件（见图 7.56），并加装到系统上。该硬件用高热导率材料 7073 铝合金制成，放置在透镜与相机壳体之间的接缝处，夹持在一根消除电子装置和冷却器热量的导热杆上。在该硬件的所有接缝处都加装一些软的纯铝薄垫片，使这些接缝处的导热性能最好。然后，热量从透镜镜体传导到仪器的结构体上辐射掉。

7.5.3.5　哈勃空间望远镜桁架结构的无热化设计

三角形桁架作为大型天文望远镜的主结构已经使用了许多年。图 7.58 给出了一台具有代表性的地面使用的现代化望远镜的安装图。一般来说，这些装置的反射镜间隔没有进行无热化设计，对材料的选择通常考虑可用性、成本和重量。温度变化影响也常常在光机系统其他地方被补偿。

三角形桁架结构中使用了两种不同材料来实现温度补偿。利用三角形桁架结构底边和侧边材料具有不同的热膨胀系数就可以改变三角形底边到顶点的有效热膨胀。这种概念适用于平面和柱面桁架两种结构。

对于平面桁架，若顶点到基底的距离是 h，底边为 b，测边长为 L。当温度变化 ΔT 时，顶点到底边距离的变化量 Δh 是

$$\Delta h = \frac{\Delta T}{h}\left(\alpha_{\mathrm{L}}L^2 - \alpha_{\mathrm{B}}\frac{b^2}{4}\right) \tag{7.16}$$

$$\alpha_{\mathrm{H}} = \frac{1}{h^2}\left(\alpha_{\mathrm{L}}L^2 - \alpha_{\mathrm{B}}\frac{b^2}{4}\right) \tag{7.17}$$

式中，α_{L} 是桁架三角形侧边的热膨胀系数；α_{B} 是桁架三角形底边的热膨胀系数；α_{H} 是桁架底边到顶点的有效热膨胀系数。

满足有效热膨胀系数 α_{H} 的 L/b 值是

$$\frac{L}{b} = \sqrt{\frac{\alpha_{\mathrm{B}} - \alpha_{\mathrm{H}}}{\alpha_{\mathrm{L}} - \alpha_{\mathrm{H}}}} \tag{7.18}$$

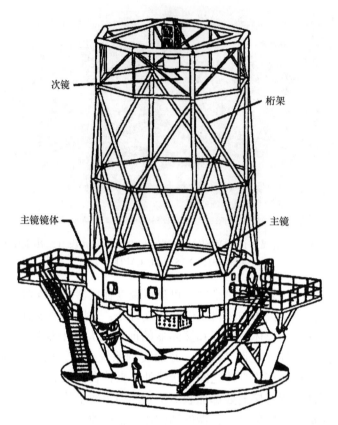

图 7.58 一个典型的用来支撑次反射镜的三角桁架结构。这是双子星座望远镜结构设计艺术的代表作
（资料源自 Raybould, K. et al., *Proc. SPIE*, 2199, 376, 1994）

若底边到顶点的有效热膨胀系数为零，或者 $\alpha_H = 0$，则有

$$\frac{L}{b} = \frac{1}{2}\sqrt{\frac{\alpha_B}{\alpha_L}} \quad \text{其中 } \alpha_H = 0 \tag{7.19}$$

这类消热差双材料桁架应用于美国基特峰（Kitt Peak）山顶上的 1984 年部署安装的 CCD/中星仪（CTI）。该中星仪是一种自动控制的垂直放置望远镜，孔径为 1.8m，焦比为 $f/2.2$。三角形桁架结构侧边材料是不锈钢，底边材料是铝。随传感器与焦点之间的温度变化而使总长度发生的变化，可保证与低膨胀系数光学件热膨胀系数匹配一致（McGraw 等，1986）。其热膨胀补偿相当好，以至于完成调试后一年多都无须对桁架进行再调整。

同样的原理也适用于柱形桁架结构。如下所述，这类桁架结构应用于哈勃空间望远镜。若单跨长度 s（对应着平面桁架的长度 h）和柱体半径 R，温度变化 ΔT 引起的长度变化 Δs 是

$$\Delta s = \frac{\Delta T}{s}\left\{\alpha_L L^2 + 2\alpha_R R^2\left[\cos\left(\frac{\pi}{N}\right) - 1\right]\right\} \tag{7.20}$$

式中，N 是单跨桁架结构重复三角形元件的数目；α_L 是三角形桁架侧边的热膨胀系数；α_R 是桁架环撑结构的热膨胀系数。

下面参考设计实例 7.3。

设计实例7.3　基特峰山上 CCD/中星仪的消热桁架结构

主镜采用低膨胀玻璃，而桁架结构采用 410 不锈钢和铝材料。不锈钢三角桁架的热膨胀系数 $\alpha_L = 9.9 \times 10^{-6} K^{-1}$，铝桁架的热膨胀系数 $\alpha_B = 23.6 \times 10^{-6} K^{-1}$，低膨胀玻璃的热膨胀系数 $\alpha_H = 15 \times 10^{-9} K^{-1}$。设计正方形横截面的桁架，因此，采用平面消热差桁架公式。桁架的 L/b 值是

$$\frac{L}{b} = \frac{1}{2}\sqrt{\frac{\alpha_B - \alpha_H}{\alpha_L - \alpha_H}} = \frac{1}{2}\sqrt{\frac{(23.6 \times 10^{-6} K^{-1}) - (15 \times 10^{-9} K^{-1})}{(9.9 \times 10^{-6} K^{-1}) - (15 \times 10^{-9} K^{-1})}} = 0.772$$

高度 h 与底边宽度 b 之比值是

$$\frac{h}{b} = \frac{\sqrt{L^2 - (b^2/4)}}{b} = \frac{\sqrt{(0.772)^2 - (1/4)}}{1} = 0.500$$

望远镜 f 数是 $f/2.2$，意味着高度是主镜直径的 2.2 倍。由于消热差桁架高度-宽度比是 0.5，利用两跨桁架结构可使宽度降至最小，所以尺寸可降到最小，相关成本也降至最低。

哈勃空间望远镜中光学望远镜组件（OTA）的结构设计（见图 7.59）中有精密的桁架结构，其作用与计量导杆一样，能够保证次镜和主镜在轨道运行中有精确的轴向间隔，相对同轴和平行。

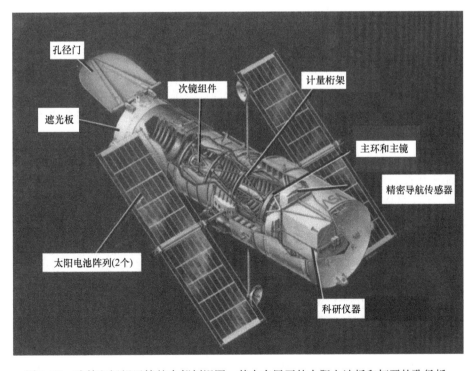

图 7.59　哈勃空间望远镜的内部剖视图。其中有展开的太阳电池板和打开的孔径板，可以看到支撑次镜到主镜环状底座的计量桁架结构

（资料源自 McCarthy, D. J. and Facey, T. A., *Proc SPIE*, 330, 139, 1982）

如果哈勃空间望远镜能够在一个完全稳定的环境中运行，设计时就不用特别担心轴向热稳定性问题。然而，实际上它每 93min（54℉）就环绕地球一圈，在每圈运行中都要经历一个白天和黑夜，可以产生高达 30℃ 的温度波动。在这种环境下，必须考虑热胀冷缩及其对支撑主次反射镜结构所产生的影响。为了对以后在此原理基础上进行的设计提供一些指导，原书作者对光学望远镜组件的桁架设计总结出了一些重要的影响因素。

这种桁架设计是为了使两块反射镜能够达到下面的对准精度：间隔漂移为 3μm（1.18 × 10^{-4}in），偏心为 10μm（3.94 × 10^{-4}in），倾斜为 2″。生产厂商面对的问题是，变化的温度和 4.9m（193in）长结构件上的温度变化，以及如何加工出直径为 2.4m（94in）上的 3 根"I"形截面的环状结构和 48 根 2.13m（84in）长的管状零件。所有这些零件都具有同样的膨胀系数，这些要求是非常严格的，并要求组装后桁架的基频是 24Hz。

很明显，通常情况下，重量较轻的金属材料，例如铝或者钛合金，是不可能满足所需要的低膨胀率性质的。所以，采取的方法就是研发非常稳定的石墨纤维加固型环氧材料的桁架和圆环构架，将它们组装成需要的结构形式。通过分析和测试证明，完成后的桁架可以达到工作环境下高稳定性的要求。

由 Smith 和 Jenes（1978）报告的热灵敏度分析资料表明，桁架材料的低热膨胀系数应当是（0.025 ± 0.035）× 10^{-6}/℉，而桁架环材料的低热膨胀系数应当是（0.25 ± 0.15）× 10^{-6}℉。根据 McMahan（1982）的研究，支柱和桁架环的截面尺寸，以及使用的混合纤维复合材料如图 7.60 所示。所有的纤维都灌注 934 环氧树脂，并按照专门为这种应用研发的工艺程序硬化。每根支柱的结构都是由两种石墨纤维组成的多层复合材料，T50 纤维（两层）平行于管子的纵轴放置，而 T300 纤维（一层）与该轴成 ±59° 放置。桁架环设计成网状，由三层 T300/934 纤维组成，每一层厚 0.013in（0.33mm）。桁架环的盖是多层复合材料，两层 0℃ 铺层的 T50 纤维和一层 ±40℃ 铺层的 T300 纤维。

复合材料设计和加工工艺的研究内容包括对低热膨胀系数材料灵敏度的分析和实验评估，包括以下几方面：①树脂含量（通过分析发现，纤维或树脂体积变化 1% 的灵敏度就是 0.019 × 10^{-6}/℉，测试结果是 0.016 × 10^{-6}/℉）；②层的方位（分析发现角度变化 1℉ 就是 0.019 × 10^{-6}/℉，测试结果是 0.012 × 10^{-6}/℉）；③硬化和热循环条件。选择的工艺是在 270℉（132℃）温度下硬化，并从 −150℉ 到 +120℉（−101℃ 和 +49℃）循环 5 次。

对样品机械性能的测试结果表明，抗拉强度和拉伸模量值与预测的强度和刚度要求相一致〔分别约为 71 800 lbf/in^2（500MPa）和 15 × 10^6 lbf/in^2（1.0 × 10^5MPa）〕，这些要求是针对整体结构分别提出的。研究发现，湿度对这些材料性质中的任何一项都不会产生影响，还发现微屈服应力超过 20000 lbf/in^2（140MPa）（译者注：原书错印为 180MPa），大约比最小允许值多 5000 lbf/in^2（30MPa）。对合成物的测试表明，它们满足美国 NASA 确定的对真空除气的要求：总重量损耗 1.0% 和真空凝聚 0.1%（McMahan，1982）。

McCarthy 和 Facey（1982）阐述了如何测量光学望远镜组件计量桁架中每根桁架的热膨胀系数，并且在分析不同跨度的桁架之后有选择地放置零件，使总的热变形最小。例如，有较高热膨胀系数的桁架放置在紧靠主反射镜的跨度上，因为此处工作温度的变化应当最小（见图 7.61）。根据 Golden 和 Spear（1982）的报告，所有加工出来的 52 根桁架的热膨胀系数都满足 0.25 × 10^{-6}/℉ 的要求，在指定的公差范围之内（ ±0.15 × 10^{-6}/℉）。

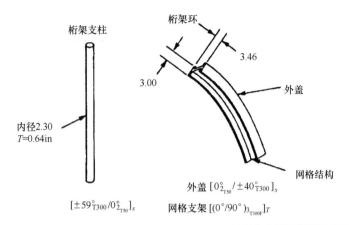

图 7.60　哈勃空间望远镜计量桁架结构中使用的截面尺寸和混合纤维复合材料

（资料源自 McMahan，L. L.，Space Telescope Optical Telescope Assembly structural materials characterization，*Proceedings of AIIA/SPIE/OSA Technology Space Astronautics Conference*：*The Next 30 Years*，Danbury，CT，1982，p. 127）

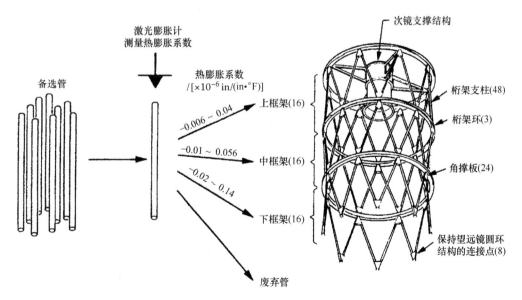

图 7.61　根据测量出的使用在空间望远镜计量桁架结构中的热膨胀系数值选择纤维加固型环氧桁架结构的过程

（资料源自 McCarthy，D. J. and Facey，T. A.，*Proc. SPIE*，330，139，1982）

为了确定完工后桁架的刚度、振动模式特性和热真空性能，进行了组装验证实验。实验证明，桁架的刚度很好，都在设计要求范围之内。测量出次反射镜相对于主反射镜安装界面旋转产生的主频是25.96Hz（设计值是26.02Hz），较高的振动频率也与预计值一样。热性能造成位移、偏心和倾斜的量比本节前面给出的允许值约小50%，这些值的测量精度高于±2.5%。Wada和DesForges（1978）报告，美国波音公司对这些桁架完成了其他测试，测量了结构的阻尼，发现在所有谐振中阻尼都相当低。Richard（1990）讨论过这种结构阻尼的重要性。如图7.62所示，在美国珀金埃尔默（PerkinElmer）公司的工厂［位于美国康涅狄格州丹伯里（Danbury）市］将桁架结构安装在光学组件上。

图7.62 将哈勃空间望远镜的计量桁架装配进望远镜光学组件内的照片。可以看到
次反射镜组件和主反射镜的外壳（在桁架内侧的左端）
（资料源自 Goodrich Corporation, Danbury, CT）

尽管普遍认为，这种望远镜代表的是一种非常专业的高精度和高成本的应用，但是本节引用对材料特性的研究是为将来在其他结构的桁架、光学仪器的各种应用及需要精密结构的装置中使用先进的合成材料提供基础了解。

7.5.3.6 星系演化探测器的无热化设计

美国NASA研制的星系演化探测器（GALEX）是一种绕地球轨道运行的空间望远镜，借助紫外波段（UV）观察银河系和星类来收集星系形成的信息。2003年4月23日将其装在飞马座（Pegasus）火箭上升空。

正如Ford等人（2004）阐述的，GALEX的载荷包括三个主要分系统：望远镜、光学轮盘组件和后聚焦组件。它们组装在一个称为望远镜托板的结构件上，该托板固定在航天飞机的一个支撑基座上，该基座还安装了电子组件和星体追踪器，如图7.63所示。

望远镜是卡塞格林形式的。一个由复合材料制成的多腿支架支撑着它的次镜，并与一个穿过主反射镜中心的毂盘相连；轮盘支撑着主反射镜。利用三个双脚架，将轮盘与望远镜的托架连接在一起。

光学轮盘组件有一个旋转板，驱动着一个棱镜光栅或者光路补偿窗进入成像光路。棱镜光栅主要由一个棱镜和一个衍射光栅组成，将光分成不同波段，以利于光谱数据的收集。光

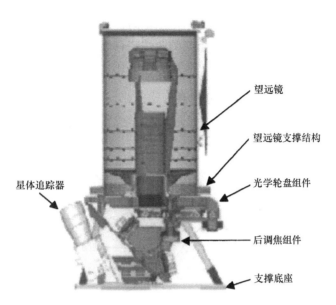

图 7.63　星系演化探测器（GALEX）有效载荷的外视图

（资料源自 Ford, V. G. et al. , *Proc. SPIE*, 5528, 171, 2004）

学轮组件直接固定在望远镜的托架上。

　　后调焦组件包括光学零件和电光学零件，如图 7.64 所示，从望远镜中传播出的光束通过光学轮盘组件后进入该组件。该光束遇到一个轻度非球面二向色分束镜，将远紫外光反射到远紫外探测器，透过的近紫外光到一块平面反射镜，然后进入近紫外探测器。支撑该组件的结构应用了一种被动技术补偿热效应引起光学系统像距（后截距）的变化。Ford 等人（2004）对这种热补偿设计做了如下描述：

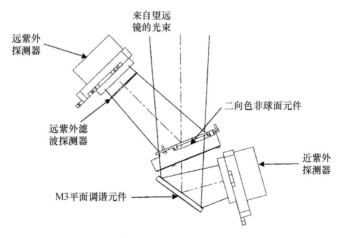

图 7.64　星系演化探测器（GALEX）后调焦组件所包含的元件

（资料源自 Ford, V. G. et al. , *Proc. SPIE*, 5528, 171, 2004）

　　消热化设计要求，从室温校准到飞行工作温度期间都要使系统位于正确的焦点位置，因此要求望远镜和后调焦组件都能在 −15 ～ +25℃ 的温度范围内正常工作。为保持准确聚焦，后调焦组件通过 3 个相同的双脚架子组件支撑在望远镜的托架上，如图 7.65 所示。每个双脚架的腿都设计成串联的两部分，可以在该结构中使用不同材料，温度变化时，如果需要，可以作为调整总长度变化的一种方法。在每根桁架的两端装有球形垫圈使力矩的传递最小，桁架相对于望远镜托架对称安装。热分析表明，金属材料因瓦合金可以用于所有的桁架零件。

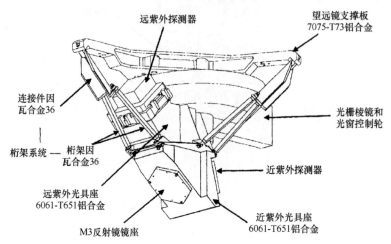

图 7.65　星系演化探测器（GALEX）后调焦组件的结构布局图

（资料源自 Ford, V. G. et al. , *Proc. SPIE*, 5528, 171, 2004）

支撑结构的可变参数如下（见图 7.66）：与望远镜托架相连接的桁架半径 R；与后调焦组件相连接的桁架半径 r；各桁架的长度（要求相同）。如果图 7.65 所示的材料已经选定，可以采用逐步近似计算方法确定桁架长度，使焦距值随温度的变化最小，并能保持有效载荷所需的光学性能。其结果是一个经济可行的设计，充分考虑了对在轨运行热环境的预测，飞行性能已经证明，无热化系统如预测一样工作。

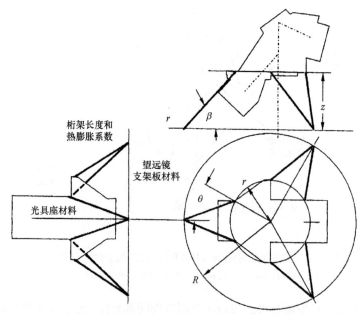

图 7.66　星系演化探测器（GALEX）后调焦组件无热化系统的几何布局图

（资料源自 Ford, V. G. et al. , *Proc. SPIE*, 5528, 171, 2004）

7.5.4　折射光学系统的无热化技术

与纯反射光学系统相比，折射系统和折反射系统的消热化问题更为复杂。其主要原因是，在温度发生变化时，随着结构材料和透镜材料尺寸的变化，折射率也会同时发生变化。因为传统的方法就是确定一种光学设计，使它对温度变化产生最小的响应，然后设计一种机械结构补偿剩余的热效应，所以，在结构设计中考虑这种技术。下面的讨论是对消热化设计目标的初级近似，目的是展现一种方法，而不是详细的设计过程。

其中，关键参数是所有材料的热膨胀系数和光学材料的折射率 n_G，以及折射率随温度的变化速率。除非周围是真空，否则必须考虑该介质（通常是空气）折射率随温度的变化。为了将这些折射率的变化区分开，使用下面公式，并根据玻璃目录册所列给定温度和波长条件下相对于空气的相对折射率值 $n_{G,REL}$，可以得到该玻璃的绝对折射率 $n_{G,ABS}$：

$$n_{G,ABS} = n_{G,REL} n_{AIR} \tag{7.21}$$

式中，n_{AIR} 是 15℃时空气的折射率。根据 Edlen（1953）给出的下列公式计算：

$$(n_{AIR,15} - 1) \times 10^8 = 6432.8 + \frac{2949810}{146 - (1/\lambda)^2} + \frac{25540}{41 - (1/\lambda)^2} \tag{7.22}$$

式中，λ 的单位是 μm。

空气折射率随温度的变化速率可按照 Penndorf（1957）给出的公式得到，如下所示：

$$\frac{dn_{AIR}}{dT} = -0.003861 (n_{AIR,15} - 1)(1 + 0.00366T)^2 \tag{7.23}$$

式中，T 的单位是℃。在 20℃温度时，不同波长条件下的 dn_{AIR}/dT 和 $(n_{AIR} - 1)$ 值列于表 7.3 中。

表 7.3　20℃温度时，不同波长条件下的 dn_{AIR}/dT 和 $(n_{AIR} - 1)$ 值

波长/nm	dn_{AIR}/dT	$(n_{AIR} - 1)$
400	-9.478×10^{-7}	2.780×10^{-4}
550	-9.313×10^{-7}	2.732×10^{-4}
700	-9.245×10^{-7}	2.712×10^{-4}
850	-9.211×10^{-7}	2.701×10^{-4}
1000	-9.190×10^{-7}	2.696×10^{-4}

（资料改编于 Yoder, P. R., Jr., *Mounting Optics in Optical Instruments*, 2nd edn., SPIE Press, Bellingham, WA, 2008）

Jamieson（1992）给出了下列公式，表示单片薄透镜焦距随温度的变化规律：

$$\Delta f = -\delta_G f \Delta T \tag{7.24}$$

式中，f 是给定波长和温度条件下透镜在空气中的焦距；δ_G 是玻璃的热离焦系数，可由以下式给出：

$$\delta_G = \left[\frac{\beta_G}{(n_G - 1)} \right] - \alpha_G \tag{7.25}$$

（译者注：原书分子错印为 β）

$$\beta_G = \frac{dn_G}{dT} \tag{7.26}$$

如果一种材料的热膨胀系数是 α 的函数，那么该材料的长度随温度的变化规律与式

（7.24）有相同的形式，即 $\Delta L = \alpha L \Delta T$。参数 δ_G 仅取决于物理性质和波长，一些作者称之为该玻璃的热光系数。对所有的折射材料，α_G 的值都是正值；如果是光学玻璃，其范围约是 $2.2 \times 10^{-5} \sim 3.2 \times 10^{-5}$。具有小 δ_G 值的这些玻璃，一方面由于温度升高和表面半径膨胀会使焦距增大，另一方面由于折射率的降低会使焦距减小，两方面的作用几乎相抵消。与光学玻璃材料相比，光学塑料和红外材料的 δ_G 更大。Jamieson（1992）列出了 185 种肖特玻璃、18 种红外晶体、4 种塑料和 4 种折射率匹配液的 δ_G，如卷 Ⅰ 表 3.10 ~ 表 3.12 所示（译者注：原书错印为 "3.12"）。

现在讨论一个按照图 7.67 所示方法安装薄单透镜的例子。δ_G 是正值的，焦距为 f，安装在一个简单的（没有补偿的）金属圆筒中，热膨胀系数 CTE $= \alpha_M$，长度 $L = f$。温度变化 $+\Delta T$ 将使圆筒加长。如果选择材料使 $\alpha_M = \delta_G$，系统就应当消除了热效应，在整个温度范围内生成的图像都位于圆筒末端。若 $\alpha_M \neq \delta_G$，温度变化会造成离焦。选择系统的材料使其具有基本相同的热膨胀系数，就没有必要对它们进行消热设计。下面利用设计实例 7.4 进一步解释上述未加补偿的简单薄透镜系统产生的离焦量。

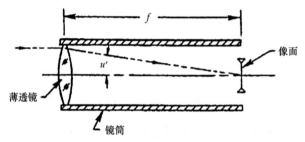

图 7.67　一个未经无热化补偿的单薄透镜及简单安装的示意图

（资料源自 Yoder, P. R., Jr., *Mounting Optics in Optical Instruments*, 2nd edn., SPIE Press, Bellingham, WA, 2008）

设计实例 7.4　一个未加补偿的简单薄透镜系统的离焦

假定一个用 BK7 材料制成焦距 $f = 100\text{mm}$（3.937in）的薄透镜，安装在图 7.67 所示的布局中。如果（a）圆筒材料是 6061 铝；（b）圆筒材料是 416 不锈钢。当温度变化 $+40\,℃$（$+72\,℉$），请问每种金属镜筒条件下的离焦量是多少？

解：

根据卷 Ⅰ 表 3.13，有

$$\alpha_{AL} = 23.6 \times 10^{-6}/℃ \, (13.1 \times 10^{-6}/℉)$$

$$\alpha_{CRES} = 9.9 \times 10^{-6}/℃ \, (5.5 \times 10^{-6}/℉)$$

因此，有

$$\Delta L_{AL} = \left[(23.6 \times 10^{-6}) \times 100 \times 40 \right] \text{mm} = 0.0944\text{mm}(0.0037\text{in})$$

$$\Delta L_{CRES} = \left[(9.9 \times 10^{-6}) \times 100 \times 40 \right] \text{mm} = 0.0396\text{mm}(0.0016\text{in})$$

（译者注：原书错将不锈钢 CTE 写为 8.5×10^{-6}）

根据卷 Ⅰ 表 3.11，有

BK7 玻璃的 $\delta_G = 2.41 \times 10^{-6}/℉$（$4.33 \times 10^{-6}/℃$）

根据式 (7.24)（译者注：原书错印为 7.4），

$$\Delta f = \left[(4.33 \times 10^{-6}) \times 100 \times 40\right] \text{mm} = 0.0174\text{mm}\ (0.0006\text{in})$$

因此，有

　（a）铝的离焦量为 $(0.0944 - 0.0174)\text{mm} = 0.0770\text{mm}(0.0030\text{in})$

　（b）不锈钢的离焦量为 $(0.0396 - 0.0174)\text{mm} = 0.0222\text{mm}(0.0008\text{in})$

该应用中采用较低热膨胀系数不锈钢材料的优越性显然易见。

Jamieson（1992）解释过在不等温条件下如何确定一个薄双透镜和一个薄消色差双透镜的 δ_G，以及焦距变化量 Δf。对于薄双透镜的情况，求解 δ_G 的公式如下：

$$\delta_{G\,\text{DBLT}} = \frac{f}{f_1}\delta_{G1} + \frac{f}{f_2}\delta_{G2} \tag{7.27}$$

式中，f 是双透镜焦距；f_1 和 f_2 分别是两个零件的焦距；δ_{G1} 和 δ_{G2} 分别是两个零件的热离焦系数。

一旦 $\delta_{G\,\text{DBLT}}$ 已知，就可根据式（7.24）计算 Δf。

对于薄消色差双透镜情况，求解 δ_G 的 Jamieson 公式如下：

$$\delta_{G\,\text{ACH DBLT}} = \frac{\nu_{G1}\delta_{G1} - \nu_{G2}\delta_{G2}}{\nu_{G1} - \nu_{G2}} \tag{7.28}$$

式中，ν_{G1} 和 ν_{G2} 分别是两个零件的阿贝数，其他项前面已定义过。

对厚透镜系统消热差的一种方法，就是设计透镜时满足所要求的成像质量，并通过选择合适的玻璃，尽可能在聚焦成像时减小温度的影响。然后，利用多种材料、组合不同的热膨胀系数来设计安装系统，使其关键尺寸的变化与后截距（就是像距）的变化相等。基于图 7.68 所示的设计原理结构布局，对不同材料例如因瓦合金、铝、钛合金、不锈钢、复合

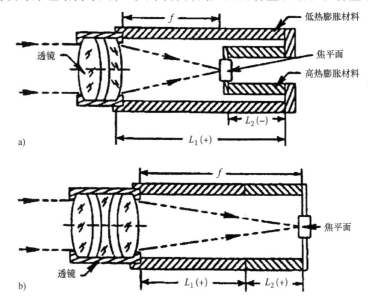

图 7.68　一种简单的由两种材料组成的对透镜聚焦进行无热化设计的示意图

a）一种凹入式双材料补偿装置　b）两种材料以串联形式连接的补偿装置

（资料源自 Vukobratovich, D., *Introduction to Optomechanical Design*, SPIE Short Cource, 2014）

材料（典型的例子就是石墨环氧化物）、玻璃纤维或者塑料（例如特氟纶、尼龙或聚甲醛）采用特定长度，就可以使总长度有正的或负的变化。

Vukobratovich（1993）给出了一组方程式（此处重新写出），利用热离焦系数 δ_G、热膨胀系数的 α_1 及 α_2 和焦距 f 设计由两种材料组成的结构，达到对光学系统补偿消热的目的：

$$\delta_G f = \alpha_1 L_1 + \alpha_2 L_2 \tag{7.29}$$

$$L_1 = f - L_2 \tag{7.30}$$

$$L_2 = f \frac{\alpha_1 - \delta_G}{\alpha_1 - \alpha_2} \tag{7.31}$$

式中几何参数的定义见图 7.68。设计实例 7.5 解释一个密接双分离消色差薄透镜的计算。

设计实例 7.5 一个消色差透镜部件的机械布局

一个密接双分离消色差薄透镜：$f_1 = 60\,\text{mm}(2.362\,\text{in})$，$f_2 = -150\,\text{mm}(-5.905\,\text{in})$，轴向间隔 $d = 0.050\,\text{mm}(0.002\,\text{in})$。透镜 1 材料是 BK7 玻璃，透镜 2 材料是 SF2 玻璃。有效组合焦距 f 是

$$f_1 f_2 / (f_1 + f_2 - d) = 100\,\text{mm}(3.937\,\text{in})$$

透镜安装在图 7.68a 所示的凹腔型圆筒中，材料分别是因瓦合金（Invar）36 和 6061 铝，$\alpha_1 = 1.26 \times 10^{-6}/℃$ 和 $\alpha_2 = 23.6 \times 10^{-6}/℃$。按照下面方法计算出合适的长度 L_1 和 L_2。

根据卷 I 表 3.12，有

$$\delta_{G1}(\text{BK7}) = -4.43 \times 10^{-6}/℃$$

$$\delta_{G2}(\text{SF2}) = -3.33 \times 10^{-6}/℃$$

根据式（7.27），有

$$\delta_G = \{[(100/60) \times (-4.33 \times 10^{-5})] + [(100/-150) \times (-3.33 \times 10^{-6})]\}/℃$$
$$= -4.997 \times 10^{-6}/℃$$

根据式（7.28），有

$$L_2 = \left\{\frac{100 \times [1.26 \times 10^{-6} - (-4.997 \times 10^{-6})]}{1.26 \times 10^{-6} - 23.6 \times 10^{-6}}\right\}\text{mm} = -28.008\,\text{mm}(-1.103\,\text{in})$$

根据式（7.29），有

$$L_1 = [100 - (-28.008)]\text{mm} = 128.008\,\text{mm} \ (5.040\,\text{in})$$

温度变化 20℃ 条件下，两种管长的变化、镜筒长度的净变化和透镜焦距的变化是

$$\Delta L_1 = \alpha_1 L_1 \Delta T = [(1.26 \times 10^{-6}) \times 128.008 \times 20]\text{mm} = 0.0032\,\text{mm}(0.0001\,\text{in})$$

$$\Delta L_2 = \alpha_2 L_2 \Delta T = [(23.6 \times 10^{-6}) \times -28.008 \times 20]\text{mm} = -0.0132\,\text{mm}(0.0005\,\text{in})$$

镜筒长度的总变化量为

$$\Delta L = \Delta L_1 + \Delta L_2 = -0.0100\,\text{mm}(-0.0004\,\text{in})$$

焦距的变化量为

$$\Delta f = \delta_G f \Delta T = [(-4.997 \times 10^{-6}) \times 100 \times 20]\text{mm} = -0.0100\,\text{mm}(-0.0004\,\text{in})$$

由于 $\Delta L = \Delta f$，因此，温度变化后图像仍处于正确位置，实现消热差设计。

近代光学设计程序，例如 Code V，都可以在设计者几乎不干预的情况下完成消热化设计。这些设计程序包括了热建模，并且有大量经常使用的光学和机械材料（包括反射镜材料）的热机特性。标准设计是基于特定工作温度的，例如 20℃。根据 Yoder（2008）的观点，消热化设计过程一般包括如下几个步骤：①计算出最高预计温度和最低温度时空气的折射率；②把与空气有关的折射率目录资料中的数值转换为绝对值，即将它们乘以空气的折射率；③根据厂商提供的 dn/dT 值，计算玻璃在极端温度条件下的绝对折射率；④应用已知的光学材料的热膨胀系数和尺寸，计算极端温度条件下的表面半径；⑤使用已知的光学材料和机械材料的热膨胀系数和尺寸，计算极端温度条件下的空气间隔和零件厚度；⑥评价系统在极端温度时最佳聚焦位置处的性能；⑦为了在极端温度时可以调整选定的零件间隔或者将图像恢复到正确位置，要进行必要的机械结构及装置的设计；⑧针对补偿后的系统，在极端温度状态下的性能进行评估。大体上说，如果光机设计正确，那么在规定的温度变化范围内，造成的性能下降是可接受的。

Friedman（1981）提供了一个详细的航空摄像机镜头消热化光机设计的例子。Povey（1986）、Rogers（1990）和 Ford 等人（1999）对消热机械运动装置进行了全面总结。本书 7.5.3.3 节也概括总结了这篇论文所叙述的调焦补偿法。正如 7.5.2 节所述，依靠零件移动实现焦距变化的变焦镜头，也可以体现出对成像质量和聚焦的热补偿，采用的方式是将这些元件的位置作一些小量调整以响应温度的变化。

7.6 望远镜镜筒结构的几何形状

7.6.1 赛路里（Serrurier）桁架

采用相等变形和并行变形原理，可使光机支撑结构中自重变形造成的光学失准降至最小。按照该原理设计的结构能够使支撑光学组件的零件产生相等的变形量，在发生变形时仍然保持平行。由于变形量受控于几何形状而非刚度，因此，利用该原理有可能实现较轻的重量和灵活的结构。

采用相等和平行变形原理的最简单结构类型是艾里（Airy）点支撑梁（Smith 和 Chetwynd，1992）。在均匀负载下，如果两根梁的支承放置在与梁末端等距的位置上，则在横截面积恒定不变的一根梁两端位置的变形量相等。该原理假设，其支撑是简单支撑，允许此梁在支撑点旋转。改变两个支撑点的距离会改变梁末端位置的斜率。当 $s = 0.2113L_B$（L_B 为梁的总长度）时，末端斜率是零。由于两端斜率为零，因此，该梁两端彼此平行，变形相等。即使该梁变形，两端也是平行且变形量相等的，所以，安装在该梁两端的光学装置应保持光轴一致。如果该梁支撑多于两点，并且相邻支撑点间隔 L_S 与支撑点数目 N 满足下面给出的关系式，仍然可能满足艾里条件。

$$L_S = \frac{L_B}{\sqrt{N^2 - 1}} \qquad (7.32)$$

在确定艾里点位置时假设，该梁负载沿其长度方向均匀分布。然而，光学装置放置在艾里点支撑梁两端，改变了梁的变形量。如果与该梁重量 W_B 相比，每端光学装置的重量 W_O 并不轻，那么，形成具有相等和平行变形量的点支撑位置将有所变化。如果该梁两端光学装置的重量相等，由下式确定支撑点位置（Hopkins，1970）：

$$L_S = \frac{L_B}{2}\left\{1-\left[1-\frac{W_B}{6\left(\frac{W_O}{2}+\frac{W_B}{4}\right)}\right]^{1/2}\right\}$$ (7.33)

此公式无量纲形式如图7.69所示。若$W_O \approx 0$，则支撑点位于$s = 0.2113L_B$处，是经典的艾里支撑点位置。即使$W_O/W_B = 10$，仍能找到满足相等和平行条件的支撑点位置。

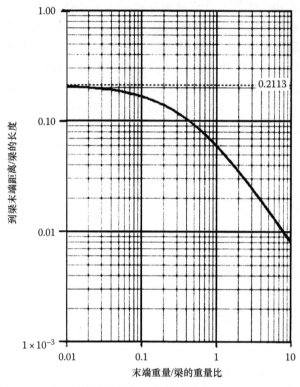

图7.69　艾里梁端支撑点位置与其总长度L_B的无量纲比值。
这是任一端部光学装置重量W_O与梁重W_B之比的函数

　　若采用艾里点支撑，该梁可能严重变形。此位置并非是使梁的直线度误差降至最小的最佳位置。为了使直线度误差最小，最佳支撑点位置在距离端部$s = 0.2232L_B$处。如果该梁是均匀的，并且点负荷是沿梁的长度方向随位置变化的，那么，无论负载处于什么位置，使变形量最小的最佳梁支撑位置设计应该是$s = 0.1556L_B$。最后，如果该梁是均匀的，并且点负荷是随位置变化的，那么，无论负载处于什么位置，使斜率变化最小的最佳梁支撑位置设计在$s = 0.1189L_B$。为了保持诸如光学变焦物镜中移动透镜同心度这样的参数不变，设计最小变形量是很重要的，而为了保持一个移动透镜的倾斜度不变，使斜率最小很重要。

　　赛路里（Serrurier）桁架（又称密排式桁架）是采用相等和平行变形原理保持光学肩对准的一种桁架类结构，类似艾里点支撑梁。图7.70给出了一个典型的管状桁架结构的例子，使用桁架将天文望远镜的主反射镜和次镜支撑在一个箱体结构上，箱体位于望远镜镜座的垂直轴上。基本上，构成三角形元件的桁架从箱体向前和向后伸出，连接到望远镜外端和内端的环形构件上。尽管比例和大小不同，这种结构和许多其他望远镜中采用的结构都是以赛路里（1938）创立的镜筒结构设计原理为基础。赛路里设计的200in（5m）孔径的海尔

（Hale）望远镜安装在美国加利福尼亚州西南部帕洛马山上，图 7.70a 给出了该结构的正轴侧示意图，图 7.70b 给出了它的侧视示意图。如果对角桁架有正确的截面尺寸，那么在理想情况下，图 7.70b 所示的点 A 和 B 就会在垂直于管轴的（AB 连线）重力负荷下变形一个相等的量（d_A 和 d_B）。从数学角度，AB 处于水平情况如下：

$$d_A = \frac{P_A b}{4Ea_A} \left(\frac{4L_A^2}{b^2} + 1 \right)^{3/2}$$

$$d_B = \frac{P_B b}{4Ea_B} \left(\frac{4L_B^2}{b^2} + 1 \right)^{3/2} \tag{7.34}$$

式中，P 是施加于点 A 或 B 上的负载；b 是箱体的结构高度；E 是杨氏模量；a 是支撑 A 或 B 的桁架支架的截面积；L 是 A 或 B 处的结构悬臂长度。

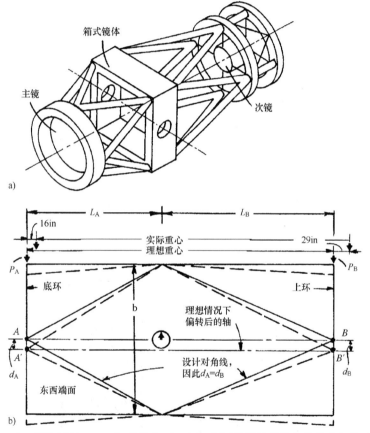

图 7.70　赛路里（Serrurier）为海尔（Hale）望远镜设计的桁架结构几何关系图
a) 正轴侧示意图　b) 侧视图
（资料源自 Serrurier, M., *Civil Eng.*, 8, 524, 1938）

　　理想情况下，负载应施加在构成桁架结构的等腰三角形的顶部，但一般来说，在该处还会放置支撑主反射镜和次反射镜的其他结构，所以必须进行校正。如果在式（7.34）两侧增加一个仰角的余弦系数，那么对于望远镜轴线的所有仰角位置，关系式都成立。很明显，天顶位置处的垂直偏离会降到零。

　　以四方形为基础的赛路里桁架结构的顶视图，看起来基本上与图 7.70b 所示的侧视图一样，正确地调整桁架杆的截面积，也可以应用在与侧面变形有关的式（7.34）。顶部和底部桁架的长度保持不变，所以两端的圆盘底座在镜筒相对于重力所处的各个方位上都保持平行。这非常有利于保持反射镜之间的对准。

传统的赛路里桁架并不能完全解决望远镜结构中存在的所有重力变形问题，原因如下：①这种桁架结构的刚度/重量比低于其他类型桁架的刚度/重量比（Meinel，1986）；②当桁架的长宽比超过 1.4（Lubliner，1981）时，多跨桁架要比同样重量的赛路里桁架刚度更高；③一个低刚度赛路里桁架低的基频（典型值约为 4~5Hz）可能会导致振动效应（Thomas 等，1987）。

为了降低一种专用仪器中这些问题的严重性，Doyle 和 Vukobratovich（1992）研究了一种设计方法，对赛路里型桁架结构进行了修正，从而使格利高里型缩束望远镜（Gregorian-type beam-reducing telescope）与地面天文台中的干涉仪和定星镜可以一起使用。该望远镜包括一块 30in 直径、f/2.7 的主反射镜和一块 4.6in 直径的次反射镜，两反射镜间的轴向间隔是 92in。该系统以 6.5:1 的比例使光束直径大大减小（或者压缩）。在重力（10° 的静态仰角）作用、风载荷、热载荷和地震影响等条件下，该桁架能保持反射镜的间隔（误差）是 2μm，同轴度是 25μm，主反射镜和次反射镜的倾斜度分别在 3″ 和 6″ 以内。基频大于 10Hz。

为了满足这些要求，这些作者研究出一组方程式计算光轴水平时桁架杆截面积与反射镜变形的关系，可以进行初步的机械设计。已发现桁架支架的面积与标准管子尺寸接近，因此采用了这些尺寸。望远镜的有限元分析模型表明，为了修正由于 10° 倾斜造成反射镜的轻微倾斜还需要另外的支柱，同轴地设置在主反射镜的顶部和底部。应该注意到产生的轻微离焦，这种现象在安装时很容易校正过来。经过这些修正，该设计就可以满足标称温度时的所有静态要求。基频完全超过规定值，并且在适当的地震负载下产生的应力也是可以接受的。在 20℃ 温度环境下，沿各轴使用单位温度梯度进行的热分析表明，离焦量超出了允差。在两块反射镜之间使用计量导杆就可以消除这种误差，最后判断该设计是可以接受的，图 7.71 给出了这种设计方案。

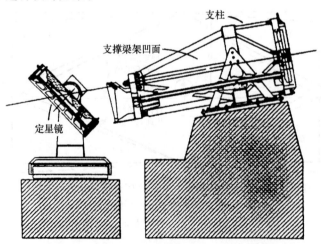

图 7.71　天文应用中，为了与干涉仪一起使用，采用改型赛路里（Serrurier）
桁架结构安装缩束望远镜和定星镜的布局图
（资料源自 Doyle, K. and Vukobratovich, D., Proc. SPIE, 1690, 357, 1992）

Doyle 和 Vukobratovich（1992）成功地完成上述设计表明，进行仔细和全面的分析，作一些少量的设计修改和对性能进行优化，就能成功地将赛路里桁架结构应用在各种望远镜中。

7.6.2   新型多反射镜式望远镜

在重新设计多反射镜式望远镜（MMT）时，为了用一个直径为 6.5m、f/1.25、旋铸出的单块反射镜代替 6 块主反射镜阵列，曾对各种形式的前向桁架结构作过评估。图 7.72 给出了两种最受关注的形式。图 a 中，可以看到一种交叉杆式桁架（标为 XBT），而图 b 是反赛路里桁架（IST）。在所有情况中，要求在反射镜前面安装一个真空箱，以便周期性地在原位对反射镜重新镀铝，因此使设计更为复杂。

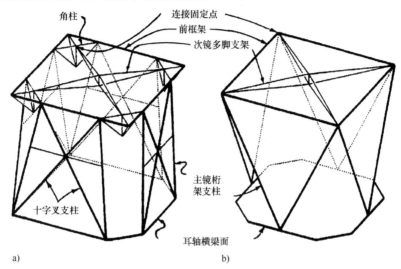

图 7.72   以 6.5m 单块主反射镜代替多反射镜的修改方案中望远镜的前向桁架布局图

a) 交叉杆式桁架（XBT） b) 反赛路里桁架（IST）

（资料源自 Antebi et al. , *Proc. SPIE*, 1303, 188, 1990）

Antebi 等人（1998）对其中一种结构描述如下：在交叉杆式桁架结构中，为了在每个桁架端面得到可能的最宽基底面，将桁架固定在耳轴横梁的端角上，耳轴横梁支撑主反射镜镜座（见图 7.73 所示截面图），这就使得刚度达到最大。注意到，改变桁架构件间的比例可以被动地控制重力负载对前向框架造成的倾斜。短的端角桁架可以为次反射镜的多脚支架提供很方便的对接点。这些点的设置使多脚支架的腿更短，多脚支架腿的倾斜应当比采用 IST 方案的更小。与 IST 方案相比，这样有利于提高 XBT 设计中多脚支架的效率。在 IST 方案中，桁架从前框架的端角一直延伸到耳轴横梁的中心，从而使耳轴横梁和主反射镜镜座可以设计成圆形，易于真空箱的设计和固定安装。赛路里桁架结构设计的固有性质就是各方向上的刚度都一样，但该性质在此并不重要，因为望远镜是放在一个高度-方位安装支架上。如果使用一种更为普通的赤道仪安装支架，这种性质就很重要了。

正如 Antebi 等人（1998）报告的，新式多反射镜式望远镜（MMT）的最终设计综合了 XBT 和 IST 两种方案的优点，如图 7.74 所示。这种方案采用交叉杆反赛路里桁架结构，用 30in（76.2cm）直径、0.5in（1.27cm）壁厚的钢管制成。像 XBT 方案一样，在前框架端角桁架上提供 8 个硬对接点。为方便对主反射镜重新涂镀，两根前向桁架支架的一部分被去除，受影响的多脚架移动到较隐蔽的位置。真空箱的头部可以低一些，进入桁架内的空间中，并固定到反射镜的壳体上（见图 7.75）。所有影响再镀工艺的结合部，都要求设计为以重复的方式可重新装配。为了保证刚度，固定时要预先对结合部施加负载。

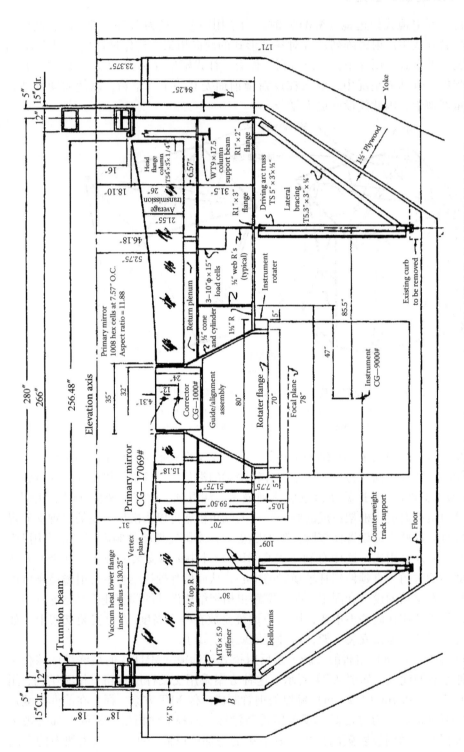

图 7.73 直径为 6.5 m（256.5 in）的新型多反射镜式望远镜（MMT）主反射镜和镜体装配示意图，尺寸单位是 in（译者注：由于各位译者对术语翻译等意见不同，本图采用原书英文原图。另外，MMT 之后也进行了很多调整，请读者注意）。（资料源自 Antebi et al.，*Proc. SPIE*，1303，148，1990）

① 原书附图上为 15"。请读者注意。——译者注

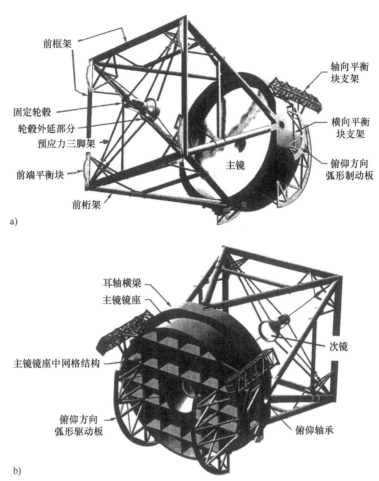

a)

b)

图 7.74　a）新式多反射镜式望远镜（MMT）光学件支撑结构的前视图
　　　　b）新式多反射镜式望远镜（MMT）光学件支撑结构的后视图
（资料源自 Antebi et al., *Proc. SPIE*, 3352, 513, 1998）

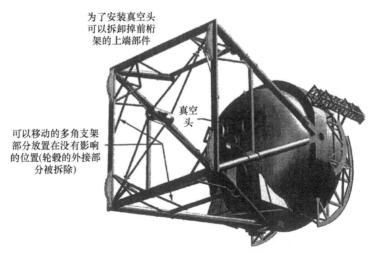

图 7.75　为满足主反射镜原处重新镀铝要求而设计的多反射镜式望远镜（MMT）光学结构草图
（资料源自 Antebi et al., *Proc. SPIE*, 3352, 513, 1998）

7.6.3　N 层桁架

研究人员已经设计出多层桁架，并成功应用于望远镜镜筒。7.5.3.5 节详细讨论过 HST 方案中的计量桁架就是这样一个例子。Lubliner（1981）提出，如果桁架构件的面积优化过，在重量一定的条件下，图 7.76 所示的一般类型的 N 层结构就具有最高的刚度。如果下面关系成立，这种结构要比简单的三角形结构好：

$$[N(N-1)]^{1/2} < \frac{L}{b} < [N(N+1)]^{1/2} \tag{7.35}$$

取 N = 2 的此类设计已经应用在凯克（Keck）望远镜的结构中。六边形安装支架支撑着 10m（32.8ft）孔径的主反射镜。这种结构（除次反射镜的多脚支架外）由钢管制成。由于采用标准的商业管子，所以，在选择管子截面积时，必须折中考虑总重量与重力变形之间的关系。

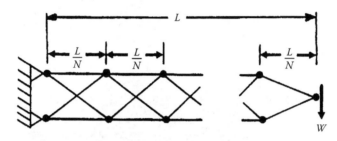

图 7.76　支撑一个负载为 W（可能是天文望远镜的镜体）的 N 层桁架几何图
（资料源自 Lubliner, J., Preliminary design of tube for TMT; Keck Observatory
Report 50, University of California, Berkeley, CA, 1981）

7.6.4　钱德拉（Chandra）望远镜

复合材料对许多其他结构应用（例如桁架、支柱、大型反射镜支撑框架及仪器的壳体和光学平台）是极有吸引力的材料，是近年大量研究和开发的课题，大量资料讨论它们在光学仪器应用中的优缺点。对于某种特定应用，可以根据需要，对加工样品在同一个层面内的热膨胀系数实行定制。正如讨论 HST 桁架结构时论述的，其潜在的缺点是，绝大部分复合材料的外形尺寸容易随湿度发生变化。Telkamp 和 Derby（1990）、Bruner 等人（1990）、Krumweide（1991）和 Zweben（2002）已经讨论过该问题，以及有关这些材料宏观和微观尺寸不稳定性的重要问题。尽管存在着这些潜在问题，当重量限制和变化的温度环境下对刚度和外形尺寸稳定性的需求严重制约着设计时，复合材料的使用也在考虑之中。Zweben（2002）列出了各种复合材料的机械性能。

图 7.77 所示的一个多层桁架结构，就是钱德拉 X 射线望远镜光学平台结构的初始布局方案。为了适应各种模块和不同的固定方式，同时也为了进入轨道之前在地面上加工、装配、测试和运输多个环节期间保持尾部科学仪器舱中高分辨率反射镜组件（HRMA）与探测器的对准，已经尝试过多种方案的桁架结构（Cohen 等，1990）。

望远镜中使用的光学台结构实际上就是一个 26ft（7.92m）长、截短了的圆锥形复合材料管（Olds 和 Reese，1998），如图 7.78 所示。在钱德拉望远镜中的应用如图 7.79 所示。

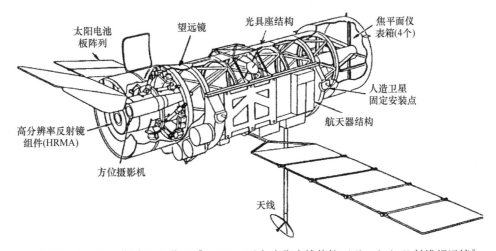

图 7.77　先进的 X 射线天文装置 ［AXAF，现在改称为钱德拉（Chandra）X 射线望远镜］
初始设计的早期布局示意图。它使用多层桁架结构将柱面反射镜高分辨率
反射镜组件（HRMA）与焦平面仪器连在一起
（资料源自 Spina, J. A., *Proc. SPIE*, 1113, 2, 1989）

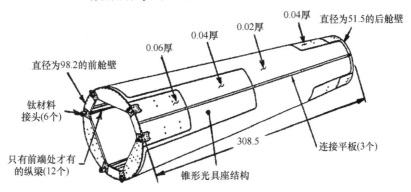

图 7.78　钱德拉（Chandra）望远镜中使用的锥形复合材料光学平台（OB）的布局图（单位为 in）
（资料源自 Olds, C. R. and Reese, R. P., *Proc. SPIE*, 3356, 910, 1998）

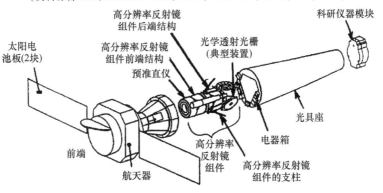

图 7.79　显示钱德拉（Chandra）望远镜主要组件的分解视图
（资料源自 Olds, C. R. and Reese, R. P., *Proc. SPIE*, 3356, 910, 1998）

制造光学台使用的材料是层压 M60J 石墨加固纤维（Laminated M60J graphite-reinforced fiber）
和 954-3 氯酸树脂（cyanate ester resin）。用 Hysol EA9330.3 双管型室温固化环氧胶黏结这些

构件。这些层压材料的特性见表 7.4。同样材料用于 6 根 2.7in（6.86cm） 直径的复合材料桁架，在光学平台上支撑高分辨率反射镜组件。黏结进桁架两端的钛合金接头使桁架可以承受施加的负载。

表 7.4　光学平台的层板及重要性质

应用	层板内容	性质			
		E_x /（Mlbf/in^2）	F_x 压力 /（klbf/in^2）	CTE$_x$ /（μin/in/℉）	CME$_x$ /（μin/in/℉）
锥形面板层	M60J/954-3 $[(30/-30/0/90/0)s]_{nT}$	28.4	78	-0.50	59
前后舱壁	M60J/954-3 $[(45/-45/0/90/0)s]_{nT}$	16.3	57	-0.22	90
HRMA 桁架	M60J/954-3 $[(5/-5)s]_{nT}$	45.5	98	-0.76	18

（资料源自 Olds, C. R. and Reese, R. P., *Proc. SPIE*, 3356, 910, 1998）

光学平台锥筒是由 3 块完整长度、120°铺层的复合材料板沿纵向拼接在一起加工而成，如图 7.78 所示。复合材料板由薄的内外面板、中间填充 0.31in（7.9mm） 厚的蜂窝铝芯构成。如图 7.78 所示，内外表面材料的厚度是变化的。根据表 7.4 给出的数据，通过设置铺层的角度就可以得到结构的轴向刚度。面板具有负的热膨胀系数，来补偿芯轴和黏合剂的正的热膨胀系数。使用 6 块钛合金 6A1-4V 接头将光学台的前防水壁连接到航天器上。防水壁由薄面板和肋状芯组合而成。一种复合材料蜂窝芯的防水壁放置在光学台的尾端，与科研仪器舱端面相接。光学台前后端部内侧的复合材料梁会有效地通过界面传递负载。

7.6.5　具有微小重力变形和风载变形的桁架结构

Meinel 和 Meinel（1986） 报道过对各种桁架布局在重力和风作用下变形的研究。他们研究过图 7.80 所示的多种桁架结构，括号中的数字是桁架构件的数量。下面主要概括和总结各种结构的有关优点。

赛路里桁架：平行变形被补偿；由于顶部和底部桁架仅起到隔板作用，但又占有较大比例的重量，所以刚度-重量比低。

八足桁架（Octopod） 结构：没有变形补偿。8 个桁架的基座小，对于给定的重量，桁架数量增多面积就会变小，所以刚度-重量比低。

四方形-三脚架（Quad-tripod） 桁架结构：没有变形补偿（非平行四边形）。所有的三脚架都承担总重量的相等部分，所以刚度-重量比高。

双重桁架（double truss） 结构：没有变形补偿。由于增加了拐角处三脚架基座的跨距，采用了较长的对角线桁架，在一定重量下面积减小，所以刚度-重量比一般。

消热桁架结构：McGraw 等人（1982） 的设计是有变形补偿的，在方形中间框架中，使用铝材料以及在其他桁架中使用钢材料实现轴向消热，由于中间框架结点的支撑能力下降，所以刚度-重量比不高。

双层桁架结构：基本上就是在一个高刚度的箱子上设置一个赛路里桁架，没有变形补偿。由于总重量一定，必须减少桁架的面积，所以刚度-重量比一般。如果拐角处桁架的热

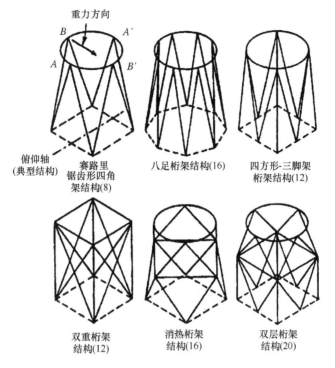

图 7.80　美国麦克唐纳（McDonald）天文台提出研制的 300in（7.6m）
孔径望远镜各种桁架结构的评估示意图

（资料源自 Meinel，A. and Meinel，M.，*Proc. SPIE*，628，403，1986）

膨胀系数是零，有可能实现无热化。

　　在他们 1986 年发表的文章中，Meinel 也考虑了风对顶层结构中桁架构件投影面积的冲击影响。减小桁架的长度会降低风的变形作用，但要求主反射镜元件以比较快（即大孔径小 f 数）的相对孔径工作。他们为美国麦克唐纳天文台设计了一个 300in（7.6m）孔径的望远镜，f 数分别为 $f/2$ 和 $f/1.4$。经过对比，确立了图 7.81 所表示的关系式。假设次反射镜镜体的重量是 3180kg，风力施加的负载是 180kg。很明显，更紧凑、刚度更大的 $f/1.4$ 的系统减小了风的变形。

　　Meinel（1984）讨论过由于重力或风，造成卡塞格林望远镜的桁架变形，产生了次反射镜偏心或倾斜，最终产生慧差，同时也阐述了补偿方法。在 1986 年发表的文章中，概要地给出了在美国麦克唐纳天文台望远镜中实现这种补偿的设计思路。

　　次镜支撑系统的结构设计好坏，也会影响由于重力变形和风力变形造成的失准。传统径向支撑板的扭转刚度低，在扭转负载条件下，支撑板变形使次镜组件旋转。由于该瞬时旋转中心不可能与光轴一致，因此，次镜会发生偏心和倾斜。如图 7.82 所示，如果设计一些支撑板沿纵向而非径向固定在次镜组件上，扭转刚度会有所改善。与传统的径向支撑板组件相比，采用该方法固定的次镜组件的扭转基频约提高 20 倍（Valente 等，1992）。

　　若施加扭矩为 T，则纵向支撑板组件的扭转旋转角 θ（单位为°）是

$$\theta = \frac{T}{nr^2 k_t} \tag{7.36}$$

其中

$$k_t = \frac{AE}{L} = \frac{bhE}{L} \tag{7.37}$$

式中，n 是支撑板数目；r 是次镜组件在支撑板固定点位置的半径；A 是每块支撑板的横截面积，$A = bh$，b 是板的宽度（沿轴向测量），h 是板的厚度；L 是一块板的长度；E 是支撑板材料的弹性模量。

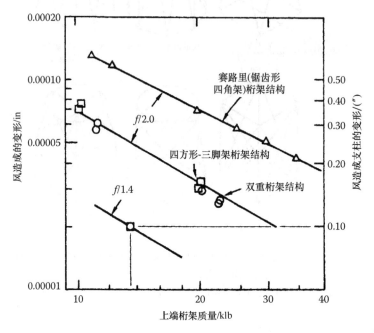

图 7.81　采用三种桁架结构和两种相对孔径的美国麦克唐纳（McDonald）天文台望远镜在风力作用下产生的线变形和角变形。变形曲线是上部桁架重量的函数
（资料源自 Meinel, A. and Meinel, M., *Proc. SPIE*, 628, 403, 1986）

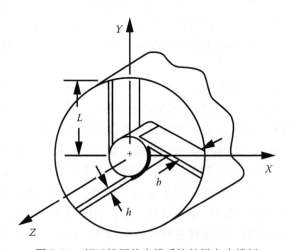

图 7.82　望远镜网状支撑系统的纵向支撑板

　　由于纵向支撑板的长度较长，所以，与传统的径向支撑板相比，径向变形量增大。根据经验，基频减小约 12%，变形量增大约 1.3 倍。与径向支撑板布局相比，由于纵向支撑板遮拦

严重，衍射斑所包含的能量也会稍有减少约百分之几。无论使用三板或者四板布局的纵向支撑系统，只要相反的侧支撑板（例如四板系统）是平行的，则衍射斑的结构就不会改变。设计实例 7.6 表明，火星观测相机采用纵向支撑板组件提高扭转刚度（Telkamp 和 Derby，1990）。

设计实例 7.6　纵向柔性支撑次镜的初步设计

现在，介绍一种设计孔径为 500mm 卡塞格林（卡式）望远镜次镜组件网状支撑板系统的方法，如图 7.82 所示，采用三块纵向支撑板。次镜组件重量 $W_s = 10\mathrm{kg}$，重力作用下允许偏心量 $\delta_s = 2.5\mu\mathrm{m}$。优先选择铝作为支撑板材料，所以，$E = 69\mathrm{GPa}$。支撑版数量 3 个，因此，$n = 3$。每块板厚度不会大于主镜半径的 1%，所以，$h = 0.01(500\mathrm{mm}/2) = 2.5\mathrm{mm}$。单块支撑板的弹性刚度 k_t 是

$$\frac{n}{2}k_t = \frac{W_s g}{\delta_s}$$

因此 $k_t = \dfrac{2}{3}\dfrac{10\mathrm{kg} \times 9.807\mathrm{m/s}^2}{2.5 \times 10^{-6}\mathrm{m}} = 26.2 \times 10^6\,\mathrm{N/m}$

对于纵向支撑板，$L = r = 500\mathrm{mm}/2 = 250\mathrm{mm}$。求解网状支撑版的宽度，有

$$b = \frac{Lk_t}{hE} = \frac{250\mathrm{mm} \times (26.2 \times 10^6\,\mathrm{N/m})}{2.5\mathrm{mm} \times (69 \times 10^9\,\mathrm{Pa})} = 38\mathrm{mm}$$

扭转刚度 θ/T［单位 rad/（N·m），即角度/扭矩］是

$$\frac{\theta}{T} = \frac{1}{nr^2 k_t} = \frac{1}{3 \times (0.25\mathrm{m})^2 \times (26.2 \times 10^6\,\mathrm{N/m})} = 204 \times 10^{-9}\,\mathrm{rad/(N \cdot m)}$$

7.6.6　静定空间的框架结构

Bigelow 和 Nelson（1998）定义了一种三维桁架结构，该结构的所有自由度（DOF）都被限制，没有冗余的元件（即没有桁架再去约束已被其他桁架或桁架组合体约束过的同一个自由度）作为一个静定空间框架结构[一]。这类结构可以使材料得到有效和经济的利用，分析起来比较容易，保证未加控制的力不会通过结点传输到光学元件，例如反射镜，所以在许多光学系统中是非常有用的。如果没有重力作用，甚至当温度变化和支柱的外形尺寸变化，或者说在加工期间支柱的尺寸已经不正确，一块静定支撑的光学件将会产生小量移动，但不会产生应力。若考虑重力，根据对结构几何图形的静态分析，也可以确定作用在光学件上的力。

根据 Bigelow 和 Nelson（1998）的观点，决定一根三维桁架静定性的必要条件是桁架数目必须等于结点自由度数目。桁架数目 S 与结点数目 N 之间的关系是 $S = 3N - 6$，其中 6 表示结构的 6 种刚体运动或者结构的自由度。由于在重力作用下自身重量产生的变形，桁架要经受轴向压缩或拉伸负载，以及横向（弯折）负载。理论上，结点被铰链结合在一起，但实

一　卷 I 第 10 章，采用术语 "static determinate" 表示该性质。

际上，比较现实的方法是使用刚性结合把桁架（代表性的是管子）焊接在一起或者固定在法兰盘上。在天文望远镜的应用中，运作期间由于存在光学件运动产生的影响以及外部干扰的影响，必须评估结构的动态响应。

这类结构给设计者提出的挑战在于，如何创立一种仅允许一个组件和光学件的组合体运动的设计，以便使组合后可能出现的误差比误差分配所规定的公差要小。要做到这一点，机械设计工程师必须与光学设计工程师密切配合，在实际设计之前根据预期的条件确定系统的未来性能。

使用静定空间结构的一个例子就是为凯克（Keck）II 型 10m 望远镜研制的安装在卡塞格林焦平面处的 Echellette 光谱仪/成像仪（ESI）。Sheinis 等人（1998）已经详细描述过这种仪器。光谱仪的光学系统已由 Epps 和 Miller（1998）及 Sutin（1998）讨论过。Radovan 等人（1998）阐述过利用主动式准直仪校正 ESI 的倾斜，在此可以找到另外一个例子。上面引述过的 Bigelow 和 Nelson（1998）的文章就讨论过空间框架可以作为整台仪器的主框架。

ESI 的主要组件如图 7.83 所示。其中包括两个可以产生正交色散的大的（每块约 25kg）

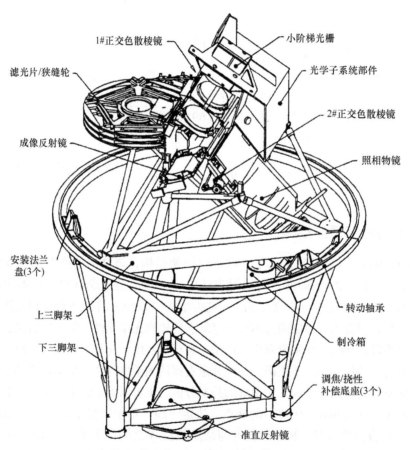

图 7.83 为凯克（Keck）II 望远镜研制的 ESI 的主要组件和布局

（资料源自 Sheinis, A. I. et al., *Proc. SPIE*, 3355, 59, 1998）

棱镜。为保证工作期间光学性能的稳定性，在各种重力扰动和热扰动环境中，这些棱镜相对于摄谱仪光轴都要保持一个不变的方位。其他光学元件的运动，应力使光学表面产生变形以及热引起元件材料折射率的变化也需要减至最小。

ESI 以三种科学模式工作：中等分辨率 Echellette 模式、低分辨率棱镜模式和成像模式。为了从一种模式转换到另外一种模式，必须将一块棱镜移出光路，如图 7.84 所示。这块棱镜安装在一个单轴台子上，一块反射镜移进光路中转换为直接成像模式。

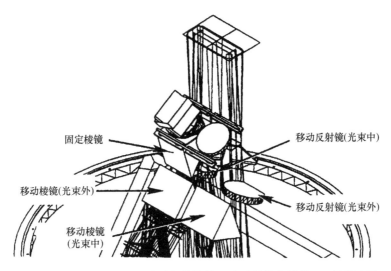

图 7.84　表示固定的和可移动色散棱镜以及反射镜布局的 ESI 局部视图
（资料源自 Sutin, B. M., *Proc. SPIE*, 3355, 134, 1998）

ESI 正交色散棱镜放置在准直光束中，所以，最重要的就是棱镜的小量平移只会使光瞳移动，不会产生像移。棱镜相对于任一机械轴的倾斜都会产生包括像移、正交色散方向的变化、正交色散量的变化、失真放大率的变化和畸变增大等因素的组合效果。对棱镜稳定性最重要的要求就是控制倾斜和翻转，而对位移稳定性几乎没有要求。当棱镜相对于 X、Y 和 Z 轴分别倾斜 $\pm 1''$ 时，计算出 ESI 的灵敏度分别有 $\pm 0.013''$、$\pm 0.0045''$ 和 $\pm 0.014''$ 的像移量。在时间为 2h 的整合过程中如果没有柔性控制，所希望的光谱仪的性能就有 $\pm 0.06''$ 的像移；如果有柔性控制，可以达到 $\pm 0.03''$。这些灵敏度就要求棱镜绕 X、Y 和 Z 轴的旋转小于 $\pm 1.0''$、$\pm 2.0''$ 和 $\pm 1.0''$。凯克相关仪器正常的工作温度范围是 $2℃ \pm 4℃$。它安装在美国夏威夷莫纳克亚山山顶，整个温度的变化范围是 $-15 \sim +20℃$。在整个工作温度范围内，望远镜都必须满足上述对平移和旋转的技术要求。所以，设计棱镜底座时，要求在该温度范围内进行消热化处理，在工作场区整个温度范围内以及运输过程中，特别需要通过的温度区，都必须保证所产生的应力低于可接受的极限值。

此外，必须注意棱镜产生的应力。需要特别注意的原因，不仅是连接处或玻璃存在着破裂可能，而且还有玻璃中生成的应力会使玻璃的折射率产生相应的局部变化（即产生双折射），可能造成波前畸变。对安装设计有同样重要的要求：①由于可测量的滞后效应将会限制开环弯曲控制系统的精度，所以一定要使它尽可能最小；②在初始装配过程中，保证棱镜一次调校对准在 30′ 的范围内；③可以卸掉棱镜以方便对棱镜重新镀膜，再装配时又可重复对准位置。

设计 ESI 的过程中发现，最简单合理的方案就是设计一个中心机械构件，将光学零件和组件（准直反射镜除外）作为一块板子［称为光学子组件（OSS）］安装在该中心构件上。

用 6 根支柱将棱镜与光学子组件固定。棱镜的真正附件有两个：一个永久黏结到棱镜上的衬垫；一个可拆离的配套垫片，该垫片是不可拆卸地固定在支柱端部的。这样，可以保证棱镜容易反复地与其静定支撑系统安装在一起或者拆开。

固定的和可移动的棱镜安装设计分别如图 7.85 和图 7.86 所示。在棱镜三个不通光的表面上选择一点使连接后的一对支柱与棱镜固定，之间黏上一块钽合金材料衬垫。钽合金材料的热膨胀系数（$6.5 \times 10^{-6}/℃$）与材料 BK7 棱镜的热膨胀系数（$7.1 \times 10^{-6}/℃$）非常匹配。支柱直接固定到光学子结构上（对固定棱镜），或者固定在平移台上（若是可移动棱镜），而平移台铆接在光学子结构上。固定棱镜和可移动棱镜的最大折射面分别是 36.0cm × 22.8cm 和 30.6cm × 28.9cm。玻璃中的光路比较长（>80cm），所以，要求整块棱镜中的折射率非常均匀。这些棱镜的材料采用 Ohara BSL7Y 玻璃，测量出的折射率的均匀性优于 2×10^{-6}。这项成就代表着该尺寸棱镜的最高技术发展水平。

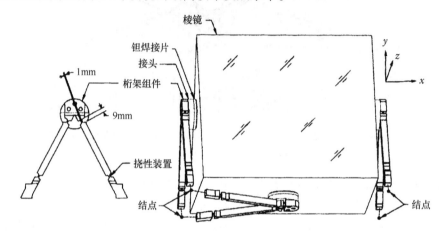

图 7.85　ESI 中 6 桁架安装方式的固定棱镜组件示意图
（资料源自 Sheinis, A. I. et al., *Proc. SPIE*, 3355, 59, 1998）

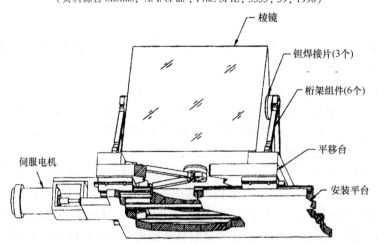

图 7.86　ESI 中使用 6 桁架结构固定棱镜组件的视图
（资料源自 Sheinis, A. I. et al., *Proc. SPIE*, 3355, 59, 1998）

每对桁架都由一块钢料磨削而成。由于每根桁架只约束棱镜的一个自由度，所以，为了消除 4 个自由度，在每根桁架的内端加工交叉的挠性片（每对挠性片消除一个旋转和一个平移）。通过桁架的低抗扭刚度和挠性组合，可以消除第五个自由度绕轴的旋转。设计挠性片的厚度和长度，使其传递的应力小于因棱镜自重而对棱镜衬垫接合处施加的力，并在整个调整范围内远远低于挠性片的弹性极限，同时尽量保持桁架的刚性。选择合适衬垫的面积从而保证自重产生的压力是 125000Pa。如果玻璃的抗拉强度约是 6.9MPa（1000 lbf/in^2），就给出安全系数是 55。在此使用的玻璃与金属的黏结剂是 Hysol 19313，选择厚度为 0.25mm，与 Iraninejad 等人（1987）在为凯克望远镜主反射镜片研制黏结胶合工艺时采用的一样。

为了确认这些选择的正确性，需要对玻璃 BK7 与钽合金材料以及玻璃 BK7 与金属钢的黏结完成各种温度范围内的压力测试。按照对棱镜完工表面同样的技术要求，加工出一些 BK7 样片。类似棱镜底座与衬垫黏结的情况，通过机械手段将这些样片分别与钽合金和钢衬垫黏结在一起，使这些组件承受的拉力负载和剪切负载达到仪器中设计负载的 10 倍。在美国夏威夷莫纳克亚山山顶上，在设计的温度变化范围内，对试验架循环测试 20～30 次，没有失败。利用正交偏振仪检测结合部位的应力双折射，计算出钽合金衬垫情况中的波前误差量小于误差分配给出的极限值，但钢衬垫的情况就不是这样。因此，指定所有的黏结衬垫都使用钽合金材料。应当注意到，玻璃 BK7 与钽合金的热膨胀系数之差是 0.6×10^{-6}/℃，比 BK7 与型号为 6A1-4V 的钛合金间的热膨胀系数之差（1.7×10^{-6}/℃）小得多。

7.7　望远镜镜筒的其他结构形式

要求总重量（或质量）必须很小时，可以采用一种塔形结构。这类结构应用于卡塞格林望远镜，并且将主镜和次镜遮光板作为结构的一部分。三块或四块支撑板将主镜与次镜遮光板连接在一起，为次镜组件提供支撑。若与中心轮毂结构被控式反射镜相组合，无论是单拱或双拱形式布局，都会提供一种坚固而较经济的轻质结构。

1971 年，Meinel 建议，将塔形结构作为减轻大型望远镜结构质量同时也是减轻重量的一种方法（Meinel，1971）。尽管塔形结构并不经常应用于陆地天文台，但常用于轻质机载或航天器领域中直径为 0.2～2m 的望远镜。图 7.87 给出了一种塔式结构的 400mm 卡塞格林望远系统，采用铝/硅硬质合金金属基复合材料（Vukobratovich 等，1995）。这种望远镜重 7kg，其中主镜重 3.2kg。第一种基本弯曲模式约为 200Hz，表明有很高的刚性。1998 年 10 月，美国 NASA 航天任务 STS-95 中类似的 400mm 望远镜也是使用金属基复合材料。

采用 Meinel 或者塔式结构的其他望远镜实例包括图 7.38 所示的斯皮策（Spitzer）空间望远镜；图 7.63 所示的星系演化探测器（GALEX）以及气球运载大孔径亚毫米波望远镜（BLAST）（译者注：由于其缩写"blast"的英文含义是爆炸，因此，有时称"爆炸"望远镜）。后者主镜孔径 2m，是少见的大型 Meinel 或塔式望远镜之一。其总重量 55kg，主镜重量 33kg（Catanzaro 等，2002）。称为 BLAST-Pol 的跟踪望远镜，有一个 1.8m 的反射镜，2005 年它开始被用于研究接受红外辐射光的偏振。

对于一些红外望远镜应用，用来支撑次镜的结构包括主镜—次镜延伸出的支撑面板。由

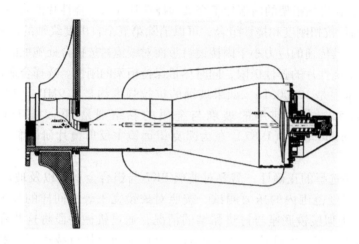

图 7.87 采用塔式结构或 Meinel 结构以及金属基复合材料的 400mm 卡塞格林望远镜

（资料源自 Vukobratovich, D. et al., *Proc. SPIE*, 2542, 142, 1995）

于支撑面板类似一种圆锥形帐篷，因此，这类结构有时称为圆锥帐篷结构。与其他结构相比，支撑面板较长和细薄，因此，支撑面板的刚性低。由于暴露给主镜的面积最小，因此，这类面板结构自发辐射造成的背景辐射最小。在支撑面板上采用低发射率镀膜可以进一步降低背景辐射。

7.8 配重补偿技术

解决望远镜变形的一种较为陈旧的方案是采用配重技术。利用配重技术产生弹压力以剥离结构、减小自重影响。配重技术的一个优点是，性能与刚性无关。通过正确设计，配重装置不会受重力矢量方向的影响。

历史上使用配重机构的一个实例是 1824 年夫琅和费（Fraunhofer）建造的多尔帕特（Dorpat）天文台的大型折射望远镜（King, 1955），如图 7.88 所示。夫琅和费利用一对配重杠杆机构将望远镜镜筒的变形量降至最小，该机构的支点设置在镜筒支架的安装点位置。每个配重杠杆在镜筒物镜端部附近施加一个力，作用在重力相反方向以阻止变形。由于这种配重技术施加的是一个恒定力，因此，较细杠杆的弯曲不会成为问题。配重机构可以针对重力矢量方向进行自调整，当镜筒置于水平方向时，弯曲最大，影响也最大；当镜筒指向天顶，没有弯曲时，没有施加力。最后，配重装置使镜筒组件的重心移回到目镜，从而使目镜摆动最小。

双子星（Gemini）天文台近红外摄谱仪采用了更为现代化的配重技术（Hileman 等，2004）。自重造成摄谱仪结构的弯曲会产生像移，并且随重力矢量方向变化，使准直反射镜在两个轴向倾斜以补偿像移。该反射镜安装在一个挠性两轴万向节上，利用两个可调节配重机构控制倾斜量。为了将滞后影响降至最小，并消除传统轴承在低温真空工作环境下的相关问题，整个反射镜都采用挠性结构。借助配重机构将探测器上的像移减小到 ±1 个像素，且与重力方向无关。

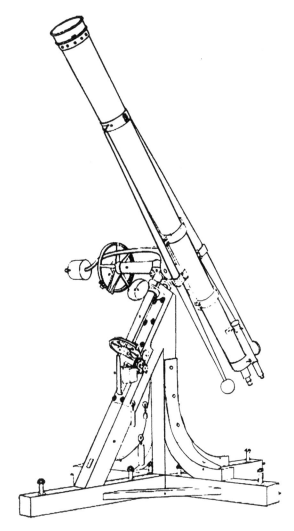

图 7.88　1824 年，夫琅和费（Fraunhofer）建造的多尔帕特（Dorpat）天文台大型折射望远镜。
注意到，变形补偿配重杠杆机构平行于镜筒运动

（资料源自 King, H. C., *The History of the Telescope*, Dover, New York, 1955）

7.9　光学补偿变形技术

　　利用光学补偿技术，可以在整体结构变形情况下，保证系统光轴的方位不变。采用光学补偿方法需要详细了解该结构偏转变形后的几何图。基本原理是利用对旋转不敏感的元件替换普通的反射镜、棱镜和透镜。

　　最简单的不敏感元件是五角棱镜，如卷Ⅰ图 7.22 所示。五角棱镜使入射光线偏转一个恒定的直角（90°）而与旋转面的角位置无关。五角棱镜替换直角棱镜或者折转反射镜，保证结构偏转变形时光轴不偏转。一个五角棱镜在一个平面内不敏感，但绕其他轴旋转会使光束偏转。

　　另一种方法是用五角反射镜代替五角棱镜。如卷Ⅰ图 9.54 所示。五角反射镜的作用等

效于五角棱镜，并且对反射面内的旋转不敏感。类似五角棱镜，利用五角反射镜可保持光轴对准而与结构变形无关。之前，光学测距机中利用五角反射镜补偿测距装置的弯曲变形。

一种光学布局中组合应用了五角棱镜和五角反射镜，该结构称为横向传输后向反射器（LTR），镜筒两端设计了五角棱镜或者五角反射镜（Pohke，1983）。通过该反射装置传播的光束平行于其入射光路出射而与该装置的倾斜或方位无关。由于光束的传输对倾斜不敏感，因此，该装置应用于光学校准系统。

当一个系统发生结构变形时，还可以利用透镜保证光学对准不变。有两种不同的透镜设计方案：光学铰链和对旋转不敏感的透镜。术语光学铰链易与透镜结构之外的术语混淆，也用来表述光学仪器中的旋转接头。采用棱镜式光学旋转接头的实例，是卷 I 图 8.21 所示的铰接式望远镜。

结构中采用光学铰链的透镜系统包括一系列的中继透镜，一般在中继系统的焦点或者像点位置设计一个场镜。当结构变形时，中继系统彼此倾斜。如果每对透镜之间的倾斜较小，则可以用中继透镜绕着位于其间场镜的旋转近似地表示结构的变形。由于场镜位于一个中继透镜的焦点处，因此，中继透镜能继续传输光束。

旧式柔性医用内窥镜使用光学铰链。使用一串密接中继系统和场镜，内窥镜管可能有较大变形（超过30°），但仍然能够传输较好质量的图像（Hett，1969）。目前，研究人员使用柔性光纤系统代替内窥镜中的光学铰链，而原理相同。

潜艇潜望镜是光学铰链的另一种应用场景。潜艇水下移动时，潜望镜会在流体阻力作用下弯曲。潜望镜镜筒的弯曲造成镜筒内光学系统失配，在某些情况中，镜筒弯曲会非常严重，以至于无法传输图像。补偿镜筒弯曲的一种形式是在潜望镜与船体连接处采用光学铰链。在该位置，镜筒弯曲可以近似为潜望镜刚体绕着船体接点的旋转，包括有场镜的中继系统所组成的光学铰链补偿镜筒弯曲（Moss 和 Rusell，1988）。

由一对中继透镜和一个场镜组成光学铰链的另一种形式是一对透镜，相当于一个绕着其后节点旋转的等效厚透镜。当一个透镜绕着其后节点旋转时，像点不动，如果结构变形后的形状已知，则用透镜对代替简单的中继透镜。该透镜的设计保证结构变形能够使该透镜对绕着后节点旋转，所以，变形不会使光束错位（Moffit，1947）。

7.10　光机结构的摩擦和磨损

尽管光机结构组件在正常运转过程中不是静止就是进行较小的运动，但摩擦和磨损问题仍很重要。例如，摩擦是影响运动装置稳定性和重复性的一个因素，如卷 I 第 10 章所述。在需要运动的应用中，例如调焦和变焦，磨损就变得很重要。

摩擦效应有两种状态：宏观运动或总体运动；微观滑移。宏观运动受库仑（Coulomb）摩擦或黏滞摩擦的影响；微观滑移通常包括小于10μm 的微小移动或者小于100mrad 的角旋转，受弹性变形和表面效应的影响。

一般会担心润滑剂流动造成光学表面污染，因此，光机系统不使用润滑剂。若使用润滑剂，最常用的是干膜、软镀层或者选择具有低释气性质的黏稠油脂。在大部分光机应用中，滑移速度较低。对于高滑移速度下涂抹了润滑剂的表面，黏滞摩擦很重要，因此库仑摩擦是光机系统中最重要的摩擦。

垂直负载 W 作用下，克服摩擦力所需要的力 F 是

$$F = \mu W g \quad （译者注：原书漏印重力加速度 g）\quad (7.38)$$

式中，μ 是摩擦系数。

对于干燥的净金属接触，摩擦系数近似为（Bowden 和 Tabor，1954）

$$\mu \cong \frac{\sigma_s}{\sigma_p} \quad (7.39)$$

式中，σ_s 是材料的剪切屈服应力；σ_p 是材料的屈服压应力。

虽然利用该式有助于选择具有最小摩擦力的材料，但实际设计中通常是以测试确定的摩擦系数为基础。Bayer（2004）的参考文献给出了干摩擦系数的综合表。根据粗略的经验，利用异质材料相接触，例如黄铜与不锈钢，可以使摩擦系数降至最小。该公式还建议，采用低 σ_s/σ_p 值的软材料与较硬表面接触可以减小摩擦。一般来说，这类软材料都是一些塑料，例如聚四氟乙烯（也称特氟纶）。

减小摩擦的一种方法是用一种软材料涂镀出一种耐磨面。如果与下层基板相比，该镀面较软，则软膜层的剪切屈服应力替代了基板的剪切屈服应力。由于镀膜层很薄，可以忽略垂直方向刚度。摩擦系数取决于膜层的剪切屈服应力 σ_{fs} 与基板屈服压应力 σ_p 之比，或者 $\mu \approx \sigma_{fs}/\sigma_p$。

用金和银两种材料的金属膜层减小摩擦系数，尤其是银材料更常用，并且，经常用于轴承和紧固件中。一些如二硫化钼之类的干膜润滑剂是具有很低剪切强度的层状结构，也能减小摩擦系数。二硫化钼的缺点是滑移过程中可能会产生颗粒污染。使用之前采用特殊的抛光技术可以解决该问题。

库仑（Coulomb）摩擦系数有两个值：静摩擦和动摩擦。静摩擦与产生宏观滑动或者开始移动一个静止物体所需要的力有关；动摩擦是与运动物体运动方向相反的摩擦力。对于大部分材料，动摩擦系数小于静摩擦系数。对于干摩擦，动摩擦系数一般会随着速度增大而继续减小。根据下面改进型 Striebeck 公式（Andersson 等，2007）计算摩擦力随速度的减小：

$$F = F_C - (F_S - F_C) e^{-(|v|/v_S)^i} \quad (7.40)$$

式中，F_C 是库仑滑移力；F_S 是最大静摩擦力；v 是滑移速度；v_S 是滑移速度系数；i 是与材料有关的一个指数。

摩擦系数随速度增大而减小，会造成不连续的运动或者黏滑效应。黏滑是运动组件的一种自激励振动形式。由于力是不断增大的，组件最初阻止运动，随着力的增大组件突然开始运动，之后即使力没有再增大组件也会加速。然后，组件突然停止，重复整个过程。由于一个力产生的运动是不连续的，并且本质上是不可预测的，所以黏滑现象使增量运动很难控制。

随速度变化摩擦系数减小，会造成黏滑效应。随着组件速度增大，阻止运动的摩擦力会减小，形成加速度。随着组件继续加速，激励力减小，运动组件受到力的推动，当相关激励力变为零，组件不再加速并突然停止运动。然后，重新开始整个运动过程，从而导致断续的摆动运动或黏滑现象。采用摩擦系数随速度增大而增大的材料，提供对自激励运动的阻尼，就可以避免黏滑现象。特氟纶材料就是这类材料的例子。经常使用的是特氟龙（聚四氟乙烯）材料，它不仅减小摩擦系数，而且使黏滑效应降至最低（Nakazawa，1994）。

当组件的相对位移很小时，产生微观滑移。微观滑移期间，施加的力与位移间是非线性

关系，产生滞后。施加等值反向力不会使组件返回到其初始位置，而是到达具有某一偏移量的位置。虽然微滑移是一种复杂现象，但达尔（Dahl）摩擦模型是一种很有用的近似方法。

达尔最初研发该模型是用于分析滚动轴承的性能。该模型比较重要的应用之一是，与哈勃空间望远镜中控制力矩陀螺相关的控制算法（Nurre 等，1989）。然而，该模型也适用于未采用润滑剂的干摩擦现象，使组件移动一段距离 x 需要的力 F 是（Dahl，1976）

$$\frac{\mathrm{d}F(x)}{\mathrm{d}x} = k_0 \left| 1 - \frac{F}{F_C}\mathrm{sgn}(v) \right|^i \mathrm{sgn}\left[1 - \frac{F}{F_C}\mathrm{sgn}(v) \right] \tag{7.41}$$

式中，k_0 是 $F=0$ 附近的剩余刚度；F_C 是静态库仑摩擦力；v 是相关速度（$\mathrm{d}x/\mathrm{d}t$）；i 是与材料相关的一个指数；

sgn 是符号函数[⊖]。

求解 F，得

$$F = F_C \left\{ 1 - \left[1 - (1-i)x\frac{k_0}{F_C} \right]^{1/(1-i)} \right\} \tag{7.42}$$

图 7.89 给出了该公式无量纲形式的曲线图，r 表示相对力，$r = F/F_C$；u 是特征位移 $u = x/x_C$，其中 $x_C = k_0/F_C$。对于塑性材料，i 位于 1 和 2 之间，而对于脆性材料，$i < 1$。因此，对很宽范围的材料，Dahl 公式都非常适于建模。若 $i = 0$，则 Dahl 模型变为标准的库仑摩擦模型，在 $u \geq 1$ 分离之后，相对力变为常数；当 $u < 0$ 时，相对力曲线的斜率变化表示行程反向时出现滞后。

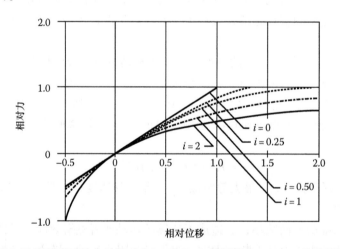

图 7.89 根据 Dahl 摩擦模型给出的相对力 $r = F/F_C$ 与特征位移 $u = x/x_C$ 的曲线图（$i = 0 \sim 2$）

利用接触力学可以给出更为复杂的微滑移运动模型，增加了接触区的表面粗糙度，相关内容可参考 Olofsson 和 Hagman（1997）发表的文章。这些模型表明，使摩擦系数最小并改善表面粗糙度，能够减小微滑移效应。同时，这也证明了运动学安装实践经验的正确性，即使用平滑的低摩擦接触面以增大可重复性。

有四种主要的磨损类型：黏附磨损、磨粒磨损、腐蚀磨损和表面破损（裂缝）。当然，

⊖ $Y = \mathrm{sgn}(X)$ 表示序列 Y 与 X 具有相同的尺寸（或元素）。如果 X 的对应元素大于零，则 Y 的每个元素都是 1；如果 X 的对应元素等于零，则 Y 的每个元素都是零；如果 X 的对应元素小于零，则 Y 的每个元素都是 −1。

由于工作环境特性排除了其他磨损类型，在光机系统中，只有第一种磨损，即黏附磨损，是重要的。这类磨损可以进一步分类为严重磨损或者表面拉毛磨损、中度磨损和抛光磨损。严重磨损的特征是，材料会从一个接触表面转移到另一个接触表面。中度磨损的特征是，会去除表面材料产生磨损颗粒。抛光磨损是一种可以降低接触表面光洁度的磨损。

黏附磨损是一种复杂的现象，与摩擦有关。艾查德（Archard）公式对滑动接触的磨损给出了非常粗的量值估计（Archard，1953）。该公式认为，磨损体积（VOL）是材料磨损常数 K_M、滑移距离 L、垂直施加力 F_N 和硬度 H 的函数。该式中，H 表示为单位面积上的力，因此 K_M 是无量纲参数。式为

$$\text{VOL} = \frac{K_M F_N L}{H} \tag{7.43}$$

Rabinowicz（1984）根据磨损系数大小定义磨损类型。磨损系数 $10^{-4} \sim 10^{-2}$ 表示严重磨损，磨损颗粒尺寸为 $20 \sim 200\,\mu m$；磨损系数 $10^{-6} \sim 10^{-4}$ 表示中度磨损，磨损颗粒尺寸为 $2 \sim 20\,\mu m$；抛光磨损的磨损系数是 $10^{-8} \sim 10^{-6}$，没有产生可测量到的颗粒。对于光机系统，不会有微粒子污染，因此，属于抛光磨损范畴，相关的磨损系数是 $10^{-8} \sim 10^{-6}$。

根据 Archard 公式，使磨损最小就需要使磨损系数和滑移距离最小以及/或提高表面硬度。假设是无润滑油的干滑动，磨损系数取决于接触材料的类型。对于摆动接触，滑动长度 $L = 2nL_S$。其中，n 是摆动次数，L_S 是单次摆动长度。因此，为了使磨损最小，必须同时减小摆动次数和摆动长度。对于由环境输入造成的摆动，n 与其持续时间有关。

适用于抛光磨损领域应用的另一种形式的 Archard 公式给出了磨损深度 δ_W。它是接触压力 δ_C 的函数。按照这种形式，磨损系数 K_i 的单位是 mm^3/N。磨损深度为

$$\delta_W = K_i \delta_C L \tag{7.44}$$

使光机系统中由于摆动式滑移接触造成的磨损降至最小的另一种方法是 Bayer 等人（1962）研发的零磨损模型。这种模型中的零磨损定义为等于或小于表面光洁度的磨损。虽然最初是研究几乎相等硬度的类似材料，但实验表明，零磨损模型也能够用来预估与金属相接触的塑料材料的限定磨损条件（Dumbleton 和 Rhee，1975）。当 Archard 磨损系数未知时，该磨损模型非常适用于粗略估算。下式给出最大接触剪切应力 τ_{MAX} 与循环周期数 n 和材料的剪切屈服应力 τ_{YS} 的函数关系：

$$\tau_{MAX} \leqslant \left(\frac{2000}{n}\right)^{1/9} \gamma_R \tau_{YS} \tag{7.45}$$

式中，γ_R 是零磨损系数。

对于同类材料，零磨损系数等于 0.20，说明有可能发生磨损传递。对于异类材料，磨损系数设置为 0.54。作为最坏一种情况，通常以 0.2 作为零磨损系数。对于具有不同剪切屈服应力的材料，分析中采用了较小应力的材料。

剪切应力的典型值约为接触压应力的 1/3。与 Archard 模型给出的值相比，一般零磨损模型给出的磨损值也不保守。通常，磨损预估值应当视为粗估值，或者在设计中应引入大的安全系数，或者通过测试确认磨损值。

Ball（2009）阐述了一个很好的硬件实例，有助于深入理解多组件系统在严重振动、冲击和热环境下可能出现的内部和外部运动以及由此对仪器性能的影响，相关场景涉及，为军用履带车辆设计的车载观瞄装置，行进在粗糙地形上同时需要保持捕获目标与武器火控光学系统

及车载武器之间的精确瞄准，移动目标的精确跟踪以及抗击机载武器射击造成的弹道冲击。

理论上，工程设计团队采取的一种通用方法是首先确定所有组件的名义位置和姿态的三维计算机辅助设计模型（3D CAD），然后通过内部结构的传输系数改变该设计，从而与车载界面动态输入的假设值相一致，确定该设计对各种扰动的灵敏度。光学系统在指定和经过计量的工作条件下承受的扰动，应当转换为透镜、反射镜及其结构件运转偏差的预测值。然后，预估短期的目标跟踪误差和长期的目标累积漂移。将这些结果与技术说明书的性能要求进行比较。之后，对无法实现上述技术要求的光机设计部分进行修改，直至系统性能满足要求为止。

遗憾的是，由于实际的硬件性质并非总是与理论一致的，因此该方法的实用性有限。可能会同时出现多种谐振，并且输入频率不可能与硬件本身的谐振频率相对应。这种情况下的解决措施是，人为地将输入振动谱可能的最低峰值与第一谐振频率对准，这样总是能够产生激励。对所有大的输入量重复该过程，直至瞄准线稳定。对硬件进行必要的改进，得到一个满足所有动态技术要求的设计。对正确安装了光机系统的车辆进行大量的现场试验成功证明了该方法的可行性。

该研发实例在表面磨损和摩擦效应内容中的重要性在于，实际测试能够保证，施加在接触表面上或者无功能故障（包括没有因表面质量下降而出现碎渣）结构中螺栓连接处的摆动次数 n 足以证明设计硬件在规定的工作寿命期内的预估性能值是正确的。

当光机装置工作在真空环境中时，磨损和摩擦效应会有明显变化（Mishina，1992）。对于许多干滑动接触，空气起着润滑剂作用。在真空中，没有这种润滑作用，摩擦系数可以增大 2 倍以上。同样，真空中的磨损系数也明显增大。根据 Mishina 的研究，随着压力从 10^5 Pa 降低到 10Pa，铁-铁接触面的磨损量增大几百倍。摩擦和磨损中的这种易变性是航天器设备的一个特定问题，需要采用特殊材料解决（Conley，1988）。

7.11　光学仪器的密封、清洁和干燥技术

路基军用仪器和一些航空航天应用装置及室外用高成本消费设备（例如相机、双目望远镜、观鸟望远镜和经纬仪），会不同程度要暴露于高大气湿度、小雨，临时浸渍在几英尺水下，并承受外部大气细微灰尘和化学污染物的侵蚀。通过仪器整体封装能够阻止有害污染和湿气进入，由其本身固有的特性而将这些技术归类为仪器封装技术。

另外，所有廉价光学仪器以及仅用于受保护（室内）环境中的设备，例如显微镜、光谱仪以及演播室用摄像机和工作室投影仪，通常没有上述环境特征。本节会介绍一些常用的保护性设计特点和技术，以确定和维护一些典型仪器内部具有良好的工作环境。

卷 I 图 5.39 所示的简单望远镜并没有密封。所有连接处都会漏气，金属间、玻璃-金属间都会面临此类问题，尤其是连接处存在压差时更甚。调焦驱动产生的活塞效应或者气压发生变化会加速空气、湿气、灰尘和其他污染物进入透镜之间的内腔。

在图 7.90 所示的施华洛世奇（Swarovski）步枪瞄准望远镜的目镜中，利用 O 形环将最外侧的接目镜静态密封在其镜座内。这些密封环形似薄甜甜圈，具有很薄的圆形截面和平滑的外表面。天然橡胶 O 形圈首次作为密封圈应用于第二次世界大战军用飞机的液压系统中。当今，在光学仪器中广泛用做静态压缩垫片、旋转轴和彼此内侧滑动管的密封垫片。目前，O 形环通常采用诸如丁腈橡胶（一种合成橡胶共聚物）、乙丙橡胶、硅橡胶等材料以及其他

一些不太常用的材料，可以从供应商获得不同尺寸的产品。

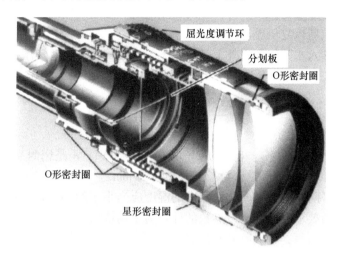

图 7.90　施华洛世奇（Swarovski）步枪瞄准望远镜的目镜，利用四星形圈密封目镜的调焦运动
（资料源自 Yoder, P. R., Jr. and Vukobratovich, D., *Field Guide to Binoculars and Scopes*, SPIE Press, Bellingham, WA, 2011）

螺栓法兰或螺纹连接两种方法可用来固定光学仪器的主要结构件。采用哪种取决于其几何布局。例如，图 7.6 所示的潜望镜包括前后镜筒，以第一种方式连接。将一个定制的 O 形环压在镜座接触表面上的凹槽中以保持密封。

图 7.24 给出了 M19 双目望远镜的物镜模块及其主（棱镜）镜体之间的螺纹连接。将一个 O 形环装在圆柱形镜筒外壁上一个凹槽中以提供密封。密封环右侧是双目望远镜主镜体中的啮合螺纹。

可以用 O 形圈密封圆柱形物体之间的滑动密封（例如目镜模块与固定镜筒之间的连接），但在移动时，即使加了润滑油，这类密封容易由于摩擦而卷起和磨损。图 7.24 所示的星形密封圈（类似 O 形密封圈，是一个较宽的 X 形截面）由于不会卷起，因此对这类动态应用会有更好的密封效果。这种结构与步枪瞄准具中使用的其他静态密封技术相组合，能够隔离仪器的内部和外部环境。

成功解决轴向运动圆柱形组件密封问题的另一种措施是卷 I 图 5.41 所示的橡胶波纹管密封。应用的部件是美国陆军 M19 双目望远镜目镜（已在卷 I 5.5.6 节讨论过）。类似设计已经应用于其他军用火控仪器。螺纹管将安装了三个双胶合透镜的镜座组件密封在目镜镜筒中，并在目镜的场镜倒边上形成静态密封圈密封。为了调焦，该镜座组件沿轴向滑动而非旋转，因此，螺纹管不会扭曲，寿命特别长。

卷 I 图 5.41 还给出一个实例，采用一种现场注入成形工艺制造弹性密封圈将目镜密封在镜座中。这种透镜密封技术广泛应用于军用和空间光学仪器中，卷 I 4.8 节有详细论述。

通常，采用下述方法对新造或翻新光学仪器内部气体和流体污染物进行清洁：①利用干燥气体，例如氮气或者氦气，清除其腔体；②对腔体抽真空并选择相同的干燥气体回填其中；③，与②相同，将高于外部空间大气压（通常 5~15 lbf/in²）的气体压入腔体，名义值是 14.7 lbf/in²。

由于镜筒是由多个连接件组成的，铸件内部也不能完全密封，许多类型的内部黏结剂和密封剂缓慢地释放少量的水，因此，在此介绍的所有密封在某种程度上都会漏气，内部气压易于随着时间而下降。最终，与外部气压的压差消失。在周期性维护期间，通过抽真空或者加压干燥气体可以重新恢复压差。

通过密封接点渗入水蒸气与内外大气压差无关，而与内外水蒸气压差成比例。当外部相对湿度是100%而内部相对湿度为零时，这种压差明显最大。水蒸气流过界面的量（单位为g）可以近似表示为

$$W = \mathrm{VTR}\,\frac{At}{L} \tag{7.46}$$

式中，VTR 是水蒸气的传输率 [单位为 $g \cdot mm/(m^2 \cdot d)$]；A 是密封层的截面积（单位为 m^2）；t 是时间（单位为 d）；L 是密封长度（单位为 mm）。

根据经验，为了防止起雾，光学仪器内的湿度应当小于约 $5g/m^3$。由于由此获得的时间总是小于仪器的寿命要求，因此，该参数的计算值实用价值不大。

利用干燥气体清洁时，将一些光学仪器放置在干燥炉中加热，希望借助这种烘烤工艺去除内表面吸附的湿气。由于该工艺限定了烘烤持续时间，并且由于过热有可能损伤材料而限定烘烤温度，一般也不会成功。早期采用这类处理工艺的例子包括 Austin（1992）阐述的日地系（Sun-Earth）L1 点的轨道上运行的一种光学仪器。为了使仪器重量减至最轻，选择石墨纤维增强环氧树脂作为该仪器结构材料。原材料在 95℃ 温度下烘烤 4 周，保存在真空中或者装袋，经常用干燥氮气内部清洁直至集成在负载模块中并发射升空。利用不吸水材料（例如金属）设计的其他仪器，也可受益于这种不太严谨但很昂贵的处理工艺。

根据20世纪60年代干燥和保存食物的军用经验，美国国防部公布了美国军用标准 MIL-D-3464 *Desiccants, Activated, Bagged, Packaging, Use and Static Dehunidification*《包装用静态吸湿袋装活性干燥剂通用规范》，版本更新至 E。1973 年，公布了保藏方法标准 MIL-P-116 *Methods of Preservation*《保存方法》，定义了保护材料免受环境条件影响的方法。

目前，有几种材料用作干燥剂，都是通过吸收和内部毛细作用工作的。通常称为 sieve（筛）的人工合成沸石在光学仪器去湿中非常有用，它是一种小的压缩片，可以直接放置在仪器箱中的储存盒内，其表面露在内部环境中。图 7.91 给出了一种通常置于双目望远镜棱镜镜座壁凹中的几种压缩干燥片。图中并没有给出（但应当提供）正确固定干燥片的方法。虽然目前有效，但实际应用中，当干燥剂失效需要更换时，必须局部拆开仪器，而且需要确定替换的时间，所以往往在家用设备中不再使用干燥剂。一些供应商将干燥剂装在一些带孔的圆管中，安装在仪器壁中带有螺纹的通孔中。因此，替换干燥剂时无须局部拆卸仪器，仅需要用干燥氮气吹洗，然后充氮。较为复杂的仪器采用的方法是监控内部湿度，若需要则比较容易更换干燥剂。

图 7.91 日本双目望远镜的内部视图。可以观察到用来去除腔内湿气的干燥片

（资料源自 William Cook）

Rose 和 Rochhford（1997）介绍了一个对湿度很敏感的棱镜安装座。详细阐述了密封该镜座和去除腔内湿气的方法。

仪器中需要干燥剂的量近似等于被干燥密封体积的 0.0007 倍。决定密封（例如 O 形圈）泄漏率的标准可以从设备制造商获得。为了防止湿气侵入光学仪器而对需求量化时，配制工程师可以参考通常适用于电器设备的国际防护等级规范（International Ingress Protection Codes）。这些规范还规定包括淋水试验以水深 1m 以上的延伸浸泡测试。应当通过具体应用测试证实基于工程计算的设计。在质检或者验收期间或者之后，如果检测到内部有液态水，则是判断仪器合格性的重要指标。

参考文献

Andersson, S., Soderberg, A., and Bjorklund, S., Friction models for sliding dry, boundary and mixed lubricated contacts, *Tribol. Int.*, 40, 580, 2007.

Antebi, J., Dusenberry, D.O., and Liepins, A.A., Conversion of the MMT into a 6.5-m telescope: The optics support structure, *Proc. SPIE*, 1303, 148, 1990.

Antebi, J., Dusenberry, D.O., and Liepins, A.A., Conversion of the MMT into a 6.5-m telescope: The optics support structure and the enclosure, *Proc. SPIE*, 3352, 513, 1998.

Archard, J.F., Contact and wear of rubbing surfaces, *J. Appl. Phys.*, 24, 981, 1953.

Austin, J.D., Moisture effects and control for the UVCS composite structure, *Proc. SPIE*, 1690, 216, 1992.

Ball, K.D., Opto-mechanical analysis of a high stability multi-channel vehicle sight, *Proc. SPIE*, 724, 74240K, 2009.

Bayer, R.G., *Engineering Design for Wear*, 2nd edn., Dekker, New York, 438, 2004.

Bayer, R.G., Clinton, W.C., Nelson, C.W., and Schumacher, R.A., Engineering model for wear, *Wear*, 5, 378, 1962.

Bigelow, B.C. and Nelson, J.E., Determinate space-frame structure for the Keck II Echellette Spectrograph and Imager (ESI), *Proc. SPIE*, 3355, 164, 1998.

Bowden, F.P. and Tabor, D., *The Friction and Lubrication of Solids, Part 1*, Clarendon Press, London, U.K., 1954.

Bridges, R. and Hagan, K., Laser tracker maps three-dimensional features, *The Industrial Physicist*, 28, 200, 2001.

Bruner, M.E., Bahnsen, E.B., Cruz, T., Hong, L., and Jurcevich, B., Moisture induced dimensional changes in hydrophobic graphite-resin laminates, *Proc. SPIE*, 1335, 92, 1990.

Catanzaro, B., Pham, T., Olmi, L., Martinson, K., and Devlin, M., Design and fabrication of a light-weight 2-m telescope for the balloon-borne large aperture sub-millimeter telescope: BLAST, *Proc. SPIE*, 4818, 71, 2002.

Chaney, D., Brown, R.J., and Shelton, T., SIRTF prototype telescope, *Proc. SPIE*, 3785, 48, 1999.

Cohen, L.M., Cernoch, L.I., Matthews, G., and Stallcup, M.A., Structural considerations for fabrication and mounting of the AXAF HRMA optics, *Proc. SPIE*, 1303, 162, 1990.

Conley, P.L. Ed., *Space Vehicle Mechanisms*: *Elements of Successful Design*, Wiley-Interscience, New York, 1988.

Dahl, P.R., Solid friction damping of mechanical vibrations, *AIAA J.*, 14(12), 1675, 1976.

DeAngelis, D.A., Designing thermally stable optical structures using strain gage technology, *Proc. SPIE*, 3786, 523, 1999.

Doyle, K. and Vukobratovich, D., Design of a modified Serrurier truss for an optical interferometer, *Proc. SPIE*, 1690, 357, 1992.

Dumbleton, J.H. and Rhee, S.H., The application of a zero wear model to metal/polyethylene sliding pairs, *Wear*, 35, 233, 1975.

Edlin, B., The dispersion of standard air, *J. Opt. Soc. Am.*, 43, 339, 1953.

Epps, H.W. and Miller, I.S., Echellette spectrograph and imager (ESI) for Keck Observatory, *Proc. SPIE*, 3355, 48, 1998.

Erickson, D.J., Johnston, R.A., and Hull, A.B., Optimization of the optomechanical interface employing diamond machining in a concurrent engineering environment, *Proc. SPIE*, CR43, 329, 1992.

Fanson, J., Fazio, G., Houck, L., Kelly, T., Rieke, G., Tenerelli, D., and Whitten, M., The Space Infrared Telescope Facility (SIRTF), *Proc. SPIE*, 3356, 478, 1998.

Finley, P.T., Oonk, R.L., and Schweickart, R.B., Thermal performance verification of the SIRTF cryogenic telescope assembly, *Proc. SPIE*, 4850, 72, 2003.

Fischer, R.E. and Kampe, T.U., Actively controlled 5:1 afocal zoom attachment for the common module FLIR, *Proc. SPIE*, 1690, 137, 1992.

Ford, V.G., Parks, R., and Coleman, M., Passive thermal compensation of the optical bench of the Galaxy Evolution Explorer, *Proc. SPIE*, 5528, 171, 2004.

Ford, V.G., White, M.L., Hochberg, E., and McGown, J., Optomechanical design of nine cameras for the earth observing system multi-angle imaging spectro-radiometer, TERRA platform, *Proc. SPIE*, 3786, 264, 1999.

Friedman, I., Thermo-optical analysis of two long-focal-length aerial reconnaissance lenses, *Opt. Eng.*, 20, 161, 1981.

Gallagher, D.B., Irace, W.R., and Werner, M.W., Development of the Space Infrared Telescope Facility (SIRTF), *Proc. SPIE*, 4850, 17, 2003.

Golden, C.T. and Spear, E.E., Requirements and design of the graphite/epoxy structural elements for the Optical Telescope Assembly of the Space Telescope, *Proceedings of AIAA/SPIE/OSA Technology Space Astronautics Conference: The Next 30 Years*, Danbury, CT, 1982, p. 184.

Hett, J.H., Medical optical instruments, in *Applied Optics and Optical Engineering*, Vol. 5, Kingslake, R. Ed., Elsevier, 1969.

Hileman, E., Elias, J., Joyce, R., Probst, R., Liang M., and Pearson, E., Passive compensation of gravity flexure in optical instruments, *Proc. SPIE*, 5495, 622, 2004.

Hookman, R., Design of the GOES telescope secondary mirror mounting, *Proc. SPIE*, 1167, 368, 1989.

Hopkins, R.A., Finley, P.T., Schweickart, R.B., and Volz, S.M., Cryogenic/thermal system for the SIRTF cryogenic telescope assembly, *Proc. SPIE*, 4850, 42, 2003.

Hopkins, R.B., *Design Analysis of Shafts and Beams*, McGraw-Hill, New York, 416, 1970.

Iraninejad, B., Lubliner, J., Mast, T., and Nelson, J., Mirror deformations due to thermal expansion of inserts bonded to glass, *Proc. SPIE*, 748, 206, 1987.

Jamieson, T.H., Athermalization of optical instruments from the optomechanical viewpoint, *SPIE Crit. Rev.*, CR43, 131, 1992.

King, H.C., *The History of the Telescope*, Dover, New York, 435, 1955.

Krim, M.K., Design of highly stable optical support structure, *Opt. Eng.*, 14(6), 552, 1975.

Krumweide, G.C., Attacking dimensional instability problems in graphite/epoxy structures, *Proc. SPIE*, 1533, 252, 1991.

Lee, J.H., Blalock, W., Brown, R.J., Volz, S., Yarnell, T., and Hopkins, R.A., Design and development of the SIRTF cryogenic telescope assembly (CTA), *Proc. SPIE*, 3435, 172, 1998.

Lubliner, J., Preliminary design of tube for TMT, Keck Observatory Report 50, University of California, Berkeley, CA, 1981.

Mainzer, A.K., Young, E.T., Greene, T.P., Acu, J., Jamieson, T., Mora, H., Sarfati, S., and VanBezooijen, R., The pointing calibration & reference sensor for the Space Infrared Telescope Facility, *Proc. SPIE*, 3356, 1095, 1998.

Mast, T., Faber, S.M., Wallace, V., Lewis, J., and Hilyard, D., DEIMOS camera assembly, *Proc. SPIE*, 3786, 499, 1999.

McCarthy, D.J. and Facey, T.A., Design and fabrication of the NASA 2.4-Meter Space Telescope, *Proc. SPIE*, 330, 139, 1982.

McGraw, J.T., McGraw, J.T., and Keane, M.J., Operation of the CCD/Transit Instrument (CTI), *Proc. SPIE*, 627, 60, 1986.

McGraw, J.T., Stockman, H.S., Angel, J.R.P., and Williams, J.T., The CCD Transit Instrument (CTI) deep photometric and polarimetric survey, *Proc. SPIE*, 331, 137, 1982.

McMahan, L.L., Space Telescope Optical Telescope Assembly structural materials characterization, *Proceedings of AIAA/SPIE/OSA Technology Space Astronautics Conference: The Next 30 Years*, Danbury, CT, 1982, p. 127.

Meinel, A. and Meinel, M., Zero-coma condition for decentered and tilted secondary mirror in Cassegrain/Nasmyth configuration, *Opt. Eng.*, 23, 801, 1984.

Meinel, A. and Meinel, M., Wind deflection compensated, zero-coma telescope truss geometries, *Proc. SPIE*, 628, 403, 1986.

Meinel, A.B., A 1.8-m lightweight doubly asymmetric equatorial telescope design, *Appl. Opt.*, 10, 249, 1971.

MIL-D-3464, Desiccants, Activated, Bagged, Packaging, Use, and Static Dehumidification. Version E. April 1, 1987.

MIL-P-116, Preservation Methods, 1973.

Mishina, H., Atmospheric characteristics in friction and wear of metals, *Wear*, 152, 99, 1992.

Moffit, G.W., Compensation of flexure in range finders and sighting instruments, *J. Opt. Soc. Am.*, 37(7), 582, 1947.

Moss, M. and Russell, I., *Range and Vision: The First Hundred Years of Barr and Stroud*, Mainstream Publishing, Edinburgh, Scotland, 1988.

Nakazawa, H., *Principles of Precision Engineering*, Oxford University Press, Oxford, U.K., 439, 1994.

Nurre, G.S., Anhouse, S.J., and Gullapalli, S.N., Hubble Space Telescope fine guidance sensor control system, *Proc. SPIE*, 1111, 327, 1989.

Olds, C.R. and Reese, R.P., Composite structures for the Advanced X-ray Astrophysics Facility (AXAF) telescope, *Proc. SPIE*, 3356, 910, 1998.

Olofsson, U. and Hagman, L., A model for micro-slip between flat surfaces based on deformation of ellipsoidal elastic bodies, *Tribol. Int.*, 30(8), 599, 1997.

Palmer, T.A. and Murray, D.A., Private communication, 2002.

Penndorf, R., Tables of the refractive index for standard air and the Rayleigh scattering coefficient for the spectral region between 0.2 and 20 μ and their application to atmospheric optics, *J. Opt. Soc. Am.*, 47, 176, 1957.

Pohle, R.H., Extended retro reflector insensitive to tube bend, *Proc. SPIE*, 383, 44, 1983.

Povey, V., Athermalization techniques in infrared systems, *Proc. SPIE*, 655, 182, 1986.

Qu, J., Blau, P.J., Watkins, T.R., Calvin, O.B., and Kulkarni, N.S., Friction and wear of titanium alloys sliding against metal, polymer, and ceramic counterfaces, *Wear*, 258, 1348, 2005.

Quammen, M.L., Cassidy, P.J., Jordan, F.J., and Yoder, P.R., Jr., Telescope eyepiece assembly with static and dynamic bellows-type seal, U.S. Patent 3246563, 1966.

Rabinowicz, E.R., The least wear, *Wear*, 100, 533, 1984.

Radovan, M.V., Nelson, J.E., Bigelow, B.C., and Sheinis, A.I., Design of a collimator support to provide flexure control on Cassegrain instruments, *Proc. SPIE*, 3355, 155, 1998.

Raybould, K., Gillet, P., Hatton, P., Pentland, G., Sheehan, M., and Warner, M., Gemini telescope structure design, *Proc. SPIE*, 2199, 376, 1994.

Richard, R., Damping and vibration considerations for the design of optical systems in a launch/space environment, *Proc. SPIE*, 1340, 82, 1990.

Rogers, P.J., Athermalized FLIR optics, *Proc. SPIE*, 1354, 742, 1990.

Rose, A.H. and Rochford, K.B., Packing hygroscopic and stress-sensitive optics for a standard retarder, *Proc. SPIE*, 3132, 0277, 1997.

Schreibman, M. and Young, P., Design of Infrared Astronomical Satellite (IRAS) primary mirror mounts, *Proc. SPIE*, 250, 50, 1980.

Schwenker, J.P., Brandl, B.R., Burmester, W.L., Hora, J.L., Mainzer, A.K., Quigley, P.C., and Van Cleve, J.E., SIRTF-CTA optical performance test, *Proc. SPIE*, 4850, 304, 2003a.

Schwenker, J.P., Brandl, B.R., Hoffmann, W.F., Hora, J.L., Mainzer, A.K., Mentzell, J.E., and Van Cleve, J.E., SIRTF-CTA optical performance test results, *Proc. SPIE*, 4850, 30, 2003b.

Scott, R.M., Optical engineering, *Appl. Opt.*, 1, 387, 1962.

Seeger, H., *Ferngläser und Fernrohre in Heer, Luftwaffe unci Marine*, H.T. Seeger, Hamburg, Germany, 1996.

Seil, K., Progress in binocular design, *Proc. SPIE*, 1533, 48, 1991.

Seil, K., Private communication, 1997.

Serrurier, M., Structural features of the 200-inch telescope for Mt. Palomar Observatory, *Civil Eng.*, 8, 524, 1938.

Sheinis, A.I., Nelson, J.E., and Radovan, M.V., Large prism mounting to minimize rotation in Cassegrain instruments, *Proc. SPIE*, 3355, 59, 1998.

Smith, D.D. and Jones, R.E., A statistical evaluation of space stable optical support structure, *J. SAMPE* 18, 4, 1978.

Smith, S.T. and Chetwynd, D.G., *Foundations of Ultraprecision Mechanism Design*, Gordon & Breach, Montreux, Switzerland, 415, 1992.

Spina, J.A., Composite structures for the Advanced X-ray Astrophysics Facility (AXAF) telescope, *Proc. SPIE*, 1113, 2, 1989.

Stubbs, D., Smith, E., Dries, L., Kvamme, T., and Barrett, S., Compact and stable dual fiber optic refracting collimator, *Proc. SPIE*, 5176, 192, 2003.

Stubbs, D.M. and Bell, R.M., Fiber optic collimator apparatus and method, U.S. Patent No. 6801688, 2004.

Sutin, B.M., What an optical designer can do for you AFTER you get the design, *Proc. SPIE*, 3355, 134, 1998.

Telkamp, A.R. and Derby, E.A., Design considerations for composite materials used in the Mars Observer Camera, *Proc. SPIE*, 1303, 416, 1990.

Thomas, B.H., Neville, W., and Snodgrass, J., Assessment and control of vibrations affecting large astronomical telescopes, *Proc. SPIE*, 732, 130, 1987.

Trsar, W.J., Benjamin, R.J., and Casper, J.F., Production engineering and implementation of a modular military binocular, *Opt. Eng.*, 20, 201, 1981.

Valente, T.M., Vukobratovich, D., and Esplin, R.W., Optimal support structures for chopping mirrors, *Proc. SPIE*, 1690, 366, 1992.

Visser, H. and Smorenburg, C., All reflective spectrometer design for Infrared Space Observatory, *Proc. SPIE*, 1113, 65, 1989.

Vukobratovich, D., Binocular performance and design, *Proc. SPIE*, 1168, 338, 1989.

Vukobratovich, D., Modular optical alignment, *Proc. SPIE*, 3786, 427, 1999.

Vukobratovich, D., Private communication, 2003.

Vukobratovich, D., Private communication, 2004.

Vukobratovich, D., *Introduction to Optomechanical Design*, SPIE Short Course SC018, 2014.

Vukobratovich, D., Valente, T., and Ma, G., Design and construction of a metal matrix composite ultra-lightweight optical system, *Proc. SPIE*, 2542, 142, 1995.

Wada, B.K. and DesForges, D.T., Spacecraft damping considerations in structural design, *Proceedings of the 48th Meeting of the AGARD Structures and Materials Panel (AGARD Proc. 277)*, Williamsburg, VA. April 2–3, 1979, NATO Advisory Group for Aerospace Research and Development, Neuilly-Sur-Seíne, France, 1979.

Yoder, P.R., Jr., *Mounting Optics in Optical Instruments*, 2nd edn., SPIE Press, Bellingham, WA, 2008.

Yoder, P.R., Jr. and Vukobratovich, D., *Field Guide to Binoculars and Scopes*, SPIE Press, Bellingham, WA, 2011.

Young, P. and Schreibman, M., Alignment design for a cryogenic telescope, *Proc. SPIE*, 251, 171, 1980.

Zurmehly, G.E. and Hookman, R., Thermal/optical test setup for the Geostationary Operational Environmental Satellite telescope, *Proc. SPIE*, 1167, 360, 1989.

Zweben, C.H., *Advanced Composite Materials for Optomechanical Systems*, SPIE Short Course SC218, 2002.

第8章 新兴反射镜技术

William A. Goodman, Paul R. Yoder, Jr.

8.1 概述

当讨论光机领域未来发展方向时，会着重于目前广泛应用并可能会从未来发展获益的各种技术，包括对适用于较大温度变化范围的材料性能的了解，计算机辅助设计与制造技术的更紧密结合，增量制造技术的广泛应用，以及针对更多玻璃和晶体材料研发能获得和验证无缺陷光学表面的新方法。

由于篇幅的限制无法更深入地讨论多种技术，本章仅讨论一种，集中阐述被越来越多领域使用的单晶硅和碳化硅的发展，包括最先进的激光器以及更耐用和更大孔径的反射镜。

为了预估一种技术的未来发展前途，需要基本理解其历史以及该技术如何会发展到目前水平。单晶硅是一种光学表面可以加工到近乎理想状态并能够冷却到承受强烈辐射的材料，8.2节和8.3节将对其演变进行综述。然后，介绍第二种新兴材料碳化硅（SiC）。许多供应商可以提供与硅相关的不同类型的碳化硅材料，每一种都具有其独特的体系和材料性质。对这些材料的讨论越多，使用的方法就越多。

重要的是要注意到，本章不准备全面无漏地阐述该课题，如不会完整地介绍材料的优缺点，也不讨论一些有争论的重要问题，如在支撑结构中可能需要如何变化，以及与新材料界面相关的细节问题。本章仅为研究新兴反射镜技术的研究人员提供比较基础的讨论。

相关应用包括同步加速器应用中的基本粒子研究、高能激光器（HEL）军事应用以及美国国家点火装置（NIF）直径10m靶室的研究项目。在国家点火装置项目中，192束激光束会聚到不同靶标上以使其产生的温度、压力和密度接近一些普通星、超新星和巨型星核心处的环境条件，完成天文物理学试验以及尝试通过激光聚变成功产生能量的试验。尽管沿着该思路的研究在世界一些地方正在进行，但本章并没有详细介绍这些研究工作。

本章最后的8.5节展望了未来可能会使用的一些材料和技术的研发情况。遗憾的是，由于美国出口管制条例［国际武器贸易条例（ITAR）］约束，无法讨论最新一些研发成果和技术进步。

8.2 历史背景

很大程度上，受美国政府和各国机构科研基金资助的驱动，已经并继续感兴趣的项目包括普通和非寻常光学元件（系统），尤其是专用光学仪器和系统，反射镜材料、加工、抛光、计量、镀膜和测试。很难一一确定这些研究项目的准确启动日期，但可以肯定，它们与20世纪50年代末期光学微波激射器（激光器）的研发有关。为X射线和γ射线激光器研制的单晶硅反射镜，是最初研发的一个实例，可以追溯到20世纪60年代初期，并且在1989年左右相关机构集中力量为高能激光器研发致冷反射镜技术。同步辐射光学、粒子物理学实验中光束线和激光聚变应用方面的进展，以及为了深入理解驱动星体和其他天文物理现象的机理所进行的科学研究，都要求反射镜在激光辐照下能够提高耐用性，具有更好的抗激光损伤（LID）能力，如果可能应降低成本。

1983年，美国开始该项研究的最大份额的投资，在里根时代"星球大战计划"每年为其投资数十亿美元。的确，由美国战略防御计划局（SDIO），即现在的美国导弹防御局（MDA）前身，组织的系统构架研究项目中第一系统要素技术要求大力推动了新兴反射镜技术。战略防御计划局系统构架研究项目包括，使用定向能量武器的系统、如助推段监视跟踪系统（BSTS）的天基传感器系统、空间跟踪和监视系统（STSS）以及如反弹道导弹和增程拦截机（ERINT）项目之类的天基和路基拦截机。后者是现代的爱国者导弹系统的初期形式。具有轻质、高寿命期和外形尺寸稳定性的高质量光学装置，以前并继续是上述系统的一种普通的使能技术。

1973—1989年达到的重要里程碑项目包括，长／中波红外波长高能量激光器［即先进的中红外化学激光器（MIRACL）］水冷钼和铜反射镜转换为近红外波长（自由电子激光器和同步分束线）的水冷硅和碳化硅反射镜。美国战略防御计划局在1983—1993年期间，需要两个核心项目协同工作，天基激光器（SBL）才能成为现实。美国国防高级研究计划局（DARPA）启动的α高能化学激光器及1989年的大型先进反射镜项目（LAMP），演示验证了一个4m孔径主动式高能量激光光束定向器[⊖]。同时，某天基激光器与α大型先进反射镜综合项目（ALI）共同验证了一台完整的高能量激光武器系统。为了将这样一个系统放置在星载设备中必须替换特别重的水冷钼反射镜。α大型先进反射镜项目和天顶星计划直接开始研发和验证了非致冷硅光学系统。反射镜技术随后转向战术高能激光武器（THEL，代号为鹦鹉螺）和机载激光器（ABL）项目。

与高能激光器项目并行的研究工作，是设计和制造第三代（激光）同步辐射源，例如法国格勒诺布尔市世界著名的欧洲同步辐射光源实验室（ESRF），并在1994年投入使用，是首先在光线束光学系统中采用硅反射镜的设备之一。高能量激光器主动致冷和非致冷硅光学元件（系统）很适合用于同步加速器光学系统的热负载。因此，硅反射镜作为第一种新兴反射镜技术将在8.3节讨论。

8.3　硅

由于硅材料的作用在半导体领域中几乎是独一无二的，到目前为止，它是地球上研究最多的一种材料。由于其材料性质方面的优势，例如高红外透射率、低密度、高热导率、合适的高弹性模量和低热膨胀系数（CTE），因此也可作为一种理想的光学基板，并要使这种轻

⊖　该系统的拼接反射镜如本卷图2.3和图5.65所示。

质光学基板具有高热扩散率以及良好的刚度。此外，可以用金刚石切削技术加工硅材料并进行后置抛光以获得方均根值小于 1nm 的表面光洁度，如下面参考文献所述：McIntosh 和 Paquin（1980），Anthony 和 Hopkins（1982），Imanaka 和 Yasunaga（1984），Kasai 和 Kobayashi（1984），Leistner 和 Giardini（1991），Hinkle 等（1994），Blake 等（2004），Bly 等（2006），Paquin 和 McCarter（2009），以及 McMarter 和 Paquin（2013）。因此，硅基板已经并将继续是反射光学元件应用的一种突破性技术。

对于 X 射线和咖玛射线激光器，采用单晶硅的想法，最有可能是源自 William P. Sennet 1962 年提出的专利应用。该应用建议利用各种单晶材料（除硅外）设计伽马射线辐射腔，因此，Sennet 1966 年获得了美国专利。学术文献中引用的第一份关于单晶硅反射镜的参考资料来自 Bond 等人（1967）。最初的资料是其 1969 年的专利。1968 年，Piekenbrock 等人申请了一项关于伽马射线激光器的专利，在激光器谐振腔内使用了单晶硅板。大约 1970 年，美国加利福尼亚州 Palo Alto 市 Coherent Radiation 公司生产的 $10.6\mu m$ 二氧化碳激光器（称为 41 型工业激光器）供应市场，很可能是第一台采用非致冷单晶硅光学件和介质膜的商业激光器系统。41 型反射镜直径为 1.5in、功率为 250W，形成直径为 1cm 的光束。除了其他方面应用外，这种激光器可以用于切割光纤。

8.3.1　同步加速器中的应用

1944 年，俄罗斯 Vladimir Veksler 首次阐述了一种能够产生同步辐射的设备。1945 年，诺贝尔奖得主 Edwin McMillan 博士在美国伯克利辐射实验室发现了一个通过改进回旋加速器设施以增大人造加速度粒子能量的方法。1952 年，澳大利亚的 Marcus Oliphant 爵士设计和建造了第一台质子同步加速器，将诸如电子和质子等离子加速到超高速度。在这种情况下，粒子在与其轨道相切的方向发射 X 射线辐射。利用交变磁场实现对这些粒子的加速，首先是在线加速度计（LINAC）中，然后在圆加速度计（增强器）中获得相对论速度。加速后的粒子可以在一个存储环中保持高能和高速。图 8.1 给出了洛伦兹伯克利国家实验室第三代先进的光源同步加速器的示意图。

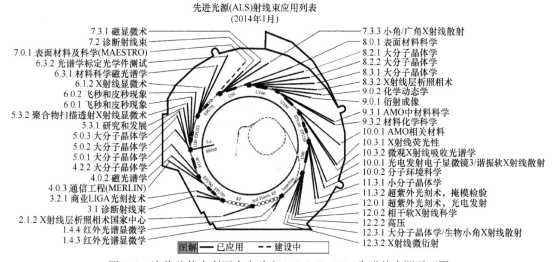

图 8.1　洛伦兹伯克利国家实验室 1.5 GeV 184in 先进的光源平面图

（资料源自 the Advanced Light Source, Lawrence Berkeley National Laboratory, Berkeley, CA）

存储环中产生的 X 射线直接进入存储环周围一个或多个射线束中。利用这些射线束进行材料科学、磁学、化学、晶体学和生命科学方面的实验，不断增加颇具想象力的工业应用（你相信吗还有化妆品）列表。

射线束仪器的基础知识是 X 射线光学。图 8.2 给出了新加坡同步加速器光源（SSLS）表面、界面和纳米结构科学（SINS）的射线束，有一个 700MeV 的存储环能量和 1.47keV 的光子能量特征值。表面、界面和纳米结构科学的射线束可以为表面科学实验（例如光电辐射光谱法，X 射线光电子衍射，近边 X 射线吸收光谱术，光电发射电子显微术和 X 射线磁性圆二色试验）提供 50 ~ 1200eV 同步辐射。

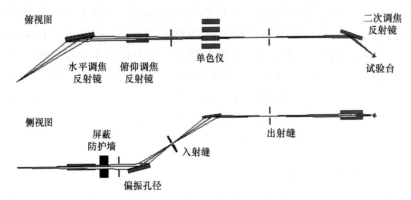

图 8.2　2003 年建成的新加坡同步加速器光源（SSLS）表面、
界面和纳米结构科学（SINS）的射线束示意图
（资料源自 Xiaojang, Y., Singapore Synchrotron Light Source,
National University of Singapore, http://ssls. nus. edn. sg/facility/sins. html, 2014）

同步加速器中的 X 射线光学装置有 5 个主要功能：控制射束并将其偏转到指定的试验位置；功率过滤以降低入射在靶标或其他光学元件上光束的功率；光谱整形以过滤辐射波长；对射束调焦（或离焦）以改变射束尺寸；对射束准直以使射束发散度降至最小。由于 X 射线的巨大能量，采用反射光学元件并使 X 射线波长具有最高反射率颇为重要。反射镜吸收的能量转变成热量，很容易被表面吸收。由于 X 射线波长特别短，一种固体介质，即反射镜的光学密度小于真空⊖，因此外部全反射仅出现在满足掠射条件和特定情况下。如图 8.3所示，折射光学系统的传统斯涅耳（Snell）定律变为

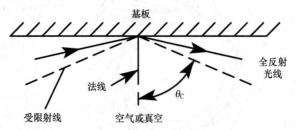

图 8.3　掠入射条件下，硅平面外部全反射的几何表示法。临界光线是整个反射最外侧光线。
θ_C 取决于基板的折射率

⊖　在此讨论的所有 X 射线光学件，无论是在实验室或者外太空中都是工作在真空中。

$$n_1 \cos\theta_1 = n_2 \cos\theta_2 \tag{8.1}$$

式中，θ_1 是入射角；θ_2 是反射角（两者都是相对于表面法线）；n_1 和 n_2 分别是真空和反射材料的折射率。

对于外部全反射，n_2 必须小于 1，因此，定义 $\delta = (1 - n_2)$。若满足外全反射条件，则入射 X 射线的穿透深度仅有几纳米（译者注：原书写为几十埃），反射率几乎等于 1。下面定义外全反射的临界角 θ_C，小于该角度就不会出现全外反射。该角度很小，单位为 mrad。接着，确定 $\theta_C = \sqrt{2\delta}$。如果已知某种材料的 δ 值，那么，可以按照元素周期表中原子数之比，以比例关系估算出另一种材料的值。然后，利用临界角（单位为 mrad）和折射率数据计算反射率。图 8.4 给出了硅（Si）、铜（Cu）和铂金（Pt）反射镜在 11.2keV 光子能量下的反射率。

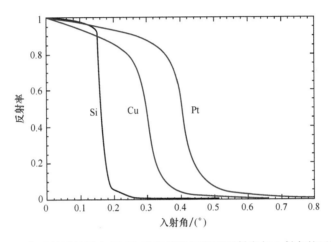

图 8.4 三种反射镜材料在 11.2keV X 射线辐照下反射率与入射角的函数关系

（资料源自 http：//www. project. slac. stanford. edu/ssrltxrf/total_ reflection. htm）

一般来说，同步加速器射束尺寸的典型值是 μm 数量级，射束发散度是 mrad 数量级，并且光学系统是掠射角入射。图 8.5 给出了两种可能的反射光学系统：图 a 所示为子午面内反射；图 b 所示为弧矢面内反射。目前的应用多采用后者。若掠入射，则系统既长又细。图 8.6 所示为新墨西哥州 Albuquerque 市 InSync 公司制造的单晶硅弯矢状圆柱体，是一个很有代表性的例子。由射束和射束能量表述其光学技术要求一定要严格。一个典型 X 射线反射镜的轮廓公差表示为斜率方均根值，是 0.3 ~ 3μrad 数量级；而表面粗糙度定义为高度的方均根值，一般小于 0.5nm。最新研究的同步加速器光学系统采用的反射镜能够动态变形到正确的光学轮廓，可作为理想成像的一种方法（Barrett 等，2011）。正如下节将要详细讨论的高能激光器所述，同步加速器光束线反射镜的主动致冷硅反射镜和晶体采用复杂的热交换器设计，尤其是对于高热流量波纹管光束线反射镜（Tonnessen 和 Fisher，1993）和单色反射镜（Tonnessen 等，1993）更是如此。

为了完整地论述同步加速器光束线光学基板的选择和技术要求，建议读者参考 Paquin 和 Howells（1997）发表的文章。McCarter 和 Paquin（2013）阐述了适合空间和科学系统使用的单晶硅材料的目前现状，简介如下。

具有金刚石立方晶体结构的单晶硅在（110）、（100）和（111）三个主面内完全是各向

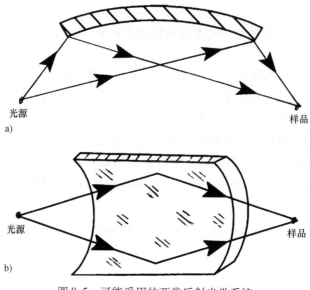

图 8.5　可能采用的两类反射光学系统

a) 子午面内反射　b) 弧矢面内反射

图 8.6　1350mm 弯矢状硅圆柱体照片

（资料源自 InSyc，Incorporated，Albuquerque，NM）

同性的。例如，任何一个平面内的热和光学性质都完全是各向同性的，然而弹性和机械性质与方向有关。有限元分析法已经指出，尽管有这种方向上的差异，但在设计元件时，在最高机械负载方向上采用最佳弹性模量可以实现近乎各向同性的特性。玻璃料焊接是晶体装配过程中不会恶化材料光机性能的唯一焊接技术。

　　单晶硅最重要的各向异性特性是弹性模量，相关文献提供的数值基本上在 145GPa 附近变化。事实是，最大模量是 185GPa，这时最有用的晶体学方向（110）具有 169GPa 的高模量，高于许多材料，例如铝和因瓦合金。由于该方向上的泊松比是 0.064，该值特别低，因此垂直于负载的平面内的变形量微不足道。最小模量是 130GPa，计算出的平均值约为 160GPa，接近最佳值，与最小模量几乎无关。（111）面称为自然解理面承压能力强，比（110）或（100）面承载能力更强。当逐面间机械性质变化时，每个平面都是均匀的，并且其机械响应是可以预测的。通过了解单晶硅金刚石立方结构，工程师们对设计和制造能够对负载具有近乎各向同性响应的轻质单晶硅（Si）系统会有一个清晰的思路。很显然，单晶硅元件具有这类性质，并能提供亚角秒级热平衡和亚微米级线性蠕变。

利用这种材料成功制造出光学元件的实例是前面介绍的掠入射反射光学元件、使用衍射光学元件的同步加速器光束线仪器，以及由单晶硅材料制造的透射光学元件。对于第一种应用，晶体结构的原子面反射入射光束，如图8.7所示，根据布拉格（Bragg）定律：

$$2d_{hkl}\sin\theta_B = n\lambda \qquad (8.2)$$

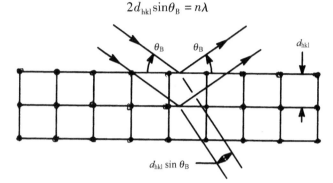

图8.7 适用于X射线衍射的布拉格（Bragg）定律

在该公式中，h、k 和 l 称为劳厄（Laue）指数，表示该公式适用于所有三个正交方向。一类重要的衍射光学系统是单晶X射线单色器。该装置能够从入射光束中分隔出很窄的能带。其能量取决于入射光束在晶面上的入射角 θ_B，由下面公式求出：

$$E = \frac{hc}{\lambda} = \frac{hc}{2d_{hkl}\sin\theta_B} \qquad (8.3)$$

该射束的能带宽称为达尔文角带宽 ω_0（一般单位是 μrad），取决于晶体类型、利用的反射面以及射束的发散度 Ψ_0。由下式计算射束宽度：

$$\frac{\Delta E}{E} = \frac{\Delta\lambda}{\lambda} = \sqrt{\omega_S^2 + \Psi_0^2}\cot\theta_B \qquad (8.4)$$

在各种应用中控制晶体温度非常重要。满足此要求的能力取决于晶体本身一些特性，例如物理尺寸、热膨胀系数（影响晶格尺寸）以及热导率。安装有晶体的设备（或仪器）仍需要通过控制进入晶体的热转换效率以及致冷器与晶体支架之间接触面的稳定性继续成功地实现温控。图8.8给出了如何对晶体实施侧面致冷，晶体被横向夹持在两块致冷块之间，四

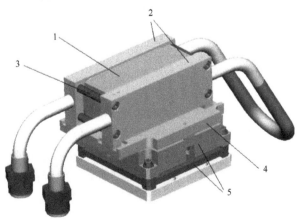

图8.8 欧洲同步辐射实验室晶体致冷实例（Courtesy of Dr. Ray Barrett, ESI201: 2nd EIRO forum school on Instrumentation, X-ray Optics for Synchrotron Radiation Beamlines, 2011）

1—硅晶体 2—内部带翅片的铜致冷块 3—因瓦合金拉杆 4—因瓦合金基板 5—陶瓷绝缘板

块因瓦合金拉杆施加约 5 ~ 10bar（巴）压力。限制晶体本身的物理变形量，以保证造成的射束偏离变化量 <1μrad。LN$_2$ 用作该设备中的致冷剂。使用硅作为晶体，热膨胀系数与热导率之比，即 α/K（单位为 nm/W）随温度变化，如图 8.9 所示。

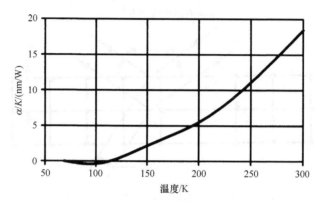

图 8.9 Si 晶体热膨胀系数与热导率之比 α/K 随温度的变化曲线

（资料源自 Barrett, R., ESI201: 2nd EIROforum School on Instrumentation, X-ray Optics for Synchrotron Radiation Beamline, 2011）

8.3.2 定向能量武器应用

从一开始，高能激光器硅反射镜就采用主动致冷形式。Anthony（1995）为这种早期反射镜系统提供了很好的历史参考文献，该文献也列在本章参考文献之中。Anthony 正确地指出，早期致冷激光器反射镜的复杂性随着激光波长从 10.6μm 减小到 3.8μm、2.7μm，然后到 1.06μm 而增大。其原因很容易理解：射束传输光学系统吸热和伴随加热造成高能激光器射束热变形，因此，影响系统性能。该性能与系统输出射束的闭环波前误差（WFE）和抖动有关。热变形主要是由于空间非均匀加热所致，会使光学表面变形，因此，这些表面反射的射束波前变形。允许的变形量直接与激光束的波长相关。

Anthony（1995）给出了 10 种不同热交换器的参考资料和示意性设计图，如图 8.10 所示。首次公开的致冷硅反射镜销钉/支柱微通道热交换器参考文献大约是在 1984 年 ~ 1989 年。这并非意味着 20 世纪 70 年代和 80 年代初期间，Anthony 先于美国空军武器研究实验室（AFWL）及其他政府和国家实验室的作者发表研究报告和论文，但可能已经被分编为其他类别。确实，必须假设该时间段，特别是美国海军和海军研究院，已经完成了 0.5 ~ 1.5μm 波长间自由电子激光器反射镜材料的商业化研究。这些短波长装置必须研发具有高表面形状精度、低表面粗糙度以及良好的静态、瞬态和热变形特性的反射镜，硅材料具备这些性质。

20 世纪 90 年代初，非致冷光学装置可扩展性验证计划重点集中在研发和生产大孔径（17in）回转平面，具体可参考 Buelow 和 Hassell（1995）发表的文献资料。α 大型主动反射镜集成计划（兆瓦级 α 化学激光器与 4m 孔径 LMAP 射束定向器相组合）的每一射束系统的平面反射镜都是一块经过超精度抛光的单晶硅基板，镀有多层超低吸收（VLA）薄膜［由硒化锌（ZnSe）和氟化钍膜系组成］。生产的这些反射镜已经得到很好证明。2000 年，经过十年的研发，在美国南加州斯特拉诺天合（TRW）公司试验场完成了 6s 持续时间的 α 大型主动反射镜测试。根据天基激光集成飞行试验（SBL-IFX）计划完成该试验，这是一个包括

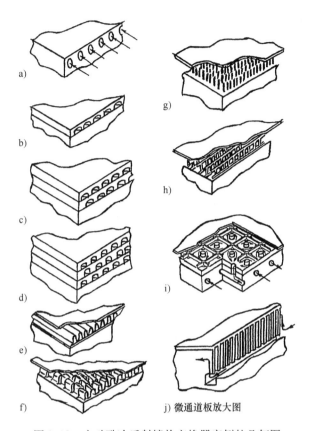

图 8.10 主动致冷反射镜热交换器实例的几何图

a）通道钻孔表面平行 b）~ d）利用铣削工艺加工的单层、双层和多层通道 e）连续板/鳍形板技术

f）边界层经过改进的非连续板/鳍形技术 g）销钉/支柱形状 h）阶梯形状

i）销钉/支柱形状 j）微通道结构

（资料源自 Anthony, F., *Opt. Eng.*, 34, 2, February, 1995）

美国洛克希德·马丁公司（Lockheed Martin）、天合公司（TRW）和波音公司（Boeing）的联合计划，为稍后天基激光器（SBL）飞行验证进行地面研究工作。

2000 年试验之前完成的两个重点项目：1989 年洛克希德·马丁公司航天天顶星主合同和 1998 年天合公司（TRW）非致冷谐振腔（UCR）项目。后者是 α 大型主动反射镜的优化项目（ALO）。1992 年 1 月，美国弹道导弹防御组织（BMDO）启动了天顶星计划 007 专项研究。该项多年研究计划命名为谐振器光学材料评估（ROMA），负责验证制造大孔径（直径约为 51in）环形激光谐振腔所需要的全部技术。结构布局称为高萃取偏心环形谐振器（HEXDARR），包括全孔径环形锥形反射镜，具有复杂的外形和非球面光学表面。这些反射镜的制造工艺远比平面非致冷硅反射镜演示验证件难度大，需要重新启用美国劳伦斯利弗莫尔国家实验室（LINL）的大型光学金刚石切削机床（LODTM）对这些反射镜进行单刃金刚石切削加工（SPDT）。

大型光学金刚石切削机床的重新使用和研究是美国国防部多年预算的一条龙研究项目。目的是完成直径达 1.65m、高达 0.5m、重为 1360kg 的工件加工。该机床最初是利用单刃金刚石切削装置加工水冷 α 谐振腔中包铜的钼反射镜，从来没有计划利用单刃金刚石切削装置加工诸如单晶硅之类既硬又是各向异性的材料。所以，必须研发能够使大孔径硅谐振腔光学件获得微英寸数量级表面形状公差的单刃金刚石切削参数。此外，反射镜加工成形的一些区域需要金刚石刀具切削的径迹长度达到几英里，因此，必须研发出一些工艺，能较长时间采用一种金刚石刀具，且使产生的光学表面形状在这些不可思议的径迹长度范围内都能满足表面粗糙度的技术要求。已经研发出多种单刃金刚石切削工艺，并被 Goodman 等人（1999）介绍过。1994 年，谐振器光学材料评估项目成功验证了利用单刃金刚石切削装置加工和后置抛光出一个直径 20.5in 环形硅光学元件样机（AOP）。Hassel 等人（2001）对整个研发过程和验证结果做了总结，以文献形式公开发布。

谐振器光学材料评估项目的最后阶段包括利用单刃金刚石切削工艺、研磨工艺加工大孔径环形锥形测试件，制造已经启动但未完成的全尺寸环形硅光学元件样机（AOP），并成功制造出满足 α 谐振腔装置实际光学技术要求的蜡质锥形测试件（WCTA）。该测试件从基座到顶端约为 4in，基座直径约为 6.5in。加工成形区域横跨半径约为 0.1~2.3in，成形区域内的光学质量要求取决于五级多项式函数。以此工艺制造的蜡质锥形测试件表面粗糙度的方均根测量值为 2~3nm。对表面进行目视检查，可以观察到较高表面散射产生的可见光波带，金刚石切削造成的沟槽所形成的普通衍射效应（彩虹），以及横向散射区。400× 显微镜检验显示刀具切痕和偶尔形成的小坑。稍后利用共形模具对蜡质锥形测试件进行后置抛光，直至金刚石刀具切痕几乎不可见为止。后置抛光后的表面粗糙度方均根值已经降到 0.8~2nm。

α 大型主动反射镜集成计划中反射镜研制的另一重要成果是非致冷可变形反射镜（UDM）。该反射镜直径 31cm，由美国 Xinetics 公司制造，并由美国 LohnStar Optics 公司镀膜。α 大型主动反射镜集成计划中回转平面反射镜厚度 5cm，而非致冷可变形反射镜的面板厚度只有几 mm，集成式硅推进器固定 241 个致动器以控制反射镜的形状。图 8.11 给出了该反射镜的示意图，1998 年，对其成功进行了高功率条件下的测试。

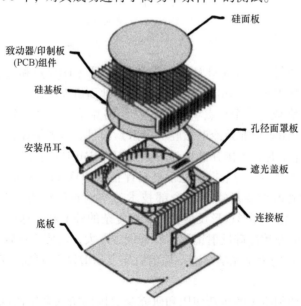

图 8.11 ALI 项目研制的 31cm 单晶硅 UDM

（资料源自 Wirth, A. et al., Deformable mirror technologies AOA xinetics. Publication released of
Northrop Grumman Corporation at http：//www.northropgrumman.com，2014）

其他一些非致冷硅反射镜是为战术高能激光器（THEL）和美国空军（USAF）机载激光器（ABL）项目制造的，并演示验证了其对应的氟化氘（DF）和化学氧碘激光器（COIL）波长范围的性能。然而，在 2002 年后期，由于天基激光器（SBL）项目的取消，高能激光器非致冷硅光学元件技术的研发才真正结束。

本章前面内容介绍过同步辐射单色器的低温致冷硅反射镜。低温硅反射镜有了另外重要应用，包括如下几个：①红外仪器和望远镜的反射镜；②红外仪器的光栅；③重力波探测器的反射镜。同步加速器或者高能激光器之外第一次使用大型低温单晶硅光学装置应归功于 Hinkle 等人（1994），专门为国家光学天文观测台（NOAO）红外光谱仪（称为太阳摄谱仪）研制。在熔凝石英材料中选择硅应用于仪器中，主要原因是硅材料具有高热导率，并能使仪器较快致冷。经过详细的文献研究、与当时光学专家的讨论以及良好的旧式试验，证明其决定是正确的。成功制造出直径 7.2cm 次镜，直径为 23cm 主镜和 20cm×40cm 的衍射光栅。图 8.12a～c 给出了其照片。

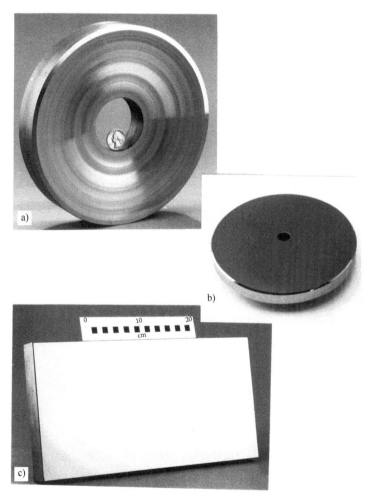

图 8.12　太阳摄谱仪的硅光学元件

a）直径为 23cm 主镜　b）直径为 7.2cm 次镜（译者注：原书错印为 7.3cm）　c）20cm×40cm 光栅

（资料源自 Hinkle, K. H. et al., *Proc. SPIE*, 2198, 516, 1994）

1998 年至 2006 年，Goodman 和 Jacoby 为美国 NASA Godard 空间飞行中心和 Marshall 空间飞行中心研制致冷反射镜。该技术称为轻质硅反射镜系统（SLMS）。在一个 100% 致密结构、高热导率、低热膨胀系数的硅面板中包裹着硅泡沫蜂窝芯。硅泡沫芯是一种由互连硅带网格组成的开放式蜂窝结构。蜂窝芯和网格结构是匀质布局的，整个泡沫结构中具有均匀的材料特性，有很高的孔隙体积、大的表面面积和低的流体阻力。1ft³ 泡沫蜂窝芯材料的网格有 1500 ~ 2000ft² 热传输表面面积，可以用作现场热交换器，通过冷却液（例如氦气）直接流过反射镜蜂窝芯提供均匀的主动致冷。另外，将焦耳-汤姆逊（Joule-Thomson）致冷器或集流腔固定到反射镜上以提供外部冷却。本书第 3 版总结了 2002 年之前轻质硅反射镜系统（SLMS）的研究状况，现在介绍最新成就。

约 2003 年，美国 NASA 表述了远红外和亚毫米波应用中使用轻质低温反射镜的兴趣。在 SBIR 第 I 阶段合同中，美国谢弗（Schafer）公司验证了主动致冷轻质硅反射镜系统（SLMS）（Goodman 和 Jacoby，2004），该项研究包括设计、分析和制造一个直径为 5in 主动致冷低温红外/亚毫米反射镜（C-FISMM），其面密度为 7.5kg/m²，在 20μm 波长时表面面形精度为 λ/14。利用 NASA MSFC X 射线校准设备的一个小型真空低温压力箱进行了验证，当液态氮流经其连续开放式蜂窝芯时主动致冷轻质硅反射镜系统的内部直接致冷效果。热膨胀系数相匹配的 C/SiC 致冷管被铟焊到主动致冷轻质硅反射镜系统背面，也已经通过使液态氮流经该致冷管验证了外部间接致冷效果。实验得出了两种致冷方法有基本相同的结果，并表明反射镜从室温致冷到 80K 热平衡约需 4min。任何一种致冷方法都可以用氦气替换氮气，将反射镜致冷到温度 4K。外部管道致冷方法充分模拟了使用其他类型外部安装致冷设备（例如冷板、焦耳-汤姆逊致冷器）的能力。图 8.13 给出了后续 SBIR 第 II 阶段项目研发的直径为 0.55m 主动致冷轻质硅反射镜系统的照片。

图 8.13 一个直径为 55cm 轻质硅反射镜，利用 SPDT 技术加工的表面产生有衍射

（资料源自 William A. Goodman）

由于商业原因，美国 Schafer 公司放弃了主动致冷轻质硅反射镜技术，并在 2007 年取消了其轻质光学系统（LWOS）的研究领域。尽管其面密度和结构效率优于铍材料，抛光性及其稳定性等于或优于低膨胀玻璃，但主动致冷轻质硅反射镜还是比较昂贵，并且由于制造工

艺本身特性造成很长的研制周期。若该项目采用一种基础制造设施,并按比例放大到 1.5m 的直径,该反射镜技术可能会成为与铍、碳化硅、低膨胀玻璃和玻璃陶瓷材料具有相同竞争力的技术。

Bly 等人(2012)阐述了一种制造高质量、低应力、整块单晶硅反射镜的独特新工艺,成型和抛光后成为轻型反射镜。已经验证,利用该工艺轻约 75%。可以想象,采用一种改进工艺能够达到超轻质结构——或许减轻 92% ~ 95%。基本工艺步骤见表 8.1。由于"修补"意味着将破碎材料恢复到完美的晶体结构,因此,值得怀疑的是,加工过程造成的晶体损伤是否实际上得到修补。更可能的是,退火工序释放了材料中的残留应力。利用这种方法制造了两个直径为 10cm 的平面反射镜。对这些反射镜进行液态氮气的低温测试表明,面形变化(通过消除光焦度)方均根值只有 1/30 波长(波长为 633nm)。

表 8.1　制造硅反射镜的反向轻质化方法

反向处理轻质硅反射镜的方法
1. 将一块单晶硅材料(条形板材料)加工成坯件
2. 1250℃温度下对坯件进行热处理,以修补坯件成形过程中锯切和研磨工序对晶体造成的损伤
3. 利用普通的研磨和抛光工艺形成光学表面
4. 利用光学蜡将一块保护板临时黏结到光学表面上
5. 利用超声波加工技术减轻反射镜重量,形成各向均匀的网格图
6. 去除保护板,再次对反射镜进行热处理,以修补轻质化过程中造成的晶体损伤

后续准备利用这种反向轻质化工艺制造直径为 25cm 反射镜的愿望没有成功。超声波刀具对工作液的表面-体积比很敏感。Bly 最终采用了一种工艺,用数控磨床(CNC)替代超声波加工以减重,并用电火花加工技术(EDM)切割成形。利用该技术为美国里特(Lite)行星仪器定义和发展计划(PIDDP)的综合红外分光仪(CIRS)制造了直径为 16cm 的卡式主镜。尽管没有进行低温测试,但毋庸置疑,已经证明该单晶硅反射镜是稳定的。

另一个使用单晶硅的光学装置是所谓的棱栅(或棱镜光栅)。Mar 等人(2006)介绍了这种装置的理论、设计和制造方法以及结果。对于更详细的讨论及其相关参考文献,请读者参考其著作,在此简要介绍如下:

棱栅是两种光学装置的一种组合。基本上,是将一个透射型衍射光栅叠加在一个棱镜表面上。若采用硅棱镜,随着光线通过棱栅,准直或近乎准直红外辐射发生色散。利用光栅方程[式(8.5)]可以确定棱栅的工作特性。若棱镜楔角 δ 和光栅闪耀角 θ 相等,则有

$$\frac{m\lambda}{\sigma} = n\sin\left[\sigma - \arcsin\left(\frac{\sin\alpha}{n}\right)\right] + \sin\beta \tag{8.5}$$

式中,σ 是光栅周期;m 是衍射级;λ 是波长;n 是棱镜材料的折射率;α 是入射角;β 是透射角(或折射角)。

图 8.14 给出了其几何图形。

Deen 等人(2008)讨论了微弱目标红外相机 SOFIA 望远镜(FORCAST)[译者注:SOFIA 是 Stratospheric Observatory for Infrared Astronomy(同温层红外天文观测台)的缩写]中棱栅结构的设计、制造和测试。棱栅装置使该望远镜可以用作低-中分辨率的光谱仪,而无须对总的光路做大的修改。图 8.15 给出了设置有棱栅装置的光路。在该应用中,棱栅能够提供绰绰有余的分辨能力。

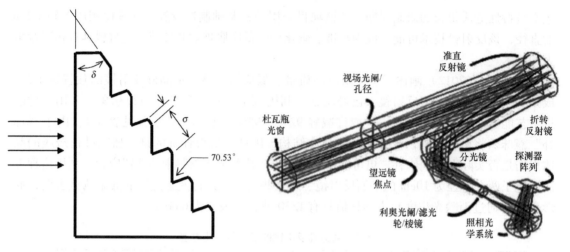

图 8.14　棱栅设计参数示意图
（资料源自 Mar, D. J. et al., *Proc. SPIE*,
6269, 2006）

图 8.15　微弱目标红外相机索菲亚（SOFIA）望远镜
（FORCAST）中棱栅的位置
（资料源自 Deen, C. P. et al., *Proc. SPIE*, 7014, 2008）

Rowen 等人（2003）还研究了反射形式而非透射形式的干涉仪。只需比较静态畸变参数就会发现，由于硅材料具有较低的热膨胀系数和较高的热导率，相同热畸变条件下分辨率是蓝宝石的 7 倍。然后，根据热弹性效应研究了硅材料的热噪声。他们高兴地发现了历史上由 Touloukian 等人（1970）和 McGuigan 等人（1978）对硅材料的研究数据，指出在温度为 120K 和 18K 时，硅材料的热弹性噪声趋于零；此外，硅的热膨胀系数也趋于零，因此得出结论，硅材料的热性质非常适于高分辨率/高频率工作的探测器，其弹性性质非常适合用作低热噪声/低频率测试材料。

到 2012 年 6 月，让人关注的是激光干涉重力波天文台（LIGO），特别是技术说明 LIGO-T1200199-v2。这份技术说明将硅表述为值得进一步研究是否作为测试质量的备选材料。讨论了热噪声经过改进后的悬架、低噪声悬臂偏簧、预稳激光器反射镜以及高折射率材料光学镀膜。可以希望下一代重力波探测器设计采用硅光学元件。

8.4　碳化硅

碳化硅也称为金刚砂，是一种具有等量硅和碳原子的复合材料。1893 年左右，第一次由 Edward Acheson 成功研制。Acheson 研发了一种层式电烘炉生产颗粒材料，于是美国 Carborundum 公司诞生。天然碳化硅晶体也称为碳硅矿石（moys-uh-nite），有趣的是，直至 1904 年，尚未被发现。Moissan 教授在美国加利福尼亚州和亚利桑那州探险时首次找到了其矿石样本。85 年之后，Kurt Nassau 雕琢和抛光生产了碳化硅宝石。这些宝石远比蓝宝石、红宝石或者祖母绿硬，莫氏硬度标注为 9.25，仅次于金刚石，位居宝石硬度第二。碳硅矿宝石折射率（$n = 2.69$）大于金刚石（$n = 2.42$），色散是其 2.4 倍。本卷 6.5.4 节相当详细地讨论过碳化硅反射镜。

有约 250 多种晶体形式的碳化硅，被称为多晶型结构。很幸运，就光学元件而言，只对两种普通的晶体结构感兴趣，如图 8.16 所示的 Shields（未注日期），立方（或者闪锌矿）

和六方晶体结构。立方结构常称为 β 碳化硅（β-SiC 或 3C-SiC）（译者注：原书错印为 α-SiC）。六方结构称为 α 碳化硅（α-SiC 或者 6H-SiC）。尽管成分相同，但 α-SiC 和 β-SiC 的性质相差很大。β-SiC 是在低于 2000℃ 温度下形成，比 α-SiC 软，并有较高的体积弹性模量。α-SiC 在高于 2000℃ 温度下形成，比 β-SiC 硬。性质差异源自分子内原子的层次排列结构，如图 8.17 所示。全球至少有 12 个以上大公司生产碳化硅，其中大部分用于半导体和工业领域。这些公司是特定供应商，每种产品都有自己独特的材料性质。这里讨论 1990 年以来最有关的技术发展。

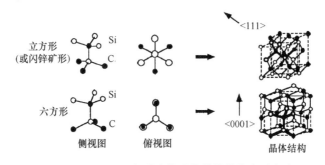

图 8.16　立方和六方形碳化硅晶体结构的表示方法

（资料源自 Shields, V., *Applications of Silicon Carbide for High Temperature Electronics and Sensors*, Jet PropulsionLaboratory, California Institute of Technology, Pesadena CA, undated）

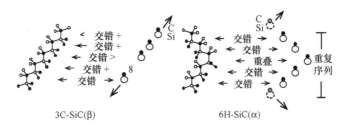

图 8.17　β 和 α 碳化硅晶体层序表示方法

（资料源自 Shields, V., *Applications of Silicon Carbide for High Temperature Electronics and Sensors*, Jet Propulsion Laboratory, California Institute of Technology, Pesadena CA, undated）

　　下面简单列出光学应用领域目前碳化硅（技术）供应商：①美国加州 Trex 公司，供应化学气相复合碳化硅（CVC SiC™）、播种有 α-SiC 颗粒的 β-SiC，从而控制颗粒结构并使应力最小；②美国陶氏（Dow）公司（还有 Rohm 和 Hass 公司、Morton 公司），是世界上最大的化学气相沉积（CVD）β-SiC 生产商；③德国 ECM Cesic 公司，它将一块经过加工的多孔 C/C（碳/碳）复合材料基板转化为达到设计尺寸要求的陶瓷基复合 SiC 材料，最好表述为由碳纤维须、游离硅和 β-SiC 反应烧结而成的三相 SiC；④美国 CoorTek 公司，它为光学领域供应两类 SiC——UltraSiC™（直接烧结 SiC）和 PureSiC™ ［一种化学气相沉积（CVD）β-SiC，通常用于包裹 UltraSiC™ SiC]。此外，两相反应烧结 SiC（硅和烧结 α-SiC）的著名生产商是美国 L-3 communication/SSG Precision Optronics 公司、Northrop Grumman/Xinelics 公司和 Entegris/POCO 公司，将多孔石墨转化为多孔 β-SiC（SuperSiC®）或者局部填充硅/β-SiC。

　　表 8.2 列出了单晶硅和几种碳化硅的材料性质和设计参数。技术资料源自专业会议集和

技术文献文。需要注意的一点是，不同的碳化硅组合了优越的比刚度和畸变参数（静态和瞬态两种）。只有单晶硅的性能与碳化硅的对比。尽管不同供应商提供的碳化硅材料会有很大差异，但表列每类碳化硅都有自身的优缺点。以化学气相沉积为基础的材料具有良好的材料性质，但是很难做到近净成形。反应烧结材料能够模压成型且加工量很少，但材料性质不如化学气相沉积材料的优良。可以加工翻转后石墨和碳/碳（C/C）生坯材料，但多孔性和碳纤维晶须成分则要求，必须将其包裹以便抛光。因此，选择材料必须综合考虑措施、成本以及手上掌握的计划和要求的技术风险。下面进一步详细介绍最常用的光学级碳化硅类型。

表 8.2　单晶硅和碳化硅的性质

材料	室温性质															
	密度/ (g/cm³)	开孔率/ (%)	杨氏模量/ GPa	比刚度/ (kN·m/g)	剪切模量/ GPa	抗弯强度/ MPa	抗拉强度/ MPa	比强度/ MPa	热膨胀系数/ (10⁻⁶ K⁻¹)	热导率/ [W/(m·K)]	比热/ [J/(kg·K)]	热扩散率/ (10⁻⁶ m²/s)	稳态畸变/ (μm/W)	瞬态畸变/ [s/(m²·K)]	泊松比	表面光洁度 rms w/包层 /nm
单晶硅	2.33	0	159	68			120	0.05	2.6	156	713	93.90	0.02	0.03	0.24	<0.5
TREX CVC SiC	3.21	0	457	142	198	402	344	0.11	2.3	200	763	81.66	0.01	0.03	0.17	<0.5
CVD SiC	3.21		465	145		450	470	0.15	2.2	250	670	116.24	0.01	0.02	0.21	<0.5
ECM MF-CESiC ®	2.65	0	249	94		320	150	0.06	2.5	121	800	56.97	0.02	0.04	0.17	1.5 ~ 2.5
ECM HB-CESiC ®	2.97	0	347	117		254		0.00	2.3	125	730	57.65	0.02	0.04	0.18	<1.0
CoorTek UltraSiC ®	3.15		410	130		480			2.1	175	665	83.54	0.01	0.03	0.21	1.0 ~ 2.0
CoorsTek PureSiC ®	3.21		434	135		517			2.2	115	665	53.87	0.02	0.04	0.21	0.5 ~ 1.0
L3-IOS 反应烧结 SiC	2.90	0	331	114				0.00	2.52	165	680	83.67	0.02	0.03	0.14	1.0 ~ 2.0
Xinnetics 反应烧结 SiC	2.95	0	364	123		550	300	0.10	2.44	172	670	87.02	0.01	0.02	0.18	1.0 ~ 2.0
Entegris SuperSiC ®	2.53	19	216	85	96	155	129	0.04	2.28	149	636	92.60	0.02	0.04	0.17	1.0 ~ 2.0
Entegris SuperSi-3c ®	2.93	0	338	115	138	223	124	0.04	2.31	221	645	116.94	0.01	0.02	0.17	1.0 ~ 2.0

注：资料源自不同厂商提供的数据表。

8.4.1　烧结碳化硅

为光学元件和结构生产烧结碳化硅的厂商主要有两个：美国 CoorsTek 公司和法国 Boostec

公司。采用的基本工艺如图 8.18 所示（Williams 和 Deny，2005）。

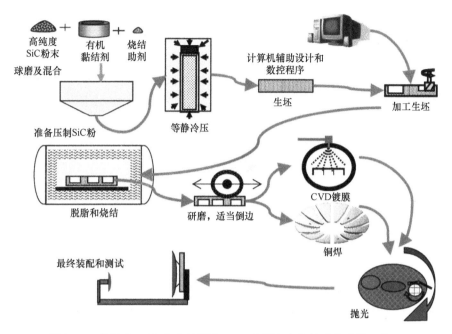

图 8.18　美国 CoorsTeck 和法国 Boostec 公司生产烧结碳化硅的工艺
（资料源自 Williams，S. and Deny，P.，*Proc. SPIE*，5868，2005）

如图 8.18 所示，烧结碳化硅（SSiC）生产工艺如下：

1. 将高纯度 α- SiC 粉末（具有特定的亚微米级尺寸分布）与烧结助剂（例如碳化硼和酚醛树脂）混合。

2. 将粉末放到一个可密封的容器中，一般采用骨架结构支撑的橡皮袋，例如带孔钢箱。穿孔可以使受到等压静力的介质作用到橡皮袋的表面。橡皮袋钢箱中还包括一个成型卷轴以便在施加等压静力时成形。

3. 将钢箱、橡胶粉末袋和卷轴组成的成套工具放置在一个压力装置中，在一种称为等静压冷压成型工艺中将压力加到 30klbf/in^2，由此得到的坯料称为生坯并具有粉笔的组织和强度。

4. 生坯加工或成形。利用手工或装有金刚石刀具的数控加工中心制造近净形零件，尺寸稍大一点以允许烧结期间稍有收缩。与零件放在最后烧结阶段相比，生坯加工工艺快 20 ~ 30 倍。

5. 烧结工艺在真空炉中完成，利用计算机控制局部成分并优化惰性载气流。该步工序中无须加压，可以称为无压烧结。挑战性在于峰值温度超过 2100℃ 的烧结过程中能够形成一个均匀的温度，同时保持一个能去除黏结剂的环境并避免氧气与碳化硅接触。烧结是一个 20 ~ 120h 完成的三段工序。一阶段温度达到近 500℃，从而使黏结剂燃尽；然后，温度跃升到 2100℃，零件收缩（17% ~ 20%）和致密期间保持不变。保温时间不够或者低于理想温度会无法完全满足致密化要求。保温时间太长或者温度过高会造成晶粒生长不良。任何一种情况都决定着材料性质。

6. 最后的步骤是机加工和磨削、抛光和检验，如 Williams 和 Deny（2005）所述。Her-

schel 望远镜主镜验证了对零件尺寸的最新限制，如表8.3所示。

表8.3 烧结碳化硅的尺寸限制

工艺	尺寸限制/m
等静压处理工艺	圆柱形 1.0 矩形 1.0×1.7 矩形 0.6×2.0
生坯加工工艺	圆柱形 1.5 矩形 1.0×3
烧结工艺	矩形 1.4×1.8
磨削工艺	圆柱形 3.5 矩形 1.0×5.0
CVD SiC 工艺	圆柱形 1.5
钎焊工艺	圆柱形 3.5

Boostec 和 CoorsTek 两家公司对生坯料在机加前和机加后都成功采用了焊接工艺，以生产诸如后表面非开放式反射镜（见图8.19）之类的较复杂零件。已经在太空飞行的碳化硅望远镜的实例如图8.20和图8.21所示。图8.20给出了由烧结碳化硅光学件组成的三反射镜式消像散望远镜。Gugliotta（2014）介绍，Rosetta 望远镜（见图8.21）是欧洲太空总署（ESA）在2004年3月发射的，要完成的是对一颗彗星的探测任务。此后，它已多次绕着太阳轨道运行，在木星附近冬眠了将近三年。2014年，该望远镜苏醒，并调整到上述彗星（Churyumov-Gerasimenko）的运行轨道。2014年11月11日，该望远镜对彗星发出了第一颗人造探测器（Philae）。该探测器将科学信号发回到 Rosetta 望远镜，然后传回到欧洲太空总署，直至其电池逐渐耗尽。人们希望阳光能够对电池充电，随着该彗星绕太阳运动，足以继续进行数据传输。

图8.19　CoorsTek 公司利用生坯焊接工艺制造的1m后表面非开放式反射镜实例
（资料源自 Williams，S. and Deny,
P.，*Proc. SPIE*，5686. 2005）

图8.20　三反射镜消像散式 Rosetta 望远镜。焦距为700mm，波前误差（WFE）为30nm，重量小于5kg
（资料源自 Williams，S. and Deny,
P.，*Proc. SPIE*，5686. 2005）

图8.22所示望远镜是直径3.5m Herschel 空间望远镜。2009年，欧洲太空总署（ESA）

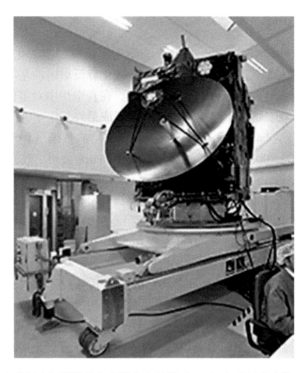

图 8.21　放置在德国达姆斯塔德市欧洲太空总署（ESA）超净厂房中的 Rosetta 工程模型
照片（2013）。该模型用于软件和程序上传到执行任务的航天飞机之前的测试

（资料源自 European Space Agency）

将这种卡式望远镜发射到第二拉格朗日点（L2），在之前发射到空间的望远镜中，这是最大
的单块反射镜（直径为 3.5m）。工作波长是 55～672μm（译者注：该望远镜实际使用
70μm、100μm 和 160μm 三种波长，原书错印为 mm。），主要目的是研究银河系信息以及彗
星、行星和卫星表面和大气层化学成分。

图 8.22　欧洲宇航防务集团（EADS）Astrium 公司建造的直径 3.5m Herschel
（赫谢耳）太空望远镜，采用 Boostec 公司生产的 SiC 反射镜

（资料源自 Wolfgang Fricke, Herschel Payload Module Project Manager, Earth Oberservation & Science Division, Astrium Satellites）

8.4.2 反应烧结碳化硅

有两家生产商生产的应用于光学元件和光学结构的反应烧结碳化硅，经过了演示验证。碳化硅光学元件已经进入太空飞行。生产反应烧结碳化硅反射镜的基本制造工艺包括，利用微米级 α-SiC 粉末制造板材、对板材进行模压成型、在真空炉中对零件进行烧制以形成生坯料、将生坯加工到净形状、熔渗上述生坯件，然后完成最终加工工艺。这两家生产商是美国马萨诸塞州威尔明顿（Wilmington）市 L-3 公司集成光学系统（IOS）分部（前身是 SSG Precision Optronics 公司）和美国 Northrop Grumman/Xinetics 公司。具有这种能力的第三家供应商是美国 CoorsTek 公司。由于收购了能够生产 Crystar® 的 Saint Gobain unit 公司而使其在该领域具有研发能力。其产品是一种细颗粒再结晶碳化硅（ReSiC）材料，是一种在模具中铸成的在高温惰性气体中经过加热烧制的板材，后续还要经过硅熔渗处理。根据 Williams 和 Deny（2005）提供的资料，Crystar® 2000 已经用来制造机载领域中一种三反射镜式消像散望远镜的反射镜支架结构。

普遍认为，美国 L-3 IOS Wilmington 公司已经（试）飞过许多碳化硅光学件、光机仪器和望远镜，比其他所有碳化硅供应商的总量还要多。公司的太空飞行项目包括为天文观察研发的光学系统［例如为美国 NASA DS-1 任务设计的微型红外相机和光谱仪（MICAS）］以及为地面观察研发的光学系统（例如为美国 NASA EO-1 任务研发先进地面成像仪（ALI）望远镜），以及其他设备，如图 8.23 所示。

微型红外相机和光谱仪　　　高分辨率动态临边探测仪　　　先进的地面成像仪
(MICAS NASA DS-1)　　　(HIRDLS NASA AURA)　　　(ALI NASA EO-1)

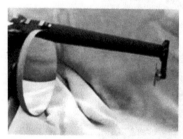

地球静止成像傅里叶变换分光仪无焦系统　　地球静止成像傅里叶变换分光仪　　　杰姆斯·韦伯空间望远镜
(GIFTS Afocal NASA EO-3)　　　　(GIFTS PMA EO-3)　　　　(JMAPS NRL)

图 8.23　L-3 IOS Wilmington 公司为地面和太空应用设计建造的一些反应烧结碳化硅仪器
（资料源自 Robichaud, J. et al., *Proc. SPIE*, 8450, 2012）

多年以来，L-3 IOS Wilmington 公司一直很注意保护其制造反应烧结碳化硅光学件和光学结构的工艺。可以在 Robichaud 等人（2005）公开发表的论文中获得对该工艺的大部分表述，图 8.24 给出了该公司的制造工艺流程。由碳化硅颗粒、水和添加剂混合而成的浆料注入一个模具中，该模具是准备制造的反射镜或光学元件的负像，一般这道工序称为粉浆浇注工序；然后，利用一种未详细说明的方法使浆料干燥，产生小于 0.5% 的体缩，并从模具中取出多孔生坯件；完成生坯公差表面加工工序，接着，在一个高温炉中对生坯零件进行处理，将碳化硅粒子烧结在一起，形成一个致密但多孔的碳化硅元件，经常在此时完成精加工；最后一道工序是第二次利用真空炉并用硅对多孔碳化硅完成熔渗处理。

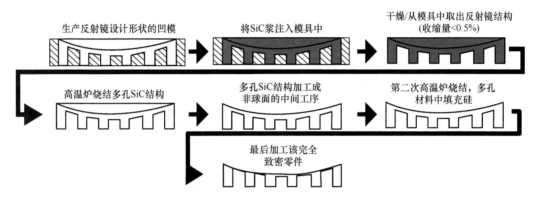

图 8.24　L-3 IOS Wilmington 公司制造反应烧结碳化硅的工艺

（资料源自 Robichaud, J. et al. , *Proc. SPIE*, 5868, 2005）

能够完成多孔 SiC 或者多孔碳/碳（C/C）熔渗工艺的其他供货商研究了其表面张力和毛细作用，并认为是实现 100% 密度的机理。为了完成反应烧结，一些厂商可能会将碳加入到多孔生坯中。L-3 IOS Wilmington 公司没有阐述这些步骤，但是如图 8.25 所示，其材料的二次电子扫描显微镜（SEM）图显示该材料具有硅和碳化硅均匀散布区，没有残留多孔性。

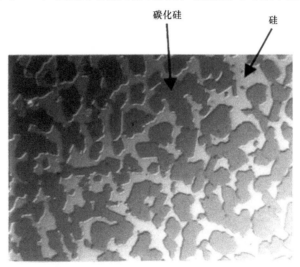

图 8.25　L-3 IOS Wilmington 公司反应烧结碳化硅的扫描电子显微镜图。显示出微结构

（资料源自 Robichud, J. et al. , *Proc, SPIE*, 5868, 2005）

L-3 IOS Wilmington 公司另一个成功案例是远距侦察装置（LORRI）高分辨率成像仪。2006 年，美国 NASA 将之作为新前线项目的第一个任务发射升空。远距侦察装置完成了对

冥王星及其卫星冥卫一（Charon）、冥卫二（Nix）和长蛇星座（Hydra）以及柯伊伯带（Kuiper Belt）天体成像，也在通往冥王星的行程中完成了对木星系的详细测量（Cheng 等，2010）。

根据 Conard 等人（2005）和 Morgan 等人（2005）的研究获知，远距侦察装置是一个小视场角（0.29°）高分辨率（4.95μrad 像素）里奇-克雷季昂（Richey-Chretien）望远镜，其主镜直径为 20.8cm、焦距为 263cm，是一个三透镜结构形式的平场组件。焦平面位置设计有一个 1024×1024 像素（光学有效工作区）被照薄 CCD 探测器，并以帧传输模式工作。远距侦察装置可在约 350~850nm 的带通范围内保证全色成像。该仪器放置在温暖的航天器内高温环境中而又利用大通光孔径观察寒冷空间，其中有碳化硅光学系统，在工作温度范围内无须调焦机构就可以保持焦点（位置）不变。此外，航天器不是利用反作用轮稳定推进，要严格规定曝光时间并使光学能力需要满足测量技术要求。表 8.4 列出了一些重要的光学参数，图 8.26a 和 b 给出了该仪器。

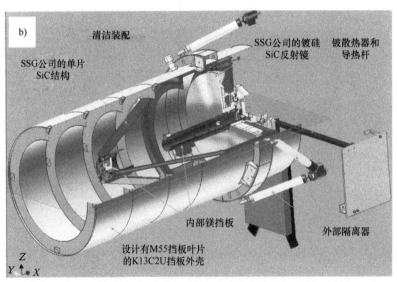

图 8.26　a）LORRI 望远镜照片（资料源自 Noble, M. W. et al., *Proc. SPIE*, 7441, 2009）
b）望远镜结构和安装支架的再现艺术效果图（资料源自 Robichaud, J. et al., *Proc. SPIE*, 8540, 2012）

表 8.4　远距侦察装置（LORRI）望远镜光学参数

可见光全色成像仪
望远镜孔径 208mm
焦距 2630mm
带通 $0.35 \sim 0.85 \mu m$
视场 $0.29° \times 0.29°$
像素视场 $4.95 \mu rad$
被照式帧转移型 CCD
名义曝光时间 $50 \sim 200ms$
适合片上 4×4 像素合并
自动曝光

（资料源自 Noble，M. W. et al. *Proc. SPIE*，7441，2009）

远距侦察装置有几项严格的技术要求，因此使 L-3 IOS Wilmington 公司的反应烧结碳化硅被选为光机材料（Conrad 等，2005；Noble 等，2009；Russel，2009）。项目 2006 年立项，但直到 2015 年主镜成像功能才列入计划，外形尺寸的长期稳定性是一个很关键的设计性能。由于铝材料比刚度低、热膨胀系数高，铍材料微屈服强度、蠕变问题以及热膨胀系数高，当它们组合在一起时，担心在长期执行任务过程中会造成可见光成像质量恶化，因此排除了诸如铝和铍之类的传统金属材料。

远距侦察装置没有调焦机构补偿热梯度，但其工作在一个很复杂的热环境中。由于载荷尺寸、重量和功率的限制，所以它不可能设计调焦装置。这里采用三个主要的热判断准则：①仪器处于寒冷的宇宙空间；②仪器外围温度高达 $+40℃$；③CCD 保持 $-70℃$。望远镜中允许的热梯度是 $1.0℃$（横向）和 $2.5℃$（轴向）。

碳化硅被认为是唯一能够满足下面条件的材料：具有足够高的热导率，能使热梯度降至最小；具有低热膨胀系数，能使热变形和像质恶化最小；具有足够高的比刚度，能够满足 5.6kg 系统的重量（或质量）要求；同时，最小谐振频率达到 60Hz。最后，根据美国军标 MIL STD 1246B，在 250A/2 的任务启动阶段和 300A 终结阶段，远距侦察装置内部有一定的清洁度要求。与传统的碳纤维复合结构不同，碳化硅并不吸收或解吸湿气或其他污染物。

远距侦察装置的主镜、次镜及 12 件计量支撑结构全部采用上述注浆成型工艺制造。12 块计量结构件烧结焊在一起以形成一个完整组件。L-3 IOS Richmond 公司负责非球面主镜和次镜的抛光，公司利用计算机控制光学表面（CCOS）研磨技术以达到面形误差期望值，然后加上一层薄的硅包裹层以便最终抛光（Duston 等，2009）。L-3 IOS Richmond 公司分别将主镜和次镜最终面形误差方均根值加工到 11nm 和 12nm。

美国 Xintics 公司［现在是美国诺思罗普·格鲁曼（Northrop Grumman）公司的全资子公司］合伙人 Mark Ealey 和 John Wellman 作为局部弯月反射镜集成技术（IZM）的创立者而被业界铭记。他们将这种技术表述为一种"超轻质主动反射镜革命性的设计和制造方法，完全不同于当前流行的复合材料反射镜的设计和光学处理技术"。集成局部弯月反射镜在其集成结构布局中，综合应用了被动反射镜的刚性质量与主动反射镜的形状控制，即超轻型、低成本和高可靠性。在美国国家科学院委员会关于物理学和天文学的技术发展白皮书中，

Howard MacEwen（2010）进一步创造了术语"致动混合反射镜"（Actuated Hybrid Mirrors，AHM），将集成局部弯月反射镜定义为由下面元件组成的子系统：

- 一个加肋结构的碳化硅基板，几乎铸造到设计尺寸并成型到所需要的光学轮廓；
- 精密卷轴上镀上一层纳米级金属层，并胶结到基板表面上以保证反射镜的光学光洁度；
- 内植在基板加强肋中的表面平行致动器（SPA），用于主动控制反射镜的最终轮廓；
- 感知系统（一般是一种波前传感器，但并非必须），决定反射镜的实时形状并提供致动系统需要的控制输入。

Xinetics 公司制造反射烧结碳化硅的方法 CERAFORM 称为短效铸造法，包括下面工序：①将 α-SiC 颗粒、水和乳化剂浆料混合以避免颗粒聚集；②将料浆倒入一个特定的塑料泡沫（类似聚苯乙烯泡沫塑料）模具中，并被包裹在一个石墨工具箱中；③将填满浆料的模具和工具箱放置在冷冻干燥器内以消除其液相，然后利用淋洗法取出泡沫模具；④将多孔铸件放在真空炉中，并在温度升高（约 2000℃）时将颗粒烧结在一起，生成生坯件；⑤对多孔生坯件精加工；⑥将加工后的零件放置在石墨干燥箱中，并在干燥箱上放上硅海绵；⑦放入第二个较低温度（约 1450℃）真空炉以使硅熔渗工件；⑧对零件喷砂处理以消除表面过量的硅；⑨最后加工致密后的零件。仔细选择 SiC 粉标号（颗粒尺寸）以便能够完全进入模具，产生具有微结构的最终零件，直接抛光、硅包裹或过渡焊接到一个可替换的纳米级层表面上。Ealy 等人（1997）详细介绍了最初的 CERAFORM 工艺。Rey 等人（2011）进行了总结，Northrop Grumman/Xinetics 公司利用该工艺生产的有代表性的六边形反射镜如图 8.27 所示。

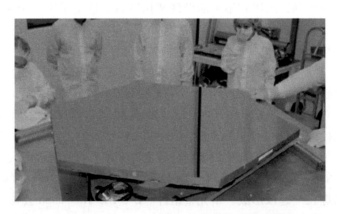

图 8.27 Northrop Grumman/Xinetics 公司生产的致动混合反射镜（AHM）实例
（资料源自 Hickey, G. et al., *Proc. SPIE*, 7731, 2010）

8.4.3 转化碳化硅

在学术论文和参考文献中，可以发现一些厂商在光学应用中采用转化碳化硅，主要厂商是德国 IABG 公司、德国 ECM 公司和美国 Entegris/POCO 公司。20 世纪 90 年代，有一些关于碳纤维增强碳化硅（C/SiC）专利，有法国 Astrium 公司、德国 IABG 公司和德国 ECM 公司的联合专利以及 IABG 公司拥有的独家专利。技术研发者还拥有无须许可证的专利权。2001 年，德国 ECM 公司取得所有碳纤维增强碳化硅（C/SiC）技术的独家专利，并申请了注册商标 Cesic。过去十年，ECM 公司的 Cesic 材料已经有很大发展并逐渐成熟，现在，EMC 公司与日本三菱电气公司（MELCO）联合成功研发了低温应用良好的系列产品（HB-Xesic）。

与其他碳化硅序列一样，Cesic 材料具有较高的热导率、高杨氏模量（刚度）和低热膨胀系数，但其相似之处仅此而已。Cesic 材料中加入碳纤维丝会形成其他一些稀有特性，包括高抗弯强度、高断裂韧性和导电性。由于最后一种性质有利于实施放电加工工艺（EDM）（随机存储或者导线），在孔中加工出螺纹，并使螺栓螺距细到 0.25mm，因此它是一种非常有用的性质。Cesic 材料的主要优点是可以快速和便宜地将生坯料加工到近乎净设计形状。Krodel 和 Kutter（2003）公布了初始 MF-Cesic 材料的性质，如表 8.5 所示。表 8.6 给出的工序 a 是该材料的基本加工工序。

表 8.5　MF-Cesic 材料的性质

- 低密度（$2.65 \sim 2.70 \text{g/cm}^3$），超轻质材料（薄网格和复杂的加强筋）

- 高强度 $[(249 \pm 20) \text{GPa}]$，高抗弯强度 $[(149 \pm 13) \text{MPa}]$，高断裂韧性（$4.62 \text{MPa} \cdot \sqrt{\text{m}}$）

- 很宽的工作范围（$4 \sim 1673 \text{K}$）和低 CTE：

温度	CTE/(ppm/K)
$20 \sim 85 \text{K}$	0.00
$85 \sim 120 \text{K}$	0.06
$120 \sim 180 \text{K}$	0.43
$180 \sim 220 \text{K}$	1.07
$220 \sim 313 \text{K}$①	2.09
$313 \sim 393 \text{K}$	2.74

- 高热导性 $[121 \text{W/(m} \cdot \text{K)}]$ 和导电性（$6.1 \times 10^{-3} \Omega \cdot \text{m}$）

- 致密、无孔、无材料放气

- CTE、热导率、机械等性质各向同性

- 采用低成本方法达到近净形状和完成最终加工处理

- 整块陶瓷连接技术适于生产较大型元件

（资料源自 Krodel, M. and Kutter, G. S., *Proc. SPIE*, 5179, 2003）

① 原书将 313K 错印为 2.09ppm/K。——译者注

表 8.6　MF-Cesin 材料的基本生产工序

a. C/C 生坯原材料生产
随机排放短碳纤维毡和酚醛树脂——→酚醛树脂和碳纤维毡模压成 CFRP ——→CFRP 在真空、1000℃下碳化形成 C/C 毡——→真空中 2100℃石墨化

b. 近净形状光机结构的生产
生坯肩铣削——→生坯件焊接（选项）——→液晶硅渗化，1600℃温度下生成 SiC ——→喷砂成形和粗磨——→精加工到精确公差

（资料源自 Krodel, M. and Kutter, G. S., *Proc. SPIE*, 5179, 2003）

该工序的第一目的是生产用于制造光学件和光机件的碳/碳（C/C）生坯件。用来生产生坯件的原材料是标准碳纤维毡和酚醛树脂。坚硬的多孔碳纤维包括短的破裂的杂乱放置的纤维。1m 或更长些的纤维毡具有各向同性。碳纤维毡与酚醛树脂一起在高压下模压形成碳纤维增强塑料（CFRP）毛坯。高温（1000℃）热解/碳化热处理工艺迫使挥发性成分从碳

纤维增强塑料毛坯内排除出去，酚醛基发生反应而在碳纤维周围形成碳基，形成 C/C 生坯件。惰性大气环境下高温（2100℃）石墨化工艺减少碳纤维与液晶的化学反应。该工艺对 C/SiC 复合材料的物理和机械性能有决定性影响。C/C 生坯件具有足够的刚性，保证采用标准数控铣削设备能够精确加工到所需形状。

表 8.6 给出的工序 b 介绍了第二目的（即生产近净形状反射镜或光机结构）的工艺步骤。这组工艺步骤利用标准的铣削、车削和钻孔技术加工 C/C 生坯件。利用标准的计算机数控（CNC）铣床可以将一块 C/C 生坯件几乎加工成任何形状。元件可能会有相当复杂的后支撑结构，包括许多图案。1mm 加强筋的标准铣削公差可以是 ±0.1mm。铣削的多功能性和速度（C/C 生坯件的铣削类似木头）是这种先进的工程化材料最重要优点。机加工 C/C 生坯件而非最终的碳化硅复合材料大大降低了制造成本。生坯件加工方法是制造 Cesic（材料）轻质反射镜、普通反射镜和其他复杂精密结构中能够满足可接受成本要求的一项关键性使能技术。

完成铣削工艺后，将生坯件以及足够量的硅放置在高温炉中，并在真空环境下加热到 1465℃硅熔点温度以上，达到 1600～1700℃。多孔坯件中的毛细管力将熔化硅吸到结构中。接着，进一步升高温度。液晶与碳基反应，并使碳纤维表面在转换过程中形成碳化硅基。硅和碳的反应速率以及碳纤维表面碳反应的程度需要认真控制，需要采用下面的严格措施：① 在放热转化过程中限制热释放速率；②为了增强由此产生的 C/SiC 材料刚性，保持足够的碳纤维材料。为了达到这两项目的，需要研发计算机控制的最佳渗化工艺。

Cesic（材料）反射镜和机械结构的加工时间取决于元件的尺寸和复杂程度以及表面是否需要包裹。例如，制造一个简单的直径为 1m 和厚度为 110mm 的轻质反射镜约要花费 8 周的时间。利用 Si-SiC 浆包技术（slurry cladding）对反射镜进行表面处理需要另外再增加 6 周。大型和高度复杂的反射镜和机械结构，例如具有闭合后表面的反射镜、需要将生坯件精密焊接在一起的计量类反射镜、渗化拼接板，以及有多块拼接板组成的大型光具座，耗时更长。Cesic（材料）元件的最大尺寸通常受限于 Si 渗化炉的合适尺寸。

正如 Krodel 等人（2010）所述，作为众所周知的"达尔文（Darwin）评估研究"的一部分，欧洲太空总署（ESA）与法国泰雷兹阿莱尼亚宇航（TAS）公司签约研发超轻质直径 60cm 低温反射镜。2008～2010 年，德国 ECM 公司与日本 MELCO 积极从事研发适用于各种碳纤维材料的新型 C/C 原材料。这种混合型碳纤维技术命名为性材料 HB-Cesic。如表 8.2 所示，与 MF-Cesic 材料相比，HB-Cesic 材料的比刚度要高 20%，环境温度下有较低的热膨胀系数和较好的可抛光性。由于这些原因，法国泰雷兹阿莱尼亚宇航公司选择德国 ECM 公司的 HB-Cesic 材料用于达尔文评估项目。

图 8.28 给出了 HB-Cesic（材料）超轻质反射镜（ULT）。其直径为 60cm，重量仅有 5kg；反射镜面板厚为 3mm；主要加强筋高度为 50～60mm，厚度为 1.5mm；下角加强筋高为 20mm，厚度为 1.2mm。这种超轻质反射镜的特点是有夹持均衡以及用于控制反射镜形状的消像散补偿装置（ACD）。消像散补偿装置是一个横跨在反射镜背侧面的 HB-Cesic（材料）梁，并且，两个安装点相差 180°。一旦反射镜冷却到 100K，该装置被加热或致冷以使反射镜发生应变［基本上是加热控制表面平行致动器（SPA）］，调整反射镜单一方向上的像散。对于一块真实的低温空间反射镜，应当使用第二块消像散补偿装置补偿正交方向上的像散。通过优化因瓦合金（Invar）夹具（以调节安装界面的偏移）、有代表性的发射负载以

及冷却到低温温度等措施，使超轻质反射镜的波前误差（WFE）降至最小。

法国高级设备参谋处（SESO）对这种抛光后的 HB-Cesic 材料反射镜的表面质量进行了测量验证，尤其关注绗缝复印效应（quilting print-through effects）；测量了重力对波前像差误差的影响，并优化了支架固定位置以使重力影响降至最小；在将反射镜抛光到面形精度方均根小于 20nm 后，在室温和低温环境之间完成光学测试。然后将消像散补偿装置集成系统安装在反射镜上并在低温下致动。在集成消像散补偿装置系统期间测量波前误差的变化，并在低温条件下测量其性能。安装后的超轻质反射镜显示波前误差方均根值在整个集成阶段均稳定在约 100nm，在真空室温下和真空 93K 温度下测量值之差小于 0.1nm。测量报告公布了该反射镜每道制造工序期间获得的详细测量数据。超轻质反射镜达到了该项投资的所有目的，尤其是反射镜稳定性和使用消像散补偿装置状态下面形的正确性。

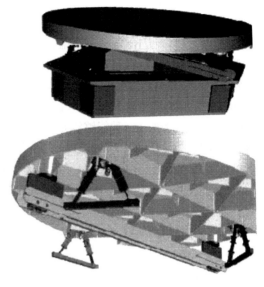

图 8.28 ECM HB-Cesic 材料的直径为 600mm 的超轻质反射镜示意图
（资料源自 Krodel, M. R. et al., *Proc. SPIE*, 7739, 2010）

下面讨论的最后一种转化碳化硅材料是由美国马萨诸塞州比勒利卡市 Entegris 公司研发的。该产品是对 21 世纪初期由美国得克萨斯州迪凯特市 POCO 公司最先研发的几种碳化硅材料（SuperSiC）的进一步细化。正如 Bray 等人（2004）指出的，这种材料是利用下面工艺制造的：碳与一氧化硅气体在生产单晶硅 β-SiC 和一氧化碳的高温高纯度环境下通过化学反应转化为净形状或准净形状石墨零件。图 8.29 给出了 POCO 公司的工艺示意图。在多孔表面上蒸镀一层 SiC 膜，就可以得到高质量的抛光表面。

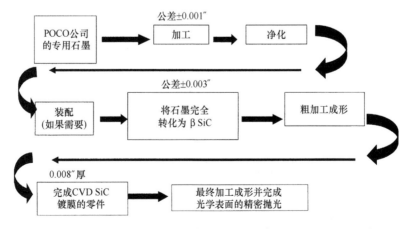

图 8.29 POCO 公司利用 CVD 法将石墨转化为碳化硅的工艺流程示意图
（资料源自 Casstevens, J. et al., *Proc. SPIE*, 8486, 2012）

8.4.4 化学蒸镀碳化硅

美国 Trex Enterprises（Trex）公司生产一种高质量的碳化硅材料，称为化学蒸镀碳化硅（CVC SiC）。该材料适合高温、低温、空间、核工业、高能激光器和光学等领域的应用。在所有碳化硅材料中，这种材料具有最高的刚度、最高的热导率和最低的热膨胀系数。作为高温材料，CVC SiC 材料能够承受 2000℃以上的温度。这种材料是一种优良的光学材料，已经证明其抛光表面粗糙度达到零点几个纳米级（译者注：原书是"埃"级）以及数十个纳米级表面精度。它是唯一一种能够满足可见光和紫外光抛光精度要求而无须表面层包裹的碳化硅材料。最后，CVC SiC 几乎可以净成形为各种几何形状，包括平面、球面、非球面、柱面或者锥面和喷嘴状，直径可达 1.5m。这种材料的主要缺点是镀膜厚度受限，一般小于 75mm，只能使用安装金刚石刀具或水射流加工设备的数控机床完成轻质化。这两种工艺很耗时，而且很昂贵。

美国 Trex 公司的 CVC SiC 材料是利用普通 CVD 改进工艺生产的。普通 CVD 是高纯度前期化学材料在蒸镀形式下的化学反应或者分解而获得的高纯度固体沉积物。高纯度沉积对温度性能和稳定性尤为关键。最新的 CVD 应用集中在利用纯度和性能稍低的材料在基板上镀薄膜。在目前工业技术中，完全采用 CVD 制备材料的结构元件非常稀少，主要原因是普通 CVD 工艺存在着一种关键性缺点：源自高沉积温度和各向异性晶体生长而产生的高残留应力。Trex 公司已经研发了一种由 CVD 衍生出来但能够生产高纯度全致密材料的一种工艺，包括在 CVD 反应流中加入微米级固态硅颗粒。

式（8.6）给出的化学反应专门表述 CVC SiC 的形成，总的化学反应包括前期物质甲基三氯硅烷（CH_3SiCl_3 或者 MTS）分解为 SiC 和盐酸（HCl）：

$$CH_3SiCl_3(气) \rightarrow SiC(固) + 3HCl(气) \tag{8.6}$$

当总的反应不明显时，利用氢气（H_2）作为载气主要是为了形成高质量 SiC；氢气（H_2）是在重要气体 [例如乙烯气体（C_2H_4）和乙炔（C_2H_2）] 形成过程中间产生，在 SiC 沉积在表面时消耗。利用水喷淋洗涤器去除排气流中的盐酸（HCl）废品，再利用氢氧化钠（NaOH）中性化。由此产生的盐水倾倒入一个注水井中，稀释为天然盐水地下水：

$$HCl(水溶液) + NaOH(水溶液) \rightarrow H_2O(液) + NaCl(水溶液) \tag{8.7}$$

反应流中加入固体颗粒的重要结果是晶粒生长过程中不断地固定核化作用。CVD 材料包含有垂直于基板排列的长柱状晶粒；沉积层基面方向拉伸力最大，因此，蒸镀沉积 CVD 材料易于弯向基板-沉积层界面方向。由于是在籽粒周围重新植核，CVD（译者注：原书错印为 CVC）材料呈现等轴晶粒结构，明显没有残留应力，因此可以蒸镀到准成形尺寸（几乎达到设计尺寸），后续加工到更薄的外形而降低碎裂风险。Trex 公司的反射镜至今只应用于美国海军的机载飞行设备、一个微型卫星项目和材料国际空间站试验（MISSE）编号 6 和 8 的飞行的反射镜试件。在本书编写期间，Trex 公司一直在研发一种重现反射镜面形的工艺，有可能完成两种新的芯棒材料样件。

8.5 未来发展方向

实现新兴反射镜技术是完全可能的。一定会有其他制造反射镜和光学结构的新颖技术。

一些是金属基复合材料、聚合物基复合材料［例如火星车相机或者詹姆斯·韦伯（James Webb）空间望远镜主镜拼接板垫衬结构］以及在此尚未包括的其他不同结构形式，例如瓦楞形玻璃反射镜（美国 ITT-Exelis 公司）。对于新技术，作者无法阐述全面，也没有一个大的数据库，主要原因是受限于美国出口管制法。

　　未来，现代材料的发展会日益进步。在此讨论的各种材料的许多应用可能会带来新的技术进步，例如轻质的碳化硅会为雄心勃勃的太空探测减轻发射负载。据预测，不久就会生产出满足成品面形和光洁度需求的碳化硅反射镜，并且应当无须经过抛光工艺就能够满足技术要求。其他进步将会来自聚合物和纳米材料研发方面的巨大进展。展望由高度工程化纳米复合材料制造的反射镜并不难，这类研发工作已经蓬勃发展、方兴未艾。利用模压法或者添加法（3D 打印）制造工程化材料，尤其是对于小型机械零件，将会成为常事。

　　目前的 3D 打印机受限于可用材料的范围。对于大部分零件，采用具有高膨胀系数的塑料，达不到光学公差的要求。镀金属膜已经获得某种程度的成功。这方面技术的进步在阐述成功安装支架的文献中曾有报道。

参考文献

Anthony, F.M., High heat load optics: An historical overview, *Opt. Eng.*, 34, 2, 313, February 1995.

Anthony, F.M. and Hopkins, A.K., Actively cooled silicon mirrors, *Proc. SPIE*, 0297, 196, 1982.

Barrett, R., ESI201: 2nd EIROforum School on Instrumentation, X-ray Optics for Synchrotron Radiation Beamlines, X-ray Optics Group, European Synchrotron Radiation Facility, 2011.

Barrett, R., Baker, R., Cloetens, P., Dabin, Y., Morawe, C., Sunhonen, H., Tucoulou, R., Vivo, A., and Zhang, L., Dynamically-figured mirror system for high-energy nanofocusing at the ESRF, *Proc. SPIE*, 8139, 813904, 2011.

Blake, P.N., Mink, R.G., Chambers, J., Robinson, F.D., Content, D.A., and Davita, P., High-accuracy surface figure measurement of silicon mirrors at 80 K, *Proc. SPIE*, 5494, 122, 2004.

Bly, V.T., Hill, P.C., Hagopian, J.G., Strojny, C.R., and Miller, T.M., Light weight silicon mirrors for space instrumentation, *Proc. SPIE*, 8486, 84860P, 2012.

Bly, V.T., Nowak, M.D., and Moore, D.O., Lightweight instrument mirrors from single crystal silicon, *Proc. SPIE*, 6265, 62652O, 2006.

Bond, D. and Rentzepis, P., Resonator for an x-ray laser, *Appl. Phys. Lett.*, 10, 8, 1967.

Bray, D.J., Wiechmann, L., and Rashed, A.H., A low-cost innovative approach for the fabrication of net-shape SiC components for mirror substrate applications, MDA Topic 03-048, Contract Number F29601-03- M-0287, 2004.

Buelow, L.D. and Hassell, F.R., Overview of fabrication processes for uncooled laser optics, *Proc. SPIE*, 2543, 50, 1995.

Casstevens, J., Bray, D., Rashed, A., and Plummer, R., Rapid fabrication of large mirror substrates by conversion joining of silicon carbide, *Proc. SPIE*, 8486, 586801, 2012.

Cheng, A.F., Conard, S.J., Weaver, H.A., Morgan, F., and Noble, M., Stray light performance of the long range reconnaissance imager (LORRI) on the New Horizons Mission, *Proc. SPIE*, 7731, 77311A, 2010.

Cheng, A.F., Weaver, A., Conrad, S.J., Morgan, M.F., and Barnouin-Jha, O., Long-range reconnaissance imager on new horizons, *Space Sci. Rev.*, 140, 189, 2008.

Conard, S.J., Azad, F., Boldt, J.D., Cheng, A., Cooper, K.A., Darlington, E.H.E., Grey, M.P. et al., Design and fabrication of the new horizons long-range reconnaissance imager, *Proc. SPIE*, 5906, 407, 2005.

Deen, C.P., Keller, L., Ennico, K.A., Jaffe, D.T., Marsh, J.P., Adams, J.D., Chitrakar, N., Greene, T.P., Mar, D.J., and Herter, T., A silicon and KRS-5 grism suite for FORCAST on SOFIA, *Proc. SPIE*, 7014, 70142C, 2008.

Duston, C., Gunda, J., Schwartz, N., Schwartz, J., and Robichaud, J., Silicon cladding of mirror substrates, *Proc. SPIE*, 7425, 74250C, 2009.

Ealey, M.A. and Wellman, J.A., Highly adaptive integrated meniscus primary mirrors, *Proc. SPIE*, 5166, 165, 2004.

Ealey, M.A., Wellman, J.A., and Weaver, G.Q., Ceraform SiC: Roadmap to 2 m and 2 kh/m² areal density, *Proc. SPIE*, CR67, 53, 1997.

Goodman, W.A., Born, D.K., Syn, C., Davis, P., Zimmermann, M., Blaedel, K., Haack, J., and McClellan, M.R., An empirical survey on the influence of machining parameters on tool wear in diamond turning of large single crystal silicon optics, *ASPE 1999 Annual Meeting*, Monterey, CA, October–November 1999.

Goodman, W.A. and Jacoby, M.T., Lightweight athermal SLMS™ innovative telescope, *Proc. SPIE*, 5528, 72, 2004.

Gugliotta, G., Comet chaser, *Air and Space Smithsonian*, 29, April–May, 2014.

Hassell, F., Lempka, R., Young, G., Goodman, W., Lieto, C., McCarter, D., McCarter, E. et al., Manufacturing and leveraging zero-defect single-crystal silicon in the production of SBL IFX resonator optics, *Tenth Annual AIAA/BMDO Technology Conference*, Williamsburg, VA, July 2001.

Hickey, G., Barbee, T., Ealey, M., and Redding, D., Actuated hybrid mirrors for space telescopes, *Proc. SPIE*, 7731, 70154P, 2010.

Hinkle, K.H., Drake, R., and Ellis, T.A., Cryogenic single-crystal silicon optics, *Proc. SPIE*, 2198, 516, 1994.

Imanaka, O. and Yasunaga, N., Mechanism of mechanochemical polishing, *OSA Technical Digest, The Science of Polishing*, Optical Society of America, Washington, DC, 1984.

Kasai, T. and Kobayashi, A., Progressive mechanical and chemical polishing, *OSA Technical Digest, The Science of Polishing*, Optical Society of America, Washington, DC, 1984.

Krödel, M.R., Hofbauer, P., Sodnik, Z., and Robert, P., Recent achievements with a cryogenic ultralightweighted HB-Cesic® mirror, *Proc. SPIE*, 7739, 77392L, 2010.

Krodel, M. and Kutter, G.S., Cesic® engineering material for optomechanical applications, *Proc. SPIE*, 179, 223, 2003.

Leistner A. and Giardini W., Fabrication and testing of precision spheres, *Metrologia*, 28(6), 503, 1991.

MacEwen, H., Actuated Hybrid Mirror Technology, Large Optics Working Group (LOWG), Astro 2010: The Astronomy and Astrophysics Decadal Survey, Technology Development White Papers, Board on Physics and Astronomy, The National Academies, Washington, DC.

Mar, D.J., Marsh, J.P., Jaffe, D.T., Keller, L.D., and Ennico, K.A., Performance of large chemically etched silicon grisms for infrared spectroscopy, *Proc. SPIE*, 6269, 62695R, 2006.

McCarter, D.R. and Paquin, R., Isotropic behavior of an anisotropic material: Single crystal silicon, *Proc. SPIE*, 8837, 883707, 2013.

McGuigan, D.F., Lam, C.C., Gram, R.Q., Hoffmann, A.W., Douglass, D.H., and Gutche, H.W., Measurements of the mechanical Q of single-crystal silicon at low temperatures, *J. Low Temp. Phys.*, 30, 62, 1978.

McIntosh, R.B., Jr. and Paquin, R.A., Chemical-mechanical polishing of low-scatter optical surface, *Appl. Opt.*, 19, 2329, 1980.

Morgan, F., Conard, S.J., Weaver, H.A., Barnouin-Jha, O., Cheng, A.F., Taylor, H.W., Cooper, K.A. et al., Calibration of the new horizons long-range reconnaissance imager, *Proc. SPIE*, 5906, 59061E, 2005.

Noble, M.W., Conard, S.J., Weaver, H.A., Hayes, J.R., and Cheng, A.F., In-flight performance of the Long Range Reconnaissance Imager (LORRI) on the new horizons mission, *Proc. SPIE*, 7441, 74410Y, 2009.

Paquin, R.A. and Howells, M.R., Mirror materials for synchrotron radiation optics, *Proc. SPIE*, 3152, 2, 1997.

Paquin, R.A. and McCarter, D.R., Why silicon for telescope mirrors and structures? *Proc. SPIE*, 7425, 74250E, 2009.

Rey, J.J., Wellman, J.A., Egan, R.G., and Wollensak, R.J., A low cost, high performance, 1.2-meter off-axis telescope built with NG-Xinetics silicon carbide, *Proc. SPIE*, 8146, 81460N, 2011.

Robichaud, J., Deepak, S., Wainer, C., Schwartz, J., Peton, C., Mix, S., and Heller, C., Silicon carbide optics for space and ground based astronomical telescopes, *Proc. SPIE*, 8450, 845002, 2012.

Robichaud, J., Schwartz, J., Landry, D., Glenn, W., Rider, B., and Chung, M., Recent advances in reaction bonded silicon carbide optics and optical systems, *Proc. SPIE*, 5868, 586802, 2005.

Rowan, S., Byera, R.L., Fejera, M., Routea, R., Cagnoli, G., Crooks, D., Houghb, J., Sneddon, P.H., and Winklere, W., Test mass materials for a new generation of gravitational wave detectors, gravitational-wave detection, *Proc. SPIE*, 4856, 292, 2003.

Russell, C.T., ed., *New Horizons, Reconnaissance of the Pluto-Charon System and the Kuiper Belt*, Springer, New York, 2009.

Shields, V., Applications of silicon carbide for high temperature electronics and sensors, Internal document, Jet Propulsion Laboratory, California Institute of Technology, Pesadena, CA, undated.

Tonnessen, T.W. and Fisher, S.E., Design and analysis of cooled optical components for synchrotron beamlines, *Proc. SPIE*, 1740, 18, 1993.

Tonnessen, T.W., Fisher, S.E., Anthony, F.M., Lunt, D.L., Khounsary, A.M., Randall, K.J., Gluskin, E.S., and Wenbing, Y., High heat flux mirror design for an undulator beamline, *Proc. SPIE*, 1997, 340, 1993.

Touloukian, Y.S., Powell, R.W., Ho, C.Y., and Kiemens, P.G., *Thermo-Physical Properties of Matter*, IFI/Plenum, New York, 1970.

Veksler, V.I., A new method of accelerating relativistic particles, *Comptes Rendus (Doklady) de l'Academie Sciences de l'URSS* 43(8), 329–331, 1944. (referenced Schafer Corporation Space Based Laser Support report to Naval Research Laboratory, Contract N00014-97-D-2014/001, February 1999).

Williams, S. and Deny, P., Overview of the production of sintered SiC optics and optical sub-assemblies, *Proc. SPIE*, 5868, 586804, 2005.

附　录

附录A　术　语　汇　编

下面给出一些常用术语和符号的术语表，有助于读者在光机设计和设计分析过程中理解各种技术范畴内的简略语，以及作为缩写形式来描述仪器的各种性能。在许多情况中，通常在光机领域内的应用都是规定使用一个专用术语代表一种参数。希腊字母 α 就是一个很好的例子，在方程式中被用来代表一种材料的热膨胀系数，而使用缩写 CTE 就不合适。有时候，同一个术语或符号会代表有比较多的意义，因此，表示多个定义。常常使用角标来区别一种符号专用于某种特定材料。本附录给出了一些基本的参数及其计量单位，以及常用的词头、希腊字母符号、缩写、简称及本书使用的其他一些术语。

A.1　计量单位和使用的缩写

参数	国际单位制（SI）	美国（加拿大）惯用单位
角度	弧度（rad）	度（°）
面积	平方米（m^2）	平方英寸（in^2）
热导率	瓦特/米·绝对温标［W/(m·K)]	英制热单位每小时英尺华氏温度（Btu/h·ft·℉）
密度	立方米克（g/m^3）	磅每立方英寸（lb/in^3）
热扩散率	秒平方米（m^2/s）	平方英寸每秒（in^2/s）
力	牛顿（N）	磅（lb）
频率	赫兹（Hz）	赫兹（Hz）
热	焦耳（J）	英制热单位（Btu）
长度	米（m）	英寸（in）
质量	千克（kg）	磅（lb）
力矩（转矩）	牛顿米（N·m）	磅力英尺（lb·ft）
泊松比	（无）	（无）
压力	帕斯卡（Pa）	磅力每平方英寸（lbf/in^2）
比热容	焦耳每千克开尔文［J/(kg·K)]	磅绝对温度每英热单位（Btu/lb·℉）
张量	微米每米（$\mu m/m$）	微英寸每英寸（$\mu in/in$）
应力	帕斯卡（Pa）	磅力每平方英寸（lbf/in^2）
温度	开尔文（K）摄氏度（℃）	华氏度（℉）
时间	秒（s）	秒（s），小时（h）
速度	米每秒（m/s）	英里每小时（mph）

黏性	泊（P），厘泊（cP）	磅力秒每平方英尺（lbf·s/ft^2）
体积	立方米（m^3）	立方英寸（in^3）
弹性（杨氏）模量	帕斯卡（Pa）	磅力每平方英寸（lbf/in^2）

A.2　单位的词头

英文	词头符号	词头名称
Mega	M	兆（百万）
Kilo	k	千
centi	c	厘（百分之一）
mili	m	毫（千分之一）
micro	μ	微（百万分之一）
nano	n	纳（十亿分之一）

A.3　希腊符号的代表意义

α	材料的热膨胀系数；角度
β	角度，在公式中被用来表示一个光学件被黏结后产生切应力的项
β_G	折射率随温度变化的变化率（dn/dT）
γ	①棱镜安装中一个弹性衬垫的形状系数；②支架几何形状参数；③格里菲斯（Griffith）方程中表示表面能量
γ_G	玻璃的热光系数
Γ	静态分析中的伽马系数
δ	一个被弹性支撑的光学件的偏心，光线的角偏离
δ_G	热离焦的玻璃系数
Δ	弹性偏转，某参数的有限量差（变化）
Δ_E	单位屈光度造成眼睛的调焦运动量
ΔP_W	一个光窗内外的压差
$\Delta y,\ \Delta x$	偏转量
θ	角度
λ	波长，肖特玻璃材料编目中的热导率
λ_{TK}	在计算 dn/dT 的 Sellmeier 公式中代表平均的有效谐振波长（单位为 μm）
M	在肖特材料目录中代表泊松比
$\mu_M,\ \mu_G$	金属与金属，玻璃与金属之间滑动摩擦系数
ξ	一块矩形反射镜最短与最长尺寸之间的比
π	3.14159
ρ	密度，易脆材料中腔体端部的曲率半径
σ	标准偏离量，应力
$\sum$	求和
$S,\ \sigma$	应力

σ_{AVG}	界面处平均接触应力
σ_B	弯曲元件，如弹簧中的应力
σ_{CCYL}，σ_{CSPH}，σ_{CSC}	玻璃与柱面、球面或锐角界面接触的峰值应力
σ_e	一个弹性元件的剪切模量
σ_i	黏结点处元件的受拉屈服强度
σ_M	镜座壁中切向拉伸（环向）应力
σ_S	黏结位置产生的剪切应力
σ_T	拉伸应力
ν，ν_G，ν_M	泊松比，玻璃、金属的泊松比
ϕ	角度
ψ	半锥角

A.4 其他物理量符号、缩写和术语

$\overset{\circ}{A}$	长度单位，埃
A	孔径，面积
a，b，c 等	外形尺寸
-A-，-B-等	指定的基准面
A/R	（膜系的）光谱反射比
a_a	折射材料的吸收系数
Abbe number（阿贝数）	光学玻璃色散的度量
ABL	美国空军（USAF）机载激光项目
ABS	作为角标——绝对值
A_C	一个界面中弹性变形区的面积
ACD	像散补偿装置
AFWL	空军武器实验室
a_G	重力加速度系数（解释为地球重力的倍数）
AHM	致动混合反射镜
ALI	Alpha-Lamp 集成项目（Alpha-Lamp Integration program）或先进的陆地成像仪
ALO	Alpha-Lamp 优化程序
ALOT	大型光学元件（系统）自适应技术
AMSD	先进的反射镜系统验证装置（为韦伯空间望远镜设计）
ANSI	美国国家标准局
AOP	环形光学元件原理样机
A_P	机械界面的衬垫面积
AR	肖特耐碱玻璃的编码
a_S	折射介质的散射系数
ASC/OP	美国标准化委员会光学/光电子仪器小组

ASCII	信息交换方面的美国标准编码
AMSD	先进的反射镜系统验证装置（JWST 中）
ASC/OP	美国标准委员会，光学和电光仪器分会
ASCII	信息交换的美国标准编码
ASME	美国机械工程协会
A_T	单圈螺纹的环形面积
AU	天文单位
AVG	作为角标，表示平均值
A_W	一个光窗未被支撑的面积
AWJ	研磨溶剂喷注口（美国康宁公司研制的设备中使用）
AXAF	先进的 X 射线天体物理学设备
b	弹簧的宽度，柱面衬垫的长度
BDTF	双向光谱透射比的分布函数
BFL	后焦距，像方焦距
BLAST	气球载大孔径亚毫米波望远镜
BMDO	弹道导弹防御组织
BRDF	双向光谱反射比的分布函数
BSM	光束转向镜
BSTS	助推段监视跟踪系统
BTU	英热单位
B_λ，C_λ	计算 n_λ 的 Sellmeier 公式中使用的常数
C	曲率中心，摄氏温度，作为角标表示圆形
C，C_M，C_F，C_S	与镜组（支架）几何形状相关的常数
C, d, D, e, F, g, s	作为夫琅和费吸收线的波长的角标
CA	通光孔径
CAD	计算机辅助设计
CAM	计算机辅助加工
CCC	碳/以碳为基质材料的复合物
CCD	电荷耦合装置
CCW	逆时针方向
CDR	关键设计评审
CE	同步工程（并行工程）
C-FISMM	低温远红外亚毫米波反射镜
CFRP	碳纤维增强塑料
CG	重心
C_k	被用来确定重力效应的反射镜安装类型系数
CLAES	低温柔性阵列标准具分光光度计
CLS	压缩板簧铰链
CMC	以碳或陶瓷为基质的复合材料

CMM	（三坐标）坐标测量仪
CMP	化学机械抛光
CNC	计算机数控（机床）
COIL	氧碘化学激光器
c_p	比热容
cP	厘泊
CR	肖特玻璃耐气候条件编码
C_R，C_T	径向和切向的弹簧常数
CRES	耐腐蚀（不锈）钢
C_S	衬垫中的压应力
C_T	超环面的曲率中心
CTE	热膨胀系数
CVCM	收集易挥发性（气体）可压缩材料
CVD	化学气相沉积
CW	顺时针方向或连续波（激光）
C_X，C_Y	X，Y 方向上的弹簧常数
CXT	交叉桁梁（对 MMT 桁架概念的改进）
CYL	作为角标表示圆柱形状
d	一种内螺丝头的主要参数
D	热扩散率；屈光度；一种内螺丝头的主要参数
D/t	反射镜直径与厚度之比（纵横比）
D_1，D_2	界面处光学表面或机械表面半径的两倍
D_B	螺栓圆周的直径
DBM	数据库管理员
DEIMOS	深空间成像多目标光谱摄制仪
DEW	定向能量武器
D_G	圆形光学件的外径
D_i 或 E_i	计算 dn/dT 的 Sellmeier 公式中的系数
DIN	度，定（德国工业标准感光片感光度单位）
DLC	类金刚石镀膜
D_M	金属或镜座零件的内径
dn/dT	折射率随温度的变化率
DOF	自由度
D_P	衬垫的宽度或直径
D_r	一种被压缩卡环的外径
D_T，d_T	内螺纹或外螺纹的中径
D/t	直径与厚度之比或者纵横比
E，E_G，E_M，E_e	弹性（杨氏）模量，玻璃，金属和橡胶的弹性（杨氏）模量
E/ρ	比强度，强度系数

ECM	电化学加工工艺（金属成型工艺）
EDM	电火花加工工艺（金属成型工艺）
E-ELT	欧洲特大型望远镜
EFL	有效焦距（对一个透镜或反射镜而言）
ELI	超低间隙类（钛类金属）
ELN	非电解镀镍，化学镀镍
EN	电解镀镍
EOS	地球观测系统
EPDM	三元乙丙橡胶
EPROM	可擦写可编程只读存储器
ESA	欧洲航天局
ESI	阶梯光栅光谱仪
ESONTT	欧洲南方天文台新技术望远镜
ESRF	欧洲同步辐射装置
EUY	紫外辐射
f	焦距，单点金刚石切削（SPDT）机床每转的横向进给量
F	力，华氏温度
f_E，或 f_O	目镜或物镜的焦距
FEA	有限元分析法
FECO	等色序干涉条纹
FED STD	美国联邦标准
FEM	有限元分析法
FIM	全量程移动
FLIR	前视红外传感器
F_{MIN}	约束运动需要的最小力
f_N	自然频率（或基频）
fod	作为角标，表示污染导致失效，异物损伤
FODI	终端光学元件损伤检测系统
FOM	品质因数，评价函数
FORCAST	设计有暗淡天体红外照相机的索菲亚（SOFIA）望远镜
FR	肖特耐污染(不是指环境污染)玻璃编号
f_S	安全系数
FUSE	远紫外分光探测器
g	重力加速度
GALEX	研究银河进化的探测器
GAP_R，GAP_A	界面处光学件及其安装件之间的径向和轴向间隙
GEO	地球同步人造卫星运行轨道（～35800km）
GNIRS	双子座近红外光谱仪
GOES	地球同步轨道环境卫星

grism	刻制在一个棱镜面上的衍射光栅
GSAOI	南双子星座自适应光学摄像仪
GTC	加纳列大型望远镜
Gy	辐射剂量单位（格雷）的缩写
H	螺纹齿顶—齿根的高度，一种材料的维克硬度
HCR	空心角反射镜
HEL	高能激光器
HeNe	氦氖激光器
HEXDARR	高输出偏心环形谐振腔
HG	肖特易磨玻璃的编码
HIP	均衡热压
HK	努普硬度
HRMA	高分辨率反射镜组件（在 Chandra 望远镜中）
HST	哈勃空间望远镜
i	平行平面平板倾斜角的近轴值；作为角标，表示"第 i 个"元件
I, I'	入射角，折射角
I, I_0	界面前后的光束强度
ICO	国际光学委员会
ID	内径
IEC	国际电技术委员会
IEST	环境科学技术研究所
IMC	图像的运动补偿
IPD	双目望远镜系统中的瞳孔距
IR	红外
IRAC	红外阵列相机
IRAS	红外天文卫星
IRMOS	红外多目标光谱仪
IRS	红外光谱仪
ISIM	集成科学仪器模块
ISO	标准化，红外空间观测站国际组织
IST	倒置 Serrurier 桁架（MMT 改进型桁架）
ITAR	国际武器运输监管
ITIT	红外望远镜技术试验台
IZM	带状集成弯月镜
J	一种黏接连接的强度
JWST	杰姆斯·韦伯（James Webb）空间望远镜
K	热导率
K, K_S	绝对（开氏）温度，应力-光学系数

KAO	柯依伯（Kuiper）机载天文台
K_C	一种易脆材料的断裂韧度
K_1，K_A，K_G，K_M等	方程式中的常数项
k_W	光窗应力公式中的支撑条件常数
L	一根弹簧自由万区的长度；黏结区的宽度或直径
L_1，L_2	1 号和 2 号拉格朗日点（太阳、地球、月亮轨道）
LAGEOS	激光地球动力学卫星
LAMA	大孔径有源（或主动）铝反射镜
LAMP	大孔径有源（或主动）反射镜项目
LEO	低的地球运行轨道（200～700km）
LID	激光造成的伤害
LIDT	激光损伤阈值
LIGO	激光干涉仪重力波观测站
LINAC	线加速度计
$L_{j,k}$	透镜隔圈的轴向长度
LLNL	美国劳伦斯利弗莫尔国家实验室
LLTV	微光电视
$\ln(x)$	x 的自然对数
LODTM	大型光学零件金刚石车床
LORRI	远程侦查成像仪
LOS	瞄准线
lp	线对（分辨率测量中的单位，有 lp/mm）
LRR	最大半视场角的下边缘光线
LS	板簧
LTR	侧移角反射器
LWOS	轻型光学系统
M	马赫数
m	泊松比的倒数；威布尔函数的模
MB	最小断裂力矩
MCAO	多层共轭自适应光学
MEO	中等高度的地球运行轨道（700～35000km）
MERTIS	水银辐射计和热红外光谱仪
MF	运动框
MICAS	小型红外相机和光谱仪
MIL-STD	美军标
MIPS	（空间红外望远镜设备 SIRTF 的）多波段成像光度计
MIRACL	先进的中红外化学激光器
MISR	多角度成像分光辐射计
MISSE	国际空间站试验用材料

MLI	多层绝缘
MMC	以金属为基质的复合材料
MMT	多反射镜形式的望远镜
MOCVD	金属有机化学气相沉积法
MRF	磁流变抛光
MTF	调制传递函数
MYS	微屈服应力
N	弹簧数目或桁架截面；在肖特玻璃名字前面表示"新（玻璃)"
n，n_{ABS}，n_{REL}	分别表示折射率，真空中的折射率，空气中的折射率
$n_\parallel$，$n_\perp$	分别表示偏振光平行分量和垂直分量的折射率
N'	易形成瑕疵的因素
NASA	美国航空航天管理局
NDM	中性数据模块
N_E，N_1，N_2	差分螺纹单位长度上的螺纹数
NGST	下一代空间望远镜
NIF	美国国家点火装置
NIST	美国国家标准化技术研究所
NOAO	美国国家光学天文台
NTT	（欧洲南方天文台）新技术望远镜
nu，v	玻璃的阿贝数
n_λ	特定波长下的折射率
OAO-C	轨道运行哥白尼天文台
OB，OBA	光具座，光具座组件
OD	外径
OEOSC	光学和电光学标准化委员会
OFHC	无氧高传导率
OM	数量级
OPD	光程差
OSA	美国光学协会
OSS	光学组件（部件）
OTA	哈勃空间望远镜光学望远镜组件
OTF	光学传递函数
P	预紧力；光焦度；一个移动光窗上的自由气流压力，概率
p	螺纹牙顶的间距；线性预紧力
PACVD	等离子法完成的化学气相沉积
P_C	反射镜中心距，或者镜座间中心距
PCRS	指向校准和基准传感器
P_f	故障概率
P_F，P_S	故障概率，生存概率

P_i	每个弹簧上的预紧力，第 i 表面上的预紧力
PIDDP	行星仪器定义和研发项目
PMC	以聚合（树脂）为基质的复合材料
ppi	每英寸有孔的数量
ppm	百万分之一
PR	肖特耐磷酸类玻璃的编号
PSD	功率谱密度
PSF	点扩散函数
PSM	点源显微镜
PTFE	聚四氟乙烯（Teflon）
p-v	峰谷（表面或波前畸变）值
q	单位面积上的热通量
Q	扭矩，黏结面积，或者质量系数（系统阻尼中）
Q_{MAX}	表面范围内最大的黏结面积
Q_{MIN}	满足连接强度的最小黏结面积
r	卡环截面半径
R	表面半径
RB	反应黏结
r_C	点接触界面处弹性变形区的半径
ReSIC	再结晶碳化硅
RH	相对湿度
rms	或者 RMS，方均根
ROC	曲率半径
roll	绕光轴的倾斜分量
ROMA	谐振腔光学元件材料评价
ROTI	光学跟踪记录望远镜
r_S	到隔圈中心的半径
R_S	镀膜表面的光谱反射比
RSA	速凝铝
RSP	速凝工艺
rss 或 RSS	和的二次方根
R_T	超环面的截面半径
RT	作为角标表示跑道的形状
RTV	硫化室温（一种密封剂）
RVC	网状玻璃碳
R_λ	波长 λ 时一个表面的光谱反射率
SALT	南非大型望远镜
SBL	天基激光器
SBL-IFX	集成有天基激光器的飞行试验计划

SBMD	小尺寸铍反射镜验证机（为 JWST 项目研制）
S_c	光机界面处接触压应力
SC	下属委员会（属 ISOTG 协会），SPIE 的短期培训班
SDIO	战略防御倡议组织［现在称为导弹防御局（MDA）］
SDOF	单自由度体系
SEM	二次电子显微镜
S_f	光窗材料的断裂应力
SF	材料的屈服应力
SINS	表面、界面和纳米结构科学
SIRTF	空间红外望远镜设备［现在称为斯必泽（Spitzer）太空望远镜］
S_j，S_k	第 j、k 表面的弧高
SLMS	轻型硅反射镜系统
SMR	球面反射靶标，安装在球形镜座中的后向反射器
S_{MY}	微屈服应力
SNLS	新加坡同步光源（Singapore Synchrotron Light Souce）
SOFIA	红外天文学同温层观测台
S_{PAD}	衬垫-光学件界面处的平均应力
SPA	平行表面致动器
SPDT	单刃金刚石切削
SPH	作为角标表示球面界面
S_r	光学元件-镜座界面处的径向应力
SR	肖特耐酸玻璃的编码
SSD	亚表面损伤
STSS	空间跟踪和监视系统
S_w	光窗材料的屈服应力
SWS	短波分光光度计
SXA	以专利铝金属作为基质的复合材料
S_y	屈服应力
t	折射介质中的光路长度，（弹簧或法兰盘）厚度
T	温度
t_0	计算 dn/dT 的 Sellmeier 公式中代表标准温度
T_A，T_{MAX}，T_{MIN}	分别代表装配温度，最高温度，最低温度
TAG	（ISOTC 内）技术顾问小组
TAN	作为角标表示切向界面
tanh	双曲正切函数
TAS	泰勒斯艾伦尼亚太空公司
t_C	镜座壁厚
T_c	装配预紧力降到零时的温度，即没有机械接触
T_e、T_E	透镜的边厚

t_3	环状弹性层的厚度
TERRA	地球观测卫星有效载荷的名称（"着陆"的拉丁语）
t_f	失效时间
TF	回转平台
T_G	玻璃转化温度
THEL	战术高能量激光器
TIR	全内反射；总的指示范围
TIS	总(积分)散射
T_L	寿命，失效期
TLT	顶级三脚架
TMA	三反射镜消像散系统
TML	总质量损失
TMT	三十米望远镜
TOR	作为角标表示一个超环面
t_P	一个弹性衬垫未受压时的厚度
tpi	每英寸的螺纹数
TR 或 T	透过率
t_W	光窗的厚度
T_λ	一个表面在波长 λ 时的透过率
U，U'	物像空间边缘光线相对于光轴的夹角
UCR	非致冷谐振腔项目
UDM	非致冷可变形反射镜
UKIRK	英国红外望远镜
ULE	美国康宁公司的超低热膨胀材料
ULT	超轻量化技术
UNC、UNF	统一标准粗牙或细牙螺纹
URR	最大半视场角的上边缘光线
USC	美国的传统单位制
UV	紫外
V	体积；透镜的顶点
V/H	航空照相机系统的速度-高度比
V_0/I_0	反射镜的结构效率
VC	振动准则
VHP	真空热压
VLA	非常低的吸收
VLT	非常大的望远镜
ν_λ	指定波长下的阿贝数
w	施加的单位负载量
W	重量

WCTA	蜡制锥形测试品
WFE	波前误差
WG	（ISO）工作小组
WIYN	美国威斯康星、印第安纳、耶鲁、国家光学天文台
w_S	隔圈壁厚
WWII	第二次世界大战
X，Y，Z	坐标轴，外形尺寸
y_C	光学表面上的接触高度
y_S	透镜镜座内径的一半
Z	一个系统在已知频率 f 下的阻尼系数

附录 B　单位及其换算

在本书中，根据具体讨论的内容或者所引用参考资料的内容，使用了两种单位：国际单位制（SI）和美国惯用单位制（USC）。无论什么时候，一个实际的量都是用两种单位制来表示，换算后的值放在括号内。几乎总是使用一种单位制的情况是极少数（如波长），在这种情况下，无须进行单位换算。

为了在没有给出等量数值情况下能够很方便地从一种单位制换算到另外一种单位制，对于经常遇到的一些参数，下面给出从 USC 单位制换算到另一种单位制的标准换算公式。在大多数情况中，需要乘上一个合适的系数。当然，除以表中列出的系数就可以实现逆向换算。

长度换算：

英寸（in）到米（m），乘以 0.0254；

英寸（in）到毫米（mm），乘以 25.4；

英寸（in）到纳米（nm），乘以 2.54×10^7；

英尺（ft）到米（m），乘以 0.3048。

质量换算：

磅（lb）到千克（kg），乘以 0.4536；

盎司（oz）到克（g），乘以 28.3495。

力或预载换算：

磅力（lbf）到牛顿（N），乘以 4.4482；

千克力（kgf）到牛顿（N），乘以 9.8066。

线性力的换算：

lbf/in 到 N/mm，乘以 0.1751；

lbf/in 到 N/m，乘以 175.1256。

弹性柔量换算：

in/lbf 到 m/N，乘以 5.7102×10^{-3}。

温度对预载依赖性的换算：

lbf/in 到 N/℉，乘以 8.0068。

压力、应力或者杨氏模量单位的换算：

    lbf/in^2（psi）到 N/m^2 或者 Pa，乘以 6894.757；

    lbf/in^2（psi）到 MPa，乘以 6.895×10^{-3}；

    lbf/in^2（psi）到 N/mm^2，乘以 6.895×10^{-3}；

    大气压到 MPa，乘以 0.1103，大气压到 lbf/in^2，乘以 14.7；

    Torr（真空度单位）到 lbf/in^2，乘以 1.933×10^{-2}；

    Torr（真空度单位）到 Pa，乘以 133.3。

扭矩或弯曲力矩的换算：

    lbf·in 到 N·m，乘以 0.11298；

    ozf·in 到 N·m，乘以 7.0615×10^{-3}；

    lbf·ft 到 N·m，乘以 1.35582。

体积的换算：

    in^3 到 cm^3，乘以 16.387；

密度的换算：

    lb/in^3 到 g/cm^3，乘以 27.6799。

加速度的换算：

    重力单位（g）到 m/s^2，乘以 9.80665；

    ft/s^2 到 m/s^2，乘以 0.30480。

比热容的换算：

    Btu（英热量单位）/(lb·℉) 到 J/(kg·K)，乘以 4184；

    Cal（卡）/(g·℃) 到 J/(kg·K)，乘以 4184。

热扩散系数的换算：

    ft^2/h 到 m^2/s，乘以 2.5806×10^{-5}。

热导率的换算：

    BTU/(h·ft·℉) 到 W/(m·K)，乘以 1.7296。

温度换算：

    ℉到℃，减去 32，乘以 5/9；

    ℃到℉，乘以 $\frac{9}{5}$，加上 32；

    ℃到 K，加 273.1。

图书在版编目（CIP）数据

光机系统设计：原书第 4 版. 卷Ⅱ，大型反射镜和结构的设计与分析/（美）小保罗·约德（Paul R. Yoder, Jr.），（美）丹尼尔·乌克布拉托维奇（Daniel Vukobratovich）主编；周海宪等译. —北京：机械工业出版社，2020.6（2025.2 重印）

书名原文：Opto-Mechanical Systems Design, Fourth Edition, Volume Ⅱ：Design and Analysis of Large Mirrors and Structures

ISBN 978-7-111-65603-6

Ⅰ.①光…　Ⅱ.①小…②丹…③周…　Ⅲ.①光学系统-系统设计　Ⅳ.①TN202

中国版本图书馆 CIP 数据核字（2020）第 083000 号

机械工业出版社（北京市百万庄大街 22 号　邮政编码 100037）

策划编辑：王　欢　责任编辑：王　欢

责任校对：刘雅娜　封面设计：陈　沛

责任印制：张　博

北京建宏印刷有限公司印刷

2025 年 2 月第 1 版第 6 次印刷

184mm×260mm·28 印张·2 插页·694 千字

标准书号：ISBN 978-7-111-65603-6

定价：199.00 元

电话服务　　　　　　　网络服务

客服电话：010-88361066　机　工　官　网：www.cmpbook.com

　　　　　010-88379833　机　工　官　博：weibo.com/cmp1952

　　　　　010-68326294　金　书　网：www.golden-book.com

封底无防伪标均为盗版　机工教育服务网：www.cmpedu.com